珍藏本
纪念版

汉译世界学术名著丛书

气候与生命

〔苏联〕Л.С. 贝尔格 著

王勋 吕军 王湧泉 译

李世玢 校

商务印书馆
SINCE1897 The Commercial Press

2017年·北京

Акад. Л. С. БЕРГ

КЛИМАТ И ЖИЗНЬ

2-е переработанное и дополненное издание

ОГИЗ

Государственное издательство Географической

Литературы, Москва 1947

根据莫斯科国家地理书籍出版社 1947 年第 2 版增订本译出

汉译世界学术名著丛书
（120 年纪念版·珍藏本）
出 版 说 明

2017 年 2 月 11 日，商务印书馆迎来 120 岁的生日。120 年前，商务印书馆前贤怀揣文化救国的理想，抱持"昌明教育，开启民智"的使命，立足本土，放眼寰宇，以出版为津梁，沟通中西，为中国、为世界提供最富智慧的思想文化成果。无论世事白云苍狗，潮流左右激荡，甚至战火硝烟弥漫，始终践行学术报国之志，无改初心。

逐译世界各国学术名著，即其一端。早在 20 世纪初年便出版《原富》《天演论》等影响至今的代表性著作，1950 年代后更致力于外国哲学和社会科学经典的译介，及至 1980 年代，辑为"汉译世界学术名著丛书"，汇涓为流，蔚为大观。丛书自 1981 年开始出版，历时三十余年，迄今已推出七百种，是我国现代出版史上规模最大、最为重要的学术翻译工程。

丛书所选之书，立场观点不囿于一派，学科领域不限于一门，皆为文明开启以来，各时代、各国家、各民族的思想与文化精粹，代表着人类已经到达过的精神境界。丛书系统译介世界学术经典，引领时代思想，为本土原创学术的发展提供丰富的文化滋养，为推动中国现代学术和现代化进程做出了突出的贡献。

为纪念商务印书馆成立120周年，我们整体推出“汉译世界学术名著丛书”120年纪念版的珍藏本，寄望既利于文化积累，又便于研读查考，同时向长期支持丛书出版的译者、编者和读者致以敬意。

两甲子后的今天，商务印书馆又站在了一个新的历史时间节点上。我们不仅要铭记先辈的身影和足迹，更须让我们的步伐充满新的时代精神。这是商务人代代相传的事业，更是与国家和民族的命运始终紧密相连的事业。我们责无旁贷，必须做好我们这代人的传承与创造，让我们的努力和成果不仅凝聚成民族文化的记忆，还能成为后来人可以接续的事业。唯此，才能不负前贤，无愧来者。

商务印书馆编辑部

2017年10月

出 版 说 明

本书作者 Л. С. 贝尔格(1876—1950)是苏联著名的自然地理学家,苏联科学院院士,1940—1950 年间担任苏联地理学会会长,他对土壤学、气候学、湖泊学和地理学史都有研究。《气候与生命》是他的一本代表作,书中系统地阐述了他对历史时代和地质年代的气候变迁与黄土形成方面的观点,成一家之言。

商务印书馆编辑部

1988 年 7 月

目　录

序　言

西塞罗[①]说：一切科学彼此间都有极其密切的相互关系和联系，以致理应把它们看作是一个不可分割的家族。确凿的实验正检验着这位伟人的释言。

罗蒙诺索夫：《论诗人的气质·推论》，1755

《气候与生命》一书初版于1922年。国家地理书籍出版社建议我再版此书。

本书现在这一版作了很大的修改和补充。原书论贝加尔湖动物区系一节业已删去，因为它已收入该社出版的另一著作。《气候概述》一章也已从略，有关此问题的详细论述可见拙著《气候学原理》(第二版，1938)。

《气候与生命》论文集的目的，在于说明气候变化对地形、植被、动物区系、土壤及整个自然界的影响。作者所持的基本思想如下：

1. 近2 000年来从未发现气候朝降水量不断减少的方向变化(变干)的情况。倒是与此相反，观察到某种湿润化的现象，在这种

① 西塞罗(Marcus Tullius Cicero，公元前106—前43年)，系古罗马杰出的雄辩家、著作家和政治家。——译者

背景下发生短时期(20—50 年)的气候变动。不久前即从 1919 年持续到 1938 年的变暖现象便是例证。

2. 在现代时期以前,有一个气候比较干燥的时期,那时草原和荒漠较之现在大大向北扩展。

3. 从海洋动物的分布中可以看出,即使在热带,冰期的影响也表现为温度降低。

本书多数章节过去都曾以单篇论文形式在各种科学刊物上发表过。这次,对它们都作了修改和补充,尤其是论述黄土的一章。

借此机会,谨向地理出版社编辑 H. A. 戈莫佐瓦娅表示衷心的感谢,她为本书的出版付出了巨大的劳动。

1946 年 4 月于列宁格勒

列宁格勒大学自然地理教研室

第一章　不久前的气候变暖

在短短15年内，甚至在更短的时间内，海洋动物区系代表的分布发生了通常与漫长地质时期概念有关的那种变化。

克尼波维奇，1913

众所周知，北半球的植物地带在历史时代曾向南移动：森林部分地占据了森林草原的地域，森林草原占据了草原的北缘，等等。与此相反，史前时期却比较干燥而湿暖，当时森林大大向冻原地区推进，草原远远地深入到现今森林地带的腹地，而现代的半荒漠则呈现出荒漠的外貌[①]。与这个干燥而又湿暖的时期相比，历史时代的特点是气候在一定程度上更为湿润而凉爽。

然而，在1919—1938年期间发生了相反的过程，即气候变暖。这种变暖现象清楚地表现在这20年内，但早在上世纪下半叶即已出现了。

北极变暖

大概从1919年起，北极开始异乎寻常地变暖[②]。这种变暖，

① 详见第二、四、五章。

② Л. С. Берг. Недавние климатитеские колебания и их Влияние на миграцию рыб.《Проблемы физической географии》II, 1935, сгр. 73—84.

加上北极研究的科学成果和航海技术的改进，使我们的船只能够在一个季度内，完成从摩尔曼斯克经冰海[①]到太平洋的航行及返回航行。1921 年，H. M. 克尼波维奇根据该年 5 月沿科拉城所在经线作的水文剖面，首次发现了巴伦支海的海水变暖[②]。

从 1919 年起，巴伦支海的水温比过去显著增高。1912—1918 年期间该海（北抵北纬 77°，西迄东经 17°）的表层水，夏季（7—9 月）平均温度与多年平均温度（1912—1928）相差－0.7°，而 1919—1928 年期间则相差＋1.1°，即平均增高 1.8°。[③]

不仅表面水层，而且较深水层也变暖了。在上述 1921 年 5 月底完成的那次沿科拉城经线，从北纬 69°30′到 72°的航行期间，观察到巴伦支海的水温比 1901 年 5 月底的水温高：在 0—200 米深度，1921 年的水温比 1901 年要高 1.1°到 3.4°，平均高 1.9°[④]。一般说来，从 1921 年到 1932 年（后者已经过研究[⑤]），巴伦支海整个水体沿科拉城经线从表层到 200 米深处，5 月的平均温度高于 1901 年，但 1929 年是例外，这很值得注意。1929 年的特点是北极气团以特大强度侵入欧洲。对 8 月来说，情况也是这样。

① 即“北冰洋”。——校者

② Н. М. Книпович, О термических условиях Баренцова Моря В Конце Мая 1921 г. Бюлл. Росс. гидрол. инст., № 9, 1921, стр. 10—12. См. также его же: Гидрология и промысловое дело.《Исследования морей СССР》, № 11, 1930, и Бюлл. Ком. по изуч. четверт периода, 1931, № 3.

③ В. Ю. Визе. Об аномалиях температуры поверхностного слоя воды в Баренцовом море.《Исследования морей СССР》, № 9, 1929, стр. 36.

④ Н. М. Книпович《Исследования Морей СССР》, № 11, 1930, стр. 28.

⑤ Н. Н. Зубов. Труды Гос. Океанограф. инст., 11, вып. 4, М., 1932, стр. 40; N. Zubow. Geogr. Review, 1933, p. 398.

变暖现象扩展到200米以下的深度。根据斯韦尔德鲁普的资料(1933),在斯匹次卑尔根群岛以北的极区,约北纬80°40′和东经16°附近,发现200米和400米之间水层的温度和盐度如下:

	1912	1922	1931
水温	1.7°	3.7°	3.2°
盐度	34.90‰	35.05‰	35.10‰

由于海水表层变暖,大约从1919年起,北方的气温也显著增高。1935年11月气温高过常温[①]:

熊岛	6.3°
扬马延岛	3.8°
斯匹次卑尔根群岛	10.0°
瓦尔德	3.7°

1926—1931年间,瓦尔德(挪威北部,北纬70°22′)的平均气温比百年平均气温高0.5°。1921年瓦尔德年平均气温正距平为2.1°。瓦尔德这样的温暖年份,是从1829年开始作定期气象观测以来未曾见到的。1921年3月的平均气温比常温高4.8°[②]。

30年代,在巴伦支海出现了大量喜温鱼类。它们过去不是从不游来这里,就是很少游来这里。其中若干类于1936—1939年间游到了新地岛沿岸。这些鱼类是:大西洋鲱(Clupea harengus L.)出现在北纬73°附近,黑线鳕(Gadus〈Melanogrammus〉aeglefinis)、大西洋鳕(Gadus morhus)——达到可捕捞数量;其次是青鳕

① R. Scherhag. Eine bemerkenswerte Klimaänderung über Nordeuropa. Aun. Hydr. marit. Meteor., 1936, pp. 96—100.

② B. Birkeland. Altere meteorologische Beobahtungen in Vardö. Geofysiske poblikasjoner, X, № 9 Oslo, 1934, p. 50.

(Pollachius virens);最后是竹刀鱼(Scomberesox saurus),1937年8月曾在北纬73°30′的马托奇金沙尔附近海中捕到这种鱼,而过去在北角以东的海中是未曾发现过的①。

在1926—1931年间,格陵兰西部气温显著高于多年平均气温(F.洛伊,1935)。1936年夏,格陵兰东部非常温暖:从7月初起,沿岸冰层一直融化到北纬72°处。这一现象在人们的记忆中是从所未有的。

“谢多夫”号在极地海域漂流比“弗拉姆”号的漂流要晚40多年,而且通过后者的航线以北,这表明极地海域的气温比南森考察时间的气温显著增高。下面是两船漂流年份12月的平均气温:

“谢多夫”号　1938年,北纬85°,东经130°……－22.4°

“弗拉姆”号　1894年,北纬83°,东经106°……－35.0°

这就是说,温度增高了12.6°。其余各月气温也有所增高,虽然不像12月那样大。譬如:10月和11月增高9°多,1939年2月增高7°,等等②。

由于变暖,若干经济鱼类出现在格陵兰附近的数量比过去多,而另外一些比较喜温的鱼类,近几年来也初次来到这里。在1908—1909年,只是在格陵兰南端附近海水中才能捕获到大批鳕鱼。从1917年起,鳕鱼出现在越来越向北的海中。1925年,同上世纪40年代一样,人们开始按可捕捞的数量来捕捞鳕鱼,其捕捞范围向北达到迪斯科岛(西岸,北纬69°附近)。而在1936年以后,

① Л. С. Берг. Появление Бореальных рыб в Баренцовом море, Сборник, посвященный Н. М. Книповичу. М. 1939, стр. 207. ——我得到消息说,1930年在巴伦支海中,即北纬71°06′,东经32°12′附近再次捕到了这种鱼。

② В. Ю. Визе. Климаг морей советскои Арктики. Л., 1940, стр. 117, изд. Глав. упр. сев. мор. путн.

鳕鱼向北到达了乌佩纳维克，即北纬 72°45′附近。值得注意的是，鳕鱼开始在格陵兰西岸附近产卵。1930—1937 年间，鳕鱼的年捕捞量达 60 000—80 000 公担。在格陵兰东岸的昂马沙利克（65°以北）附近，在 1912 年前根本没有鳕鱼，该年只出现了个别的几条；从 1920 年起，那里鳕鱼的数量大大增多。从前，格陵兰附近海域几乎从未见到过大西洋鲱，到了 30 年代，这种鱼大量出现于格陵兰南部向北直到苏克托彭（北纬 65°20′）的各峡湾内；它们在这里产卵。1934 年 8 月，在格陵兰西岸北纬 72°30′附近捕到两条鲱鱼，1932 年在格陵兰东岸北纬 65°附近出现了青鳕和黑线鳕[①]，而过去在格陵兰海域根本没有黑线鳕。

格陵兰附近海水变暖，可以根据戈特霍布（Godthaab）峡湾口的下述情况来判断；在该峡湾口 50 米深处观测到的水温，1908 年 6 月为 0.6°，而 1935 年 6 月则为 2.0°[②]，在 20 和 30 年代，在斯匹次卑尔根群岛附近海域也开始捕捞鳕鱼和鲱鱼。

在新地岛上也观察到显著变暖的现象。该岛的小卡尔马库雷（北纬 72°23′），1920—1935 年间的各月都比 1876—1919 年间各月的平均气温高，仅 4 月除外。小卡尔马库雷的年平均气温为[③]：

1876—1919……－6.5°

① A. Jansen. Danske Vid. Selsk. Biol. Meddelelser, XIV, № 8, København. 1939, p. 17.

② 1937 年，尤其是 1938 年，格陵兰西南岸附近的水温大大降低，而且 1937—1938 年冬季和 1938 年春季在苏克托彭附近海面发现了许多死的鳕鱼、狼鱼（Anarrichaslupus）、鲈鱼（Sebastes marinus）。但是，这里重新出现了冷水的鳕鱼（Gadus morhua ogac〈格陵兰鳕〉）。

③ З. А. Рязанцева. Новая Земля и Земля Франца—Иосифа. Труды Аркт. ивст., LXXIX, 1937, стр. 32.

1920—1935……−4.6°

1920 年 3 月小卡尔马库雷的平均气温，超过多年平均气温 10°。

白海沿岸的变暖现象也很明显，其年平均气温如下[①]：

	平均气温		变　暖	平均气温
		1916—1930		1931—1934
斯维亚托伊角（圣角）	1895—1915 −1.1	−0.6	+0.5°	—
兹梅伊诺戈尔斯克灯塔	−0.1	0.4	+0.5	—
阿尔汉格尔斯克—索洛姆巴拉	1881—1915 0.2	0.9	+0.7	1.6
奥涅加	1887—1915 0.9	1.4	+0.5	2.2
梅津	1883—1915 −1.6	0.7	+0.9	−0.15

冬季各月（11 月—1 月）最暖。梅津 11 月的气温增高 2.2°。而 7 月各地都较冷。1881—1915 年间，阿尔汗格尔斯克附近的北德维纳河于 5 月 12 日解冻，而 1916—1934 年间则在 5 月 8 日解冻，同时这两段时间的结冰日期相应为 11 月 8 日和 11 月 14 日[②]。

像格陵兰沿海一样，白海近几年出现了许多比较喜温的北方鱼类：黑线鳕和青鳕（1913 年）、鲈鲉（1927 年）及其他鱼类。

可以认为，在哈坦加[③]和阿纳德尔[④]观察到的落叶松（Larix

① А. Соболева. К Вопросу о потеплении Арктики. Мет. вестн., 1935, № 5—6, стр. 41—43.

② 同上注，第 43 页。

③ Л. Н. Тюлина. лесная растительность хатангского района у ее северного предела. Труды Аркт. инст., LXIII, 1937, стр. 154—159.

④ Л. Н. Тюлина. О лесной растительности Анадырского края и ее Взаимоотношении с трудрой. Там же, XL, 1936, стр. 192—195.

dahurica)在其生长的北界,即与冻原交界处向北分布的现象是与现代气候变暖有关的。

在太平洋北部,许多鱼类游向北方。例如:太平洋沙丁鱼于1922年秋初次以可以捕捞的数量出现在彼得大帝湾,而1929年则开始在德卡斯特里湾(Декастри)被大量捕捞。1933年9月,在堪察加东岸彼得罗巴甫洛夫斯克以北的海中,即北纬54°附近,发现了极个别的几条太平洋沙丁鱼。1934年和1938年,沙丁鱼类又进入堪察加水域[①]。1932年,在鞑靼海峡即北纬49°17′附近出现了热带鲨鱼、亚热带鲨鱼和锤头双髻鲨(Sphyrna zygaena)。1930年前后,在鄂霍次克附近海域出现了鲭鱼(Scomber scombrus)。本世纪20年代,符拉迪沃斯托克附近彼得大帝湾发现了许多种南方的鱼类,其中有热带六斑刺鲀(Diodon holacanthus)[②]。1936年,在日本海的苏联沿海北纬44°47′附近,曾经捕获到热带棱皮龟(Dermochelys coriacea)。据M. A. 阿尔佩罗维奇证实,在堪察加半岛附近水域曾经发现过几种南方的鱼类:1929年发现日本鳀(Engraulis japonicus)1938年发现鲐鱼(Pneumatophorus japonicus),1938年和1939年发现乌鲂(Brama japonica),1939年9月

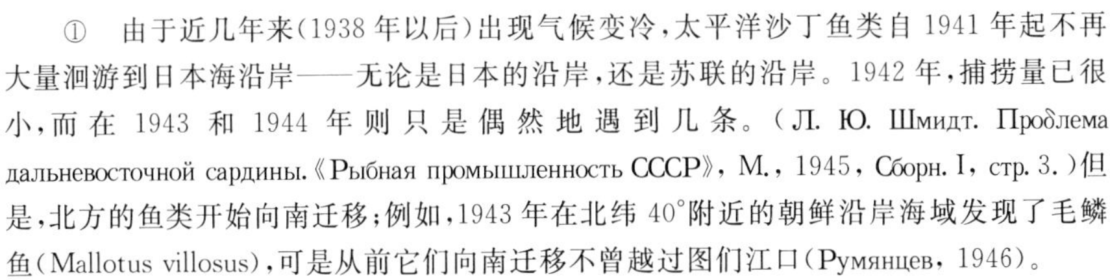

① 由于近几年来(1938年以后)出现气候变冷,太平洋沙丁鱼类自1941年起不再大量洄游到日本海沿岸——无论是日本的沿岸,还是苏联的沿岸。1942年,捕捞量已很小,而在1943和1944年则只是偶然地遇到几条。(Л. Ю. Шмидт. Проблема дальневосточной сардины.《Рыбная промышленность СССР》, М., 1945, Сборн. I, стр. 3.)但是,北方的鱼类开始向南迁移;例如,1943年在北纬40°附近的朝鲜沿岸海域发现了毛鳞鱼(Mallotus villosus),可是从前它们向南迁移不曾越过图们江口(Румянцев, 1946)。

② 详见:Л. Берг.《Проблемы физической географии》II, 1935, стр. 77—78. 在后来的文献中可参看:А. И. Румянцев. Об изменениях в составе тепловодной ихтиофауны приморских вод Японского моря. Зоол. журн., 1947, № 1, стр. 47—52。

发现秋刀鱼(Cololabis saira)。阿尔佩罗维奇援引了1926年日本人的观测资料，日本人指出，近几年来在北海道附近海域捕获到大量的秋刀鱼，但是该岛渔民过去甚至不知道这种鱼的名字。

在所述时期中，北极诸海的冰量(冰层厚度)显著减小。从20世纪初期起，戴维斯海峡冰层厚度低于正常厚度，而1921—1930年这十年间的冰层厚度则降到1820—1930年间的最低值，也就是说，这十年表明巴伦支海和喀拉海冰量很小，海水变暖①。1925年一艘纵帆船越过了斯匹次卑尔根群岛，1932年H. H. 祖博夫乘百吨小船"克尼波维奇"号绕航了法兰士约塞夫地一周②。1935年，"萨德科"号在无冰清水中从新地岛北端航行到北地群岛，并继续往北航行到北纬82°41′。B. Ю. 维泽③说道："如果回想到1901年夏天，功率强大的破冰船'叶尔马克'号的航行，连新地群岛北端也未能达到，就可以理解北极各海冰情发生了多大的变化。1938年同一艘'叶尔马克'号船，深入极区新西伯利亚群岛附近水域，抵达北纬83°05′，从而创造了自由航行船只，即非冰上漂流船在北纬航行的世界纪录。"

在1920年以前，尤戈尔海峡结冻，平均是在11月24日。1920—1937年期间，该海峡的平均结冻日期推迟到1月25日，即晚了两个月④。

① В. Ю. Визе. К Вопросу об уменьшении ледовитости полярных морей. Метеор. Вестн., 1932. № 1, стр. 18—19.

② Н. Н. Зубов. Льды Арктики. М., 1945, изд. Главн. упр. сов. мор. пути. стр. 349.

③ В. Ю. Визе. Климат морей советской Арктики. М., 1940, стр. 121.

④ 同上注。

永冻土层南界向北退缩

根据1933年科学院考察队的调查资料，梅津城的永冻土层正在消失；该城的永冻土层由于A.施伦克于1837年5月访问该城作了记述而为大家所知道。1933年，仅在梅津城北面40公里处发现若干呈岛状分布的冻土层[①]。1934年，在乌萨河河口区的伯朝拉边区，也发现了永冻土层的这种退缩现象。

在我国，最近记述了永冻土层的“退化”现象。即其上部层面降低和现在在有些地方完全消失[②]。1935年，在楚科奇边区，即在阿纳德尔河流域观察到永冻土层的退化现象。1937年，科学院图鲁汉斯克近郊专门冻土层考察队也记述了同样的现象。这里，可以用米登多夫1843年对该区所作的观测作为比较的资料。结果发现，图鲁汉斯克近郊冻土层的上部层面在过去94年内[③]至少降低了10米。

这种退化现象不是历史时代的，而可以说是发生在我们眼前的，即发生在1919—1938年间，或者充其量是由于上世纪中叶，发生的气候变暖所引起的。

---

① Н. Датский. Вечная мерзлота и районе реки Мезени и Мезенской губы. Вестн. Академии наук, 1934, № 5, стр. 57—58.

② М. И. Сумгин. О деградации вечной мерзлоты для Некоторой части территории, занимаемой ею в СССР. Труды Ком. по изуч. вечной морзлоты, 1, 1932. — М. И. Сумгини и др. Общее мерзлотоведение. М., 1940, гл. VIII.

③ С. П. Качурин. Огступание вечной мёрзлоты. Доклады Академии Наук СССР, XIX, № 8, 1938, стр. 593—597.

温带纬度地带变暖

变暖过程不仅发生在北极，而且还包括较温和的纬度地方。根据H.凯戈罗多夫的考察研究，1894—1920年期间列宁格勒的冬季有缩短趋势，例如冬季的平均天数为①：

年份	平均天数
1894—1902	109.2
1903—1911	107.2
1912—1920	104.2

1936年12月列宁格勒以及西欧特别温暖；列宁格勒12月的平均气温是0.0°。而不是正常气温－5.5°。在最近一百年中，还没有见到列宁格勒有这样温暖的12月。

年份	平均解冻日	平均结冻日	不结冻的平均天数
1706—1759	4月21日	11月26日	220
1760—1813	4月22日	11月23日	215
1814—1867	4月21日	11月27日	219
1868—1921	4月17日	11月27日	223
1706—1882	4月21日	11月27日	217
1706—1921	4月20日	11月26日	219

涅瓦河流经列宁格勒城区的一段，近百年来一般解冻较早，而结冻较迟②（参看上表末行）。

---

① Д. Н. Кайгородов. Исследование 27 петроградских зим 1894/95—1921/22 гг. Птр, 1922, изд. Геогр. инст.

② Д. О. Святский. Колебания климата Ленинграда.《Мироведение》, 1926. № 4, стр. 293.

物候资料也表现出同样的情况[①]。例如，列宁格勒植物开花的时间是：

	1852—1873（Ф.格尔德尔）	1871—1920（Д.凯戈罗多夫）	1921—1932（Г.舒尔茨）
灰桤木（Alnus mcana Moench）	4月21日	4月16日	4月18日
榛（Corylus）	5月3日	4月22日	4月20日
欧洲山杨（Populus fremula）	5月10日	5月1日	4月29日
花楸（Sorbus L.）	6月9日	5月31日	6月2日
椴树（Tilia）	7月20日	7月15日	7月16日

在20世纪，这种植物较早开花的现象也可见于哈尔科夫州的库皮杨斯克（北纬49°43′）[②]：

	1866—1878	1896—1905	1905—1916
哈勒氏紫堇（Corydalis solida）	4月15日	4月12日	4月8日
黑刺李（Prunus spinosa）	5月6日	5月15日	5月4日
西洋苹果（Pyrus malus）	5月13日	5月30日	5月8日
西洋丁香（Syringa vulgaris）	5月18日	5月3日	5月12日
矢车菊（Centaurea cyanus）	6月5日	5月11日	5月29日

鸟类飞来列宁格勒的时间（斯维亚茨基，1926）：

	1842—1853（博德）	1865—1871（海姆比格尔）	1910—1920（凯戈罗多夫）
秃鼻乌鸦（Corvus frugilegus L.）	3月26日	4月5日	3月12日
白脸鹡鸰（Motacilla alba L.）	4月26日	5月2日	5月13日
大杜鹃（Cuculus canorus）	5月13日	—	5月4日

① Г. Шульц. Фитофенологические наблюдения в парке Лесотехнической академии в 1921—1932 гг. Декадный гидрометер. бюлл., Лгр., 1933, № 17, стр. 14—15.

② П. Корчагин.《Мироведение》, 1927, Труды секции геофизики и фенологии. стр. 45.

所有这些资料都表明，近50年来芬兰湾沿岸的气候变暖。

从上世纪70—80年代开始，芬兰出现南鸟北迁的现象。鸟类北迁现象在20世纪初停止，但到本世纪20—30年代又大大增多。

1864年第一次发现红嘴鸥(Larus ridibundus)在赫尔辛基区的营巢地方，当时有一对红嘴鸥在那里营巢；1904年有300对，而1934—1936年间则已有5 000—10 000对营巢了。19世纪80年代黄眉柳莺(Phylloscopus sibilatrix)很少在芬兰南部营巢，而现在它们经常在芬兰南部和中部营窝，并且直到北纬66°(在库萨莫)都能见到它们。南鸟北迁的现象同1870—1880年间芬兰春季天气急剧变暖的现象①是一致的。

另一方面，在芬兰南部和中部营巢的北方鸟类数量大大减少，如沿海噪鸦(Perisoreus infausfus)、中杓鹬(Numenius phaeopus)、红喉潜鸟(Colymbus stellatus)、雷鸟(Lagopus lagopus)即是。

芬兰作者们援引的关于奥布(Abo)或图尔库(Turku)(北纬60°25′)附近栎林银莲花(Anemone nemorosa)开花的平均日期的资料②，也是饶有兴趣的：

1851—1870	5月11—12日	1891—1895	4月27日
1871—1880	未观察	1896—1900	5月7日
1881—1885	5月10日	1911—1925	4月27日

① L. Siivonen und O. Kalela. Ueber die Veränderungen in der Vogelfauna Finnlands Während der leizten Jahrzehnte und die darauf einwirkenden Faktoren. Acta Soc. pro fauna et flora fenn., Vol. 60, 1937, p. 607, 608, 626.

② 同上注，第620—622页。

在 1916—1935 年的 20 年中，奥布的栎林银莲花开花的时间，比 1851—1870 年平均早两星期。

谢德赫姆在 1798 年出版的著作中，谈到在英格尔曼兰迪亚(Ингерманландия)即在芬兰湾东部发现鲭鱼(Scomber scombrus)。凯斯勒(1864)教授认为这种说法殊可怀疑。他说道，鲭鱼未必曾到达芬兰湾东端。[①] 然而，现在就用不着再怀疑谢德赫姆的话的正确性了：在 1932 年温暖的夏季，鲭鱼游到了纳尔瓦湾、科波尔湾和拉文萨里岛。现已去世的 Д. О. 斯维亚茨基对气候史问题很有研究，他告诉我，1796—1798 年间的冬季特别温暖，而那几年的夏季干燥。

在我国黑海大量捕捞的鳀类小鱼，如果说也游到波罗的海，那也只是个别的几条。然而，1933 年 11 月和 12 月却在波罗的海极西部捕到大量鳀鱼，渔民们驾驶小船一天能捕获 10—25 公斤这种鱼。东普鲁士湾沿海附近也曾捕到一条鳀鱼。可是过去甚至连卡特加特海峡也很少见到这种鱼。此外，本世纪 20—30 年代，在波罗的海西部开始捕捞到黑线鳕、青鳕、拟庸鲽(Hippoglossoides platessoides)和鲭鱼[②]。

根据金塞尔的资料(1933)，近 50 年来在北美也观察到气候变暖的现象；同时该现象不仅出现在各大城市中(可以料想，那里大

① К. Кесслер. Описание рыб С.-Петербургской губернии，СПБ.，1864，стр. 2.

② E. M. Paulsen. Fluctuctions in the regional distribution of certain fishstocks Within the Transitional Area during recent years (1923—1935). Rapports et Procès verbaux du conseil explor. mer, Vol. 102, 1937, No. 3, pp. 3—17. 这是指贝尔特海峡和波罗的海西部。

的工业中心会对温度的增高有影响)，而且也出现在农村地方，如1855—1932年期间的费城郊区[①]。金塞尔的著作指出，平均气温增高的情况，不仅出现在美国(大约从19世纪70年代起)——包括它的西部(俄勒冈州波特兰市)、中部和东部(费城)[②]，而且也出现在欧洲，如哥本哈根、巴黎、维也纳、格林尼奇[③]——在所有这些欧洲城市中，大概从1900年起观察到温度升高，而从1910年起便超过平均气温。此外，从1910年到1915年，南半球某些地区的气温也超过平均气温，如圣地亚哥(智利)、布宜诺斯艾利斯、开普敦。在热带地方，如在孟买和巴达维亚[④]，也出现同样的现象(但在西印度群岛和地中海各地最近则发生气温降低的现象)[⑤]。

变暖现象也可见于阿尔汉格尔斯克、列宁格勒、莫斯科、喀山、斯维尔德洛夫斯克和其他地方。但是，一般的变暖并不排除存在个别寒冷年份的可能性。例如，1928—1929年度冬季，苏联和西欧便特别寒冷。

---

① J. B. Kincer. Is our climate changing? A study of longtime temperature trends. Monthly Weather Review. 1933. Sept., pp. 251—259。也请参看：A. A. Григорьев. О современных колебаниях климата. Уч. зап. Моск. унив. V, 1936, стр. 94—104。

② 美国佛蒙特州香普冷湖(位于23米高度，在北纬44°—45°，深度为180米)，封冻时间为：

1816—1875……1月30日　1876—1905……2月1日

1876—1935……2月3日　1905—1935……2月6日

参看：C. Kassner. Meteor, Zeitschr., 1937, pp. 333—335。

③ 即“格林尼治”。——校者

④ 雅加达之旧称。——校者

⑤ A. Aangström (The change of the temperature climate in present time. Geografiska Annaler, XXI, № 2, 1939, pp. 119—131)认为：热带某种程度上的变冷是与温度和北极纬度地方的变暖相对应的。

山地变暖

山地的观象台也观测到变暖的情况。因此，这最好地证明：城市气象站观测到的平均温度增高，不仅仅是城市增多的结果。从1851年开始进行观测的奥比尔(Обир)山地气象站(2 044米，位于阿尔卑斯山脉东部克拉根福的东南)的资料表明，19世纪下半叶初期这里曾出现高的平均气温；20世纪初平均气温大约降低0.9°，然后又升高，从1919—1934年约升高0.5°。从20世纪初算起，奥比尔的冬季比较温暖，相反地，夏季一般比较凉爽①。宗布利克(Зонноблик)(3106米，位于蒂罗尔境内)的情况也是这样，那里从1887年起开始进行观测②；近几年来，那里夏季平均气温度有下列距平(以度为单位)(偏离49年的平均温度)③：

1921—1925	+0.1°
1926—1930	+0.8°
1931—1935	+0.5°

气候变暖与墨西哥湾流

至于上述变暖现象的原因，许多作者(其中也包括我在1935年时)都倾向于把这种现象和墨西哥湾流水压增强联系起来。但

① F. Steinhauser. Wie ändert sich unser Klima? Meteor. Zeitschr., 1935, pp. 363—370.

② F. Steinhauser. 1. c.

③ A. Wegener. Meteor Zeitschr., 1937, p. 149.

是应当指出，墨西哥湾流只是北方的气候和天气的因素之一。欧洲的气候决定于许多种原因，除墨西哥湾流外，其中还有暖气团和冷气团的侵入。例如1828—1929年度冬季，苏联和西欧的天气特别寒冷（在巴伐利亚州沿多瑙河的地区，气温降到零下38°），当时大西洋墨西哥湾流的水温却高过常温，如同1926—1935年的整个10年的情况一样。某些人（如劳舍尔）甚至提出这样的推测：温暖的墨西哥湾流是引起寒流侵入欧洲的原因之一。贝格斯滕的研究（1936）表明，甚至对于挪威来说，墨西哥湾流的高温与当年的冬季气温也没有相关关系。当墨西哥湾流温度高时，法罗群岛的托尔斯港随后有7个暖冬、5个寒冬。相反，当墨西哥湾暖流温度偏低的时候，托尔斯港随后有6个暖冬、8个寒冬①。根据迈纳尔杜斯（1901，1905）的研究得出了如下结论：在11月、12月、1月，如果到达挪威沿海的墨西哥湾流的温度（这里或称气温）高，柏林在紧接着的2月、3月的气温也随之增高，反之亦然。这个规律是根据1861—1890年期间的观测资料得出的。克里斯蒂安桑（挪威）和柏林的温度相关系数在1861—1890年间的上述月份内为+0.42。然而，1890—1920年间相同各月的研究却得出了完全意外的结果：存在相关，但却是负相关（−0.17），即在克里斯蒂安桑11月至1月的气温增高后，柏林2月和3月的气温却随之下降②。

① F. Lauscher. Besitzt der Golfstrom einen Finfluss auf die Witterung in Mitteleuropa? Meoteor. Zeitschr., 1937, pp. 263—265.

② F. Baur. Zur Frage der Beziehungen zwischen der Temperatur des Golfstromes und dem nachfolgenden Temperaturcharakter Mitteleuropas. Meteor. Zeitschr., 1937, pp. 188—189.

F.鲍尔发现，在19世纪和20世纪之交的相关符号的改变是同欧洲气候的变化相一致的。他用下表说明西欧25年的2月和3月平均气温与160年的平均气温（即德比特〈荷兰乌得勒支附近〉、柏林、维也纳的平均气温）的距平：

1775—1799	+0.1	1850—1874	−0.1
1800—1824	−0.1	1875—1899	0.0
1825—1849	−0.3	1900—1924	+0.5

近25年（1900—1924）是正距平，这一现象在整个19世纪内都是如此。显然，这与墨西哥湾流无关，况且我们知道南半球也在变暖。我们是处在几乎波及整个地球的气候变化的情况下的。该现象的原因目前还不清楚。然而，应当认为，墨西哥湾流本身也受到变暖现象的影响。我们已经指出过，1929年曾有几次寒潮袭击欧洲，当时到达巴伦支海（不是在大西洋）的墨西哥湾流温度降低。另一方面，1936年12月出现异常的高温，当时列宁格勒仅受到一次北极气团的侵袭，而且来势很弱。可能，北方变暖是由于北极冷气团侵入强度减弱所致。然而，另一方面，上面已经说过，变暖现象几乎波及整个地球。正如A.魏格纳所说的，随着变暖现象而来的是大气环流的增强[①]。因此，暖气团增强移向北极，同时与此相反，大量冷空气则由北方进入热带。其结果，便观察到北极变暖和热带变冷的现象（但我们知道，在热带的有些地方仍有变暖的现象）。热带只有比较轻微的变冷，其原因在于寒冷的北极气团总量

① A. Wagner. Untersuchung der Schwankungen der allgemeinen Zirkulation Geograf. Annaler, XI, 1929, pp. 33—88.比较起来，1911—1920这10年，整个地球上大气环流均增强（p. 46）。

比热带气团的总量要小许多倍。

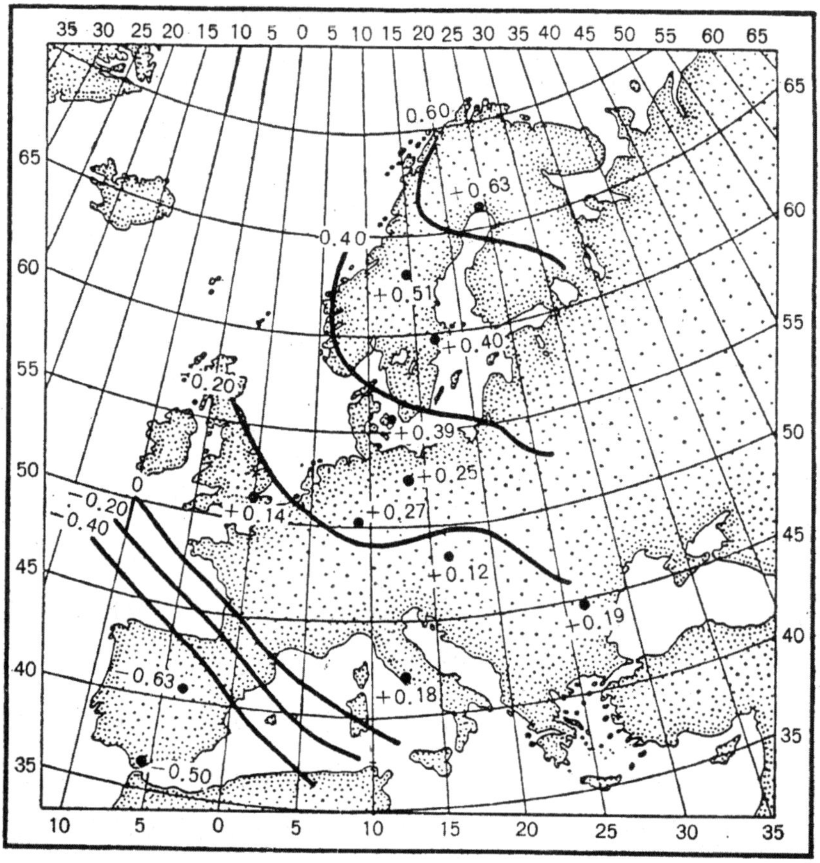

1901—1930 年与 1859—1900 年的年平均气温差

（根据奥格斯特廖姆，1939）

也许，太阳紫外辐射量和微粒辐射量的变化，是地球气候变动的起因[1]。可是，太阳总辐射量，或平均为 1.94 的太阳常数，在

① Aangström，1939，p. 130.—Б. М. Рубашов：Новые данные о связи солненных и земных явлений.《Природа》，1940，№ 10，стр. 14.—М. С. Эйгенсон. Солнце и климат.《Природа》1945，№ 1，стр. 5.

1921—1934 年间没有发生变化[①]。M. C. 艾根松把气候的变动与可见的太阳活动的变动相比拟[②]。

气候的大陆性减弱

现在有许多事实证明，欧洲的气候在近 100 年内大陆性减弱，温度年较差减小。我们已经指出过，阿尔卑斯山东部山地气象站所在区——奥比尔和宗布利克，冬季变暖，夏季变得凉爽。对低地来说，情况也是这样。

黑尔曼(1910)对柏林 1756—1907 年间气温的研究表明，尽管 1848—1907 年间年平均气温较 1756—1847 年间的年平均气温增高了 0.3°，但夏季转凉(温度下降 0.2°)，而冬秋两季变暖，即冬季温度增高了 1.0°[③]。显然，这里的气候在向大陆性减弱的方向变化。在西欧和东欧的其他地方，也有证据表明存在类似现象。如果研究一下伦敦近 150 年的气温，就可以确信，伦敦冬季变暖，而且严寒冬季的次数减少(但极暖冬季的次数没有增加)。同样，夏季也没有变得更暖[④]。有人认为这同通过不列颠群岛的气旋的路径发生改变有关。

阿尔卑斯山 1850—1920 年间的降水量一般增大，温度年较差

① Н. Н. Калитин.《Природа》, 1939, № 4, стр. 20.

② 《Природа》, 1945, № 1 (也请参看：М. С. Эйгенсон.《Природа》, 1943, № 6, 与 1944, № 1)。

③ Мет. Вестн., 1912, стр. 358.

④ D. Brunt. Climatic cycles. Geogr. Joun., Vol. 89, 1937, p. 227.

减小(在欧洲开始于 19 世纪初),夏季气温降低。看来,对于整个西欧来说,情况也是这样①。

1924—1933 年间,在柯居斯堡②观察到秋季降水量增大,特别是 10 月的降水量增大,这证明气候的海洋性增大③。

同时,在东欧也可观察到这样的气候变化:冬季变暖,而夏季转凉。下面列举若干城市在两个 35 年内,即 1846—1880 年间与 1881—1915 年间的月平均温度差(负号表示前 35 年比后 35 年冷)④。(见表 1)

11 月—5 月气温增高,6—10 月气温降低。无论对于海洋性气候地区和大陆性气候地区来说,情况都是这样。

表 1 的时间到 1915 年为止。但以后各年的气温情况,也可加以补续。表 2 便是梅津城的平均气温(根据:A. 索博列娃,1935)。

这里秋冬两季显著变暖,春季和 7 月变凉。温度年较差几乎减少了 2°。

赫尔辛基的平均气温是:

	1851—1900	1911—1925
年平均气温	4.1°	4.8°
冬　季	−5.8°	−4.5°
夏　季	15.3°	15.1°

---

① A. Wagner. Zur Erklärung der rezenten Gletscherschwankungen. Meteor. Zeitschr., 1937, pp. 147—148. 更令人惊奇的是:魏格纳指出,在该时期内,阿尔卑斯山的冰川向后退缩。

② 即苏联现今的加里宁格勒。——校者

③ H. Wörner. Die auffällige Zunahme der Herbstniedersohläge in Norddeutschland im letzten Jahrzenhnt. Metoeor. Zeitschr., 1937, pp. 156—158.

④ E. C. Рубинштейн. Климат СССР. Темперагура воздуха, 1,1926, стр. 12.

表 1

	1月	2月	3月	4月	5月	6月	7月	8月	9月	10月	11月	12月	年平均气温
列宁格勒	−1.1	−0.9	−0.2	−1.1	−1.4	0.05	−0.06	0.3	0.2	0.2	−0.7	−0.6	−0.4
喀琅施塔得	−1.6	−1.2	−0.4	−1.1	−1.3	0.5	0.5	0.7	0.5	0.2	−0.8	−0.8	−0.4
雷瓦尔①	−1.6	−1.2	−0.6	−0.8	−0.7	0.7	0.4	0.4	0.0	0.1	−1.0	−0.6	−0.4
斯德哥尔摩	−0.8	−1.0	−0.8	−0.7	−0.8	0.3	0.3	0.6	0.3	0.0	−0.8	−1.1	−0.4
柯尼斯堡	−0.8	−0.9	−0.8	−0.4	−1.3	−0.0	−0.3	0.4	0.3	−0.3	−0.8	−1.3	−0.5
华沙	−0.7	−0.8	−0.8	−0.2	−0.9	0.7	0.3	0.7	0.1	0.2	−0.7	−1.6	−0.3
喀山	−0.5	−1.1	−0.7	−0.4	−0.9	−0.2	−0.4	0.1	0.1	0.4	1.2	−0.8	−0.2
卢甘斯克②	−1.2	−2.1	−1.2	−0.0	−0.1	0.5	0.1	0.9	1.2	0.3	0.6	−1.0	−0.1

表 2

	1月	2月	3月	4月	5月	6月	7月	8月	9月	10月	11月	12月	年平均气温
1883—1915	−14.7	−13.8	−9.5	−2.7	3.3	9.2	13.6	11.2	6.0	−0.9	−7.7	−12.8	−1.6
1916—1930	−13.4	−13.2	−9.7	−2.8	3.0	11.1	13.0	11.6	6.9	0.0	−5.5	−10.7	−0.7
温度差	1.3	0.6	−0.2	−0.1	0.3	1.9	−0.6	0.4	0.9	0.9	2.2	2.1	0.9

① 即现今的塔林。——校者
② 即现今的伏罗希洛夫格勒。——校者

赫尔辛基冬季变得温和，夏季转凉。

至于列宁格勒，则冬夏两季都变暖：

	1801—1850	1851—1900	1901—1920	1921—1936
年平均气温	3.5°	3.8°	4.4°	4.6°
冬　　季	－8.1°	－7.5°	－6.6°	－6.4°
夏　　季	15.9°	16.0°	16.3°	16.3°

然而，列宁格勒冬季的气温比夏季的气温增高得多，从而温度年较差显著减小。这从下表所列夏季（6 月、7 月、8 月）和冬季（12 月、1 月、2 月）平均温度差中可以清楚地看到：

1801—1850	1851—1900	1901—1920	1921—1936
24.0°	23.5°	22.9°	22.7°

这就是说，气候变得更具有海洋性。

因此，我们亲眼看到了表现为变暖现象的强大气候过程。这种变暖现象涉及整个或几乎整个地球。1919—1938 年间出现的气温增高会不会延续下去，在现在的气候学状况下还不能回答。总之，从 1939 年起变暖现象停止，直到 1945 年都还没有再次出现。

我们要再次指出，上述气温升高现象是就平均结果而言的，而在个别年份也出现偏离常温的气温降低现象。应当根据几十年的情况，而不是根据个别年份的情况来研究气候变暖的问题。

第二章　历史时代的气候变化问题[①]

不仅在广大公众中，而且在地理学家中，都流行着这样的一种看法：乌克兰、中亚细亚（还包括亚洲中部）[②]、地中海各地，甚至全世界都在逐渐变干[③]。人们用气候变干来解释诸如地中海沿岸和东方古文化衰落、亚洲中部腹地各民族发生迁徙、推测的河流变浅和湖泊干涸、荒漠和沙地向草原推进、草原地区森林消失等现象，认为它们与气候变干有关。许多人认为，我们这个行星变干是从冰期结束时期一直延续下来的不幸的过程。

例如，П. А. 克鲁泡特金在其 1904 年发表于 6 月号《地理学杂

① 最初以标题《历史时代的气候变化》登载在《Землеведение》，1911，№ 3，сгр. 23—120. 其德文译文登载在《Geographische Abhandiungen》，herausgeber Von A. Penck，Bd. X，Heft 2，1914. 这次付印时作了一些修改。

② 在俄语中，"中亚细亚（中亚）（Средняя Азия）"和"亚洲中部（中部亚洲）（Центральная Азия）"是两个不同的区域概念。前者指苏联土库曼、乌兹别克、吉尔吉斯、塔吉克共和国以及哈萨克共和国南部。后者指亚洲腹部，即中国和蒙古境内广大荒漠平原和山原地区，面积约 600 万平方公里，北界和西界大致与中苏和苏蒙国界相符；南界为印度河上游及雅鲁藏布江；东界沿大兴安岭、太行山、四川及西藏东部山地通过。——校者

③ 指出下一情况是颇有意思的：根据康德的意见，由于地球不断失去水，即变干，地球上的生命必将终止。

志》上的一篇文章中写道："亚洲中部的最新研究令人信服地证明，这片广大的地区从历史时代初期起它就已开始变干，目前正处于迅速变干的状态。在整个亚洲中部，蒸发量均超过降水量，结果使荒漠的界限逐年扩大，只有在邻接山脉而有降水的地方，才可能有生命和依靠人工灌溉发展耕作业。"按照克鲁泡特金的意见，不仅整个亚洲北部，而且欧洲都受到自冰期末期延续下来的变干现象的影响，欧亚两洲许许多多的大小湖泊都是由过去冰川融化形成的许多广阔陆内湖的残遗物。从那时到现在，这些湖泊的面积不断缩小。"我们在这里说的都不是暂时的现象。变干是我们生活的时代的显著特征，正如同固体降水和液体降水的不断积聚是冰期的特征一样。"

在赞同变干论的人中，除了 П. А. 克鲁泡特金，还有洪堡、布兰福德、惠特尼、Т. 费舍尔、韦纽科夫、И. В. 穆什克托夫、Т. Е. 格鲁姆-格日迈洛、В. 格荻、帕萨格、亨丁顿等人。

但是，反对这一观点的也有很多人，其中有 К. С. 韦谢洛夫斯基、В. В. 道库恰耶夫、С. Н. 尼基京、А. И. 沃耶伊科夫、Н. А. 索科洛夫、Т. И. 坦菲利耶夫、В. В. 巴托尔德、Е. В. 奥波科夫。外国科学家中反对变干论的有：爱・布吕克纳、帕尔奇、埃吉尼蒂斯、И. 瓦尔特、埃卡特、艾克霍尔姆、莱特、奥尔克、菲利普森、А. 彭克、Дж. 格雷戈里、艾伯特、希尔德布兰德森等人。

下面，我们首先谈谈同变干假说有关的若干理论问题，同时研讨一下湖泊、河流、荒漠、土壤和植被在历史时代的气候变化方面向我们揭示了什么。然后，再论述单个地区，分析每个地区的气候在历史时代内变化的方向。

关于大气中的水分储量

某些作者认为，大气中的水分总含量在地球的整个地质史中是逐渐减少的。例如，惠特尼[1]便支持这种观点，他的意见的根据是：

1）在各地质时期内，大陆的面积因海洋面积缩小而日益增大，从而蒸发水分的面积逐渐缩小。

2）由于太阳温度降低，它输送给地球的热量越来越少，因此地球上的温度应当持续下降，而蒸发也相应地减少。

然而，必须指出，地球上的水分循环是极为复杂的。为了解决与此有关的许多局部问题，必须掌握的数字资料。但遗憾的是，科学目前还没有掌握这样的资料。因此，不可能回答各地质时期内大气中水分数量的增减问题，至少对于断言大气中水分减少是没有根据的。这可以从下文的叙述中清楚地看到。

在探讨这个问题时必须注意：从理论上讲，可能存在这样的情况，即陆地上的降水量减少，海洋上的降水量会同时增多；一个半球的水量增多，另一个半球的水量会同时减少；或者一般说来，一个地方降水量增多，同时伴随着另一地方降水量减少。最后，除了这种空间上的补偿外，还可能有时间上的补偿。大家知道，布吕克纳推测，在他的35年周期的湿润半期内，陆地上的降水量大于常年降水量；在干燥半期内出现相反的关系。但是，布吕克纳并不否

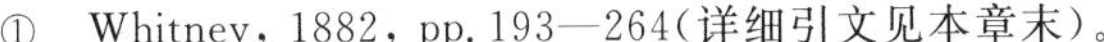

① Whitney，1882，pp. 193—264（详细引文见本章末）。

认空间上的补偿。他认为，陆地上空降水量丰富，会伴随着海洋上空降水量的减少，反之亦然。

A. И. 沃耶伊科夫注意到可以解释降水量变动的如下事实[①]。如果海洋上空为气旋，而大陆上空为反气旋，则洋面和陆地表面的蒸发量就比较小（海洋上为阴天，陆地上为晴朗无雨的干燥天气），从而地球上的降水量小；与此相反，如果海洋上空为反气旋，大陆上空为气旋，海陆表面的蒸发量就比较大，从而地球上的降水充沛。如果现在气旋区和反气旋区在不同年代内发生移动，那么由此降水量的变化就会随之增大，同时正是在气旋经常通过大陆上空的年代，整个地球上的降水应该更大；与此相反，当气旋较少通过大陆上空的时候，整个地球上的降水量就较小[②]。如果我们设想在过去地质时代气旋经常通过陆地上空，而反气旋经常通过海洋上空，这时便应形成丰富的降水。

此外，海陆表面蒸发的水量，还决定于许多原因，其中可以举出如下几点：

1）空气、水分和土壤的温度。

2）大气的压力。

3）风力，即气压梯度的大小。

---

① А. И. Воейков. Круговращение воды в природе. Осадки и испарение. Метеор. Вестн., 1894. стр. 381 и сл. см. об этом также: Ed. Brückner. Die Bilanz des Kreislaufs des Wassers auf der Erde. Geogr. Zeitschr., 1905, pp. 436—445.（то же в《Почвоведении》, 1950, стр. 177—193; см. стр. 189 и сл.）

② 上述一切指的仅仅是暖（无雪）期的中纬度；冬季，中纬度陆地表面的蒸发是微不足道的，对降水几乎没有影响；降水受到冬季的影响，特别是受到从海岸带来的水分的影响。

4）大气环流的特点。

5）大陆、陆地水域和海洋所占面积的比例关系。

6）海水的盐度。

7）土壤和基质的物理性质与化学性质。

8）陆地上植被的状态。

从上面的叙述中可以看到，降水现象是极其复杂的。

很少可能有这样的情况：随着时间的推移，上述各个因素都向导致蒸发量减少的方向变化。但是，详细分析上述各点，会使我们离题太远。

我们首先来分析一下陆地和海洋面积的比例关系问题。像我们已经提到的，惠特尼[①]指出，在地质时代中，大陆的面积因海平面降低而日益扩大；这一情况本身又导致洋面蒸发量的减少。也许，就过去的地质时代来说，惠特尼的说法是正确的。在地质时代内，由于地台增大，地槽区面积不断缩小。例如与第三纪相比，远古代最末期地槽区的面积要大得多，而地台的面积要小得多。同时，地台一经形成，照例就再也不会变为地槽区[②]。

至于说到现在的情况，那就有根据认为，现代（从地质上来说）的海平面比过去时代的海平面高。下述情况证实了这一点：

1）在海岸线向陆地移动的情况下形成的港湾海岸类型，分布极广。A. 彭克说道："按海岸的轮廓来判断，我们正生活在海侵时

① Whitney, 1882, pp. 205—219.

② Н. С. Шатский. Изв. Акад. Наук СССР. серия геолог., 1946, № 4, стр. 12—14, фиг. 1—4.

代。”[①]

2）珊瑚堡礁和环礁的广泛分布，使A.彭克得出如下结论[②]：在不太久以前，海洋应当比现在低100—200米[③]。南森[④]也持有这种看法；而在最近代的作者中，则有R.A.戴利[⑤]持这种看法，他认为海平面升高了100米。

3）水下谷地的广泛分布[⑥]。

4）在海底很多地方观察到差异很大的地形；在海底，像不久前就已推测的那样，在理论上应当期望存在平原地形。例如，有根据认为，自南向北纵贯整个大西洋的海岭并不是刚出现的山岭，而与此相反，是沉陷到海平面以下的山脉——与科迪勒拉山系有某种类似[⑦]。

另一个根据，即太阳辐射的热量正逐渐减少，现在无论如何也不能认为是有说服力的。与此相反，现在人们认为，太阳的温度应当逐渐增高。

① A. Penck. Morphologie der Erdoberfläche, 11, 1894, p. 581.

② A. Penck, pp. 659—660.

③ 有些地方（如在斯堪的那维亚半岛）已经出现相反的过程——陆地上升。

④ F. Nansen. The bathymetrical features of the North Polar seas with a discussion of the continental shelves and previous oscillations of the shore-line. The Norwegian North polar Expedition 1893—1896, Vol. IV, № 3 1904, p. 197, 200. 同时，南森认为，从地球历史最古老的时期起，洋面就没有发生过显著的变化。

⑤ R. A. Daly. The floor of the ocean, New light on old mysteries. Chapel Hill, 1942, Univ. of Carolina Press.

⑥ 详见：Л. С. Берг. Подводные долины. Изв. геогр. общ., 1946, № 3, стр. 301—306。

⑦ 关于这方面，请参看：Л. С. Берг. Некоторые соображения о передвижении материков. Изв. геогр. общ, 1947, № 1。

维持太阳发出的辐射能的源泉，是释放出原子内部能量的核反应：实现着贝特所确定的原子内部变化的碳循环。氢的原子核（质子）是维持太阳内部的能储量的燃料。太阳整个量的1/3是氢，在太阳中的氢原子比所有其他元素原子的总和还要多11倍。如果今后太阳的辐射仍按目前这样的数量进行，那么这种“燃料”就足够再用300亿年。但是，由于氢的数量将减少，太阳物质的不透明度便日益增大，因为纯氢的透明度比各种元素的混合体要大得多。因此，太阳的温度开始增高，原子反应将进行得更快，从而太阳开始放射出更多的能量，同时体积增大。В. Г. 费森科夫[1]说道：“因此，便得出这样一个乍看起来非常奇怪的结果：随着氢的消耗，太阳的亮度和体积将增大。这一情况限定今后太阳作为辐射体存在的上限总共约为100亿年。”

这样，太阳中氢的储量至少还足以维持不低于目前水平的太阳辐射100亿年之久。因此，在近几十亿年内，太阳辐射的强度不会减弱。甚至可以预料，太阳的温度在今后几十亿年内将发生相反的情况——即逐渐增高，从而也就是地球上的温度将增高（在其他条件相同的情况下）。有人计算，地球上的温度每过2亿年应当增加1°。根据这种情况，在遥远的过去，太阳辐射的能量应当比较少，太阳的体积也应比较小。但是，上述太阳温度增高的过程进行得极为缓慢，实际上我们可以与地质学家和天文学家一同认为，太阳在整个地质时代内输送给地球的热量是大致相同的[2]。拉塞

① В. Г. Фесенков. Космогония солнечной системы. Л., 1944, изд. Академии наук, стр. 74.

② Фесенков. Космогония солнечной системы, стр. 63.

尔说道:“我们不仅有权,而且应当假定,在地球产生的时期,太阳的体积、质量和温度实际上和现在是一样的。”①

因此,ceteris paribus(如果其他条件都相同),水域表面的蒸发量应当始终是大致相同的。

总之,没有根据认为地球上的水量在历史时代发生变化。B. H. 维尔纳茨基的意见也是这样。这位杰出的学者在论及天然水的历史时说道:“我们在任何地方都未见到有迹象表明存在任何的只有一个含义的过程——我们这个行星上水量的减少或增多。”②维尔纳茨基断言,地球上的水量是固定的,同时地球逐渐变干论和关于从前某时曾覆盖整个地球的全世界大洋的假设(休斯的“泛大洋”〈panthalassa〉)一样,应当予以抛弃。

关于土壤中的水分储量

某些作者③持有这样的看法,即土壤和底土中的水量会逐渐减少。他们援引森林、沼泽和湖泊的面积在历史时代缩小作为证据。

但是,这种观点是不正确的。我们可以假定森林储存水分,而且在它们被砍伐后该水分从土壤和底土进入大气。但是,该水分

① Г. Н. Рессель. Солнечная система и ее промлсхождение. пер. с англ., М., 1944, стр. 22.

② В. И. Вернадский. История минералов земной коры. 11. история природных вод, вып. 1, Л., 1933, стр. 21.

③ 例如 W. 格茨关于这个问题,他写了许多文章(1889,1904,1906)。

将加入水分循环，并以雨雪的形式降落在别的地方，因此地球土壤中的水分总含量丝毫也未减少。同时，还应注意森林对地下水和土壤水的影响，这是一个极其复杂的问题。在山区和一般地势起伏地区，森林保护地下水，因为它们截留斜坡上的雨水和雪融水。可是，在平原上，情况就比较复杂。在大气降水稀少的地方，例如在森林草原，森林看来是使底土变干，而且森林下面的地下水位要比邻近原野下面的地下水位低。在十分潮湿的地方，如在森林地带，通常观察不到森林对底土的干燥影响①。然而，即使在北方，例如在列宁格勒州，像Г. И. 坦菲利耶夫②所观察到的那样，砍伐森林或森林火灾往往导致沼泽化。在苏联北方的森林采伐迹地内，常常是起初出现藓类——金发藓（Polytrichum），然后出现泥炭藓。

总之，绝不能断言，森林在各个地方都是地下水的保持者和蓄积者。

现在，我们来讨论湖泊和沼泽。

近几百年来，没有发现湖泊水位有任何逐渐降低的现象，而只有湖水涨落的现象。这一点目前可以认为已经得到证实。其详细情况将在下面加以说明。至于说到某些湖泊和沼泽因沉积物淤塞和植物丛生而消失的明显事实，那么这一现象为在过去没有湖沼的其他地方形成湖沼所抵消。

这里我们举几个例子来证明有根据认为不是沼泽面积自然缩

---

① 详见：Л. С. Берг. Основы климатологии，2-е изд.，1938，стр. 183 и сл.

② Г. И. Танфильев. О болотах петербургской губ. Труды Вольно экон. общ，1889，№ 5，стр. 135—151.

小，也不是沼泽变干，而与此相反，恰好是沼泽面积在现在时期增大。

据 С. Н. 尼基京的观测[①]，他在伏尔加河上游考察的所有藓类沼泽和森林沼泽，都在旺盛发育，不断增长，以颇大的速度不断扩大其面积。

А. Ф. 弗廖洛夫报道了弗拉基米尔州西部森林沼泽化的情况[②]。

根据 В. Н. 苏卡乔夫的考察（1903），博洛戈耶车站附近的费多辛沼泽现在由于周围地方沼泽化而正在扩大面积[③]。根据这位作者的描述，在普斯科夫州韦利卡亚河流域，不久前出现了位于藓类沼泽中的卢涅沃湖：这里最初曾是苔草沼泽，后来转变为灰藓沼泽，接着又演变为成片的泥炭藓泥炭沼泽；最后，在不太久以前，在成片的藓类沼泽地方形成了小小的卢涅沃湖。作者对这个小湖的成因作了如下的解释：处在巨大压力下的沼泽底部深层的石膏水，找到了出露的通道，冲破了泥灰层，从而形成了湖泊[④]。

总之，应当说，泥炭沼泽，尤其是泥炭藓沼泽，一旦形成，就会不断扩大，即使在气候稳定（不变）的情况下也是如此[⑤]。其原因

① С. Н. Никитин. Бассейн Волги. СПб., 1899, стр. 218.

② А. Флеров. Флора Владимирской губ. Труды Общ. сст. Юрьевск. унив., X, 1902, стр. 42. 也可参看：А. Флеров. Образование болот и зарастание озер в сев.-зап. части Владимирской губ.《Землеведение》, 1899, кн. 1—2, стр. 5—8.

③ В. Сукачев. Материалы к изучению болот и торфяников озерной области. Труды пресноводной биолог. станции СПб. общ. ест., 11, 1906, стр. 189.

④ В. Сукачев. Ботан. Журнал. изд. СПб. общ. ест., 111, 1908, стр. 134—135. (Труды СПб. общ. ест., XXXVII, вып, 3, отд. ботан.)

⑤ 关于这一点，例如可参看：С. Н. Никитина. Бассейн Волги. СПб., 1899, стр. 200—201. В. Н. Сукачев. Болота, их образование, развитие и свойства. 11, 1915, стр. 31 и сл. Н. Я. Кац. Болота и торфяники. м., 1941, стр. 111, и сл.

是，沉积的泥炭形成物本身的含水量很大。由于本身的含水量大，泥炭沼泽一方面抬高了地下水位，另一方面又沿水平方向扩展，使沼泽周围地方(往往甚至是坡地)逐渐被沼泽化。沼泽体的断裂和喷溢更加剧了这一过程。克林格对爱沙尼亚就作过这样的记述，但这种现象也存在于其他地方。

Г. Н. 坦菲利耶夫曾在季曼冻原内观察过冻原向森林推进的情况。他还指出，在中俄罗斯[①]，以及在过去的彼得戈夫县和在维堡区[②]，也存在森林沼泽化的现象。在季曼冻原内，在离沃隆加河、别祖日河、佩沙河及斯诺帕河沿岸森林边缘数百俄丈处，坦菲利耶夫在泥炭冻原内发现了矗立于泥炭中的死亡、风干的云杉树干。在这些河流沿岸的天然露头中，有时在泥炭沼泽底部达两米深处，发现有桦树和云杉的树枝。这位作者认为，引起这种现象的原因不是气候，而是在森林土壤上出现了泥炭，它是热的不良导体，从而导致冻土的形成；这种冻土便可使树木死亡[③]。除了在西伯利亚，同时在瑞典北部[④]和在芬兰，特别是在北方[⑤]，也可见到森

① Г. И. Танфильев. По тундрам тиманских самоедов летом 1892 г. Изв. Геогр. общ，XXX，1894，стр. 21—22，также 15 и сл.

② Г. И. Танфильев. О болотах Петербургской губ. Труды Вольноэкон. общ.，1888，т. 11，отд，11，стр. 61—62. 也可参看：Н. Я. Кац. болота и торфяники М.，1941，стр. 121.

③ Танфильев，1. с.，стр. 22. см. также. Г. Танфильев. Пределы лесов. в полярной России，1911，стр. 76，по против такого взгляда на мерзлоту есть и возражения：В. Сукачев. Труды Юрьевск，бот. сада. XIII，1912，стр. 43—44.

④ Г. Танфильев《Die Veränderungen des Klimas》，stokholm，1910，p. 173；Пределы лесов в поляр. России，стр. 62，63.

⑤ A. K. Cajander. Studien über die Moore Finnlands.《Fennia》，XXXV，№ 5，Helsingtors，1913，p. 3，25—44.

林沼泽化现象。

根据阿里奥的记载(1932),在芬兰的萨塔孔塔省的海岸上,形成了厚达1米以上的沼泽,而这些海岸是在共计为600—700年前才露出海面的。

据波勒的资料,在卡宁冻原内也发生岛状森林的沼泽化。这位作者认为,卡宁冻原中的岛状森林是乔木植被的残遗物。这种乔木植被过去在气候条件较好时曾经分布到北方很远的地方①。

C. И. 科尔任斯基在论及阿穆尔州时赞同这样的看法,即该州在最近历史时期变干,其原因部分是由于人类的影响,这就是在滨阿穆尔河流域焚毁森林(烧垦)和在满洲②砍伐森林:"此外,还有人断言,降水量大大减少。"③与此相反,A. П. 列维茨基④得出结论认为,"在总起来导致土壤表层湿度增大的一系列自然地理因素和生物因素的影响下",目前阿穆尔州的沼泽在扩大,侵入了泰加林。阿穆尔泰加林,在地势较高的地方(由于自己的位置而未受到沼泽化的地方)或冲积砂质河漫滩上,目前还保留着多少比较原始和单纯的状态(即未混杂有沼泽和半沼泽植物群系的成分)。阿穆尔泰

---

① R. Pohle. Pflanzengeographische Studien über die Halbinsel Kanin und das angrenzende Waldgebiet. I. Труды СПБ. ботан. сада, XXI, 1903, p. 96, 130.

② 即我国东北。——校者

③ C. Коржинский Отчет об исследовании Амурской области как земледельческой колонии. Изв. Вост.-Сиб. отд. Геогр. общ., XXII, 1892, № 4—5, стр. 92.

④ A. П. Левицкий. К вопросу об эволюции болот в Амурской области. 《Почвоведение》, 1910, стр. 83—84. Его же: Верхне-Зейская экспедиция. Преди. отчет о ботанических исследованиях и Сибири и Туркестане в 1909 г., изд. Пересел. управл., СПб, 1910, стр. 105. 也可参看:《Приамурье》, M, 1909, стр. 795—796.

加林（以及所谓的“马里林”，mapu）[①]的所有其他地段，都经历着在日益逼近的沼泽植物区系的压力下森林绝灭的过程。除了其他自然地理条件外，土壤冻结以及人类焚烧森林的活动，也是导致这种情况的原因[②]。

A. П. 列维茨基没有特别指出气候学上的原因。不管怎样，对我们来说，重要的是指出目前阿穆尔州没有出现变干现象，而相反地是发生了沼泽化现象。如果出现大气降水逐渐减少的情况，这将无疑是妨碍沼泽扩大、促进森林茂盛发育的因素。而实际上，却存在某种相反的情况。A. П. 列维茨基把阿穆尔州出现的沼泽向森林推进的情况，同科尔任斯基[③]对森林草原指出的森林侵占草原的过程相比较。

在湖泊地方形成泥炭沼泽，绝不会导致土壤水分减少。大家知道，泥炭吸收大量水分，其含量为泥炭重量的100%—1500%。最后，在湖泊和沼泽消失的地方，出现植被，它蒸发掉的水分比水面蒸发的水分还要多。藓被蒸发掉的水分比自由水面蒸发掉的水分要多10%—20%。[④] 因此，大气中水蒸气的数量应当增多，从而

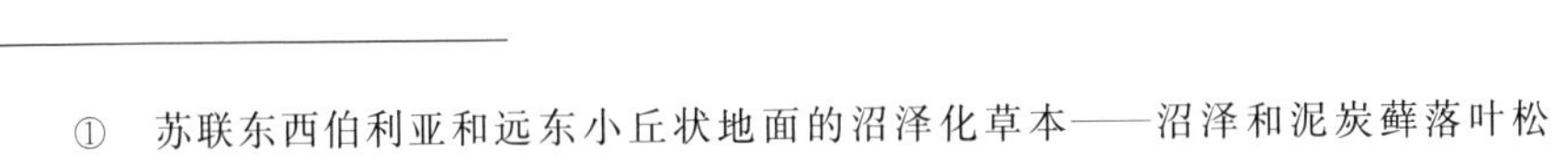

① 苏联东西伯利亚和远东小丘状地面的沼泽化草本——沼泽和泥炭藓落叶松林。——校者

② 关于涅尔琴斯克与库延加之间的地区，也可参看：И. Новопокровский. Растительность в районе Амурской Ж. Д. между Перчинском и Куенгой. СПБ., 1910 (изд. Перес. упр.), стр. 43, 75.

③ 至于说到外贝加尔，那么，在这里发现谷地北坡发生森林沼泽化，而南坡则发生草原向森林推进的情况（И. М. Крашенинников. К характеристике ландшафтов восточного Забайкалья.《Землеведение》, 1913, № 1—2, стр. 161—163）。因此，在外贝加尔，植被的这些变化带有地方性质。它们的发生，没有受到气候变动的影响。

④ 详见：Л. С. Берг. Основы климатологии, 2-е изд., Л., 1938. стр. 192.

降水量也增大[①]。

正如彭克所指出[②]，陆地上的水分从未发生大量损失的情况得到了如下事实的证明：在历史时代内整个海平面没有发生任何变化；如果水分有损失，海平面就应当降低。

格茨指出，由于某些重新形成的化合物对水的吸收作用，地壳上层有一定数量的水脱离了循环。这个意见只有部分是正确的。诚然，在海洋和陆地的水中发生水的许多结合过程或水合作用[③]。例如，由于有机体的生命活动，释放出二氧化硅、氧化铁和氧化锰的水合物。这类沉积物在水域底部形成巨大的堆积体。看来，大量的水是通过这种方式脱离水分循环的。然而，随着时间的推移，这些沉积物又由于大地构造过程而出现在陆地上，同时水合物中所含的水又再次逐渐进入水分总循环。此外，大量的水参加到水底淤泥的组成中，在这里同样在一定的时间间隔内被结合起来[④]。某些盐类含有大量的水，例如，在苏打（$Na_2Co_3 \cdot 10H_2O$）中含有64.2%的水。其次，在风化作用和成土作用的过程中，水合作用的意义也很大。

然而，在地表和地壳内也极普遍地存在着相反的过程——脱

① 由于泥炭沼泽是沿过去的湖盆边缘朝水平方向发育增大，并占据湖泊的沿岸，同时也由于泥炭沼泽往往是中间突起的（高出泥炭沼泽边缘或过去的湖泊达4米和4米以上），所以不能不同意С. Н. 尼基京的下述意见（Бассейн Днепра. СПб, 1896, стр. 146）：这样的泥炭沼泽所含的水往往在总量上不会少于（即使不多于）曾经蓄满清净湖水的同一湖盆所容纳的水。

② A. Penck. Untersuchungén über Verdunstung und Abfluss von grösseren Landflächen. Geogr. Abhandl., herausgeg. von Penck, Bd, V, 1896, p. 462.

③ 或称"水化作用"。——校者

④ В. И. Вериадский. История минералов земной коры. II, 1933. стр. 71, 163.

水作用。随着地质时代的推移，富含水分的凝胶不断老化，失去其部分和全部水分。例如，铝土矿中的三水氧化铝（$Al_2O_3 \cdot 3H_2O$）会逐渐变为一水合物（$Al_2O_3 \cdot H_2O$）。

在土壤中，除了水合作用——吸收水分，也进行着相反的过程——脱水作用，例如，在还原环境中在有机物质影响下释放出来；例如，硫酸化合物通过这一途径变为硫化物（石膏变为硫化钙）；而硫化物又在氢氧化铁的水合物（针铁矿，$Fe_2O_3 \cdot H_2O$；或褐铁矿，$2Fe_2O_3 \cdot 3H_2O$）的作用下形成黄铁矿（FeS_2）。可见，在自然界中，在黄铁矿变为针铁矿的同时，水被吸收，并出现相反的过程——针铁矿、褐铁矿、水赤铁矿（$2Fe_2O_3 \cdot H_2O$）和氧化铁的其他水合物变为黄铁矿——释放出水的过程。但是，除此之外，在地表还发生释放出从前被吸收的水的许多化学过程；例如，在奥洛涅茨（Олонец）型闪长岩破坏时，普通角闪石变为黑云母，同时释放出水。

如果由于上述一切在地壳上部地带〔按照范海斯（1904）的术语“碎裂变质[①]带”〕最后发生水合作用时水的大量吸收，那么，与此相反，在下部地带（从地下水位下限到地壳深处）便发生深带合成变质[②]（范海斯）过程：不是矿物的水合作用，而是矿物的脱水作用，即水的释放在这里占主要地位；即不是以氧化作用，而是以还原作用为主；碳酸盐类在这里发生分解，而硅酸盐类发生还原。

---

①　原文为“Катаморфизм”，相当于英文中的“Katamorphism”（或“Catamorphism”），或译为“浅层变质（作用）”。——校者

②　原文为“анаморфизм”，相当于英文中的“anamorphism”，或译为“深带复合变质（作用）”。——校者

深带合成变质带内的水因经常温度很高而常常处于蒸气状态，从而显然也能渗透到上部地带，即碎裂变质带，补充那里的水分储存。蛇纹石逆变为橄榄石和顽辉石，或者滑石逆变为顽辉石和石英，便是深带合成变质过程的例子。在这两种情况下，都释放出水[①]。

$$Mg_3H_4Si_2O_9 = Mg_2SiO_4 + MgSiO_3 + 2H_2O$$

蛇纹石　　橄榄石　　顽辉石

$$Mg_3H_2Si_4O_{12} = 3MgSiO_3 + SiO_2 + H_2O$$

滑石　　顽辉石　　石英

随着向地壳内部深入，含水矿物消失，开始形成无水矿物。例如，蛋白石 $SiO_2 \cdot nH_2O$ 变为 SiO_2，氢氧化铁变为 Fe_2O_3，粘土 $Al_2O_3 \cdot 2SiO_2$ 变为 $Al_2O_3 \cdot SiO_2$ 和 SiO_2 的混合物(红柱石、蓝晶石、硅线石)，等等。

此外，在地壳中——无论在其表层和深部，都一方面大规模进行合成作用，另一方面大规模进行水分子的分解作用[②]。

不管上述水合作用和脱水作用、水的合成和分解等过程的最终平衡如何，都必须指出补给大气和土壤表层的水分储量的另一极重要的来源：火山喷发时大量水分以蒸气形式进入地表(按休斯的说法，即为所谓的原生水)[③]。如果可以证明历史时代初期火山喷发比现在频繁，那么当时地表存在大量水分的现象就能在某种

---

① F. W. Clark. The data of geochemistry. U. S. Geol. Survey, Bull, № 770, Washington, 1924, p. 616.

② 关于这方面，请看：Вернадский, l. c., 1933, стр. 165.

③ 对于休斯关于原生水的见解，应当加以修正：这种水并非来自地球深处，而是来自地壳的范围内。请参看：Вернадский, l. c., стр. 167.

程度上得到解释。但是,现在完全没有资料来作出这样的论断。

由此可见,我们无法判定土壤中的水量是增加还是减少。逐渐减少或增加土壤中的水量的自然过程是没有的。

湖泊的消失过程

人们常常引用湖泊逐渐变浅和消失的事实来证明某个地区在逐渐变干,即气候朝降水减少方向的变化。

然而,这一情况丝毫不能说明变干现象。大家知道,湖泊是地理景相(景观)中极短暂的要素:每一个湖泊的未来由于沉积物的淤积而后消失;某地方侵蚀作用的产物越多,显然凹地就淤积得越快。雨下得大的地方(如果其他条件都相同),侵蚀作用的产物就多,因此,多雨地区的凹地必然要比降水少的地区的凹地消失得快。这个结论同那些认为地球永远变干的人的观点正好相反,很容易由凹地和湖泊的分布来加以证实。正是在降水最多的地方,如热带非洲西部、亚马孙河流域、印度,即大气降水在2 000毫米以上的一切地方,凹地和湖泊很少。与此相反,所有荒漠都具有许多凹地,其中一部分是干的,一部分为湖泊所占据。

几乎湖泊景观特别明显的所有地区,如芬兰、波罗的海沿岸湖泊地带、加拿大湖区、哈萨克斯坦[①]、西西伯利亚、亚洲中部,都位于降水不到1 000毫米的地方。正如李希霍芬[②]所指出,喜马拉雅

① 即苏联哈萨克共和国。——校者

② Richthofen. Führer für Forschungsreisende., 1886, p. 288, 285.

山雨量充沛的南面部分没有湖泊，而其雨量贫乏的北面部分却有湖泊。但我们也看到一个例外：东非降水充沛，同时这里湖泊也多，但其原因在于非洲各大湖是不久前的断裂作用的结果[①]。

有一种意见认为，湖泊和河流是大气降水的结果。这个看法对河流来说无疑是正确的，但对湖泊来说其正确程度很小。河谷是由流水的侵蚀作用塑造而成。因此，在没有大气降水或降水稀少的地方，河谷景相（景观）得不到发育。与此相反，湖泊是决定于盆地的位置的，而很大一部分盆地的形成，例如构造盆地的形成，都与气候毫无关系。可以设想一个地方，大气降水十分丰富，但没有盆地，这时在该地方我们将看不到湖泊。这样的例子的确是存在的（参看上文）。彭克正确地指出，降水充沛的地区广泛发育河流，而绝不发育湖盆，因为这些地区具有一直向海洋倾斜的坡面[②]。

早在70年前，道库恰耶夫就已很好地解释过俄罗斯平原湖泊的历史。列瓦科夫斯基[③]认为："许多天然泉和闭口湖明显减少，甚至完全消失，有力地证明了内陆水量不断减少的意见是正确的。"道库恰耶夫[④]在反驳他这种看法时写道："我们完全同意列瓦科夫斯基教授的下述看法，我国某些湖泊已经变浅，甚至完全消失；只要回想一下分布于我国整个俄罗斯中部和北部的那些巨大

---

① A. Penck. Einfluss des Klimas auf die Gestalt der Erdobërfläche. Verhandl III deutschen Geographentages, 1883.

② Penck, 1, c., p. 81.

③ И. Леваковский. Способ и Время образования долин на юге Россин. Харьков, 1869, стр. 14.

④ Заседания Петербургского собрания сел. хоз., 1876, № 7, стр. 13—14.

的盆地状泥炭层，就足以说明这点了。我们甚至可以同意若干泉水的喷力已大大降低的看法。但是，我们完全不理解，所有这一切怎么能有力地证明内陆水量不断减少的看法是正确的？我们认为，任何封闭水域从其一开始形成起，本身就已包含有日后消亡的萌芽，即便它每年都得到平均相等的水量，也免不了消亡。实际上，谁都知道，每一小时、每一分钟以溪涧形式或以直接渗透的方式（这都一样）注入任一湖盆的水，都将一定数量的固体物质带入该湖盆。因此，湖盆应当逐年不断变浅。另一方面，闭口湖或开口湖的水面应当不断增大，因此水分的蒸发也必然增大；水的深度不大也对这方面有影响。可以假定这个过程应当是极其缓慢的，可是地质时代同历史时代相比是无限漫长的。这就是说，仅仅由于这一过程，在一个湖泊生活的所有其他条件稳定不变的情况下，它迟早都应当消亡。这里可以补充一句，沉积物在湖泊底部的堆积还能通过其他途径，即通过增大湖泊经河流排出的水量，导致湖泊变浅和干涸。毫无疑义，有时候跌水后退也促进这一过程。我们认为，这是能够解释我国发现的湖泊变干和消失现象的唯一得到证实和足以说明问题的过程。”

列瓦科夫斯基[①]后来（1890）也同意了这些看法，尽管在谈到“亚洲俄罗斯草原”时，他仍然坚持草原逐渐变干的观点[②]，其主要依据是亚德林采夫的观测和穆什克托夫关于土耳其斯坦[③]的蒸发

① И. Леваковский. Воды России по отношению к ее Населению. Харьков, 1890 (Труды Харьк. общ. ест., XXIII, XXIV), стр. 274—277.

② 同上注，第 279 页。

③ 或称“突厥斯坦”。——校者

量大于降水量的意见。

总之,随着时间的推移,每一湖盆都应当由于矿质沉积物和有机沉积物(泥炭、腐泥)的淤填而缩小。

在谈了这些初步意见后,现在我们来谈谈不久前湖泊消失的一系列因素——但是与气候变化没有任何关系的事实。

在列宁格勒东南面托斯纳的利辛附近,有两个藓类沼泽,它们已经根据 1834 年的测量绘制入图。但是,在 1676 年和 1685 年的瑞典地图上,在这两个沼泽地方标绘的是两个大湖泊,它们显然是在 150 年的时间内长满了植物①。在列宁格勒州的科波尔湾以南有个湖后②村;这个曾经作为村址的湖泊,现在仅仅遗留下散布在泥炭沼泽中的一群深坑。根据 1784 年、1846 年和 1880 年的测量可以判断,卢加东北面的韦利耶湖到 1887 年由于植物丛生而面积大大缩小。1667 年的瑞典地图上表示的两个兰博洛夫湖(Рамболовскце озера),到 1887 年变成了沼泽。据总参谋部 1827 年的测量,在斯维里河口附近的乔姆巴渔民区标有两个小湖,其中的一个已完全消失③。15—16 世纪的诺夫哥罗德田地税册上提到的捷索沃耶湖现在已经分为若干个小湖,在这些小湖周围分布着连续的藓类沼泽④。

塔尔图北面面积约 2 平方公里的索伊茨湖,不久前曾经占有

① F. Ruprecht. Ein Beitrag zur Frage über die Zeitdauer, Welche zur Sumpf-und Tortbilding nothwendigist. Bull. Acad. Sc, Pétersb., VII, 1863, pp. 148—158.

② 俄文为"Заозерье",系地名,这里是意译。——校者

③ Г. Танфильев. О болотах петербургской губ. Труды Вольноэконом. общ., 1889, № 5, стр. 147—149.

④ 同上注,第 147 页。

1倍于此的面积,这可以从下一情况加以判断,在整个湖泊周围的泥炭下面都发现有湖泊沉积物。现在,该地的淤泥沉积物在有些地方厚达14.5米,可是湖深为1—2米,仅在一个地方为4.5米。索伊茨湖盆中的淤泥总量为水量的5倍[①]。湖中丛生睡菜、苔草、藨草和轮藻类,而且眼看着湖泊面积在缩小。在该湖沿岸分布着泥炭沼泽,这是在从前为水面的地方形成的。

M.米伦在塔尔图以南26公里处的什潘考湖进行的钻探,说明了该湖底部沉积了什么沉积物:这里的蒙德湾深度不超于3.5米,但淤泥层却厚达9米[②]。在这同一篇文章中还援引有关于爱沙尼亚其他湖泊植物丛生的资料,并且指出:根据50年前测绘的地图以及根据多年居住在该地的人的回忆来判断,在原瓦尔克县新拉伊茨科姆领地内过去有一个面积为25公顷的湖泊;现在该湖泊已经消失,变成了藓类沼泽。

И.克林格[③]曾经详细报道了拉脱维亚湖泊植物丛生的过程,而A.Ф.弗廖洛夫[④]则对弗拉基米尔州的湖泊作了同样的描述。

---

① L. Von. zur Mühlen. Der Soiz-See Seine Entstehung und heutige Ausbildung. Прот. Юрьевск. общ. ест., XVIII (1909), № 2—3, 1910, отд. 3, стр. 12—13.

② M. Фон Цур-Мюлен. Исследования над Шпамкауским Озером. Вестн. рыбопром, XXI, 1906, стр. 554—566, С двумя каргами (глубин и толщины ила). То же в Прот. Юрьевск. общ. ест., XV (1906), № 3, стр. 5—17. с двумя картами.

③ J. Klinge. Ueber den Einfluss der mitteeren Windrichtung auf das Verwachsen der Gewässer. Botan. Jahrbücher, XI, 1890, pp. 264—313.

④ A. Ф. Флеров. Образование Болот и зарастание озер в северозападной части. Владимирской губ.《Землеведение》, 1899, кн. 1—2, стр. 14—15;也可参看:Труды общ. ест. Юрьевск. Унив., X, 1902.

在湿润的和一般不太干燥的地区，湖泊和沼泽植物丛生的速度极快：据 B. H. 苏卡乔夫的观测，在博洛戈耶站附近的弗多西辛沼泽内，泥炭（Sphagnum medium——中位泥炭藓）的年增长量平均为 0.68 到 1.82 厘米，而且在其他一些年份为 2—3 厘米[①]。在库尔斯克州奥博扬城附近的佐林沼泽内，苏卡乔夫观察到泥炭的年增长量为 4—4.5 厘米[②]。根据尤里耶夫的调查，在曾斯科夫州的波利斯托夫沼泽内，泥炭的年增长量为 0.79—4.63 厘米；在一种情况下[Sphagnecum nanopinosum（泥炭藓矮松）群系]，泥炭在 11 年内增长了 51 厘米[③]。

Г. И. 坦菲利耶夫[④]在巴拉巴（Бараба）不仅观察到湖泊植物丛生的现象，而且观察到河流植物丛生的现象[⑤]。克林格也详细描述了拉脱维亚小河的植物丛生情况[⑥]，而 А. Ф. 弗廖洛夫则详细描

① В. Н. Сукачев. Материалы к изучению болот и торфяников озерной области. Труды，Преснов. Биолог. станция.（ПБ，общ. ест.，11，1906，стр. 183，184.）

② В. Н. Сукачев. Материалы к изучению болот и торфяников степной области Южной Россий. I. Зоринские болота Курской губ. Изв. Лесного инст.，XIV，1906，стр. 8（отт）.

③ М. М. Юрьев. К вопросу о быстроте нарастания сфагнового покрова. Труды студен. научн. кружков физ. мат. фак. СПБ. унив.，11，1910，стр. 25. 泥炭增长的速度是通过测量泥炭上松树根茎下面形成的泥炭厚度和根据关于松树年龄（这通过计算根茎的年轮数便容易算出）的资料来确定的。

④ Г. И. Танфильев. Бараба и Кулундинская степь. Труды геол. части Каб. е. в.，V，вып. 1，1902，стр. 125—128.

⑤ 关于湖泊和河流的植物丛生过程，请参看：J. Fvüh und C. Schröter. Die Moore der Schweiz，Bern，1904，pp. 19—65. 也可参看 B. H. 苏卡乔夫的出色著作：Болота，их образование，развитие в свойства. II.，1915，стр. 7—31. 还可参看 H. Я. Кац 的：Болота и торфяники. М. 1941，стр. 88—110.

⑥ Klinge，1，c.，pp. 296—299.

述了弗拉基米尔州小河的植物丛生情况[①]。所有上述作者都认为小河（和湖泊）消失的原因是自然的植物丛生过程，而不是气候的变化。

对于西欧来说，通过直接的气象观测容易证明，19 世纪内没有发生任何气候变干的现象。然而，这里出现了许多湖泊在短时期内部分消失和部分变浅的情况[②]。不久前，布罗[③]确定了巴伐利亚许多湖泊在 19 世纪内消失或变成沼泽的情况；甚至绘在 1834 年地图上的若干湖泊也消失了。

关于推测的哈萨克斯坦[④]、土耳其斯坦[⑤]和西西伯利亚湖泊变干

不久前，人们普遍认为中亚细亚和西西伯利亚的湖泊在逐渐

① А. Ф. Флеров. Труды Общ. ест. Юрьев. унив.，X，1902，стр. 90—93（原佩列斯拉夫县的库布里河和伊戈布拉河，伊戈布拉河一些河段植物丛生到这样的程度，以致沿着由相互交织的藓类构成的、晃动的覆盖层也可过渡到对岸）и стр. 338. 也可参看：《Землеведение》，1899，кн. 1—2，стр. 9—11.

② 例如，参看：W. Halbfass. Klimatologische Probleme in Lichte moderner Seenforschung. XXXII Jahresbericht d. Gymn zu Neuhaldenslehen，1907，pp. 13—14.

③ G. Breu. Neue Seestudien in Bayern. Ueber das Zurückgehen und Versumpfung bayrischer Seen in historischer Zeit. Berichte naturw. Vereins Regensburg XI（1905—1906），1908，pp. 24—26.

④ 即苏联哈萨克共和国。——校者

⑤ 俄文为“Туркестан”，英文为，“Turkestan”，或称“突厥斯坦”，为历史地名，包括西起里海、东到中苏国界，北起咸海——额尔齐斯河分水岭、南到苏联与伊朗和阿富汗国界的地域（俄罗斯土耳其斯坦），以及中国西部省份（中国土耳其斯坦或东土耳其斯坦）和阿富汗北部（阿富汗土耳其斯坦或南土耳其斯坦）。——校者

变干。咸海、查内湖和巴尔哈什湖曾被认为是正在变干的典型例证。

1889年夏秋，我首次考察咸海时查明，咸海的水位出人意外地大大升高了，甚至比布塔科夫1848—1849年测绘的地图[①]所标的水位都高了许多。按照布塔科夫的地图，库加拉尔岛同大陆间有一浅（深不到2米）而窄（宽不到半公里）的海峡。1880年我考察舒利茨（Шульц）时，库加拉尔是个半岛。1889年我去库加拉尔时，它再次成为岛屿。据渔民们说，水是在1895年开始第一次上涨的。到1899年前，许多海拔200米以下的岛屿完全被水淹没。在咸海四周的海岸上，都可以看到被淹没的柽柳（Tamarix的各个不同种）和梭梭〔Haloxylon ammodedron（梭梭）和H. aphyllum（黑梭梭）〕（为避水的植物）灌丛。1899年，在锡尔河河口附近，被淹没的柽柳灌丛位于达3米深的水下。1901年，我在咸海西北岸即卡拉塔马克（Каратамак）找到了蒂洛于1874年设置的水准点。我对该水准点进行水准测量后，确信咸海的水位在27年内升高了121厘米。

咸海水位上升开始于1885年前后，于1911年达到最大值。1915年以后，咸海水位开始下降，但在阿姆河于1921年8月发生特大洪水后，咸海水位从该年下半年起又开始上升，而且持续到1925年。然后，水位又开始下降[②]。总之，咸海的海平面是变动

---

① 请参看：Турк. отд. Геогр. общ.，II，вып. I，1900，прот.，стр. 54—56. Л. С. Берг. Аральское море. там же. V，вып. 9，1908，стр. 384 и сл.

② Л. С. Берг. Современное состояние уровия крупных озер СССР. Труды Вгорого Всесоюзного Гидрологического съезда，II，1929，стр. 226.

的。可是，没有出现水位不断下降的现象。咸海的水位决定于天山的山前地带和山区（阿姆河和锡尔河流域）的大气降水量。

1898年，伊格纳托夫和作者在哈萨克斯坦东北观察到若干湖泊水位上升[①]。次年，伊格纳托夫发现阿克莫林斯克州大的田吉兹湖和库尔加利金湖有同样的现象。从1929到1940年间这两个湖泊变干，而1904年在大的谢列特湖周围开始沉积盐类。可是，后来所有这些湖泊的水位都开始上升，而且在特别湿润的1946年上升得特别高[②]。

巴尔喀什湖于1890年前后开始水位上升，这是我在1903年发现的[③]。巴尔喀什湖的高水位一直持续到1901年，此后水位开始下降[④]，同时除有短期间断[⑤]外，水位下降一直持续到30年代。

据了解，从19世纪50年代末起，直到1900年，伊塞克湖的水位下降。从1901—1902年起开始上升。1903年我在伊塞克湖区时，该湖水位显著上升[⑥]。可是，从1910年起，伊塞克湖的水位又

① Л. Берги П. Игнатов. О колебниях уровня озер Средней Азии и Западной Сибири. Изв. Геогр. общ., XXXVI, 1900, стр. 111—125. —Соленые озера Селеты-денгиз, Теке и Кызыл-как. Записки Зап.-Сиб. отд. Геогр. общ., XXXVIII, 1901, стр. 37, 71, 80—82.

② Е. В. Посохов. Об изменении солевого режима соляных озер Сев.-Вост. Казахстана. Изв. Геогр. общ., 1947 (печатается).

③ Л. Берг. Изв. Геогр. общ., XL, 1904, стр. 596.

④ Л. С. Берг. Труды Второго гидрол. съезда, 1929, стр. 227.

⑤ См. П. Ф. Домрачев.《Исследования, озер》СССР, изд. Гидрол. инст., № 4, 1933, стр. 40.

⑥ Л. С. Берг. Озеро Иссык-куль.《Землеведение》, 1904, кн. 1—2, стр. 30.

开始显著降低，一直持续到1928年，当时的湖平面比1910年低1.3米[①]。从1928年下半年起，该湖的水位又开始短时间上升，在1930年再次下降。

值得注意的是，巴尔喀什湖和伊塞克湖的水位变动多少比较一致。例如，上世纪80年代，这两个湖的水位都下降。与此相反，1930年两个湖的水位都高。从1910年起，两者的水位又开始下降。这样的巧合是容易理解的，因为注入巴尔喀什湖的大部分水来自从天山中部得到补给的伊犁河，而伊塞克湖盆地也是位于天山中部的。

早在1888年就已完全干涸的楚河下游的阿希湖大约从1900年起重新注满了水，其原因是当时楚河水量丰富，同时我们知道，伊塞克湖从1901年起水位也开始增高[②]。

关于天山中部的恰特尔湖，有资料表明它也在1890年前后水位升高[③]。

根据地理学会西西伯利亚分会提供给我的资料（由布克伊汉诺夫收集），位于原卡尔卡拉林斯克县和塞米帕拉金斯克县交界处的博尔雷—卡克沼泽，在70年代末测验的地图上，直径为2公里；可是20年后，即在1899年和1900年，该沼泽变成了直径为10—20公里的大湖。但从1890年起这些地方的碱土地、凹地和沼泽都布满了水，而到1900年则形成了过去所没有的肯塔特沼泽和叶

① Л. С. Берг. Гидрологические исследования на Иссык-куле в 1928 г. Изв. Гидрол. инст., № 28, 1930, стр. 15.

② Л. Берг. Озеро Иссык-куль.《Землеведение》, 1904, кн. 1—2, стр. 33.

③ Богданов. Озеро Чатыр-куль, изв. Геогр. общ., XXXIV, 1900, стр. 335.

雷克帕伊湖。

根据 O. A. 施卡普斯基于 1904 年收集并提供给我的资料，阿拉湖与萨塞克湖于 20 世纪初水位大大增高，淹没了湖岸的古老道路。根据 1909 年的观测，阿拉湖、萨塞克湖以及乌亚雷湖、贾拉纳拉升湖、巴斯坎湖，都像巴尔喀什湖一样，水位在近几年中升高[①]。

除巴尔喀什湖外，查内湖也被认为是典型的正在变干的盆地。该湖的地图是亚德林采夫绘制的[②]。然而，Г. И. 坦菲利耶夫对亚德林采夫掌握的地图的精确性表示怀疑，因为这位作者标绘为干湖泊的苏梅切巴克雷湖早在 18 世纪就已不为帕拉斯所提到了。同时，到了 50 年代，在从前的地图表示出大的阿贝什坎和切巴克雷盆地的地方，只有一群小的湖泊。根据米登多夫(1868)的资料，恰内湖在 19 世纪初水位高；在 50 年代为变干期，但在 1868 年恰内湖水位重新有相当大的增高；到 19 世纪末它再次干涸，但在1899 年坦菲利耶夫考察该湖时又观察到它的水位升高。根据A. A. 考夫曼的资料，可以推测恰内湖水位从 80 年代中期就已开始升高。恰内湖在 1914 年水位低，而在本世纪 30 年代水位高。

1896—1897 年间在西西伯利亚的西伯利亚铁路沿线工作的克拉斯诺波利斯基说道，这里的湖泊在 40 年代在 1860—1880 年间曾先后变干，可是，它们的水位在 1854—1860 年和 1883—1886

① Материалы по обследованию Туземного и Русского хозяйств в Семиреч. обл., под ред. П. Румянцева. 1. Лепсинский уезд. Вып. 1. СПБ., 1911, стр. 57, 58.

② Изв. Геогр. общ., 1886.

年内又升高[①]。

A. Г. 沃罗诺夫曾经报道了哈萨克斯坦北部湖泊水位变动的情况[②]。本世纪 20 年代末和 30 年代，纳尔祖姆自然保护区(Наурзумскцй заповедник)的湖泊水位低，而到 1937 年则完全干涸。从 1938 年起，这些湖泊开始部分积水。总之，在 1818 年、1850 年前后、1868 年、1893—1898 年、1916—1920 年和 1931—1940 年，哈萨克斯坦北部各湖泊的水位都特别低。

根据 1899 年在西西伯利亚伊希姆河流域工作过的 A. A. 考夫曼的资料，在 50 年代末和 60 年代初，这里出现过湖泊和沼泽蓄水量大大增多与被淹没的现象。“1855 年湖水开始上升，而于 1858 年达到最高水位，并持续到 1860 年。然后，水位开始下降，而从 1862 年到 1884 年则保持在一个相当低的水平上，尽管比 50 年代初期的水位要高得多。从 1884 年起，湖水又开始上升，而且这次上升一直持续到现在(1888 年)。”[③]

19 世纪末和 20 世纪初，湖泊水位升高的现象不仅见于西西

① Краснопольский. Геологические исследования по линии Зап. сиб. ж. д. XVII, 1899, стр. 38.

② А. Г. Воронов. О колебаниях уровня. озер Кустанайской области. Изв. Геогр. общ (печатается).

③ А. Кауфман. Экономический быт государственных крестьян Ишимского округа Тобольской губ., ч. 1. Материалы для изучения экономического быта государственных крестьян и инородцев Западной Сибири, вып. III, СПБ., 1899, стр. 5—7. 关于该地区，A. 戈尔佳金在“Геоботанические исследования в южной полосе Тобольской губ. в 1896. г Ежегод. Товольск. Музеи, VII, Тобольск, 1897, стр. 8 отт”中指出，湖泊在 1851—1860 年水位高，然后到 80 年代变干；大约在 1883—1886 年内水位再次升高，但不大显著。在下述著作中也指出了这样的情况：Труды Казанск общ. ест., XXXIV, Вып. 3, 1900, стр. 35.

伯利亚和土耳其斯坦，而且也见于高加索、伊朗、小亚细亚、巴勒斯坦和亚洲中部。例如，塞凡湖（哥克恰湖）[①]、凡湖[②]、乌尔米亚湖[③]、死海、罗布泊盆地[④]都表现出水位上升的情况。

对比亚洲各湖泊水位的资料表明，这里根本谈不上逐渐变干的问题：水位发生时升时降的变动。19 世纪内中亚湖泊、西西伯利亚湖泊和塞凡湖水位涨落的时期，大致出现在下列年代[⑤]：

最高水位	40 年代初
最低水位	1854 年前后
涨　　水	1854—1856 年（西伯利亚）， 1860 年左右（土耳其斯坦）
退　　水	19 世纪 60 年代和 70 年代
最低水位	80 年代初
涨　　水	80 年代，90 年代及 20 世纪初

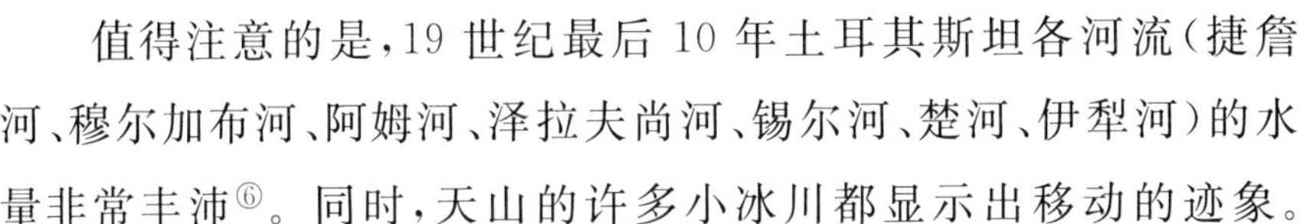

值得注意的是，19 世纪最后 10 年土耳其斯坦各河流（捷詹河、穆尔加布河、阿姆河、泽拉夫尚河、锡尔河、楚河、伊犁河）的水量非常丰沛[⑥]。同时，天山的许多小冰川都显示出移动的迹象。

① Л. Берг. Заметки уровне некоторых озер Армянского плоскогорья.《Землеведение》, 1910, кн. 2（повышение с 1907 года）. Смтакже Е. С. Марков. Озеро Гокча. ч. I, СПБ., 1911, стр. 170 и сл.

② H. Lynch. Armenia. London, II, 1901, p. 52.（水位上升大约开始于 1895 年。）

③ 乌尔米亚湖（Urmia，或 Uvmieh），在伊朗西北部。——校者

④ 引文，请参看：Л. Берг. Аральское море, 1908, стр. 397.

⑤ Л. Берг. Аральского море, стр. 398—399, Е. С. Марков. Озеро Гокча, ч. I, СПб., 1911, стр. 180.

⑥ 阿姆河在 1878—1880、1898—1900、1914—1916 诸年间水量特别丰富，在 1874—1875、1893 和 1909—1910 年水量很小。请参看：А. И. Тхоржевский. Аму-Дарья между Г. Керки и Аральским морем. Материалы по гидрометрии рек бассейна Аму-дарьи, Птр., 1916, стр. 27, график XXIII（изд. Отд. зем. улучш）.

在大的冰川中，有些在向前移动，另一些处在静止状态，还有一些在退缩。19 世纪末天山的大气降水量也显著增大。例如，阿拉木图 1881—1890 这十年的平均降水量为 550 毫米，而 1891—1990 这十年的平均降水量为 592 毫米。塔什干的平均降水量 1881—1890 为 382 毫米，1891—1900 年为 377 毫米[①]。

因此，根本谈不上西西伯利亚、哈萨克斯坦、土耳其斯坦的湖泊在上世纪中在逐渐变干。这里发生的仅仅是相应于数十年时间的气候变动的水位涨落。

布吕克纳也想在湖泊的水位变动中看到他为气候变动（气温、大气降水、气压）描述的同一种 35 年周期[②]。毫无疑问，布吕克纳是发现了整个地球上发生持续数十（20—50）年气候变动的事实。弄清这一事实十分重要，因为从前人们惯于把任何的气候变化都看成是气候逐渐变冷或变暖、逐渐变湿或变干的开始。现在我们知道，在"长期的"（即比较长久的）气候变化的过程中并未表现出这样的变动（"布吕克纳型的"）。

布吕克纳认为，他所确定的气候变动大致是周期性的，而且气候变动周期平均为 35 年。布吕克纳所用的最后一年是 1880 年。从那时以来的 65 年，并未提供存在 35 年周期的证据。对最近

① 与此相反，据考察，在欧洲俄罗斯东部〔喀山、萨马拉（古比雪夫）、奥伦堡（卡奇洛夫）、乌拉尔斯克〕从 19 世纪 80 年代后期起，到 1911 年出现降水量（特别是夏季降水量）较少的情况。参看：А. Тольский. К Вопросу о колебании климата юго-Вочточной России с половыны XIX столетия по настоящее время. Жури. опытн. агрономии, XVII, 1916, стр. 225—275.

② E. Brückner. Klimaschwankungen seit 1700, Wien, 1890.

150—160 年内伦敦、柏林、斯德哥尔摩的气温变化的研究，也没有发现布吕克纳周期的迹象[①]。同样，里海的水位变动也未表现出它有 35 年周期[②]。

关于推测的河流变浅

地球上湖泊逐渐干涸的问题，同推测的河流变浅问题密切相关。还是 C. 埃利安[③④]，就已著文论述过河流水量减少的问题。在 19 世纪，由于贝高斯的研究，这个问题再次引起了人们的注意。贝高斯于 1835 年指出，易北河的水量在逐渐减少，其速度很快，如果今后继续像现在这样减少，那么“再过 24 年”，易北河上的航运势必停止。关于俄罗斯各河流的变浅问题，上世纪已谈得很多。巴尔索夫教授在其名著《俄罗斯历史地理概论》[⑤]中写道：我国的河流在古代“比现在它们处在明显变浅的情况下要宽而深和更便于通航；那时从河源附近起船只即可航行，而且许多支流也是通航的。但是，现在这些河流或已干枯，或已变为沼泽。”

① Л. С. Берг. Основы климатологии. 2—е изд.，1938，стр. 441—444.

② Л. С. Берг. Уровень Каспийского моря за историческое время. Проблемы физ. географии，1，1934.

③ Claudius Aelianus. Varia historia，lib. VIII，c. 11，Цит. По H. Heiter. Abhandl. geogr. Gesell. Wien，VIII，№ 1，1909，p. 2.

④ 埃利安为公元前 2 世纪至 3 世纪初的罗马作家和演说家。——校者

⑤ Н. П. Барсов. Очерки русской исторической географии. География начальной（Несторовой）летописи. 2-е изд. Варшана，1885，стр. 19—20.

现在我们来探讨一下所谓河流变浅应该是指什么？人们通常把河流中一定河段河水深度减小称为变浅。但是，这种减少也可能是局部的，例如由于一个河段沉积物大量堆积，或河流在很长河段上的泛滥而深度减小。在这种情况下，一地方河床的变浅伴随着另一地方河床的加深。或者，河床深度减小可能仅仅是表面上的，是由另一种径流分配造成的。大家知道，我国俄罗斯各平原河流的洪水，由于流域内森林被砍伐而时间极短，但水位很高：总流量没有减少，但径流方式发生了变化，而且通航时间缩短。由此，便得出关于河流变浅的看法。真正的河流变浅，应理解为整个河系深度减小，换言之，即河流（在河口地方）年流量逐渐减少。某一河川流域的总流量减少的原因可能是：

1）气候因素，即主要是该河川流域内大气降水量减少。

2）该流域水文地理发生变化。例如，该流域与其他河川流域相连接而得到一部分水。另一种情况是：19 世纪末阿姆河在三角洲内流经很多大湖；这些有大湖的地方气候干燥，水被消耗于蒸发。但在 20 世纪初，部分由于湖泊为河流冲积物所淤填，部分由于三角洲内发生其他变化，阿姆河便脱离湖泊而直接流入咸海，从而，三角洲内的流量自然增大。

早在上世纪 30 年代，就提出了关于俄罗斯各河流域逐渐变浅的问题。当时，由于伏尔加河上游河水枯浅，人们抱怨那里航运困难。还在当时就有人指出，伏尔加河变浅是大气降水量减少的结果，而这种减少是由在伏尔加河上游砍伐森林所引起的。但当时，贝尔院士（他是就上述情况被任命的学术委员会的成员之一）就已对这种解释表示怀疑[①]，指出未必可以认为森林对大气降水有这样大的影响。过了40年后，我们的科学院不得不再次来讨论河流变浅的问题：1875年得到了奥地利工程师韦克斯(1873)的一本札记，它论证了河流及河源水量的普遍减少。科学院就此次选出的委员会得出了如下结论："我们看来，实际上没有一条河流证实了年水量真正减少；至于说到决定的因素，那么雨量测量(至少在西欧，这种测量进行了100—200年)没有表明任何河流流域的降水量有任何最微小的变化。"[②]

尽管如此，在科学家中间仍然广泛流行着我国河流变浅和砍伐森林影响该过程的看法。这一看法的典型代表之一是Я.魏因贝格，这可以从他过去论述森林的一本相当流行的书中看到[③]。

道库恰耶夫[④]生前认真研究过关于推测的欧洲俄罗斯河流在历史时期中变浅的问题。例如当时有人认为，从前发展航运的地方是现在不通航和不能通航的河流和地方。为了反驳这种意见，道库恰耶夫仔细分析了格扎季河(伏尔加河上游流域)当时

① K. Baer. Vorwort zu P. Köppen. Ueber dea Wald-und Wasser-Vor rat im Gebiete der obern und mittlern Wolga. Ein Berichtan die Commission zur Untersuchung der Frage über den Einfluss der Verminderung der Wälder auf die Verminderung des Wassers in der obern Wolga. —Beiträge zur Kenntniss d. Russ. Reich., IV, 1841, p. 191.

② Г. Гельмерсен и Г. Вильд. Донесение комиссии, рассматривавшей записку г. Векса об уменьшении количества воды в источниках и реках. Зап. Академии наук, XXVII, 1876, стр. 130.

③ Я. Вейнберг. Лес, значение его в природе и меры к его сохранению. М., 1884 (первоначально печаталось в Русск. вестн., 1876), особенно стр. 343—470.

④ Заседания Петерб. собрания сельских хозяев. № 7, 7 декабря 1876, стр. 1—16.

和过去的通航条件。采布里科夫在1862年曾著文谈到该河(《Смоленская губерния》, стр. 77)变浅的问题。原来,格扎季河只是在洪水期才能(现在和过去一样)通航,近来由于森林被砍伐,洪水期变得很短(水量大)而导致航运衰落。此外,经济原因在这方面也起有作用:在格扎季河流域适于造船的木材逐年减少,人们被迫往远处运来木材,因而提高了水上运输的费用;加之,又有铁路通过该地区。历史资料证明,10世纪时,在第聂伯河上航行过独木船;可是,19世纪中叶,第聂伯河上船只的排水量增大到250吨[①]。这些资料及其他许多资料都使道库恰耶夫得出结论:并未看到我国河流变浅。

从道库恰耶夫论述这一问题的时间起,人们在俄罗斯各河流域进行过许多详细的水文调查,而且所收集到的全部资料都肯定无疑地证实了道库恰耶夫的看法。

E. B. 奥波科夫[②]对我国河流(特别是第伯聂河)变浅的问题进行了许多研究。他完全赞同道库恰耶夫的观点:正确的资料表明,河流的情况决定于大气降水的变化;降水的变化是和我们看到的历时20—25年的一般气候变化相吻合的。可见,大气降水量以及河流水量在以数十年计的某一时段内减少,应当在后来的大致相

① 20世纪初,在第聂伯河流域航行的船只的排水量达到800吨以至1 300吨。请参看:Н. Максимович. Днепр и его бассейн. Киев, 1901, стр. 321—323.

② Е. В. Оппоков. Сельское хозяйство и лесоводство, CXCVII, 1900, стр. 633—706. —Режим речного стока в бассейне верхнего Днепра. Ч. 1, СПб., 1904, стр. 1—87. —Речные долины Полтавской губ. Ч1, СПб., 1901, стр. 6—8. Ч. II, 1905, стр. 377—391. —Колебания водоносности рек в историческое время. 《Исследования рек СССР》, вып. IV, изд. Гидрол, инст., Л., 1932, стр. 1—82.

同的时段内增加。因此，只能说流经河流的水的数量有变化，而不能说河流逐渐变浅。这无论对于西欧和苏联来说都可认为是得到完全证实的。

E. B. 奥波科夫整理的洛茨曼—卡缅斯卡村的第聂伯河水位观测资料，包括了60年以上的时间。在整个这段时间内，第聂伯河的水位并没有发生朝一个方向的渐进变化。1845年第聂伯河发生大泛滥，春汛达到水尺零点以上6.93米，1877年达到5.98米，1908年达到5.56米，后来，1917年和1931年也达到水尺零点以上。1892年第聂伯河的水位极大地下降，以致危及该河继续通航的可能性。但是，这种现象也出现在西欧的许多河流上。其原因在于90年代初大气降水量减少（我们可以回忆一下饥饿的1892年）。然而，接着大气降水曲线以及第聂伯河水位曲线上升，而且在1893—1896年间该河流域的径流达到了多年未有的数值[①]。1931年第聂伯河发生洪水，当时基辅的最大流量（24 000米^3/秒）远远地超过了以前观测到的流量。

此外，奥波科夫还研究了1731年以来巴黎附近的塞纳河、1800年以来杜塞尔多夫附近的莱茵河，以及1727年以来马格德堡附近的易北河的水位变化，发现到处的情况都一样：存在流量时增时减的变化，但没有观察到流量递减的现象[②]。值得注意的是，在所有上述河流中都可发现，在19世纪90年代中期前后径流增大。

第聂伯河变浅论者指出，瓦里亚吉人[③]时代，在第聂伯河上曾

① E. B. Оппоков. Режим речного стока в Бассейне Днепра, II. 1914.

② 同上注。

③ 或称为“瓦里亚基人”，又称为“Varangian——瓦朗吉亚人”。——校者

通过急滩进行航行，而且船只可上溯到今天所不能达到的该河上游地段。道库恰耶夫和奥波科夫反驳了这一引论，理由是瓦里亚吉人的船是用单根树干挖凿的“独木舟”，简陋的独木船。这种“船”显然能够上溯很远。但船只通过急滩（“溯航”）是臆造的。10世纪上半叶拜占庭作家皇嗣君士坦丁[①]明确地说道，瓦里吉亚人是从陆上绕过“涅阿西特”[Неасит，即 Неясыть（涅亚瑟季），现在为 Ненасытец（涅纳瑟捷茨）]急滩的，“到该急滩时，他们把所有的船拖到坚硬的陆地上。同时，被指定的人一起出动看守船只。他们坚持守护，毫不懈怠，以防佩切涅格人来抢夺。其余的人则把独木船上的东西全部搬下来，领着戴镣铐的奴隶，沿河岸步行6海里的路程，直到走过急滩。然后又以这样的方式，一部分人拖着独木船，另一部分人用肩头扛着独木船，把它们运过急滩，放到河里，再把东西搬上船，并立即向前航行。”[②]

奥波列夫以下述看法来反驳第聂伯河可通航（按其现代的含义来说）至多罗戈布日（距离河源200公里）的说法：第聂伯河在多罗戈布日城以上的流域，面积很小，约6 800平方公里，自其流出的水量在任何情况下显然也不会比今天大；认为过去流域面积有变化是没有根据的[③]。

---

① 即君士坦丁七世 Constantinus Porphrogennotos ——君士坦丁·波菲罗根内特。——校者

② Сочинения Константина Багрянородного《О фемах》(De. thematibus) и《О народах》(De administrando imperio). С предисл. Г. Ласкина. М., 1899. (Чтения Общ. ист. и древ. росс. при Моск. унив., 1899, кн. 1 (188), отд. III, стр. 72—73. См. также Е. В. Оппоков. Режим Днепра, I, стр. 21, 52. —Н. Максимович. Днепр и его бассейн. Киев, 1901, стр. 23—25.)

③ Оппоков. стр. 23—25.

至于说到特别枯水的年份，奥波列夫正确地引证从前有过非常干旱和枯水的情况：例如，根据塔西佗的叙述，莱茵河在公元 70 年代，由于异常的干旱几乎无法通航。

恰好，有人指出不久前第聂伯河流域的一条河发生了特大洪水。П. З. 维诺格拉多夫——尼基京报道了一件饶有兴趣的事实：切尔尼戈夫州杰斯纳河覆盖着古老松林的超河漫滩阶地，在 1908 年该河夏季洪水时被淹没，而且整个夏天都处在水下；结果，原来极干燥的松林区的整片森林均被淹死[①]。

C. H. 尼基京对第聂伯河上游流域，同样也指出没有资料可以假定其绝对水量在历史时代内发生过某些明显的变化；如果这里发生过变化，那也是在开垦森林地区和沼泽地区的影响下发生的相对水量的变化；而天然的自然地理因素在这方面的作用是微不足道的[②]。

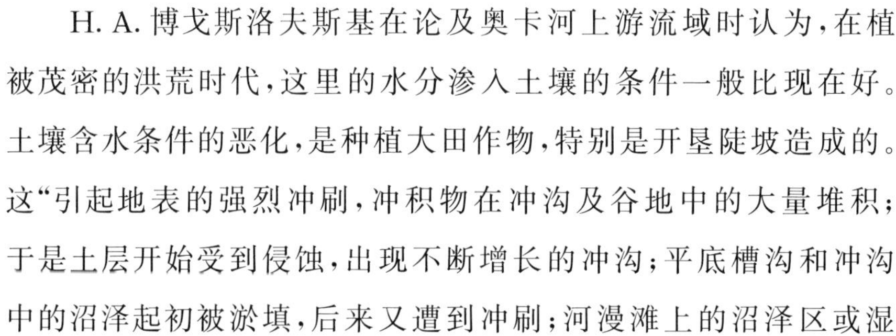

H. A. 博戈斯洛夫斯基在论及奥卡河上游流域时认为，在植被茂密的洪荒时代，这里的水分渗入土壤的条件一般比现在好。土壤含水条件的恶化，是种植大田作物，特别是开垦陡坡造成的。这“引起地表的强烈冲刷，冲积物在冲沟及谷地中的大量堆积；于是土层开始受到侵蚀，出现不断增长的冲沟；平底槽沟和冲沟中的沼泽起初被淤填，后来又遭到冲刷；河漫滩上的沼泽区或湿

① П. З. Виноградов-Никитин. (Библ. Заметка) Лесн. журн.，1910，стр. 643.

② С. Н. Никитин. Бассейн Днепра. СПБ.，1896，стр. 155，146，На стр. 143. 该文谈道：“假定中俄区域在现代(即冰后)时期存在，同时对第聂伯河上游水量有重大影响的任何大的全球性变化、大的海陆移动、造山作用、陆地的上升和下沉、大的气候变动，是没有丝毫实际根据的。”

草甸区也被淤填，结果这些地方的湿度下降（特别是在常见的河床同时加深的情况下），同时在有些地方甚至可以对它们进行开垦”[①]。

尼基京通过考察奥卡河流域的水量变化历程，得出了同样的结论：苏联欧洲领域中部的气候在历史时代内没有发生过任何变化[②]。

尼基京在谈到关于伏尔加河上游流域某些泉水消失的意见时报道说：无论我，还是值得信任的任何研究者，都未曾观察到现有泉水出水量的任何变化，特别是泉水的消失。至于说到河流的自然变浅（仅仅将其理解为该水系年总流量的绝对减少），这位作者作了这样的表述[③]：“在我们收集的资料中，没有一份说明在所考察的现代地质时期中，当伏尔加河同谢利扎罗沃河汇合后绝对年总流量可能有稍微重大而显著的减少。”

1908年春天（新历4月25—26日）莫斯科河的特大泛滥[④]表明，根本谈不上奥卡河流域逐渐变浅。1908年，以及1909年，在欧俄都爆发了特大的洪水[⑤]。

---

① Н. А. Богословский，Бассейн Окн. Почвенные исследования. Труды эксп. для исслед. источников рек Европейской России. СПб.，1896，стр. 92—95.

② С. Н. Никитин. Бассейн Оки. СПб.，1895，стр. 100，104—108.

③ С. Н. Никитин. Бассейн Волги. СПб.，1899，стр. 219.

④ Д. Н. Анучин. Наводнение в Москве в апреле 1908 г.《Землеведение》，1908，кн. 2，стр. 87.—В. К. шпейер. Изыскания мероприятий против наводнений в гор. Москве. М.，1910，стр. 1—24.

⑤ 请参看：Исследование в весенного половодья 1908 года. Вып. II，П. 1923，изд. Росс. Гидрол. инст. 我们还要指出1910年1月巴黎的特大洪水，当时塞纳河的水位上升到比过去任何时候（除1658年2月外）都高。

关于伏尔加河上游地区的湖泊，有意见认为，它们在不太久以前面积很大。H.C.波利亚科夫[①]认为，谢利格尔湖不久前的水位比现在高出21米，因而同邻近的许多湖泊汇成一片。与此相反，尼基京在高于现在水位2—3米的任何地方也没有找到谢利格尔湖的沉积物[②]。在伏尔加河上游地区，湖泊极少，它们已完全植物丛生，变成了沼泽；这里的沼泽，多半是独自形成的。的确，颇大一部分湖泊周围都有比较发育的沼泽环（болотное кольцо），即处在植物丛生的重要阶段。但是，“这里没有任何理由，认为可能有诸如大气降水减少和整个地方水量绝对减少一类气象原因的任何影响。”[③]

尼基京在谈到上述地区（同谢利扎罗沃河汇流以上的伏尔加河上游流域，也包括整个谢利扎罗沃河流域在内）的沼泽时写道[④]：“在我们研究的整个地区的任何地方，我们都没有遇到处于自然变干状态的沼泽，即面积将会缩小的沼泽。在我们的地质图上，除了标有现代沼泽外，哪里也没有标出古代沼泽沉积。同时，我们地图上没有标出现代沼泽的地段，大概从来就是既无沼泽也无湖泊，因为这些地段的地质构造同上述推测是相抵触的。我们认为，如果未对土壤的结构和土壤层及底土层中的植物残体进行认真的研究，便断定伏尔加河上游某地段过去有过沼泽化现象，或

① И. С. Поляков. Об исследованиях в верховьях Волги. Изв. Геогр. общ., X, 1874, стр. 319.

② С. Н. Никитин. Бассейн Волги, стр. 119, 216—217.

③ 同上注，第217页。

④ 同上注，第218页。

沼泽在那里多少分布较广，是没有任何实际根据的。”与此相反，现在发现现有的沼泽(尤其是藓类沼泽)在增长和扩大，并伴随有森林的沼泽化和死亡，在沼泽的边缘到处都可看到森林的树桩。这位作者关于伏尔加河上游流域水量的结论是：“没有任何资料可以说明现代地质时期的绝对水量减少了。”[①]

土壤学家 A. M. 潘科夫曾于 1913 年详细调查了沃罗涅日州原瓦卢伊县，他写道[②]：

“奥斯科尔河和瓦卢伊河的河水比较丰沛。至于其他小河，水量则很小。夏季，这些小河大多干涸，仅留下活水舌的痕迹，即有臭水的植物丛生小沼泽(牛轭湖)，它们呈链状分布于河床中。这类河流有：尤希纳河、卡津卡河、乌拉耶瓦河、波德戈尔纳亚河、洛兹纳亚河。必须确定河流变浅的事实。我们将不把河流变浅说成是普遍现象，其原因应当从地方性条件中探寻。观测表明，水的消失，是由巨大的冲沟网造成的：冲沟把大量冲积物带入河流，使之淤塞。另一方面，冲沟中发生的崩塌有时会堵塞潜水的露头。”关于这点，A. M. 潘科夫曾引证过 A. A. 杜布扬斯基的观测。瓦卢伊县各小河主要从巨厚的白垩层中得到潜水，白垩露头在河流两岸到处可见。伸入小河的冲沟，常常把冲积物带入河中，使河床抬高、堵塞。“白垩”泉水的露头，从而使小河逐渐变为具有宽阔草甸谷地的坳沟。例如，苏哈亚卡津卡小河就发生过这样的情况。老

① С. Н. Никитин. Бассейн Волги, стр. 222.

② А. М. Панков, А. А. Дубянский и К. П. Горшенин. Валуйский уезд. Материалы по ест.-ист. исследованию Воронежской губ., отд. IV, вып. 1, изд. Воронеж. обл. упр. по опыт. делу, М., 1922, стр. 9—10.

人们还记得，50—60 年前（1913 年前），这是一条相当深的河流，河水温度低。然而现在，从前捕鱼的地方变成了农民良好的刈草场。在苏哈亚卡津卡谷地打的钻孔（在博罗克村庄附近）发现了厚达 4 米的典型沉积物；在钻到地面以下 2 米深处，发现了丰富的水源，每小时出水 200 维得罗（ведро）[①]；在该钻孔附近，有出水量丰富的井。“看来，在苏哈亚卡津卡坳沟内有一个深厚的‘白垩’潜水层；就是它首次被发现是补给河流的。”瓦卢伊县的其他小河的情况，也和苏哈亚卡津卡河相似。

潘科夫的结论是：“由此可见，瓦卢伊县若干河流变浅，乃至死亡的原因，在很大程度上不能认为是大气降水减少，也不能认为是气候变干，而应当认为是补给河流的潜水减少及河流水量减弱，这部分是由于迅速增长的冲沟的排水，部分是由于淤积，即这些冲沟以大量冲出物堵塞了潜水露头。”

利平斯基和 M. 波格丹诺夫曾著文论述过伏尔加河中游河水枯竭的问题。利平斯基说道：“辛比尔省大小河流的河谷，从前曾起过宽达几俄里的大贮水池的作用”；“大的河流和沼泽曾经覆盖了整个地表”；“这里大河的水量都大大减少，以致其中许多河流虽然在宽阔的河谷中流动，但已经形成了新的狭窄的河床”；“过去很深的湖泊变成了水藻淤泥沼泽”；“在塞兹兰县北部，植物丛生的泥炭沼泽和沼泽特别多”；“这里许多河流现在是干谷，而该地过去则分布着无数的泉水和湖泊”；“老人记忆中已干涸的许多湖泊现在

① 俄国液量单位，等于 12.3 公升。——译者

变成了草甸”，等等①。

可是，C. H. 尼基京和 H. Ф. 波格列博夫在 1894 年和 1896 年对塞兹兰河流域进行专门的水文地质调查后，得出了迥然不同的结论。这些地方的地表切割强烈，侵蚀现象很明显；这种情况（而不是气候变化）的结果是潜水和泉水的水位普遍降低及河流落差值减小。至于谈到湖泊，那么在塞兹兰河流域上游部分总共只有三个，而且据这两位作者的观测，在现代地质时期内，没有超过这个数字。其中的一个湖（休奇耶湖），由于沙质冲积物的淤积，目前正在消失。关于沼泽，这两位作者写道：“我们没有发现任何迹象表明过去这里沼泽分布较广和有沼泽死亡；关于沼泽的死亡，许多作者都在谈论，但并未举出确凿的例子。”②的确，某些地方遇到有覆盖着沙质冲积物的沼泽，但这绝不是补给河流的水源的水量减少的结果，而是部分由于河床的自然降低和加深。（这是由于河流水位降低速度特别快造成的），部分由于这里的河床不固定和小河水流发生变化③。塞兹兰河流域河谷中的泥炭沼泽，在河谷沼泽化程度极大的情况下，绝不能认为是在死亡；它们仅仅是在小河水流发生上述变化的影响下在发生移动④。

至于利平斯基在文章谈到的水源枯竭问题，在塞兹兰河流域

① Липинский. Материалы для географии и статистики России, собранные офицерами Ген. штаба. Симбирская губ., ч. I, СПб., 1868, стр. 65, 66, 85, 139. (цит. по С. Никитину. Бассейн Сызрана, 1898, стр. 134)

② С. Н. Никитин и Н. Ф. Погребов. Бассейы Сызрана. Исслед. гидрогеолог. отд. Труды Экспед. для иссл. источн. рек. СПб., 1898, стр. 136—137.

③ Никитин и погребов, стр. 67.

④ 同上注，第 137 页。

实际上没有出现过潜水位和总水量有任何普遍的自然降低；水源枯竭情况是地方性现象，是由许多地方性原因造成的，即部分是由于在人类活动影响下发生的淤塞，部分是由于真正的排水，但唯独不是气候变化的影响所致。例如，休奇耶湖和黑水河（在塞兹兰河上游地区）流域水源消失，是由于斜坡（而在某些地方还有冲沟底部）被沙所覆盖，而这种现象本身又是由于砍伐松林造成的[①]。上述作者同样也没有观察到塞兹兰河流域小河自然变浅的现象[②]。

他们对塞兹兰河流域的结论是："如果一些有岭水的自然储量不足和潜水埋藏很深，那么这种不足是自然的，是许多世纪以来一直存在的，而且是由于土壤和地质结构造成的。"[③]

A. H. 卡拉姆津在指出（1901）"于近 12—15 年中"观察到的布古鲁斯兰区和邻区许多水源枯竭的情况时，用草原的草被割来解释这一现象："过去，草的干茎和枯叶在地面形成一层铺盖物，能防止积雪被吹走，春天又能使积雪缓慢融化，渗入土壤；现在，草原被开垦、刈草和牲畜践踏，积雪保存和融化的自然条件完全改变了：一刮风，雪就从光滑的草原上被吹入冲沟；春天，雪在那里很快融化，土壤再也得不到这种雪融水了。"[④]

Г. Н. 维索茨基在描述布祖卢克松林时，反驳了 А. А. 泽米亚

① Никитин и погребов，第 138 页，也可参看：стр. 38 и при ней фотографию（《Движение песков после вырубки леса около с. Русская Темрязань》）.

② 同上注，第 139 页。

③ 同上注，第 144 页。

④ А. Н. Карамзин. Птицы Бугурусланского и сопредельных уездов，Магериалы к познанию фауны и флоры Росс. имп.，отд. зоол.，v，1901，стр. 223—224（изд. Общ. исп. прир.，Москва）. —А. Н. Карамзин. Климат Бугурусланского уезда. Самара，1912，ст. 143—146，211.

琴斯基(Труды опыт. лесн., II, 1964, стр. 421)的意见,认为这里的气候不曾变干;即使发现有水分减少,也不是气候原因引起的,而是由于潜水储量减少所致。这位作者认为后一情况与沙地上生长的茂密森林有关,这些森林利用储存的水分[①]。

H. A. 索科洛夫在1893年和1894年对尼古拉耶夫州进行了特别详细的水文地质调查,这次调查是由于90年代初乌克兰遭受旱灾而组织的。关于乌克兰草原变干("顺便指出,往往是被夸大了的")的原因,索科洛夫并不认为是气候条件的恶化,也不认为是(对尼古拉耶夫州南部来说)森林被砍伐,因为在过去的敖德萨县和赫尔松县从来就没有过森林。根据索科洛夫(他也是依据道库恰耶夫和伊斯梅尔斯基的研究)的意见,草原干枯的原因是"过去连续覆盖我们草原的大片草原植被,即草本和灌木植被被毁灭,以及由于形成无数冲沟和均沟引起的地貌变化"[②]。逐渐向源增长的草原冲沟,除了具有最强烈的排水影响外,还完全改变了草原的地貌,并使地表水、土壤水和地下水极易流动。关于这一点,索科洛夫引用了伊斯梅尔斯基的话,后者说道:"在有助于我国草原土壤积聚水分的各种条件中,最重要的是草原的地貌,即草原的平坦性。土壤水分的储量和地下水的高水位,与其说是决定于某一地方特有的大气降水量,不如说是决定于该地土壤表面的特性,正是这一性质决定着能够渗入土壤中的水分的数量,即所谓大气降水

① Г. Н. Высоцкий. Бузулукский бор и его окрестности. Лесной журнал, 1909, № 10, стр. 19—20 (отт.).

② Н. А. Соколов. Гидрогеологические исследования в Херсонскойгуб. Труды Геолог. ком., XIV, № 2, 1896, стр. 157.

的有效水量的数量。”

因此，在历史时期中，苏联欧洲部分的河流没有发生过水量递减的现象；这里，只是流量有过变化，它是由气候朝某一方向的短期变化造成的。

其他国家的河流，如尼罗河，也有这样的高水位和低水位时期。普林尼（Hist，nat.，XVII，167）说道，尼罗河的水位涨到 12 腕尺[①]发生饥荒，涨到 13 腕尺歉收，14 腕尺收成一般，15 腕尺丰收，16 腕尺大丰收。他援引的最高数字是 18 腕尺或 9.4 米，最低数字是 5 腕尺或 2.6 米；前者出现在朱里亚·喀劳狄王朝时代，后者见于公元前 48 年[②]。L. 博尔夏特曾在开罗附近对古代和现代水位标志作过水准测量，根据他的资料可以得出结论，尼罗河的水量也未减少过[③]。

W. 穆尔教授也未能指出北美河流的水量有过任何减少：同样，根据他的资料，北美气候也没有发生过变化[④]。

关于历史时代的植被变化

近两三千年内发生的植物水平分布和垂直分布范围内的变

① 俄文为“Локоть”，英语为“Cubit”，古时的一种长度单位，指由肘至中指尖的长度，约等于 18 至 22 英寸，或 0.5 米。——校者

② L. Borchardt. Nilmesser und Nilstandsmarken. Abhandl. preuss Akad. Wiss. Berlin，1906，p. 50.

③ 同上注，第 48 页。

④ W. Moore. Quart. Journ. R. Meteor. Society，1910，April（цит. по Мет. вест.，1911，стр. 25）.

化，也常常用来证明气候的变干。

人们有时指出，若干栽培植物的北界在历史时代内曾向南退缩，这仿佛是气候“恶化”，即气温降低（至少是夏季气温降低）的结果[①]。例如，巴伐利亚南部在中世纪时曾栽培大量葡萄来酿酒，但现在葡萄酒酿造业完全停止。然而，这后一情况与气候变化没有丝毫关系[②]：栽培葡萄藤在巴伐利亚受到了宗教的鼓励，因为葡萄酒是宗教仪式所必需的。但是，由于气候条件不适宜，酒的质量总是不好——按古代编年史的描述，“酸得跟醋一样”。随着时间的推移，交通得到了改善，从国外输入大量质地醇良的葡萄酒，从而栽培葡萄来酿造劣等巴伐利亚酒便成为无利可图的生意了。

葡萄酿酒业萧条，其原因显然是在经济方面，而不是在气候方面。编年史指出，中世纪时，巴伐利亚经常出现对葡萄极为有害的天气：1281 年 6 月 17 日弗赖辛（Fresing）城降雪；1387 年夏天异常寒冷，以致葡萄不能成熟；1392 年冬季来得很早，葡萄被冻死，等等。

椰枣[③]的分布，在现在和古代都清楚地证明了希腊气候没有发生变化。这种棕榈科植物分布的北界，在古代也和现在一样是开俄斯岛、提诺斯岛、优卑亚岛上的卡里斯托斯（Karistos）和玻俄提亚[④]的阿弗里达（Авлида）（参看：斯特拉波，XIV，1，35；波桑尼

① Например, Sv. Arrhenius. Lehrbuch der kosmischen Physik. Leipzig, 1903, p. 567.

② J. Reindl. Die ehemaligen Weinkulturen in Südbayern. Jahresber. d. geograph. Gesell. München, XX (1901—1902), 1903, pp. 37—120, 110.

③ 又称“海枣”，俗称“枣椰子”。——校者

④ 现称“维奥蒂亚”（Voiotia）。——校者

阿斯,IX, 19, 8)。在所有这些地方,椰枣的果实都不能成熟,无法食用。现在,仅仅在希腊麦西尼亚州的卡拉马塔[1]附近,椰枣才能成熟,但质量低劣[2]。总之可以说,两千年前同现在一样,椰枣在塞浦路斯岛、希腊南部和西班牙南部都不能成熟(普利尼,Hist, nat., XIII, 26, 33;提奥弗拉斯特,Hist、Plant,III, 3, 5;波桑尼,IX, 19, 8)。

埃吉蒂尼斯指出,现在和提奥弗拉斯时代一样,在雅典椰枣果实不能成熟。他同时得出结论,两千年来,雅典城的平均气温甚至没有变化过1°。

现在,在巴勒斯坦生长椰枣,它们在海岸地方以及死海附近的低地结实;但在苔原上,果实不能成熟。根据圣经的记载来判断,古代椰枣的分布也完全是这样。圣经中的杰里科(Иерихон, Jeniho)[3]被人称为棕榈城。这说明,近几千年来的平均气温没有变化:在巴勒斯坦,椰枣是生长在其分布北界附近的;如果气候变冷,椰枣就不能在它现在也能生长的杰里科结果了;如果气候变暖,棕榈科植物就是在苔原上也能结果(格雷戈里,第160、161页)。葡萄的分布是巴勒斯坦的气候没有变化的另一证据。葡萄现在分布的南界在巴勒斯坦。在圣经时代,巴勒斯坦高原的葡萄园很负盛名,但从巴勒斯坦往南,葡萄的栽培就不普遍了(格雷戈里,第161页)。在种植椰枣的北界和葡萄栽培的南界范围内,巴

① 即"Kalamai"(卡拉迈)。——校者

② C. Neumann und J. Partsch. Physikalische Geographie von Griechenland. Breslau, 1885, p. 411.

③ 即现今巴勒斯坦的埃里哈(Arihā)。——校者

勒斯坦的气候状况从圣经时代起就没有发生过变化。

同谈到椰枣时一样，在谈到油橄榄时，仍然重复着同一种情况①。这种植物古时候分布的北界，同现在一样，一直伸展到伊斯特拉半岛和戈里察（Горища）②附近的低地（普林尼，XV，8；斯特拉波，V，1，8；卡西奥多尔，XII，22），不包括波河谷地，沿罗纳河向北通过距离现在河口稍远的地方（普林尼，XV，I），然后穿越伊比利亚半岛中部（普林尼，XV，I，17）。奥尔克的研究表明，在古代意大利，收获橄榄、葡萄以及其他栽培植物的时间同现在的时间完全一样③。

人们常常援引恺撒和塔西佗的话来说明古罗马帝国时代高卢和日耳曼比现在湿润：那时有大片森林和沼泽，河流的水量更丰沛。至于说到森林，无论法国或德国的大部分地区当然都人为地无林化了（没有任何气候变化的因素参与）。然而，如果认为大约在公元初期上述两地区就已森林密布，那将是错误的。考古学及古罗马作家的证据表明④：那时在德国，正是有森林覆盖的一些地方毫无人烟，而其他地方却有人居住；显然，有人居住的地方没有

① 油橄榄，在地中海地区现在分布的界称，可参看下述著作的附图：The Fischer. Der Ölbaum, Seine geogrpaphische Verbreitung, Seine wirtschaftiche und Kulturhistorische Bedeutung. Petermanu's Mitteil., Frgänzungsheft, № 147, 1904. 1月的+4°等温线大致可以作为其北界。

② 位于南斯拉夫、阿尔巴尼亚和希腊三国交界处之普雷斯帕湖西边阿尔巴尼亚境内的一个城市。——校者

③ Partsch. Verhandl. VIII deutschen Geographentages. Berlin, 1889, p. 119.—Olck. N. Jahrb. f. Philologie, vol. 135, 1887, p. 470.

④ R. Gradmann. Das mitteleuropäische Landschaftsbild nach seiner geschichtlichen Entwicklung. Geogr. Zeitschr., VII, 1901, p. 368.

森林。居民在这里从事耕作，繁殖家畜。历史学家和考古学家们断言，在古罗马时代以前，日耳曼人没有砍伐而且也不能砍伐森林，那就只有认为居住地历来就没有森林，而且中欧的第一批移民找了没有森林覆盖的自己未来的居留地[①]。这主要是捷克北部的黄土地区、美因河和内卡河沿岸低地、施瓦本侏罗山和弗兰克侏罗山的高原、由瑞士到奥地利的阿尔卑斯山山麓、上莱茵河低地、哈茨山东缘、易北河和萨勒河沿岸低地[②]。这里也延伸着与乌克兰草原相似的草原，它从未有过森林覆盖，因而是最适宜于建立居住所的地方。

正如格拉德曼所证实的，巴伐利亚和符腾堡的针叶林的南界，从古罗马人在这里奠定疆界的时候起，就没有发生过变化（公元1世纪初[③]）。

然而，俄罗斯草原历来无森林的情况，是俄罗斯学者们早就确定了的事实。至于西欧草原，如我们所看到的，仅仅是在不久前才得出类似的结论的。

因此，从上述情况中可以看出，根本谈不上日耳曼从公元初就覆盖着成片的森林和沼泽。说日耳曼从公元初就覆盖着成片的森林和沼泽，是人们从塔西佗（Germ. 5）和普林尼（16，5）的夸大的描

① Gradmann，l. c.，p. 374. Обратное мнеиие A. 加尼特（The loess regions of Central Europe in prehistoric times. Geogr. Journal，1945，Sept.-Oct.，pp. 132—143）的相反意见是不能使我深信不疑。

② L. c.，p. 276，参见：R. Gradmann. Pflanzenleben der schwābischen Alb. 2. Aufl.，1900，I，p. 345（не видел）.

③ R. Gradmann. Die obergermanich-rättische Limes und das fränkische Nadelhzgebiet. Peterm. Mitt.，1899，p. 61.

述中得出的结论;塔西佗描述道:“该地区虽然在多刺而令人厌恶的种方面略有不同,但整个说来,不是森林,就是沼泽。”普林尼描述道:“森林的另一神奇之处是:由于森林的覆盖,日耳曼整个其余地区更加笼罩着寒气和阴影。”

在这些行文中,我们看到的不是别的,而是南方人的夸张;关于我国气候的严酷,直到今天在西欧还流行着这种夸张的看法。

和德国的情况一样,也有根据推测,法国某些地区,如塞文山脉的科斯和香槟省,历来是无林的。

有人认为,瑞士在古罗马人时代似乎是森林密布的。施勒特尔[①]把这种意见称为无稽之谈。甚至恺撒也指出,赫尔维蒂人[②](古瑞士人)是务农的。古罗马时代,瑞士高原(Miittelland——中部地区)的森林,几乎和现在的情况一样。

北非的植物区系的性质以及栽培植物的成分,从罗马帝国时代起就没有发生过变化[③]。

我们在前面曾经谈到历史时代中乔木树种分布界线可能发生过变化的问题。但就是在现在,一些林木也在取代另一些林木。根据Г. Ф. 莫罗佐夫的观察,在俄罗斯中部,现在看到栎树为云杉所代替。莫罗佐夫说道:“我认为,云杉代替栎树的过程是极为漫长的,必定是与气候变化相联系的;随着森林草原的气候逐渐接近

① J. Früh und C. Schröter. Die Moore der Schweiz mit Berücksichtigung der gesamten Moorfrage. Beiträge zur Geologie der Schweiz. Geotechnische Serie, III, Bern, 1904, p. 391.

② 或译为“海尔维第人”。——校者

③ H. Leiter. Abhandl. geogr. Gesell. Wien. VIII, 1909, № 1, pp. 101—113.

于泰加林地区的气候特征，云杉将取得越来越好的生长条件。”①

关于现在在东欧发现森林向草原推进的问题，我们将在下面加以论述。

根据上述关于植被的资料，我们可以作出如下结论：

1）在历史时代内，葡萄、椰枣、油橄榄树栽培的北界没有发生过变化；

2）认为法国、瑞士、德国在公元初期前后曾经密布森林和沼泽的看法是错误的；

3）因此，断言中欧的气候在变干是没有根据的；

4）相反地，根据苏联欧洲领域南部森林向草原推进和云杉代替栎树的资料，反而有理由认为，气候正逐渐变得略微比较湿润。

从南俄罗斯和西伯利亚土壤与气候变化的关系看土壤

经常可以看到这样的意见：在历史时代，荒漠、草原和沙地通

① Г. Ф. Морозов. Несколько общах замечаний о смене пород. Лесной журнал, 1908, стр. 238. 但是，必须指出 В. Н. 苏卡乔夫的观点（Лесные формации и их взаймоотношения в Брянских лесах. Труды по опытному лесному делу. IX, 1908, стр. 52, 59—60），他认为乔木树的演替，不仅可能发生于气候变化或人类干预的情况下，而且可能由于生态的特征，作为底土、土壤等方面一系列条件变化的结果而发生。А. 弗廖罗夫曾经在弗拉基米尔州观察了落叶树种和松树为云杉所代替的情况。（Флора Владимирской губ. Труды общ. ест. Юрьевск. унив., Х, 1902, стр. 6,9,14,18 ct passim）但对于该现象的原因，他没有发表意见。在波列西耶，松、栎、桦、山杨为云杉所取代（И. Пачоский. Развитие флоры юго-западной России. Херсон, 1910, стр. 149, 288）在莫斯科附近，云杉同样通过取代落叶松树种而扩大了分布范围，它们从分布成片云杉林的莫斯科州东北部向这里推进。（Н. С. Нестеров《Петровская лесная дача. Пятьдесят лет высшеи сельскохозяйственной школы в Петровском-Разумовском》, II, 4, 1, м. 1917, стр. 296—297.）

过侵占森林和耕地而扩大了范围[1]。毋庸证明，乌克兰和南俄罗斯草原的大部分地区历来是没有森林的，这是公认的事实[2]。然

① 我们仅仅举一个例子。B. Э. 杰恩在其《经济地理概念》第一篇“农业”中（Очерки по Экономическои географии. Ч. 1. Сельское хозяйство. СПб. 1908，стр. 143）（也请参看：Лес и лесное хозяйство в России，Изв. СПб. политехн. ивст.，11，1904，СПб. 1905，стр. 2—3 отт.）提出了下述难以置信的资料：“在希罗多德时代，克里木半岛和新俄罗斯（Новороссия）是森林覆盖的荒野地方，同时具有潮湿、多雾的夏季和漫长、寒冷的冬季。”希罗多德对西徐亚所作的一切描述，证明乌克兰南部过去和现在一样，是适于农业和畜牧业的无林地方。

② 参看：Л. Майков.《Заметки по географии древией Руси》，СПб.，1874，стр. 26 и сл（из Журн. Мин. нар. просв. 1874.，—В. Докучаев. Русский чернозем. СПб.，1883. Его же：《Методы исследования вопроса》：俄罗斯南部草原过去有过森林。Труды Вольно-экон. общ.，1889，№ 1. —Г. Танфльев.《Пределы лесов на юге России》СПб. 1894. изд. Мин. земл. —Н. Окиншевич.《Леса Бессарабли и их отношение к рельефу местности и почвам. Зап. Новоросс》. общ. ест.，XXXII，1908，стр. 183—235.）但是，应当指出，还在不久以前，В. И. 塔利耶夫就对此表示怀疑。（Талиев. Были ли наши степи Всегда безлесным?《Естествозн，и география》，М.，1902，май，стр. 33—46.）不过，这一点可参看 Н. А. Богословский《К вопросу о прошлом наших степей》，《Почвоведение》，1902，стр. 249—260. 以及 Г. Танфильев《Естест. и географ》，1903，№ 1。关于这个问题，В. И. 塔利耶夫还在《森林杂志》上写文章论述过（《Вопрос о прошлом наших степей и почвоведение》，1905，стр. 1507—1530），但我感到这位作者的论据是完全不能令人信服的。也可参看：Г. Высоцкий 发表在《森林杂志》上的文章，1905，стр. 1588—1590. 还可参看：И. Паческий《Основные черты развития флоры юго-западной России》，Херсон，1910（прил. к XXXIV，т. зап. Новоросс общ. ест.），стр. 255 и сл. —Л. Берг《Природа СССР》2-е изд.，М.，1938，стр. 93—95. ——Е. М. Лавренко《Вопрос о причинах безлесия степей》，《Академия наук В. Л. Комарову》，М.，1939，стр. 486—515.

同样，我认为 П. Н. 克雷洛夫的看法（П. Н. Крылов，Растительность в Барабинской степи и смежных с ней местах. Предв. отчет о ботан. исслед. Сиб. и Турк. 1912 г，СПб，1913，стр. 41—84；К вопросу о колебаниях границы между лесной и степной областями. Труды Ботан，Музея Академии наук，XIV. 1915，стр. 82—130：О прежнем существогании тайги на всей лощадл Барабинской степи и о наступании степи на лес）也是不能令人满意的。请比较：Драницын. Изв. Докуч. почв. ком.，11，1914，№ 2，и Пачовский. Вест. Русск. Флоры，III，В. 1，1917.

而，也许不是人们都知道。还有根据推测，在历史时代中，森林在其与黑钙土相毗连的南界，过去和现在都在慢慢侵入草原。П. 科斯特切夫曾经指出，巴什基里亚（原乌菲姆省的南部）黑钙土上的阔叶林是最近时期（19 世纪）产生的[①]。С. 科尔任斯基在原萨马拉省北部观察了灌木草原转变为森林的各个阶段。这些阶段使我们深信，草原的确可以通过这种途径森林化[②]，逐渐侵占草原的乔木树种是栎树。按照科尔任斯基的看法，中俄罗斯的栎林呈连续的带状，把草原区和云杉林区分隔开，最初以灌木状栎林的形式出现在开阔草原的边缘。这种灌木状栎林长得越来越茂盛，开始形成幼年林，后来成为整片的森林区。由此可见，我们现在发现栎林或其残留片段的地方过去是草原。因而，这些草原是延伸在比我们现在所看到的更北的地方[③]。А. А. 希特罗沃也证实了喀山的伏尔加河右岸地域的草原在逐渐自然森林化[④]。

Г. И. 坦菲利耶夫证明说，沿黑钙土地带的整个北缘，西起沃伦，东边直到鞑靼共和国，过去是一片草原；此外，沿奥卡河（穆罗姆附近），在尤里耶夫弗拉基米尔斯基等地还有呈岛状分布的草原，在针叶乔木地区与黑钙土草原地区之间的整个这一中间地带，心土都是典型黄土；而在黄土上（坦菲利耶夫说道）是不生长森林

① П. Костычев. Почвы черноземной области России, 1. Образование чернозема. СПб., 1886, стр. 142.

② С. Коржинский. Северная граница черноземно-степной области восточной полосы Европейской России, II. Труды Каз. общ. ест., XXII, в. 6, 1891, стр. 52.

③ 同上注，1891，стр. 160—161.

④ А. Хитров. Казанские нагорные дубравы. Лесной журн., 1907, стр. 500—501.

的。可见,这里过去应该是草原。只在黄土上层受到淋溶后,这些草原上才出现了森林(阔叶林)。坦菲利耶夫描绘了俄罗斯史前草原的情景[①]。同时,他认为我国的草原迄今仍处在自然森化阶段(前引书,第80—81页)。坦菲利耶夫引用下述情况来证明草原北缘的自然森林化:上述栎林总是生长在冲沟切割的地方,而冲沟只有在无林地方才能形成;其次,栎林中和邻近草原中的心土大部分是完全相同的;最后,许多地方的森林边缘都有土丘,它们显然是过去某个时候在草原中堆积起来的[②]。

现在有根据认为,史前草原向北伸展的程度要比坦菲利耶夫所认为的远得多。黄土的类似物,即黄土状亚粘土分布在北方很远的地方,即分布在奥涅加河、北德维纳河和伯朝拉河流域内。关于这一点,将在下面叙述黄土的章节中加以详细论述[③]。

根据尼基京的观察,在塞兹兰河流域,森林自然地代替草原,早在这里出现定居的农业人口以前就已开始,而且一直延续到现在。“植被的这种演替本身的起因,不能不是已经开始的、反映在湿度有某些增大上的气候条件的某些变化,以及作为湿度增大的结果而开始的土壤所强烈淋溶。在欧俄东部不同地方的观察(例

① Г. И. Танфильев. Доисторические степи Европейской России.《Землеведение》, 1896, Кн. 2, стр. 73—92, ——关于史前草原还可参看:Г. Танфильев. К вопросу о доисторических степях во владимирской губ.《Почвоведение》, 1902, стр. 393—396,以及 Труды Ботан. сада Юрьевск. унив., X, 1909, стр. 113—118.

② 《Землеведение》, 1896, кн. 2, стр. 81.

③ 这里,我们要指出,Н. И. 库兹涅佐夫当时在地理学会《年刊》上论述坦菲莉耶夫的著作时发表了这样的意见:他认为,史前草原向北一直伸展到混交林的北界(大家知道,该界线大致从列宁格勒向喀山延伸)。

如，科尔任斯基的观察）表明，这些有利的条件远未消失，黑钙土的淋溶过程现在仍在继续，森林正在侵入草原；因此，如果塞兹兰地区的黑钙土被荒弃，它们将不会像在其他淋溶程度较小的草原（如萨马拉草原）上那样，转变为针茅草原和蒿草原，而是慢慢地被森林所侵占。”[①]

A. H. 卡拉姆津观察了布古鲁斯兰区森林通过侵占草原而扩大的情况：先锋植物是栎树、桦树，偶尔是山杨；这些草原灌丛生长在原始的黑钙土草原上，它们中间有时出现一些单株的松树。在波利比诺村附近，曾在不同时间发现过 5—6 株一群的 7 个松树群（后来发现，最近的结籽松树离这里有 40—50 公里）[②]。在原萨马拉省斯塔夫罗波尔县和布古鲁斯兰县，Л. 普拉索洛夫和 П. 达岑科指出了同一现象——森林侵入草原[③]。

根据 Г. Н. 维索茨基的资料，不久前，布祖卢克松林曾侵入黑钙土草原，而且这一过程很可能至今仍在继续[④]。

Н. 奥金舍维奇在谈到比萨拉比亚时指出，这里的森林是过去曾经是草原的地域中比较新的外来者。“森林植被之所以从喀尔巴阡山开始侵入比萨拉比亚，是由于土壤在该区地形发生重大变

① С. Н. Никитин. Бассейн Сызрана. СПб., 1898, стр. 140.

② А. Карамзин. Птицы Бугурусланского и сопредельных уездов. Материалы к познанию фауны и флоры Росс. имп., отд. зоол., V, Москва, 1901, стр. 226 изд. Сбщ. исп. прир.

③ Л. Прасолов и П. Даценко. Ставропольский уезд. Материалы для оценки земель Самарской губ. Ест.-ист. часть, II, 1906, стр. 208—209. Они же. Бугурусланский уезд. Там же, IV, 1909, стр. 205.

④ Г. Н. Высоцкий. Бузулукский бор и его окрестности. Лесной журнал, 1909, № 10, стр. 45 (отт.), фиг. 5.

化的影响下淋溶加剧所致。”①

这里不妨引用罗马尼亚土壤学家穆尔哥奇对多布罗加和罗马尼亚摩尔达维亚②(毗连比萨拉比亚的地方)气候的现代性质的看法。这位作者根据对罗马尼亚土壤的研究得出结论认为,在冰后期,该地区曾经历过三次气候变动:

1)在黄土形成时期,罗马尼亚的气候干燥,盛行东北风,大致与咸海沿岸目前的气候相近。紧接着该时期之后,气候变得较为湿润,即介于现代希腊与叙利亚气候之间的平均状况。土壤是灰钙土、暗色碱性土和红色土壤〔红壤和 terra rossa (红钙土③类型)〕。

2)然后,是一个稍为比较湿润的时期:红壤型土壤、巧克力色土和黑钙土;在伯勒甘草原(大瓦拉几亚地区的东南部)和多布罗加为灰钙土。夏季干燥;气候大致与目前的希腊相似。罗马尼亚目前有森林的地方,在这个时期为草原。

3)此后,气候更加湿润。这是现代时期。“现代气候(在罗马尼亚)是晚第三纪出现的所有气候中最湿润的气候”。除土壤外,考古学的资料(古坟,罗马时代的遗迹等)以及植被的性质也证明罗马尼亚的气候变得较为湿润。像南俄罗斯的情况一样,森林在多布罗加和伯勒甘草原已向草原推进,在多布罗加南部,甚至已向干草原(半荒漠)推进④。按照能够查明的情况,多布罗加和保加

① Н. Окиншевич. Леса Бессарабии и их отношение к рельефу-местности и почвам. Зап. Новоросс. общ. ест., XXXII, 1908, стр. 228.

② 即摩尔多瓦。——校者

③ 或译为“红色石灰土”。——校者

④ G. Murgoci.《Die Veränderungen des Klimaes》. Stockholm, 1910, pp. 164—165.

利亚东部的这些变化已经是在罗马帝国以后发生的。在多布罗加南部，草原土丘和阿达姆克利西附近著名的图拉真皇帝纪功柱，现在都已位于森林中间[①]；沿奥尔特河，森林从山前地带下降到平原，并在这里使黑钙土退化[②]。在摩尔达维亚，森林向草原推进表现得不明显。

移民局考察队收集的大量资料表明，西伯利亚发生过森林向草原推进的情况，换句话说，就是森林气候即湿润气候的界线向南移动。例如，B. 斯米尔诺夫在论及原托姆斯克省马里林县时，根据存在退化黑钙土以及在准灰化土中存在红棕色层而明确地断言，在史前时代，在他所研究的地区（特别是切季河中上游水系），现在有桦木—山杨林的地方分布过草原[③]。这位作者在灰化土中观察到红棕色层，他把这种土层看作是铁盐和碳盐（Углесоль）[④]相互作用的结果。碳盐只能在干燥气候下积聚，而铁盐只能在湿润气候下淀积。

К. Д. 格林卡在布达佩斯近郊、新亚历山大里亚和苏联奥尔洛夫州、切尔尼戈夫州及波尔塔瓦州也描述过类似的红棕色层。凡是有红棕色层的土壤，1）都或多或少是灰化了的，2）都分布在富含碳盐的母岩上（黄土、黄土状亚粘土等）。格林卡说，碳酸钙的积

① G. Murgoci. Die Bodenzonen Rumäniens. C. R. de la 1-ère conférence intern. agrogéologique. Budapest, 1909, p. 320, 324.

② 同上注，第 321 页。

③ B. П. Смирнов. Мариинский уезд в Предварительном отчете об организации и исполнении работ по исследованию почв Ааиатской России в 1912 году; СПб., 1913, изд. Пересел. упр., стр. 97, 101.

④ 即“碳酸盐类”。——校者

聚是过去比较干燥的气候条件造成的，而森林密布与这些气候条件后来变得很湿润的现象是一致的。“因此，俄罗斯欧洲部分和亚洲部分的红棕色层的发育，是出现在过去的草原地区的，而且和这些草原在森林逼近影响下发生退化的条件有关”①。在苏联北方的古老的森林和灰化土地带内，没有发现红棕色层。

现在，我们再回过来谈谈西伯利亚的土壤。在纳雷姆地区，即大约北纬 59—56°附近，Д. А. 德拉尼岑曾发现如下的土壤结构：泰加林下的土壤理应是灰化土，但是在离地表约 25 厘米深处有一厚 15—25 厘米的深黑色夹层。这个夹层是过去这里发育有黑钙土状土壤的草原的最后残留物或遗迹。随着森林向草原推进，草原黑钙土开始变为灰化土②。

在克拉斯诺亚尔斯克区叶尼塞河左岸，З. Н. 布拉戈维申斯基观察到森林向草原推进的现象；同时，在这里的退化黑钙土的腐殖质层和遇酸起泡的黄土状亚粘土之间，发现有“常带浅红色调的棕色层”③。在阿钦斯克区的丘雷姆河两岸，也有变质黑钙土。

继而往东，我们在勒拿河谷地的一级超河漫滩阶地上遇到草甸草原，其中生长棱狐茅或羊茅〔Festuea Ovina（羊茅）组中的 F. Ienensis〕、落草〔Koeleria grailis（细落草）〕、针茅（Stipa capillata subsp.）、欧百里香（Thymus serpyllum）、细叶苔（Carex steno-

① К. Д. Глинка. О так называемых《буроземах》.《Почвоведение》, 1911, № 1, стр. 33.

② Д. Драницын. Вторичные подзолы и перемещение подзолистой зоны на севере Обь-Иртышского водораздела. Изв. Докуч. почв. комитета, II, 1914, № 2, стр. 40—41.

③ Предв. отчет за 1912 г., стр. 109—110.

phylla subsp.)及其他草原植物，栖息着 Cifellus parryi jacufensis 或(按旧的名称)Spermaphilus eversmanni，发育着黑钙土状的盐碱化土壤——它们常常自表层起即有起泡反应。显然，这是干旱时期的残遗物，它们在这里的泰加林自然界中能够得到保存，是由于该地区的独特气候条件：整个降水量少，特别是夏季炎热而干燥。但是，正如多连科所指出的[①]，就是在这里，现在森林也在向草原推进：观察到碳酸盐盐土在迁移至该地的森林的影响下发生退化。勒拿河沿岸的草原现象在哈特里茨克村过后不远(阿尔丹河口以上)就已消失，那里以泰加林占优势。

在外贝加尔西南，色楞格河和希洛克河之间直到国境线的颇大一部分地方，为沙质草原。这些草原的土壤是浅褐棕色沙壤土，在 0.7—2.0 厘米深处有起泡反应。在这些沙地上长着松林，目前大部分已被砍伐。Л. И. 普拉索洛夫推测[②]，松林地方在从前某一时间曾经是草原；沙地上有过栗钙土型的土壤，后来由于松林占据沙地而退化了。

关于前高加索，C. A. 雅科夫列夫[③]作了如下的报道。在距离

① Г. И. Доленко. Долина р. Лены у Якутска. Предв. отчет за 1912 г., стр. 214—220. —Из позднейшей литературы см. А. А. Красюки Г. Н. Огнев. Почвы Лено-Амгинского водораздела (Амгинский округ. Материалы Якут. комиссии Академии наук, вып. 6, 1927, стр. 26—27. —Р. И. Аболин. Геоботаническое и почвеннов описание Лено-Вилюйской равнины. Труды Якутск. комиссин Академии наук, X, 1929, стр. 96, 122. См, также Л. С. Берг. Физико-географические (ландшафтные) зоны СССР, I, 1936, стр. 143—147, 175—176, 238, и иад. 1947 г).

② Предв. отчет за 1912 г., стр. 203.

③ С. А. Яковлев. Грунты и почвы вдоль линии Армавир-Туапсинской ж. д. В изданиях, Бюро по почвоведению и земледелию при Ученом комитете Главн. управ землеустройства и земледелия Сообщение XV, СПб., 1914.

大高加索山脉隘口 8 公里处，即在普希什车站附近隘口下面 100 公尺处，可以看到位置最高的灰色森林土，其 C 层中夹有坚实的腐殖质层。C. A. 雅科夫列夫说道，大概在高加索山脉西部，草原已上升到隘口最高点，甚至可能超过山顶，分布到南坡，因为上述地方的古腐殖质层的厚度达到 100 厘米可见，构成腐殖质基础的黑钙土的厚度至少有 160 厘米，而在黑钙土地区边缘是不可能发育这样厚的黑钙土的。现在，库班草原位于降水不到 600 毫米的地方；而在上述的史前草原地区，降水至少有1 000毫米，在这种情况下，很难期望形成草原。因此，很容易设想气候是朝湿度增大的方向变化的。

在厄尔布鲁士山地区，松树现在正为云杉和冷杉所替代，这说明气候变湿了。按照 H. A. 布什的意见，在现代较为湿润的气候以前，这里的气候比较干燥。当时，除了最上部的带外，山地上都分布着山地森林植物区系；后来，气候变得较为湿润，于是草原植物区系便为松林所代替①。H. И. 库兹涅佐夫认为，在原切尔斯基州同样存在冰后的干旱期②。

总之，在苏联欧洲部分南部，在罗马尼亚和西伯利亚，森林正向草原推进。无论怎样看这一事实，无论用什么原因来解释南俄罗斯草原的无林现象，在这种情况下，都仍然要说草原在变干。原

① Н. А. Буш. Предварит. отчет о втором путешествии по сев. -зап. Кавказу в 1897 году. Изв. Геогр. общ., XXXIV, 1898, стр. 587—588.

② Н. И. Кузнецов. Принципы деления Казказа на ботанико-географические провинции. Зап. Академии наук, физ. -мат. отд. (8). XXIV, № 1, 1909, стр. 91—92. —О наступании леса на степь на Кавказе. см. также в статье С. А. Захарова. Борьба леса и степи на Кавказе.《Почвоведение》, 1935, стр. 501—545 (литература).

因是：即使同意 П. 科斯特切夫[①]与科尔任斯基[②]的意见，即乌克兰草原和南俄罗斯草原的无林现象并不决定于气候的原因，但仍然不可能怀疑草原逐渐变干与森林向草原地区扩展的事实不能并存：按照埃伯迈尔的资料(1900)，在年降水量小于400毫米的情况下，森林的生存是得不到保证的。Г. Н. 维索茨基甚至认为这一降水量对南俄罗斯草原带来说是不够的，因为那里蒸发率非常大[③]。

Г. И. 坦菲利耶夫认为，我们还没有任何可靠的资料可以设想我国南方在自然草原化或变干[④]。

固然，Г. И. 坦菲利耶夫持有这样的观点：草原的无林现象不决定于气候原因，而是决定于土壤原因，即决定于草原土壤和底土中富含碳酸盐和氯盐(Хлорцстая соль)[⑤]的情况[⑥]。然而，这种草原土壤富含盐分的情况证明，这里在很长(从地质上看)时期内，在土壤中有可能聚积盐分，即草原内的岩石风化的可溶性产物[⑦]以

① Костычев. Почвы черноземной области России. I, СПб., 1886, стр. 106.

② Коржинский. Северная граница черноземно-степной обл., 1891. стр 172；также в Трудах Казан. общ. ест., ч. 1, XVIII, вып. 5, 1888, стр. 73—74. В статье《Степи》в Энциклопедическом словаре Брокгауза и Ефрона, полутом 62, 1901, стр. 598—608, Коржинский склонен придавать климату большее зиачение.

③ Г. Высоцкий. Лесной журн., 1907, стр. 3.

④ Г. Танфильев.《Землеведение》, 1896, кн. 2, стр. 90.

⑤ 即"氯化物盐类"。——校者

⑥ Г. Танфильев. Пределы лесов на юге России. СПб., 1894, стр. 28 и сл., Доисторические степи Европейской России.《Землеведение》, 1896, кн. 2, стр. 90, Главн. черты растительности России, в Варминг. Распределение растений. СПб., 1903, стр. 354. —Г. Н. Высоцкий (Обусловиях лесопроизрастания и лесоразведения в степях Европейской России.《Лесной журнал》, 1907, № 1, стр. 1 и сл.)认为南俄罗斯草原无林的原因是：1) 大气水分不足，2) 与此有关的土壤和底土的非淋溶性质。

⑦ 关于这方面也可参看：Н. А. Богословский. О некоторых явлениях выветривания в области Русской равнины. Изв. Геол. ком., XVIII, 1899, стр. 244 и сл.

及淀积作用的产物。这种现象本身又表明，在土壤中聚积盐分的整个时期内降水量比现在要小得多，否则盐分便不会聚积起来，而会像在北方那样从土壤中被淋溶掉；北方的降水量比南方的降水量大得多，因而我们在这里的土壤中没有发现盐分过剩的情况。博戈斯洛夫斯基正确地指出（在上述引文中）：草原土壤中盐分聚积的原因和非排水湖中盐分聚积的原因相同，都是气候干旱。在俄罗斯北部地带，气候要湿润得多，无论在土壤和湖泊中都没有盐分聚积。

因此，归根结底，乌克兰草原和南俄罗斯草原的无林现象是气候造成的：如果气候发生变化并有大量降水，草原的土壤就会脱去盐分，草原将为森林所覆盖。反之，一旦在草原的北缘观察到森林向草原推进，我们就有理由得出结论：气候正变得很湿润。

其次，由科斯特切夫的实验知道，黑钙土在水分充足的条件下发生退化，变为壤质土壤。这样的退化黑钙土，在黑钙土分布的北界，即在森林向到黑钙土草原扩展的地方，到处可见。根据乌克兰草原和南俄罗斯草原存在黑钙土的事实，可以得出如下结论：在黑钙土形成和存在的整个时期内，这些草原上的大气降水不可能比现在丰沛得多。黑钙土的形成，需要某种最小的湿度。К. Д. 格林卡在他的土壤分类中，把黑钙土列入“适度湿润”的土壤，而把退化黑钙土列入“中度湿润”的土壤[1]。如果在以前，譬如说，在历史时代初期，我国草原的湿度很大，那么这里就不会形成黑钙土。一般

[1] К. Д. Глинка. Почвоведение. СПб，1908，стр. 366，427. 也可参看：Г. Н. Высоцкий. Оборо-климатических основах классификации почв.《Почвоведение》，1906，стр. 10（黑土钙被列入“温干”和“温湿”气候地区）.

说,黑钙土是在这样的地区开始形成的,这些地区的蒸发率大于降水量(但不是相差很大)。因此,可以说,在我国草原黑钙土形成的整个时期内,降水从未大过蒸发率。

值得注意的是,Н. А. 博戈斯洛夫斯基[1]在德国境内即在汉诺威的希尔德斯海姆附近也发现了黑钙土。

如果我们在草原和森林的整个分界线上都看到森林向史前草原推进和与此有关的黑土"退化",那么我们通常都没有观察到相反的现象,即灰色森林土的"更新"或"前进发展"和它们转变为黑钙土的现象[2]。除特殊情况外,在任何地方都没有发现风化壳下层保留有灰化过程的痕迹,但其上层则具有草原底土所特有的特征,即含有大量碳酸盐,变为黄土状底土,等等。毫无疑问,如果出现逐渐变干的现象,就会发生这种情况。冰后期的时间,对灰化过程的进行来说,无论如何是足够了。

大家知道,吸收性复合体内含有吸收性钠[3],但不含有大量可溶性盐类的土壤(称为碱土)。К. К. 格德洛伊茨说道,"碱土乃是非盐渍土壤"[4]。这个定义,乍听起来,不合常情。然而,碱土的发生史却说明了这个矛盾:正如格德洛伊茨所指出的,碱土是从盐土

① Н. Богословский. Из наблюдений над почвами Западной Европы. 《Почвоведение》, 1902, стр. 358.

② 关于这个问题,请参看:Л. С. Берг. Физико-географические (ландшафтные) зоны СССР. I, Л., 1936, стр. 359—363. —И. В. Тюрин. Почвы лесостепи. 《Почвы СССР》, I, 1939, стр. 209. —Е. М. Лавренко. Вопрос о причинах безлесия степей. 《Академия наук В. Л. Комарову》, М., 1939, стр. 502.

③ 土壤中从溶液吸收阳离子(钠、钙等)的那一固体部分,称为吸收性复合体。

④ К. К. Гедройц. Солонцы Л., 1928, стр. 24.

通过淋溶作用形成的。人们把容易被盐类盐渍化的土壤称为盐土。“任何一种碱土都是曾经在某种程度上盐渍化的土壤”——即经过可溶性钠盐盐渍化的盐土。在碱土继续受到淋溶作用的情况下,可由碱土形成脱碱土。在碱土进行脱碱作用的情况下,它的吸收性复合体遭到破坏,钠从吸收性复合体中释放出来,铝和铁以及腐殖质被淋洗掉,而游离的硅酸被聚积起来[①]。于是,便形成有些类似于灰化土的土壤。格德洛伊茨指出,脱碱土在第聂伯冰舌地区和在西西伯利亚及雅库特地区的黑钙土带内有广泛的分布。只有在气候变得十分湿润的情况下,这个盐土—碱土—脱碱土系列才可能有这样广泛的分布[②]。显然,在干热时期形成的盐土,现在已变为碱土和脱碱土。在雅库茨克以东勒拿河与阿姆加河分水领的脱碱土上,生长着落叶松林或桦树—落叶松林[③]。可见,森林在这里已推进到过去碱土占据的地区。

在沃罗涅日州的赫列诺夫草原的分水岭地区,有些地生长着小块树林,即所谓杨树丛。近一百多年来,这些“树丛”的数量日渐增多。土丘上生长山杨的情况表明,“树丛”在历史时期有扩大的趋势[④]。显然,在这里森林正侵占草原,从而证明气候正变得湿润起来。

---

① К. К. Гедройц. Осолодение, почв. Л., 1926.

② 也可参看:Д. Г. Виленский. Засоленные почны, их происхождение, состав и способы улучешения. М.,1924. Нов. деревня, гл. 6. Д. Г. 维连斯基这样来描述盐渍土的演化:1) 干旱冰后期——盐土期,2) 潜水下降——碱土期,3) 比较湿润的现代时期——碱土退化(脱碱作用)。

③ А. А. Красюк и Г. Н. Огнев. Почвы Лено-Амгинского водораздела. Материалы Якутск. ком., вып. 6, 1927, стр. 129.

④ Т. И. Попов. Происхождение и развитие осиновых кустов в пределах Воронежской губ. Труды Докуч. почв. ком., II. 1914, стр. 155—156.

在米努辛斯克地域，泰加林正侵入草原地段，这点可根据古代土丘现在为泰加林覆盖的情况来判断[①]。

克拉舍宁尼科夫指出，在哈萨克草原上，草原正向半荒漠推进，而半荒漠正向荒漠推进。这位作者还指出，在库斯塔奈草原上，在黑钙土地带向栗钙土地带过渡的情况下，植被在一定面积上仍然保留着与该界线以北相同的杂类草针矛草原性质[②]。再向南，在原图尔盖县内，在结构灰钙土（Структурный серозем，灰棕色碳酸盐壤土）上，即在荒漠的最北面，斯皮里多诺夫观察到蒿丛——Artemisia pauciflora（少花蒿），这在典型条件下是半荒漠，即淡色栗钙土所特有的。而结构灰钙土则特有另外一种蒿——Artemisia maritima terroe-albae。换句话说，植被已经改变自己的外貌以适应比较湿润的情况，但是土壤却还没有来得及随之发生改变[③]。

① А. Г. Вологдин. Тубинско-сисимский район. Труды геол. -разв. объединения，№ 198，1932，стр. 134.

② М. Ф. Короткий. Кустанайские степи. Предварит. отчет о ботан. исследов. в Сибири и Туркестане в 1913 г.，II，1914，стр. 260.

③ 在阿克纠宾斯克州内塔什干铁路朱龙站区，А. Н. 福尔莫佐夫（Формозов. К вопросу о вымирании Некоторых степных грызунов в позднечетвертичное и историческое время. Зоол. Журн.，1938，Вып，2，стр. 260—270）曾经观察到许多半化石状态的黄兔尾鼠（Lagurus luteus）骨骸。现在，这种兔尾鼠在苏联境内已绝灭，但在亚洲中部则是常见的。可是，在19世纪前半期，从乌拉尔河下游地区起，直到咸海附近地域、巴尔哈什湖附近地域和乌斯秋尔特，均可见到这种兔尾鼠。70年代初，在哈萨克斯坦，已经没有这种兔尾鼠。А. Н. 福尔莫佐夫认为：我们在这里观察到的荒漠动物区系的演替，是由于现代气候变湿的结果。我不想用气候的原因来解释兔尾鼠的绝灭。动物区系的这种变化是在比较长的时间内发生的。至于说到兔尾鼠，我们知道，草原兔尾鼠（L. Lagurus）与旅鼠（Lemmus）一样，在个体数量上有极大的变化。例如，在朱龙站区，仅不久以前，草原兔尾鼠在当地的啮齿类动物中还占优势：1公顷面积上有几千个草原兔尾鼠穴；许多种草原食肉动物在1933年主要是靠吃这种啮齿动物生存的。但到1934年春，草原兔尾鼠在这里几乎完全绝灭（福尔莫佐夫，стр. 262）。

道库恰耶夫也反对我国草原在历史时代变干的论点。他指出，根据编年史家的证明，大约在 1 000 年前，森林地区和草原地区的界线通过的地方一般不比现在更向南。此外，在波尔塔瓦州(位于连续森林的界线以南)曾经发现，从堆成土丘的时候起，即有时还是从史前时代起，这条界线一般都没有发生过变化。在从公元 13 世纪上溯到石器时代(新石器时代)的各时期，几乎乌克兰草原的所有土丘都是由黑钙土堆成的。道库恰耶夫确定黑钙土的年龄至少为 4 000—7 000 年。可见，在这整段时间内，草原气候应当大致没有变化①。

诚然，在草原和森林草原内发现土壤正在不断变干，但这不是由于气候的变化，而是由于较完善的排水系统的建立，同时主要是由于砍伐森林草原地带的森林和开垦黑钙土的结果②。

A. 伊斯梅尔斯基③曾经对原赫尔松省的土壤湿度问题进行过研究，得出了同样的结论：乌克兰草原变干不是由于气候变得很干旱，而是由于开垦草原所致；原始草原能够较大量地吸收雨水和雪水，较少使水分渗漏和蒸发掉。然而，当草原被垦殖和草原植物群被毁灭后，土壤的独特的团粒结构便趋于消失，同时土壤的蒸发量

但是，关于克里木半岛上属于奥瑞纳期的第四纪沉积中发现黄兔尾鼠化石(A. A. Бяльницкий-Бируля)，应当说是另一种情况；除这个种外，在克里木半岛还发现了荒漠和半荒漠所特有的 Alluctuga elater (小跳鼠)的化石。[Aurignacian age，或译为奥里纳克(欧里居亚克)期，属旧石器时代晚期，根据在法国上加龙省发掘的奥瑞纳(Aurignac)命名。——校者]

① В. Докучаев. Наши степи прежде и теперь. СПб., 1892, стр. 99—102. Русский чернозем. СПб., 1886, стр. 310.

② В. Докучаев. Нашв степи, стр. 103 и сл.

③ А. Измаильский. Влажность почвы. Сельское хоз. и лесоводство СХГ, 1882 (июнь), стр. 140 и сл.

增大，而含水量降低。其结果和砍伐森林是一样的：水从被开垦的草原上迅速流失。因此，“没有理由用一个地区气候的变化问题来解释该地潜水枯竭和因干旱而常年歉收的情况，因为由于开垦草原和放牧使土壤变得很坚实，草原表面的性质发生了变化，这能从根本上改变土壤与水分的关系。由于这种变化，年大气降水量如今仅能勉强抵消年蒸发量，但在过去的条件下，它不仅足以抵消年蒸发量，而且能使土壤中储存一定数量的水分。”

我们在前面已经指出，在苏联欧洲部分形成现代土壤所需要的很长时间间隔内，气候不可能比现在更为湿润。另一方面，森林向草原推进这一事实证明，现在苏联欧洲部分南部的底土和土壤正逐渐受到淋溶，而对于这些地方来说，这种情况便需要用气候变得很湿润来解释。

荒　　漠

荒漠中的蒸发　现在非常流行这样一种看法：由于中亚细亚“蒸发”大于降水，因而引起“该地区极为迅速而普遍地变干，原先的湖泊消失，河流变浅，咸海面积缩小”[①]。这种观点甚至渗透到实用性质的著作中。例如，H. 丁格尔施泰特在其论述土耳其斯坦灌溉的专论文章中，对该地区写道（1893）：“现在，这个地区呈现出慢慢死亡的悲惨景象。它在逐渐地（尽管是缓慢地）变干；它的水资源在减少，因为这里的蒸发量大大超过大气降水量，而干燥的

① И. В. Мушкетов. Туркестан. I. СПб., 1886, стр. 711.

风、尘土弥漫的大气、高的温度，以及向文明绿洲推进的流沙，大有把过去幸存下来的、已经为数不多的耕地变为荒漠的趋势。”①

认为土耳其斯坦由于蒸发大于大气降水而必将变干的论断，是十分错误的。与此相反，大自然对土耳其斯坦的水利调节得很好，以致这里没有一个地方经常缺水，而且一个地方水量减少，可由另一个地方多余的水来补充。这里，我们可以用例子来说明。阿姆河的努库斯（在三角洲上）附近河段，从 1874 年 10 月到 1875 年 9 月蒸发了 1 279 毫米水，而这期间努库斯的降水总共只有 86 毫米。但是，阿姆河的水来自天山和帕米尔的冰川和雪原，那里高地上的年降水量不少于 1 000 毫米。外里海卡拉库姆沙漠的年降水量平均为 100—200 毫米，但这里没有植被的地方，土壤表面没有什么水分可蒸发，而自潜水层的蒸发显然也微不足道。至于有植被的地方，虽然植被会蒸发一定数量的水分，但另一方面，它 1）保护土壤，使之不为太阳晒热和不干涸；2）使之更便于通过水汽在土壤孔隙中凝聚而形成土壤水。由此可见，尽管土耳其斯坦平原上的蒸发率，即蒸发能力超过降水，但实际上该地区绝不会由此逐渐变干。

咸海附近卡拉库姆沙漠（在咸海东北岸）已为灌木植被所固定，那里的降水量与外里海卡拉库姆沙漠相同，即大约为 100 毫米，但年蒸发率却不少于 1 000毫米。按照变干论就无法理解，这里怎么可能有植被？然而，事实上这里不仅存在植被，而且（我个人经常都相信）沙漠里的地下水到处都离地表很近，沙漠里到处都

---

① Н. Диигельштедт. Опыт изучения ирригации Туркестанского края. Сырдарьинская область. Часть I, СПб., 1893, стр. 42—43.

有很多水井[①]；同时，值得注意的是，100—150 年前的地图和记载所指出的道路和井，现在仍保留在原处。

我曾多次听到一种表示困惑不解的说法：沙漠中降水这样少，蒸发又这样大，水是从哪里来的呢？其实，沙漠中水的储存是这样得到补充的：秋天的雨水几乎全被沙吸尽，而这时蒸发微弱；冬天的积雪入春后逐渐溶化成水，其大部分同样渗入土壤；夏天或者不下雨，或者下罕见的暴雨；一般说来，这时才开始其蒸发期。但这里应当指出：

1）沙的含水量小，因而水分不沿地表流动而迅速渗入蒸发微弱的下层；其次，夏季随着沙的温度增高，沙的含水量更小[②]。由于所有这些种种原因，沙地表层和粘土质底层不同，它们来不及为水分所湿透，因而不会使水分丧失。

2）沙中水分沿毛细管上升的速度的确很快，但上升的高度很小[③]（大家知道，土壤的颗粒越细，水沿毛细管上升得就越高；当粒度为 2.5 毫米时，水就完全停止沿毛细管上升[④]）。

3）由于沙的含水量和毛细管的作用都小，沙地表层的蒸发一

① B. A. 杜比扬斯基对乌斯秋尔特高原上的萨姆沙漠也指出了同样的情况：这里的水井深 1.5—3 米，可是周围粘土荒漠沙地的水井却深达 20—30 米（В. Дубиянский. Растительность Русских песчаных пустынь. Прил. к Вальтер. Законы образования пустынь. СПб.，1911，стр. 182）。同时，这一点对于所有荒漠都是正确的。我们可以比较戈蒂埃对撒哈拉沙漠（沙质荒漠）的记述：Gautier. Sahara. Algérien，Paris，1908，p. 44.

② П. Коссович. Отношение почв в воде. Журн. опытной агрономий，V，1904，стр. 226.

③ 同上注，第 346 页。

④ К. Глинка.《Почвоведение》，СПб.，1908，стр. 271.

般很小。当沙地上层干涸时,蒸发就减少到最低限度。沃尔尼(1880)和埃塞(1884)的数据表明,土壤表层变干的深度越大,土壤的蒸发就越小。埃塞说道:"土壤表层干得越快,土壤较深层的水分储存就保存得越好。"[①]其次,在大雨的影响下,沙漠表层形成一层特殊的结皮,它能进一步减少蒸发。

最后,根据贝金格的实验[②],干燥气候条件下的土壤,起初丧失于蒸发的水分,大于湿润气候条件下的土壤丧失于蒸发的水分,但后来的情况则相反:干燥气候条件下的土壤开始丧失越来越少的水分。由此可见,在干燥气候条件下的土壤中,由于表层强烈变干和表面形成结皮,水分自下沿毛细管上升的作用几乎自动停止。

所有这一切都说明,在沙地中(尤其在丘状沙地中)潜水得到很好保存这一现象,乍看,觉得很奇怪。因此,沙地,主要是丘状沙漠,似乎是由大自然创造出来、供灌木和半乔木植被定居的。它们长长的根部能够深入到潜水的位置[③]。我已经指出过[④],在咸海的

① 参看:Т. Локоть. Влажность почвы в связи с культурными и климатическими условиями, Киев, 1904, отт. из Изв. Киевск. унив., 1903, стр. 173, 176—Срав. 亦见 J. W. Leather. The loss of water from soil during dry weather. Memoirs Departm of Agriculture in India, Chem, ser., I, № 6, 1908, p. 106.

② Журн. опытн. агрон., XI, 1910, стр. 376.

③ 主要是丘状沙地的原因,是由地形具有丘陵性质,这里的盐类极容易从沙中淋溶掉,并在沙丘之间的凹地中积聚起来。此外,如 Г. Н. 维索茨基(Лесн. журн., 1905, стр. 1433)所指出,在丘状沙地中难于形成地表径流,雪不容易被吹走,这有助于潜水的蓄积。在沙质土壤方面,Г. Н. 维索茨基根据自己在沃罗涅日州赫列诺夫松林和在阿斯特拉罕的雷恩沙漠的观测得出了完全相同的结论。(参看:Г. Н. Высоцикий. О взаймных отношениях между лесной раститель ностью и влагою преимущественно в южнорусских степях. Труды опытных лесничеств, II, 1905, стр. 358—363;См. также стр. 257—266.)

④ Л. Берг. Аральское море. СПб., 1908, стр. 181.

梅尼希科夫岛的沙漠上，甜瓜、西瓜等都能很好成熟，无需任何灌溉，完全靠地下水滋养。

土耳其斯坦黄土地区的蓄水条件不太好。冬天，该地区积雪，春天生长植物；夏初，草枯黄了，草原变得干旱无水，同时这里几乎完全没有蒸发。例如，饥饿草原（在吉扎克与锡尔河之间）的降水量为 200—300 毫米。所有这些降水量全部被蒸发，但不会比这更多。如果在比较湿润的年份，降水多些，那么蒸发也就多些；在干旱年份，情况则相反。总之，这里没有逐渐变干的情况。只有在干旱地区才可能有这种类型的蒸发，因为那里土壤上层完全干涸了[①]。

沙质荒漠　我曾多次听到和读到这样的意见：现在，在南俄罗斯、土耳其斯坦和亚洲中部观察到的沙漠逐渐扩大，这证明气候在变干，荒漠气候在向黑钙土区和黄土区扩展，等等。

但是，这种意见是完全错误的。凡是发生沙漠向耕地推进的地方，都可以有把握地说，这是人类活动造成的结果。人们破坏了沙漠上的自然植被，从而使沙子发生移动。

位于第聂伯河下游（赫尔松对面）的阿廖什科夫沙漠，面积约 1 770 平方公里，目前大部分变成了流沙。但是，在上世纪 80 年代研究过该沙漠的 П. 科斯特切夫说道，还在不久以前，即不到 100 年前，阿廖什科夫沙漠曾为植被（有些地方是乔木）所固定。希罗多德所指的第聂伯河下游的多林希列亚很可能就是在这里。科斯特切夫认为，“沙漠的出现似乎是由于地方气候条件发生变化所

① 可是，饥饿草原的地下水的位置离地表较近：其最大深度共计为 4 米。（参看：Н. А. Димо. Отчет по почвенным исследованиям в Голодной степи. СПб.，1910，изд. Гл. управ. земл.，стр. 35.）

致”的意见是毫无根据的(对此没有丝毫证据)[①];“形成流沙和妨碍流沙固定的原因是相同的,而且只有一个原因:过度放牧牲畜。”[②]

关于卡尔梅克草原的沙漠,И. В. 穆什克托夫曾一再指出,最近(他于1884—1885年到过该地),该沙漠日趋移动,但其原因完全在于人类的活动。例如,“远在40年前,弗拉基米罗夫卡附近现在的流沙地方,曾经是一片茂盛的草原植被,它后来由于长期开垦同一块田地和放牧大群牲畜而被毁灭了。”[③]另一方面,穆什克托夫又证实说,“尽管气候条件不利”,卡尔梅克沙漠将能自行调节,甚至不靠人的帮助,这里也能生长植物[④]。

1898年,И. 杰明斯基考察过卡尔梅克草原中部的沙漠(哈拉胡索夫宿营地)。在这以前,即在1895年,当地卡尔梅克人的畜群发生过一次大瘟疫,于是,我们看到,在这以后,沙漠上开始生长植物;例如,早先曾是流沙的阿克姆沙漠以及其他许多沙漠(诺尔瓦尔希、阿尔-托斯塔)长满了巨野麦。据杰明斯基记述,巨野麦茂密后,对沙形成一道壁障,并渐渐变成小丘,即“植物固定沙丘”;通过形成“植物固定沙丘”,移动的沙漠能自己生长植物并固定下来[⑤]。在哈拉胡索夫沙漠,到处都可找到许多不用制陶工具制作的粗糙

① П. Костычев. Алешковские пескл. Ежегодник СПб. Лесного ивнст., II, 1888, стр. 205.

② 同上注。

③ И. Мушкетов. Геологическое исследовании в калмыцкой степи в 1884—1885 годах. Труды геолог. ком., XIV, № 1, 1895, стр. 45—55.

④ 同上注,第47页。

⑤ И. Деминский. Отчет по осмостру сынучных песков Харахусовского улуса. Памятная книжка Астраханской губ., 1899, прилож., стр. 9—10, 20—23.

陶器的碎片，以及铜质和铁质的箭头[①]。杰明斯基正确地指出[②]，这些资料证实卡尔梅克草原上的沙漠很早以前就已固定下来。这一切说明，这些沙漠是史前时期形成的，而现在正处于自然的植物丛生状态。

位于盖杜克河两岸的盖杜克草原，于1896—1898年间，由于库马河及其支流盖杜克河泛滥，大部分被水淹没，于是以前光秃、无水的沙漠，此后便为植物所覆盖[③]。位于克克—乌孙湖沿岸、东距莫扎尔咸湖7俄里的克克-乌孙沙地；在1898年前是沙质荒漠；1898年，由于东马内奇河泛滥，克克-乌孙湖蓄水过多，其低平的湖岸被水淹没，水退后，该沙漠在一年内便长满了植物[④]。

关于西哈萨克斯坦州的纳伦沙漠（雷恩沙漠），有资料证明，它正处在天然的自然植丛化状态，甚至是自然森林化状态——当然，这要在植丛不遭到砍伐和践踏的地方[⑤]。原叶诺塔耶夫县境内的阿斯特拉罕铁路沿线的沙地（在340—560公里之间），同样对于自然植丛化没有障碍[⑥]。

① 在位于库马河以南的卡拉罗盖禾草和针茅-禾草草原，Л. З. 扎哈罗夫（1928）也发现了箭头、瓦罐和青铜器。

② И. Деминский. стр. 25—26.

③ И. Деминский. Сыпучие пески Эркетеневского улуса. Памятная книжка Астраханской губ., 1902, прил., стр. 19—20. 1898年，库马河水开始注入里海。

④ И. Деминский. стр. 24—25.

⑤ В. Палецкий. Пески внутренней Киргизской орды. Лесн. журн., 1894, стр. 84—87. — В. Савич. Очерк флоры Зап. части. заволжских песков Астраханского края. СПб., 1910, изд. Лесн. ден., стр. 32 и др. Также: Работы по укреплению песков Астраханскои губ., СПб., 1910 (изд. Лесн. ден.) стр. 12, 40—41.

⑥ А. М. Фролов. Сооружение Астраханской линии и летучих барханных песках. СПб., 1909, стр. 44.

我在考察过中亚细亚的许多沙质荒漠(外里海卡拉库姆沙漠、克孜勒库姆沙漠、咸海附近卡拉库姆沙漠、大小巴尔苏基沙漠和伊犁河沿岸沙漠)后,得出了结论:中央亚细亚的现代气候并不促成大型流沙堆积体的形成。

咸海附近的卡拉库姆沙漠已全部固定,而出现流沙地的地方(这样的流沙地完全是由于植被遭受破坏而形成的),大都靠近驿站(阿尔特-库杜克站、尼左科耶夫站等等)[①]。18 世纪和 19 世纪初地图上标出的道路和井,直到现在仍没有变化地保留在卡拉库姆沙漠中。关于卡拉库姆沙漠以及巴尔苏基沙漠和乌斯秋尔特的梭梭丛林,1859—1860 年间考察过这些梭梭林的博尔晓夫报道说,和贾内河[②](在克孜勒沙漠中)沿岸的丛林相反,这些梭梭林都处于幼年期,形成时间较晚。他还补充说,"很可能,目前梭梭林正处在不断向西和向北分布的时期。"[③]

《就中亚铁路论卡拉库姆沙漠》(1878,第 12—13 页)一书的作者同样证明说,咸海附近卡拉库姆沙漠也已为植物固定而不再移动;1843 年地图上表示的布坎拜盐涸湖的盐泥地仍然没有被掩埋;吉内什克库姆沙漠中曼苏尔的各个井是在一百多年前挖掘的,至今仍然没有什么变化,部分沿纳尔-克孜勒库姆沙漠和伊尔吉兹库沙漠,也没有发生移动。

M. 波格丹诺夫写道:"我在克孜勒库姆沙漠走了 1 500 多俄

---

① 请比较穆什克托夫的图:《土耳其斯坦》,I,1886,стр. 337.

② 即"Жанадарья"—"扎纳河"。——校者

③ И. Борщов. Материалы для ботан. географии Арало-Каспийского края. Зап. Академии наук, VII, прил. № 1, 1865, стр. 153—154.

里，只看到一小块没有任何植被的真正流沙。这就是阿达姆克雷尔甘井附近的限区。极为弱小而稀疏的植被，已使沙地明显地固定下来，使它们不受风的影响。更有趣的是，有时蜿蜒于新月形沙丘之间的深洼地内的商道，几乎从来没有任何路段被沙所掩埋。”就克孜勒库姆沙漠来说，可以举出例子说明，只要人类进行明智的干预，就能制止沙的移动：1874 年，M. 波格丹诺夫在亚历山大罗夫斯基（现在的图尔特库尔）和谢赫-阿巴斯-瓦利之间看到一段 37 公里长的裸露沙地，而现在该地已发展起农业耕作[①]。

关于巴尔金沙漠（位于阿克纠宾斯克州乌伊尔河两岸），有报道说，该沙漠有丰富的地下淡水，长满了乔木植被，因而如果沙漠发生移动，那完全是由于树木遭到砍伐；要是让其自然发展，却不使树木遭到砍伐，该沙漠会迅速长满植物[②]。

大巴尔苏基沙漠如果听其自然发展，就会生长植物，转变为起初生长白克氏羊茅（Festuca beckeri），后来生长禾本科植物——西伯利亚水草（Agropyrnm sibiricum）的草原。

正如米登多夫[③]和他以后的 И. В. 穆什克托夫所认为的那样，费尔干纳沙漠如让其自然发展，就会处于稳定状态。穆什克托夫说：“人和家畜在扩大沙漠方面所起的作用非常明显，这大概是不会引起怀疑的。”[④]

① О. Шкапский. Земледелие и землевладение в Шураханском участке Амударьинского отдела. Сбор. материалов для стат. Сыр-дарьинск обл.， VII， Ташкент， 1900， стр. 206； ср. также стр. 12—13.

② Штромберг. Лесн. Журн.， 1894， стр. 133—135.

③ Миддендорф. Очерки Ферганской долины， 1882， стр. 45， 57 и сл.

④ Мушкетор. Туркестан， I， 1886， стр. 521—522.

土库曼卡拉库姆的沙漠，受到人类活动的强烈影响。放牧牲畜（主要是羊和骆驼），开垦绿洲边缘的沙地，砍伐梭梭林和其他固沙植物，这一切都引起沙的大面积移动，使沙地具有裸露的、流动的新月形沙丘的性质。卡拉库姆沙漠中的井，通常都为新月形沙丘所围绕。除极少数地段外，卡拉库姆沙漠基本已被固定。B. A. 奥布鲁切夫一再指出，这里的沙漠之所以发生移动，是由于人类活动的结果[①]。孔申曾经描述了阿富汗国境线上库什卡河与穆尔加布河之间坚实的、完全固定的新月形沙丘[②]。它们不是在现代时期形成的，而显然是"古"新月形沙丘，与分布于波列西耶、切尔尼戈夫州、加利西亚以及苏丹的新月形沙丘相似。这些新月形沙丘高达 40—120 米不等，有时保持美丽的半月形状，生长着蒿和骆驼刺。

据 B. A. 杜比扬斯基[③]证实，本世纪 20 年代，卡拉库姆沙漠的自然植物丛生过程开始进展得很快。这是由于当时地方上的养羊业曾一度缩小的缘故。乔本科植物在垅状沙地内生长得非常茂密，使沙地变得极为坚实，致使沙生灌木丛开始死亡。未被新月形沙丘固定的原生沙地，没有受到人类活动的影响。在卡拉库姆沙漠内，它们仅仅发育于阿姆河两岸，是由阿姆河的冲积沙-粘土质沉积物受到风蚀而成的。卡拉库姆沙漠中的所有其他地区都处在

① В. Обручев. Закаспийская низменность. Зап. Геогр. общ. по общ. геогр., XX, № 3, 1890, стр. 108, 111, 130, 133, 141—144.

② А. М. Коншин. Разяснение вопроса о древнием течении Амударьи. зап. геогр. общ. пообщ. геогр., XXXIII, № 1, 1897, стр. 190, 239—241, табл. 1—11.

③ В. А. Дубянский. Песчаная пустыня юго-восточные Каракумы. Труды по прикладной ботанике и селекции XIX, № 4, 1928.

自然状态中，即处在自然植物丛生的某一阶段。

位于卡拉套山和楚河之间的穆云库姆沙漠，也被描述为是固定的[①]。伊犁河下游和卡拉塔尔河下游之间的沙漠，也是这类性质的。同样，伊犁河的支流——卡斯克连河两岸的沙漠及伊犁斯克[②]附近伊犁河段的沙漠，大部分也已固定。

非洲撒哈拉沙漠的新月形沙丘是自东向西移动的，即从尼罗河向大西洋移动。我们现在知道，撒哈拉的新月形沙丘是稳定的形成物；在年老的沙漠向导的记忆中，撒哈拉沙漠的外貌没有发生变化[③]。

关于亚洲中部荒漠的情况，请参看下一节。前面关于土耳其斯坦的全部叙述，都可包括在这一节中。

如果注意到上述一切，我们就可得出结论：乌克兰、阿斯特拉罕州以及苏联中亚细亚的流沙，在植被未被人类毁灭的一切地方，现在都已固定，而不再移动[④]。在现在的气候时期，沙漠即使完全没有植物，也都能处处自然植丛化，有时候甚至能自然森林化，其条件仍然是人类不去干预它。现在的问题是：既然现在沙漠已经固定而几乎不能移动，那么土耳其斯坦的沙质堆积体又是什么时候形成的呢？显然，这不是在现代时期，而是在最后一次大冰盖退

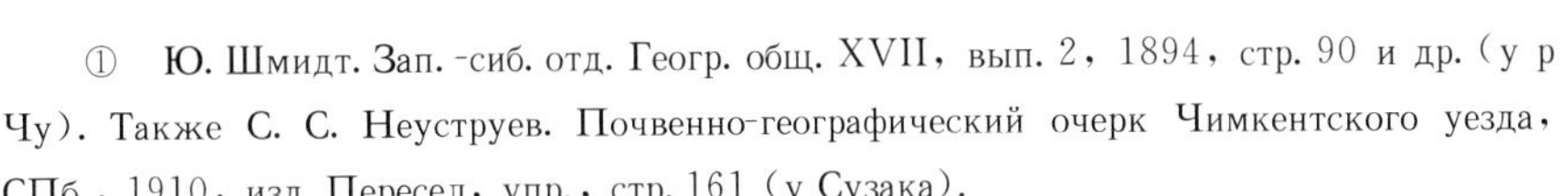

① Ю. Шмидт. Зап. -сиб. отд. Геогр. общ. XVII, вып. 2, 1894, стр. 90 и др. (у р Чу). Также С. С. Неуструев. Почвенно-географический очерк Чимкентского уезда, СПб., 1910, изд. Пересел, упр., стр. 161 (у Сузака).

② 或称“卡普恰盖”(Капчагай)。——校者

③ E. F. Gautier. Sahara Algerien, Paris, 1903, p. 41.

④ 我早在1905年的一篇文章中就已指出了这一点：《Высыхаетли Средняя. Азия?》. изв. Геоср. общ., 1905, стр. 512.

缩的初期与历史时代初期之间的一个干燥时期(参看第三章)。

因此,最近对苏联南部干燥区现代沙漠的研究,使我们得出一个结论,即沙漠的存在不能作为说明现在沙漠地区变干的论据。与此相反,我们看到,现代时期的特征是沙漠正趋向于植物丛生。这与变干现象是不相容的。

关于历史时代内某些地域的气候变化

我们在前面探讨了关于推测的气候变干对湖泊、河流、土壤和植被的影响问题。现在,我们用若干地区的具体例子来说明这些地区在历史时期是否变干或变湿。

我们从亚洲中部谈起亨丁顿在许多文章[①]中,而特别是在《亚洲的脉搏:说明历史之地理学基础的中亚旅行》一书(1907)中,力图证实一种看法,即中亚细亚以致整个地球在历史时期曾经处在,而且现在仍然处在不断变干的状态。由于这一原因,人类在亚洲中部生存的自然条件变得越来越不利:牧场干缩,河流不再给农田灌溉提供充足的水,水源枯竭;于是,为了摆脱这种处境,亚洲中部的居民应当向西即向比较湿润的地区迁移。古代和中世纪,游牧民族无休止的袭击欧洲的原因,就在于此。

Г. Е. 格鲁姆-格日迈洛(1933)的文章在很大程度上重复了亨丁顿的论点。他也得出结论说,在历史时期中,亚洲中部的荒漠是通过侵占牧场和耕地而扩大的。

---

① 请参看本章后的文献目录。

现在来分析一下亨丁顿为证明亚洲中部气候变干而提出了什么论据：

1）在荒漠中，沿着克里雅河、尼雅河、塔里木河及其他河流，在现在无水和不能把河水引去的地方散布着城市遗址；

2）发现绿洲边缘和沙漠中的植被在逐渐消失；

3）当地居民传说从前这里水很充沛。

这些论据中没有一个能使我们信服。前亚细亚和中亚细亚具有属于各个极不相同的时代、文化和民族的大量遗迹。文明村落毁灭的原因是极不相同的。凡是熟悉中亚历史地理的人都应当明白，这里单是用气候条件的变更即气候变干，未必能说清问题。村落消失的主要原因当然是战争。13 世纪，成吉思汗及其后辈在土耳其斯坦和前亚细亚摧毁了许多城市，破坏了巨大的灌溉设施，屠杀了大批居民。由于灌溉渠道被毁，剥夺了生机的居民，部分死亡，部分四散奔逃。美索不达米亚直到 19 世纪还没有能摆脱这种毁灭性破坏的影响[1]。这与气候变化又有什么关系呢？

B. B. 巴托尔德[2]在谈到成吉思汗的入侵时指出，蒙古人不要新的土地，蒙古族的大多数人在进行征服以后仍然返回蒙古。蒙古人的民族界线在入侵后，仍然和成吉思汗进行征服前一样，而且成吉思汗本人在征服后也返回蒙古。可见，不是气候迫使蒙古人西进。

---

① R. Tholens. Die Wasserwirtsehart in Babylonien (Irak Arabi) in Vergangenheit, Gegenwart und Zukunft. Zeitschr. Gesell. Erdkunde Berlin, 1913, p. 341.

② В. В. Бартольд. Место прикаспийских областей в истории мусульманского мира. Баку, 1925, стр. 58.

的确，在亚洲中部，我们常常在现今完全无水的地方遇到从前文化的遗迹。例如，在尼雅河终点以北100公里和克里雅河以东约170公里的地方，就有一个约公元300年的相当大的村落遗址，现在无论从尼雅河还是从克里雅河都没有渠道把水引到那里①。然而，在断定公元3世纪时，尼雅河和克里雅河的水比现在丰沛之前，首先应当证明从那时起这些河流没有改变过流向，换句话说，首先应当对该地方进行详细的研究②。

然而，在研究中亚细亚时，应该特别注意河川水流的变化对一个地区水文地理变化的影响。大家知道，荒漠气候条件下的河流，即内流区的河流，具有变化无常的水流。这决定于很多原因。首先，河流的水量极小，不能冲刷出深而固定的河床。其次，这里的河流没有大陆边缘地区河流所具有的那种固定的终极侵蚀基面，即海平面。一些微不足道原因，如沉积物淤塞河床、河水分别用于灌溉、特大泛滥，都可使河流改道，转向另一个侵蚀基面。由于河流现在获得径流的这个新集水区的绝对高度往往同以前不同，从而该地的水文地理以及（当然还有）居民经济生活会发生重大的变化，这是不言而喻的。

塔里木河及其注入处的曾经引起许多争论的罗布泊，便是当地水文地理发生重大变化的例子。塔里木河和车尔臣河曾多次改变它们的注入处。显然，这应当对两岸居民的命运有重大影响。阿姆河是另一个例子。

---

① Pulse of Asia, p. 203.

② 不过，亨丁顿在一个地方（第221页）提到过河流流向的变化：这是关于车尔臣河与若羌河之间的瓦石峡河的。

亨丁顿援引的传说(第277、321页)表明,从前荒漠中的水比现在丰富得多。我敢于怀疑这些传说的真实性,因为荒漠中的民间传说往往把黄金时代向前移,说那时河水丰沛,草原上林木葱郁,等等。

最后,亨丁顿的第三个论据是中亚细亚森林的死亡。他在许多地方发现异叶杨(Populus diversifolia)树木和柽柳(Tamarix)灌丛处于枯萎的半干旱状态。他因此得出结论:气候在变干。

这个结论没有任何说服力。在锡尔河、咸海沿岸、巴尔喀什湖和伊犁河流域,我曾多次在柽柳丛林、梭梭丛林和荒漠的其他乔木林和灌丛中旅行,从未发现诸如森林不断消失和干枯一类的任何现象。当然,往往也看到一些枯死的树木,但这在没有实行森林监护的任何森林中都是会有的。在巴卡纳斯河、贾内河等干河床的两岸也有枯树,但这是支流无水的结果。同样,我在土耳其斯坦的护林人员那里从未听到过人们对中亚细亚沙漠"森林"自然消失的怨言①。

这里,我们要再次指出上面引用过的B. A. 杜比扬斯基关于土库曼沙漠自然植物丛生的资料。

如果在车尔臣河两岸的沙漠中也发现有正在死亡的树木(参看亨丁顿著作第222页的插图),那么在每一具体情况下都应查明原因(其原因可能不仅仅在于该地方变干):树木可能死于小蠹虫或其他害虫的袭击,树根向深处伸展时不再能吸收到足够数量的

① 相反地,在1908年地理学会的一次会议上,B. И. 马萨利斯基曾报告近几年来在阿拉木图州的山地观察到森林从山地向平原扩展的现象。

水分，乱砍滥伐，以及由于砍伐森林等引起的沙漠扩大，河床的移动。水流的移动，既可能由自然原因造成，也可能由于人类活动的结果。

斯科姆伯格在谈到吐鲁番绿洲时认为，该地现在养活的人口比从前任何时候多，而这里的水量却丝毫也未减少。然而，在吐鲁番绿洲中可以看到许多干枯的芦苇丛，其死亡的原因是灌溉措施，它们使该地水量减少[①]。

在 1945 年 4 月 29 日召开的地理学会会议上，Э. М. 穆尔扎耶夫报告说，在蒙古，幼小的松树和落叶松正向草原推进。

这样，上面援引的中亚细亚逐渐变干的任何论据，都不能使我们感到满意。

在喀什噶里亚[②]南面玉龙喀什河与克里雅河之间，有古城丹丹乌里克（Дандан-уйлик，Dandän oilik）[③]的废墟，该城是在 18 世纪末叶遗弃的。亨丁顿在描述该废墟时认为，该城过去是靠克里雅河供水，当时克里雅河的水相当丰沛。但是，当问到当地牧人现在为什么不从克里雅河引建灌渠道时，他们回答说，现在没有足够的人力来进行这项工程。大家知道，修建和管理一项大的灌溉工程是一定需要很多人的。当丹丹乌里克人口稠密时，居民有能力修建大的水渠，并把水渠源头设置在克里雅河上游，那里水流湍

---

① R. C. F. Schomberg. The aridity of the Tur-fan area. Geogr. Journ., LXXII, 1928, pp. 357—359.

② 原俄文为“Кащгария”，系指我国西部的一个自然地理区，包括广阔的塔里木盆地及其周围的天山和昆仑山坡地部分。——校者

③ 或称为“旦当乌利克”、“丹墩鄂里克”。——校者

急，又是淡水。随着人口的减少。这样的工程便无法进行了。

但是，除此以外，根据A.斯坦因（他在这里进行的研究比亨丁顿的研究有根据得多）的意见，就是现在也可从邻近河流把水引到丹丹乌里克[①]。斯坦因认为丹丹乌里克的被遗弃，绝不是因为缺水，而是人口逐渐稀少所致[②]。斯坦因的这些资料尤其使人感兴趣的地方是，他尽管有保留[③]，但已倾向于赞同亚洲气候变干论[④]。

远在7世纪前半期，中国的朝圣者玄奘[⑤]，就已谈到和阗[⑥]被沙掩没的一些城市。按斯坦因的话来说，玄奘关于和阗自然特点的描述，完全符合现在的情况[⑦]。

值得注意的是，斯坦因在和阗的废墟中找到了一些记事的抄本，时间是属于公元3世纪的，其中常常记载有因缺水灌溉而引起的纠纷；在另一些出土文书中也记载有因缺水灌溉而对官吏发出的怨言[⑧]。这一事实表明，和阗那时候的水也像现在一样珍贵。

亚洲中部一些地方现在人口较少，而过去人口多，通过对比这

① M. Aurel Stein. Ancient Khotan, Oxford, 1907, p. 286.

② M. A. Stein. Ruins of Desert Cathay. London, 1912, vol. I, pp. 257—258.

③ 《Разрешение этого вопроса дело географа, а не археолога》, I, c., 1907, p. 287.

④ 也可比较斯坦因在下文中对亚洲中部变干的看法。M. A. Stein. Explorations in Central Asia 1906—1908. Geogr. Journ., XXXIV, 1909, p. 17; также XXXVI, 1910, pp. 677—678; Ruins of Desert Cathay, I, 1912, p. 257.

⑤ M. A. Stein. Sand-buried ruins of Khoton. London, 1903, p. 323, 430, 438.

⑥ 古时称“于阗”，现在为“和田”。——校者

⑦ M. A. Stein. Ancient Khotan. Oxford, 1907，第174页。玄奘于公元644年到达和阗（也可参看同书第173页）。

⑧ M. A. Stein. Sand-buried ruins, p. 402.

两种现象，便得出结论说现在这些地方不能发展农业，是由于大气降水量减少，是毫无根据的。在和阗城旁的玉龙喀什河与克里雅河之间伸展着一片流沙荒漠；仅沿河两岸被耕种。斯坦因说道[①]：要是在玉龙喀什河上修建灌溉渠，就能扩大耕作区，使之远远深入荒漠腹地，即新月形沙丘占据的地带，春夏雨季，玉龙喀什河可供给充足的灌溉用水。但是，"这里同巨大的东土耳其斯坦荒漠南缘各个地方一样，设有兴建这类工程所必需的人力，同时也没有能力领导修建大的灌溉工程的行政机构。"

和阗城附近的 Тарбогаз（塔尔博加兹[②]），在斯坦因前几次考察时，绵亘着一片沙漠；然而，自修建水渠后，该地区就面貌一新了。这位旅行家在 1906—1908 年的考察中，对这一点是深信不疑的。他认为这可以证明尽管绿洲在"变干"（引号是斯坦因加的），但它能够抵挡荒漠的侵袭[③]。位于同一和阗绿洲上的阿克库勒（在阿克铁热克附近），在斯坦因访问前 15 年左右，这里修建了灌溉渠道，因而农田开始向沙漠扩展。在发现考古文物的古代村落地区，曾经出现了蘼草丛和柽柳丛。斯坦因说道："我惊奇地自问，与缓慢发生的变干相反，绿洲由于人口增多和对土地的日益增长的需要而胜利地向这里的一大部分荒漠地区扩展的时间，是否不久就会到来。"[④]1901 年，斯坦因既根据废墟的遗物，又根据当地

① M. A. Stein. Sand-buried ruins，p. 271. 也可比较参看 Ancient Knotan，1907，pp. 126—277.

② 根据俄文译音。——译者

③ M. A. Stein. Ruins of Desert Cathay，I，1912，p. 164.

④ M. A. Stein. Ruins of Desert Cathay，I，1912，pp. 229—230.

居民的叙述，深信在克里雅河西面的 Домоко（多摩科[①]）绿洲内，近 60 年来由于荒漠进逼，耕作区已向南面的山地退缩。然而，当时就有人告诉斯坦因说，绿洲和荒漠的界线是南北来回移动的。情况的确是这样，在斯坦因 1906—1908 年旅行期间，耕地重又向北扩展，即向 1840 年前后遗弃的旧多摩科的田地方向扩展，其原因是 1890 年在多摩科河上建筑了拦河坝[②]。总之，如果不建筑拦河坝，这片绿洲就会完全荒废。斯坦因说道，这表明除了与气候变干使水分减少有关的原因外，耕地面积也会发生变化（стр. 254）。

总之，斯坦因所持的观点是，按照实际的情况来看，和阗能够养活的人口要比现在多得多，而现在还远未利用大小河流所提供的全部水[③]。他叙述道，他在 1900 年访问过莎车西面的 Тогучак（托古恰克[④]），当时该地在这以前几年，还荒无人烟的沙地已得到灌溉和耕种[⑤]。这恰好在 1900 年和 1901 年塔里木盆地水量丰沛。

斯文・赫定与亨丁顿的意见相反，他断言最近1 600年来塔里木盆地没有出现过气候变化的任何迹象。在历史时代内，罗布泊和喀拉和顺[⑥]湖在范围上变化很小，而过去的变化都带有偶然性，与气候变动没有关系。斯文・赫定反对 П. Л. 克鲁泡特金所说的

① 根据俄文译音。——译者

② M. A. Stein. Ruins of Desert Cathay, I, 1912, pp. 250—251.

③ M. A. Stein. Ancient Khotan, p. 126.

④ 根据俄文译音。——译者

⑤ M. A. Stein. Sand-buried ruins, 1903, p. 162.

⑥ 或称“喀拉库顺”、“喀拉廓顺”。——校者

亚洲气候变干，他同样认为亚洲中部民族的迁移和古文化的衰落与气候变化没有因果联系。除克里雅河外，对于喀什噶里亚的任何一条河，都不能说它们现在的水量比 2 000 年前少。至于克里雅河（它是在离塔里木河不到 132 公里的地方消失于沙漠中），按照斯坦因的说法，早在 16 世纪时它就流到了塔里木河[①]。但是，斯文·赫定并不认为这种变化是气候原因造成的，他对问题的最可能的解释是，近 300—400 年来，克里雅绿洲的居民要稠密得多，因此需水量也增大了。正如我们所在上面所看到的，斯坦因却与此相反，认为和阗现在的人口不像从前那样稠密。也许，就克里雅河来说（如果仅仅认为与此有关的穆罕默德·海德的文章的解释是正确的），应该找寻人类影响之外的另一些原因，如该河流域水文地理情况的变化。其次可以指出，在 13—15 世纪以及 16 世纪的部分时间内，亚洲西部和欧洲东部的降水量有所增大；正是在这时候，阿姆河通过乌兹博伊河把它的部分河水注入里海[②]。在这些世纪内，克里雅河也能够流到塔里木河。完全可以相信，克里雅河流域内这样的丰水现象将来可能会再现。20 世纪初期出现的喀什噶里亚各河流的大泛滥，就是对这一点的暗示（关于这一点，可参看上文）。

匈牙利著名的亚洲中部旅行家乔尔诺基[③]，在研究“民族迁

① Stein. Ancient Khotan, 1907, p. 449.〔根据 16 世纪中叶穆斯林历史学家穆罕默德·海德（Muhammad Haidar）在《The Tarikh-i-Rashidi》中的资料。〕

② 关于这一点，请参看我的著作：《Аральское море》, 1908, стр. 527—528.

③ J. Cholnoky. Kunstliche Berieselung in Inner-Asien und die Völkerwanderungen. Geogr. Zeitschr., XV, 1909, pp. 241—258.

移”的原因时，得出结论：促使人口迁移的因素，不是气候的变化，而是灌溉条件的变化，而后者本身又决定于许多经济、政治和自然的原因。属于自然原因的有：特大暴雨（可将大量岩石碎块冲入谷地，并能将河流及灌溉渠道完全堵塞起来——“泥石流”）、河床变迁（如 1854 年黄河改道）、旱灾、地震等。但是，主要的原因还是相邻部族或民族之间的敌对行动。乔尔诺基在论及喀什噶里亚被流沙湮没的城市时认为，这些城市的消失不是由于它们受到日益进逼的沙漠的威胁，而是由于灌溉渠道被毁灭的结果①。

与此相反，按照 Г. Е. 格鲁姆-格日迈洛的意见，亚洲中部在历史时期发生过“荒漠扩大和牧场用地及农田毁灭”的情况。其原因是该区逐渐变干。16 世纪初，这种变干过程特别强烈。当时，“整个蒙古都行动起来，蒙古各民族和部族分头四处寻找水源和良好牧场”。在这个时期，蒙古人往南一直进到长江，向西进入加斯（гас）限区。这些现象都与气候逐渐变干有关②。

我们已经说过，很多人都同样把成吉思汗时代蒙古人的侵略与变干现象联系在一起，实际上这同气候是毫不相干的。

格鲁姆-格日迈洛似乎很真实地指出，冰期的北山，或塔里木河与弱水之间的地区，或哈密荒漠，气候比较湿润，但这种看法同冰后期的气候变化没有任何关系，当然，也同历史时代内的气候变

① J. Cholnoky，第 52 页。“根据存在废墟的情况，就作出结论说现在亚洲中部处于变干状态，是不正确的。河流的水量是一种极为灵敏的现象。河川流量对气候的极小变化都有极强烈的反应，但灌溉渠道中流量对气候变化的反应就更为强烈。即使对灌溉渠道的管理稍有疏忽，它就需要比正常情况下大得多的水量。”

② Г. Е. Грумм-Гржимайло. Западная Монголия и Урянхайский край. I，СПб.，1914，стр. 405—406. Изв. Геогр. общ.，1933，№ 5，сгр. 437—454.

化没有任何关系。因为，我们知道，冰后期的气候经历了各种各样的变化。与格鲁姆-格日迈洛的看法相反，现在无论在亚洲中部、在中国和在土耳其斯坦，都没有沉积下由粉尘组成的黄土。关于这一点，本书第427—437页将作详细叙述。

我确信，亚洲中部文化衰落的原因，不是气候变干，而是战争的结果。而且首先是灌溉渠道遭到破坏的结果。Г. Е. 格鲁姆-格日迈洛对此反驳道，"不知道贝尔格说的是什么大灌溉工程似乎被蒙古人毁灭。但是，成吉思汗及其直接的继承者是十分精明的主人，为了他们本身的利益，将不会摧毁他们所占领的农田的主要资源"。我之所以没有援引蒙古人入侵时毁灭的灌溉建筑物的证据，是因为这是人所共知的事实。如果需要的话，这样的例子是可以举出很多的。Г. Е. 格鲁姆-格日迈洛不顾任何明显的历史事实，却认为蒙古人没有破坏掉梅尔夫①。

然而，巴托尔德院士在描述1221—1222年争夺莫夫的战争时说道："蒙古人摧毁了这座城市的最后的残迹"②。巴托尔德在另一处说道③："梅尔夫由于抵抗蒙古人而受到的破坏，例如，比撒马尔罕和布哈拉还要大得多。也许，成吉思汗为了防护他所侵占的

① 俄文为"Мерв"，罗马字译为"Merv"，过去也称"谋夫"，现通译为"梅尔夫"；古称"Muru"，亦作"Maru"，我国古书称为"木鹿"、"马兰"、"马鲁"、"驴"、"末禄"等。为中亚最古老的城市之一，位于土库曼穆尔加布河右岸贝拉姆-阿利城（Баирам-Али）附近和马雷城（Мары）以东30公里的地方。现在，该城是占面积70多平方公里，并由几个不同时代的古城遗址组成的废墟。——校者

② В. В. Бартольд. Туркестан в эпоху монгольского нашествия. II, СПб., 1900, стр. 483—486.

③ В. В. Бартольд. К истории орошения Туркестана. СПб., 1914. стр. 63—64.

土耳其斯坦而有意在其南面和西面制造荒漠，就像后来侵占伊朗的蒙古人按照同样的想法毁灭了布哈拉一样。”“显然，梅尔夫绿洲赖以得到水的穆尔加布河的灌溉系统，也被蒙古人破坏掉了。梅尔夫城仅仅到1409年在帖木尔的儿子沙哈鲁(Shahrukh)[①]执政时才开始恢复，他下令修复穆尔加布河上的苏丹本特拦河坝，重新沿蒙古时代以前向梅尔夫供水的渠道引水”[②]。苏丹本特拦河坝于1567年在战争中又为乌兹别克人所破坏[③]。18世纪末，这座连遭不幸的建筑物再次遭到毁灭，这次是布哈拉人干的，接着梅尔夫大概就衰落了。这个地区居民的厄运并不就此结束，在19世纪中，梅尔夫灌溉网又曾一再废弃。对于这些情况，巴托尔德作了详细的叙述(1914)。

现在，我们来谈谈阿姆河下游的情况。花剌子模[④](基发[⑤])的京城古尔甘季(Гургандж)〔或旧称乌尔根齐(Ургенч)[⑥]〕，是在1221年被蒙古人攻占的。该城遭到破坏，居民全被杀死。灌溉系统完全毁坏了，因为再也没有人看管需要不断看管的堤坝了。这时，河流冲刷出了一条新的河床[⑦]。

这些例子已足够了。为了说明成吉思汗采用的战争方法，可

① 也称为“沙鲁哈”。——校者

② Бартольд, 1914, стр. 65.

③ Бартольд, 1914, стр. 67.

④ 亦译为“花拉子模”。——校者

⑤ 俄文为“Хива”(英文为“Khiva”)，亦译为“希瓦”。——校者

⑥ 亦译为“乌兹根奇”。——校者

⑦ Бартольд, 1914, стр. 88; Туркестан в эпоху Монгольского нашествия, 1900. стр. 471.

以援引格鲁姆-格日迈洛本人引用过的下述资料(第445页)。为了粉碎唐古忒人的实力,成吉思汗连年派军队侵入唐古忒[①]国境,进行抢掠,夺走大批财物——成千上万头骆驼、马匹和牛羊。结果,这个地区当然就荒芜了。这与中央亚细亚气候变干有什么关系呢?

现在谈格鲁姆-格日迈洛举的另一个例子(第451页)。在东土耳其斯坦,即在车尔臣河与哈密绿洲之间的地方,从前有个鄯善国。公元5世纪,由于战争连连失利,它的居民永远离开了自己的家乡;人走后,"家乡就完全被破坏了,即水井被填塞,水利建筑物被毁掉"。

根据格鲁姆-格日迈洛的意见(第452页),东土耳其斯坦或喀什噶里亚的荒芜,是"荒漠扩大"的结果。"有人推测说,敌人入侵是当地居民抛弃现今被流沙掩埋的村落和城市的原因,它迫使幸存的居民丢弃灌溉建筑物,因为他们不能靠自己的力量继续维护这些建筑物。但是,历史并未证实这种推想"。"亚洲中部的这一部分(东土耳其斯坦)像其余部分一样,近2 000年来的发展情况是它的生物界在逐渐消亡"(第450页)。

当然,谁都没有说过一次"敌人入侵"就立即使整个喀什噶里亚成为废墟。但是,在这个地区总共不到1 000年的历史中,曾发生过许多次毁灭性的战争,结果在喀什噶里亚便布满了时代极不相同的废墟。如果说,这些居民点是由于"变干"而消亡的,那就会使人感到奇怪,喀什噶里亚怎么没有变成整片的城市坟墓呢?!喀

① 又称"唐古特"、"唐兀"、"唐兀惕"、"党项"等。——校者

什噶里亚怎么会至今还有繁荣的绿洲呢?！为了弄清多灾多难的东土耳其斯坦真正经历了什么，只要读一下瓦利哈诺夫在上世纪50年代编写的这个地区的历史概要[①]，或彼夫佐夫在其1889—1890年的旅行报告中所写的东土耳其斯坦的历史地理概述[②]就清楚了。根据这些公正的叙述，可以深信，历史正好是支持我的观点的：东土耳其斯坦的荒芜不是气候变化造成的。我们还可以举鄯善国的命运为例，关于这一点，我们在上面引用格鲁姆-格日迈洛的话时已经谈过了。

格鲁姆-格日迈洛详细地谈到中国自然界在历史时代内所经历的变化。他说，在公元前2500年，满洲[③]和扬子江之间的地区(一部分更向南)曾经覆盖着原始森林和沼泽。而现在，大家知道，中国的低地完全没有森林。但是，大家都知道，而且关于这一点格鲁姆-格日迈洛本人也说过，中国无林是人类活动的结果。远在公元前2000年，中国就开始有步骤地砍伐森林。因此，中国无林与气候变干问题没有关系。

为了证明某些干草原过去的森林化程度，格鲁姆-格日迈洛[④]援引了Ф. П. 克片关于"穆戈扎雷山附近地方恩巴河地区"海狸分布史的意见。克片说道，恩巴河有一条支流叫昆杜士德河

① Ч. Валиханов. О состоянии Алтышара. Записки Геогр. общ. по отд этнограф., XXIX, 1904, стр. 107—150.

② М. В. Певцов. Труды Тибетской экспедиции 1889—1890 годов. Ч. I, СПб., 1895, стр. 1—46. См. также А. Н. Куропаткин. Кашгария. Историкогеографический очерк страны. СПб., 1879, стр. 74, 156, 209—216.

③ 即我国东北地区。——校者

④ Г. Е. Грумм-Гржимайло, 1914, стр. 403;1933, стр. 441.

(Кундузды),该名称来源于鞑靼语“Кундуз”,即海狸的意思[①]。然而,哈萨克斯坦没有海狸,同时哈萨克人不是用“Кундуз”一词表示海狸,而是用它表示水獭——食肉动物中分布广泛的水生哺乳动物[②]。

土耳其斯坦和前亚细亚 现在我们来详细谈谈梅尔夫绿洲。据变干论者的看法,梅尔夫绿洲的命运是同中亚河流水量递减不幸地联系在一起的[③]。

---

① Ф. П. Кеппен. Опрежнем распространении бобра в пределах России. СПб., 1902, стр. 92 (из журн. Мин. кар. просвещ., 1902). 也请参看第78页,那里引用有海狸的鞑靼名称 Кондуз 或 Кундуз。根据 В. В. 拉多德洛夫的《突厥方言词典试编》(Радолов. Опытсловофя Тюркских названий, 1899, стр. 915),Кудуз 的意思在哈萨克人的语言中是水獭;在奥斯曼人的语言中是海狸;在巴拉宾人的语言中也是海狸。按乌兹别克语 Кундуз 同哈萨克人的语言一样,是水獭的意思。(Русско-Узбекский словарь. Ташкент, 1927, стр. 89.)

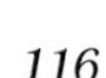

② 帕拉斯(Pallas. Zoographia rosso-asiatica, I, 1811, p. 142)引用喀山鞑靼人的海狸(Castor fiber)名称——Кундуз。但同时,据帕拉斯报道(p. 77),阿巴坎人(абаканец)和巴什基尔人用同一词来表示水獭。根据 С. И. 奥格涅夫的意见(Огнев. Звери Восточной Европы и Северной Азии, II, М., 1931, стр. 508),Кундуз 是水獭(Lutra lutra)的哈萨克名称;在这同一著作中报道说(стр. 517),1881年在伊列克河(乌拉尔河支流)下游,在昆都士湖和限区内捕到了水獭。一般说来,在地图上这一名称往往出现在现在不可能有海狸的地方。例如,在阿富汗北部有昆都士河(阿穆河支流)和昆都士城,它位于荒漠气候的条件下;显然,那里不可能有海狸,但有水獭。

大家知道,海狸不能生活在无林和无水的地方。但是,А. В. 费久宁在其专著《河狸》(海狸又称河狸——校者)中(Федюнин, Речной бобр. М., 1935, стр. 61)援引敖德萨附近地方过去有海狸的说法,而“那里同样早就没有森林”,正如同恩巴河支流铁米尔河沿岸的蒿草原一样,可是在该草原中 П. П. 苏什金发现了海狸的下颌化石。关于敖德萨有海狸的说法系引用自克片的著作(1902, стр. 63),其中谈到敖德萨附近的粘土沉积物中发现了呈化石状态的海狸颌。海狸一般见于比萨拉比亚和罗马尼亚的第三纪和第四纪沉积中,但是要说它在历史时代的某时期曾经生活于敖德萨附近没有流水的草原上,是难以令人置信的。

③ Huntington. Pulse of Asia, p. 339.

普林尼就曾说过，肥沃的马尔吉亚纳（Маргиана）（即梅尔夫绿洲），人们是很难到达的，因为它四周围都是沙漠[1]。我们已经说过，梅尔夫城是在1221—1222年被蒙古人彻底破坏的。当时梅尔夫是一座繁华城市，9世纪的阿拉伯作者（伊本-库达特拔、雅库比、库达马）和10世纪的阿拉伯作者（伊斯塔什里）982年的手稿，伊本-豪卡勒、马克迪西的叙述，都毫无疑问地说明梅尔夫绿洲当时的气候和现在一样，而且那时它四周也为荒漠所围绕[2]。离梅尔夫城五个法尔萨赫（farsakh）[3]，即30公里，就开始有沙漠。梅尔夫的富足，可以用当时使用极为完善的灌溉系统来解释。根据马克狄西的描述，梅尔夫附近穆尔加布河内设有水尺："当河水上涨，水位高至水尺60刻度时，那年将是丰收年景，人们因而兴高采烈，灌溉的用水量可以增多；要是水位只有6刻度，那年将颗粒不收"（茹科夫斯基，第23—24页）。"灌溉的完善丝毫未影响马克狄西一再宣称整个梅尔夫缺水；凡是有苏丹地产的地方，那里的居民就特别感到缺水；这就是古时候居民反对苏丹人购买农业用地的原因"（茹科夫斯基，第24页）。

关于穆尔加布河，哈菲济-阿布鲁有过如下的报道：在苏丹王桑贾尔时代以后，于公元1162年，穆尔加布河冲破了堤坝；无论怎样努力，都没有堵住决口，于是穆尔加布河河道偏离梅尔夫达三年之久。大部分居民都迁往别处，人民生活非常贫困，直到花剌子模

① C. Plinii. Historia naturalis, VI, 16 (18).

② См. В. А. Жуковский. Древности Закаспийского края. Развалины старого Мерва. Материалы по арх. России, изд. Арх. ком., № 16, СПб., 1894, стр. 13—26.

③ 波斯的一种长度单位，约等于4英里。——校者

沙赫王派人修建好拦河坝为止。据说，在苏丹王桑贾尔统治时期，保护和管理穆尔加布河的人有 12 000 名之多，他们都由梅尔夫供养（茹科夫斯基，第 68 页）[①]。由此可知梅尔夫的繁荣完全是靠人口灌溉[②]。

至于梅尔夫绿洲现在的情况，1930 年研究过穆尔加布河下游的 Б. А. 费奥多罗维奇和 А. С. 凯西报道说："文献中常常谈到，日益进逼和包围拢来的沙漠正从四面八方淹没梅尔夫绿洲，实际上，这些说法都是不正确的。恰恰相反，沙漠进逼绿洲的危险性是极为罕见的。"[③]沙漠正好分布在穆尔加布河的古沉积物上，该沉积物中含有 Planorbis albus 和 Radix auricularia 的壳体。这两位作者还说道："这些沙漠已为植被所固定，仅在绿洲边缘，由于植被受人畜破坏，沙漠才有较大的移动，个别地区变为流动的新月形沙丘。"

昆特·库尔齐曾对亚历山大·马其顿时代（公元前 329 年）的巴克特里亚（Bactria）[④]作了描述，表明当时该地同现在没有丝毫不同："巴克特里亚的自然界极其多种多样。在一些地方，许多果树和葡萄园都有丰饶的收成；有许多水源灌溉肥沃的土壤：最肥沃的地段用来播种作物，另一些地段用作牧场。但另一方面，大部分

---

① 对哈菲济-阿布鲁的叙述的某些修正，可参看：В. В. Бартольд. К истории орошения Туркестана. СПб.，1914，стр. 63.

② Рюи-Гонзалес де Клавихо. Дневник путешествия ко двору Тимура в Самарканде в 1403—1406 годах, Подлинный текст с переведом и примечаниями, составленными под ред（И. И. Срезневскего. Сборник Отд. русс. яз. и словесности Академии наук，XXVIII，№ 1，СПб.，1881 VII＋455 стр.），стр. 216.

③ Б. А. Федорович и А. С. Кесь. Субаэральная дельта Мургаба. Труды Геоморф. инст.，вып. 12，1934，стр. 71.

④ 即我国古时所称的"大夏"。——校者

地区都是不毛的沙漠:死气沉沉,单调平淡,不长庄稼,不向人们提供食物。当风开始从本都海(Понтийское море)(里海)[①]吹来时,它们便把覆盖在平地上的全部沙吹到一起。吹积成堆的沙,远看呈丘陵形状;道路的痕迹全都消失。因此,穿越沙漠的人,要像航海者那样利用星辰来指引旅途的方向。甚至可以说,沙漠里的夜晚比白天还明亮;问题在于人们在白昼找不到可走的小路,而且太阳的光辉被浓厚的沙尘弄得昏暗无光。谁碰到从本都海吹来的这种风,谁就会被埋在沙里。然而,在比较殷勤好客的地方,总是人烟稠密,马匹成群,以致巴克特里亚人能够提供 30 000 名骑手。巴克特里亚的都城巴克特拉,位于帕鲁帕迈米苏斯[②]山麓。其城墙濒临巴克特河(现称巴尔赫河),从而城市和国家都以它为名(VII, 18)”。然后(гл. 20),库尔齐以鲜明的情调描述一群士兵在去乌浒河(Oxus)[③](阿姆河)途中穿越 400 斯塔迪(stadium)[④]长的无水沙漠时经受的痛苦。该河两岸完全没有任何植物(гл. 21)。

1832 年曾从喀布尔到巴尔赫和布哈拉的 A. 伯恩斯证实说,库尔齐对公元前 6 世纪巴克特里亚的描述完全符合其在 19 世纪的情况[⑤]。

克拉维约(1404 年)用下面的话来描绘从安胡伊(安德胡伊)城到巴里黑[⑥](古巴克特拉城)的沿途情况(我们可以用来和 K. 库

---

① 原文如此。在历史上“本都海”系指“黑海”。此外,“понтийский”在地质学中又译为“蓬蒂(的)”。——校者

② 罗马字母拼写为“Paropāmisus Kōhi”,即“白山”(Safed Koh)。——校者

③ 我国古时又称“妫水”、“乌许水”、“乌浒水”等。——校者

④ 古希腊、罗马长度单位,约等于 607 英尺或 174—230 米。——校者

⑤ Alex Burnes. Travels into Bokhara, II, London, 1939, p. 211.

⑥ 即今之“巴尔赫”。——校者

尔齐的描述相比较)："风是如此强烈，险些把人掀下马来，同时它是如此炎热，简直如火一般。一路上尽是在沙中行走，烈风将沙高高卷起，从一处滚向另一处，并撒落在人身上和路上。这一天他们(使者们)好几次迷了路；护送的骑士派人到后面的帐篷里去找人来给他们引路。"①②

克拉维约在归途中对阿姆河沿岸作了如下的描述："12 月 10 日(1404 年)，坐小船渡过宽阔的比阿莫河(Биамо)〔阿甫-阿母河(Abu-Amu)，阿姆河〕。该河两岸是辽阔无边的沙漠。微风将沙从一个地方搬到另一地方，吹积成堆。在这些沙地上有完整的丘陵和谷地，风一起，沙丘就被吹散，移往他处。沙粒极细，风吹后，在沙地上留下涟漪的迹印，正如厚羊毛毯上的迹印一样。阳光映在沙子上，灼目难睹。走这样的路非有向导不可。向导根据沿途所设的标记来辨路。沿途几乎没有水：在整整一天的路程中，只能遇到一次水，沙漠中挖掘有井，井上面建有拱顶，四周围是砖墙，因为没有这些墙沙子会把井埋掉。这些井靠雨雪积水。"③④

① Клавихо, I, с., стр. 222 (17 августа 1404 года).

② 按杨兆钧译的《克拉维约东使记》(商务印书馆，1985)第 111 页的译文，与此略有不同。现录出，供参考："一路热风吹人，使我们不得不下马暂避。天气又酷热似火，所经的道路，系一片沙漠，烈风挟热沙吹来，炙人肌肤。风沙吹过，使我迷失道路，米尔咱乃派一随行之察合台人做向导。"——译者

③ Клавихо, I, с., стр. 345—346.

④ 杨兆钧译的《克拉维约东使记》第 169 页的译文与此略有出入，现录出，供参考："12 月 10 日动身，滩上细沙作海浪形。阳光映照其上，所反射之强光，明耀夺目。在沙滩上往来，或寻觅途径，极为困难；只有善追人踪者，方能寻出途径而行。此间称沙漠向导为卜人。我们穿行沙漠时，也雇了一位卜人做向导，也不免有时迷失途径。沙漠中，只有每日路程之尽处，设有一口井；井上建有高亭，以备寻识。"——译者

И. В. 穆什克托夫也曾是土尔其斯坦变干论的拥护者，但他在指出克拉维约的描述时不得不同意，即使在公元前 500 年阿姆河附近沙漠的性质也和现在是相近的①。

值得注意的是，通常在泛滥时淹没的巴尔赫河远远不能流到俄罗斯国境；1907 年秋，它冲破堤坝溃决后，有一部分河水曾沿所谓“克利夫乌兹博伊河”流动②。因此，把阿拉伯地理学家关于巴尔赫河从未流到阿姆河的报道与这一情况相对比是很有趣的③。

公元 2 世纪的作家阿里安证实，公元前 4 世纪（328 年）时，泽拉夫尚河（波利蒂梅特河）像现在一样，没有流到阿姆河：“亚历山大走遍了波利蒂梅特河灌溉的所有地区；凡是河水消失的地方都是荒漠；尽管河水丰沛，但是该河流仍然消失于沙漠中。其他许多水流稳定的大河也是这样消失在这里，例如，流经马尔德人国土的埃帕多斯河，阿雷人的国家用以定名的阿雷河（现在的哈里河），流经斯维尔格特人国土的埃特曼德罗斯河。其中每条河都不小于希腊色萨利亚区的皮尼奥斯河，而波利蒂梅特河则比皮尼奥斯河大得无可比拟。”（кн. IV，гл. 6）④斯特拉波也证实了这一情况：“波利蒂梅特河在灌溉了索格狄亚那（Sogdiana）⑤后便流入沙漠地区，

① Мушкетов. Туркестан，I，1886，стр. 66；2-е изд.，1915，стр. 76.

② Экспедиция в Каракумскую степь. М.，1910，стр. 18，О Келифском Узбое см. Л. С. Берг. Рельеф Туркмении.《Туркмения》，II，1929，стр. 66—70.

③ В. Бартольд. Историко-географический очерк Ирана. СПб.，1903，стр. 7，21，22.

④ Arrian's Feldzüge Alexanders，übersetzt von Dörner，III，Stuttgart，1831，p. 334.

⑤ 即“粟特”（Sogd）。——校者

在那里被沙所吸收，就像阿雷人国土上的阿雷河一样。”(кн. XI, гл. 11, 5)[①]在10世纪，即阿拉伯人时代，泽拉夫尚河也处于这样的状态[②]。某些类似的论述，我过去都曾引用过[③]。

咸海在1 000年前的界线与现在大致相同。阿拉伯地理学家伊本·豪卡勒[④]在其976年左右的著述中，曾提到位于离锡尔河河岸法尔萨赫(6公里)和离该河注入花剌子模湖(咸海)处两站路地方的“新村落”。这个“新村落”是占肯特(Джанкент)，其废墟距扎卡林斯克23公里，现在它与咸海的距离也和1 000年前相同：离咸海海岸直线距离是50公里，而离锡尔河口为75—85公里。

根据10世纪的阿拉伯地理学家伊斯塔什里的资料，哈里河(捷詹河)的河水，当时在枯水期是流不到谢拉赫斯的[⑤]。

所有这些例子都证明，对中亚细亚来说，根本谈不上从历史角度看可能改变其面貌的气候迅速变干。诚然，现在在这里的荒漠中常常会遇到一些村落的废墟、废弃的或被沙掩埋的灌溉建筑物的遗迹，它们证明这里过去曾有丰富多彩的文化。然而，这一切丝毫也不能说明气候日益变干和水量减少。完全不能，这里的原因

---

① География Страбона, пер. Ф. Мищенко, М., 1879, стр. 528.

② В. Бартольд. Туркестан в эпоху монгольского нашествия, II, СПб., 1900, стр. 84.

③ Л. С. Берг. Научн. результ. Аральской экспед., вып. 1, изд. Турк. отд. Геогр. общ., 1902, стр. 44.

④ В. Бартольд. Сведения об Аральском море и низовьях Аму-дарьп с древних времен. Научн. результ. Аральской экспед., вып. 2, Ташкент, 1902, стр. 36; ср. также стр. 33.

⑤ В. Бартольд. Историко-географический очерк Ирана. Изд. Фак, вост. языков СПб. унив., № 9 1903, стр. 42.

在于连年不断的战争，中亚细亚经常是这些战争进行的地方。成吉思汗和帖木儿在征途中荡平了许多城市；其中一些城市后来再度重建，而另一些则成了废墟。在中亚细亚要消灭有人居住的村落，有时只需要几分钟的时间：只要破坏掉灌溉网，城市就必然毁灭。

伊朗历史地理专家托马舍克，通过把伊朗荒漠现代的地形与伊斯塔什里和马克狄西时代的地形相比较得出结论，伊朗近千年来的气候始终是“异常的稳定”①。按照伊斯塔什里的描述，呼罗珊荒漠—卡维尔沙漠当时和现在一样是不毛之地②。

现在来看看马可·波罗（13 世纪）是怎样描述波斯中部的。“从克列尔曼（Kрерман）〔起儿漫（Kerman）〕出发，要沿着荒凉的道路走七天，而且情况是这样的：三天完全无水，要不就是水很少，并且发现水味苦涩，呈绿色，好像草地上的青草，……整整三天见不到一户人家；到处是荒凉干涸的土地。那里没有野兽，因为那里没有任何东西供它们食用。三天后开始来到另一个地方，在该地方又走了四天，它也是荒无人烟的不毛之地，水也是苦的；那里既没有森林，也没有牲畜；仅仅看到一些毛驴。经过四天路程后，克列尔曼王国才告终结，前面屹立着忽比南城（Cobinam）〔起儿曼北面的库赫巴南（Kūhbonān）或库赫博南（Kūhbonăn）—贝尔格〕。从忽比南出发，要在荒漠中走八天；那里干涸的土地一望无际；既无果子，也无树木，水又苦又臭。八天后你便进入秃讷哈因（Tuno-

① Бартольд. L. c.，стр. 93.

② W. Tomaschek. Sitzungsber. Akad. Wien，phil. hist. Cl.，CVIII，1885，pp. 561—562.

cain)〔即忽希斯单(Kouhistan),那里有吞-哈因城(Tun-O-Kain)〕”[①]。

布兰福德(1873)认为2 000年前波斯仿佛比现在多雨。蒂策[②]在反驳他的意见时,引用了波里维(X,28,3)对于古代波斯有关利用灌溉渠的法律的论述。这些法律证明,即使在当时波斯的水也和现在一样珍贵;其次,就是最古老的波斯传说也谈到了湿润的马赞达兰与干旱贫瘠的波斯腹地之间完全不同的情况。蒂策得出的结论是:当时(1877年)的波斯和古代的波斯相比,无疑是衰落了,但这种现象不是气候原因造成的,而是政治原因所致的。

韦纽科夫[③]和亨丁顿[④]认为,伊斯塔什里所提到的泽里湖(Зере, Zereh),即现在位于锡斯坦的济里湖(Gaud-i-Zirreh)[⑤]。从前占有达100英里(伊斯塔什里引用的是长30法尔萨赫,即180公里)长的地方。然而,这个湖泊的水位甚至在最近时期也随大气降水量而有很大变化。例如,1842年前后,泽里湖水位最高,1872年前后最小,而1887年又出现高水位[⑥],一句话,这种涨落和咸海

① 《马可·波罗游记》有几种版本,我国的译本也有五六种,文字叙述不完全相同。这里的这段引文较接近于冯承钧的译本(中华书局,1954年10月)第106页及第110页。——校者

② E. Tietze. Zur Theorie der Entstehung der Salzsteppen und der angeblichen Entstehung der Salzlager aus Salzsteppen. Jahrbücher K. K. Geolog. Reichsanstalt, XXVII, 1877, pp. 351—357.

③ VIII съезд русск. ест. и врачей. СПб., 1890.

④ Explorations in Turkestan, 1905, p. 314.

⑤ 或译为“高德济雷盐沼”。实际上,“高德”(Gaud)为洼地、盐沼之意。——校者

⑥ Sieger, Mitteil. geogr. Gesell. Wien XXXI, 1888, p. 181, 393.

的水位涨落相似。伊斯塔什里时代（10 世纪），哈蒙湖（Hā mūn）的水位随赫尔曼德河水量而时涨时落，而在高水位期间该湖可与济里湖连接起来①。

赛克斯认为，伊朗的卢特荒漠，与整个亚洲一样，处在逐渐变干的状态中，而促成这一灾难的，并不是人的力量②。但就在同一页中，这位作者自己又引用了阿拉伯地理学家马克迪西于 985 年前后对卢特荒漠所作的描述：就在那时，旅行者就已看到荒凉的山脉、盐土、酷热和酷寒。“呼罗珊荒漠”（阿拉伯地理学家们这样称呼卡维尔沙漠和卢特沙漠），使熟悉阿拉伯荒漠和北非荒漠的阿拉伯人（如在 961 年前后从事写作的伊斯塔什里）产生一种不愉快的印象③。

赛克斯在从本杰古尔（在伊朗—俾路支边界上）前往奎达的途中，穿过了自西到东全长达 300 公里以上完全无人的地带。然而，丘陵的坡地在从前某个时期曾经过精耕细作，而且显然是用于旱作。现在，这里只有很少几口污水井，完全没有可能进行旱作了。陶器碎片的发现，说明这里的文化属于 10—13 世纪。过去，赛克斯把该地区居民的消失归因于无林和战争，但最近由于受亨丁顿观点的影响而得出结论认为，这是在整个中亚细亚出现变干的结果④。从上述情况中可以清楚地看到，赛克斯以前的部分主张要更为正确些。

公元前 8 世纪（在 730—744 年之间），用乌拉尔图民族的语言

---

① В. Бартольд. Зап. Вост. отд. Арх. общ., XVII, 1906, стр. 09. Также: Историко-географ. обзор Ирана. СПб., 1903, стр. 46 (здесь ссылка на Curzon. Persia, I, 1892, p. 226).

② P. M. Sykes. A fifth journey in Persia. Geogr. Journ., XVIII, 1906, p. 450.

③ В. Бартольд. Историко-географический обзор Ирана. СПб., 1903, стр. 93.

④ P. M. Sykes. A history of Persia, vol. I, London, 1915, Macmillan, pp. 13—14.

在塞凡湖南岸克拉纳-基尔拉纳村附近岩壁上刻下的铭文，在1891年部分被水淹没[①]，但1891年该湖的水位还是低的。其次，在高出湖面仅4米的塞凡岛上建有一座修道院，它从未被水淹没过[②]。如果根据从水中沉积在湖岸斜坡上的石灰质层来判断，该湖在历史时代内的水位从未高过1889—1890年度水位1.8—1.9米，而该年度是低水位[③]。

从楔形铭文中得到的资料表明，就是最古老的巴比伦国王都认为，建立巨大的灌溉系统是美索不达米亚农业的基本条件：在公元前18—17世纪的汉穆拉比国王统治时期，就曾挖掘一条巨大的灌溉渠道，并以其名字命名来表示对他的尊敬[④]。摩苏尔现在的年雨量约300毫米，在这种情况下，农业没有人工灌溉是不行的；如果在3 600年前就需要灌溉渠道，那么当时的降水量也是不太大的。但是对于这一点也可以反驳，当时的降水总量是大的，只是分配情况不同，不适宜农业耕作。对此，我们要指出，从圣经时代以来，降水的季节分配就一直没有发生改变，这同下面考察巴勒斯坦的气候时指出的情况一样[⑤]。

希腊　根据对雅典气候的认真研究和将其现在的情况同埃吉

---

① Belck.《Globus》, LXV, 1894, p. 303.

② 1854年在这里建立的一座教堂的基底，在1889年时高出湖面3.61米(Mutte, 1891)。

③ Митте. Горн. журн., 1891, т. 2, стр. 224—225.

④ К. Бецольд. Ассирия и Вавилон. СПб., 1904, стр. 29—В. Ольбрайт. Вестн. древн. истор., 1946, № 4. стр. 29.

⑤ 也请比较希罗多德(公元前5世纪)在描述花剌子模人、吉尔坎人、安息人(帕提亚人)、萨朗人和法马奈人居住的地方时说的一段话：“冬天像神赐予其他民族一样，赐予他们雨；夏天在播种黍和胡麻时，他们则急切地需要水。”(111、117)

尼蒂斯所援引的经典作家的描述相比较，可以看到，希腊的气候近2 000—2 200年来完全没有发生过任何变化[①]。

帕尔奇根据对希腊现代河网的描述同古代作家的描述的比较也得出了同样的结论[②]。早在古代，人们就已抱怨希腊缺水。荷马就已区分出常流河和只有各季即雨季才有水的间歇河(《奥德赛》，XIII，109；II、XIII，138；XI，452；V8；XI，493)。同时值得注意的是，在古代作家记述的、有正常水流的河流中至今还没有一条干枯过，而另一方面，关于许多干枯的水流，可以确信它们在古时也是干枯的。按照斯特拉波的记述，凯菲斯和伊利斯两小河(雅典位于该两河之间)在夏季干枯。就是在现在，情况也是这样。伊纳赫河、凯菲斯河及阿尔吉夫平原上的阿斯泰里翁河，在波桑尼阿斯时代仅在雨季才有水。阿海洛奥斯河(现称阿斯普罗波塔莫斯河)在古时候和现在一样，可使小船一直航行到阿卡尔纳尼亚-埃托利亚平原的北端。在希腊的其他河流中，古时候同现在一样，只有两条是通航的：阿尔菲奥斯河(现称鲁菲亚河)和帕米索斯河(在麦西尼亚)。荷马给阿尔戈利斯(Argolis 或 Argolide)取了一个绰号叫“苦渴者”(Илиада，IV，171)，的确，在希腊一些地方，古代作家提到的泉水消失了，但这显然应当认为是由于该地区没有森林造成的，同时消失的泉水无疑应当出现在别的什么地方。

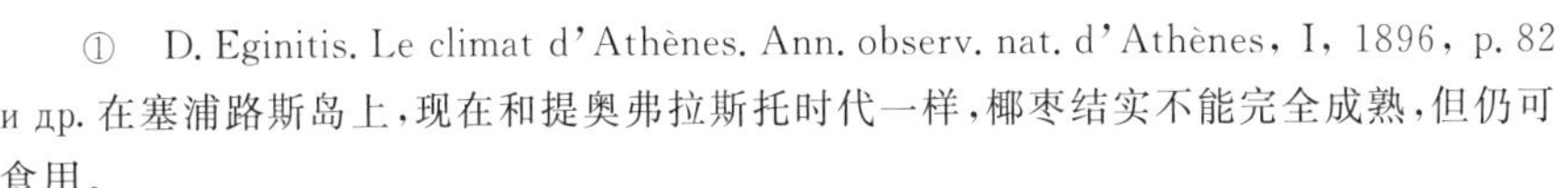

① D. Eginitis. Le climat d'Athènes. Ann. observ. nat. d'Athènes, I, 1896, p. 82 и др. 在塞浦路斯岛上，现在和提奥弗拉斯托时代一样，椰枣结实不能完全成熟，但仍可食用。

② C. Neumann und J. Partsch. Physikalische Geographie von Griechenland. Breslau, 1885, pp. 85—89.

如果希腊的水量有所减少，那么这种情况也应反映在其他气候要素上：温度、云量、风等等。但并未发现任何这样的现象：从荷马时代至今，希腊的气候一直没有发生变化。诺伊曼、帕尔奇和埃吉尼蒂斯都证实了这一点。这方面特别有力的证明是地中海季风——雅典6月中到10月吹的东北风和北风：它们的方向、周期性、风力变化及其他特性，至今仍和赫西俄德、亚拉图、亚里士多德和提奥费拉斯托描述的完全一样。甚至弗拉斯这位希腊气候变化论的主要拥护者都不得不(1847年)承认，地中海季风仍然保持其自赫西俄德(公元前8世纪)时代以来的全部特性。如果情况是这样，那么决定地中海季风的气压分布应无变化，从而温度和降水也应无变化。古希腊罗马时代降水的季节分配，也同现在一样[①]。

意大利 T.菲舍尔[②]对西西里岛的气候作出了如下结论，尽管一般说来它在近2 000—3 000年来没有发生变化，但同古代相比，仍然是更为炎热而干燥。其原因在于西西里岛已无林化。如，埃德里西[③]把圣莱昂纳多河(即古代的德里亚斯河，位于西西里岛北岸)和伊尔米尼奥河(位于该岛南岸)都描述为通航河流；同时，于972—973年访问过巴勒莫城的伊本·豪卡勒也把奥雷托河说成是一条大河。现在，根本谈不上这些河流可以通航。7世纪时，在这条奥雷托小河上架设过一座12孔桥，然而就是现在来看，这

① D. Eginitis. Le climat de l' Attique. Annales de Géographie, XIII, 1908, pp. 429—432.

② Th. Fischer. Beiträge zur physischen Geographie der Mittelmeerländer, besonders Siciliens. Leipzig, 1887, pp. 164—166.

③ 阿拉伯地理学家和旅行家。——校者

样的跨度也是过大了。同时，菲舍尔还指出，早在古代，西西里岛就苦于缺水：不仅在希腊的村落，而且在古代西西里的村落中发现有贮水池和灌溉建筑物的遗迹，便可作为证明。此外，早在古时就提到的叙拉古[①]、卡塔尼亚、吉尔坚蒂的水源至今仍然存在，而巴勒莫城附近的孔科迪奥罗是南欧水源最丰富的地方之一。根据这些材料的对比，菲舍尔得出一个互相矛盾的结果：一方面气候没有发生变化，另一方面气候又变得较为干燥。如采取批判的态度来对待阿拉伯人关于西西里岛河流过去“通航”的说法，问题就比较容易解释清楚；可能的情况是，从前西西里岛森林茂密，这些小河流中的水流整年都比较均匀，可使小船自由通航。

T. 菲舍尔在另一著作(1879)[②]中更肯定地认为地中海各地，特别是北纬 34°以南的气候发生过变化。同时，他指出，帕尔米拉和彼得拉过去曾很繁荣，而现在却只剩下一些废墟；据圣经记载，希伯来人[③]曾游牧到西奈半岛上的提赫沙漠；非洲北部的大哺乳动物已经绝灭，而代之以骆驼，等等。大哺乳动物的绝灭，是从“摩洛哥发现的、现在这些地方已不再有的象、犀牛和长颈鹿的粗糙石崖壁画”中知道的。然而，这些崖壁图画并不是在历史时代刻的，而是在新石器时代早期刻成的。那时非洲北部的气候很可能是比较湿润的[④]。后来，菲舍尔[⑤]自己也承认这种看法是正确的。

① 即“锡拉库萨”(Siracusa Syracuse)。——校者

② Th. Fischer. Peterm. Mittheil., Ergänz.-Heft, № 58, 1879, pp. 41—46.

③ 即“犹太人”。——校者

④ См. M. Heornes. Der diluviale Mensch in Europa. Braunschweig, 1903, pp. 207—208.

⑤ Th. Fischer. Peterm. Mitt., 1904, p. 176:“我毫无疑义地确定，摩洛哥西南部从前水要丰富得多，但这个时期属于雨期”(或称“多雨期”、“洪积期”。——校者)。

N. 奥尔克[1]利用科卢梅拉、普林尼、加图及瓦罗关于栽培植物开花和果实成熟时间的资料，反驳了菲舍尔(1879)对于意大利的看法。

A. 菲利普森[2]完全赞同巴尔奇关于地中海各地气候的观点：在历史时代内，气候的一般性质没有发生变化；诚然，如菲利普森所认为的，一些地方的河流、小溪、泉和水源的水量，从古代起就明显减少，但菲利普森却倾向于用下面两种原因来解释：第一是土壤侵蚀；而土壤日益侵蚀本身又是地中海各地文化衰落和坡地无林的结果；在森林清除后立即用来种植农作物的地方，还可能使土壤免遭侵蚀：禾本科植物被覆有一定的保护作用；此外，农民还在田地和河谷阶地上垒砌石坎以拦截雨水流。但是，如果衰落时期到来(这在地中海沿岸各地曾多次发生)，如果田地被连年弃耕，田地上的土壤便会不断流失，而且常常流失罄尽。可是，在具有地中海沿岸气候的地区，成土作用极为缓慢。因此，这里的任何文化衰落，都将使土壤遭到无法弥补的损失[3]。在这样的情况下，潜水的蒸发当然会更大。其次，菲利普森指出地中海沿岸无林是河流、泉水等水量减少的原因。这个原因同样具有意义。由于地中海沿岸的森林主要生长在山地和所有地势起伏的地区，这里一旦无林，土壤和底土便会干涸。其次，山地的森林当然是土壤最好的固着物，它防止土壤流失的效果比

① N. Olck. Neue Jahrbüch. f. Philologie, Bd. 135, 1887, pp. 465—475.

② А. Филиппсон. Средиземье. Пер. со 2-го нем. изд. под редакцией Д. Н. Анучина. Прилож. к《Землеведению》за 1910 г., стр. 144—147, 161.

③ 同上注，第 160 页。

草本植被还好[1]。

因此，菲利普森虽然同意历史时代地中海各地的气候没有变化，但却认为同叙利亚沙漠邻接地区的气候可能是某种例外。他说道："相传，在 1 000 年时间中犹太人都在提赫沙漠和西奈沙漠游牧，而现在那里的水几乎只够 4 000 个阿拉伯人用。"[2]然而，我们在下文将会看到，要回答这个不同意意见是很容易的：同摩西[3]一起离开埃及的希伯来人，至多四五千人。其次，菲利普森又指出，从前繁荣的大城市（如帕尔米拉、彼得拉），现在的水未必够商队喂牲口用，但他又预先说明："在古城废墟附近有巨大的水渠，这说明这些古城即使在繁荣的时期也缺水，而不得不从远处引水。"

西奈和巴勒斯坦 著名的埃及学家弗林德斯·皮特里于 1905 年(?)去过西奈，他对该半岛的气候作了如下论述：公元前 5000 年埃及人在西奈半岛的砂岩上雕凿的图画保存得极为完好，这表明在过去的整个 7 000 年时间内这里的雨水不可能比现在多很多；在这段时间内，甚至砂岩极薄的表层往往也没有遭到剥蚀。其次，在迈加雷限区（提赫高原南面）内有一口古埃及的井，它是在花岗岩上凿出的，深 2.5 米。同时，现在在伊格内干谷附近还有相当丰富的地下水，供给生长在干谷底部的独株树木。如果人们不得不在离伊格内干谷附近的矿山 2 英里外的花岗岩上打井，那么

① 关于这一点，请比较：Г. Н. Высоцкого. О гидро-климатическом значении лесов для России. СПб.，1911，стр. 31—32（также Лесн. журн.，1911）.

② Филиппсон. L. c.，стр. 147.

③ 圣经故事中希伯来人之古代领袖。据《圣经·出埃及记》载，摩西带领在埃及为奴的希伯来人出埃及，迁回迦南（即今之巴勒斯坦和腓尼基地区）。——校者

过去这里的水显然不丰富。

我们在圣经上读到，在 30 年时间内，有 60 万希伯来人在西奈荒漠上游牧(请比较上文菲利普森和下文亨丁顿的话)。这在现在的气候条件下是不可能的：现在，西奈半岛只能养活五至七千贝都因人。同时，弗林德斯·皮特里还用许多巧妙的想法(这里我们不可能谈他的这些想法)来证明摩西从埃及带出的希伯来人至多是五六千人，也就是说，同现在西奈半岛能养活的人一样多。

如果研究一下希伯来人于公元前 13 世纪在西奈半岛上所走的路，就会发现西奈荒漠当时的自然条件同现在完全一样。希伯来人从埃及东部边界的舒尔地方出发，在无水的荒漠中走了三天；而现在从苏伊士到盖兰代勒干谷也是三天无水的路。正如圣经上所说的，在没有到达该地以前，在迈拉赫附近有一些苦水泉；而现在在荒漠中走两个小时路程，在没有到达盖兰代勒干谷以前，便在哈瓦拉干谷内看到苦水泉；古希伯来人在埃利姆发现了 12 口淡水井；而现在盖兰代勒干谷中，正如弗林德斯·皮特里所证明的，有一条小河在潺潺流动，因而就不需要挖掘水井了。

弗林德斯·皮特里还援引下述理由来证明西奈半岛的气候没有变化：西奈半岛有铜矿，归埃及政府所有；但现在在矿山附近没有发现可供熔炼矿石的燃料。当时没有燃料，也得到了下一情况的证明，埃及人过去把矿石运往相当远的燃料丰富地区，即运往迈尔赫干谷和盖兰代勒干谷，在那里进行熔炼。

因此，弗林德斯·皮特里总结到，“看来，没有任何资料可推测西奈半岛的气候有变化；对埃及来说，也是这样，即使有变化，也多半是大气降水增多，而不是减少。”(第 206—207 页)

亨丁顿[①]在论述古巴勒斯坦气候的文章中竭力证明，早在公元初前后及后来几个世纪中，巴勒斯坦的降水量比现在多得多；当时的降雪量比现在大，雨季（冬季）也比现在长。然而，这只是一些推测，亨丁顿举不出任何历史事实来加以证明。相反，希尔德沙伊德在详细研究了巴勒斯坦的降水，并将该气候因素现在的状况同圣经和米什纳[②]的资料作了比较后坚决断言，没有任何根据说巴勒斯坦的气候有过任何变化[③]。

瓦特[④]在论述海夫龙气候的著作中证实道，巴勒斯坦从圣经时代起在气候方面没有发生过任何变化。海夫龙位于耶路撒冷西南29公里处，海拔850米，在北纬31°30′，年降水量为600毫米左右，而6、7、8三个月却滴水不降，降雨最多的月份是从11月到3月。这里，一年分为两季——干季或夏季、雨季或冬季。与此相同，圣经上也没有春季或秋季。对古希伯来人说，树木吐青不是在春季而是在夏初，尽管它相当于我们所理解的春季；雨季和冬季是同义词：“瞧，冬天已经过去，雨停了，再也不下了！”（《旧约全书·雅歌》，II，11）夏季虽无雨，但露水丰盈，气候不太干燥（《炎热收割期之露云》，伊赛亚，XVIII，4）。现在同圣经时代一样，认为春秋不下雨对农业是灾害；圣经时代和现在一样，都没有利用人工灌

① Huntington. Bull. Amer. Geogr. Soc., XL, 1908, pp. 513—522, 577—586, 641—652.

② 犹太教法典的第一部分。——校者

③ H. Hilderscheid. Die Neiderschlagsverhältnisse Palästinas in alttr und neuer Zeit. Zeitschr. d. deutsch. Paläst-Ver., XXV, 1902, pp. 1—105 (III Th. :Zur Frage einer Änderung des Klimas von Palästina in geschichtlicher Zeit. pp. 97—105).

④ A. Watt. The climate of Hebron (in Syria). Journ. Scott. Meteorol. Soc. (3) XII, 1903, pp. 133—152.

溉。风的性质也没有发生变化:北风寒冷,南风温暖,东风干燥,西风湿润:“一看到西边起云,你就说要下雨,于是果然有雨;一吹南风,你就说将有酷热,于是果然酷热来临。”(《路加福音》,XII,54—55)按照瓦特的看法,巴勒斯坦农业耕作的衰落和当时的普遍荒废,不是气候变化造成的,而应归罪于土耳其人腐败的政治。

亨丁顿提出了如下理由来证明他关于气候变干的意见:

1)从前巴勒斯坦经西奈半岛通往埃及的道路现在已经废弃,其原因是该地区气候变干和由此引起水井和植被消失;可是,从前亚述人和埃及人的军队就是沿这条路走的。

这个理由不能令人信服。水井可能由于无人管理和疏浚而消失。其次,至于说到军队穿越荒漠,那么亚历山大·马其顿经过波斯荒漠的远征说明,穿越荒漠是可能的。而1873年俄罗斯军队也穿过克孜勒沙漠到达希瓦[①],然而这对于现代军队要比对于亚述军队或埃及军队困难得多。因此,如果需要,就是现在军队也无疑是能够穿越西奈半岛的,正像目前大商队所做的一样。可见,不能认为这条路是不通的;另一方面,这条路之所以未加利用,是因为走海路要方便得多。

总之,完全废弃旧的通道而选择新路,是政治原因和经济原因所致,与推测的气候变化完全无关。例如,亨丁顿本人引用了这样的意见:公元1世纪,彼得拉高原的大商业中心便是由于开辟了从莫斯霍尔木斯(在红海,北纬27°附近)到尼罗河上游科普托斯(北纬26°附近)的新路而失去意义。

---

① 即“基法”。——校者

至于圣经上关于希伯来人在西奈荒漠游牧的故事，上面已经谈到过了。

2）在目前分布着广阔荒漠的地方，发现了过去一度繁荣的城市的废墟。亨丁顿特别谈到了著名的帕尔米拉城。但就是这个问题也缺乏令人信服的论据。在帕尔米拉的废墟中有若干引水槽，很可能是通过这些引水槽汇集了足够该城所需要的水。总之，古代人已掌握了取水、引水的卓越本领（请比较上面菲利普森的意见）。巴尔奇证明帕尔米拉的气候自古以来就没有发生过变化。R.伍德于1751年到过该废墟，他发现帕尔米拉地区的水量没有变化。托勒密（v，14，7）所指的帕尔米拉河，实际上是一股大的泉水，它至今仍然存在，是一条深30厘米、宽0.5米的小溪的源头。现在同古代一样，在帕尔米拉一共有两个泉，这可以根据公元137年的铭文来判断（第14页）。帕尔米拉的供水情况向来不足，人们要花钱向驮运队买水[①]。

亨丁顿指出，巴勒斯坦过去的人口比现在要稠密得多，而且倾向于把这种情况产生的原因归之于气候的变化。我们在上面已说过，这种论据是站不住脚的。这里，我们再补充一句约瑟夫斯·弗拉维[②]关于耶路撒冷被围时死了111万人的报道，显然是不足信的。根据关于这个问题的权威材料，围城的罗马军队总共不超过3万人，而被围的耶路撒冷的人口也不会多于3—7万人（引文请

① J. Partsch. Palmyra, eine historisch-klimatische Studie. Berichte über die Verhandl. der Sächs. Akad. d. Wiss. in Leipzig, phil.-hist. Kl., Bd. 74, 1922, 1 Heft, pp. 1—17.

② 犹太历史学家和军事长官，大约生于公元37年，死于95年。——校者

参看:格雷戈里,第155页)。

埃及 研究现代埃及的专家和研究古埃及的权威学者皮奇曼、弗林德斯·皮特里和埃尔曼[①]都不能在埃及古代和现代的气候中找到任何重大差异。古埃及尼罗河的泛滥和与此有关的农业耕作方式与现在完全相同。当时的降雨和现在一样没任何实际的意义[②]。诚然,那时的空旷土地还没有完全用于耕作,尼罗河三角洲上有广阔的芦苇沼泽,那时人们只是到那里去放牧牲畜;现在,这些沼泽已变为田地。但这是人为的,而不是气候造成的。

弗林德斯·皮特里说道,根据文献资料可看出,近2 000年来埃及的气候没有发生变化;埃及的古迹所提供的情况也证明直到第四王朝(公元前3998—前3721年),即近6 000年来气候都没有发生变化。至于谈到史前时期,情况就应当认为有所不同了[③]。

皮奇曼用引自古代作家的完全令人信服的论述来证明埃及的气候从古典时代起就没有发生过变化[④]。罗尔夫斯考察利比亚荒漠时的同伴齐特尔认为,说直到历史时期初期前,在埃及都可感到冰期的有利条件(从湿度的意义上讲),是不足为信的[⑤]。施魏因

---

① A. Ermann. Aegypten und aegyptisches Leben im Altertum. Leipzig, I, 1885, p. 27.

② Ermann, там же, II, p. 567 и сл.

③ W. M. Flinders Petrie. A history of Egypt. I, 4-th. ed., L., 1899, p. 1.

④ R. Pietschmann. B Pauly-Wissowa. Real-Encyclopädie der classischen Altertumswissenschaft, I, 1894, p. 987.

⑤ K. Zittel. Beiträge zur Geologie und Paläontologie der libyschen Wüste. 《Palaeontographica》, XXX, Th. 1, 1883, p. XL, XLII. B противность мнению, которое высказал O. Fraas. Aus dem Orient. Geolog. Beo. bachtungen, I, Stuttgart, 1867, pp. 213—216 (цит. по Цигтелю).

富特、弗洛耶、埃尔曼(1885)、巴尔奇[①]、休姆[②]、莱特(1909)、基林[③]都持有埃及气候没发生变化的看法。

瓦尔特[④]认为,早在更新世,甚至在第三纪,埃及主要是荒漠气候。埃及地质的最近代的研究者 M. 布兰肯霍恩认为这种看法是错误的。他认为在上新世和冰期埃及的气候是湿润的,并用特殊的雨期[⑤]来表示晚上新世和冰期初期。不过,他还是承认埃及的气候在历史时代(近 4 000 年来)没有发生变化[⑥]。他在后来的著作中(1910)中指出,埃及、叙利亚和巴勒斯坦的气候,从雨期终结时起,大致稳定,同目前情况相似。布兰肯霍恩认为雨期结束于里斯-玉木间冰期的初期[⑦]。

布兰肯霍恩在其 1921 年的著作中提出了埃及、叙利亚和巴勒

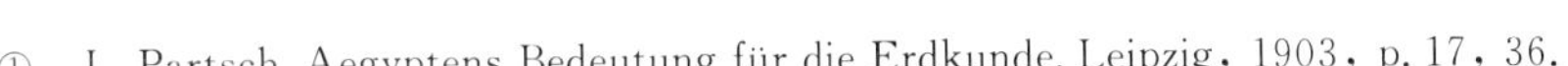

① J. Partsch. Aegyptens Bedeutung für die Erdkunde. Leipzig, 1903, p. 17, 36.

② W. Hume. Climatic changes in Egypt during post-glacial times. 《Die Veränderungen des Klimas》. Stockholm, 1910, pp. 421—422.

③ Keeling. Geogr. Journ., XXXIV, 1909, pp. 212—213.

④ J. Walther. Denudation in der Wüste. Abhandl. math-phys. Kl. k. Sächs. Gesell. Wiss., XVI, № 3, 1891, pp. 537—547.

⑤ 或称"多雨期"、"洪积期"。——校者

⑥ M. Blanckenhorn. Neues zur Geologie und Paläontologie Aegyptens. IV. Piocän und Quartär. Zeitshr. deutsch. geol. Gesell., LIII, 1901, pp. 453—457. 埃及旧石器时代的人生活在多雨的时期,该时期相当于中洪积期和上洪积期(I. c., p. 449)。在叙利亚,除旧石器时代的工具外,还发现 Cervas elaphus(赤鹿)、Ales alces(驼鹿)、Bison priscus(野牛)、Rhinoceros tichorhinus(毛犀)等动物的化石。因此,在这里,从而也是在埃及,气候湿润是不容置疑的。关于新石器时代早期非洲北部主要为比较湿润的气候。请参看:M. Hoernes. Der diluviaie Mensch in Europa. Braunschweig, 1903, pp. 207—208.

⑦ M. Blanckenhorn. Das Klima der Quartärperiode in Syrien, Palästina und Aegypten.《Die Veränderungen des Klimas》. Stockholm, 1910, p. 427.

斯坦第四纪[①]。气候变化的如下顺序：

群智冰期和民德冰期。“大多雨(雨)期”。气候湿润。最大降雨在民德冰期。

民德—里斯间冰期。干燥期，气候是荒漠性的。

里斯冰期。“小多雨期”。

从里斯—玉木间冰期〔西欧的 Mousterien(莫斯特时代)〕起和到现代以前。为干燥的荒漠气候(北方是半荒漠气候)，它类似现代的气候，其中间隔有相当于玉木冰期的短暂而比较湿润的时期。

亨丁顿援引弗拉斯的论据断言，在现在看到的这样干燥气候条件下，在埃及亚历山大曾出现科学昌明的景象似乎是不可思议的[②]。多么奇怪的结论！好像科学的昌明非得有湿润气候不可！可是，埃及气候的干燥程度，在古代人看来也很严重，以致往往把它加以夸大。一些人(希罗多德，II，13—14；及其他人)断言，埃及根本就不下雨，另一些人(普林尼，II，135)则说，似乎热得连雷阵雨都没有[③]。可是事实上，尼罗河三角洲，甚至西奈半岛都是有雨的。还有人提到那里有雪、冰雹和雾。显然，埃及虽然有雨，但稀少得不值得去特别加以提及[④]。

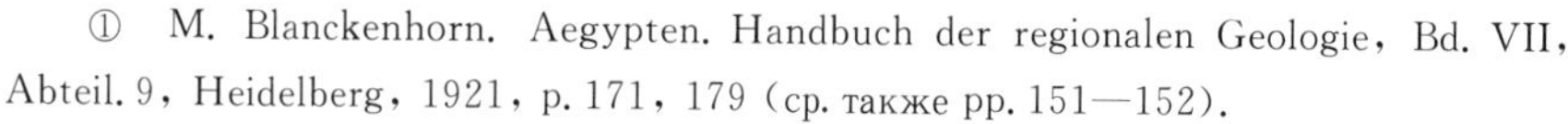

① M. Blanckenhorn. Aegypten. Handbuch der regionalen Geologie, Bd. VII, Abteil. 9, Heidelberg, 1921, p. 171, 179 (ср. также pp. 151—152).

② Pulse of Asia, p. 368.

③ 1905 年 3 月，由于雷电袭击，埃及吉泽赫的一座金字塔被吹掉一大块石头。Meteor. Zeitschrift, 1905, p. 286.

④ A. Wiedemann. Herodots zweites Buch mit sachlichen Erläuterungen, Leipzig, 1890, p. 107. Много цитат древних авторов относительно бездождия сев. Африки приводит Leiter, 1909, pp. 84—87.

希罗多德(III,10)告诉我们,在冈比西[①]征服埃及之前出现了“最大的奇迹:埃及的底比斯城[②]下了雨,尽管据底比斯人自己说,在我到达那里以前和以后都从未得到过雨水的滋润。一般说,上埃及根本不下雨,而当时底比斯城也只不过落了一些雨滴而已”(底比斯城位于尼罗河畔,约在北纬26°附近)。然后,希罗多德又报道说,北非有些地方用石盐盖房屋,因而得出结论认为那里很少降雨。普林尼说小锡尔特湾[③]和培琉喜阿姆地区也有这种情况。

1905年开罗严寒,气温是-4℃,从1880年到1908年总共出现过三次严寒。在古代虽不常见,但也有严寒,如829年和1010年的冬天,开罗附近的尼罗河就结过冰[④]。

在古埃及,很少有骆驼(直到受希腊统治时)[⑤],但像T.菲舍尔那样,把引进骆驼和气候变化联系起来,显然是没有任何根据的。况且,埃及历史学家不是谈到过骆驼,尽管谈得很少:戈列尼谢夫[⑥]在哈马马特干谷内发现了刻在岩崖上的铭文,其中除鸵鸟、羚羊、牧绵羊和公牛外,还提到骆驼。该铭文是属于第十一王朝时代的[⑦]。

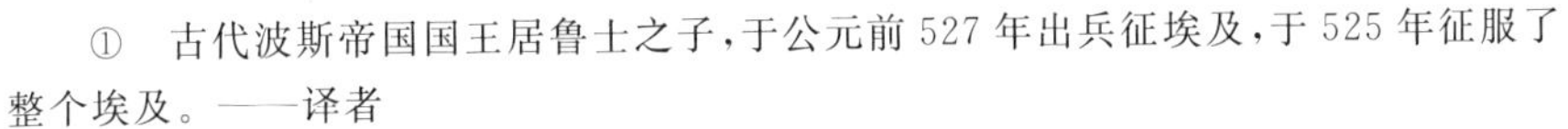

① 古代波斯帝国国王居鲁士之子,于公元前527年出兵征埃及,于525年征服了整个埃及。——译者

② 也有译为“特维”的,为上埃及的城市。——译者

③ 即“加贝斯湾”(G. de Gahes),位于突尼斯东南方。——校者

④ Geogr. Journ., XXXIV, 1909, p. 213.

⑤ 但是,圣经中提到埃及有骆驼。(Бытие, XII—во времена Авраама; Исход, IX, 3—во времена Моисея.)

⑥ В. Голенищев. Поездка в Уади Хаммамат. Зап. Вост. отд. Русск. арх. общ., II (1887), 1888, стр. 76—77.

⑦ О верблюде в древнем Египте ср. также у Leiter. Abhandl. geogr. Gesell. Wien, III, № 1, 1909, pp. 120—123.

西北非洲(埃及除外) 有人推测，突尼斯境内的杰里德盐湖(古代的特里托尼斯湖)的水位在公元前5世纪和前4世纪时要高得多，而现在它一年有9个月时间是干枯的。但古城图苏罗斯和内普塔[①]的位置表明，那时这个盐湖的水位不可能很高；此外，在帝王年代，这两座城市由一条横贯该湖盆的道路相连接，同时路的中段掘有一口井。显然，那时这个湖一年中大部分时间是干的，仅在降雨期间(而且不是常有)交通才暂时断绝[②]。菲利普森也持有这样的意见[③]。后来，连T.菲舍尔也承认，突尼斯在古代降水贫乏，降雨未必会比现在多[④]。莱特的名著[⑤]也论证了整个北非存在同样的情况。狄奥多洛在论述非洲北岸的河流时说道，这些河流冬天充满水，夏天枯竭[⑥]。关于迈杰尔达河，从普林尼的资料可以看到，该河当时并不深，因为在河口附近可以涉水而过[⑦]。保萨尼在描述注入阿特拉斯山东部盐湖的小溪时说："无论在埃塞俄比亚人的地方，或是在纳萨蒙人的地方都没有河流，的确，源于阿特拉斯山的三条小溪，没有一条成为河流，原因是它们的水一到沙漠中立即消失。"[⑧]古代人记述的尼罗河泛滥的水位高度，完全同现在相吻合[⑨]。

---

① 即现在的托泽尔(Tozeur)和内夫塔(Nefta)。——校者

② Partsch. Ueber den Nachweis einer Klimaänderung der Mittelmeerländerm geschichtlicher Zeit. Verhandl. VIII Geographentages, Berlin, 1889, p.123, 124.

③ Philippson. Das Mittelmeergebiet. Leipzig, 1904, p.134.

④ Th. Fischer. Peterm. Mitteil., 1904, p.176.

⑤ H. Leiter. Abhandl. geogr:Gesell. Wien, VIII, № 1.1909.

⑥ Leiter, p.88.这里也可参看对波西多尼、普林尼、琉坎、塞涅卡的著作的引文。

⑦ 同上注⑤，第92页。

⑧ 同上注，第93页。

⑨ 同上注，第95—100页。См. также Partsch. Peterm. Mitteil., 1910, № 6. p.316.

格雷戈里断言，没有任何证据说明从公元前7世纪希腊人在昔兰尼加[①]地区殖民的初期起，该地的水量发生过变化[②]。

动物地理学家科贝尔特得出的结论是，撒哈拉自古以来就是南方动植物北移的障碍，从而构成古北区的南界。北非的气候在历史时代内没有发生任何变化[③]。希尔梅(1893，第120—138页)否认撒哈拉在历史时代内有逐渐变干的现象。

在撒哈拉的南缘，阿伊尔山[④]以南，最近50—60年内乔木植被和灌木植被的面积在缩小，其原因在于人们急速扩大耕地。但1914—1918年战争后，这里的居民减少，而有角牲畜的总头数也相应减少。结果，荒漠开始后退，代之以木本植被[⑤]。

1937年成立了英法联合委员会来解决下述问题：尼日利亚北部的森林会不会受到荒漠侵袭之害和尼日利亚是否会受到变干的威胁。该委员会得出了一致的结论：在现代气候条件下，没有直接变干的危险。如果目前森林面积有所减少，那几乎完全是由于迅速扩大耕种和从而滥伐森林造成的。没有任何地方出现撒哈拉沙漠向北面的尼日利亚推进的情况。除了极少数例外情况，这里所有的沙漠都已为木本植被和草本植被所固定。“这些沙漠是第四纪时期形成的，其地形现在发生的变化仅仅是流水侵蚀造成的”。形成流沙的原因在于耕种土地和放牧牲畜，而在居民点附近则是

---

① 即“拜尔盖”(Bargah)。——校者

② J. W. Gregory. The geology of Cyrenaica Quart. Journ. Geol. Soc. London, vol. 67, 1911, pp. 611—612.

③ W. Kobelt. Studien zur Zoogeographie. I, Wiesbaden, 1897, p. 70 и сл.

④ 过去译为“艾尔山”。——校者

⑤ Geogr. Journ., 1938, April. p. 354 (F. Rodd).

由于土壤受到交通运输的破坏[1]。

研究苏丹的专家R.许道对该国有如下论述[2]。如果阅读一下描述苏丹的大部分著作，就会得到这样的印象，即撒哈拉近几百年内在迅速向南扩展。然而，人们对此提出的种种事实，却与这种解释大相径庭。古雷(位于乍得湖以西)在巴尔特[3]的时代(1850年)以人口众多(有9 000居民)和水流丰沛著称，可是到1905年这里总共只有600个居民，而且苦于缺水。R.许道说道，村落的衰落或完全遗弃都不能证明气候发生了变化。村落衰落的原因，部分是由于短时期的气候变动，部分则在于消失的村落不外乎是商队的留宿处。商道的改变迫使人们离弃一部分村落而去建立新的村落，这同气候变化毫无关系。最后，在松赖人统治昌盛时代，村落消失现象是在加奥(尼日尔境内)以东较多，原因是游牧民族图阿雷格人的侵袭。至于乍得湖逐渐变干，是无需谈论的，因为乍得湖的水位经常变动。R.许道最后指出，现代苏丹的气候一般比以前的时期湿润[4]。关于这一点，我们在上面已经引证过了。

同样，福尔克纳在其《北尼日利亚的地质和地理》一书中也得出结论，苏丹中部现在的气候比史前湿润[5]。

---

① 同前页注⑤，第355页。

② R. Chudeau. Sahara Soudanais. Paris, 1909, Colin, pp. 243—244 (Missions au Sahara par Gautier et Chudeau, tome II).

③ 德国旅行家，于1845—1855年间考察过北非和中非(阿伊尔高原、贝努埃河、苏丹、乍得湖盆地、尼日尔河)。在1858—1864年间考察过巴尔干半岛和小亚细亚。——译者

④ R. Chudeau. 1. c., p. 244 и сл.

⑤ Geogr. Journ., 1938, April, p. 356.

关于整个非洲变干，现在议论不少，但我们在任何地方都没有发现实际的证据。帕萨格持南非逐渐变干的看法[①]。按照他的看法，卡拉哈里沙漠的气候在 6 000—7 000 年前比现在湿润得多。然而，上面关于土耳其斯坦所谈的一切，在卡拉哈里沙漠也是实际存在的。其次，研究非洲南部的植物区系和气候的著名专家马洛特断言，近 60 年来，非洲南部的雨量没有发生变化[②]。的确，不能否认，从前的水分保持条件比现在好，马洛特把非洲南部水分储量减少的原因归结为三点：1）森林被毁，这对于这个多山或一般切割强烈的地方来说，可能具有重要意义；2）焚烧牧场的草、灌木和乔木；3）在内地放牧过大的牲畜群：牲畜踏实土壤，造成大气降水更好更快排泄的条件（这里有时 90％的年降水量是暴雨形式，在 5—10 天降落）。

罗杰斯同样也找不到证据来证明帕萨格所维护的南非逐渐变干的理论[③]。

苏联欧洲部分 前面已经一再谈到推测的苏联欧洲部分变干的问题，同时也已阐明，这里沼泽缩小、湖泊水位降低和河流变浅，不是作为同气候变化有关的自然过程而发生的[④]。

---

① Passarge. Die Kalahari. Berlin, 1904, гл. XXXVII.

② R. Marloth. Das Kapland. insonderheit das Reich der Kapflora, das Waldgebiet und die Karroo, pflanzengeographisch da rgestellt. Wiss. Ergebnissed. deutschon Tiefsee-Expedition《Valdivia》, Bd. II, 3. Teil Jena, 1908, p. 39.

③ A. W. Rogers. Past climates of Cape Colony.《Die Veränderungen des Klimas》. Stockholm, 1910, pp. 445—448.

④ 反对欧俄气候变干论的有：B. B. 道库恰耶夫、H. A. 索科洛夫、C. 尼基京、坦菲利耶夫、奥波科夫、博戈列波夫、沃耶伊科夫等。

与此相反，根据森林向草原推进的资料来看，甚至有一定把握得出结论：欧洲俄罗斯的气候在历史时代内变得比较湿润。这里，我们仅仅举几个有关这方面的补充事实。

早在1857年，K. C. 韦谢洛夫斯基在其《论俄罗斯气候》一书中，用了整整一章来论述"俄罗斯气候在历史时期是否发生变化"的问题（1857，第385—408页）。这位作者通过将希罗多德、奥维德①、斯特拉波、普林尼等人的记述同现代资料进行详细比较后得出结论说，气候没有发生变化。然后，韦谢洛夫斯基研究了西德维纳河210年、涅瓦河130年、北德维纳河120年、基辅附近第聂伯河70年的解冻资料，以及彼得堡109年的气温资料，由此得出气候没发生变化的同一结论。有人指出，在奥维德时代，黑海北岸的气候十分恶劣，冬天更冷，雪下得更多等等。可是据斯特拉波（II，73；VII，307）、提奥弗拉斯托和普林尼的证明，那时在黑海北岸和克里木半岛（顺便指出，是在刻赤附近的潘蒂卡佩）葡萄可以成熟；可见，那时冬天绝不会比现在冷，因为这些地方离葡萄分布的北界是不太远的②。另一方面，像现在一样，当时人们也想在潘蒂卡贝栽培月桂和桃金娘的尝试，最后都失败了（普林尼，XVI，137）。

M. 博戈列波夫根据对俄罗斯编年史的研究指出，从11世纪起，欧洲俄罗斯的气候仅仅有持续几十年的波动，但绝不是逐渐变干③。

---

① 古罗马诗人（公元前43年—公元17年）。——校者

② K. Веселовский. О клнмате Россни. СПб.，1857，стр. 390—393.

③ M. Боголепов.《Землеведение》，1907，ки. 3—6. стр. 83.

按照亨丁顿的意见，里海水位的变化是他的气候变干“脉搏”论的证明①。同时，他认为大约在公元前500年的古代，里海水位比现在高出41米。现在我们知道，在里海沿岸，含有现在仍生存于里海中的Cardium edule的沉积物，是分布在不高于现在水位5米地方的②。因此，完全没有任何根据可以认为古希腊时代里海的水位比现在高。

伊尔门湖在干热期的水位比现在低2—3米。这可以根据下列情况来判断：在这个水位的高度上发现史前人的残骸，在波利斯季河左岸的泥炭沼泽内（在1米以上深度）发现乔木树干的残体，在洛瓦季河和姆斯塔河三角洲发现埋藏灰化土（栎林重壤质）和粘质栗色土（由H. H.索科洛夫口头告知）。

美洲　亨丁顿在其登载在《天气评论月刊》（1908）上的一篇文章中得出结论，不仅在旧大陆发现有变干现象，而且在新大陆也有此现象，在那里美国的大盐湖地区（祖尼的遗址）、墨西哥（墨西哥城和特斯科科湖）、秘鲁、智利、阿根廷、玻利维亚都有说明气候变干的证据③。

与此相反，奥尔登断言，近500年来北美的气候一直比较稳

① См. Pulse of Asia. p. 349；также Bull. Amer. Geogr. Sce.，XXXIX，1907，p. 581.

② 请参看拙著：См. в моей работе《Уровень Каспийского моря и историческое время》. Проблемы физической географии，1. 1934，стр. 23，55.

③ 对南美气候变干持同样观点的，还有下列作者：Moreno. Notes on the anthropogeography of Argentine. Geogr. Journ.，XVIII，1901，pp. 574—589. —J. Bowman. Man and climatic change in South America. Geogr. Journ.，XXXIII. 1909，pp. 267—278.

定，如果发现有变化，那就是湿度变大了[①]。

澳洲 埃尔湖水位较高的时期在冰期。澳洲中部变干早在这个大陆上出现人类以前就已发生了。但在历史时代内，没有任何根据可以认为气候干燥的程度增大[②]。

P. 马歇尔根据某些动植物的分布认为，新西兰的气候近来变得比较湿润[③]。

结　　论

1. 如果把现代时期同冰期相对比，我们就可以看出，几乎全世界的陆地水和大气降水都有所减少。

2. 从冰期结束以来，没有出现过不断变干的现象；在现代时期以前，有一个气候更加干燥和更加湿润的时期。

3. 在历史时代内任何地方都没有出现过年平均气温递增或大气降水减少的气候变化。气候（不包括仅以数十年为期的变动，即所谓布吕克纳周期）或是一直稳定不变，或是甚至表现出湿度增大的某种趋势。

4. 因此，既谈不上地球从冰期结束起就不断变干，也谈不上地球在历史时期内不断变干。

---

① W. Alden. Climatic conaitions in N. America since the maximum of the atest glaciation. 《Die Veränderungen des Klimas》. Stockholm, 1910, p. 359, 363.

② J. W. Gregory. The dead heart of Australia, 1906, pp. 151—154 (цит. по Gregory, 1914, p. 305).

③ P. Marshall. New Zealand and adjacent islands. Handbuch der regionalen Geologie, Bd. VII, 1. Abt., Heft 5, 1911, p. 53.

参考文献

Alden W. C. Certain geological pheuomena indicative of climatic conditions in North America since the maximum of the latest glaciation. 《Die Veränderungen des Klimas》, 1910, pp. 353—364.

Бартольд В. В. Записки Вост. отд. Русск. археол. общ., XVII (1906), стр. 083—097.

Бартольд В. В. Метеор. вестн., 1910, стр. 177.

Берг Л. Высыхает ли Средняя Азия? Изв. Русск. Геогр. общ., XL, 1904, стр. 507—521.

Берг Л. Аральское море. Изв. Турк. отд. Р. Геогр. общ., V 1908.

Blanckenhoru M. Das Klima der Quartärperiode in Syrien, Palästina und Ägypten. 《Die Veränderungen des Kliams》, 1910, pp. 425—428.

Blanford W. On the nature of deposits of Central Persia. Quart. Journ. Geol, Soc. London, XXIX, 1873, pp. 493—503.

Боголепов М. О колебаниях климата Европейской России в историческую эпоху. 《Землеведение》, XIV (1907), кн. 3—4 (Москва, 1908), стр. 58—162.

Боголепов М. Колебания климата в Западной Европе с 1000 до 1500 года. 《Землеведение》, XV, 1908, кн. 2, стр. 41—58.

Brückner Ed. Klimaschwankungen seit 1700. Wien, 1890.

Walther J. Denudation in der Wüste. Abhandl. math.-phys. Kl. k. Sächs. Gesell. Wiss., XVI, № 3, 1891, pp. 537—547.

Watt A. The climate of Hebron (in Syria). Journ. Scott. Meteor. Soc. (3), XII, 1903, pp. 133—152.

Венюков. О высыхании озер в Азии. VIII съезд русск. естествоиспытателей и врачей. СПб., 1890.

Веселовский К. О климате России. СПб., 1857, изд. Академии наук.

Whithey J. D. The climatic changes of later geological times. Memoirs Mus. Comp. Zoology Harvard Coll., VII, № 2, 1882.

Воейков А. Орошение Закаспийской области с точки зрения географии и климатологии. Изв. Русск. Геогр. общ., т. 44, 1908, стр. 131—160.

Воейков А. Периодичны ли колебания климата и повсеместны ли они на земле? Метеор. вестн., 1909, стр. 125—130, 159—166; 1910, стр. 172—178, 345—352, 371—376.

Гордягин А. Материалы для познания почв и растительности Западной Сибири. Труды Казан. общ. етс., XXXIV, 1900, № 3.

Götz W. Die dauernde Abnahine des fliessenden Wassers auf dem Festlande der Erde. Verhandl. VIII Geographentages. Berlin, 1889, pp. 126—133.

Götz W. Historische Geographie. Wien, 1904.

Götz W. Fortschreitende Aenderung in der Bodendurchfeuchtung. Meteor. Zeitschr., 1906, pp. 14—24.

Gregory J. W. Is the earth drying up? Geogr. Journ., XLII, 1914, pp. 148—172, 293—313; discussion, pp. 313—318, 451—459.

Gsell St. Le climat de l'Afrique du Nord dans l'antiquité. Revue Africaine, 1911, pp. 343—410.

Hann J. Handbuch der Klimatologie. I, 1908, 3. Aull., pp. 345—354.

Herbette Er. Le problème du desséchement de l' Asie intérieure. Annales de Géogiaphie, XXIII, 1914, pp. 1—30.

Hildebrandsson H. Sur le prétendu changement du climat européen en temps historique. Nova Acta Soc. Scient. Upsaliensis (4), Iv, № 5, 1915, pp. 1—31.

Hilderscheid H. Die Niederschlagsverhältnisse Palästinas in alter und neuer Zeit. Zeitschr. d. deutsch. Palästina-Ver., XXV, 1902, pp. 1—105.

Г. Е. Грумм-Гржимайло. Рост пустынь и гибель пастбищных угодий и культурных земель в Центральной Азии за исторический дериод. Изв. Геогр. общ., LXV, вып. 5, 1933, стр. 437—454.

Humboldt A. Asie centrale. II, 1843, p. 142.

Hume W. F. Climatic charges in Egypt during post-glacial

times. 《Die Veränderungen des Klimas》, 1910, pp. 419—424.

Huntington E. The basin of Eastern Persia and Sistan (особенно глава 《The climate and history》, pp. 302—315). 《Explorations in Turkestan. Expedition of 1903, under R. Pumpelly》. Washington. Vol. I, 1905, publ. by Carnegie Inst., 4°(ср. также R. Pumpelly, ibidem, p. 3, 5, 6, 19).

Huntington E. The rivers of Chinese Turkestan and the desiccation of Asia. Geogr. Journal, XXVIII, 1906, pp. 352—367.

Huntington E. The historic fluctuations of the Caspian Sea. Bull. of the American Geogr. Soe., XXXIX, 1907, pp. 577—596.

Huntington E. The pulse of Asia. A journey in Central Asia illustrating the geographical basis of history. London, 1907, A. Cons able, pp. XXI+415.

Huntington E. The climate of ancient Palestine. Bull. Amer. Geogr. Soc., XL, 1908, pp. 513—522, 577—586, 641—652.

Huntington E. The climate of the historic past. Monthly Weather Review, 1908, pp. 359—364, 446—450.

Huntington E. The Libyan oasis of Kharga. Bull. of the American Geogr. Soc., XLII, 1910, pp. 641—661.

Huntington E. The burial of Olympia. Geogr. Journ., XXXVI, 1910, pp. 657—675. Прения по этому докладу там же, pp. 675—686.

Huntington E. Palestine and its transformation. Boston and N. Y., 1911, 8°, p. XVII+443.

Huntington E. The fluctuating climate of North America. Geogr, Journ., XL, 1912, pp. 264—280, 392—411.

Die Klimaveränderungen in Deutschland seit der letzteu Eiszeit. Zeitschrift d. deutsch. geolog. Gesell., LXII, 1910, pp. 94—304.

Докучаев В. В. Об обмелении рек в Европейской России. Заседания Петерб. собрания сел. хозяев, № 7, 7 декабря 1876 г., стр. 1—16.

Докучаев В. Русский чернозем. СПб., 1883, стр. 310.

Докучаев В. Наши степи прежде и теперь. СПб., 1892 (то же в《Прав. вестн.》, 1892). 2-е изд., М., 1936.

Eckardt W. Das Klim problem der geologischen Vergangenheit und historischen Gegenwart. Braunschweig, 1909, Vieweg.

Eckardt W. R. Das Klima der Mittelmeerlämder und ihrer Umgebung in Vergangenheit und Gegenwart.《Gaea》, 1909, pp. 517—524.

Eginitis D. Le climat d'Athènes. Annales d'observatoire nation. d'Athènes. I, 1896.

Eginitis D. Le climat de l'Attique. Annales de Géographie, XVII, 1908.

Ekholm N. On the variations of the climate of the geological

and historical past and their causes. Quart. Journ. R. Meteor. Soc., XXVII, 1901.

Kropotkin P. The desiccation of Eur-Asia. Geogr. Journal, XXIII, 1904, pp. 722—734.

Kropotkin P. On the desiccation of Eurasia and some general aspects of desiccation. Geogr. Journ., XLIII, 1914, pp. 451—458.

Leiter H. Die Frage der Klimaänderungen während geschichtlicher Zeit in Nordafrika. Abhandl. k. k. geograph. Gesell. Wien, VIII, № 1, 1909, pp. 1—143.

Murgoci G. The climate in Rumania and vicinity in the late. Quaternary times. 《Die Veränderungen des Klimas》. 1910, pp. 151—166.

Мушкетов И. Туркестан. I, СПб., 1886, стр. 19—20, 699, 717. Также:Протоколы и речи VI съезда естествоисп ытателей в СПб., 1879. стр. 322—323.

Heumann C. und Partsch J. Physikalische Geographie von Griechenland mit besonderer Rücksicht auf das Alterthum. Breslau, 1885.

Никитин С. Н. Труды экспедиции для исследования источников главнейших рек Европ. России, изд. А. А. Тилло. Исследования гидро-геологического отдела:

Бассейн Оки. Исследования 1894 г. СПб., 1895.

Бассейн Днепра. СПб., 1896.

Бассейн Волги. Исследования 1894—1898 гг. СПб., 1899.

Бассейн Сызрана. Исследования 1894—1896 гг. СПб., 1898.

Olck F. Hat sich des Klima Italiens seit dem Altertum geändert? N. Jahrbücher f. Philologie, Bd. 135, 1877, pp. 465—475.

Оппоков Е. В. Вопрос об обмелении рек в его современном и прошлом состоянии. Сельское хоз. и лесов., CXCVII, 1900, стр. 633—706.

Оппоков Е. В. Речные долины Полтавской губ. Часть I, СПб., 1901; часть II, СПб., 1905, изд. Отд. зем. улучш.

Оппоков Е. В. Режим речного стока в бассейне верхнего Днепра (до г. Киева) и его составных частях. Изд. Отд. зем. улучш. Часть I, СПб., 1904; часть II, СПб., 1914, 4°.

Оппоков Е. В. О водоносности рек в связи с атмосферными осадками и другими факторами стока. Записки Русск. Геогр. общ. по общ. геогр., XLVII, 1911, стр. 234—286.

Partsch J. Ueber den Nachweis einer Klimaänderung der Mittel-meerländer in geschichtlicher Zeit. Verhandl. VIII deutschen Geographentages. Berlin, 1889.

Passarge S. Die Kalahari. Berlin, 1904.

Passarge S. Das Problem einer Klimaänderung in Südafrika, Globus, Bd. 92, 1907, p. 133.

Penck A. und Brückner E. Die Alpen im Eiszeitalter. Leip-

zig, 1901—1909, p. 1169.

Petrie W. M. Flinders. Researches in Sinai. London, 1906, J. Murray.

Pumpelly R. Ancient Anau and the oasis-world. 《Explorations in Turkestan, 1904. Prehistoric civilization of Anau》. Washington, 1908, Publ. Carnegie Mus., № 73.

Rogers A. W. Past climates of Cape Colony. 《Die Veränderungen des Klimas》. Stockholm, 1910, pp. 443—448.

Соколов Н. А. Гидрогеологические исследования в Херсонской гуернии. Труды Геологич. ком., XIV, № 2,1896.

Соколов Н. А. К истории причерноморских степей сконца третичного периода. 《Почвоведение》, 1904, № 3.

Stenzel A. Die Ausdorrung der Kontinente. Naturwiss. Wochenschrift, N. F., IV, 1905, pp. 712—716.

Танфильев Г. И. Доисторические степи Европейской России 《Землеведение》, 1896, кн. 2, стр. 73—92.

Танфильев Г. И. Пределы лесов в полярной России, по иссле дованиям в тундре тиманских самоедов. Одесса, 1911, 286 стр. (ср. замечания В. Н. Сукачева в Трудах Юрьев. бот. сада, XIII, 1912, стр. 42—44).

Tomaschek W. Zur historischen Topographie von Persien. II. Die Wege durch die persische Wüste. Sitzungsber. Akad. Wiss. Wien, phil. chist. Cl., CVIII, 1885.

《Die Veränderungen des Klimas seit dem Maximum der leiz-

ten Eiszeit》. Eine Sammlung von Berichten, herausgegeben von dem Exekutivkomitee des 11 internationalen Geologenkongresses. Stockholm, 1910, pp. LVIII+459.

Philippson A. Das Mittelmeergebiet. Leipzig, 1904. То же по-русски.

Филиппсон А. Средиземье. Перевод под ред. Д. Н. Анучина. Приложение к《Землеведению》за 1910 г.

Fischer Th. Beiträge zur physischen Geographie der Mittelmeerländer, besonders Siciliens. Leipzig, 1877.

Fischer Th. Studien über das Klima der Mittelmeerländer. Peterm. Mitteil., Ergänzh. № 58, 1879.

Fischer Th. Zur Frage der Klimaänderung im südlichen Mittelmeergebiete und der nördlichen Sahara. Peterm. Mitt., 1883, p. 1.

Ядринцев Н. М. Поездка по Западной Сибири. Записки Зап. Сиб. отд. Русск. Геогр общ., II, 1880.

Ядринцев Н. М. Уменьшение вод Арало-каспийской низменности в пределах Западной Сибири. Известия Русск. Геогр. общ., 1886.

第三章　里海水位与北极航行条件[①]

我通过研究古俄罗斯人在冰海[②]上的航行深信，在北极通航条件良好的时期，里海的水位降低，相反，当冰海被冰阻塞的时候，里海的水位升高。

下面就是与此有关的一些事实。

16 世纪中叶，俄罗斯人完成了从白海到鄂毕河的多次航行。那时里海的水位低。汉韦（1754；贝尔格，1934，第 26 页）报道了下述饶有趣味的消息（他大概是从阿斯特拉罕省省长和著名的历史学家塔季谢夫那里得到的，后者拥有大量材料，但现在都已佚失）："据说大约在 1556 年，当俄罗斯人首次在里海上航行时，发现在距离四丘岛（Четыре Бугров）以南和南东 50 公里处水深只有 5 英尺。"1925 年，四丘岛对面的航道深 6 英尺。因此，里海 1556 年的水位比 1925 年的水位低 1 英尺，而大家知道，1925 年里海的水位是非常低的[③]。

同样在 1556 年，英国航海家斯蒂文·巴罗为西欧人发现了新

---

① 最初发表于《地理学会会刊》，1943，вып. 4。

② 即"北冰洋"。本书中所说的"冰海"均指"北冰洋"。——校者

③ 四丘岛附近的水深，可以用来判断里海水位的变化（Берг，1934，стр. 26—28）。

地岛，当时俄罗斯舵手洛沙克答应将英国人从瓦伊加奇岛带往鄂毕河。从巴罗的谈话中清楚地看出，16 世纪中叶俄罗斯的航海者十分熟悉通往鄂毕河的航路[①]。

从 1564 年到 1576 年侨居在莫斯科公国的 B. Г. 斯塔登写道："从鄂毕河可航行到美洲（和鞑靼地方）"[②]。显然，这是指去东方的航路。斯塔登在北方旅居多年，从事收购毛皮生意，他从他的合伙股东萨莫耶德人（即涅涅茨人）的实物税征收人彼得·维斯洛乌赫那里得到了关于西伯利亚的情况，后者当时住在普斯托泽尔斯克（在伯绍拉）。

根据赫里斯托福尔·巴罗的证明得知，1580 年里海水位低浅，低于 1925 年。同时，我们还有许多材料说明 16 世纪下半叶西伯利亚海的航行条件非常好。

我们在英国贸易公司经理安东·马什那里发现了非常有趣的资料。他曾委托俄罗斯的狩猎者代他在鄂毕河地区收购毛皮。曾经保存有一封写给马什的信，该信是 1584 年 2 月 21 日在伯绍拉的普斯托泽尔斯克写的，后来于 1625 年由佩尔恰斯发表。在这封信里，四个在"霍尔莫哥雷与伯绍拉之间和进而向东"进行贸易的俄罗斯人，向马什谈起从北德维纳河到鄂毕河的海路。他们在信中说道："如果你要我们到鄂毕河河口去，我们就必须经过瓦伊加奇岛、新地岛和马特维地岛（Эемля Матвей）。"显然，应当把必经之地"马特维地"与马托奇金海峡作一比较。与马什的同一计划有

① Англиские путешественники, стр. 107—111.

② 原文，请参看：Алексеев, 1932, стр. 158。

关的另一文件[①]清楚地说明这样做的目的。该文件说，马什“还研究了另一条路(第一条路是沿亚马尔半岛的海岸前进，然后显然是经连水陆路横穿过亚马尔——贝尔格)，这条路更偏向东北方，经过新地岛和马秋申海峡去鄂毕河……。马秋申海峡有些地方宽40俄里，有些地方至多宽6俄里。”此外，该文件还说，从“马秋申海峡”到“鄂毕河附近的岛屿”，即白岛，需要5天航程。

可见，俄罗斯人大约于1580年经马托奇金海峡，横越喀拉海，航行到达了鄂毕河。这个事实对我们具有重大意义，它表明16世纪下半叶喀拉海的通航条件也同20世纪30年代一样好。

我们已经说过，1580年的里海水位非常低。该年5月17日，赫里斯托福尔·巴罗在靠近伏尔加河河口的四丘岛发现水深5.5英尺，即比水位极低的1925年低0.5英尺(贝尔格，1934，стр. 28)。总之，16世纪下半叶北极的航行条件非常好，俄罗斯航海者向东航行得很远。早在1582年，英国人就请求莫斯科政府准许他们在北德维纳河河口到叶塞尼河河口之间经商(贝尔格，1946)。

英国贸易公司代理人弗朗西斯·彻里在其于1587年前后写的报告中说道，“鄂毕河河口外面是暖海”[②]。彻里的这些消息是他在彼尔姆边区居留时从俄罗斯人中间得来的。必须补充一点，彻里的俄语说得很流利，担任过英国和莫斯科之间的联络翻译官。下面是佩尔恰斯著作中使我们颇感兴趣的地方：弗朗西斯·彻里是沙皇伊凡·瓦西里耶维奇的翻译官，到过彼尔米亚(约在1858

① 两个文件的俄译文由阿列克谢耶夫发表，1932，第186—188页。

② 原文，请参看：Алексеев, 1932, стр. 195。

年)，到过俄罗斯东方的边远地区；他说，他吃过鄂毕河的鲟鱼。他还说，他在该地不止一次地从他称为大旅行家的俄罗斯人那里听到过关于暖海的情况，该海位置在鄂毕河河口以外的东南方。他们用俄罗斯语说："за Обью нахдится теплое море"，意思是"鄂毕河河口外面是暖海"。

据说，1581 年有一艘英国船曾到过鄂毕河河口。

1595 年 8 月 24 日(新历 9 月 3 日)，荷兰人在尤戈尔海峡遇到过俄罗斯航海者，后者曾告诉他们说，霍尔莫戈雷人每年都从海上到鄂毕河和叶尼塞河去(贝尔格，1946a)。

所有这些都证明，16 世纪下半叶北极的主要情况是良好的。

17 世纪初，两艘荷兰船在离热拉尼耶角以北和以东 300 海里处，即 B. C. 维泽(1939，第 48 页)所说在此地群岛附近遇到无冰的海。对此应当补充说一句，北美哈得孙湾在 1613—1614 年度的冬季异乎寻常的温和。17 世纪初，里海的水位同 16 世纪下半期一样，仍很低(贝尔格，1934，第 29 页)。应当把 1620 年左右俄罗斯狩猎者完成的出色航行同上述情况联系起来；当时，一只货船穿过维利基茨基海峡，从西面绕过切柳斯金角，显然是驶往哈坦加河河口。1940 年在泰梅尔半岛东岸，即在法杰伊群岛和西姆斯湾内发现了船的残体、人的残骸、指南针、日晷、铜锅、锡盘、十字架及其他物品；此外，还发现了从瓦西里三世到米哈伊尔·费奥多罗维奇时代的3 400多枚俄罗斯银币。可见，1620 年前后，北极的航行条件良好。

大家知道，1734—1743 年间在西伯利亚北岸进行探查的大北方探险队，遇到了极其严重的冰情。恰好在 18 世纪 40 年代，里海开始出现持续的高水位期。上面提到的汉韦报道说，1742 年或 1743 年，在靠近伏尔加河河口的四丘岛附近水深 12 英尺，比 1556 年的水位高出 7 英尺或 2 米多。在武德鲁夫根据 1742—1743 年自己的测量于 1745 年绘制的地图上，我们看到四丘岛附近水域具有同样的深度，即 12 英尺。还有许多其他的证据可以证明，18 世纪 40 年代初里海的水位，无论在伏尔加河滨海区和伊朗滨海区都是高的。

1765—1766 年，P. Я. 奇恰戈夫在斯匹次卑尔根群岛西部附近海中航行时，遇到严重的冰情。而在这些年内，里海的水位非常高。奇恰戈夫在斯匹次卑尔根群岛附近遇到几位荷兰商船船长，他们告诉他，1700 年前后，斯匹次卑尔根群岛附近海域的航行条件要好得多（贝尔格，1946，第 40 页）。

这种情况同 18 世纪初里海水位低的情况完全相符。

从 1919 年到 1938 年，北极的气温同过去比较起来很高（第一章），对航行极为有利，而相应地，里海的水位却非常低。

上面引用的材料尽管暂时还很少，但仍然说明，16 世纪下半叶、17 世纪初、18 世纪初和 20 世纪 20—30 年代，当里海的水位低时，北极航行条件良好。与此相反，在 18 世纪 40 年代和 60 年代，当里海水位高时，冰海中结冰很厚。

毋庸赘言，北极某处在个别偶然选取的年份内的航行条件，不能证明北极的普遍变暖或变冷：例如，某一年的风可能沿有利于航行的方向吹走浮冰，当然就不能由此得出气候变暖的结论。然而，我们是利用许多年份的大量材料来证实我们的结论的。因此，我们关于 16、17、18 和 20 世纪的结论，大概不会引起异议。

当然,目前我们所掌握的材料还很少,而这篇短文的目的在于推动地理学家们进一步收集材料,特别是收集有关北美北极诸海航行条件的材料。

*　　　　*　　　　*

有人会问:北极变暖和里海水位降低之间这种时间上的巧合是什么引起的呢?

A. И. 沃耶伊科夫早就说过,里海的水位情况主要决定于通过伏尔加河的来水量的大小。我们知道,注入里海的全部河水,80%是由伏尔加河补给的①。伏尔加河水的主要部分,都是由伏尔加河上游流域和卡马河流域的降雪溶化而来的。北极变暖和这

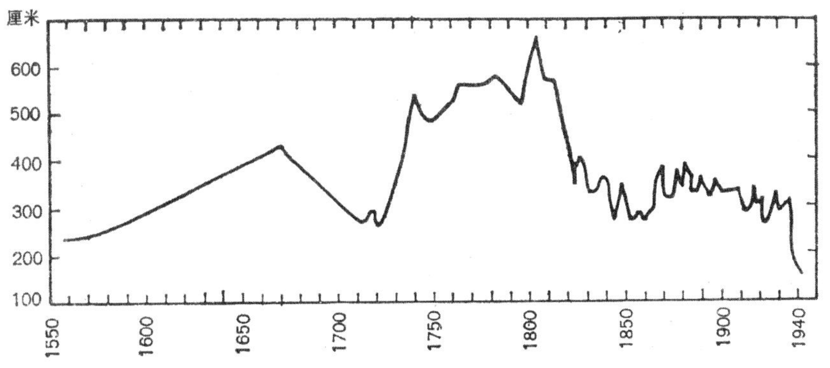

巴库附近里海水位的长期变化(根据 Б. Д. 扎伊科夫,1941)

里航行条件良好的时期,亦即伏尔加河水量少和作为其结果的里海水位低的情况,是同北方冬季降水量小的时期相一致的。从1877—1878 年度到 1936—1937 年度这 60 年间,斯大林格勒城附

① 更确切地说,在 1878—1937 年间,里海从伏尔加河平均得到总进水量的 77.6%(扎伊科夫,1941,第 10 页)。

近伏尔加河的多年平均年径流量为 194 毫米(根据 Б. Д. 扎伊科夫的资料:1940,第 10 页)。如果我们拿相应于北极变暖期的 20 年:即 1918—1919 年度到 1937—1938 年度的情况[①]来看,多年平均径流量只有 182.1 毫米,而在这以前的 20 年,即 1898—1899 年度到 1917—1918 年度则为 191.5 毫米。1919—1938 年间,即在北极变暖期内,卡马河流域的大气降水量为 572 毫米,可是这以前

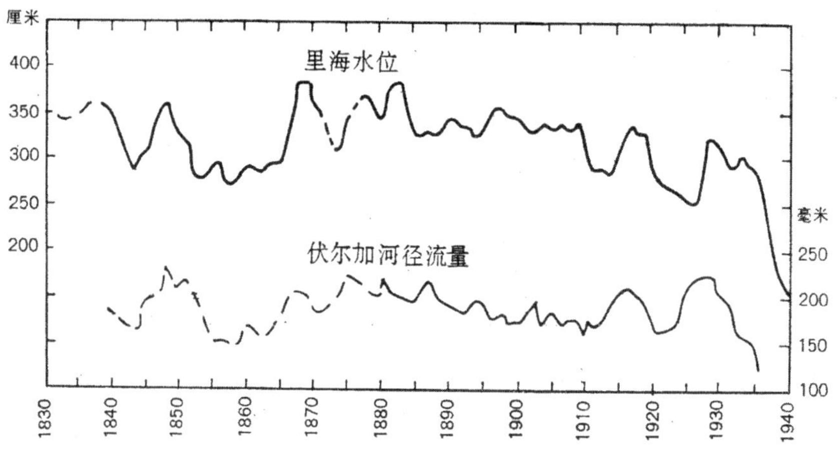

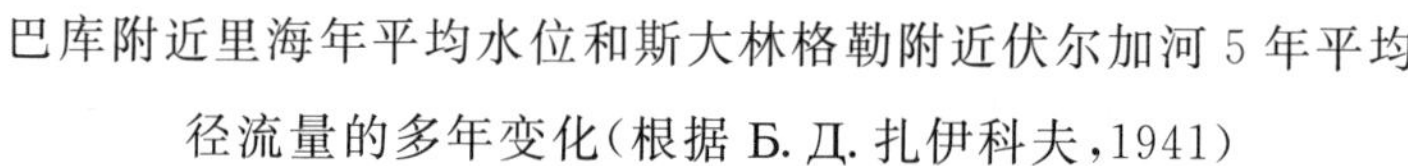
巴库附近里海年平均水位和斯大林格勒附近伏尔加河 5 年平均径流量的多年变化(根据 Б. Д. 扎伊科夫,1941)

的 20 年,即 1899—1918 年间,降水量为 604 毫米(数字取自 Б. Д. 扎伊科夫著作,1940,第 37 页)。按照 В. К. 达维多夫的资料(1921),卡马河流域的水面蒸发,近几年来(从 1920 年起)大大增多,应当认为注入里海的水量减少即与此有关:

① Б. Д. 扎伊科夫曾热情地告诉我关于 1937—1938 水文年(10—11 月)斯大林格勒附近伏尔加河的径流资料:该径流量为 133 毫米(1938—1939 年度也是这个数字)。

1904—1919 年间的年平均蒸发量为 348 毫米

1920—1935 年间的年平均蒸发量为 370 毫米

北方观测站，如科拉和萨列哈尔德（鄂毕河下游）的蒸发量急剧增大：科拉站大致从 1918 年开始，而萨列哈尔德站则更早，从 1906 年开始。

我已经指出过，里海水位低时，欧洲的冬季比较温暖，如 1919—1938 年，与此相反，里海的水位高时，欧洲冬季一般都很冷（贝尔格，1938，第 446 页）。布吕克纳（1890）曾将里海水位高度的资料同偏离俄罗斯各河平均无冰天数发生的情况作过对比，得出了如下结果：

年　份	里海水位	无冰天数
1700—1730	低	+5.8
1730—1815	高	−2.1
1815—1880	低	+1.0

里海 18 世纪 20 年代和 30 年代的水位同目前一样低（贝尔格，1934，1940）。非常有趣的是，在这两个 10 年，即 1715 年前后，欧洲冬季温暖。欧洲以前最暖的情况出现在 1515 年前后。遗憾的是，我们不知道里海当时的水位情况，但可以推想它是低的。

利用关于里海的现有资料，也可对里海较早时期的水位情况作某些推测。例如，某些现代作者根据阿拉伯地理学家伊斯塔什里于公元 915 年和 921 年间写的含糊不清的报道提出了如下看法，10 世纪里海的水位大约比现在高 10—11 米。我已指出过（1934，第 16—19 页），这个数据不可靠。现在还可引证一点：根据西班牙和格陵兰间的航行情况来判断，北极当时的通航条件良好（彼得森，1914，第 9 页），因此应当认为里海 10 世纪时的水位绝不会高于 20 世纪。

总之，对历史时期里海水位变化的研究表明，在 19 世纪和 20 世纪观察到的里海水位降低，乃是近一千年来这里已经发生的事件之一：里海水位降低预示着后来水位升高。在历史时期内，里海的水位从未高过 1925 年的水位 5 米。

参考文献

Алексеев М. П. Сибирь в известиях западно-европейских путешественников и писателей, т. I, XIII—XVII вв., Иркутск, 1932, IX + 368 стр.; т, I, ч. II, вторая половина XVII в. Иркутск, 1936, 152 стр.

Английские путешественники в Московском государстве в XVI в. Перевод с англ. Ю. В. Готье. Л., 1938, 308 стр. (перевод некоторых отчетов из R. Hakluyt. The principall navigations, 1598).

Берг Л. С. Уровень Каспийского моря за историческое время. Проблемы физической географии, I, 1934, стр. 11—64.

Берг Л. С. Основы климатологии, Л., 1938, 455 стр.

Берг Л. С. Первые русские карты Каспийского моря (в связи с вопросом об уровне его в XVII и XVIII вв.). Изв. Академии наук СССР, серия геогр. и геофиз., 1940, стр. 159—178.

Берг Л. С. Очерки по истории русских географических открытий. Л., 1946, изд. Академии наук СССР, 358 стр.

Берг Л. С. (1946 а). Открытие Камчатки и экспедидии Беринга. 3-е изд., Л., 1946, изд. Академии наук СССР, 379 стр.

Brückner Ed. Klimaschwankungen seit 1700. Wien, 1890, pp. VIII+324.

Визе В. Ю. Моря Советской Арктики. Очерки по истории исследования. Л., 1939, 567 стр., изд. Глав. упр. сев. мор. пути.

Давыдов В. К. Многолетние колебания испарения в бассейне Волги (рукопись).

Долгих Б. О. Новые данные о плавании русских северным морским путем в XVII веке.《Прбобломы Арктики》, II (1943), 1944, стр. 195—226.

Зайков Б. Д. Многолетние колебания стока Р. Волги и уровня Каспийского моря. Труды комиссии по комплексному изучению Каспийского моря, X, 1940, стр. 52.

Зайков Б. Д. Многолетние колебания стока верхней Камы. Там же XIII, 1940, стр. 55.

Зайков Б. Д. Водный баланс Каспийского моря.《Материалы по водному балансу Каспийского моря》. Труды комиссии по изуч. Касп. моря, XII, 1941, стр. 7—17.

Зайков Б. Д. Водный баланс Каспийского моря в связи с причинами понижения его уровня. Л., 1946, 50 стр., изд.

Гидрол. инст. (Труды научноисследов. учрежд. Глав. упр. гидрометеор. службы сер. IV, гидрология суши, вьш. 38) Заключает новейшие данные, но не могло быть использовано.

Pettersson O. Climatic variations in historic and pre-historic times. Svenska hydrogr. Kommiss. Skrifter, V, Göteborg, 1914, p. 28, folio.

第四章 论干燥的冰后期

现在有一种十分流行的意见，认为从最后一次冰川作用终结以来直到现在降水量都在逐渐减少。但是，这种看法是不对的。许多事实越来越使我们相信，在最后一次冰川开始退缩与现代时期之间的时间间隔内，至少有过一个气候比现在干燥而温暖的时期①。

植物学家把这个时期称为干热期，而我们则将其称为荒漠-草原期或干燥期。那时，森林草原至少向北推进到列宁格勒州和沃洛格达州。位置较南的地带——草原地带和荒漠地带也相应地北移。

这种看法如果正确的话（我们深信是正确的），那就是说，历史时代的气候比前一时代要湿润而凉爽。

许多证据都表明在冰后期存在干燥期。这些证明是：

1）在历史时代观察到森林地带向南移动，这表现为森林向草

---

① 关于这个问题，请比较下列著作：Е. М. Лавренко. История Флоры и растительности СССР.《Растительность СССР》, I, 1938, стр. 267—274.—《Die Veränderungen des Klimas seit dem Maximum der letzten Eiszeit》. Eine Sammlung von Berichten, herausgegeben von dem Exekutivkomitee des XI internationalen Geologen-kongresses Stockholm, 1910, LVIII +459 pp. —Die Klimaveränderungen in Deutschland seit der letzten Eiszeit. Zeitschrift der deutsch. geolog Gesell., LXII; 1910, pp. 97—304. —H. Ganis und R. Nordhagen. Postglaziale Klimaänderungen und Erdkrustenbewegungen in Mitteleuropa. Mitteil. geogr. Gesell. München, XVI. № 2, 1923, pp. 13—336.

原推进。关于这一现象，在第二章中已作过详细论述。

2)植物类型的演替，这可以通过对泥炭沼泽的研究看出（参看下面）。

3)动物类型的演替。

4)成土过程性质的变化；在较湿地带的土壤下发现较干地带的土壤痕迹。关于这一点，请参看下面论述黄土的一章。

5)荒漠形成的时间。正如第二章所详细论述的，现代的气候有利于沙地的固定；而大面积流沙形成的时间应当是在过去比较干燥的时期。

6)若干地貌形态（参看下面第五章）。

现在，我们来谈谈在芬兰冰后期出现的植物类型和动物类型的演替。应当预先指出，在距今1万年的时间，冰川边缘从萨尔保冰碛岭的内碛退缩，人们把这个时间作为芬兰冰后期的开始。下面引用的表说明了冰后期波罗的海沿岸地区和东欧北部及中部部分地区的气候变动和植物演替的顺序①。

① 资料来源为：К. К. Марков. Бюлл. Информ. бюро ассоциации по изучению четверт. периода Европы, № 3—4, 1932. —К. К. Марков. Позднеи послеледниковая история окрестностей Ленинграда на фоне поздне и послеледниковой истории Балтики. Труды Ком. по изуч. четвертич. периода, IV, вып. 1, 1933, стр. 45—46. —А. М. Жирмунский. Изв. Гл. геолого-развед. упр., 1930, № 6. —В. С. Доктуровский. Торфяные болота, 2-е изд. М., 1935, стр. 204—205. —Г. И. Ануфриев. Строение болот Ленинградского района. Труды Торф. инст., IX, М., 1931, стр. 41—125. —И. П. Герасимов и К. К. Марков. Ледниковый период на территории СССР. Труды Инст. геогр. Академии наук СССР, XXXIII, 1939, стр. 15—164. —М. И. Нейштадт. Роль торфяных отложений в восстановлении истории ландшафтов СССР. Проблемы физ. геогр., VIII (1939, 1940, табл. при стр. 52. —Н. Я. Кац. Болота и торфяники. М., 1941, стр. 346—347, 370, 374—376.

冰川退缩阶段	波罗的海历　　史	1900 年前的绝对年代	气候演变	气候和植被的性质
冰后期	海螂期（Mya）	0 —1 000 —2 000	亚大西洋期	气候比前一时期寒冷湿润。森林向草原推移，冻原向泰加森推移。云杉渗入栎林；森林草原内形成泥炭沼泽；森林带内分布泥炭沼泽；在分水岭的泥炭沼泽内形成厚 1—3 米的泥炭层。欧菱（Trapa natans）绝灭。湖泊水位升高。
	椎实螺期（Limnaea）	—3 000	亚北方期	气候干燥，有少量降水，温暖。泥炭沼泽大大变干涸，其中出现“边界层”，证明泥炭沼泽长有松林和桦树林，在边界层内可看到它们的树桩。海岸形成沙丘，湖泊变干。瑞典已进入青铜时代。拉多加水道有史前人。
	滨螺期（Littorina）	—4 000 —5 000 —6 000	大西洋期	气候温和、温暖而湿润。栎林广泛分布，其中杂有椴榆和榛。云杉开始再次分布，西方分布的是山毛榉；欧菱远远向北扩展。泥炭藓沼泽强烈发育。
	刀蚌二期（Yoldia）	—7 000	过渡期	气候暖而干。松林广泛分布；出现栎、椴、榆和桤木，云杉数量减少。开始形成大的泥炭沼泽。
晚冰期		—8 000	北方期	
	冰川湖二　期	—9 000 —10 000	气候开始转暖	气候一般寒冷，但稍微变暖，涅瓦河流域出现阔叶树种和榛的个别花粉粒。云杉在北方广泛分布。桦树占绝对多数。
			亚北极期	气候寒冷。云杉很多。莫斯科州开始形成泥炭沼泽。
	刀蚌一期（Yoldia） 波罗的海冰川湖期	—11 000 —12 000 —13 000	北极期	气候寒冷。出现柳树丛，后来出现桦林和松林，涅瓦河流域出现纹泥，并有北极植物群仙女木（Dryas octopetala）、矮北极桦（Betula nana）、极地柳（Salix palaris）、水毛茛（Rannunculus aguatilis）和很多苔藓植物；例如普希金城附近的托尔波洛夫沼泽。

从表中可以看出，冰后期，即大约在 3 000—9 000 年以前，东欧的气候比较温暖，而且在北方期和亚北方期气候干燥，但在介于它们之间的大西洋期内气候又趋于湿润。

不过应当指出，上述各时期的气候特征还没有完全查明。例如，K. K. 马尔科夫[①]就不同意把波罗的海沿岸地区的亚北方期划为单独的时期。按照他的意见，这个时期不是干燥期。同他的意见相反，Ю. Д. 克列奥波夫坚持认为东欧地域存在第二个干燥期[②]。

但是，不管怎样，下述的事实证明，在冰后期的一定阶段内，北方的气候比现在温暖而干燥。

现在来探讨最后一次干燥期（干燥期）对植物界的影响。同时，要预先说明，现在要把北方干燥期的影响同亚北方期的影响区分开是不可能的[③]。

边界层 B. H. 苏卡乔夫在卡累利地峡的舒瓦洛夫泥炭沼泽的泥炭层内发现了所谓的边界层，它是比较干燥的气候的证据，在这种气候条件下泥炭开始分解，沼泽变干，在这里开始生长木本植物。在舒瓦洛夫泥炭沼泽的边界层内发现了松树的树桩和树干，

---

① Герасимов и Марков, 1939, стр. 164; 1941, стр. 22—23.

② Ю. Д. Клеопов. Основные черты развития флоры широколиственных лесов европейской части СССР, Материалы по истории флоры и растительности СССР, I, Л., 1941, изд. Акадеимии наук СССР, стр. 231—233. 土壤资料表明，乌克兰森林草原地区有两个森林推进期：一个在大西洋期，另一个在亚大西洋期；在干燥的亚北方期，森林向北方退缩。

③ Е. М. Лавренко (История, флоры и растительности СССР, в《Растительность СССР》, I, 1938, стр. 288)认为，苏联欧洲部分冰后期的前半期大概比后半期干燥，而且正是在这时，即在北方期，这里的草原植物向北扩展。

根据种种情况判断，松树生长得几乎和现在干旱地方上一样好。后来，气候又开始变湿，同时作为其结果，泥炭又开始增长[1]。边界层形成的时间在滨螺期末[2]或在亚北方期。

除了舒瓦洛夫泥炭沼泽外，在卡累利地峡的其他地方也发现有边界层。后来在斯维里河，再后来在加里宁州利霍斯拉夫尔、白俄罗斯、苏联欧洲部分中部地区[3]，以及在瑞典、德国、瑞士[4]都发现了边界层。

在山区现代树木线以上常常发现枯死木。这一情况证明从前某个时候这里的气候条件较好，使木本植物在山地分布的位置比现在高。树木遗体保存完好，说明气候是在不久以前即在历史时代发生变化的。这里，我们举几个例子。

在科拉半岛的希比内山，松树在南坡形成矮曲林，一直分布到冻原带。值得注意的是，矮曲林地带内"有时出现一些早已枯死干透的老松树干，其体积之大，形状之正常，令人惊讶。"[5]

许多旅行家在北乌拉尔山森林植被的现代界线以上发现了大树的残体。例如，M. 科瓦利斯基提到北纬 66°40′附近的白桦林残

① В. Н. Сукачев. О пограничном горизонте торфяников в связи с вопросом о колебании климата в послеледниковое время.《Почвоведение》, 1914, № 1—2, стр. 47—75. 这篇文章还对关于德国和瑞典泥炭沼泽中边界层的文献作了分析。

② Сукачев. L. c., стр. 72—73.

③ М. И. Пейштадт. Проблемы физ. геогр., VIII(1939), 1940, стр. 28 и рис. 13. См. также В. С. Доктуровский. Дневн. съезда ботаников, II, 1924, № 4. —Н. Я. Кац. Болота и торфяники. М., 1941, стр. 344—350.

④ Gams und Nordhagen, I. c.

⑤ Г. Ануфриев. О болотах Кольского полуострова. Пгр., 1922, стр. 9 (изд. Географ. инст.).

体,那里如今是一片光秃的冻原[①]。E. C. 费多罗夫于 1884 和 1885 年考察过北乌拉尔山。他写道:“在小维舍拉河源头地方的稀疏桦木林中,即在森林植被分布的界线上,我们看到不少倒在地上的腐木,而且有一棵大的雪松。同时,在莫列布卡缅山山麓,而且也是在稀疏的桦木林中,我们也发现了这样大的干枯雪松。看来,在过去几十年中,这些地方的气候变得更冷,或者至少是大树经受不住的寒冷。”[②]然而,应当考虑到树木的枯死并不是 E. C. 费多罗夫到该地前的近几十年的事情,而是亚大西洋期气温普遍降低(即大约在 2 000 年前开始的气温降低)的结果。

在阿尔泰也有类似的情况。列杰布尔在其阿尔泰游记(1830)中提到,乌尔宾山脉的克列斯托夫山的现代森林界线大约在1 700 米高度,而枯立木分布的高度还要高出 200 米。在楚雷什曼河上游无林的楚雷什曼台原(2 400米)上,П. Г. 伊格纳托夫于 1901 年在其中一些地方看到若干群根部干枯的高大落叶松,这是过去的丛林的遗迹。现在,在该台原上生长着矮北极桦丛及其他灌丛,而且森林植被的界线要低得多[③]。

在彼得大帝山脉欣戈布河源头 3 600 米高度上,里克默斯在现在仅仅生长着矮灌木状刺柏(Juniperus)的地方看到了粗大的

---

① М. Ковальский. Северный Урал и береговой хребет Пай-Хой. I, СПб., 1853, стр. XXX (наблюдения 1847 и 1848 гг.). “在伯朝拉与乌拉尔山脉之间的整个地域内,以及在乌拉尔山脉以东到鄂毕河的地方,森林消失,其分布范围未达到北纬 67°”。

② Е. С. Федоров. Сведения о северном Урале. Изв. Геогр. сбщ., XXII, 1886, стр. 265.

③ П. Г. Игнатов. Изв. Геогр. общ., XXXVIII, 1902, стр. 197.

枯死树干①。

在阿尔卑斯山脉也有同样的现象。E. 布吕克纳查明，那里许多地方树木分布的上限降低了 150 多米。他认为，气候的普遍恶化是造成这种现象的原因②。

关于动植物区系的其他资料，帕乔斯基在赫尔松草原因古列茨河、因古尔河和布格河沿岸发现了半荒漠所特有的一系列残遗植物。例如，驼绒藜（Eurofia ceratoides）便是这样的植物。它是典型的半荒漠灌木，分布于亚洲和欧洲东南部，也生长于多布罗加、匈牙利和西班牙东部。此外，还有高加索锦鸡儿（Caragana glandiflora, Ferula caspica）等也是这样的植物。所有这些植物都是赫尔松草原当时是半荒漠（类似于现在的卡尔梅茨半荒漠）时的残遗物。在这里，干燥的冰后期气候为比较湿润的现代气候所代替③。

在该干燥期内，乌克兰南部半荒漠中生活着 И. П. 霍缅科所描述的来自南布格河谷地（在特洛伊茨基站附近）泥炭沼泽的动物群。在这里的许多软体动物化石中间，同时发现有下述哺乳类动物骨骸：东方型马（Equus Khmenkoi Brauner）、原始牛（Bos Primigenius）、赤鹿（Cervus Elaphus）④和双峰驼（Camelus Bactria-

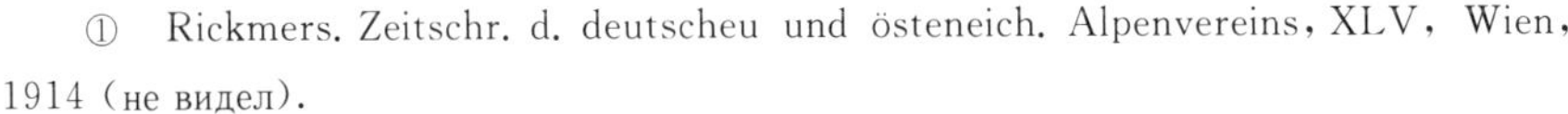

① Rickmers. Zeitschr. d. deutscheu und östeneich. Alpenvereins, XLV, Wien, 1914 (не видел).

② W. Köppen und A. Wegener. Die Klimate der geologischen Vorzeit. Berlin, 1924, p. 246（布吕克纳教授本人的报道）.

③ И. К. Пачоский. Описание Херсонской губернии. П. Степи. Херсон, 1917, стр. 325 и сл.

④ 我们要指出，在塔吉克阿姆河沿岸的土加伊森林中，常常有赤鹿组的鹿 Cervus elaphus bactrinus（布哈拉赤鹿）。它们有时也出现在克孜勒库姆沙漠的梭梭丛林中。

nus)。霍缅科认为布格泥炭沼泽形成的时间是冰后期；它相当于黄土上层沉积期，也相当于黑海溺谷形成和它们脱离该海之间的时期①。

在干燥的冰后期，森林草原可能伸展到芬兰湾沿岸。例如，这可以根据在北达卢加河，甚至达涅瓦河的地方发现有森林草原植被来判断。例如，六瓣合叶子(Filipendula hexapetala)、沙生蜡菊(Helichrysum arenarium)及岩风(Libanotis montana)便是这样的植物②。

苏联欧洲部分泰加林带的很多地方都有草原植物，例如沟叶羊茅向北一直分布到舍克斯纳河、莫洛加河和卢加河区。在北德维纳河两岸的石灰岩和石膏地区发现了下列草原植物：大花银莲花(Anemone silvestris)、丹麦黄芪(Astragalus danicus)、高飞燕草(Delphininm elatum)、奥地利鸦葱(Scorzonera austriaca)、原千里光(Senecio campester)、亚欧唐松草(Thalicfrum minns)③。

在莫斯科州，沿奥卡河可以见到残遗的草原植物(如针茅)，同时还发现有极为罕见的草原(Cullumanobombus serrisquama)④。

外乌拉尔卡梅什洛夫地区各淡水湖的湖底沉积物(腐泥)表层含有现代淡水类型的硅藻，而底层则以微咸水的硅藻占优势，后者

① И. П. Хоменко. Гео огическое описание торфяника с. Троицкого на р. Ю. Буге. Журнал научно-исслед. кафедр в Одессе, I, № 2, 1923.

② Ю. Д. Цинзерлинг. Труды Геоморф. внет., IV, 1932, стр. 293.

③ Е. М. Лавренко. История флоры и растительности СССР. 《Растительность СССР》, I, 1938, стр. 271—272. См. также: Л. С. Берг. Физико-географические (ландшафтные) зоны СССР, I, 1936, стр. 167.

④ А. С. Скориков. Труды Зоол. инст., IV, Вып, 1, 1936 стр. 38.

说明这些湖泊过去曾受到盐化。B. C. 舍舒科娃认为那时湖中盐分浓度高同湖泊底层腐泥沉积时气候比较干燥温暖有关[①]。

勒拿河中游雅库特泰加林境内令人注目的草原植物群落是干热期的遗留物[②]。我们在这里发现了针茅、落草(Koeleria gracilis)、谢氏燕麦(Arena schelliana)、勿忘草(Myosotis Silvatica)等。上述植物(除针茅外)都向北扩展得很远。

此外,在勒拿河中游和维柳伊河沿岸的草原环境以及森林环境内,有雅库特黄鼠(Citellus parryi jacutenisis)。其相近的类型C. Parrryi leucosticus (或 C. buxton)还深入到冻原中。山地冻原中分布有黑帽旱獭(Marmota camfschatica bungei)。

在阿拉斯加冻原的第四沉积层中发现骆驼(Camelus arctoamericanus)的化石,而在新西伯利亚群岛上则发现虎的头骨[③]。

这些动物是半荒漠(骆驼)和更南地方(虎,但现在有时也达到雅库茨克)所特有的,它们显然是在干热期远远深入到北方的。

这里,我们再举一个关于无脊椎动物的例子。Sphingonotus是蝗总科(Aeridoidea)的典型的荒漠属。中亚细亚有许多种蝗虫。青翅束颈蝗(Sphingonotus coerulans)分布在斋桑和穆戈贾雷山地区,但它在若干孤立地点则远远北飞,一直达到瑞典。这说

① В. С. Шешукова. К истории водоемов Зауралья. Докл. Академии наук СССР, LI, 1946, № 3, стр. 222.

② В. И. 苏卡乔夫在 1922 年的《气象通报》中曾指出这一点。

③ Л. С. Берг. Физико-географические (ландшафтные) зоны СССР, I, 1936, стр. 87, 238.

明在过去某一时间北纬60°附近气候比较干燥[①]。

阿尔卑斯山脉。最后，我们引用一些关于阿尔卑斯山（及其毗连地区）居民点的资料，以说明那里过去某一时期占优势的气候较为温暖、干燥。

在水上建筑[②]时代，阿尔卑斯山脉各湖泊的水位比现在低，气候较暖，而且显然较干燥。例如，根据Ф.福雷尔的资料，日内瓦湖畔摩尔日附近石器时代的水上建筑的位置，比现代的平均湖面低0.8—1.6米，而青铜时代的水上建筑（距现今日内瓦湖岸120米）则比石器时代平均湖面低1—3米[③]。可见，湖泊水位从那时起升高了。

在水上建筑时代（从石器时代末期到哈尔施塔特期[④]），博登湖的水位也比现在低。博登湖沿岸分布有泥炭沼泽，位置比现在的湖平面低3米；其中还发现有青铜时代的遗物。在水上建筑时代，博登湖的气温应当比现在高；当时这里存在欧菱（Trapa），以栎属占优势，耕作业很发达，便是证明。在古罗马时代，特别是在公元一世纪时，博登湖的水位并不比现在高[⑤]。

四千年前，维尔姆湖或施塔恩贝克湖（慕尼黑西南）的水位，根

① Б. П. Уваров. Саранчевые Средней Азии. Ташкент, 1927, стр. 34, изд. Узбекистанск. опыт. станции защиты растений.

② 或称“湖上居址”。古代文献上称这类建筑为“干栏”式建筑。——校者

③ Gams und Nordhagen. L. C., 1923, p. 202.

④ 为铁器时代早期中欧南部部落文化期，时间大致在公元前1000—前500年，由哈尔施塔特古墓而得名。该古墓位于奥地利西南部索尔兹伯格的哈尔施塔特城（Hellstatt）附近，在铁器时代初期即已开采的大铁矿旁边。——校者

⑤ Gams und Nordhagen. L. c., 186—187.

据水上建筑时代的资料来看，至少比现在的水位低2米。

这里再补充一点：欧洲中部的青铜时代在公元前2000—前1500年[①]。

上面引用的例子涉及地理方面的各种要素，即气候、地貌[②]、土壤、植被。这种例子的数量，还可以大大增加。所有这些例子都证明在现今比较湿润的时期之前，是比较干燥而温暖的时期，那时在冻原地区内生长森林，草原远远深入到现今草原地带的腹地，但现在的半荒漠却具有荒漠的面貌。总之，现在发生了地理地带南移的现象；冻原现在正向森林地带推进；森林向森林草原推进；森林草原向草原推进；草原向半荒漠推进；半荒漠向荒漠推进。

总之，可以用许多证据来说明下述观点：在历史时代发生了气候变湿的情况。

① S. Müller, Drgeschichte Europas, Strassburg, 1905, табл. при, стр. 54.

② 请参看第五章。

第五章　干燥冰后期以来的地貌变化[①]

彭克在一篇就气候地带移动论地貌形态的著作中提出了下述有趣的看法[②]。

在南北半球每个现代的干燥气候带中都可以区别出极地界线和赤道界线。如果我们注意一下干燥气候带赤道界线一侧的闭口(非排水)湖，便会发现，它们往往是淡水湖或微咸水湖；这就说明，这里从前曾经是干旱的盆地，后来才蓄满水，但湖水还来不及盐化。这一情况表明，气候在向更湿润的方面变化。如北半球干燥气候带赤道界线一侧的乍得湖、南半球干燥气候带赤道界线一侧的的的喀喀湖、波波湖[③]及埃托沙盐沼(西南非洲)就是这样的湖泊。

相反，在干燥气候带的极地界线一侧，我们看到的完全是另一

---

① 最初发表于:《土壤学》(Почвоведение)，1913，№ 4，стр. 1—26；标题为《论冰后期气候地带的移动问题》(К вопросу о смещениях климатических зон в послеледниковое время)。

② A. Penck. Die Formen der Landoberfläche und Verschiebungen der Klimagürtel. Sitzungsber. Preuss. Akad. Wiss., Berlin, 1913, pp. 77—97.

③ 的的喀喀湖水虽然是流动的，但是微咸的，不过盐度很低(1%)；波波湖接受的的的喀喀湖通过德萨瓜德罗河流入的水，没有径流(即不排水)，其盐度为23.5%。

种现象：这里分布着表明气候变干的极咸水湖，如北美洲美国的大盐湖，前亚细亚的死海、凡湖及乌尔米亚湖。[①] 可见，在赤道界线一侧气候变湿，而在极地界线一侧气候变干。彭克是这样来解释这种现象的：在现代时期（冰后期），北半球干燥气候带逐渐向北移动，即其北界向气候较为湿润的地区推进（由此出现湖泊干涸和盐化现象），而其南界也向北移动，让位给它南边的更湿润的地带；因此，便出现干旱盆地蓄水及湖泊淡化现象。

彭克说道，如果上述看法是对的，则由此可以得出结论：在冰川时期，情况恰恰相反，北半球的干燥气候带南移，而南半球的干燥气候带北移。所以，在冰期，干燥带依然存在，只是离赤道近3°—5°罢了。

然而，对亚洲干燥带湖泊分布情况的研究，使我得出了另一个结论。首先，我们来看看彭克提供的两个例子。

关于北美干燥带的南界，彭克说道：在北纬20°附近的墨西哥高原上，我们看到一些盆地，其中有些为淡水湖，这些湖泊有径流与中度咸水的闭口湖相通，同时这些咸水湖似乎也能随时接受径流。有些湖泊是活水湖，如查帕拉湖就与里奥格兰德圣地亚哥河[②]相通。彭克由此得出结论：由于湿润地带向原来干燥的地区移动，使这里无水的盆地蓄积起水。

乍得湖位于撒哈拉沙漠的南缘，是淡水湖。其湖岸形状证明[③]其所在地方从前是一个分布有自西北向东南延伸的垅岗沙地

① 或译“乌尔米耶湖”，在伊朗西北部。——校者

② 我国地图上一般译为“格兰德河”。——校者

③ A. Penck, l. c., pp. 85—86.

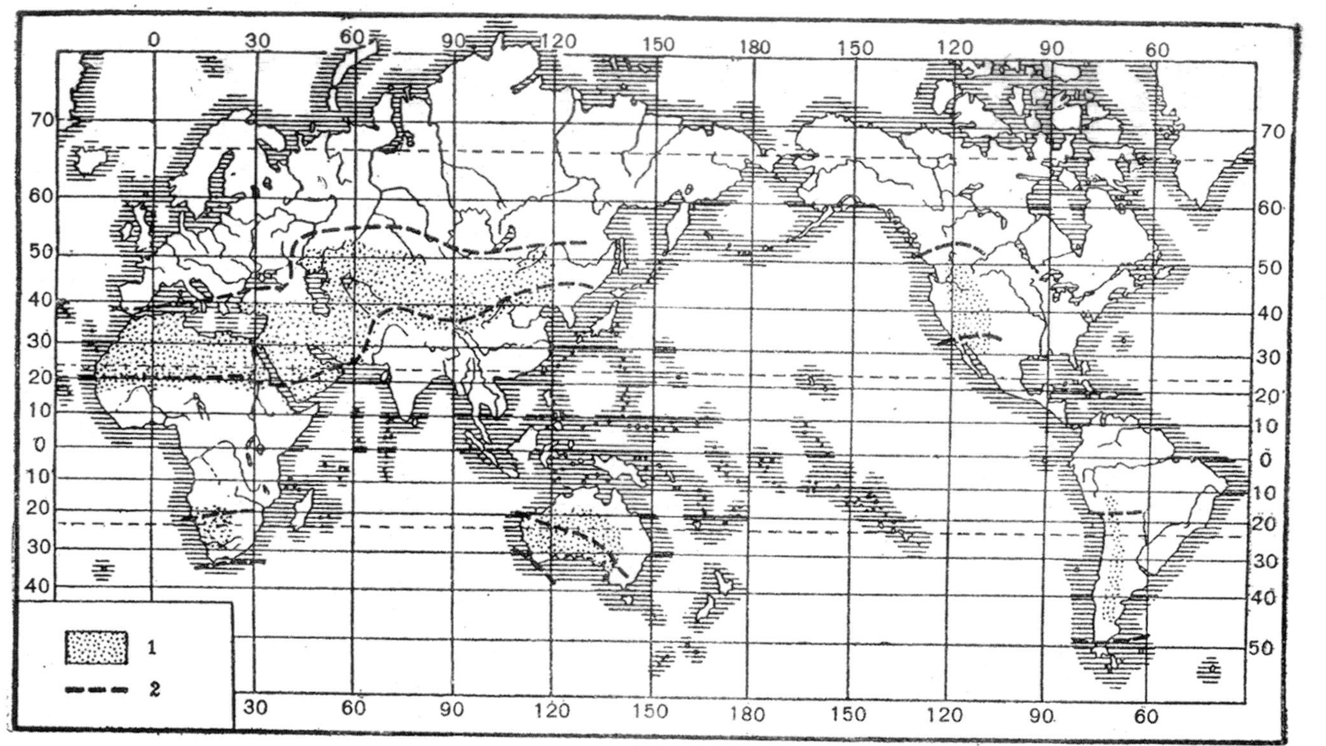

从彭克观点看干燥地带的移动(略图)

1——现代干燥地带,2——由于现在发生的气候变化,干燥地带应当具有的推测界线

的盆地。“乍得湖是处于形成时期的湖泊，它位于一个大盆地的底部〔彭克按美国作者的惯例，把这个封闭盆地叫做 bolson（荒漠封闭盆地）〕。这种盆地仅部分地方有水，而且干旱年份水量减少，湿润年份水量增加”；彭克说道：这里我们遇到的是气候向湿润方面变化的情况。

无论关于墨西哥湖和关于乍得湖，我们都完全同意这个结论。但是，应该指出，在亚洲干燥地带北缘，我们观察到完全相同的现象：就是在这里，湿润地带现在（从地质上来看）也向干燥地带推移。

类似乍得湖的是苏联的查内湖。它位于亚洲干燥地带北缘附近即北纬 55°的巴拉巴草原上，面积约3 000平方公里，深达 7 米。这个闭口湖的水是淡的，只有南部的水略带咸味。只要看一看湖泊图，便可得出结论，查内湖占据的盆地不久前还是一片水域：具有自东北向西南延伸的狭长半岛及湖湾的曲折湖岸的形状，清楚地说明了这一点；这些半岛是半淹的缓坡长岗（грива），湖湾是缓坡长岗间被淹没的低洼地。在西西伯利亚，人们将这里平原地形中极其典型的长而平缓的长丘（увал）称为缓坡长岗。它们一般自东北向西南伸展，长达数十（10—20）公里，宽几百米至 2—2.5 公里不等，但高度仅仅比邻近的缓坡长岗间洼地高 6—10—15 米。查内群岛及查内半岛清楚地证明，这是一些半淹的缓坡长岗。

在查内湖东北、西西伯利亚铁路线附近，为乌宾斯科耶湖。它的位置虽然靠近干燥地带，但不在干燥地带内，而已经是在湿润地带内，与称为瓦休甘的大沼泽地区相毗邻。然而，一切情况说明，仅在不久以前（从地质上看），乌宾斯科耶湖盆地还是位于干燥气候地带内的。该湖面积约为600平方公里，深1—2米，湖面绝对

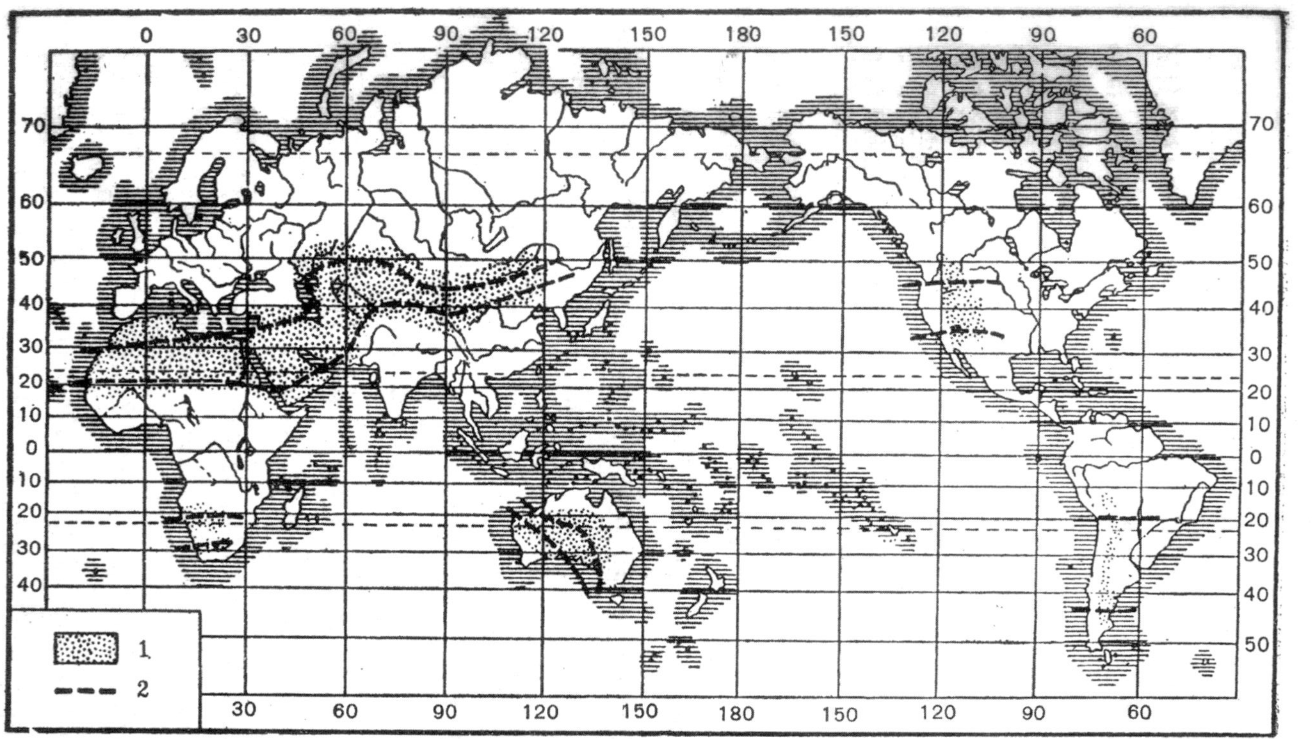

从本书作者观点看现代时期发生的干燥地带界线的变化（略图）

1——现代干燥地带，2——由于现在发生的气候变化，干燥地带应当具有的推测界线

高度为132米。它通过从其西部流出的乌宾卡河与鄂木河河系相连接，是淡水湖。然而，值得注意的是，它的湖底有一水下平缓长岗，它是沿卡尔加特河（注入查内湖的河流）右岸延伸的卡尔加特缓坡长岗的延续部分。[①] 所以，乌宾斯科耶湖早些时候无疑是一个干旱盆地。根据种种迹象来看，乌宾斯科耶湖与额尔齐斯河水系相通，完全是不久以前（从地质上看）发生的。

巴尔喀什湖是我们的研究中最值得注意的湖泊之一。它的西半部完全是淡水。1903年夏天，我们在那里逗留的一个半月中，曾饮用它的水。我们曾把它的水样送到克里斯蒂安尼亚（奥斯陆）国际海洋研究委员会化学实验室去化验，结果表明完全是淡水。为解释这一“地理上的反常现象”，我早在1904年就曾提出一个假设：“现在的巴尔喀什湖是比较年轻的湖泊：其湖盆从前是干的；随着时间的推移，以前沉积在湖底的盐类逐渐被地表沉积物所覆盖，后来这个盆地又重新积满水。”[②]

对上述假设可能会提出这样的反驳：巴尔喀什湖不久前还是活水湖，还来不及变成咸水湖。可是，高程测量资料未能证实这一

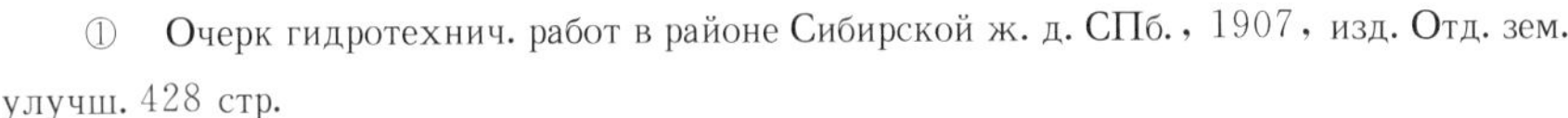

① Очерк гидротехнич. работ в районе Сибирской ж. д. СПб., 1907, изд. Отд. зем. улучш. 428 стр.

② Л. С. Берг. Об исследовании озера Балхаш летом 1903 года. Изв. Русск. Геогр. общ., XL, 1904, стр. 594. 拉塞尔对美国非排水的第四纪拉洪坦湖和吉尔伯特对同一性质的第四纪邦纳维尔湖盐度很小也提出了这样的解释（I. C. Russell. Geologic history of Lake Lahontan, a quaternary lake of Northwestern Nevada. U. S. Geol. Survey, Monographs, Washington, XI, 1885, pp. 223—230. G. K. Gilbert. Lake Bonneville. Там же, 1, 1890, pp. 208—209）。拉塞尔在许多湖泊中观察到“通过干涸淡化的现象：微咸湖干涸时，其底部的盐类沉积物在雨季被粘土沉积物所覆盖。随着气候变湿，盆地中便蓄积起淡水。人们对东非非排水的奈瓦沙湖（在肯尼亚山以西，南纬1°附近）为淡水湖也是这样解释的，该湖曾两次干涸，又两次蓄水。

点。有资料表明，在多水的春汛期（19 世纪初该地区水量丰沛），从萨瑟克湖（Сасык-куль）[①]有水流注入巴尔喀什湖[②]。萨瑟克湖的绝对高度为 347 米，巴尔喀什湖的绝对高度为 340 米。

其次，值得注意的是，闭口的阿拉湖的水是微咸的，尽管它周围地方广泛分布着盐土。

在西西伯利亚森林草原地区，闭口湖星罗棋布，其中有淡水湖，也有咸水湖〔在咸水湖中还有自流盐湖（самосадочное озеро）〕；而且值得注意的是，淡水湖都不大，大的一般都是微咸湖。在我们看来，这是不难解释的：小盆地中的湖泊在以前的干燥时期容易干涸，其沉积物容易被地表沉积物所覆盖；在现代气候比较湿润的时期，这些盆地便变成淡水湖。相反，位于广深盆地中的湖泊就不那么容易失去其蓄积的盐类，于是便成了咸水湖，通常是微咸湖，有时是自流盐湖。

这里，可以举一些高程测量资料来加以说明。位于原彼得罗巴甫洛夫斯克县（伊希姆河以东，北纬 54°）内的小淡水湖恰格拉湖，其绝对高度为 137 米，而周围草原的分水点的绝对高度为 151 米，即总共高出 14 米。可是，原鄂木斯克县内的大盐湖克孜勒卡克湖的绝对高度为 47 米，而该湖与谢列特田吉兹湖之间的草原的绝对高度为 135 米，即高出 88 米。谢列特田吉兹湖的湖面绝对高度为 70 米。[③]

在闭口淡水湖中，我们可以指出昌达克湖。它位于鄂木斯克西南 120

① 或译为“萨瑟克库尔湖”。但该湖现称“Сасыкколь”，译为“萨瑟科尔湖”。实际上“куль”和“коль”均为“湖泊”之意，因此译为“萨瑟克湖”。——校者

② П. Румянцев. Лепсинский уезд. Изд. Переселенч. упр.，вып. 1，СПб.，1911，стр. 57.——贾拉纳什湖春季（根据 1909 年的资料）有水流注入阿拉湖。

③ Очерк гидротехнич. работ в районе Сиб. ж. д.，1907，стр. 8，18—19.

公里的铁克湖与乌尔肯卡罗伊湖之间，方圆3公里多。在该地区（鄂木斯克与阿克莫林斯克之间），这样的淡水湖很多，大大多过咸水湖。[①]

在《西伯利亚铁路区水利工程概况》一书中附有图尔盖州原阿克纠宾斯克县地图（比例尺为1英寸等于40俄里）。我在该图上查出了53个闭口咸水湖和67个闭口淡水湖（地图上淡水湖与咸水湖分别用不同颜色表示），大部分湖泊又小（不到8—10平方公里）又浅。

在与阿克纠宾斯克相邻的阿克莫林斯克州中原彼得罗巴甫洛夫斯克县，有25个闭口咸水湖，90个闭口淡水湖。

原阿克莫林斯克县内也有大量的闭口淡水湖。[②]

原托博尔斯克省伊希姆县内闭口淡水湖更多。这些地区的特点是降水量相当大；伊希姆的年降水量大于400毫米。在这种情况下，这里存在大量封闭盆地的现象，是不太好理解的。如彭克所阐明的那样，存在盆地的现象在荒漠地区十分典型，它们易于在那里保存下来，而不为流水带来的沉积物所填平。[③] 不过，原伊希姆县的盆地是一种残留现象，是较干旱年代的遗迹。

也许有人会提出不同的看法：西西伯利亚，尤其是森林草原地带北部的大部分闭口淡水湖，仅在不久以前还有径流注入邻近的盆地（现在为盐湖所占据），所以它们具有淡水性质。的确，我们有许多证据证明某些淡水湖在几十年长的高水位时期（即所谓的布吕克纳周期）具有径流。例如，A.考夫曼[④]在论述原伊希姆县湖泊的文章中就提到过这一点；皮

① П. Игнатов. Тенизо-Кургальджинский озерный бассейн. Изв. Русск. геогр. общ., XXXVI, 1900, 434 стр. —См. также Л. Берг и П. Игнатов. Соленые озера Селеты-денгиз, Теке и Кызыл-как Омского уезда. Зап. Зап.-сиб. отд. геогр. общ., XXVIII, 1901, стр. 29.

② А. А. Козырев. Гидрогеологическое описание южной части Акмолинской области. СПб., 1911 (изд. Отд. зем. улучш.), стр. 116 и сл., также карта.

③ Penck. Morphologie der Erdoberfläche, II, 1894, p. 224.

④ А. Кауфман. Экономический быт госуд. крестьян Ишимского окр. Тобол. губ., ч. I. Матер. для изуч. эконом. быта госуд. крестьян и инородцев Зап. Сибири вып. III, СПб., 1899, стр. 5—7.

奥特罗夫斯基[①]在谈到原科克切塔夫县的湖泊时，戈尔佳金[②]在谈到原阿克莫林斯克县（蒙恰克特附近）的阿库尔湖时，也提到过这一点；同样，《西西伯利亚铁路区水利工程概况》一书的作者在谈到萨尔特兰湖时[③]以及在谈到原彼得罗巴甫洛夫斯克县科丘拜—切尔卡尔湖时[④]都提到过这一点。然而，根据这些湖泊没有径流的资料来谈论气候趋向大气湿度降低是不对的，因为在大气降水丰富的年份，这些湖泊获得径流，而其中一些（浅的）在以前的干旱时期就已完全干涸了的湖泊则重新蓄满水；干旱年份的情况正相反：湖泊没有径流，逐渐变咸，一些湖泊则完全干涸，长满藨草；降水量稀少时期及降水量充沛时期总计不到几十年，因此我们这里所涉及的仅仅是布吕克纳周期。而现在我们感兴趣的是以比这大得多的年数计的气候变迁。

虽然如此，也可能有人不同意我们的见解，认为西西伯利亚森林草原地带及草原地带存在闭口淡水湖与气候大幅度（“地质上的”幅度）变动毫无关系：这往往不过是高差造成的结果，即淡水湖与咸水湖的位置往往彼此相邻，而且淡水湖位于比咸水湖高的地方，从而表明了径流可能具有的（在过去和将来）方向。

我们在注意到这种看法的同时，还是应该从前面已经提到的更广泛的观点来研究所记述的现象：在夏季降水量很大的地区（西西伯利亚森林草原地带北部便是这样的地区，如原伊希姆县夏季

① В. Пиотровский. Экспедиция П. Г. Игнатова в Кокчетавский уезд Акмолинской области летом 1902 г.《Землеведение》. № 1—2, стр. 97—98 (оз. Копа), стр. 103 (М. Чебачье, Б. Чебачье), стр. 111 (оз. Джукей).

② А. Гордягин. Материалы для познания почв и растительности Западной Сибири. Труды Казан. общ. ест., XXXIV, 1909, стр. 26; см. также стр. 33.

③ СПб., 1907, стр. 426.

④ Там же, стр. 127.

降水量为200多毫米)存在大量湖泊,从现代气候的观点看,是一种不正常的现象,因为流水的作用总是使一个地区的地形具有同样的比降。反之,如果我们把盆地地形看做干旱时期的遗物,那么盆地地形就可以理解了。[①]

根据这种观点,如撇开湖泊盐度及湖面的短期变动不谈,我们用气候明显变湿便容易解释西西伯利亚森林草原地带和草原地带之所以存在大量闭口淡水湖的原因。

说了这段插话之后,我们现在来看几个例子。

现在,咸海所占的面积显然比不久以前大多了;关于这一点可根据以下两点来判断:1)锡尔河和阿姆河河口之间海岸线的形态极为曲折,显然,在这里,咸海占据了不久前还是荒漠的陆地地段;2)在亚纳-苏河河口附近有水下河床。[②]

里海西北岸有许多海湾(伊尔门型湖泊)[③]和岛屿,该海岸的形状清楚地表明,就是在这里里海占据的地方不久前也是陆地。同样,在里海东南岸也可看到海侵现象,如孔申[④]记述过切列肯岛附近的原生沙丘岛(博古鲁利亚尔岛、克雷奇岛、久尔久梅利岛、克孜勒岛等)。这些岛屿高达80米,与最近的大陆海岸上的沙丘完全相似,它们无疑是由海水淹没沙丘地带而成的。关于现代(按地

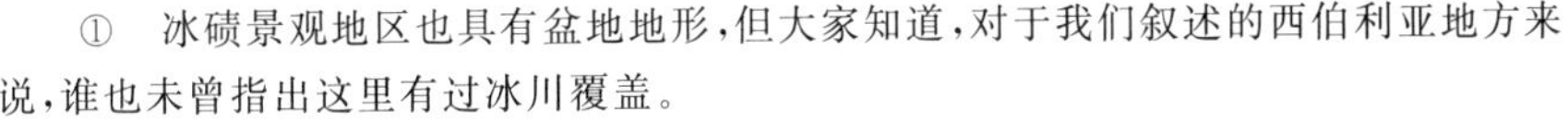

① 冰碛景观地区也具有盆地地形,但大家知道,对于我们叙述的西伯利亚地方来说,谁也未曾指出这里有过冰川覆盖。

② Л. Берг. Аральское море. СПб., 1908, стр. 532 и сл.

③ "伊尔门"(ильмень)为河漫滩或低超河漫滩阶地上无明显湖岸的浅水湖泊,湖中丛生藨草、芦苇和香蒲。——校者

④ А. М. Коншин. Разъяснение вопроса о древнем течении Амударьи. Зап. Геогр. общ. по общ. геогр., XXXIII, № 1, 1897, стр. 242—243, табл. III.

质尺度看）里海水位高这一点，还可以根据下一情况来判断：在伏尔加河河口前距现代三角洲边缘40公里以上的里海海底，分布着贝尔丘（Бэроские бугоры）[①]，而且在丘间低地中发现有含淡水软体动物贝壳的泥炭质沉积物[②]。伏尔加河下游河底相对于里海海面以至滨海底部来说过量下蚀，也可说明这一点[③]。此外，伏尔加河三角洲前方海水等深线的分布情况无疑表明，我们在这里看到的是被淹没的伏尔加河水下三角洲[④]。里海东北部海底的乌拉尔浅沟是乌拉尔河的水下（海底）谷[⑤]。

位于天山中部3 500米高处的闭口湖恰特尔湖[⑥]是淡水湖；据了解，湖的深度不大[⑦]。

可以肯定地说，位于亚美尼亚高原1 925米高度的塞凡湖（或戈克恰湖）仅仅是在最近几千年才变成活水湖的。不久前，当塞凡湖尚处于低水位时期，它不再供水给将它与阿拉克斯河连接起来

① 分布于伏尔加河三角洲及东至恩巴河西至库马河的里海北岸的一种沿纬向延伸的沙垅，主要由砂或粘土组成，高10—25米，长0.5—2公里，因К.М.贝尔（Бэр）院士而得名。——校者

② М. Ф. Розен. Донные осадки северного Каспия в районе волгокаспийского канала. Изв. Центр. гидрометеор. бюро，VIII，1929，стр. 151—152.

③ П. А. Православлев. Каспийские осадки в низовьях р. Волги. Там же，VI，1926，стр. 66—69.

④ 请比较Л.С.贝尔格的地图：Берг. Уровень Каспийского моря за историческое время. Проблемы физ. геогр.，I，1934，стр. 27.

⑤ 所讲的情况与里海大约自1820年以来（特别是19世纪30年代）和现在水位低的情况并不矛盾（关于这一点，请参看：Берг. L. c.，1934）。请参看上面第161—162页的插图。

⑥ 在现在的地图上为“恰特尔克尔湖”（Чатыркёль）。——校者

⑦ П. Богданов. Озеро Чатыр-куль. Изв. Русс. Геогр. общ.，XXXVI，стр. 334，карта.

的赞加河[①]；例如，1891 年就曾有过这种情况[②]。1909 年，拉拉扬茨在塞凡湖东南岸的扎加卢村附近进行发掘，发现一些古坟丘被水淹没，而且墓穴被水淹没 1 米深。由于这些古墓地已有四千年之久，所以由此可知，公元前 2000 年塞凡湖的位置要比现在低得多，因而也没有径流[③]，的确是这样，它的水至今未完全淡化。但在冰期，它的位置当然可能比现在高。在高出现代塞凡湖湖面 4—4.5 米的一些地方发现了阶地，它们可能是属于冰期的。

蒙古西北部的大闭口湖乌布苏湖和吉尔吉斯湖是微咸湖。乌布苏湖的盐度为 11.4%，吉尔吉斯湖的盐度为 2.5%[④]。乌布苏湖西面的闭口湖额勒格湖，水虽有点咸，但仍可饮用。[⑤] 大的哈尔乌苏湖与哈尔湖是排水湖，它们与河流相通，这个特点说明它们是不久前才变成这样的；在不久以前，它们多半是不排水湖。

就亚洲荒漠带南界而言，我们可以举出一个例子来证实彭克关于这里气候变湿的看法。在中国西藏朗钦藏布[⑥]河源附近（和离雅鲁藏布江河源不远处），有两个完全是淡水的和闭口的湖泊：玛旁雍错[⑦]和拉昂错。其中东边的玛旁雍错位于4 602米高度，深达 82 米。在降水量丰富的年份，它有径流注入西边的拉昂错。拉

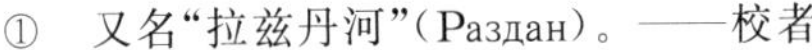

① 又名“拉兹丹河”（Раздан）。——校者

② Е. Марков. Озеро Гочка. Ч. I. СПб.，1911，стр. 174.

③ Е. Лалаянц. Памятн. книжка Эриванской губ. на 1910 год，стр. 269—270.

④ Г. Потанин. Очерки северо-западной Монголии，III，СПб.，1883，стр. 234.

⑤ Г. Потанин，1883，стр. 186.

⑥ “藏布”即“河”的意思。此河即“象泉河”，在印度和巴基斯坦境内叫“萨特莱杰河”（Sutlej）。——校者

⑦ “错”即“湖泊”的意思。——校者

昂错位于4 589米高度；在离该湖西北端 10 公里的地方有朗钦藏布流过。在多水季节，拉昂错可与朗钦藏布相通。在 18 世纪中叶及 19 世纪中叶就曾有过这种情况；1908 年，该湖没有径流。可见，这些湖泊正处在汇入朗钦藏布水系的过程中。

除淡水湖外，沿荒漠地带边缘还分布有自流盐湖，如苏联的巴斯昆恰克湖、埃尔顿湖和美国犹他州的大盐湖即是。这种情况与我们所谈的观点并不矛盾。自流盐湖的存在与当地条件有关，如巴斯昆恰克湖是靠环绕它北半部的二叠纪含盐层得到盐分的①；阿尔及利亚君士坦丁省的盐湖的盐分来自三叠纪和渐新世含盐层②。伊朗乌尔米亚湖的盐分(据阿比赫为 22.28%，1856；据京特为 14.89%，1899)来源于湖盆中富含盐类的第三纪沉积物。

至于被彭克列入亚洲干燥地带极地界线一侧盐湖的土耳其凡湖，其盐度并不大，仅仅为 1.73%(据阿比赫，1856)③，也就是说，它的盐度比彭克作为南美干燥带北界(在这里，湖泊应该淡化)的例子举出的玻利维亚波波湖(23.5%)要小得多。凡湖的水位在历史时期曾显著升高；所以，遗址在凡湖北端的古城埃尔季什(Ercis)，由于凡湖水位升高，曾于 1841 年被淹没④。1898 年到过凡湖的林奇写道："大概从 1895 年开始的最近一次水位定期升高，威胁着自远古时期以来就已存在的一些村落，如位于阿赫拉特和塔特

① П. Православлев. К геологии-окрестностей Баскунчакского озера. Варшава, 1903, стр. 137 (Изв. Варш. унив.).

② J. Blayac. Les chotts de hauts plateaux de l'Est constantinois (Algérie). Origine de leur salure. Bull. Soc. géol. France, (3), XXV, 1897, p. 912.

③ 根据另外的资料为 2.11%(Müller-Simonis, 1892)和 2.25%(Lynch,1901)。

④ Линч. Армения, II, Тифлис, 1910, стр. 38 (гл. III).

万之间的克兹万村。”[①]1898 年，考察过乌尔米亚湖的京特认为，该湖在不久前水位增高，结果形成了一系列岛屿[②]。

总之，我们认为，现在干燥地带正趋于缩小，亦即湿润地带正在扩大。然而，作为北半球湿润地带南界向南移动的最主要的论据的，是历史时期在西欧和西伯利亚观察到森林向草原推进的过程。关于这一点，我们在前面(第 74—86 页)已作过详细叙述。

就非洲来说，从彭克所引用的资料中可以清楚地看到这一点：乍得湖是以前的干旱盆地，是在不久前积满淡水的，维多利亚湖也是在不久前才变成活水湖的(注入该湖的各条河流的河口被淹没)[③]。关于法属苏丹[④]，我们还可作如下的补充。根据许道的观测，从乍得湖经通布图[⑤]到塞内加尔河河口的苏丹地带，现在是沿撒哈拉南缘分布的半荒漠(萨赫勒地带)[⑥]。但是，在现代以前的时期，萨赫勒地带是一片真正的荒漠。这可以根据散布在这里的许多新月形沙丘来判断，这些沙丘完全类似撒哈拉的新月形沙丘，但现已长满植物。许道把这些形成物称为 eros morts(残遗沙丘沙漠)、ergs fossiles(古沙丘沙漠)。[⑦] 如乍得湖附近、通布图附近及塞内加尔河沿岸已固定的新月形沙丘即是。其次，再来看一看

① Линч. Армения, II, Тифлис, 1910, стр. 67 (гл. IV).

② R. Günther. Contributions to the geography of the lake Urmi and its neighbourhood. Geographical Journal, XIV, 1899, p. 513.

③ 关于这一点，请参看：Geogr. Zeitschr., 1913, pp. 580—581.

④ 现已独立。——校者

⑤ 又名“廷巴克图”。——校者

⑥ R. Chudeau. Sahara Soudanais. Paris, 1909, A. Colin, p. 144, 145 (карта зон зап. Африки), p. 146 и сл.

⑦ I. c., p. 244 и сл.

非洲湿润地带南缘，我们发现，埃托沙盆地（位于西南非洲北部）正逐渐蓄水，班韦乌卢湖已有径流汇入。

关于亚洲，上面我们已举过相当多的例子了。

当然，我们上面所谈的不是短周期（布吕克纳周期）气候变动所引起的湖泊水位变化。我们这里所说的是以数千年计的气候变化周期。

我们的结论如下：

1. 在冰川时期，无论南半球还是北半球，其干燥地带都显著缩小。在亚洲干燥地带的许多湖泊中看到的阶地，便是这个时期的遗迹。

2. 与此相反，在后来干燥的冰后期，干燥地带既向北也向南大大扩展；这时，开始了草原和旱生植物、荒漠气候、湖泊干涸、黄土形成的时代。

3. 在现代，我们看到相反的情况：湿润地带向干燥地带扩展，森林向草原推进，各种喜旱喜光树种被喜湿喜阴树种所代替，在黄土上发育黑钙土，草原动物群被挤向南方，干旱盆地逐渐蓄满水；我们经常遇到还来不及盐化的闭口淡水湖；不久前还是闭口湖的咸水湖正获得径流，趋于淡化[①]。

4. 由此可见，如果第四纪时期发生的不是气候地带的移动，而是气候地带的缩小和扩大，那么产生这些现象的原因就不像有些

① 当然，冰后期气候变动的情况可能比我们在上面所描述的要复杂：某些研究者认为冰后期气候是干燥期与湿润期交替出现（请参看上面第 169 页）。揭示这些变动是将来的事情。至少，对于我们在本章中讨论的问题来说，我们感到重要的仅仅是了解气候变化的最近阶段。

人所认为的那样是地极的移动，而是同时涉及全球的气候变动。换言之，气候的变化是宇宙的原因，即由产生于地球以外的因素所致。

第六章　陆生生物的间断的、北方东西同种分布[①]

陆生动植物及淡水动植物分布的间断性可能由各种原因所引起：偶然的移入，中间地区下沉到海平面以下，迁移，两个地区的会聚发育（конвергентное развитие）以及气候变化等。我们这里谈的仅仅是能够（在我们看来）用气候变化解释的情况[②]。

食用蛙（Rana esculenta）生活在欧洲，在西伯利亚没有；其次，它的近似种或亚种黑斑蛙（Rana nigromaculata）[③]出现在阿穆尔河[④]流域、蒙古东部、朝鲜、日本及中国。雨蛙（Hyla arborea）分布于欧洲、北非、巴勒斯坦、叙利亚、伊朗、小亚细亚、高加索；与食用蛙一样，西伯利亚无雨蛙，但它的相似类型〔亚种或种；在阿穆尔河中有东北雨蛙（H. arborea japonics）〕出现在阿穆尔河流域、中国、朝鲜和日本。

另一种无尾两栖类动物——铃蟾属的分布情况也是这样。在

① “北方东西同种分布”的俄文为“амфибореальное распространение”也译为“北方两洋（同种）分布”。——校者

② 详见我的著作：Л. С. Берг. Рыбы бассейна Амура；Записки Академии наук，по физ.-мат. отд.，(8)，XXIV，№ 9，1909，стр. 251—262.

③ 俗称“青蛙”、“田鸡”。——校者

④ 即“黑龙江”。——校者

欧洲和北高加索分布着欧洲铃蟾(Bombina bombina 或 Bombinator ignus)。在远东,它为东方铃蟾(B. orientalis)所代替。

在中欧,向东直到里海流域,分布着不大的淡水鱼——鳑鲏(Rhodeus sericeus amarus,黑龙江鳑鲏)。在土耳其斯坦及西伯利亚没有这种鱼,但它在阿穆尔河流域和中国东北再次出现。在中国、日本常可看到与其近似的种。纵带泥鳅(Misgurnus fossilis)的分布情况完全相似。它与鳑鲏一样,生活在中欧,往东到达伏尔加河流域;在西伯利亚分布中断,但〔作为亚种或种的泥鳅(Misgurnus anguillicaudatus)〕再次出现在阿穆尔河流域、朝鲜、中国、印度支那半岛、日本、台湾岛。

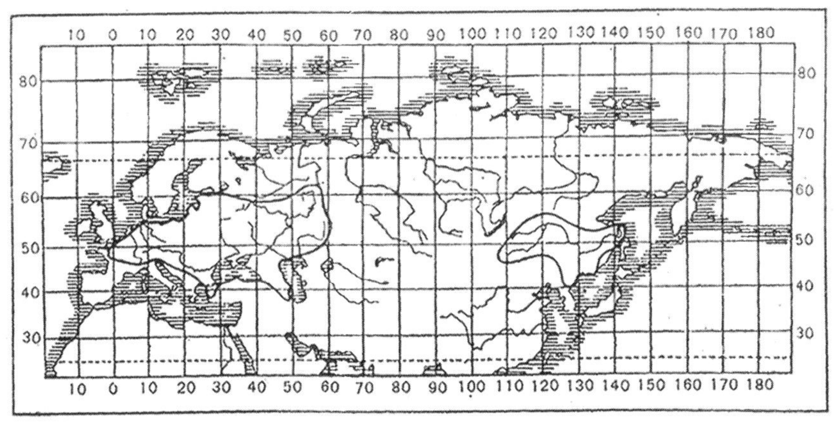

鳑鲏的分布

鲤鱼(Cyprinus carpio)的一个饲养种——家鲤现在世界各地均有养殖。这种淡水鱼的原栖息地应该认为是:1)黑海、里海及咸海流域(可能还有西欧的部分地方),2)太平洋流域的河流及东亚的河流(北起阿穆尔河,南至云南和缅甸的河流)。由此可见,鲤的分布是间断的:西伯利亚及亚洲中部没有鲤。

白鹳(Ciconia ciconia)巢居在欧洲、外高加索及土耳其斯坦。西伯利亚没有这种鸟。可是,它的亚种 Ciconia ciconia boyciana 又出现于阿穆尔地区、乌苏里边区、朝鲜、中国北部及日本;它们在所有这些地方营巢。

曾奉彼得大帝之命在西伯利亚境内巡游的 D. 梅塞施米特,于 1724 年到过阿穆尔河上游流域,即音果达河。据他说,他在这条河里捕到了一些像欧洲河虾(Astacus)那样的小虾。他说,“在从乌拉尔山起的整个西伯利亚都看不到这种‘昆虫’,可奇怪的是,它却重新出现在西伯利亚东部”[①]。的确,河虾生活在欧洲、外高加索以及锡尔河流域(土耳其斯坦城附近);它也分布于北美太平洋沿岸各州及阿拉斯加半岛。其相近的属蝲蛄属(Cambaroides)有 4 个种分布在阿穆尔河流域、萨哈林岛以及注入彼得大帝湾的河流中、朝鲜及日本北部,在西伯利亚的其他地方没有河虾。梅塞斯米特所说的是东北蝲蛄(Cambaroides dauricus),1773 年帕拉斯曾对其作过记述,将其称为“Astacus dauricus”。此外,在北美东部各州生活着近似河虾属(Astacus)和蝲蛄属(Cambaroides)的螯虾属(Cambarus)。在蒙古东部的早白垩纪淡水沉积物中曾记载有 Astacus licenti 化石;它更近似河虾属,而较少近似蝲蛄属[②]。由此可见,河虾属从前显然是连续分布在自欧洲经西伯利亚、蒙古至阿拉斯加半岛和美国西部各州的地域内。

① D. Messerschmidt. Neue nordische Beyträge, III, St. Petersburg und Leipzig, 1782, p. 122.

② Я. А. Бирштейн и Л. Г. Виноградов. Пресноводные Decapoda СССР и их географическое распространение. Зоол. журн., XIII, вып. 1, 1934, стр. 62—63.

许多植物具有与上述鱼类极相似的分布区，现举几例如下：

糙榆（Ulmus scabra）（或山榆，Ulmus montana）生长于欧洲比利牛斯山至乌拉尔山脉一带（它只是在中乌拉尔山南部才越过该山脉）；此外，还见于克里木半岛、高加索（北部和南部）和小亚细亚；在亚洲所有其他地方不生长，但同一属的另一个种青榆（Ulmus laciniata）[①]又出现在阿穆尔河中游、乌达河、乌苏里江、满洲[②]、四川、日本北部及萨哈林岛。另一种欧洲、小亚细亚、高加索所固有的榆——白榆（Ulmus campestris）[③]在远东只有亚种春榆（Ulmus propinqua）。

我们注意到下一有趣事实。棉蚜属（Eriosoma）和与其相近的属四脉棉蚜属（Tetraneura）与榆密切相关，这些榆树或者是蚜虫的主要食物，或者甚至是蚜虫的唯一食物。可是这种靠榆树生存的榆裂棉蚜（Eriosoma ulmi）分布在欧洲、高加索、土耳其斯坦，但在西伯利亚没有，在日本只有亚种榆棉蚜（Eriosoma japonica）。同样地，另一种榆四脉棉蚜（Tetraneura ulmi）[④]与上面这种蚜虫并存于西方，而在东方（南乌苏里边区、中国北部及日本）只有亚种虾夷四脉棉蚜（Yezoeansis）。在西伯利亚有榆四脉棉蚜（T. ulmi），仅阿尔泰地区除外，在这里的一些禾本科植物根部可以看到

① 又名“裂叶榆”、“大叶榆”。——校者

② 即我国东北。——校者

③ 现在，这个种被植物学家不正确地称为叶榆（U. foliaces）。尽管林奈（1753）在U. campestris这一名称下混淆了几个种，但林奈的蜡叶标本得到了保存，因而只应用U. campestris代表某些标本。动物学和古生物学就是这样做的。如果不遵循这个规则，最后就不得不取消林奈的全部名称。

④ 或称“榆瘿蚜”、“榆四条棉蚜”。——校者

这种蚜虫，它以原始方式进行繁殖[①]。

在满洲，即鸭绿江上游，曾经发现中欧及南欧所特有的黑忍冬(Lonicera nigra)的相同类型(甚至不是亚种)。兰铃(Convallaria majalis)分布在欧洲，往东直至乌拉尔；也见于高加索及小亚细亚。在西伯利亚，兰铃仅仅分布于外贝加尔及远东。在满洲、朝鲜、日本及北美的森林带也可看到兰铃。在欧洲极为常见的獐耳细辛(Anemone hepatica)[②]，在乌拉尔及西伯利亚没有分布，但在蒙古东南部、乌苏里、满洲东部、朝鲜、日本重又出现。此外，它还极广泛地分布于北美的森林中(加拿大—佛罗里达—艾奥瓦)。

欧洲白栎(Quercus pedunculata)[③]的生长地往东不超过乌拉尔。经很大地域的分布中断后，在外贝加尔东部出现近似种蒙古栎(Quercus mongolica)。整个西伯利亚完全没有栎。欧洲榛(Corylus avellana)是到处可见的栎的伴生植物，它在西伯利亚没有分布，但其相近类型榛(C. heterophylla)与栎一起又出现在额尔古纳河和乌苏里江流域、满洲及蒙古东部。另一种极近似的类型美洲榛(C. americana)生长在北美的大西洋沿岸各州。在阿尔泰

① А. К. Мордвилко. Кровяная тля. Л., 1924, стр. 78—79. ——一般说来，在阿尔泰地区可见到一系列残遗植物；如 Osmorhiza amurensis (阿穆尔香根芹)，除阿尔泰外，它还分布于满洲和高加索；或者如 Galium paradoxum(猪殃殃属之一种)，它出现在阿尔泰 1 000 米高度的捷列茨湖(Телецкое озеро)附近，并为远东和日本所特有。关于这个种，请参看：М. А. Мартыненко. Доклады Академии наук СССР, XXXI, № 9, 1941. 也可参看：М. М. Ильин. Третичные реликтовые элементы в таежной флоре Сибири и их возможное происхождение. Материалы по истории флоры и растительности СССР, изд. Ботан. инст. Академии наук СССР, I, 1941, стр. 257—291.

② 其学名又为“Hepatica nobilis Gars”。——校者

③ 又为“Quereus robur L.”，又译为“英国栎”、“柞栎”。——校者

布赫塔尔马河两岸估计为上新世的沉积物中，发现有欧洲榛（或可能是其近似种 Corylus macquarii）的化石。欧洲紫杉（Taxus baccata）[①]生长在欧洲、北非、高加索、喜马拉雅山；此外，在阿穆尔河流域、乌苏里江流域、满洲、萨哈林岛、千岛群岛、日本、台湾岛、朝鲜、中国[②]、加拿大都有其相近的种。

特别有意思的是椴属（Tilia）的分布。心叶椴（Tilia cordata）生长在欧洲、西西伯利亚的某些地方，呈岛状分布在萨莱尔岭、库兹涅茨克山及克拉斯诺亚尔斯克附近；其次，其极近似的类型紫椴（T. cordata amuresis）出现在阿穆尔河及乌苏里江沿岸、满洲和朝鲜。最后，在日本有极相近的类型——日本椴（Tilia japonica）[③④]。在满洲生长有糠椴（T. mandshurica），它与西欧的银白椴（T. argentea）是相似种类（同时，银白椴也分布于波多利亚和比萨拉比亚）。

总之，我们看到，许多动植物在中欧和南欧都有完全相同或极其相似的类型，它们在西伯利亚中断，而在阿穆尔河流域、满洲及日本又再次出现。

这样间断分布的原因是什么？当然不能说是偶然产生的，也

① 或称“欧洲红豆杉”。——校者

② 这里“满洲”（即东北地区）和“台湾”均属于中国，作者将三者并列是错误的，另外，作者在谈及阿穆尔流域、乌苏里江流域等地区时政治概念都是有意或无意地含混不清的。——校者

③ 现在，植物学家把 T. cordata 分为许多“种”（参看：Ю. Д. Клеопов. Основные черты развития флоры широколиственных лесов европейской части СССР. Материалы по истории флоры и растительности СССР. I, Л., 1941, стр. 198—199）。但这不会改变事情的本质。

④ 或称“华东椴”。——校者

不可能是迁移及会聚发育。唯一可能的推测是出自气候变化的原因。

虽然西伯利亚相当一部分地区未曾有过冰川覆盖，但在冰期内这里的气候要寒冷得多。显然，在冰期前时期，上面所列举的这些动植物种分布于从西欧到太平洋沿岸的整个欧亚大陆范围内。后来，在冰期时，气候变冷，使这些种普遍绝灭，仅一些特别有利的地方除外，那里在北方有冰的时候，气候仍然能容许它们生存。对于许多种来说，南欧、高加索、土耳其斯坦、满洲（包括乌苏里江流域在内）及日本便成了这样的避难所。当冰期结束时，它们又开始占据过去失去的地域，而且气候最适宜的地方首先为较喜温的生物所定居。西伯利亚的大部分地方还有待于从前因冰川威胁而向南退缩或在该地已绝灭的动植物群重新占据。

第七章 论北半球海洋动物区系的北方东西同种分布[①]

我用北方东西同种分布(амфибореальное распространение)[②]来表示生物存在于温带纬度的东部和西部,而中部没有的分布。

北方东西同种的海洋动物区系

大西洋和太平洋在动物区系方面的最大相似点,不是在比较其热带部分时显示出来,而是在比较其北方或一般温带部分时显示出来。这里不仅发现有大量的共同属,而且发现有众多的共同种[③]。

这些共同种(或近似种)既不存在于高北极地带,也不存在于热带(通常也不存在于亚热带),而是北方的、亚北极的〔亚北方-北极的(борео-арктический)〕和北方-北极的(бореально-

① 第一次发表于《地理学会会刊》(第66卷)1934年第1期第69—78页。这次经过补充后付印。

② 或译为"北方两洋同种分布"。——校者

③ A.京特于1880年首次注意到这一事实。这个问题在П.Ю.施密特的著作(1904, стр. 394—419)中作过较详细的分析。

арктический)种[①]。这里，我们举几个例子。

鱼类 日本七鳃鳗(Lampetra jiponica)分布在南朝鲜(釜山)至阿拉斯加半岛(育空河)的太平洋中。在亚洲冰海[②]海岸附近分布中断，然后又出现在鄂毕河，继而向西一直分布到白海和穆尔曼[③]附近海域。同时值得注意的是，在东西伯利亚的河流中有这种日本七鳃鳗的纯淡水类型(未进行迁移的)亚种 Kessler (Caspiomylzon wagneri，里海七鳃鳗)；这表明东西伯利亚沿海从前曾经有过这种七鳃鳗。

鲨鱼、极地的睡鲨(Somniosus microcephalus)、大的姥鲨(Cetorhinus maximus)及太平洋鼠鲨(Lamna cornubica)具有被西伯利亚冰海隔断的分布区。此外，它们还呈两极同原分布(详见下面的叙述)。

海生鲱鱼(Clupea harengus)——大西洋鲱生活在从新地岛西部沿海(马托奇金沙尔附近)、白海和穆尔曼到比斯开湾(阿卡雄)的欧洲沿海；它北至熊岛、斯匹次卑尔根群岛西部、冰岛、格陵兰南部，继而沿美洲海岸往南一直分布到美国哈特勒斯角(北纬35°)。北冰海[④]的大部分亚洲海岸附近没有大西洋鲱，它以亚种 pallasi(太平洋鲱)再次出现于太平洋，从白令海峡往南分布到本州岛(北纬36°40′)、朝鲜沿海、黄海(渤海湾)，而沿美洲海岸则南

---

① 根据 K. M. 杰留金(1915，стр. 717—718)和霍夫斯坦(1915，pp. 202—208)的术语。

② 本书中所说之“冰海”(Ледовитое море)即北冰洋。——校者

③ 即“雷巴奇半岛”。——校者

④ 即“北冰洋”。——校者

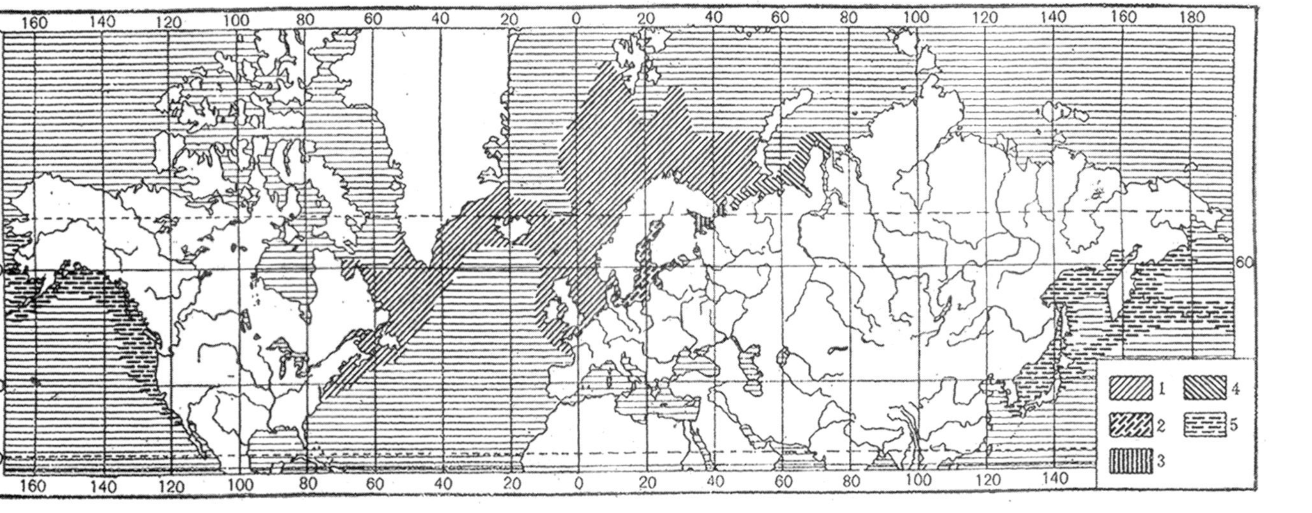

大西洋鲱 Clnpea harengus 及其各亚种的北方东西同种分布：

1——Cl. harengus harengus(大西洋鲱)；

2——Cl. harengus membras(波罗的海鲱)；

3——Cl. harengus maris-albi；

4——Cl. harengus suworowi；

5——Cl. harengus pallasi(太平洋鲱)。

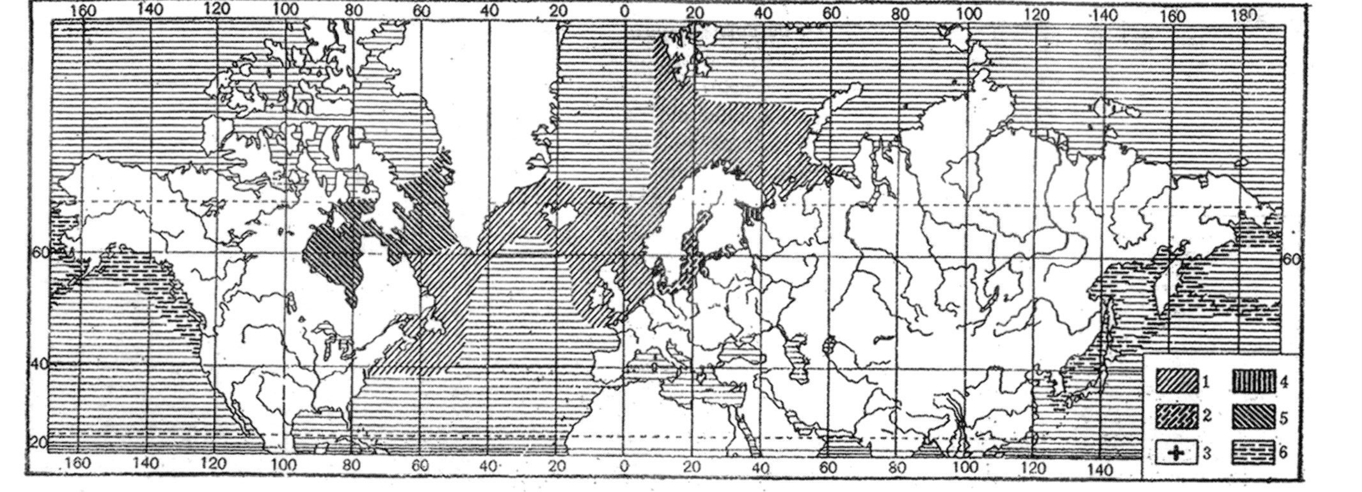

大西洋鳕 Gadns morhua 及其各亚种的北方东西同种分布：

1——G. morhua morhua(大西洋鳕)；

2——G. morhua callarias；

3——G. morhua kildinensis；

4——G. morhua marish-albi；

5——G. morhua ogac(格陵兰鳕)；

6——G. morhua macrocephalus(大头鳕)。

以上两张图均借用自 A. H. 斯韦托维多夫，1944。

至加利福尼亚（圣迭戈[①]，北纬 32°30′）。值得注意的是，这种鲱鱼，即亚种 pallasi，也见于白海以及卡宁半岛沿岸、伯朝拉河河口附近、喀拉湾和鄂毕湾。1940 年前后，在勒拿河河口附近、利亚霍夫岛附近以及楚科奇半岛的冰海沿海也曾发现过太平洋鲱。

鲑属（Salmo）中的鲑鱼往东一直分布到喀拉湾（S. salar，鲑[②]）。西伯利亚的冰海流域无此属，但它有几个种出现在太平洋北部堪察加半岛及阿拉斯加半岛沿岸海域，继而向南分布于北美洲的太平洋沿海地区（而其淡水类型则一直分布到墨西哥北部沿海）。

“淡水”鳗鲡（Anguilla anguilla，欧洲鳗鲡）分布于从伯朝拉河到亚速海的整个欧洲沿岸海域，然后分布于摩洛哥、加那利群岛和亚速尔群岛沿岸海域，以及马德拉、冰岛附近海域。自格陵兰南端直到圭亚那和巴拿马地峡的美洲沿岸海域有亚种美洲鳗鲡（Auguilla rostrata），但它在太平洋中被亚种日本鳗鲡（Auguilla japonica）[③]所代替，后者广泛分布于南朝鲜、日本函馆至中国海南岛、广州沿海一带。值得注意的是，太平洋亚种比美洲亚种更明显地近似于欧洲亚种：欧洲亚种平均有1 147个椎骨，日本亚种有1 158个椎骨，美洲亚种要少得多，为1 073个椎骨。

川鲽（Pleuronectes flesus）及其亚种分布于从巴伦支海到黑海的整个欧洲周围的海域；往东一直到达叶尼塞河河口。再往东这种鱼消失了，但在从白令海峡往南至朝鲜元山、东京和加利福尼

① 过去译为“圣地亚哥”。——校者
② 或称“大西洋鲑”。——校者
③ 或称“白鳗”。——校者

亚的太平洋北部地区分布有其相近类型星斑川鲽〔Pleuronectes (Platichthys) stellatus〕[①]。

海鲽属(Platessa)包括两个种:欧洲一个种 Pl. platessa 及相近的种 Pl. quadrituberculata,前者的分布往东不超过巴伦支海,后者分布于白令海、鄂霍茨克海及鞑靼海峡中。

在其他许多鲽中,如在庸鲽属(Hippoglossus)、拟庸鲽属(Hippoglossoides)中,以及在黄盖鲽属(Limanda)、美首鲽属(Glyptocephalus)、油鲽属(Microstomus)中,我们也看到北方东西同种的分布类型(详见:贝尔格,1918)。

大西洋鳕常见于自喀拉湾[②]、新地岛、白海到布列塔尼半岛的欧洲沿岸海域,偶尔游至比斯开湾;在斯匹次卑尔根群岛西部和东部、熊岛、冰岛附近海域也有这种鱼。从格陵兰(西部及东部)到弗吉尼亚的美洲沿海地区也分布有大西洋鳕。在自喀拉海到格陵兰的海域其分布中断,而以亚种大头鳕(Gadus morhua macrocephalus)[③]再次出现在太平洋中,它们分布在自楚科奇地和阿拉斯加半岛往南,沿亚洲海岸到朝鲜和阿瑟港一带海域中,而沿美洲海岸则一直分布到美国俄勒冈州附近海域。毛鳞鱼属(Mallotus)和玉筋鱼属(Ammodytes)也具有北方东西同种分布。

除海洋鱼类外,在无脊椎动物中的软体动物类、棘皮动物类和甲壳类中,我们也可看到北方东西同种的分布类型。

软体动物　与蛾螺属(Buccinum)相近的 Liomesus 在欧洲只

① 或称"星占石鲽"、"江鲽"。——校者

② 即"喀拉海"。——校者

③ 或称"鳕"。——校者

有一个种 Liomesus dalei，它分布在自爱尔兰和设得兰群岛至罗弗敦群岛一带，其化石见于英国上新统上部（珊瑚砂质泥灰岩，Coralline Crag；红色砂质泥灰岩，Red Crag；——大量。艾斯阶，Icenian，——上新统最上部；哈默，第 520 页）。此外，此属中有三个种分布于阿拉斯加北部沿海地区、白令海、鄂霍茨克海和日本海（道尔，1921，第 91 页）。其次，我们还可指出软体动物的这样一些北方东西同类种[①]，如叉穴螺（Lacuna divaricata）、偏顶蛤（Modiola modiolus）、紫贻贝（Mytilus edulis）（呈两极同原分布）。

棘皮动物[②]　在海星纲（Asteroidea）中，可以指出下列北方东西同类种：

Solaster endeca——挪威、白海、斯匹次卑尔根群岛、新地岛、冰岛、由格陵兰至美国科德角、由白令海至加拿大温哥华、日本海（季亚科诺夫，1933，第 54 页；霍夫斯坦，1915，第 39 页）。

Pseudarchaster parelii——美洲及欧洲海岸附近的大西洋北部、巴伦支海西南部、白令海、鄂霍茨克海、日本海（季亚科诺夫，1933，第 41 页）。

Asterias r bens——由塞内加尔至冰岛及挪威北部的大西洋海域、巴伦支海南部、穆尔曼、白海；在白令海及日本海中有近似种多棘海盘车（Asterias amurensis）（季亚科诺夫，1933，第 65 页），在北美大西洋海岸附近有近似种 Asterias Vulgaris。

在瓜参属（Cucumaria）中有：

---

① 俄文为“амфибореальный вид”，也可译为“北方两洋同类种”。——校者

② А. М. Дьяконов，1945，стр. 136. 该文（第 136 页）举有棘皮动物的其他例子。

Cucumaria frondosa——美洲和欧洲海岸附近的大西洋北部、喀拉海；在鄂霍茨克海和日本海中有近似种瓜参(C. japonica)，同时在太平洋北部有其他的相似种或相同种(季亚科诺夫，1933，第141页；霍夫斯坦，1915，第156页)。

Psolus squamatus——挪威西部、格陵兰岛西部、太平洋北部；为两极同原种(叶克曼，1923)。

甲壳类 (北方长额虾，Pandalus borealis)分布于大西洋北部，向东到达喀拉海(很少)；有时见于白海、太平洋北部。Eupagurus pubescens 的分布可能也属于北方东西同种分布类型(参看：霍夫斯顿，1916，第41、85、92、95页)。

腔肠动物 布罗克引用了关于水螅亚纲(Hydroidea)、Bonneviella grandis 等和八射珊瑚亚纲(Octo corallia)[①]的资料，这些动物是太平洋北部和大西洋所共有的[②]。

哺乳类 斑海豹(Phoca vitulina)[③]具有北方东西同种分布：模式种见于自比利牛斯半岛沿海至巴伦支海(稀有)和波罗的海一带；在日本海、鄂霍茨克海、白令海及白令海峡地区有西太亚种 largha；北美大西洋沿岸地区北至格陵兰南部 largha 表现为相近或相同的类型西大西洋亚种 concolor(斯米尔诺夫，1929，第262页)。

---

① 或称“八放珊瑚亚纲”。——校者

② Hj. Broch. Oktokorallen des nördlichsten Pazifischen Ozeans und ihre Beziehungen zur atlantischen Fauna. Avhandlinger Norske. Vidensk. -Akademi i Oslo, mat.-nat. Kl., 1935, № 1, Oslo, 1935, p. 53.

③ 或称“港豹”、“海狗”、“膃肭兽”、“普通海豹”。——校者

最后，我们要提到海豚——灰海豚（Grampsus griseus），它在大西洋和太平洋中呈两极同原分布，但显然没有到达北极水域。

陆生动植物区系及淡水动植物区系都具有同样的现象，这在前面已经谈过了（第188—194页）。

北方东西同种分布的原因

关于陆生生物和淡水生物北方东西同种分布的原因，我曾提出如下看法：西伯利亚之所以没有上面提及的类型，乃是冰期造成的结果。那时，较暖气候的动植物群在这里绝灭（贝尔格，1909）。

要说明海洋生物北方东西同种分布的原因是极其困难的。

上面所列举的全部海洋动物类型均属于亚北方-北极、亚北极和北方的类型，而不是亚热带类型，更不是热带类型；因此，它们不可能环绕亚洲南部边缘分布。至于亚洲大陆北部边缘，那么在上新世的一定时期和在更新世初期，白令海峡地区乃是一片陆地，而且大家知道，在该陆地上发生了北亚和北美动物区系的交换。通常认为，北冰洋与太平洋相通只是不久前的事，能够通过白令海峡的仅仅是为数不多而且是北极地区的种类拉布拉多四角大杜文鱼（Myoxocephalus quadricornis labradoricus）等。

为了说明大西洋动物区系和太平洋动物区系相似的原因，曾经提出了下列假设：

1. 动物区系交换可能是通过在中生代及早第三纪把欧洲地

中海区和印度-马来群岛连接起来的特提斯海[①]进行的。叶克曼(1932,第 100 页)认为鳗鲡属便是如此。研究过奥兰的古鱼类动物群的阿朗布尔(1927,第 272 页)也得出过这样的结论。该动物群属于中新世末期或上新世初期(萨赫勒期,étage sahélien[②]),其中除了印度-太平洋的动物区系成分外,还杂有大量日本动物区系成分;同时,阿朗布尔把 Etrumeus boulei(在日本为 E. micropus,脂眼鲱)[③]、Neopercis mesogea (在日本为 N. multifasciata)、海鲂(Zeus faber)(在日本为 Z. japonicus,日本海鲂)[④]、Scomber colias(在日本为 S. japonicus,鲐)等归入后一类。

关于这一假设,应该说第三纪时期北方、亚北极和北方-北极动物类型不可能进入热带,因为气候带在白垩纪时已有明显的分化。显然,无论在白垩纪还是在第三纪,只有热带的动物类型能够通过特提斯海进行大西洋与太平洋之间经热带的交换。我们感兴趣的是大西洋及太平洋北部的北方、亚北极和北极动物类型的起源问题。

2. П. Ю. 施密特(1904,第 408—409 页)发现,在巴拿马地峡区,太平洋与大西洋之间的联系"在第三纪中期或第三纪末期之前"就已存在了,因此动物区系也就具有了共同性。两个动物区系是由两大洋中最初完全相同或至少是极其相似的一个动物区系发

---

① 即"古地中海"。——校者

② 为"Sahel"之形容词。"萨赫勒"系西非撒哈拉以南的半荒漠和荒漠化萨凡纳地带,那里生长多刺的乔木(最常见的是金合欢)、灌木及连续分布的坚硬的和生草丛型的草类。——校者

③ 为亚热带和北方类型。

④ 也是亚热带和北方类型。

展而来的。

对于这个观点，也可以反驳说，与上述情况相反，在第三纪时期，能够通过巴拿马地峡区的只有热带动物类型。

3. 我（贝尔格，1918，第 1839—1840 页）曾提出如下推测，可能是在白令海峡像现在这样一片汪洋，而且亚洲北部的气候比现在温暖的时期，沿亚洲北部沿海发生动物区系交换的。而这是发生在：a）上新世，б）温暖的冰后期（楯螺期和滨螺期）。

a）上新世的连通　不久前，在白令海峡沿岸的诺姆发现了上新世的海洋动物群（莫菲特，1913）。软体动物是由已故著名专家道尔（1920）鉴定的。除已经消失的一些类型外，在这里发现了许多至今仍然生存，但栖居在较温和地方的类型，它们自阿留申群岛起向南分布。在软体动物中有：Trachyrhynchus lacteola，Monia macroschisma，自普里比洛夫群岛向南；Astarte diversa，Astarte rollandi，自普里比洛夫群岛起；Panomya arctica var. turgida，Nucula mirabilis（奇异胡桃蛤），日本。

由此可见，在上新世时，阿拉斯加北部沿岸的气候无疑比较温暖，可使大西洋北部与太平洋北部的动物区系进行交换。关于这一点，我于 1918 年就已指出过，同时道尔（1920，第 25 页）也赞同这种看法。

至于在冰期前时期确实曾经发生白令海地区与大西洋北部之间的这种动物区系交换，这可以根据极有价值的，但暂时还很少为动物地理学家所知道的资料来加以判断，这些资料涉及英格兰晚上新世软体动物的分布，是由哈默提供的（1914—1925），道尔也援引过这些资料（1920）。原来，在英格兰上新统上部（部分为更新

统)的不同层中发现有至今尚生存于白令海中的软体动物,如[①]:

Liomesus canaliculatus(道尔鉴定,1914)。[②] 巴特勒砂质泥灰岩(Butleyan Crag)。冰岛上新统。现在分布于白令海、阿拉斯加北极沿海地区(艾西角)(哈默,1914,第 115 页)。

胀肚香螺(Neptunea Ventricosa)。沃尔顿砂质泥灰岩(Waltonian Crag),纽伯恩砂质泥灰岩(Newbournian Crag),巴特勒砂质泥灰岩(Butleyan Crag)。英格兰更新统。现在生活在白令海中;也可从纽芬兰岛海滩捕到(活的?)(第 17 页)。

Neptunea castanea。纽伯恩砂质泥灰岩(Newbournian Crag)。现在分布于白令海、锡特卡(第 172 页)。

Sipho herendeeni。沃尔顿砂质泥灰岩(Waltonian Crag)。现在分布于白令海、阿留申群岛(第 184 页)。

Trichotropis insignis。更新统。现在分布于白令海、日本北部(第 430 页)。

Amauropsis japonica。巴特勒砂质泥灰岩(Butleyan Crag)(?)。现在分布于日本(第 703 页)。

这些软体动物在北冰洋中消失,显然是冰期造成的结果。

极为有趣的是这样一些软体动物的分布,如 Menestho albula

① 上新统上部各层顺序,从下部算起为珊瑚砂质泥灰岩(Coralline Crag),红色砂质泥灰岩(Waltonian Crag, Newbournian Crag, Walt. +Newb. =Red Crag),Butleyan Crag (Cardium groenlandicum 带),诺尔威奇砂质泥灰岩(Norwich Crag)北方爱神蛤(Astarte borealis 带),奇勒斯福特层(Chillesford beds),韦伯恩砂质泥灰岩(Crag of Weybourne),波罗的樱蛤(Tellina baltica 带)。请参看:哈默,1914—1925。

② 道尔在其 1921 年的著作中(1921, p. 91)把这个类型叫做 Liomesus ooides canaliculatus. L. ooides (1948)是米登多夫在鄂霍茨克海发现的。

或 Acrybia smithi，前者见于斯匹次卑尔根群岛、格陵兰、拉布拉多半岛、哈利法克斯及日本北部，其化石分布于沃尔顿砂质泥灰岩(Waltonian Crag)中，以及英格兰更新统内(哈默，第 58 页)；后者分布在加拿大芬马克、罗弗敦群岛附近海域、白令海及新英格兰沿岸，其化石见于英格兰更新统和冰岛上新统(第 700 页)。

这样的种已经知道有很多，它们现在广泛分布于北方，同时又出现于英格兰上新统上部。例如，上新统上部自 Butleyan Crag 起有 Littorina rudis(哈默，第 653 页)、自 Waltonian Crag 起有 Sipho togatus(哈默，第 180 页)，或在上新统内自 Coralline Crag(珊瑚砂质泥灰岩)起就有 Sipho tortuosus(第 190 页)，或同样生活在白令海中并自 Waltonian Crag 起即存在的 Trophon tabricii(第 130 页)，或同样生活于白令海中，并自 Coralline Crag 开始出现的环北极种 Bela harpularia (第 287 页)。

另一方面，在北美大西洋沿岸(马萨诸塞州楠塔基特)的上新统上部地层[①]中，发现了由道尔鉴定的双壳类 Serripes laperousii 和异白樱蛤(Macoma incongra)，它们现在栖息于白令海中(在巴罗角以东未发现有)[②]，但在大西洋中已经绝灭(威尔逊，1905，第 726—727 页)。

最后，在诺姆——(白令海峡)的上新统内，发现有在太平洋中已绝灭，但迄今仍生存于大西洋中的软体动物。属于这类的有北方的 Littorina palliata，它现在在太平洋中已经绝灭，但生存于新

① 道尔(1920, p. 25)认为它们属于晚上新世，威尔逊认为它们属于间冰期。

② Scrripes laperousii 由白令海峡分布至日本函馆和美国锡特卡，异白樱蛤由巴罗角分布至日本和美国加利福尼亚。

英格兰、格陵兰、冰岛的大西洋沿岸海域中，而且向东直到白海(道尔，1920，第26、29页；1921，第5页)。

这样，所有上面提到的软体动物的分部情况可用下表来加以说明：

现代分布区域	化石层位	例　　子
环北极种，白令海	英格兰上新统	Bela harpularia
斯匹次卑尔根、北美大西洋沿岸、日本北部	英格兰上新统	Menestho albula
白令海	英格兰上新统	Liomesus canaliculatus
白令海	新英格兰上新统	Serripes laperousii
由新英格兰至白海	白令海峡上新统	Littorina palliata
欧洲、新英格兰、白令海	冰岛上新统， 英格兰后上新统	Acrybia smithi
白令海	白令海峡上新统	Monia macrotschisma

所有这一切都确凿无疑地表明，在上新世时，经由北冰洋，沿亚洲北部海岸，但也可能沿美洲北部海岸，发生过大西洋和太平洋之间的动物区系交换。

究竟是在上新世的什么时期，北冰洋像现在这样既与太平洋又与大西洋相通呢？应该认为是在上新世的最初期。因为在英格兰的红色砂质泥灰岩〔红色砂质泥灰岩＝沃尔顿砂质泥灰岩＋纽伯恩砂质泥灰岩(Red Crag＝Waltonian＋Newbournian)〕中混杂有大量喜冷软体动物："红色砂质泥灰岩的历史显示出动物群逐渐的但同时是持续的变化，即从地中海型向着杂有大量明显北极种的北方型变化”（哈默，1920，第498页）。然而，在属于上上新统最下部的珊瑚砂质泥灰岩中几乎没有北方的软体动物，而以地中海软体动物占优势。哈默由此得出结论（第490页），这个时期的日耳曼海区域并不与北方的海相通，而是与南方的海相连。

应该指出，在白令海的亚洲海岸，最近发现有中新世海洋软体动物群。例如，在北纬60°的堪察加半岛科尔夫湾地区，记述有上渐新世、下中新世和中中新世的大量海洋软体动物，其中也有现代的种类，如 Macoma middendorffi——中中新世、Macoma inquinata——上渐新世（霍缅科，1933）。此外，在阿纳德尔境内也有第三纪的海洋动物群，其更具体的时间没有得到确定，也可能属于中新世（波列伏依，1915）。

这里，应当提到下一显著的事实。K. A. 沃洛索维奇曾经在科捷利内岛（新西伯利亚群岛）上推测为上第三纪的沉积层中发现了牙齿，据已故的 A. A. 比亚雷尼茨基-皮鲁利亚鉴定，它们是已绝灭的束柱科（Desmostylidae）海洋哺乳动物的。该科属于海牛目（Sirenia），至今尚存的儒艮（Dugong）和海牛（Manatus），以及曾生活在科曼多尔群岛沿海，但在18世纪被消灭的大海牛（Hydrodamalis gigantea）均属此目①。束柱科在中新世时曾分布于太平洋北部诸海；其化石已发现于萨哈林岛、日本、美洲西北部。还应补

① Desmostylidae 在分类系统中的位置还未得到完全可靠的确定（G. G. Simpson. The principles of classification and a classification of Mammals. Bull. Amer. Mus. Nat. Hist. New York，vol. 85，1945，pp. 251—252）。不管怎样，辛普森是把这个科放在 Sirenia 中的（p. 136）。

充一点，有些人（霍缅科，1927）认为，我们所研究的科捷利内岛的化石的年代属于第四纪（见萨克斯，1940）。无论如何，在第三纪末或第四纪初的西伯利亚北部海岸附近的海中，曾经有过海牛目太平洋科的代表，这是值得注意的①。

因此，在中新世和上新世内曾经有一个时期②，亚洲东北部是一片海洋；应当认为，该海向西一直伸展到大西洋的北部。

可惜，关于鄂霍茨克-堪察加地区的上第三纪动物群目前还知道得很少。至少，我们知道的关于堪察加半岛（科尔夫湾）中中新世动物群的一切，表明它不是热带动物群，而是北方动物群（霍缅科，第10、32页）。我们发现，萨哈林岛东部的上新世中期和晚期动物群具有明显的冷水性质（克里什托福维奇，1923，第229页）。目前，一些美国地质学家认为，太平洋加利福尼亚沿海地区，自始新世至今气候在逐渐变冷，其间在后上新世（постплиоцен）晚期曾有短时期的变暖（史密斯，1919，第126、167页）③。霍缅科（1933，

① B. H. 萨克斯（1940，стр. 49）谈到在乌斯季叶尼塞港一个钻孔中（海平面以下45米处）发现了腕足类动物 Lingula hiaus Swainson. 现在，这个种生活在太平洋中，但没有分布到日本海岸以北，在日本海岸它也出现在第四纪和中新世地层中。在堪察加半岛，Lingula hians 出现于早中新世。看来，在喀拉海沿岸，腕足类动物生活在第三纪。目前还不可能准确确定发现 L. hians 的地层的年代，尤其是有一种推测认为，它在第四纪时经过了再沉积（萨克斯）。无论如何，在北极地区发现 L. hians 的情况证明：1）在第三纪时北冰洋与太平洋是相通的，2）当时北极地区以比较温暖的气候占优势。

② 我们不想以此说明在整个中新世和上新世期间白令海峡地区都是海。动物地理学家的资料使我们不得不认为，在上新世期间有过这样的时期，那时楚科奇地和阿拉斯加是连接在一起的。但是，道尔（1920，p. 25）甚至发表了这样的看法，在中新世和上新世期间，白令海峡地区是比现在更广阔的水域。

③ 史密斯（1919，见表9，以及 p. 139）把诺母的晚上新世沉积不正确地归入后上新世晚期：见道尔的著作（1920），该著作发表的时间比史密斯的文章晚。

第10、32页）在亚洲沿海地区也发现了与此相似的情况，所不同的是，在日本气候变暖发生得稍早一些，即在早更新世。日耳曼海地区的气候在晚上新世即红色砂质泥灰岩沉积时期比较凉爽，这一点我们在前面已经谈过了。

由此可见，在晚第三纪时，北方动物群、亚北极动物群及北方-北极动物群能够在太平洋北部为自己的发育找到有利的条件——气候不热也不冷。

对上面的叙述，还需补充一点，在太平洋北部的动物群中，除前面提到的北极种、亚北极种和北方种外[①]，还有一些与大西洋温暖地区共同的亚热带动物种。关于这一点，当时金特（1880）曾作过记述，他坚持认为日本的动物群与地中海动物群是相似的。例如，日本南部海岸附近（长崎）有 Echelus（=Myrus）urapterus，在地中海及比斯开湾中就有与之相应的 E. myrus。地中海及英格兰沿海至约克郡一带有玫瑰赤刀鱼（Cepola taenia = rubescens），它相当于日本南部（东京以南）的许氏赤刀鱼（Cepola schlegeli）[②]。在热带没有这两个属（每个属仅仅包括两个种）。在软体动物方面也存在这样的情况。例如，道尔（第6页）提到的两种地中海软体动物 Gibbula adriatica 与 Cymatium corrugatum，以其相近似类型出现在加利福尼亚海岸附近。关于这些软体动物，道尔写道："它们出现在这里，是无法解释的"。我认为，在晚上

① 其中只有鳗鲡（Anguilla）是亚热带-北方种。

② 还可以补充一点，向北分布至设得兰群岛和挪威特隆赫姆的地中海鱼属喉盘鱼科〔Lepadogaster (Gobiesocidae)〕，在日本南部沿海为近似属姥鱼属（Aspasma）（乔丹和福勒，1902）。

新世的西伯利亚海中也应该有上述地中海-北方种，它们在冰川时期在北方绝灭，仅仅存留于加利福尼亚和日本沿海，以及以相同的或相近的种存留于欧洲的地中海。

б）冰后期的连通　在冰川消融后，出现气候较现代温暖的时期（楯螺期和滨螺期）。应该认为，那时已经存在白令海峡。在这一气候温暖时期，某些温带的海洋动物类型可能向北扩展得很远。比如，呈北方东西同种分布的软体动物贻贝（Mytilus edulis）就这样；在西伯利亚北部沿海（喀拉海除外）以及在法兰士约瑟夫地群岛附近和斯匹次卑尔根群岛附近，现在没有贻贝，但在所有这些地方发现有它的化石。在斯匹次卑尔根群岛海拔达 20 米处，有已绝灭的软体动物的贝壳堆积，这些软体动物是贻贝、滨螺（Littorina littorea）、美人蛤（Cyprina islandica）、鳞不等蛤（Anomi squamula）、偏顶蛤（Onoba aculeus、Modiola modiolus）（奥迪纳，1915，第 267 页）[1]。那时，Cardium edule 一直分布到伯朝拉河流域（克尼波维奇，1900），而现在它往东只能到达科拉湾。埃克曼（1923，第 54 页）把西伯利亚海中可能分布有海参（Psolus squamatus）的情况也归入这一温暖的冰后期。

后来，许多作者对北方东西同种分布问题进行了研究。其中有苏特-赖恩（1923）、C. 叶克曼（1935）、A. П. 安德里亚舍夫（1939，1944）、A. H. 斯韦托维多夫（1944）、A. M. 季亚科诺夫（1945）、M. A. 拉夫罗娃（1946）等人。

苏特-赖恩整理了 1922—1924 年“毛德”（Maud）号船漂流期

① 也可比较：Jensen and Harder，1910.

间从东西伯利亚冰海中采集的软体动物。他得出结论认为(第32页),大部分欧洲北极动物区系起源于太平洋。早在上新世时,它们便沿美洲北极海岸从太平洋迁移到大西洋,并由此到达欧洲海岸。他认为不可能自太平洋沿冰海①向西迁移。

毫无疑义,许多无脊椎动物和鱼类从太平洋移栖到大西洋正是按苏特-赖恩及其他作者(叶克曼,1935,第266页)指出的路线进行的,即沿美洲的冰海沿岸自西向东进行。但是,正如A. П. 安德里亚舍夫(1939,第118页)正确指出的那样,没有理由否定从太平洋经冰海向西沿西伯利亚海岸迁移的可能性。他说道:“毫无疑问,在冰期前时期,日本七鳃鳗(Lampetra japonica)就是经由这个线路迁移的,它在西伯利亚的河流中留下了能适应环境条件的残遗种——L. japonia kessleri。”安德里亚舍夫认为,太平洋鲱和亚洲胡瓜鱼(Osmerus eperlanus dentex)也是通过这个路线在冰后期到达白海的。

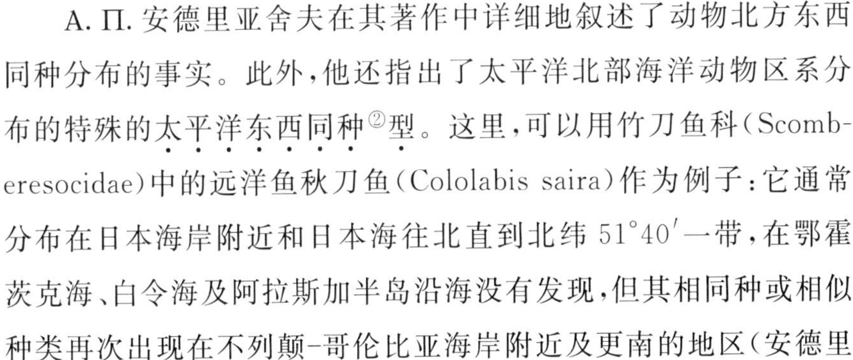

A. П. 安德里亚舍夫在其著作中详细地叙述了动物北方东西同种分布的事实。此外,他还指出了太平洋北部海洋动物区系分布的特殊的**太平洋东西同种**②型。这里,可以用竹刀鱼科(Scombresocidae)中的远洋鱼秋刀鱼(Cololabis saira)作为例子:它通常分布在日本海岸附近和日本海往北直到北纬51°40′一带,在鄂霍茨克海、白令海及阿拉斯加半岛沿海没有发现,但其相同种或相似种类再次出现在不列颠-哥伦比亚海岸附近及更南的地区(安德里

① 即北冰洋。——校者

② 俄文为“амфицифический”(amphi-pacific),或译为“太平洋两岸(种)”。——校者

亚舍夫，1939，第 185 页)。太平洋北部中吻鲟(Acipenser medirostris)[1]、沙丁鱼、鳀、鲭(Scomber japonicus)、许多鲽类和其他鱼类，以及十足类、等足类、棘皮动物、软体动物的分部情况也是这样。毫无疑义，各太平洋东西同类种间断分布区过去曾经是连接在一起的。至于这种连接发生在什么时候，A. П. 安德里亚舍夫认为，可能早在中新世即已存在，但动物区系的自由交换普遍发生于上新世和间冰期。在温暖的冰后期也可能出现这种现象，尤其是对于那些活动力强的远洋动物来说，如沙丁鱼、鳀、鲭鱼等。动物群分布隔离的原因与冰期气候变冷有关：北方种被挤向南方，在太平洋北部绝灭或离开那里。在温暖的冰后期，发生了向北的反向运动。对这种解释是完全可以同意的。同时，我们已经说过(第一章)，就是现在，在温暖的年份，如在本世纪 20—30 年代，许多鱼类在太平洋北部均向北扩展。

K. M. 杰留金(1928，第 444 页)认为，在温暖的冰后期期间，太平洋鲱可能从太平洋进入白海。

对于鲱以及某些其他鱼类和无脊椎动物来说，不能否定这种可能性。[2]

我们知道，许多现代的北方东西同类种一般早在上新世时期就已遍布太平洋及大西洋北部。例如，许多鲽在这两个大洋中已经能够单独成为特殊的种。因此，大部分北方东西同类种均起源于上新世海洋。

---

① 或称“库页岛鲟”。——校者

② 也可比较：Hofsten，1915，p. 259；Ekman，1923，p. 54.

A. M. 季亚科诺夫(1945,第151页)在研究了北极地区和太平洋北部现代棘皮动物的分布情况后得出结论,棘皮动物在温暖的冰后期经白令海峡往东(极少往西)迁移。他认为,这种迁移在上新世也发生过,然而"该动物群在北极地区大概没有留下任何痕迹,因为它们由于冰期的不利条件而绝灭了"。不过,在北极地区应该是留有该动物群的痕迹的,因而像发现软体动物那样(参看上面),将来在这里也会找到棘皮动物的化石的。

根据A. H. 斯韦托维多夫(1944)的看法,鲱并非像通常认为的那样是由太平洋进入大西洋的,而与此相反,是由大西洋环绕北亚进入太平洋的。至于鳕鱼,A. H. 斯韦托维多夫在研究其现代和过去分布情况的基础上得出结论,鳕类发育于极区水域,"其气候条件在老第三纪时与大西洋和太平洋北部的现代气候条件大致相同"。斯韦托维多夫说道,鳕鱼是环绕美洲的北极海岸从大西洋进入太平洋的。这一点已为鳕中的大头类型——白海的 Gadus morhus maris-albi、格陵兰的格陵兰鳕(G. morhua ogac)和太平洋的大头鳕(G. morhua macrocephalus)的现代分布情况及大头鳕和格陵兰鳕在生态上的近似所证明。A. H. 斯韦托维多夫认为,鲱与鳕在迁移途径上的这种差异的原因是由于西伯利亚海的淡化,因此像鳕这样的狭盐性海洋动物得以沿美洲北部海岸迁移,而像鲱这样的较为广盐性的海洋动物,则环绕北亚进行迁移。根据M. A. 拉夫罗娃(1946)的看法,软体动物的迁移发生在最后一次间冰期,即在北方海侵期间。

参考文献

Андрияшев А. П. Очерк зоогеографии и происхождения фауны рыб Берингова моря и сопредельных вод. Изд. Ленингр. унив., 1939, 186. стр.

Андрияшев А. П. Об амфипацифическом (японо-орегонском) распространении морской фауны в северной части Тихого океана. зоологический журнал, 1936, вып. 2, стр. 181—194.

Андрияшев А. П. Прерывистое распространение морской фауны в северном полушарии. Природа, 1944, № 1, стр. 44—52.

Arambourg C. Les poissons fossiles d'Oran. Matériaux pour la carte géologique de l'Algérie, 1-re série, paléontologie, № 6, Alger, 4°, 1927, 298 pp. +Atlas.

Берг Л. С. Рыбы бассейна Амура. Зап. Академии наук (8), физмат. отд. XXIV, № 9, 1909, VII+270 стр.

Берг Л. С. О причинах сходства фауны северных частей Атлантического и Тихого океанов. Изв. Академии наук, 1918, стр. 1835—1842.

Берг Л. С. Биполярное распространение организмов и ледниковая эпоха. Изв. Академии наук, 1920, стр. 273—302. Также в этом сборнике стр. 128—155.

Берг Л. С. Рыбы пресных вод СССР. 3-е изд., I, 1932; II, 1933.

Wilson J. H. The pleistocene formations of Sankaty Head, Nantucket Journ. Geology, XIII, 1905, pp. 713—734.

Dall W. H. Pliocene and pleistocene fossils from the Arctic coast of Alaska and the auriferous beaches of Nome, Norton Sound, Alaska. U. S. Geol. Survey, Profess. paper, 125—C, 1920, pp. 23—37.

Dall W. H. Summary of the marine shellbearing mollusks of the northwest coast of America, from San Diego, Califonia, to the Polar Sea. U. S. Nat. Museum, Bulletin, № 112, 1921, p. 217.

Дерюгин К. М. Фауна Кольского залива и условия её существования. Зап. Академии наук (8), XXXIV, № 1, 1915, IX+929 стр.

Дерюгин К. М. Фауна Белого моря и условия её существования Исследования морей СССР, № 7—8, 1928, XII +511 стр., изд. Гидрол. инст.

Дьяконов А. М. Иглокожие северных морей. Определители по фауне СССР, изд. Зоол. инст. Академии наук, Л., 1933, 166 стр.

Дьяконов А. М. Взаимоотношения арктической и тихоокеанской морской фаун на примере зоогеографического анализа иглокожих. Журнал общей биологии, VI, 1945, № 2, стр. 125—153.

Ekman Sven. Ueber Psous squamatus und verwandte Arten.

Arkiv for Zoologi, XV, 1923, № 5, pp. 1—59.

Ekman Sven. Prinzipielles über die Wanderungen und die tiergeographische Stellung des europäischen Aales, Anguilla anguilla (L.). Zoogeographica, I, 1932, Heft 2, pp. 85—106.

Ekman Sven. Biologische Geschichte der Nord-und Ostsee. Die Tierwelt der Nord-und Ostsee. Lieferung 23, Leipzig, 1933, p. 40.

Ekman Sven. Tiergeographie des Meeres. Leipzig, 1935, pp. XII+542.

Günther A. Introduction to the study of fishes. London, 1880. Немецкий перевод: Handbuch der Ichthyologie, Wien, 1886, p. 179.

Harmer F. W. The Pliocene Mollusca of Great Britain (Palaeontographical Society), London, 1914—1925, p. 900.

Hubbs C. L. The Japanese flounders of the genera Tanakius, Microstomus und Glyptocephalus. Occasional papers of the Museum of Zoolegy, University of Michigan, Aun, Arbor, № 249, 1932, p. 8.

Hofsten Nils. Die Echinodermen des Eisfjords. K. Svenska Vetensk.-Akad. Handlingar, Bd. 54, № 2, 1915, p. 282.

Hofsten Nils. Die Decapoden Crustaceen des Eisfjords, ibidem, 1916, № 7, p. 108.

Jensen Ad. S. and Harder P. Postglacial changes of climate in Arctic regions as revealed by investigations of marine deposits.

《Die Veränderungen des Klimas seit dem Maximum der letzten Eiszeit》, Stockholm, 1910, pp. 399—407.

Knipowitsch N. Zur. Kenntniss der geologischen Geschichte der Fauna des Weissen und des Murman-Meeres Verhandl. Miner. Gesell., XXXVIII, 1900, p. 139 (также p. 161).

Криштофович А. Н. Геологический обзор стран Дальнего Востока. Л. 1932, стр. 332.

Лаврова М. А. О географических пределах распространения бореального моря. Труды инст. геогр. Академии наук СССР-XXXVII, 1946, стр. 65—79.

Moffit F. Geology of the Nome and Grand Central Quandrangles, Alaska. Bull. U. S. Geol. Survey, № 533, Washington, 1913.

Обручев С. В. Древнее оледенение и четвертичная история Чу-, котского округа. Изв. Академии наук СССР, серия географ. и геофиз., 1939, стр. 129—145.

Odhner N. Hj. Die Molluskenfauna des Eisfjords. K. Svenska Vet. Akad. Handl., Bd. 54, № 1, 1915, p. 274.

Сакс В. Н. К познанию поздне третичной истории северного полярного бассейна. 《Проблемы Арктики》, № 9, 1940, стр. 46—52.

Световидов А. Н. О чертах сходства и различия в распространении, экологии ... между треской и океанической сельдью. Зоол. журн., 1944, вып. 4, стр. 146—155.

Смирнов Н. А. Определитель ластоногих (Pinnipedia) Европы и северной Азии. Изв. Отд. прикл. ихт., IX, вып. 3, 1929, стр. 231—268.

Smith J. P. Climatic relations of the Tertiary and Quaternary faunas of the California region. Proc. Calif. Acad. of Sciences (4), IX, № 4, 1919, pp. 123—173.

Soot-Ryen T. Pelecypoda, with a discussion of possible migrations of Arctic pelecypods in Tertiary times. The Norwegian North Polar Expedition with the《Maud》1918—1925, Scientific results, V, № 12, Bergen, 1932, p. 36.

Хоменко И. П. О возрасте третичных отложений побережья залива Корфа на Камчатке. Труды Дальневост. геолого-развед. об'ед., М. Л., 1933, № 287, стр. 1—32.

Шмидт П. Ю. Рыбы дальневосточных морей. СПб., 1904, стр. 394—419.

第八章　生物的两极同原分布与冰期[①]

我们早已发现，在新西兰海岸附近有英国周围各海所特有，但在暖海中没有的一些动物。一般，在南半球的温带地方，我们看到许多与北方温带地方的动物类型相同或相近的类型（属于同一个属）。这种特殊而又不可思议的地理分布特点叫做两极同原性[②]。

人们不仅对产生这一有趣现象的原因有不同看法，而且对这种现象本身的真实性也存在意见分歧。有些人断言，一般说来，是不存在任何两极同原分布动物的。例如，著名的比利时动物学家、古生物学家多洛，在研究了“贝尔吉加”（Belgia）考察队收集的南极鱼类之后，便得出了这样的结论。他在比较南北半球极圈以北和以南所见到的鱼类后确信，可能除某些世界种类〔如鳐属（Raja）〕或与我们感兴趣的问题无关的深水鱼类〔如灯笼鱼科（Scopelide）〕外，这些鱼类之间毫无共同之处[③]。多洛在证实鸟类

---

① 初次发表于1920年苏联科学院通报第273—302页（Изв. Ан，1920，стр. 273—302）。这次出版时作了补充。

② 俄文为“Биполярность”，英语为“bipolarity”，或译为“两极性”。同样，“биполярное распространение”——“两极同原分布”也译为“两极分布”。——校者

③ L. Dollo. Poissons，B：Expédition antarctique belge. Résultats du voyage du S. Y. Belgica en 1897—1898—1899，Zoologie. Anvers，1904，p. 199.

及哺乳动物方面也存在同样的情况之后，得出结论：两极同原论完全是不真实的，应当予以否定[①]。

但是，多洛在其论断中犯了一个极大的错误。两极同原的生物绝不是北极纬度地方的生物，而是温带的生物。

关于这一点，只要反对两极同原论的人读一读达尔文的著作，他们便可从中找到很有价值的见解。伟大的自然科学家达尔文在《物种起源》(1859)(中译本，1955，第273页——译者)一书的第十二章中指出，在热带山区，以及南澳大利亚山区和新西兰，有许多热带低地没有的欧洲植物。接着，他还说道："由此可见，全球热带区域的高山上面有若干植物，和南北温带[②]内平原上所生长的植物或是同种，或是同种中的变种。可是应该注意，这些植物并不是真正的北极类型[③]；因为正如华生所说，'从北极圈迁到赤道纬度下，高山或山地植物群已逐渐变为非北极性的了'"。

看来，对于这一点，没有再比达尔文的表述更明确的了。在上述引文隔几行的下面，达尔文在叙述热带山区的北方植物时，又几次将这些植物称为"温带性植物"、"欧洲温带性植物"、"温暖性植

---

① Dollo, 1. c., p. 205. 斯蒂亚斯尼也犯了这样的错误(G. Stiasny. Das Bipolaritätsproblefim. Archives néerlandaises de zoologie, Leiden, I, 1934, p. 35—53)。

② 着重点是我加的。——Л. 贝尔格

③ 更确切地说，栖息于大洋亚北极地区和北方地区的类型构成两极同原生物的主要部分。根据 K. M. 杰留金的确定(Дерюгин. Зап. Академии наук, физ. -мат. отд. (8), XXXIV, № 1, 1915, стр. 717—718)，北极地区的南界在大西洋中自白海向熊岛、斯匹次卑尔根群岛南端、冰岛北部、格陵兰以及大致向圣劳伦斯湾延伸；亚北极地区的南界由博德(挪威)向美国科德角延伸，包括了法罗群岛、冰岛南部沿海和科拉湾；在亚北极地区以南为北方地区，它包括水温由5°—6°到20°的大洋水域。

物”。

假如多洛不是拿极地附近的鱼类，而是拿生活在澳大利亚南部、新西兰、南非、巴塔哥尼亚及智利等海岸附近的鱼类与西欧、日本或北美温带地方海岸附近的鱼类相比较，那么他会像我在本文中力求阐明的那样，得出完全不同的另一种结果。

至于海洋生物两极同源分布的原因，我可以肯定，这种现象主要是由于冰期时大洋热带部分变冷造成的。热带温度稍微降低，便可使许多北方水生生物类型穿过热带，在南半球的温带地区定居下来。

关于无脊椎动物，这里不再赘述，因为在众所周知的 M. 杰留金的著作中已举有很多这方面的例子[①]。这里，我们仅仅指出低等动物具有两极同原分布的一些明显情况。这便是尾曳鳃虫(Priapulus caudatus)、轮钟螅(Campanularia verticillata)、多毛纲动物梳鳃虫(Terebellides strömi)、萨氏缩头虫(Maldane sarsi)、甲壳类的叶虾属(Nebalia)、软体动物贻贝(Mytilus edulis Astarte banksi)等等[②]。

---

① К. М. Дерюгин. Космополитизм и биполярная теория, в: фауна Кольского залива и условия ее существования. Зап. Академии наук по физ.-мат. отд. (8) XXXIV, № 1, 1915, стр. 854—875.

② 极为有趣的是海藻的分布。G. 默里和 E. 巴顿(1895)列举出了南北半球共有，但在热带没有的墨角藻科(Fucaceae)的 54 个种。在由锡特卡到合恩角的美洲西部沿海分布有巨藻(Macrocystis pyrifera)，但它没有生长于由下加利福尼亚到秘鲁北部的沿海地区(参看：R. C. Murphy. Geogr. Review, 1923, № 1, p. 84)。也可参看：T. Щапова. Биполярное распространение некоторых видов бурых водорослей. Доклады Академии наук СССР, LII, № 5, 1946, стр. 453—456.

水生哺乳动物中的两极同原性现象

在加利福尼亚海岸附近,南至北纬 24°40′的地方分布着海豹科(Phocidae)的北象形海豹(Macrorhinus angustirostris)[①]。其几乎已被捕杀殆尽的近似种 Macrorhinus leoninus 生活在秘鲁、智利、南乔治亚岛、新西兰、塔斯马尼亚、南澳大利亚、克罗泽群岛和凯尔盖朗岛等地的沿海附近[②]。象形海豹属(Macrorhinus)是典型的两极同原动物。它不可能存在于热带。同时,它也不是北极的属,而是温带的属。

海狗类——Otariidae 科或海狮科的毛皮海狮属(Arctocephalus)——包括两个亚属:1)海狗亚属(Callotaria),其中包括科曼多尔群岛的海狗(A. ursinus)及太平洋北部的相近种类。2)狭义的毛皮海狮属,这后一亚属包括几个两极同原分布的近似种,即南美毛皮海狮(A. australis),它栖息在由合恩角向北直到里约热内卢(南回归线附近)和加拉帕戈斯群岛(赤道附近[③])的南美洲沿海。近似种北美毛皮海狮(A. townsendi)不久前生活在加利福尼亚南

① 或写为"Mirounga patagonica"。过去中译名为"北象海豹"。——校者

② Murphy, L. C., p. 82.

③ 值得注意的是,还是施特勒(G. W. Steller. De bestiis marinis. Novi Commentarii Acad. Petropol., II, 1749, 1751, pp. 358—359)就已注意到海狗一方面在北半球栖息于白令岛,而另一方面在南半球则栖息于胡安·费尔南德斯群岛(在南纬 33°45′,属于智利)。白令岛上的海狗是 Arctocephalus (Callotaria) ursinus,胡安·费尔南德斯群岛的海狗(关于这类海狗,施特勒根据丹皮尔的记述作过报道)是 Arctocephalus (Arctocephalus) australis philipii。

部沿海，南极毛皮海狮（A. gazella）见于凯尔盖朗岛附近，非洲毛皮海狮（A. pusillus）分布于非洲南部及克罗泽群岛附近，新澳毛皮海狮（A. forsteri）栖居于澳大利亚南部沿岸、新西兰、圣保罗岛及阿姆斯特丹岛附近。由此可见，毛皮海狮属各个种在太平洋内的分布仅仅在中美洲沿岸中断。

同一海狮科的北海狮（Eumetopias lobatus）[1]分布在日本海岸附近，经很大中断后，再出现于新西兰及澳大利亚海岸附近。

黑露脊鲸〔Balaena (Eubalaena) glacialis〕生活在大西洋北部白熊岛、北角至地中海、马德拉群岛一带，在北美洲分布在自戴维斯海峡入口处和格陵兰南岸及西南岸至卡罗利纳南部的百慕大群岛一带。无论在墨西哥湾或在加勒比海中，都没有这个种[2]。现在，热带对该种来说是完全不可逾越的。大西洋南部有这种鲸的近似种南露脊鲸（B. australis），有些人把它与黑露脊鲸（B. glacialis）合为一个种。南露脊鲸分布在：北至北纬27°（圣卡塔琳娜）的巴西南部、阿根廷、巴塔哥尼亚、合恩角、智利（科金博）、特里斯坦—达—库尼亚群岛、阿尔戈阿湾和好望角。此外，在太平洋北部有极相近的种或亚种北露脊鲸（B. sieboldi）[3]栖息于自阿留申群岛至加利福尼亚和日本一带。值得注意的是，作为鲸鱼食物的海岛哲水蚤（Calanus helgolandicus）分布于西欧海岸附近（自日耳曼

① 或为“Eumetopias jubatus”。——校者

② 关于黑露脊鲸的分布，可参看：J. A. Allen. The North Atlantic right whale. Bull. Amer. Mus. Nat. Hist., XXIV, New York, 1908, p. 312. 也可参看：Trouessart. Catal. mammalium, II, 1898—1899, p. 1090, 1359; suppl. IV, 1905, p. 787.

③ 或称“西氏露脊鲸”。——校者

海起向南),其次分布于新西兰附近①。上面我们研究了与黑露脊鲸相近似的一系列种或亚种;所有这些都是温带的鲸,而不是北极地区的鲸。相反,典型北极的格陵兰露背鲸(B. mysticetus)②在南极地区却没有其代表。

抹香鲸科(Physeteridae)的槌鲸属(Berardius)③有两个种:一个种是南槌鲸(B. arnouxi),分布于新西兰沿海和卡塔姆岛附近;另一个种是槌鲸(B. bairdi),分布于白令海中。

灰海豚(Grampus griseus)见于大西洋北部的欧洲海岸附近,向南到达地中海和美洲,同时也见于太平洋北部,往南到达日本、中国和加利福尼亚;其次,出现在好望角、悉尼④及新西兰附近。

不能想象,在现代气候条件下,上述哺乳类动物能穿过热带,从北半球扩展到南半球。

海洋鱼类中的两极同原性现象

海洋鱼类中的两极同原性现象非常普遍,但与这个问题有关的一些事实至今仍很少为科学家们所注意。由于对热带海洋考察不够,通常认为南北温带共有的海洋鱼类在热带也有,只不过在那里暂时还没有发现。人们往往把两极同原性看作是世界性现象。

---

① 相反,Calanus hyperboreus 却具有典型北极的类型,该类型分布在北纬 60°以上。在南极地区没有发现这个种。

② 或称"北极露脊鲸"、"北极鲸"、"真鲸"。——校者

③ 按现在的分类"槌鲸属(Berardius)"属于"剑吻鲸科(Ziphiidae)"(参看:陈万青:《海兽检索手册》,科学出版社,1978,第 33—36 页)。——校者

④ E. Troughton. Proc. Zool. Soc., London, 1931, pp. 565—569.

下面是对鱼类中的两极同原性现象进行评述的初步尝试。我们要谈的仅仅是相同的类型或亚种或相近似种的两极同原分布情况，这里没有涉及南北半球存在同一属的绝然不同种的那种极常见的情况。

1. 鳀属(Engraulis)，是与鲱科(Clupeidae)相近的鳀科(Engraulidae)中的远洋鱼类，分布在南北半球的温带海域，热带没有。鳀属中有下列极相近的种：

1）欧洲鳀(E. encrasicholus)。在欧洲，自挪威贝尔根(甚至北纬61°31′还要偏北)和波罗的海向南分布至地中海和黑海；在非洲沿海分布至塞内加尔(吕菲斯克)[①]。

2）南非鳀(E. capensis)[②]。分布在南非：自开普敦至纳塔尔。

3）日本鳀(E. japonicus)。分布在萨哈林岛南部、德卡斯特里湾，向南到达釜山(朝鲜)和日本。

4）E. mordax。从温哥华到加利福尼亚南部一带均有分布。

5）秘鲁鳀(E. ringens)。分布在秘鲁和智利。

6）澳大利亚鳀(E. australis＝E. encrasicholus var. antipodum)[③]。分布在澳大利亚南部、塔斯马尼亚和新西兰。

可见，大西洋热带海域，尤其是太平洋热带区域没有鳀。无论在夏威夷群岛、大洋洲及菲律宾都没有鳀属鱼类。

---

① J. Pellegrin. Actes Soc. Linnéenne de Bordeaux, LXII, 1907, p. 82——格鲁弗(vol. 157, 1913, p. 1468)指出，甚至在法属几内亚(今之几内亚共和国。——校者)沿海也有鳀鱼。

② Gilchrist. Marine Biol. Report South Africa, I, 1913, p. 55.

③ A. R. Mac Culloch. A Check-list of the fishes recorded from Australia. The Australian Museum, Memoirs, V, Sydney, 1929, p. 42.

2. 黍鲱是远洋鱼类黍鲱属(Sprattus)(与鲱属 Clupea 相近)的各个种,分布在从挪威至黑海的欧洲沿海,其次出现在火地岛及福克兰群岛沿海(Sprattus fuegensis)以及南澳大利亚、塔斯马尼亚(Sp. bassensis)和新西兰的沿海(Sp. holodon)。

3. 最引人瞩目的是远洋沙丁鱼属的分布[①]太平洋沙丁鱼沙瑙鱼(Sardinops sagax)是按不同的名称记述的;它大量出现于日本海岸附近,在温暖的年份往北可游到堪察加东岸(远东沙瑙鱼,S. melanosticta);其次,这种鱼还见于美洲海岸附近,南至加利福尼亚南部(北美沙瑙鱼,S. coerulea);继而,在热带分布中断,然后再出现于秘鲁和智利(南美沙瑙鱼,S. sagax[②])。此外,它也存在于南非(南非沙瑙鱼,Sardinops ocellata)。最后,近似种新沙瑙鱼(S. neopilchardus)分布在新西兰、塔斯马尼亚及澳大利亚沿岸附近。无论沙瑙鱼的成鱼或幼鱼、鱼卵都是远洋性的。同时,欧洲的沙丁鱼(西欧沙丁鱼,Sardina pilchardus)和太平洋的沙丁鱼(Sardinops sagax)不会游到温度在20°以上的水中[③]。由此可见,20°等温线是沙丁鱼类在北半球分布的南界,在南半球分布的北界。显然,过去一个时期,沙瑙鱼(S. sagax)的分布是世界性的,不但温带有,而且热带也有。后来,它才在热带绝灭。根据里根的正确推测,冰期热带转冷可能是热带有沙丁鱼的原因。

4. Trigla lucerna 是魴鮄科(Triglidae)的滨海底栖鱼类,分布

---

① C. Tate Regan. The British fishes of the subfamily Clupeinae and related species in other seas. Ann. Mag. Nat. Hist. (8), XVIII, 1916, pp. 1—19.

② 或为 Arengus sagax。——校者

③ Regan L. c., p. 15, карта.

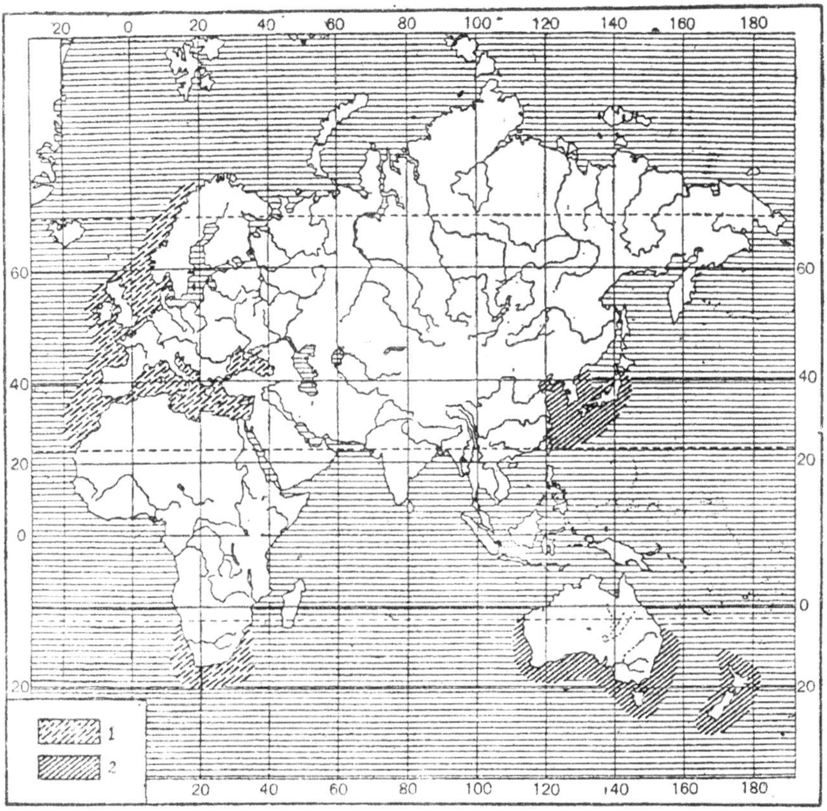

鱼类——Trigla lucerna 的两极同原分布：
1——Trigla lucerna；2——绿鳍鱼（Trigla lucerna kumu）
（据斯韦托维多夫，1936）

在欧洲沿海，南迄加那利群岛。然后，经大面积的分布中断，这种鱼再次出现在南非海岸附近，但向北没有超过南回归线。其亚种绿鳍鱼出现在东亚和澳大利亚沿海地区。这一东方亚种也是呈两极同原分布：它一方面分布在日本海、黄海、中国南海海岸附近，另一方面经过很大的分布中断后，出现在澳大利亚南部海岸附近以及塔斯马尼亚和新西兰沿岸。在热带没有 T. lucerna（以及亚种

T. lucerna kumu)[1]。

5. 很值得注意的是海鲂属(Zeus),海鲂科(Zeidae)的分布。从卑尔根到马德拉、亚速尔群岛、加那利群岛及塞内加尔的大西洋东部[2]分布有海鲂(Zeus faber)。这个种或亚种(澳大利亚海鲂 Zeus australis)生活在澳大利亚南部沿海和新西兰沿海;无论在印度或大洋洲都没有海鲂属的代表。与 Zeus australis 极相似或相同的种,即日本海鲂(Z. japonicus),见于日本海岸(由东京至长崎、对马岛)及釜山附近。此外,在好望角附近及纳塔尔海岸附近,分布有甚至可能与 Zeus australis[3] 相同的近似种南非海鲂(Zeus capensis)[4]。

6. 鲉科(Scorpaenidae)的鲪属(Sebastodes)[5]与北大西洋的鲈鲉属(Sebastes)相近,广泛分布在太平洋北部:在日本海岸附近、日本海以及黄海部分地区(阿瑟港附近)大约有 25 个种;美洲沿海地区有 50 个种。在美洲海岸附近,鲪属的各个种突然在加利福尼亚南部消失(乔丹和埃弗曼),接着在一段海域中断,然后一些极相似的种又出现于秘鲁(卡亚俄)及智利海岸附近。一个种即南非鲪(Sebastodes capensis)生活在好望角、果夫岛及特里斯坦-达

---

① A. H. 斯韦托维多夫曾经指出这个种的两极同原分布。参看:Triglidae в《Фауна СССР》, Рыбы, изд. Академии наук СССР, 1936, стр. 8—9. 我们从该书借用了上面这幅图。

② Pellegrin, 1. c., p. 90 (entre Rufisque et Dakar).

③ 关于 Zeus australis 可参看:Lütken. Spolia Atlantica. Vid.-Selsk. Skr. (5), nat. og math. Afd., XII, № 6, 1880, pp. 554—555 (146—147).

④ Gilchrist and Thomson. Annals S. African. Mus., VI, 1908—1910. p. 250.

⑤ 我们是按乔丹和埃弗曼所指的范围来理解这个属的。Fishes of North America, II, 1898, p. 1765.

库尼亚群岛附近海中。根据施泰因达赫涅尔认为南非的 S. capensis 与智利的 S. oculatus 完全相同的看法，可以判断分布于大洋各处的种近似到何种程度。

7. 睡鲨(Somniosus microcephalus)生活在白海、白令海及西欧沿岸海中，南到塞纳河河口；沿美洲海岸南下至科德角；然后，出现在太平洋北部：自白令海往南至日本和俄勒冈。在新西兰以南麦夸里岛①附近海中发现有同一个种或相近的类型。应当注意，睡鲨分布在深达 400—500 米的水中。

8. 姥鲨(Cetorhinus maximus 或 Selache maxima)的分布、生活方式以至外形都像黑露脊鲸。它同样不游到北极纬度的海中，在格陵兰沿岸海中也没有。在欧洲，它分布于自穆尔曼西部至亚得里亚海一带以及冰岛附近海中；在美洲，它向南分布到弗吉尼亚；在太平洋，可见于加利福尼亚沿岸(蒙特雷)附近海中、日本、澳大利亚南部和塔斯马尼亚沿岸海中②。这种鲨鱼是远洋鱼类，以浮游甲壳类动物为食物。

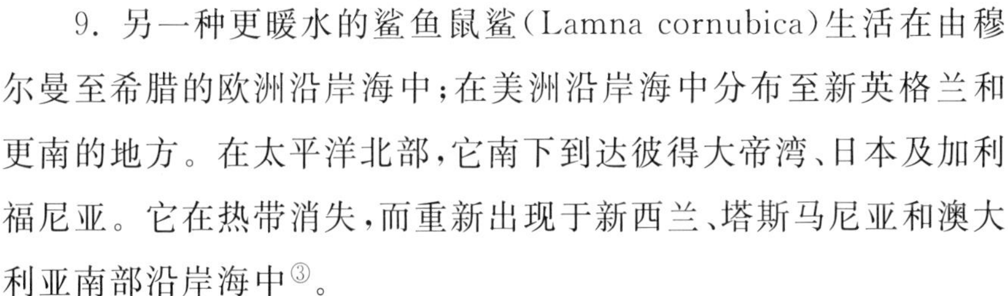

9. 另一种更暖水的鲨鱼鼠鲨(Lamna cornubica)生活在由穆尔曼至希腊的欧洲沿岸海中；在美洲沿岸海中分布至新英格兰和更南的地方。在太平洋北部，它南下到达彼得大帝湾、日本及加利福尼亚。它在热带消失，而重新出现于新西兰、塔斯马尼亚和澳大利亚南部沿岸海中③。

10. 真鲨科(Galeidae)的海滨鲨鱼锯尾鲨属(Galeus)大概总

① C. Tate Regan. Ann. Mag. Nat. Hist. (8), XVIII, 1916, p. 378.

② 参看：Л. С. Берг. Фауна России. Рыбы, I, СПб., 1911, стр. 57—58.

③ Л. С. Берг. Фауна России. Рыбы. стр. 54. —Mac Culloch. L. c., p. 14.

共只有一个种锯尾鲨(G. galeus),它分为几个亚种。这个种分布在欧洲沿海(曾于北美东岸,即长岛附近捕获一尾)、好望角、日本沿海,南至台湾(Subsp. japonicus)、夏威夷群岛、加利福尼亚、秘鲁(Zyopterus)、智利(Subsp. chilensis?)及澳大利亚和塔斯马尼亚附近海域(Subsp. australis)①。

这类例子还可以举出许多。我们还可以指出,有些种在一些大洋中呈两极同原分布,而在另一些大洋中也分布在热带海域。例如,在太平洋热带地区的中美洲西部沿海没有狐形长尾鲨(Alopias vulpes)。可是,这种鲨鱼既分布于加利福尼亚附近海中,又分布于智利海岸附近;还经常出现在印度洋热带地区。

最后,我们举一些彼此独立,一部分甚至属于不同亚属的种的两极同原性现象的例子。与鮨科(Serranidae)相近,但以喙状合生牙为特征的石鲷科(Hoplognathidae 科),由一个属——石鲷属〔Hoplognathus (Hoplegnathus, Oplegnathus)〕及下面几个种组成,其中前四个种组成 Scarostoma 亚属:

条石鲷〔H. fasciatus (Schlegel)〕。日本(青森至长崎)、釜山。

斑石鲷〔H. punctatus (Schlegel)〕。日本(东京至长崎)。

H. insignis (Kner)。秘鲁北部,加拉帕戈斯群岛。

H. robinsoni Regan②。纳塔尔。

---

① 关于锯尾鲨属的分布,可参看:R. 恩格尔哈特的有价值的著作。Tiergeographie der Selachier. Beiträge zur Naturgeschichte Ostasiens. Abhandl, II, Kl. bayr. Akad. Wiss., IV, Suppl. -Bd., 3 Abhandl., München, 1914, p. 31〔在该著作中包括有关鲨类(Selachii)分布的各种资料〕。

② C. T. Regan. Annals Durban Museum, I, pt. 3, 1916, pp. 168—169.

H. conwayi Rich（=H. pappei Casteln）。开普敦至纳塔尔。

H. woodwardi Waife。澳大利亚西部，塔斯马尼亚。

关于两极同原性的原因

在举出上述大量例子（也可参看：杰留金，1915）后，两极同原现象的真实性是无可怀疑的了。现在，许多人都试图解释这种难于理解的现象的原因。

1. 达纳是最先注意到海洋动物两极同原分布的人中的一个。他于1854年就指出了新西兰与大不列颠沿海附近的十足类（Decapoda）动物群有相似之处：新西兰及大不列颠沿海附近都有热带所没有的黄道蟹属（Cancer）、梭子蟹属（Portunus）、长臂虾属（Palaemon）①。他还列举出纳塔尔沿海及日本沿海共有，而中间地带海洋所没有的甲壳纲的几个种②。关于这种现象产生的原因，达纳是这样推论的，生物的地理分布的特点可能是由以下两个原因中的一个所引起：首先是物种在各处独立形成原始地方种（original local creations）；其次是迁移③。他说道，如果我们在这里指的是栖居于南北两半球温带的动物在种或属方面的相似性，那么，我们就没有选择的余地：迁移假说在这里是不适用的，于是我们就不得不认为，对于大不列颠（Palaemon squilla）和新西兰

① James D. Dana. On the Geographical Distribution of Crustacean Amer. Journ. of Science and Arts (2), XVIII, 1854, p. 36(отт.).

② 同上注，第37页。

③ 同上注，第37页。

(P. affinis)来说物种是独立形成的。甲乙两地的自然条件差不多相同，两地就会出现几乎相同的种[①]。

可见，达纳是主张相同种或相近种在不同地方独立形成(即现在所说的异地发生或多源发生)假说的。

2. 埃廷格肖森在植物方面也提出了颇为相似的观点。根据他的意见，可由同一类母质在不同地方形成相同的属和种[②]。作为例子，他主要举出苔草属(Carex)，它分布于北半球温带地区，以及山区、澳大利亚温带地区、新西兰、塔斯马尼亚。例如，其中包括铜苔(Carex echinata)、圆锥花苔(Carex paniculata)、俄苔(C. vulgaris)、尖苔(C. acuta)等[③]。与达纳的观点不同的是，他认为存在同一类基质，由它在南北半球上形成了相似或相同的植物。

我们不否定埃廷格肖森的观点在原则上的正确性[④]，但我们认为，对于两极同原植物种来说，从一个半球向另一个半球迁移的学说似乎要合理得多。下面我们将会看到，对于某些美洲两极同原种来说，可以探索到它们沿安第斯山脉自北向南迁移的各个阶段。

---

① 同上页注，第42页。

② C. Ettingshausen. Zur Theorie der Entwickelung der jetzigen Floren der Erde aus der Tertiärflora. Sitzber. Akad. Wiss. Wien, math.-naturw. Cl, Bd. CIII, Abth. 1, 1894, p. 309—310.

③ 同上注，第309—322页。

④ 布里奎特和恩格勒也赞同植物类型的异地起源。关于他们的观点，可参看：J. P. Lotsy. Vorlesungen über Deszendenztheorien, Jena, II, 1908, pp. 483—496. 也可参看：Л. С. Берг. Номогенез. П., 1922, стр. 238—242. ——E. Du Rietz. Problems of bipolar plant distribution. Acta phytogeograph suecica, XIII, 1940, p. 227, 230, p. 263 (для Carex pyrenaica).

3. R. 黑塞曾提出一种假设，认为某些两极同原生物可由分布在热带水域中的暖水生物类型在南北半球独立地发育起来。例如，北极和南极所特有，但在中间地区没有的抱球虫属[①]的厚皮抱球虫(Globigerina pachyderma)，就是由栖息于中间地带暖水的 G. dutertrei 发育而来的地方类型。北极的 G. pachyderma 和南极的 G. pachyderma 也是由此而来，这两者都是处于低温影响之下的[②]。

不能排除这样的可能性。但是，就极大部分两极同原类型来说，可以肯定，暖水不是它们的原产地，恰恰相反，它们是避开热带的。

同样，伊姆舍尔(1922)[③]根据某些陆生植物〔小米草属(Euphrasia)[④]、龙胆属(Gentiana)、千屈菜属(Lythrum)、伞形科(Umbelliferae)、十字花科(Cruciferae)等等〕的两极同原分布，断言它们是从热带向两旁——向北和向南迁移到温带定居的；热带植物的后代适应了温带气候。

4. 特尔(1886)和 Г. 普菲费尔(1891)[⑤]认为，直到第三纪初

① 或称“球房虫属”。——校者

② R. Hesse. Tiergeographie auf ökologischer Grundlage. Jena, 1924, p. 293.

③ E. Irmscher. Pflanzenverbreitung und Entwicklung der kontinente. Studien zur genetischen Pflanzengeographie. Mitteil. aus dem Institut f. allgem. Botanik in Hamburg, V. 1922 (pp. 17—235，附有 24 幅植物分布图)，p. 206. 这位作者遵循极移和大陆漂移的学说。

④ 小米草属分布于北半球(非洲除外)，热带没有，然后再出现于智利、澳洲南部、塔斯马尼亚和新西兰。

⑤ G. Pfeffer. Versuch über die erdgeschichtliche Entwickelung der jetzi. gen Verbuitrungsverhältnisse unserer Tierwelt. Hamburg, 1891, p. 17.

期，地球上都不存在动物地理带。那时有的只是单一的、世界性分布的动物区系。后来，条件发生了变化。现代两极同原类型是在极地附近地区毫无改变地（或几乎没有改变地）保存下来的、从前单一动物区系的残余物（残遗种），与此同时，相应的种在热带却绝灭了或发生了改变。这个假说显然是无稽之谈。第一，气候地带，因而也是动物区系地带（фаунистическая зона），即使在第三纪以前，如在白垩纪期间（见第十章）就已出现了。第二，正如奥尔特曼[①]所指出的那样，在极地附近地区，由于寒冷时期的到来，气候条件急剧变化，这里的生物应该变化得较快，而热带动物区系从下第三纪时期起，生活条件一直大致相同，其变化应该比较小。

5. 默里（1896）曾指出深水动物有可能由热带向极地迁移。随着极地变冷，这里的动物应该绝灭，极地附近地区重新为动物定居是通过从只有单一动物区系的深水处迁移而来的。然而，我们在上面所举的事实正好涉及沿海种类，部分甚至涉及远洋种类（无论如何，不是真正的深水种类）。因此，不管可能提出反对这种理论的其他意见怎样，这种理论已不复存在了。

6. 奥尔特曼（1897）认为沿海生物在现代可能沿非洲和美洲西部海岸进行迁移，因为在这些海岸存在寒流和有寒冷的深水流向表面[②]。然而，大陆西部沿岸并没有连续的冷水带，而且在途中

① A. E. Ortmann. Ueber《Bipolarität》in der Verbreitung mariner Tiere. Zool. Jahrbücher, Abt. Syst., IX, 1897, p. 573.

② 例如，在十足目的褐虾属（Crangon）中，南极种南极褐虾（Cr. antarcticus）（南乔治亚岛）近似于加利福尼亚的 Cr. franciscorum，而南部非洲的南非褐虾（Cr. capensis）则近似于欧洲的褐虾（Cr. crangon）（Ortmann. 1897, pp. 582—583）。

即在热带还有暖水的障碍。

7. 还有著名探险家罗斯，看来是在1839—1843年南极航行期间，第一个注意到深水动物类型中的两极同原现象的人。他提出了一种假设，认为生物只有通过深处才能从北极渗入南极[①]。奥尔特曼也曾指出这种可能性。例如十足类的假褐虾属(Pontophilus)在北半球有10多个种，在南半球只有两个种：一个分布在新西兰附近海中，另一个分布在澳大利亚南部海中。但是，这个属的一些北方种显示出喜爱深水生活的习性，而在热带的深水处则发现有向下游到数千米深的种[②]。

不过，也存在许多纯属表层生物的两极同原类型，如鲸类。

8. K. M. 杰留金(1915，第875页)认为，海洋生物的两极同原性是由世界性发展而来的。他把两极同原性看作是“间断分布的形式之一，该形式在海洋生物中表现得特别明显，因为在过去的地质时代存在迁移的有利条件，以及在现代的南北半球温带和高纬度地区存在相似的水生生物生存条件”。关于出现间断的原因，杰留金没有作进一步的说明。

9. 杜赖茨(1940)不认为两极同原的陆生植物有可能经由热带低地从一个半球迁移到另一半球。他认为，从前某个时候，无论在南北半球的温带和热带，两极同原的陆生植物都具有连续的分布。按照他的意见，在过去的地质年代，即在阿尔卑斯造山作用以前，美洲和非洲的热带地区以及印度-马来群岛，高山耸立，在这些

① J. Ross. A voyage of discovery and reseach in the sonthern and antarctic regions during the years 1839—1843, vol. I, London, 1847, p. 208.

② Ortmann, 1897, p. 581.

高山上生长着温带气候的植物类型。同样,过去某个时候,南美洲、澳大利亚和新西兰曾通过南极洲而彼此相连,是一片连续的陆地。后来,由于陆地下沉才出现了现代的间断分布。

显然,这个假说不能说明水生动植物两极同原分布的原因。再说,未必可以认为像拉琴氏苔(Carex Lachenalii)、Carex pyrenaica、Carex magellanica 这样一类相同的两极同原植物种具有如此古老的历史。

许多作者提出了一种十分近乎情理的假说。他们认为,自冰岛大致到南纬 53°、沿整个大西洋由北向南延伸的大西洋水下山脉,早在更新世时就是海拔 2 000 米的水上山脉。现在,水下山脉的一些最高点位于 1 300 米左右的深处[①]。根据马莱斯的意见,第三纪时期,当大西洋山脉尚矗立于水面以上时,沿该山脉发生过南北半球陆生动植物的交换,因此能够形成两极同原分布现象[②]。马莱斯认为,他在火地岛发现的叶蜂科欧洲一个属的代表叶蜂总科(Tenthredinoidea)的膜翅类,Pseudomonophadnus 可能具有这样的分布。

10. 我们认为,两极同原是冰期的结果。冰期时,不但北极和温带地区变冷,而且热带也变冷。那时,许多北方的生物类型找到了向赤道及继而向南半球迁移的路径。当冰期过后,热带温度重

① 大西洋底部有很深的海底谷地,如刚果河河口、哈得孙河河口及其他河流河口延伸部分的海底谷地,证明了第四纪时洋面有很大变动(参看:Л. Берг. Подводные долины. Изв. Геогр:общ., 1946, № 3, стр. 301—306)。关于大西洋的海底山脉,可参看:Л. Берг, там же, 1947, № 1.

② René Malaise. Tenthredinoidea of South-Eastern Asia with a general geographical review. Lund, 1945, Entomologiska sällskapet, p. 34, 62.

又升高，进入这里的北方生物类型不是在这里绝灭，就是离开这里向南或向北迁移，结果就造成了间断分布。

冰川时期，特别适宜动物区系交换的地方是大陆西部沿海。这里，由于冷水上升到表面，暖水的热带区域大大缩小。在这里，只要水的表层温度略微下降，便会促使北方动物类型向南迁移。

例如，在加拉帕戈斯群岛（而它正好位于赤道上）附近，8 月和 11 月海洋表面的平均水温只有 20°，然而向北在北纬 9°—11°附近，平均温度则已经为 28°。在南美西部海岸附近，有些地方水温比正常温度低 7°（或者如通常所说，这里水温的等距平线为 7°），而在非洲西南岸水温甚至要低 8°。寒冷的加利福尼亚地区与寒冷的秘鲁地区之间的中美洲沿海，只有一个不太宽的暖水带；在西部非洲赤道海岸附近，情况也是这样。南北半球的动物区系在这两个地区最容易进行交换。

从现在提出的理论观点来看，便容易明白，为什么只有温带的动物类型才有两极同原现象，而北极带的动物类型却没有这种现象：因为热带温度没有下降到能使极区动物越过赤道那样大的程度。

上述关于两极同原现象是冰期热带变冷的结果的观点，并不是什么新观点。我们过去已经指出，这种观点正是查·达尔文早在 1859 年提出来的。然而，所有撰文论述这个问题的人都完全忽略了《物种起源》中与此有关的部分。在《物种起源》第 12 章（《生物的地理分布》）[①]中，正是在标题为《南北冰期的交替》一节内，达

① 在《物种起源》的第一版中，这一章是第 11 章。参看：Чарлз Дарвин. Сочинения, III, 1939, стр. 580（达尔文：《物种起源》，谢蕴贞译，科学出版社，1955，第 256 页。——校者）。

尔文注意到，在热带地区的山地和在南半球的温带地区有欧洲和北美所特有的许多植物。例如，胡克就曾在非洲阿比西尼亚[①]山地、好望角、费南多波岛、弗德角群岛及喀麦隆山地中发现了欧洲的植物或与之极为相近的植物，但在热带的低地没有这些植物。“爪哇高山上植物的属名录，和欧洲丘陵上所采取植物的属名录，好像是一版制出来的！”[②]在澳洲南部山地及新西兰有热带低地所没有的欧洲温带(非北极)地区的种。动物的情况也如此。达尔文援引了达纳的意见，即“新西兰所产的甲壳类特别和它对蹠点的地方——大不列颠所产的接近，甚于世界其他各处”，同时也引用了理查孙关于在新西兰和塔斯马尼亚海岸附近突然出现北方鱼类的叙述。达尔文认为产生这些现象的原因是：在冰期最盛时，热带低地上栖居着大量温带型的生物。在这一时期内，赤道附近海面上的气候与现在该地 1 500—1 800 米高处的气候大致相同，甚或更冷一些[③]。那时，赤道附近低地应当覆盖有热带及温带地区的混合植被，这种植被类似于胡克所记述的现在覆盖于喜马拉雅山 1 200—1 500 米高山坡上的茂密植被，不过温带的植物也许更多些罢了。冰期末，北温带的生物类型从赤道地区或被排挤到山区，或重返温带，或最后绝灭。同时，达尔文根据克罗尔的看法，赞同南北半球冰期交替发生(即非同时发生)的观点。关于海洋动物，

① 即今之“埃塞俄比亚”。——校者

② 达尔文：《物种起源》，科学出版社，1955，第 273 页。——校者

③ 也请比较：Ч. Дарвин. Очерк 1844 года. Сочинения，III，1939，стр. 179：“这个时期(冰期)南北美洲整个热带部分具有(像福科内尔关于印度所断言的一样)比较寒冷的气候，在某种程度上不是可能吗？”

达尔文也采用了同样的推论：冰期的洋流与我们今天所看到的迥然不同，那时某些温带海洋动物能够到达赤道。

在华莱士所著《岛屿上的生命》一书中，我们也可看到类似的推论过程。在该书中，华莱士论及南半球，尤其是新西兰温带植物区系中的北极植物成分问题[①]。在陆栖动物区系方面，汉德利尔奇也顺便提出了这样的看法[②]。最后，反对两极同原论[③]的 C. T. 里根[④]用冰期热带变冷的影响来说明一个局部情况，即沙丁鱼在太平洋的分布。

下一章将对上面阐述的两极同原理论提出地质学上的论证。

地质资料

与现在相比，史前时代是温度较高、湿高较小的时代。那时的草原和荒漠向北伸展比现在远得多；动物区系也随之北移。陆栖动物和海洋动物从南方大大向北扩展。总而言之，发生了干旱气候带向北扩大的现象[⑤]。

另一方面，在冰川时期发生了相反的情况：气候带朝赤道方向

---

① A. R. Wallace. Island life. London, 1880, pp. 477—496.

② A. Handlirsch. Beiträge zur exakten Biologie. Sitzber. Akad. Wiss. Wien, math. naturw. Kl., Bd. CXXII, Abt. I. 1913, pp. 475—476.

③ 请参看：C. T. Regan. The antarctic fishes of the Scottish National Antarctic Expedition, Transact. R. Soc. Edinburgh, XLIX, part II, 1913, p. 230.

④ Ann. Mag. Nat. Hist. (8), XVIII, 1916, pp. 15—16.

⑤ 关于这一点，请参看前面第二、四、五章。

扩展。结果，北方的动物群涌向南方，从而在温带地区冰期的沉积层中，我们看到了许多北方的动物类型。

在英格兰东部属后上新统最下部(有人认为属于上新统上部)的诺威奇砂质泥灰岩中，我们发现混杂有大量北方的动物成分：就其种的数量而言超过30%，就个体数量而言，它们占优势。它们是：北方爱神蛤(Astarte borealis)、美人蛤(Cyprina islandica)、波纹蛾螺(Buccimum undatum)及其他许多动物。在上覆的奇勒斯福特(Chillesford)砂质泥灰岩中，动物群带有更明显的北方动物痕迹。同样，在韦伯恩(Weybourn)砂质泥灰岩中，也有许多北方的软体动物。在较年轻的克罗默森林层中，含有较暖气候的动物。与此相反，在年龄更轻的诺福克森林层中，可以重新看到气候变冷的明显迹象。

对地中海西部的北方外来动物曾作过深入研究。M. 吉纽在其论述意大利海相上新统和后上新统的佳作中，对这里的沉积层提出了如下年代对比：

含 Strombus bubonius 层 } 第四纪
西西里阶(Sicilien)
卡拉布里亚阶(Calabrien) } 晚上新世

这里我们要指出，奥格(Traité de géologie，II，1911，第1767页)认为卡拉布里亚阶与诺威奇砂质泥灰岩阶同期，而且认为它们是在后上新统的最下部〔“维拉弗朗阶”(Villafranchien)〕。

在卡拉布里亚阶中，特别是在它的上部，有许多北方动物类型，它们完全不同于地中海先前的动物群——后者已逐渐离开地中海，现在这里再也看不到了。如分布最广的美人蛤（其现代分布的最南界是加的斯湾，在该湾 103 米的深处发现有活的美人蛤[①]）、波纹蛾螺（其分布的最南界是加斯科涅湾[②] 411 米的深处）以及 Natica montacuti 就是这样的北方类型[③]。

西西里阶，尤其是其巴勒莫附近的著名露头，具有更丰富的北方动物类型。这里有已从地中海完全消失的下列北方种类：Pecten (Chlamys) islandicus、P. (Chl.) tigrinus、Cardium echinatum typ.、美人蛤、Dosinia lupinus var. ficaratiensis aff.、Dosinia lincta、Tapes rhomboides、海螂（Mya truncata）、Panopaea norvegica、Cochlodesma praetenue、Chrysodomus sinistrorsus、Buccinum undatum et var.、Trichotropis borealis 和 Natica montacuti[④]。在卡拉布里阶中没有这些动物中的 Pecten tigrinus 和 Trichotropis borealis。

向东直到科斯岛及罗德岛，曾经发现了含美人蛤及其他北方

① 美人蛤是典型北方的种类（按 K. M. 杰留金所指的含义），而不是北极的种类：它在欧洲分布于白海到加的斯湾，在美洲分布于圣劳伦斯湾到哈特勒斯角。在格陵兰沿海仅仅发现死的甲壳类——显然是冰后期的证据，C. islandica 在冰后期向北方分布得很远，正如它在冰期向南分布一样。

② 即比斯开湾。——校者

③ Gignoux, p. 599. ——在波斯尼亚高 580 米地方的年代不详的沉积层中，曾经发现了含有保存完好的北极海洋鱼类毛鳞鱼（Mallotus villosus）化石的结核体（St. Bolkay. On the occurrence of the fossil capeling, Mallotus villosus Müll. in SE-Bosnia. Novitates Musei Sarajevoensis, № 3, 1925, p. 1）。我曾在苏联科学院古生物研究所看到了采自该地方的含有极完好毛鳞鱼化石的结核体。毛鳞鱼现在在欧洲分布的南界通过挪威特隆赫姆附近，在奥斯陆附近海中发现过少数几条。

④ Gignoux, p. 603.

软体动物的沉积层①。

在含 Stronbus bubonius 层沉积之前，所有这些种都已离开了地中海——显然是由于温度开始升高之故。这时，温度朝相反方向变化：地中海的水变得甚至比现在还暖，于是便出现了现今在这里已不复存在的许多亚热带种。分布于尼斯附近、意大利、西班牙、希腊、塞浦路斯、突尼斯、阿尔及利亚等地的含 Strombus bubonius 沉积层，具有现在栖息于塞尔内加尔、几内亚、弗德角群岛及加那利群岛沿岸海中的软体动物种，如塞内加尔贻贝（Mytilus senegalensis）、塞内加尔心蛤（Cardita senegalensis）、Tritonium ficoides、Strombus bubonius 等即是②。含 Strombus bubonius 的沉积层属于末次（里斯-玉木）间冰期，这一时期的特点是存在 Elephas antiquus。按奥格的意见，这是第四纪中期的沉积。

此外，在北纬 16°—18°非洲塞内加尔海岸自圣路易去阿德拉尔途中，从海洋深入内地 150 公里，发现了第四纪的海相沉积，其中有比现在明显得多的温带型软体动物群。含这种软体动物群的砂质沉积层高出海平面达 55 米。这里，没有塞内加尔沿岸现代动物区系所固有的热带的涡螺属（Voluta）、缘螺属（Marginella）、冠螺属（Cassis）、凤螺属（Sfrombus）、侧凹螺属（Pleurotoma）、衲螺

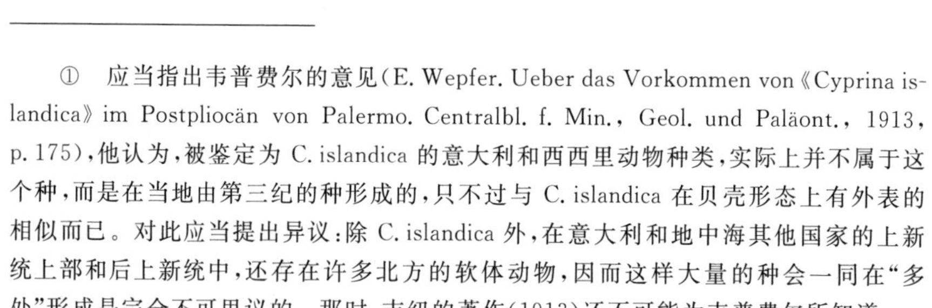

① 应当指出韦普费尔的意见（E. Wepfer. Ueber das Vorkommen von《Cyprina islandica》im Postpliocän von Palermo. Centralbl. f. Min., Geol. und Paläont., 1913, p. 175），他认为，被鉴定为 C. islandica 的意大利和西西里动物种类，实际上并不属于这个种，而是在当地由第三纪的种形成的，只不过与 C. islandica 在贝壳形态上有外表的相似而已。对此应当提出异议：除 C. islandica 外，在意大利和地中海其他国家的上新统上部和后上新统中，还存在许多北方的软体动物，因而这样大量的种会一同在"多处"形成是完全不可思议的。那时，吉纽的著作（1913）还不可能为韦普费尔所知道。

② Gignoux, p. 606.

属(Cancellaria)及蛇螺属(Vermetus)，取代它们的主要是 Cardium edule、Bittium reticulatum、Hydrobia ulvae、Phasianella pullus、Tapes aureus、Rissoa parva 等，它们是欧洲北方水域(如英格兰沿海)所特有的种的总和；这个软体动物群证明当时气候比较温和[1]。除了这些北方的种类外，还有许多南欧的软体动物，如地中海芋螺(Conus mediterraneus)、Arca noë、Ostrea stentina 等；此外，还有一些现在生活于塞内加尔附近的种[2]。对塞内加尔动物化石群颇有研究的多尔菲，认为该动物群属于临近第四纪的气候变冷时期，即中中新世时期[3]。

太平洋北部也有同样的现象。第四纪初，就是在这里北方的水也流向南方。在加利福尼亚海岸发育圣迭戈[4]组沉积。多尔菲和 P. 阿诺德认为该组至少部分属于上新世，而奥格(II，第 1893 页)则认为属于后上新世(Post-pliocene)。该沉积物显示出温度迅速下降的痕迹，即含有北方的软体动物。下面的圣佩德罗组含北方动物类型的数量要少得多。

这样，我们就逐步弄清了北方动物种类在冰期是怎样向南即

① 个别种向南到达了地中海和更南的地方。

② C. F. Dollfus. Les coquilles du quaternaire marin du Sénégal. Mémoires Soc. géol. France, Paléontologie № 44, Paris, 1911, p. 15.

③ Dollfus，同上注，第 15 页——在陆地上，撒哈拉现在的干河床——干谷证明在从前雨期(或称洪积期。——校者)时水量丰富。动植物化石的发现，证实过去某一时期在撒哈拉主要为比较湿润和比较凉爽的气候。那时，撒哈拉存在河流，河中栖息着现今尼罗河和塞内加尔河特有的鱼类。这个动物群的残遗种类(以及塔西利的尼罗鳄)现在见于撒哈拉的各个不同地方未与大河相通的小水域中。J. Pellegrin. Les poissons des eaux douces de l'Afrique du nord francaise. Mém. Soc. sciences natur. du Maroc, I, № 2, Paris, 1921, pp. 36—38, 77—78.

④ 英文为"San Diego"，过去译为"圣地亚哥"。——校者

向赤道扩展的。显然，未来的研究必将直接在赤道附近地方找到这些动物的化石。现在，我们也已了解这些动物种类是怎样从北半球进入南半球的。

反之，我们已经知道：在温暖的冰后期，北方的动物是怎样向北移栖，而它们的栖息地又怎样被来自亚热带的外来动物所占据——现在这些外来动物已返回到它们自己的原产地。

* * *

上面（第247—252页）所述的内容写于1919年。但当时还没有关于大洋热带部分洋底古生物的资料。

现在，由于《流星》号（《Meteor》）船于1925—1927年间主要对大西洋热带部分进行了考察，我们获得了所需的资料。人们已经研究了不仅取自洋底，而且取自较深（深达95厘米）底土[①]层的沉积物。在有孔虫类抱球虫科[②]的地理和地质分布方面发现了极为有趣的资料。

浮游的抱球虫——泡抱球虫（Globigerina bulloides）和胖抱球虫（Gl. inflata），分布在大西洋温带较凉爽的水域表层。但在大西洋赤道带，泡抱球虫仅仅大量出现于佛得角和布兰科角之间的冷水区域；在其余地方，这种抱球虫约占全部有孔虫总数的1%（或不到1%），而且它们大概是被洋流带到赤道带温暖地方来的[③]。

---

① 或称"底质"。——校者

② 或称"球房虫科"。——校者

③ W. Schott. Die Foraminiferen in dem äquatorialen Teil des Atlantischen. Ozeans. Wiss. Ergebn. der deutschen Atlantischen Expedition auf dem《Meteor》1925—1927. Band III, Teil III, Lieferung 1, Berlin und Leipzig, 1935, p. 96.

另一种抱球虫胖抱球虫在大西洋北部的热带水域中为数极少。它的主要分布区是南半球温带区域。这两种抱球虫都具有两极同原的分布。

自然，在大西洋热带部分现代海底沉积物中，泡抱球虫和胖抱球虫小壳通常只占沉积物中有孔虫类贝壳总数的1%或不到1%（肖特，示意图47—48，第104页）。现在，这里的海底沉积物主要是浮游的抱球虫袋拟抱球虫（Globigerinodes sacculifera）的小壳，它们的数量在有些地方（如在几乎位于赤道上的圣保罗岛以北）占现代沉积物中有孔虫类贝壳总数的60%以上。在现代海底沉积物中，浮游的抱球虫镶边圆辐虫（Globorotalia menardi）（或旧称Pulvinulina menardi），（同前书，示意图，第99页）占第二位（10%—30%）。因此，这两种喜温抱球虫在大西洋热带部分表层浮游生物中占据了主要地位（肖特，示意图，第92页）。

不过，有一点值得注意。在较深的底土层中镶边圆辐虫消失，取而代之的是大西洋温带所特有的抱球虫种类——我们已经知道的泡抱球虫和胖抱球虫。在更深的底土层中，再次出现镶边圆辐虫。

肖特（第122页）正确地推论，不含喜温动物镶边圆辐虫小壳的中间层是在最后一次冰期沉积的。含镶边圆辐虫的上层厚10—43厘米（平均24厘米），是冰后期的沉积物。

喜温的镶边圆辐虫在冰期消失的原因，部分是由于生存条件恶化，使这种热带动物经受不住北方动物的竞争（镶边圆辐虫大概是移到了佛得角群岛以西的地区）（肖特，第124页）；另一方面，在冰期，南极底层流到达比现在更北的地方，而北极洋流也沿洋底降到大约北纬20°的地方。这些寒流应当对抱球虫小壳的碳酸钙有明显的溶解作用。无论如何，在大西洋热带部分的洋底沉积中，到处可以发现冰期的沉积层所含碳酸盐比间冰期的沉积层（下伏冰期沉积层）和冰后期的沉积层少得多[①]。

从纽芬兰与爱尔兰之间的大西洋北部采取的底土样品表明，抱球虫软泥下面深达3米的底土是由几层冰川沉积物组成的。在亚速尔群岛所在纬度地方，曾从海底取得了显然随冰搬运过的带冰川擦痕的漂砾。在冰期的沉积物中发现有喜寒的有孔虫，而在间冰期的沉积物中发现有喜温的或现代气候所特有的有孔虫[②]。

这些资料证明，上述的两极同原理论正确地解释了下列事实：在冰川时期温带特有的抱球虫类型泡抱球虫和胖抱球虫进入到了热带，因此它们分布中的间断现象消失。后来，在冰后期，由于气候变暖，上述抱球虫从大西洋赤道区向南北迁移，开始形成间断的两极同原分布类型。

随着竞争者北方动物离开热带和南北极底层流减弱，镶边圆辐虫重又返回原地——热带。我们已经指出，按肖特的看法，镶边

① C. W. Correns. Die Sedimente des äquatorialen Atlantischen Ozeans. Wiss, Ergebn. der deutschen Atlantischen Expedition auf dem《Meteor》1925—1927. Band III, Teil III, Berlin und leipzig, 1937, p. 218. ——在美国滨海地区的晚第三纪沉积中有Globorotalia menardi（J. A. Cushman. The Foraminifera of the Atlantic Ocean. U. S. Nat. Mus., Bull., № 104, 1931, part 8, p. 92）。

② W. H. Bradley, M. N. Bramlette, J. A. Cushman, L. G. Henbest, K. E. Lohman and P. D. Trask. North Atlantic deep-sea cores taken by the Geophysical laboratory, Carnegie Institution. National Research Council, Transactions of American geophysical Union, XVIII annual meeting 1937, part I, Washington, 1937, pp. 224—226.

圆辐虫迁移到了弗德角群岛以西地区。它也可能在某个温暖的、易受热增温的沿海海湾中度过了寒冷时期。

众所周知，在冰期，热带，甚至赤道附近的山地，如东非及肯尼亚山（5 195 米）和鲁文佐里火山（5 125 米）也受到了冰川的作用①。

现代热带动植物区系的北方类型

不但地质资料，而且动植物现代的分布，也可为我们关于过去某个时候热带曾经变冷的看法提供有利的证明。

胡克已经指出，阿比西尼亚山地有许多不同于毗邻地区植物区系的北方植物。A. 恩格勒②曾经详尽地研究过这一问题。他指出（p. 81），冰期地中海植物往南分布的条件比现在更有利。除了由人类带来的杂草植物外，我们在阿比西尼亚山地中还发现了非常多的“北方-地中海”种，如亚欧唐松草（Thalictrum minus）、野车轴草（Trifolium arvense）、疗伤绒毛花（Anthyllis vulneraria）、白果紫草（Lithospermum officinale）、欧百里香（Thymus serpyllum）、菭草（Koeleria cristata）、百脉根（Lotus corniculatus）、勿忘草（Myosotis silvatica），与北方的山婆婆纳（Veronica montana）相似的阿比西尼亚婆婆纳（V. abyssinica）；其次是与石蚕叶婆婆纳

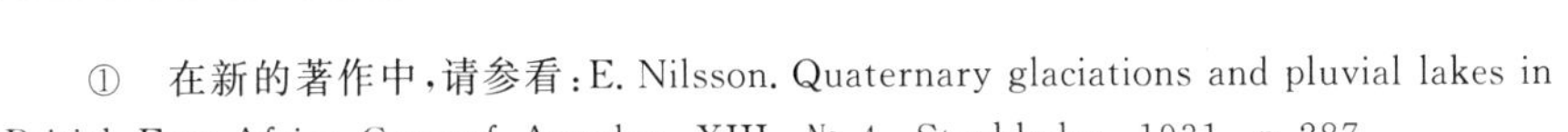

① 在新的著作中，请参看：E. Nilsson. Quaternary glaciations and pluvial lakes in British East Africa. Geograf. Annaler, XIII, № 4, Stockholm, 1931, p. 287.

② A Engler. Veber die Hochgebirgsflora des tropischen Afrika. Abhandl. Akad. Wiss. Berlin (1891), 1892, pp. 1—461, особенно pp. 81—93.

(V. chamaedrys)近似的多枝婆婆纳(Veronica javanica)、匍匐委陵菜(Potentilla rcptans)及许多其他植物[①]。在阿比西尼亚山地草原上,画眉草属(Eragrostis)、落草属(Koeleria)、羊茅属(Festuca)及早熟禾属(Poa)生长到 4 500 米的高处。

毫无疑义,这些植物中一部分可能是飞鸟带来的,但大部分应该认为是在非洲北部气候比较凉爽湿润时期进入热带非洲的山地的。可资证明的是,在阿比西尼亚山地中,我们不仅看到北方的植物,而且看到北方动物的代表。

在阿比西尼亚3 500—4 000米高处,发现有许多与阿尔卑斯山及比利牛斯山的甲虫有亲缘关系的种,例如在 Lamellicornia Coprophaga 中,这里发现了屎蜣螂属(Onthophagus 属)的一个种,它与欧洲的 O. ovatus 相近;蜉金龟属(Aphodius)中的一个种,它与欧洲的红蜉金龟(A. rufescens)相近;以及别氏蜉金龟(Simogenius beccarii)等。此外,有与欧洲种近似的耳象属(Otiorhynchus)三个种,以及龙虱属(Agabus)、Ocypus 属及 Dereaster 属的种[②]。

正如华莱士在其《马来群岛》(1861)一书中所指出的那样,在东爪哇山地热带雨林带以上 1 800 米与 2 800 米之间的地方,发现有无论在外貌和分类成分上都与温带森林植物类型相似的植被。在这里,我们看到下列各属的代表:羊茅属(Festuca)、剪股颖属

---

① 也可参看:A. Engler. Die Pflanzenwelt Afrikas. I. Band. Leipzig, 1910, pp. 107—110, 989 (=Die Vegetation der Erde, IX).

② H. J. Kolbe. Ueber die. Lebensweise und die geographische Verbreitung, der coprophagen Lamellicornier. Zool. Jahrbücher, Suppl. -Band VIII, 1905, p. 565.

(Agrostis)、茅香属(Hierochloe)、车前属(Plantago)、堇菜属(Viola)、茴芹属(Pimpinella)、鼠麴草属(Gnaphalium)、缬草属(Valeriana)、苦苣菜属(Sonchus)、毛茛属(Ranunculus)、猪殃殃属(Galium)、羽衣草属(Alchemilla)、欧龙牙草(Agrimonia eupatoria)、唐松草属(Thalictrum)、琉璃草属(Cynoglossum)、蕨(Pteris aquilina)[①]。我们曾经说过,关于这种现象达尔文也在《物种起源》中提到过。此外,在印尼苏拉威西岛 3 000 米以上的高度也可找到我们北方的植物类型:毛茛属(Ranunculus)、委陵菜属(Potentilla)、曲芒发草(Deschampsia flexuosa var.)、绒毛翦股颖(Agrostis canina var.)[②]等。

生长在向高山分布的南界的下列北方针叶植物一直延伸到赤道,甚至赤道以南:帝汶岛上的松,苏拉威西岛上的红豆杉(Taxus)及东非尼亚萨湖区的桧。

尽管阿比西尼亚山地与古北区隔着宽广的努比亚沙漠地带,但阿比西尼亚的软体动物群却带有明显古北区的痕迹:低地中有许多苏丹种,可是在山地我们看到的几乎全是大蜗牛属(Helix)的古北区种。这些种在非洲别的地方没有,而是较北地区所特有的,如与 Fruticolae 有亲缘关系的 Helix darnaudi、与欧洲阿尔卑斯山的 Helix ciliata 没有区别的一个 Monacha 属、一个 Xerophila 属,其次是纯古北区 Petraeus 类群中的锥螺属(Buliminus)、大量

① A. Schimper. Pflanzengeographie auf physiologischer Grundlage. Jena 1908, p. 763. Шимпер лично посетил эти места. См. также: S. H. Koorders. Excursionsflora von Java. Jena, 1911—1912, 2 тт.

② Schimper, l. c., p. 768.

的蛹螺科(Pupidae),以及 Clausilia dysterata。特别值得注意的是 Slausilia dysterata。在非洲,烟管螺属(Clausilia)通常只有三个种,其中一个种生活在阿比西尼亚以北(Cl. sennaarensis),另一个种栖息在坦噶尼喀以南。

在阿比西尼亚的山地软体动物群中,以这种古北区类型占优势,但值得注意的是,哺乳动物中古北区类型很少(可以瓦利山羊为例)不过,直到雪线的山地中常有 Macacus gelada 出没。

科贝尔特[①]在指出这些事实时认为,北方软体动物能够经阿拉伯南部进入阿比西尼亚。在阿拉伯南部分布着阿拉伯和叙利亚所特有的 Petraeus 类群中的 Buliminus 的许多种、Helix darnauli 类群中的 Helix leucosticta 以及一个烟管螺属(Cl. schweinfurthi)。我自己再补充一点:无论阿拉伯还是阿比西尼亚均有古北区鱼属鳅科(Cobitidae)的条鳅属(Nemachilus),正是在察纳湖[②](阿比西尼亚)中有阿比西尼亚条鳅(N. abyssinicus)。除阿比西尼亚外,上述这个属的代表在非洲任何地方都看不到。

我认为,所有这些北方种向阿比西尼亚迁移只能发生在冰期,那时毗连地区的温度有些下降。

但是,北方动物类型向南扩展得更远。在乞力马札罗山高 2 600米以上的地方,有许多北半球温带气候所特有的甲虫。例如,在 3 000 米高的地方,发现了步甲科(Carabidae)中的 Bembidion (Testediolum) Kilimanum,它属于欧洲山地高山带下界所特

① W. Kobelt. Studien zur Zoogeographie. Die Molluskender paläarktischen Region. Wiesbaden, 1897, p. 102—104. 已故的 B. A. 林德霍尔姆曾经注意到这一点。

② 即"塔纳湖"。——校者

有的一个亚属。其次，还发现了象甲科（Curculionidae）耳象属（Otiorhynchus）的两个种，其外貌与阿尔卑斯山和比利牛斯山这个属的象甲完全相似①。

在英国殖民地肯尼亚②的奈瓦河湖区（肯尼亚山西南，南纬1°附近）发现有 Corixa mirandella。划蝽属（Corixa）是古北区所特有的。这个科（划蝽科）的椿象见于阿比西尼亚2 400米左右的高度③。

在亚洲热带地区也可见到北方类型的昆虫。下面是我们从著名蚜虫（Aphidae）专家 A. K. 莫尔德维尔科的著作中引用的资料④。

榆四脉棉蚜（Tetraneura ulmi）的发育周期与榆属植物（Ulmus）密切相关。在爪哇及台湾，这种蚜虫以无翅迁移型（exules）出现在甘蔗的根部，用极原始方法进行繁殖。现在，无论在爪哇和台湾都没有榆树。可以认为，在冰期的某个时候爪哇和台湾都有榆树，而且那时这里也生活着蚜虫的有性个体〔所谓的"性母"（Sexuparae）〕。当热带气候变得更暖时，这里的榆消失了，而蚜虫却衍存了下来。同样，在爪哇和菲律宾群岛上有榆毛四脉棉蚜

---

① Ch. Alluaud. Les Coléoptères de la faune alpine du Kilimanjaro. Ann. Soc. Ent. France. LXXVII, 1908, pp. 21—32.

② 已于1963年独立，于1964年成立肯尼亚共和国。——校者

③ G. E. Hutchinson. Annals and Magazine of Natural History (10), VI, 1930, pp. 57—65.

④ A. Mordvilko. The Wolly Apple Aphis (Eriosoma lanigerum Hausmann) and other Eriosomea. C. R. Académie Sciences de Russie, 1923, A, P. 42 — A. K. Мордвилко. Кровяная тля. Eriosoma lanigerum Hausmann. Л., 1924, изд.《Новая деревня》.

(Tetraneura hirsuta),其发育周期也与爪哇及菲律宾现在已没有的榆树有关。在爪哇和台湾有缢管蚜属的 Rhopalosiphum lactucaeoleraceae,但却没有与这种蚜虫有关的茶藨子属(Ribes)[①]。

淡水甲壳类的 Maraenobiotus brucei 桡足亚纲(Copepoda)、猛水蚤科(Harpacticidae)的分布情况也很相似。其典型种类常见于自格陵兰至法兰士约瑟夫地群岛一带。其亚种出现在喀尔巴阡山、喜马拉雅山以及爪哇和苏门答腊的高地上[②]。

深水类型

我们在前面的叙述中有意不涉及深水类型,而仅仅考察了沿海的,而且没有下游到很大深度的类型,以及远洋类型。

对深水类型的两极同原性,可能容易作如下的解释:它们是在水温比表层低得多的一定深度越过热带的。我并不否定这种可能性,但我认为有必要指出,这种分布方式并非如初看起来那样简单容易。对于栖居在 1 000 多米深处的真正深水类型来说,从这一半球移居到另一半球并不难,而且我们知道,它们的确是常常呈世界性分布。但对其他类型来说,情况要复杂得多。因为,例如在北纬 60°与南纬 50°间的大西洋 400 米深处,温度为 1°C—18°C,动物

① A. Mordvilko. Anolocyclic Aphids and the Glacial Epoch. Anolocyclic Uredinales. C. R. Academie sciences de Russie, 1924, A, p. 55. Ср. также A. Mordvilko. From the history of some groups of Aphids, ibidem, p. 48.

② P. A. Chappuis. Copepoda Harpacticoidea der deutschen limnologischen Sunda-Expedition. Archiv f. Hydrobiologie, Supplement band VIII, 1931, p. 518, 578—582.

为躲避温度的过于强烈的变化，在迁移时不得不在有些地方下游到比 400 米深得多的水中。

普通鮟鱇(Lophius piscatorius)肯定是从深水处往南半球扩展的。除大西洋北部(据了解，南至巴巴多斯岛、亚速尔群岛和佛得角群岛)外，这种鱼还见于里约热内卢及好望角附近。这种鱼能游到 760 米深处，而且显然也存在于大西洋热带部分的深水中。

我认为，深水中的迁移在冰期要容易得多，而且栖居在一定深度的大多数两极同原类型，也是在冰期具有两极同原分布的。此外，在冰后期，许多北方类型为了找到较冷的水，而改变为深水的生活方式。例如我们知道，某些北方沿海软体动物，现在在其分布南界栖居于很深的地方。比如，波纹蛾螺(Buccinum undatum)就可以作为例子：在其分布的南界，即加斯科涅湾，它栖居于 411 米的深处。在预先作了这些说明后，现在我们来举几个深水(但非深海)鱼类中的两极同原分布的例子。

Gaidropsarus Raf. 1810 (Onos-Risso 1826, Motella Cuvier 1829)是两极同原属，该属的一个类型是 Gadus mediterraneus L. 1758 = G. tricirratus Brünnich 1768 = G. jubatus Pallas 1811[①]。这个属的大量近似种分布在大西洋北部、地中海、北非海岸附近、日本海岸附近(G. pacificus、长崎)、新西兰(G. novae-Zealandiae)、南非(G. capensis)、印度洋中的圣保罗岛附近(G. capensis)，这些种中有的可游到 2 000 米深度以下(如 G. ensis)。可以推测，将来这个属的

① 这里包括只有两个鼻须的种。参看：A. H. Световидов. Фауна СССР. Рыбы. Трескообразные (печатается).

种也会出现在热带的深水中，那时它将成为世界性属。然而，经过一系列深水考察，至今在太平洋热带地区都尚未发现这个属。

水珍鱼科（Argentinidae）总科（鲑总科）（Salmonoidei）的水珍鱼属（Argentina）分布在太平洋和大西洋北部以及纳塔尔、新南威尔士、塔斯马尼亚和新西兰沿岸海中。

锯鲨科（Pristiophoridae）的鲨鱼常见于日本海岸附近（日本锯鲨 Pristiophorus japonicus）；其次，在南澳大利亚、维多利亚、新南威尔士和塔斯马尼亚海岸附近有两个种[①]。

南北半球有许多与白斑角鲨（Squalus acanthias）相近的、难区分的种，但它们没有出现于北纬 20°至南纬 20°之间的地带。据了解，这类鲨鱼一般不下游到 200 米深以下的地方（不过某些种类可以游至 500 米左右的深处）。

角鲨科（Squalidae）的鲨鱼（Centrina centrina）常见于地中海及大西洋毗邻地区，以及南澳大利亚、塔斯马尼亚、维多利亚和新西兰（＝C. bruniensis；奥格尔比，1894）。深水的 Scymnorhinus lichia 生活在地中海、大西洋毗邻地区、日本、南澳大利亚和新西兰附近。

绵鳚科（Zoarcidae）中深水的 Lycenchelys 属及 Melanostigma 属具有两极同原分布[②]。鳕科（Gadidae）中的长鳍鳕属（Urophycis）、无须鳕属（Merluccius）及 Micromesistius 属都能下游到很大的深度[③]。

① 有一个种 Pliotrema warreni 的另一个属，分布于非洲南部沿海。

② J. R. Norman. Coastishes. Part III. The Antarctic zone. Discovery Reports, XVIII, Cambridge. 1938, pp. 81—85.

③ 参看 A. H. 斯韦托维多夫的这些属的分布图：Световидов. Трескообразные в: Фауна СССР, Рыбы (печатается).

在鮨科(Serranidae)的 Callanthias 属中,有三个种:1)C. peloritanus,分布在地中海,马德拉群岛;2)C. allporti,分布在塔斯马尼亚、新南威尔士;3)C. japonicus,分布在日本(相模湾)[①]。

陆生动植物中的两极同原性

在陆生动物中,已知的两极同原例子为数不多。这部分是由于人们在不久以前才开始注意这一现象,部分是由于下述原因:陆地是对气候变化的反应比水要快得多、强烈得多的基质;因而在气候条件发生变化的情况下,陆生动物群一般不是绝灭,就是迁移到其他较适宜的地方。

由于存在许多两极同原分布的有花植物,因此就应该预期有许多同样分布的昆虫。比如隐翅虫科(Staphylinidae)的 Trogophlaeus (Trogopholeus) bilineatus,其栖息区被热带隔成两半;它分布在欧洲——即从英国、斯堪的纳维亚半岛至意大利、希腊、塞浦路斯岛、小亚细亚、伊朗、高加索、土耳其斯坦一带、北非、马德拉群岛、加那里群岛和亚速尔群岛,以及好望角;它在新大陆上分布于加拿大、美国及智利;此外,还分布于澳大利亚[②]。总之,它的分布是典型的两极同原分布。

著名昆虫学家科尔贝列举出许多甲虫,它们分布于北非及整

① V. Franz. Abhandl. bayr. Akad. Wiss., math.-phys. Kl., Suppl.-Bd. IV, Abh. I, 1910, p. 40.

② Г. Г. Якобсон. Жуки России и западной Европы. СПб., изд. Девриена, стр. 469.

个地中海沿岸，在热带中断，然后出现于非洲南部①。如吉丁科(Buprestidae)土吉丁属(Julodis)的粗吉丁虫分布在撒哈拉以北，以及前亚细亚和中亚细亚。在热带非洲，这一属中只有在外形与上面刚提到的北方种不同的一些小的另一种颜色的种。但是，在非洲南部，这些北方类型却又出现在灌木草原中。拟步甲科(Tenebrionidae)的 Adesmia 常见于非洲东北部、地中海区域至中亚一带，然后出现在西南非。Scaurinae 亚科(也属拟步甲科)中的 Scaurus 属在地中海区域有 43 个种，而近似属 Herpiscius 在开普地②只有 4 个种。拟步甲科的 Platyscelis 属有 50 多个种，它分布在地中海地区至土耳其斯坦一带，再往北，根据已故 Г. Г. 雅各布松个人报道，沿伏尔加河分布至奥卡河河口；近似属 Oncotus 有 6 个种，仅仅分布在开普地。拟步甲科的 Asida 属，除中美和北美外，还分布于地中海地区，它在那里有很多种。该属在开普地有几个种。犀金龟亚科(Dynastinae)中的玉米犀金龟属(Pentodon)在地中海地区有 20 个种；这个属在热带中断，然后其中有 5 个种又出现于南非自开普地至德兰士瓦和纳塔尔；这些南非的种在不久前被划为单独的一个属 Pentodontoschema。在属于花金龟科(Cetoniidae)的甲虫中，我们要提出地中海的 Aethiessa 属(摩洛哥、阿尔及尔、突尼斯、南欧及西亚有 4 个种)、南非的 Tricho-stetha 属(在开普地、纳塔尔、德兰士瓦有 9 个种)与之有近缘关系。金龟子科(Ateuchidae)的 Mnematium 属在的黎波里及阿拉

① H. J. Kolbe. Ueber die Entstehung der zoogeographischen Regionen auf dem Kontinent Afrika. Naturwiss. Wochenschrift, N. F., Bd. I, 1901—1902 (№ 13, 29/XII 1901), pp. 145—150.

② 即“南非开普省”。——校者

伯有 2 个种；近似属 Pachysoma 有 5 个种分布在开普地西部和西南非；在热带非洲没有亲缘种类。

关于甲虫的这种间断分布的原因，科尔贝发表了自相矛盾的看法。他在一个地方（第 147 页）指出，冰期在非洲热带地区主要应该是比较凉爽而湿润的气候。当时热带非洲的森林所占的面积比现在大。“但是，在这个比较湿润的时期，热带非洲也应该有草原，更确切地说，是灌木草原。这可以说明土吉丁属、玉米犀金龟属、Scaurus、Adesmia、Asida、Platyscelis、通缘步甲属（Pterostichus）、婪步甲属（Harpalus）等属的分布情况，即那时它们大概在热带非洲栖息过，但后来随着干燥炎热气候的来临而在这里绝灭或向北方迁移”。但他在另一个地方（第 149 页）又说道，在湿润凉爽时期（即冰期），草原类型在热带绝灭。

我认为，像 Jolodis、Adesmia、Peutodon 这样一些北方和古北区甲虫类型，在冰期前时期的热带非洲及南非动物区系中是根本没有的。冰期时撒哈拉和热带地区的气候比较凉爽，这些种方可经由热带进入南方。当气候重新变暖时，这些属的代表在热带地区绝灭，但在非洲南部它们一直存在到今天。

有许多鸟类具有两极同原的分布，如潜鸭亚科（Fuligulinae）的凤头潜鸭（Nyroca fuligula 或 Fuligula fuligula）巢居于欧洲及亚洲北部，而在新西兰则有其近似种 Nyroca noyae-seelandiae①。

① W. Oliver. New Zealand birds. Wellington, 1930, p. 225. 除新西兰以外，这个种还见于奥克兰群岛和查塔姆群岛（T. salvadori. Catalogue of the Chaenomorphae in the British Museum, Catalogue of Brids, XXVII, 1895, p. 370）。在 Fuligula s. str. 属中共有 5 个种：其中凤头潜鸭冬季南飞到达华南和印度；冬季偶尔也出现于菲律宾、婆罗洲（现在为加里曼丹岛。——校者）、马里亚纳群岛和帕劳群岛（Salwadori, p. 366）。

凤头鸊鷉(Podiceps cristatus)在古北区营巢,而与其略为不同的种类却在澳大利亚、塔斯马尼亚、新西兰栖息。北极燕鸥(Sterna paradisea)栖居于北极地区,但近似种类(亚种 Vittata)却在南极地区生活。

加利福尼亚有无肺螈科(Plethodontidae)的剑螈(Ensatina croceater),它与乌拉圭的 E. platensis 几乎没有什么区别。

在热带非洲没有淡水甲壳类的钩虾属(Gammarus),但在非洲北部和南部却有这种动物。

在陆生植物中,可以指出大量的两极同原现象。许多北欧植物和北美植物生长在南美的极南部、澳大利亚南部和新西兰。据我所知,最先注意到这一现象的是著名的植物学家胡克。他起初是 1847 年在关于 1842 年 J. 罗斯南极探险队的工作报告中指出,火地岛上有许多与大不列颠共同的,但在中间地区没有的植物,如粉报春(Primula tarinosa)、水生小鸡草(Montia fontana)、岩高兰属(Empetrum)、高山梯牧草(Phleum)等①。后来,在 1853 年专门论述新西兰植物区系的著作中②,他又指出在这些岛屿上发现有许多欧洲植物的事实。A. 德康多尔在其 1855 年出版的名著《植物地理学》中,详细地谈到了两极同原性的问题(当然没有使用后来才采用的这一术语)。在名为《分布区间断的物种》的第十章中,有一节的标题为《非

---

① J. D. Hooker in:J. Ross. A vovyage of discovery and research in the southern and antarctic regions. during the years 1839—1843. Vol. II, London, 1847, p. 295, 297—299(胡克的报告占第 288—302 页)。

② J. D. Hooker. Flora of New Zealand. I, London, 1853, p. XXXII, 其序言也曾以《新西兰植物区系引论》的标题单独发表。

水生植物种进入两半球寒冷地区或温带地区，而不存在于热带之间的地带内》[①]，其中列举有32种两极同原分布的植物，如草莓(Fragaria chilensis)、粉报春、穗三毛草(Trisetum spicatum)等等。

为了说明相同的种既生长在加利福尼亚又生长在智利的原因，德康多尔继胡克[②]之后认为，这些种正是在巴拿马地峡的山地比现在高的时期分布于科迪勒拉山系的[③]。然而，这种看法是没有根据的，因为它没有说明：为什么两极同原分布的物种在热带地区绝灭，而对于许多种还可以肯定地说，即使在将来它们也不会在热带范围内被发现。

胡克(1859)在其专门论述塔斯马尼亚植物区系的著作中，较详尽地叙述了我们所论述的问题。他提出了一张欧洲和北亚特有的38种有花植物名称表，这些植物在热带地区几乎没有或根本没有，而在澳大利亚温带地区又重新出现[④]。它们是：葶苈(Draba nemoralis)、百脉根(Lotus corniculatus)、城市水杨梅(Geum urbanum)、星苔(Carex stellulata)、北方香茅(Hierochloe borealis)、发草(Deschampsia caespitosa)、似穗三毛草(Trisetum subspicatum)、落草(Koeleria cristata)，等等[⑤]。除似穗三毛草外，所有这

① Alph. de Decandolle. Géographie botanique raisonnée. Paris-Genève, 1855, II, pp. 1047—1054.

② Hooker. l. c., 1853, p. XXV. 胡克在这里只是顺便谈到北极种类在合恩角的分布，而没有提及新西兰。

③ Decandolle. l. c., p. 1330.

④ J. D. Hooker. Flora of Tasmania. I, London, 1859, p. XCIV—C, CIII 序言曾按同一号码以如下标题单独发表：《论澳大利亚的植物：它的起源、类同和分布》，London, 1859, p. CXXVIII。

⑤ Hooker. 1859. p. XCVII.

些植物均属于大不列颠的植物。其中许多种(15 种)在新西兰也有;在新西兰植物区系中,总共约有 50 个有花植物种与欧洲植物区系是共同的。在上面提到的 38 个种中,有 28 个种也为塔斯马尼亚所特有。此外,还列举有分布于非洲南部和火地岛,但在热带地区没有的许多欧洲种和属①。

胡克在进而解释这些事实时,引用了前面已经提及的达尔文的假说。按照该假说,在冰期时"南北半球温带地区的种类几乎全部集中于热带地区,后来,当温度升高时,它们应当从这里迁往热带的山地,以及返回温带地区,现在我们可在这些地区找到它们之中的大部分"②。然而,胡克是否定这种假说的(第 XVII—XVIII 页):如果热带地区有过达尔文的假说所要求的那样显著的温度下

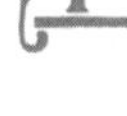

① Hooker. l. c., pp. XCVIII—XCIX. ——在 E. 杜赖茨的著作中也举有陆生植物中的两极同原性的许多例子:E. Du Reitz. Problems of bipolar plant distribution. Acta phytogeographica suecica, XIII, Uppsala, 1940, pp. 215—282. 值得注意的是小米草属(Euphrasia)的分布(卡尔塔,стр. 224, 1. c)。它分布于旧大陆的北方,向东到达日本、朝鲜、台湾岛、菲律宾群岛、印度-马来群岛和新几内亚。在加拿大也有这种植物。它在南纬 10°与 30°之间缺失,然后重新出现于澳洲南部、塔斯马尼亚、新西兰和智利。它具有沿亚洲东部边缘和沿印度-马来群岛和澳洲迁移的路线。其次,柏科(Cupressaceae)和崖柏亚科针叶植物肖楠属(Libocedrus)清楚地显示出由一个半球向另一个半球迁移的路线:中国,缅甸,台湾岛,马鲁古群岛南部,新几内亚,新喀里多尼亚,新西兰,加利福尼亚,智利南部(恩格勒,1826)。然而,这个属的迁移可能早在第三纪即已完成,而且如 R. 弗洛林所认为的那样(Florin. The Tertiary fossil Conifers of South Chile and their phytogeographical significance. K. Svenska Vetenskapsakad. Handl. (3), XIX, № 2, 1940, pp. 82—83),迁移是自北向南进行的。Libocedrus 的化石见于北半球第三纪沉积中(甚至是从阿穆尔的上白垩统起);有资料说明该属存在于南美的第三纪沉积中。

② Hooker, l. c., p. XVII.《斯塔马尼亚植物区系》出版于 1859 年 7 月,即比《物种起源》出版早几个月,不过胡克是早已了解达尔文的著作的。

降情况，那么热带的植物群应当死亡，而且再也不能复活。同时，与此相反，胡克又提出了（第 XVIII 页）关于冰期植物沿山脉迁移的见解；特别是在谈到安第斯山脉时，他又回到了他早已（在《南极地带植物区系》及《新西兰植物区系》中）提出的假说：中美洲地区的山地以前较高，因此促使植物跨越热带地区由一个半球迁移到另一半球[①]。至于植物在喜马拉雅山脉、印度-马来群岛、日本及澳大利亚的山地分布的情况，胡克认为这里可能是山脉下沉到太平洋洋面以下之故；沿着现已消失的这种南北向的山脉，植物也能进行迁移（第 XVIII—XIX 页）。

胡克的见解值得极认真的注意。毫无疑义，热带变冷不可能很显著，否则陆地和海洋的动植物群都得死亡。不过，热带确实变冷过，温带海洋软体动物一直扩展到热带，便可证明这一点（关于这一点请参看前面）。关于温度下降的幅度，还可根据下述资料来判断。根据沙丁鱼类〔沙丁鱼属（Sardina）和沙瑙鱼属（Sardinops）〕现在的分布所能作出的结论是，它们不能忍耐 20°C 以上的海水温度；现今，热带最暖海域水的表面温度不低于 24°—25°左右[②]。可

① M. H. 奥克斯纳（Окснер. О происхождении ареала биполярных лишайников. Ботан. Журн. СССР, 1944, № 6, стр. 251）提出一个关于自北半球向南半球迁移路线的极可接受的假设：迁移不是通过狭窄低凹的巴拿马地峡完成的，而是沿安的列斯群岛完成的，该群岛乃是下沉的褶皱山脉，该山脉将南美洲首先同中美洲的山脉连接起来，其次同委内瑞拉和哥伦比亚的山地连接起来。

② 热带最暖的水在所有大洋中分布在纬度 0°和 10°之间。就平均而论，在大西洋为 26.8°，在印度洋为 27.9°，在太平洋为 27.2°（O. Krümmel. Handbuch der Ozeanographie, I, Stuttgart, 1907, p. 401）。热带开阔大洋中水温的最小年温差略小于 1°（Krümmel, l. c., p. 414）。因此，在最暖的地方，水温平均不会低于 26°—27°。但是，这些温差是关于开阔大洋的，而大家知道，沿岸海水的温差要大得多。

见，要使沙丁鱼能够进入南半球，热带的温度应该下降 4°—5°。这样的降温，热带植物也能忍受。当然，山脉应该大大有助于植物的迁移。不过，单是山脉的存在，不能导致植物的两极同原分布，因为（再说一遍）如果没有冰期的干扰，那么，例如在安第斯山脉中，迁移来的植物应该遍布整个山脉，但情况并非如此。

关于热带气候变冷不可能很大这一点，可由下述情况（我们再次指出这一点）得到证明：两极同原植物种在极大多数情况下并非北极种，而是温带地方的种，或者是那些既能顺利经受北极气候又能顺利经受温带气候的种，如布克氏苔（Carex Buxbaumi）、落草、岩高兰（Empetum nigrum）、粉报春等。

胡克关于下沉到海面以下的南北向山脉，对于植物从一个半球迁移到另一半球的原因问题具有意义的看法，最近（1940 年）为杜赖茨（在上述引文中）所采纳并加以详细阐述。

下面，我们进一步介绍一下关于两极同原陆生植物的分布的资料。

在火地岛上有中间地区所没有的下列北极-高山植物种和北方植物种：高山飞蓬（Erigeron alpinus）、粉报春、卧龙胆（Gentiana prostrata）、Empetrum nigrum rubrum①、小刺苔（Carex incurva，

---

① 岩高兰（Empetrum nigrum）是岩高兰属的唯一代表，分布于欧洲北部、西伯利亚北部、鄂霍茨克地区、北美阿拉斯加到格陵兰，参看：В. Л. Коморов. Флора Маньчжурии. Труды，СПб. бот. сада，XXII，в. 1，1903，стр. 701。在火地岛上为亚种 E. rubrum Willd. ＝E. rubrum Yahl；此外，这个类型还出现于智利南部，以及智利以西 800 公里的胡安-费尔南德斯群岛中的一个岛，继而出现于福克兰群岛和特里斯坦-达库尼亚群岛。现在，人们把智利的岩高兰划分为单独的种 Erubrum，认为在纽芬兰和在圣劳伦斯湾地区分布着两个亲缘“种”：紫果岩高兰（E. atropurpureum）和 E. eamesi。

C. microglochin)、高山梯牧草(Phleum alpinum)、Trisetum subspicatum,等等[①]。其中某些种可能会在南美洲温带境内的安第斯山脉地段内找到[②]。例如,在北迄南纬30°的智利境内的安第斯山脉地段内,曾经找到过分布在北极地带和欧洲、亚洲与北美的高山带以及火地岛、福克兰群岛的粉报春。在智利瓦尔迪维亚地区的安第斯山脉地段内,曾经发现了分布于拉普兰、西伯利亚和北美(南至加利福尼亚)的高山山金车(Arnica alpina)[③]。

为了说明火地岛上有许多北方植物种的原因,申克认为可以提出候鸟的作用,它们能将种子从一个半球带到另一个半球。同时,他还援引格里泽巴赫有关信天翁(Diomedea)可能把卧龙胆种子带到火地岛的设想;这种信天翁"能够从合恩角飞到千岛群岛及堪察加半岛"[④]。申克期望鸟类学家们来解释陆生植物两极同原

① N. Alboff. Essai de flore raisonnée de la Terre de Feu. Anales del. Museode la Plata, Sección botanica. I. La Plata, 1902, pp. 25—26.

② J. 哈什贝格(Harshberger. Phytogeographic survey of Noth America. Vegetation der Erde, herausgeg. von A. Engler und O. Drude, XIII, Leipzig. 1911, p. 334)提出了落基山脉的如下高山植物种名单,这些种重新出现于南美温带山地,但不存在于墨西哥和安第斯山脉热带部分:卧龙胆、Trisetum subspicatum、粉报春及subsp. magellanica、aba incana magellanica、南极高山看麦娘(Alopecurus alpinus antarcticus)、Saxifraga caespitosa cordillerarum、南极小花花葱(Polemonium micranthum antarcticum)、Collomia gracilis。

③ H. Schenck. Vergleichende Darstellung der Pflanzengeographie der subantarktischen Inseln insbesondere über Flora und Vegetation von kerguelen. Wiss. Ergebnisse der deutschen Tiefsee-Expedition《Valdivia》1898—1899. Bd. II, Teil I, Lief. 1, Jena, 1905, p. 115. 已故M. И. 戈连金教授使我注意到该著作。

④ A. Гризебах. Растительность земного шара согласно климатическому ее распределению. Пер. А. Бекетова. II, СПб., 1877, стр. 424—425:"信天翁在吞食自己的捕获物时,可能同时吞食下由海水带来并进入鱼腹的植物种子,然后它有时可能随同自己的粪便一起传播这些种子,使之生长在遥远的海岸。"

分布的原因,而不愿意附和 H. M. 阿尔博夫的观点[①]。H. M. 阿尔博夫认为,陆生植物两极同原分布的原因在于冰期热带气候变冷,也就是说,他阐发了与我们的看法相似的观点。但是,上述关于在安第斯山脉中也存在北极-高山植物种的资料与申克的假设是矛盾的,因为无论是信天翁还是其他海鸟,都不会沿安第斯山脉飞翔[②]。

与此相反,在南半球山地也存在两极同原种的情况证明,在冰期热带稍微转冷时,某些北方植物种借助山地为自己找到了南下之路。

最后,我们要再提一点:南极地区(即南美以南贝尔吉卡海峡)的阔叶藓类和地衣表现出与北极相应植物区系的较大相似性,较少与附近火地岛上相应植物区系相似(申克,1. c.,第 175—176 页)。

值得注意的是,在北方,无论在海洋或是陆地,无论在动物或植物的两极同原生物中,我们通常都看不到自南方迁移来的种类。这是因为生物要能从一个半球的寒带和温带纬度地方迁移到另一个半球的相应纬度地方,需要具有充分的活力,而通常只有北方生物才具有这样的活力。

当然,我们知道,许多动物种类是在比较不久以前才从南方扩

① Alboff, 1. c., p. 61.

② 没有一只信天翁完成了由霍恩角到千岛群岛的迁飞。在栖居于美洲南端地区的信天翁中,只有两个种飞到北半球,而且是偶然飞到那里的。这两个种是:1) Thalassarche melanophrys——一种黄喙灰背的信天翁,有时出现在直到北纬 80°11′的大西洋北部;但是,有一只在法罗群岛生活了 34 年(参看:В. Л. Бианки. Птицы. В《Фауне России》1, Вып. 2, 1913, стр. 930);不过,这个种营巢于福克兰群岛;2) Thalassogeron chrysostomus——灰颈窄脊的信天翁,偶尔北飞到美国俄勒冈和挪威(北纬 59°50′)(参看:Бианки, 1. c., стр. 936—938)。由于信天翁是以软体动物、甲壳类、水母、鱼类为食物(Бианки, стр. 857),认为它们能够传播种子,是极不可信的。

展到北方的；例如，一些南美有袋目动物就是这样的动物，它们也迁移到北美；企鹅目的一个种（Spheniscus mendiculus）也是这样的动物，它们由其原来的栖息地——南极地区一直分布到赤道，即加拉帕戈斯群岛①。属于南半球的海洋等足类（Serolis）沿美洲西岸北上直到加利福尼亚②。南半球（安第斯山脉、南极诸岛、澳大利亚）的乔木 Acaena 往北一直分布到墨西哥和加利福尼亚③。

然而，南半球所特有的种一般没有显示出两极同原性现象。为什么？这暂时还是一个谜④。

① 如加多所指出（Gadow. Vögel, II, Bronn's Klassen und Ordnungen des Thier Reichs），这种企鹅向北达到如此之远，显然是借助于出现在南美西岸洋面的冷水实现的。我认为，这种迁移仍然是早在冰期完成的。

② Ortmann, l. c., p. 585.

③ Harshberger, l. c., 1911, p. 274, 340.

④ 不过，这里我们要指出哈克尔的观点（E. Hackel. Ueber die Bezichnungen der flora der Magellansländer zu jener des nordlichen Europas und Amerikas. Mitteil. naturwiss. Vereins Steiermark, XLII, 1905, Graz, 1906, pp. CX—CXV）。他根据禾本科和苔草属的一些两极同原种在火地岛和巴塔哥尼亚南部的分布认为，两极同原植物区系曾经沿现已不存在的路线从南半球温带纬度地方向北扩展。德鲁德（1898）在其伞形科（Umbelliferae）专著中也认为两极同原的伞形科植物从南半球向北半球扩展。根据埃克曼的意见（S. Ekman. Tiergeographie des Meeres. Leipizig, 1935, p. 322. ср. также 272—317），两极同原分布的端足目（Amphipoda）Pontogeniidae 科从其大多数种属分布的南半球向北方扩展。A. H. 奥克斯纳（Окснер. О происхождении арела биполярных лишайников. Ботан. журн., СССР, 1944, № 6, стр. 243—255）得出结论，某些两极同原分布的地衣（如 Psoroma hyponorum，为北极地区、全北区温带山地以及南极洲特有的种）具有南极的起源（南半球有 Psonoma 属的大约 40 个种）。但是据奥克斯纳证实，地衣类的相当大量的两极同原种是从北半球进入南半球的。同其他生物的两极同原种比较起来，两极同原地衣地理分布的有趣特征是北极种的存在。奥克斯纳认为，这表明了地衣类的突出的可塑性。

对于上述关于两极同原种的发源地的看法，应当指出下面一点。通常认为，发现有某一属的大多数种的地区是该属的发源地。但是，这种先验的论点是带有很大争论的。

较高分类单位的两极同原性

在本章的头两节中，我们探讨了一个种或近似种范围内的两极同原类型的例子。这些情况是用冰期热带气候变冷来解释的。但是，也有一些事实不是这样的假设能够说明的。

可以举出许多两极同原生物类型，它们明显地独立分布于南北两半球，属于不同的亚属、不同的属，有时甚至属于不同的科。这些类型的分离显然在第四纪前就已发生了。

新西兰、南澳大利亚的北方淡水及微咸水胡瓜鱼科（Osmeridae）相当于逆鳍鱼科（Retropinnitidae）。一般说来，在鲑亚目科（Salmonoidei）〔与鲑科（Salmonidae）相近的〕中，在南极地区除有逆鳍鱼科外，还有绚鲑科（Haplochitonidae）（美洲南端，澳洲南部，塔斯马尼亚，新西兰）[①]。

七鳃鳗科（Petromyzonidae）有五个属，分布在北半球北纬 30°以北[②]，在热带以及整个非洲[③]完全没有，然后重新出现（特有属 Geotria 及 Mordacia）在南纬 30°以南的南美、澳洲东南部、塔斯马

① Л. С. Берг. Система, рыбообразных и рыб. Труды Зоол. инст. Академии наук, V, вып. 2, 1940, стр. 231—242.

② См. L. Berg. A review of the lampreys of the northern hemisphere. Ежегодн. Зоол. муз. Академии наук, XXXII, 1931, стр. 87—116, Также труды Зоол. инст. Академии наук, V, вып. 2, 1940, стр. 106.

③ 有人指出刚果河河口有欧洲河口的七鳃鳗（普氏七鳃鳗，Lampetra planeri）（J. Pellegrin. Revue Zool. Africaine, XI, 1923, pp. 353—354），但这个意见看来是错误的。

尼亚、新西兰、奥克兰群岛。

淡水十足类中有亲缘关系的河虾科(Astacidae，Potamobiidae)和 Parastacidae 的分布情况相似[①]。河虾科仅仅分布于北半球：欧洲、外高加索、锡尔河流域、东亚(黑龙江、朝鲜、日本北部)、北美(美国沿太平洋各州和北至阿拉斯加)。Parastacidae 科分布在新西兰、塔斯马尼亚、澳大利亚、新几内亚、阿鲁群岛(南纬6°[②])、马达加斯加及南美温带部分。但在热带地区(如果不包括阿鲁群岛)有很大的分布中断。

关于七鳃鳗的两极同原性，可以提出如下推测，它们的分布地区是在第四纪前的冰川时期分开的。现在我们知道，在前寒武纪曾经发生过强大的大陆冰川作用(挪威瓦朗厄尔峡湾、中国、澳洲、非洲南部)，然后在晚石炭世或早二叠世又发生过强大的大陆冰川作用(澳洲、印度、非洲南部、南美)[③]。七鳃鳗的两极同原分布可能出现在早二叠世。

至于与鲑科的近似科以及淡水十足类，它们的两极同原性也是出现在第四纪以前。

杜赖茨(1940，第 258 页)向来认为，引起两极同原性现象的陆生植物迁移发生在比冰期更早的时期；他认为，冰期对陆生生物的影响被过分夸大了。他引证了山毛榉的分布：山毛榉属(Fagus)分

---

① 从前，这些科被看做一个科——河虾科(Astacidae)。

② G. Smith. The freshwater crayfishes of Australia. Proc. Zool. Soc. London, 1912, p. 167(在后两个地方为 Cheraps quadricarinatus Martens).

③ 关于这些冰川作用的详细情况，请参看：Л. С. Берг. О предпологаемой связи между великими оледенениями и горооброзованием.《Вопросы географии》, 1946, № 1. 也请参看下面第十章。

布在旧大陆的温带地区和北美东部。在南半球，与此属相应的是智利、新西兰、塔斯马尼亚、澳大利亚东南部所特有的假山毛榉属(Nothofagus)。在南极洲（美洲南端的对面）的第三纪沉积中发现有这个属。杜赖茨认为新西兰、澳大利亚及南美之间的连通是在第三纪。此外，他还假定同样在第三纪存在高山耸立和使植物易于由一个半球迁移到另一个半球的“穿越热带的”桥梁（第 264 页）。

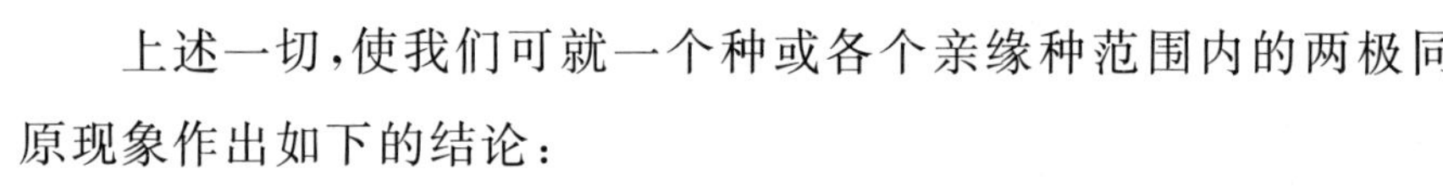

结　　论

上述一切，使我们可就一个种或各个亲缘种范围内的两极同原现象作出如下的结论：

1. 在极大多数情况下，两极同原性现象是冰期热带变冷所致。那时北方的生物有可能穿过赤道，移居南半球。随着温暖的冰后期（或间冰期）的到来，北方移来的生物在热带地区绝灭，或离开那里，在温带地区保存下来，这就成为在地理分布上产生间断性的原因。

2. 由此可知，为什么两极同原现象仅见于温带（北方）生物中，而在北极生物中却没有。

3. 从上面的叙述也可得出结论：冰期气候变冷一直扩展到热带，但有些作者对此持否定态度。

4. 显然，冰期不仅表现在大气降水量的增加上，而且表现在温度的下降上。

5. 冰期，海洋动物和陆生植物主要从北半球向南半球迁移。北方生物通常是活力强的。

第九章　黄土是风化作用和成土作用的产物

本章叙述我在 1916 年提出的有关黄土成因的土壤学说或残积学说，同时也对关于这个问题的其他观点进行讨论。

根据我的学说，黄土和黄土状岩石具有同一的成因：它们是在干燥气候条件下，在原地由各种细土质（但必定是含碳酸盐的）岩石经风化作用和成土作用形成的。

我的学说是以 1912—1914 年在切尔尼戈夫州工作期间进行的考察为基础的。[①] 起初，乌克兰的地质学家们对这一学说并未表示赞同。然而，现在情况改变了。这里不妨指出，1936 年逝世的 B. И. 克罗科斯教授是乌克兰黄土的大专家和乌克兰最著名的黄土风成说代表，多年来在他自己一系列著作中始终热情地捍卫着风成说，而最近（1933、1934 年）却改变了自己的观点，认为乌克兰黄土是冰水沉积物和冲积物。根据我的学说，乌克兰黄土母岩的成因正是这样的。

① 1913 年 2 月 7 日在道库恰耶夫土壤委员会会议上作过简要的报告。在 1916 年的著作中进行了更详细的叙述。关于进一步的补充，请参看我 1922、1926、1927、1929 年的著作。

本章末尾所附的文献目录，只列举了文中所提到的著作。对西欧和美国的黄土文献感兴趣的读者，请参阅弗里和施泰尼希的文献目录（弗里，1911，第124—141页；施泰尼希，1934，第205—223页）。

但愿我们对黄土问题的叙述能够有助于地理学家、地质学家和土壤学家弄清这个复杂的问题。

本书写成于1940年10月，在1946年4月付印时，我只能部分根据自己的新资料，部分根据新出现的文献作少量的补充。

黄土是岩石

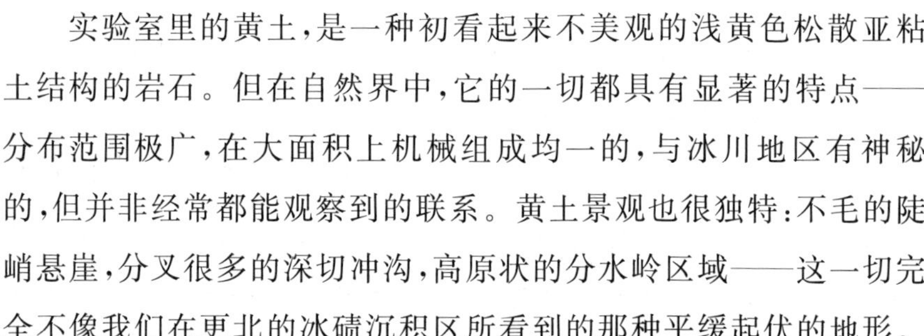

实验室里的黄土，是一种初看起来不美观的浅黄色松散亚粘土结构的岩石。但在自然界中，它的一切都具有显著的特点——分布范围极广，在大面积上机械组成均一的，与冰川地区有神秘的，但并非经常都能观察到的联系。黄土景观也很独特：不毛的陡峭悬崖，分叉很多的深切冲沟，高原状的分水岭区域——这一切完全不像我们在更北的冰碛沉积区所看到的那种平缓起伏的地形。

要是我们回想一下黄土具有多么大的实际意义——由它形成了最肥沃的土壤，即黑钙土、栗钙土和灰钙土，我们对这种岩石的兴趣将会更大。欧洲、亚洲、北美和南美的黄土发育地区是人类的粮仓：盛产小麦的乌克兰和阿根廷，生长无数栽培作物（包括棉花）的中亚细亚，出产黍、小麦、豆类和高粱的中国北部，就是这样的地区。我们还要补充一点：黄土是一种用途极广的建筑材料。此外，在中亚细亚的黄土地区，人们开凿了灌溉渠道，而且认识这种岩石的特性是合理进行水利工程建设的基础。

黄土中最令人费解的是它的成因。不解决这个问题，就无法了解冰川作用地区的历史。实际上，一些人断言黄土是风带来的粉尘(пыль)[①]在干旱的草原上堆积起来的，而另一些人却认为黄土是水成的，把这种岩石看作冰川水流的沉积物。这两种假说要求的自然地理环境是正相反的。

同样，对黄土产生时间的看法也存在分歧：一部分人认为黄土是现代形成的，另一部分人认为是冰期形成的，还有一部分人认为是间冰时期形成的。

如果我们补充说，黄土内常常有第四纪动物群的化石，以及人类文化的遗迹(有时也有人骨残骸)，那就不言而喻，只要我们还没有弄清黄土的秘密，我们就根本无法了解地球和人类历史上最近的和最重要的阶段。

黄土(该词来自德文字 Löss；词根与 los 一词的词根相同，意思是松散的、崩塌的)是一种松散、多孔隙、无层理的浅黄色岩石，富含碳酸钙和碳酸镁(有时，碳酸盐的重量达 10%—15%，甚至更多)[②]，并且往往能够成垂直陡壁崩塌。与砂土相比，这是一种致密的岩石；与粘土相比，是一种松散，非塑性的岩石。

黄土的机械组成

黄土的机械组成非常特殊：这是亚粘土(很少是亚砂土)或轻

---

① 也有译为“灰尘”、“尘土”、“粉土”以至“粉砂”的。——校者

② 在新乌克兰(敖德萨洲)黄土下层，碳酸钙的含量达到 25.6%(Крокос，1926，стр. 117，118)。在莱茵河中游沿岸的黄土中，碳酸钙含量有时达到 31%(Werveke，1924，p. 18)。

粘土，具有均一的粉状结构，是一种岩石，其中主要含直径0.05—0.01毫米的颗粒，它们有时占总量的一半，甚至更多。具有这样的机械组成及上面列举的其他特点的岩石，通常称为“典型”黄土；赞成风成（风积）说的人认为，这样的黄土（“风成”黄土）起源于风带来的粉尘。

然而，经常遇到这样的岩石，它们类似黄土，但在某一特征或某些特征方面又与黄土不同：有的有层理，有的不含碳酸盐，有的具有粘土质或砂质成分，有的含砾石，等等。这样的岩石不能叫黄土，而叫**黄土状岩石**，即黄土状亚粘土、黄土状粘土、黄土状砂、黄土状冰碛。大多数人认为这些岩石是水成物，而对黄土状冰碛的起源通常只字不提。

即使通常认为的典型黄土，也有很大的差异：有的近似亚粘土，有的近似亚砂土，还有的近似粘土，这可以从下面列举的切尔尼戈夫州、中亚细亚（天山山前地带）等地的典型黄土的机械分析中清楚地看到：

	颗粒直径（毫米）				
	1—0.5	0.5—0.25	0.25—0.05	0.05—0.01	小于0.01
1	—	0.03	34.26	10.50	35.21%
2	—	0.01	17.32	40.85	41.82
3	—	0.05	7.11	13.98	78.86
4	—	—	13.00	57.10	29.90
5	0.1	0.3	5.00	25.40	69.20
6	0.70		4.56	65.34	30.30

续表

	颗粒直径(毫米)				
	1—0.5	0.5—0.25	0.25—0.05	0.05—0.01	小于 0.01
7	0.24		11.66	68.65	19.43
8	0.13		6.20	76.57	17.60
9		0.06	3.54	76.85	19.55
10	11.62			58.31	30.70
11	0.29		11.36	27.94	60.40
12	0.01		5.69	58.25	36.05
13	0.23		10.91	51.60	37.26
14	0.19		12.59	64.99	22.23
15	—	0.09	2.55	15.13	82.23
16	0.0	8.5		40.00	51.50
17	0.1		8.70	27.80	63.40

1. 阿雷西河左岸，距离阿雷西站 8 公里的陡岸(涅乌斯特鲁耶夫，奇姆肯特县第 27 页)。

2. 弗列夫站以北，采自 172—180 厘米深度(涅乌斯特鲁耶夫，同上，第 202 页)。

3. 弗列夫站，自 81—90 厘米深度(涅乌斯特鲁耶夫，同上，第 202 页)。

4. 杰斯纳河右岸，诺夫哥罗德-谢韦尔斯克以南，自 5 米深度(阿尔汉格尔斯基，1913，第 19 页)。

5. 诺夫哥罗德-谢韦尔斯克区，福罗斯托维奇附近，自 1.5 米深度(阿尔汉格尔斯基，同上)。

6. 科诺托普区，靠近坎德巴农庄，自 210—218 厘米深度(若尔钦斯基，1914，第 62 页)。

7. 克罗列韦茨区，自 160—168 厘米深度(波鲁皮诺夫斯基，1914，第 87 页)。

8. 克罗列韦茨区，自 200 厘米深度（波鲁皮诺夫斯基，同上）。

9. 克罗列韦茨区，自 200 厘米深度（波鲁皮诺夫斯基，同上）。

10. 锡尔站附近饥饿草原，自 8 米深度（季莫，1910，第 41 页）。

11. 原安集延县，绝对高度 1 100 米地方，自 110 厘米深度（涅乌斯特鲁耶夫，1912，第 144 页）。

12. 普里卢基区，离苏拉河支流乌代河 10—12 公里，高原（莫罗佐夫，1932，第 244 页）。

13. 姆斯季斯拉夫利城附近，索日河支流韦赫列河上（莫罗佐夫，同上）。

14. 特鲁布切夫区，杰斯纳河上（莫罗佐夫，同上）。

15. 第聂伯河下游左岸，恰普拉自然保护区，自 150 厘米深度（萨维诺夫和弗兰采松，《淡棕黄色黄土》，1930，第 49 页）。

16. 格里亚佐夫茨地区，自 110—120 厘米深度，《黄土状亚粘土》（《лёссовидный суглинок》）（涅乌斯特鲁耶夫，1936，第 564 页）。

17. 塔什干，布尔贾尔，自 550 厘米深度（沃罗诺夫，1938，第 7 页）。

下面列举出了对采自奥廖尔州姆格林区佳戈夫村的黄土样品及黄土上发育的黑钙土状土壤样品的机械分析。[①] 从 185 厘米深处有起泡反应。

深度（厘米）		0.25 以上	0.25—0.1	0.1—0.05	0.05—0.01	小于 0.01 毫米
A_1 层	0—10	0.17	0.68	12.72	51.95	34.48
A_2 层	30—40	0.05	0.20	7.75	79.92	12.71
B 层	43—59	0.03	0.21	6.06	74.45	19.25
B 层	70—85	0.06	0.22	11.04	64.94	23.74
B 层	95—110	0.05	0.15	9.11	65.28	25.41
B 层	142—157	0.06	0.10	12.82	74.88	12.14
B 层	160—178	0.02	0.18	10.73	73.21	15.86

① Я. Н. 阿法纳西耶夫的资料。

续表

深度(厘米)		0.25以上	0.25—0.1	0.1—0.05	0.05—0.01	小于0.01毫米
B层	187—200	0.04	0.18	3.98	80.92	15.08
B层	302—314	0.04	0.20	7.08	74.68	18.00
B层	367—379	0.16	0.37	8.99	68.64	21.84

黄土中的胶体即直径小于0.2微米的颗粒的含量(与在其他岩石中的胶体含量相比)如下：

塔什干黄土(非沉陷的),采自2—12米深度
(尤苏波娃,1941)……………………………………………… 7.3%—13.4%

奇尔奇克河阶地的非灌溉黄土(沉陷的),
厚达30—35米,自2—18米深度(尤苏波娃,1941)…… 7.3%—6.5%

饥饿草原的黄土状亚粘土
(罗扎诺夫和舒克维奇,1941,第38页)……………………… 0.5%—50%

黄土,普里卢基,自180—190厘米深度(莫罗佐夫,1932)… 0.6%

黄土,姆斯季斯拉夫利,自180—190厘米深度(同上)……… 2.7%

黄土,特鲁布切夫斯克,自250—260厘米深度(同上)……… 1.0%

图拉黄土状壤土,自200—210厘米深度(同上)…………… 11.0%

列宁格勒州的漂砾亚粘土①(罗杰,1938,第186页)……… 7.2%

伏尔加中下游左岸的瑟尔特②粘土,
采自390—410厘米深度(同上)………………………………… 27.3%

库班黑土,自80—100厘米深度(重粘结性粘土)
(格德罗伊茨,1933)……………………………………… 47.8%

① 俄文为“Валунный суглинок”,相当于英文“bouloler loam”(冰碛土)。——校者

② “сырт”(或“сырты”)的音译,一般有两种含义。一是指高的、大部分平坦的分水岭、河间地、高地、宽而平缓的垄岗。二是指天山的内陆剥蚀高原。这里是前一种含义,是指苏联欧洲部分东南部伏尔加河左岸地域为不深的谷地切割的宽阔平坦的分水岭。——校者

黄土的胶体部分是很重要的问题，因为土壤胶体是黄土的吸收性复合体。这种复合体是由风化作用和成土作用形成的。黄土中胶体的含量很少，因为黄土的形成，即黄土岩石转化为黄土的条件是：一要有大量的碳酸钙，二要有干燥的气候环境。在这些风化条件下，如下面（第311—322页）将要论述的，细粒土就会加大。

现在产生一个问题，就机械组成而论，应该把什么黄土称为典型黄土。通常的回答是：其总量一半或一半以上由直径0.05—0.01毫米的颗粒组成的黄土称作典型黄土。中亚细亚的黄土（例如，塔什干附近的黄土、费尔干纳黄土、奇姆肯特黄土），一般都认为是典型黄土。但是，从表中可以看出，这些黄土所含的物理性粘粒（即直径小于0.01毫米的颗粒）达到79%，而有时（塔什干附近黄土）甚至达到89%。因此，现在一些土壤学家不是把中亚细亚的黄土称为黄土，而是称为黄土状岩石，并不是完全不对的（Ю.斯克沃尔佐夫，1932，第54页）。

现在，人们把发育于莫兹多克以上的捷列克河右岸（小卡巴尔达）的底土（Грунт）称为黄土状粘土。但是，按涅乌斯特鲁耶夫和伊万诺娃（1927，第131页）的话来说，它们“与塔什干附近地区或费尔干纳的黄土没有任何本质的区别”；它们含有66%—77%直径小于0.01毫米的颗粒（第126页），而塔什干的黄土含有68%—89%直径小于0.01毫米的颗粒（第131页）。从这个观点来看，乌克兰东部（哈尔科夫所在经线以东）的黄土状岩石也是黄土，从而也就不能反对扎莫里的术语（1935，第63、65、67、68页），他把北顿涅茨河左岸（在库皮扬斯克区）的底土称为黄土，尽管这些底土总共只含有14%—20%直径0.01—0.05毫米的颗粒，而含物理性粘粒占61%—68%。

总之，地质学家和土壤学家把物理性粘粒含量达12%—89%的岩石叫做“典型”黄土。

现在我们就来谈谈“典型”黄土。然而，黄土状岩石按机械组成、化学成分、岩石成分、颜色，结构和其他特征可以分成非常多的种类。它们是如此多种多样，就像组成任何一个地带的土壤一样。因此，更确切地说，不应该是黄土，而应是黄土地带的岩石。

克里什托福维奇(1902)仅在一个柳布利诺城的近郊就发现了下列黄土：

1) 典型的“陆上”(风成)黄土；

2) 含有岩石碎屑的陡坡黄土(“陆上山地黄土”)；

3) 位于古河谷黄土层基部的“陆上平原河成黄土”：它们是沙质的，有典型的河沙夹层，这些夹层中常常含有砾石和卵石，有时还含有卵石夹层；

4) “湖河亚层下部冲积-腐殖质黄土”——这是包含在陆上-河成黄土层中的层状形成物；

5) “冲积-湖成”黄土，薄层，含有介形类(Ostracoda)的残体；

6) “沼泽陆上-冲积黄土”。

(所有这些黄土变种的岩石，除第2种由坡积物产生外，都是冲积物。)

从上面的叙述中可以看到，沃尔德施泰特(1929，第111页)提到的李希霍芬的意见，即莱茵河两岸、喀尔巴阡山的杜克拉山口、中国和北美的黄土似乎“完全没有区别”，是多么不正确。

化 学 组 成

关于化学组成，我们引用塔什干黄土的资料（10 米深处黄土风干称样[①]重量的百分比；沃罗诺夫和德米特里耶夫，1940，第 27 页）：

SiO_2 二氧化硅	Al_2O_3 三氧化二铝	Fe_2O_3 三氧化二铁	CaO 氧化钙	MgO 氧化镁	Na_2O 氧化钠	K_2O 氧化钾	SO_3 三氧化硫	烧失量	H_2O 水在 105°下	CO_2 二氧化碳
51.5	13.51	4.59	12.0	2.53	1.68	1.43	0.93	13.10	2.02	8.56

其他黄土的化学组成也大致是这样：总量的一半或一半以上是二氧化硅。

下面引用关于黄土各种粒级中石英、碳酸钙、碳酸镁及倍半氧化物分布情况的资料，这些黄土取自饥饿草原东南部（巴亚乌特）土壤表层以下 300—310 厘米深处（奥洛文尼施尼戈夫，1937，第 712—713 页）。[②]

粒级（毫米）	二氧化硅 SiO_2	碳酸钙 $CaCO_3$	碳酸镁 $MgCO_3$	金属氧化物 R_2O_3
0.1—0.01	59.2	19.8	1.9	11.5%
0.005—0.001	49.1	18.9	1.7	21.5
<0.001	47.5	4.1	1.2	28.6

这项分析表明，在所研究粒级的最小部分中，石英含量减少，

① 俄文为“Навеска”，意为“称得的试样”，现在一般称为“样品”。——校者

② 分析用倾析法（Метод сливания）进行。分析前样品煮过 3 小时。

碳酸盐含量明显下降，而倍半氧化物含量却显著增大。

矿 物 组 成

饥饿草原（乌兹别克斯坦[①]）的黄土状亚粘土的粗粒级（颗粒直径在 0.01 毫米以上）和细粒级（颗粒直径小于 0.01 毫米）矿物组成（罗扎诺夫和舒克维奇，1943，第 40 页）如下：

粒　　级	轻矿物含量（%）	石英	长石	方 解 石	粘土矿物
0.1—0.01 毫米	95.9	39.4	28.0	9.3	19.2%
小于 0.01 毫米	97.5	22.9	40.7	0.2	33.6

引人注意的是：在中亚细亚的黄土中，长石的含量很大（10%—30%），石英的含量比较小（在饥饿草原的黄土中一般含有达 50%的石英；格拉西莫夫和舒克维奇，1939，第 121 页）。

为了进行比较，现将库兹涅茨克草原 150—160 厘米深处黄土粗粒级的矿物成分列举如下（罗杰，1938，第 205 页）。

颗粒直径（毫米）	石英	微斜长石	白云母	黑云母	褐铁矿
1—0.25	48	3	0	0	48%
0.25—0.05	76	5	2	1.5	5
0.05—0.01	52	2	30	4	6

在第聂伯河流域（布良斯克、波尔塔瓦）典型黄土的 0.5—0.01毫米粒级中，含石英达 60%—90%（卡扎科夫，1935，第 414—

① 即"乌兹别克共和国"。——校者

416 页)。

在中亚细亚黄土的胶体部分(小于 0.2 微米)的组成中,主要含蒙脱土〔n(Ca,Mg)O · Al_2O_3 · 3—5 SiO_2 · xH_2O〕和粘土矿物。这种粘土矿物与高岭石相比,吸水能力更大,阳离子交换能力更强。在同一类黄土的其他样品中主要含高岭石(尤苏波娃,1941 年)。

第聂伯河流域黄土的重矿物组成是金属矿物、角闪石、锆石、绿帘石、石榴石和金红石。这种重矿物组成与东欧北部冰川沉积物中的重矿物组成相同。"这种情况是断定东欧平原北部冰川沉积复合体和第聂伯河中下游流域黄土复合体有紧密成因联系的重要论据。"(格拉西莫夫和舒克维奇,1938,第 120 页)

多 孔 性

关于黄土的孔隙度大小,例如可以根据下述情况来判断,塔什干附近黄土的比重为 2.55—2.75,而容重在干燥状况下为 1.25—1.55。在未开垦的黄土地区,黄土的孔隙度(或孔隙体积与样品体积的百分比)为 50%—55%;大部分孔隙是直径达 2—3 毫米的"大孔隙",以及植物根部贯穿的管道、蠕虫和昆虫掘出的通道。经过人工灌溉的黄土,孔隙度较小,只有 38%—42%(所有资料根据:沃罗诺夫,1938,第 8 页)。①

① 在安德鲁欣的著作(1937,第 77—80 页)中,引用了关于塔什干附近黄土孔隙度的许多资料。孔隙度的最大值是 38%—53%。干容重的最大值为 1.24—1.62(第 33 页)。

黄土颗粒的形状

在文献中可以遇到这样的叙述，黄土中的石英颗粒“永远是有棱角的”（什韦佐夫，1934，第170页），具有“表现清楚的棱角形状”（普斯托瓦洛夫，1940，第155页）。

卡扎科夫（1935，第407—411页）在其一本详尽的著作中把奥尔沙和明斯克附近的典型黄土（“松软土”）描述为黄土状岩石。其理由是：“存在经过分选的、有大量磨圆颗粒的同类物质的情况，证明宽阔平静的水流参加岩石的堆积。因此，很自然地把松软土看作是冰水类型的形成物。”

然而，要是我们读一读卡扎科夫（第416页）认为是典型黄土的波尔塔瓦黄土的描述，我们就会发现，就是在这种黄土的0.5—0.25毫米粒级中石英颗粒也具有中等圆度；0.25—0.01毫米粒级的石英颗粒，既有带棱角的，也有少量磨圆的；更小粒级没有经过研究。在杰斯纳河流域的黄土中（卡扎科夫，1935，第414页），在由0.5至0.01毫米的各个粒级的石英颗粒中，既有带棱角的，也有稍被磨圆的；还发现有磨圆的辉石、角闪石和长石颗粒。在第聂伯河下游左岸地域（恰普拉自然保护区）的黄土状粘土中，0.05毫米以上的粗粒级主要是磨圆和半磨圆的颗粒，而在0.05—0.01毫米的粒级中可以见到半磨圆的颗粒，但主要是未磨圆的颗粒（萨维诺夫和弗兰采松，1930，第51—55、58页）。萨克森黄土中的石英颗粒通常也有稍被磨圆的表面，而且即使在直径0.003毫米的极小颗粒中也可见到这样的磨圆情况（索尔，1889，第330—331页）。同时，需要指出下一情况：在漂砾亚粘土中，特别是在漂砾亚砂土中，在所研究的这些粒级（大于0.05毫米）中，有棱角的石英颗粒不少已被磨圆（莫斯科近郊的冰碛亚粘土，特鲁布切夫斯克的漂砾亚砂土；卡扎科夫，1935，第402—403、406页；又见索尔，第331页；谢尔齐尔，1910，第628页，插图43，图2）。阿加福诺夫（1894，第194页）在论及波尔塔瓦的漂砾粘土[①]、淡水泥灰岩和黄土时说道："所有这些形成物的微细物质是相同的——磨圆的和有较尖棱角的颗粒。"[②]

因此，十分显然，黄土颗粒的圆度表明黄土不是风成的，而是水成的[③]。

另一方面，在明显冲积成因的黄土中，例如，在克雷姆斯附近多瑙河阶地的黄土中，石英颗粒通常都是有棱角的（科尔比，1931，第106页）。中国河南的黄土也是这样（巴尔博，1927，第283—284页）。同时，明显河流冲积物中的细小颗粒并非总是被磨圆的。在流水带来的冲积物中，颗粒的圆度取决于颗粒被搬运的距离、水流速度和被水搬运的时间长短。

李希霍芬认为，中国黄土中的石英颗粒有棱角，证明它是风成的。与此相反，其他作者（特文霍费尔，第77页）却以欧洲黄土颗粒的圆度来证明风成说。

事实上，我们知道，欧洲黄土颗粒的圆度说明了它与冰碛和冰

① 俄文为"балунная глина"（英文为"boulder clay"），或译为"漂砾土"、"冰砾土"、"冰川泥砾"、"泥砾（层）"。——校者

② 也可参看：阿加福诺夫，第122（黄土）、148—151（漂砾沉积）、164—165页（淡水泥灰岩）。

③ 塔什干黄土中的石英颗粒大部分非圆形（托尔斯基欣，1928，第1页）。

水沉积物有关。因此,根据圆度,是不可能区分典型黄土和非典型黄土的。

地 理 分 布

在热带和寒带地区没有黄土(参看下面的地图)。黄土和黄土状岩石的分布地区是:中欧、东欧南部、外高加索东部、伊朗(按地理的含义)[①]、苏联中亚细亚、东土耳其斯坦、西西伯利亚——向北到达格达半岛北部沿岸(北纬 71°,叶尔米洛夫,1935,第 22 页),向东到达安加拉河和伊尔库特河谷地[②]、新西伯利亚群岛[③]、中雅库特、外贝加尔、蒙古、中国东北和北部,以及北美和南美的温带地区。在非洲[④]和澳洲暂时还没有发现黄土,但在新西兰南岛的东部地区分布有黄土(科顿,1926,第 270 页)。

在西欧,典型黄土分布的北界在布列塔尼半岛上沿拉芒什海峡[⑤]沿岸延伸(见格拉曼的图 1,1932;也可参看下面第 422 页),由此沿海岸到达加来,然后转向布鲁塞尔,穿越明登附近的威悉河,通过莱比锡偏南一点地方,向布雷斯劳延伸;然后,沿维斯瓦河向

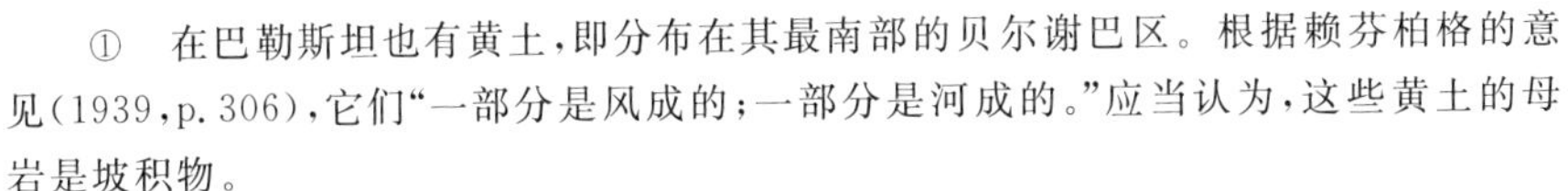

① 在巴勒斯坦也有黄土,即分布在其最南部的贝尔谢巴区。根据赖芬柏格的意见(1939,p. 306),它们"一部分是风成的;一部分是河成的。"应当认为,这些黄土的母岩是坡积物。

② 多姆布罗夫斯基,1934,стр. 12,21,карта。

③ 利亚霍夫岛(叶尔莫拉耶夫,1932,стр. 172—173)。

④ 但是,杜托伊特(1939,p. 441)指出,在非洲南部约南纬 33°附近西边的锡达山与南边的祖尔山之间卡鲁草原小河谷地中,发育着类似于密西西比河沿岸黄土的岩石。

⑤ 即"英吉利海峡"。——校者

北到达普瓦维，并由此大致向基辅方向延伸。沿加龙河和罗讷河有明显的黄土岛状分布区，它们显然与比利牛斯山和阿尔卑斯山的冰川作用有关。在阿尔卑斯山以南的都灵附近，也有黄土的岛状分布区。在多瑙河流域，直到其下游地区，黄土占有很大的面积。

某种比较典型黄土的分布范围，在北半球为北纬 55°—30°，在南美为南纬 41°与 21°之间。

就垂直方向而论，黄土在德国通常分布至 300 米的高度，偶尔达到 400 米，在喀尔巴阡山向上分布高达 1 200 米以上，在天山高达 3 000 米（涅乌斯特鲁耶夫，1912，费尔干纳山西坡），在帕米尔西部高达 4 500 米（马尔科夫，1936，第 455 页），在中国北部高达 2 000 米。

据估算（凯尔赫克，1920），黄土在世界上所占的面积不少于 1 300万平方公里。其平均厚度在 10 米左右，如以此计算，它能成厚约 1 米的岩层覆盖于整个陆地之上。

关于黄土的产状，应该说它不仅分布在高的河流阶地上，而且也往往在平原和较低的高原上形成不高的分水岭地段。黄土也常常分布在山坡上，在这里，它们无疑具有坡积的成因（参见下面）。

黄土成因观点概述

从成因上看，黄土可能同样地属于冰川、海洋、湖河、残积、坡积的形成物。

道库恰耶夫，1892

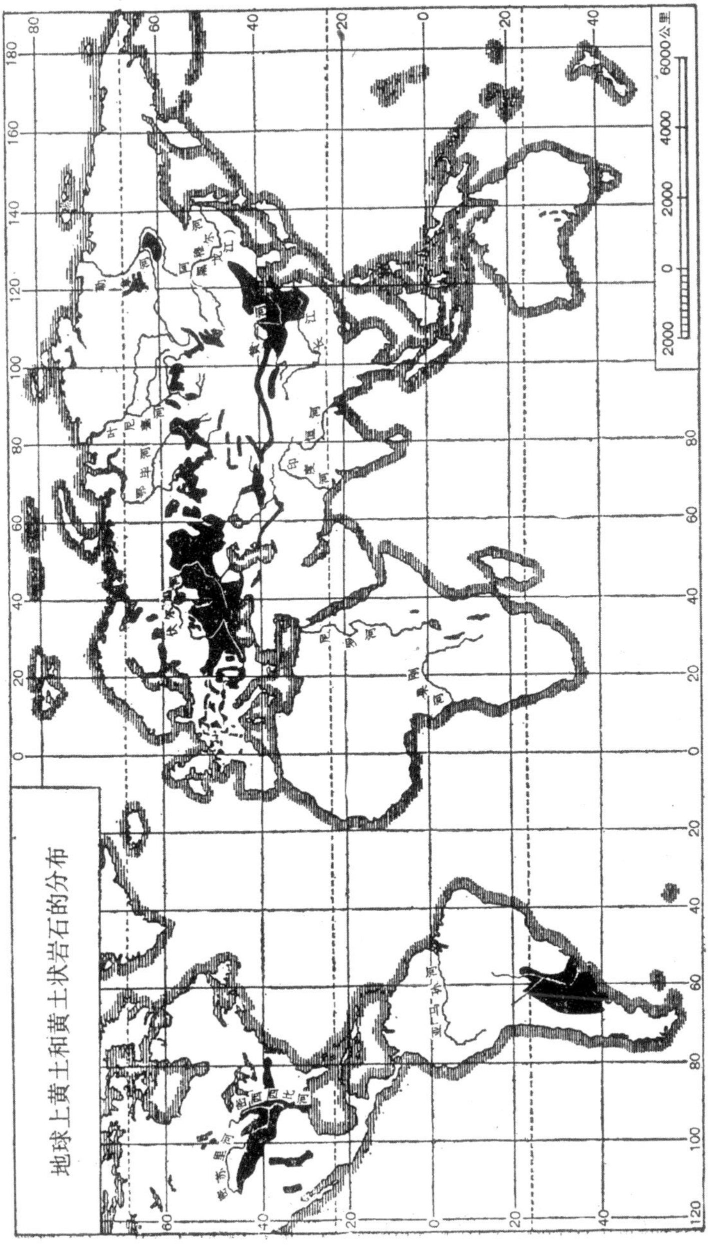

地球上黄土和黄土状岩石的分布

要说明黄土的成因是相当困难的。在黄土和黄土状岩石中，各种特点交织在一起，这些特点对占有这样大的面积的正常沉积岩来说绝不是平常的：黄土和黄土状岩石通常无层理，具有独特的细粒土机械组成，一般很少含直径0.1毫米以上的颗粒。

为了说明黄土的成因，人们提出过最离奇的假说，并作过最意想不到的对比。凯尔赫克(1920)认为黄土来自宇宙：按他的意见，“黄土的形成是冰期来临的原因”。我国的一位作者认为，反对关于黄土坡积成因说的意见是以“……欧几里得对”自然界在客观上不存在的“超时间三维空间的认识”为依据的(《土壤学》，1937年，第595页)。显然，要说明黄土的成因，必须采用第四种量度！

荷兰研究者德鲁伊夫(1927)列举了20种各不相同的黄土成因学说。这里，我们仅仅谈最主要的一些学说。

冰水沉积学说

莱伊尔在其《地质学原理》第三卷(1833，第151页)中论述了莱茵河的黄土，他说道：这是“含有现代陆生软体动物贝壳的奇怪的残积层”。莱伊尔(1833)对莱茵河黄土的成因作了这样的推测性描述：类似博登湖这样的大湖的水，由于地震，突然冲入了莱茵河河谷，冲蚀在有些地方很像黄土的层状磨拉石亚粘土，然后把这种泥沉积下来，成为莱茵河流域的黄土。

1833年夏天，这位著名的地质学家曾对莱茵河中游流域的黄土区进行了专门研究。首先，他细心地收集了莱茵河黄土中的动物群和现代(同一年沉积的)冲积物中的动物群。这使他作出了非常重要的结论。我们现在把该结论介绍出来，以引起黄土风成说的拥护者的注意：在莱茵河的现代冲积物中，和在黄土中一样，以陆生软体动物的贝壳占优势（莱伊尔，1834，第111—112页）。下面就是证实莱伊尔这个论点的数字资料：在莱茵河右岸波恩的黄土中，他发现了下列软体动物贝壳标本（我们保留莱伊尔时期的属名单）：

陆生的185个〔大蜗牛（Helix）167个，蛹螺（Pupa）和烟管螺（Clausilia）18个〕，

水生的32个〔椎实螺（Lymnaea）17个，田螺（Paludina）10个，扁卷螺（Planorbis）5个〕。

在波恩附近莱茵河岸的现代河流冲积层中发现了下列软体动物的贝壳（同时注意使这些贝壳不是从黄土峭壁上冲刷下来的）：

陆生的147个〔蜗牛133个，蛹螺和烟管螺12个，拟锥螺（Buliminus）2个〕，

水生的126个〔田螺48个，扁卷螺34个，游螺（Neritina）28个，椎实螺和琥珀螺（Succinea）5个，珠蚌（Unio）6个，曲螺（Ancylus）3个，Cyclus2个〕。

接着，莱伊尔指出，“黄土的矿物成分与现在仍为莱茵河水所特有的黄色碳酸盐沉积物的矿物成分是一样的”。他根据上述所有资料作出了唯一可能的结论：黄土物质是由水带来的。他说道，黄土成分相同使我们不得不认为，这种岩石是类似莱茵河这样的大河的沉积物，这种大河经常淹没该地区，总是沉积同一种沉积物（第122页）。但是，莱伊尔在认为黄土是河成或湖成（《河成因或湖成因》，第120页）的同时，并未掩盖问题的难点。他说道，主要的难点在于说明黄土的现代产状。

莱伊尔（1867，第464页）同样把密西西比河河谷的黄土看做

是大河淹没沿岸平原时的沉积物。他谈到在密西西比河沿岸地面以下 1.2 米深处，和河水面以上 60 米高处的黄土中发现了亚口鱼科(Catostomidae)(近似鲤科)的淡水鱼的化石，而这种鱼迄今仍是该河所特有的。

莱伊尔懂得，黄土的堆积应该是在与现在迥然不同的另一种自然地理条件下发生的。因此，尽管他一点也没有谈到冰期，我们仍然把他的学说归入水流-冰川(冰水)成因学说。

莱伊尔在《人类的古代》(1863，第 16 章)一书中提出了这样的看法：在各个地方和在各个地质时期，河流都在被它们淹没的平原上沉积下细的淤泥，例如正像现在尼罗河发生的情况一样。尼罗河的淤泥在化学成分上完全类似于莱茵黄土[①]。同样，密西西比河的古冲积物，无论在其矿物组成上或在陆生和淡水软体动物的动物群上，都非常类似于莱茵黄土。同时，在冰川时期，阿尔卑斯山不仅是漂砾和比漂砾沉积得更远的砾石分布的中心，而且是搬运距离远得多的细淤泥分布的中心。黄土中通常没有化石；当有化石时，主要是陆生软体动物，而水生软体动物则分布在岩石的底部。在莱茵河河谷底部，岩石与河砾交互成层。这些夹有来自阿尔卑斯山的砾石的河砾，证明河流起初可能搬运粗的物质，后来才开始沉积下细的淤泥。

这个学说，即黄土由冰水生成(来自冰川“泥”)的学说，不仅在西方，而且在苏联也得到了很大的响应。

---

① 值得注意的是，不久前著名法国岩石学家卡耶对尼罗河淤泥进行的机械分析和化学分析，证明该淤泥完全类似于典型的中国黄土(什韦佐夫，1934，第 172 页)。

沃尔维凯(1924,第 10、16 页)通过在莱茵河中游流域多年的地质研究,对该地的黄土也得出了莱伊尔所得出的同一结论:该地的黄土是阿尔卑斯山冰川底碛磨蚀的产物;在冰川前进时期,莱茵河的冰川堰塞水域中沉积下这种淤泥;在冰川堰塞坝消失后,便“露出黄土”。

曾经考察过敖德萨—巴尔塔铁路沿线黄土的巴尔博特·德·马尔尼(1869),把这种岩石看做“洪积期的一般河流沉积”。И. В. 穆什克托夫(1876,1910,第 163 页)引证中亚细亚的黄土分布在大河谷地(巴达姆河、克列斯斯河、奇尔奇克河、安格连河、泽拉夫尚河、塔拉斯河、楚河、伊犁河和其他河流)的情况,而倾向于把黄土看做“河流河形成物”。然而,过了不久,当李希霍芬(1877)的著作问世时,穆什克托夫便附和了他的观点。

克鲁泡特金(1876,附录第 20—22 页)也属于冰水成因说的著名拥护者。这位作者指出黄土含陆生软体动物和没有层理,认为黄土是在生长草本植被和具有大量暂时水流或为河水的周期性泛滥所淹没的陆地上沉积下来的,“就像现在尼罗河淤泥在增长一样,黄土在组成上与它相同”。按照克鲁泡特金的观点,作为黄土基础的淤泥不可能是河床本身的岩石磨蚀的产物,因为河中的这类产物通常被分选为粘土和沙;适于形成黄土的物质,只能由被磨碎的冰川泥提供,这种冰川泥是由冰盖下面的河流带来的。克鲁泡特金认为,对于形成巨厚的黄土层需要具备下列三个条件:1)要有大的河流或许多还没有固定河床的小水流;2)可能发生大的洪水;3)存在受河流和小水流冲刷的冰碛物。

莱伊尔和克鲁泡特金的看法值得注意。但是,下述的观点与他们的看法可能是相反的，即从冰盖下流出的现代河流的冲积物不可能产生黄土。

无论如何，应该把道库恰耶夫（1892，第116—117页；1892a，第16—17页）（中译本，1958，第12页——译者）也归入冰水成因说的拥护者之列。他把波尔塔瓦黄土看做是“从冰水中沉积在陆地上的冰川淤泥”：在“冰川泛滥”时期，极细的冰川泥在已经生长茂密草本植被（有的地方还有森林）和栖息草原动物的陆地上沉积下来。按照道库恰耶夫的看法，莱茵黄土就是这样生成的①。

阿加福诺夫（1894，第194页）在论及波尔塔瓦黄土时，赞同道库恰耶夫的观点②。最后，库德里亚采夫（1892，第794页）也认为，切尔尼戈夫、奥廖尔、库尔斯克的黄土是沉积在宽阔、浅平的盆地中的冰川泥：黄土是冰川泥的残积物。坦菲利耶夫原先（1912）认为黄土是风成沉积（参看下面），后来（1922，第109页；1928，第21页）又附和道库恰耶夫的意见——黄土是冰川融水从冰碛中带出的泥③。

① 至于谈到亚洲的黄土，那么它一部分具有冰川的成因，一部分则是残积物、坡积物和冲积物，“而且，也许只有孤立的、位于深的峡谷中的地段，才真正属于风神爱奥尔（Aiolos）的无可争辩的领地”（道库恰耶夫，1892，第114页）。

② 后来，对于巴黎附近的黄土，阿加福诺夫开始认为是风成的（参看：Agafonoff et Malycheff，1929）。其实，这里的黄土（晚期黄土，ergeron）肯定不是风成的。这种黄土的厚度为几厘米到3米，下面有砾石层，黄土逐渐过渡到该层。它含有细小白垩碎屑的包裹体以及白垩纪根足类的壳体（p. 113）。在阶地的下部，这种黄土逐渐转变为层状冲积物（p. 136）。

③ 1922年，坦菲里耶夫曾倾向于认为风也具有一定意义。他说道（第114页）：“很可能，南俄黄土的主要部分起初是由冰川融水带来的，同时这种物质仅仅受到成土作用的改变，然后部分被风搬运到分水岭上。”

阿法纳西耶夫(1924,第 151 页)认为白俄罗斯的黄土和黄土状岩石是冲积成因的。A.伊万诺夫(1925,第 25 页)和萨瓦连斯基(1925,第 123 页)对奥廖尔的黄土状岩石的成因也持这样的看法:“冰川融水形成水域;这些水域中的悬浮物质沉积到底部,成为形成黄土的物质。”丹申(1936,第 57 页)坚持认为奥廖尔和库尔斯克的黄土是冰水成因的。

根据克罗科斯(1930,第 22、26 页)的看法,切尔尼戈夫区黄土的上层和非冰川区的黄土一样,是冰川沉积物和冲积物。它们与东欧冰体的最后一次推进同时发生[①]。同样,关于冰川区的波尔塔瓦典型黄土(沿格列边基—卢布内—米尔戈罗德一线),克罗科斯(1933,第 59 页)写道,“它们的大部分具有淡水的成因”,其中主要含淡水软体动物。

乌克兰古生物学家和哺乳动物专家皮多普利奇卡(1935,第 80 页;1937,1938,第 59 页)和古生物学家邦达尔丘克(1939,第 50 页)研究了软体动物,认为该地的黄土是水成的。

在外国学者的观点中,我们要指出后来成为风成假说的拥护者的万沙费的最初的看法(1886,第 367—368 页):德国北部的黄土是沉积在蓄水湖泊和河流泛滥地中的沉积物;这些水域是由冰川融水形成的;它们一方面容纳由冰盖带来的冰川泥,另一方面又容纳山地侵蚀的细粒产物。先前沉积的漂砾亚粘土受冲刷分选后

① 老实说,当我们第一次读到出自过去曾是风成说热忱拥护者的人的这一论点时,我简直不相信自己的眼睛。可是,克罗科斯在 1934 年的文章中三次重复了这一论点:在乌克兰文本中(第 22 页),然后在俄文本中(第 26 页),和最后在英文本中(第 30 页)。我再补充一句,切尔尼戈夫区的黄土是被公认为典型黄土的。

的细粒产物，在这里沉积下来。

对于上述各种假说，应该说任何地方的现代湖泊沉积物和冰水沉积物都不可能产生黄土。然而，我们将会看到，冰水假说和冲积假说在本质上包含有一大部真实性。

风成(风积)学说

现在，在西方和美国最流行风成(风积)假说或粉尘假说。格拉曼(1932)在论及欧洲的黄土时写道，现在未必有谁会对黄土风成提出异议。的确，只能举出个别西欧地质学家的名字是反对风成假说的。例如，韦尔费克(1924)在论及莱茵黄土时和克尔布尔(1931)在论及多瑙河中游黄土时都反对风成假说。至于说到美国，按照基伊兹(1932)的说法，风成假说在这里“为大家所接受”。仅在不久以前，这种假说在苏联，特别是1899—1930年期间在乌克兰，也有许多拥护者(然而，在19世纪，乌克兰黄土被认为是冰水沉积的，即使现在许多乌克兰地质学家和古生物学家仍倾向于这样的观点)。

根据风成假说，黄土是由风带来的粉尘形成的沉积物。

在墨西哥旅行过的法国地理学家维莱特·达乌特首先于1857年提出这一思想。然而，李希霍芬(1877)在中国和蒙古东部旅行后详细发挥了关于黄土风成的思想。

我们要预先指出，在中国南方没有黄土。黄土的连续分布向南仅仅到达黄河流域(在黄河与青河[①]之间)。再往南，沿长江仅

① 即“长江”。——校者

某些地方，即山坡上可以看到黄山，这种黄土看来是坡积成因的。在直隶省[①]、山西省和陕西省的河谷中和部分在高达2 000米的毗邻山地的斜坡上，特别是在黄河流域，黄土分布很广。在黄河流域，黄土分布到海拔约200米的高度。

李希霍芬最初(1877)对黄土形成过程作了如下的描述。荒漠中岩石破坏的产物被风以粉尘的形式从山地带到荒漠的低地中，在那里堆积起来，在坡地上成为无层理的黄土，在水域底部成为湖成层状黄土。这样，粉尘沉积便使荒漠中起伏不平的地形逐渐趋以平坦。根据李希霍芬的看法，几乎整个亚洲中部[②]都分布有积满黄土的内陆盆地。可见，根据上面叙述的这种看法，黄土是沉积在荒漠中的。这种看法之无根据，已为B. A. 奥布鲁切夫所指出：在亚洲中部，根本没有积满黄土的盆地，而只有李希霍芬访问过的蒙古东部南缘是例外。

后来，在1886年，李希霍芬几次修正自己的理论。风把细粒的风化产物从荒漠吹走，堆积在草原上，在那里粉尘被草本植被固定下来(第446页)，变成多孔隙、无层理的岩石——风成黄土或典型黄土。

李希霍芬关于黄土起源于粉尘的看法是通过他在中国的旅行

① 即“河北省”。——校者

② 在俄语中，“Средняя Азия(中亚细亚)”与“Центральная Азия(亚洲中部)”是两个不同的地域概念。前者指苏联土库曼、乌兹别克、吉尔吉斯和塔吉克共和国及哈萨克共和国南部。后者指亚洲腹地，即中国和蒙古人民共和国境内广大荒漠高平原和山原地区，面积约600万平方公里，北界和西界大致与中苏和苏蒙的国界相符，南界为印度河上游及雅鲁藏布江，东界沿大兴安岭、太行山、四川及西藏东部山地通过。——校者

得出的。在那里，他多次有机会观察粉尘的沉降。粉尘假说的作者认为，中国的黄土即使在今天也是通过粉尘的沉积形成的，它是现代的沉积物。

根据李希霍芬的意见，前一时期，即草原时期，中国北部的河谷被埋藏在粉尘（黄土）层下。那时河流干涸，因为它们为黄土所填平。黄土风成论者施米特黑纳不得不认为，问题不能扯得这样远：不能认为中国的黄土地区任何时候都被黄土粉尘所“窒息”；河流终究能找到流向海洋的通道（施米特黑纳，1933，第 212 页；也可参阅：谢家荣，1933，第 197 页）。

应该注意，在冰川时期，黄河上游地区的昆仑山曾遭受冰川作用，因而那时应该有大量剥蚀作用的产物进入该河流。此外，在黄土母岩沉积的时代，红粘土和红棕色粘土曾经是黄河的细粒土的丰富来源。可以回想一下，现在黄河下游每立方米河水中含 5—6 公斤的悬移物质（科勒，1929，第 67 页）。

李希霍芬（1877）认为雨水造成的细粒土流失具有一定的作用[①]，同时也注意到坡面流水（坡积）假说的思想[②]（关于该假说，下面将要谈到）。但是，李希霍芬认为在黄土堆积中起首要作用的显然是风，这从他 1886 年的叙述中看得特别清楚。

---

① 例如，可参看该著作第 100 页（李希霍芬，1877）；也可参看俄译本的有关地方：1911，стр. 5。

② В. А. 奥布鲁切夫（1932，第 293、299 页；1933，第 118 页）和 Р. 伊林（1935，第 80 页）甚至把李希霍芬的学说称为“风成-洪积”学说，“风成-坡面流水”学说。在苏联的风成说拥护者中，有许多人同样认为坡积过程也具有一定的（不过是次要的）意义，例如我们可以指出 Н. А. 索科洛夫、尼基京（1895）、奥布鲁切夫、阿尔汉格尔斯基（1913，第 66、78、79 页）、克罗科斯（1927，第 204 页）、米尔钦克（1933a，第 172 页）及其他等人。

下面，我们将介绍反对风成学说的观点。

俄国作者中的风成说拥护者有：米登多夫（1882）、И. 穆什克托夫（1886，第489、513页，不过，在该书中也认为黄土是水成的：1903）、С. 尼基京（1886，1895）、切尔斯基（1888，第139页；1891，第43页）、Н. А. 索科洛夫（1889，1896）、В. 奥布鲁切夫（1894，1895，1911，1929，1932）、图特科夫斯基（1899）、西比尔采夫（1901，1909，第337—340页）、克里什托福维奇（1902）、格林卡（1908，后来附和我的观点）、纳博基赫（1911，第24页；1915）、坦菲利耶夫（1912，后来改变了自己的观点）、阿尔汉格尔斯基（1913，1934，第210页）、拉斯卡列夫（1914）、波格丹诺维奇（1917）、克拉修克（1922）、克罗科斯（1922，1927和其他著作，后来改变了自己的观点）、米尔钦克（1925，1929）、普拉索洛夫（1926，第50页）、普拉沃斯拉夫列夫（1933，第47页）、德米特里耶夫（1936，1939）和其他等人。

在国外，风成说更为流行，实际上，几乎完全占统治地位。在风成说的拥护者中可以指出：索尔（1889）、瓦尔特（1900）、A. 彭克和布吕克纳（1909，第674、1160页）、W. 彭克（1938）、万沙费（1909）、豪格（1911，第1765页）、马哈切克（1912）、塞格尔（1919）、沃尔德施泰特（1929）。

冲积—风成学说

在为解释黄土成因而提出的其他许多假说中，我们仅仅谈谈坡积假说（见下面第296页），以及访问过李希霍芬所到过中国的许多地方的维里斯的观点。

维里斯（1907，I，第184—185页）本人对中国黄土成因的看法作了如下的叙述。在亚洲中部和东部，由于气候在上新世末或更新世初由湿变干的结果，形成了巨厚的风化壳。风化壳上没有植被，它经常受到风和偶然性降雨的作用，正如庞培利（1879）所认为的那样，风和水搬运和分选风化产物——风主要在广阔的平原上和干旱季节起作用，而水则主要在河谷中和湿润季节起作用。经过风和水这两种营力的分选和多次搬运，这种物质变为细粒的粉尘或黄土。无论水和风都能大量搬运黄土。除了荒漠,黄土主要沿谷地搬运,沉积在河漫滩上和湖泊中。更轻的部分被风吹到山坡上,在那里堆积起来。黄土的搬运和沉积过程至今仍在继续。中国华北平原上的黄土是黄河的沉积物;这种冲积物"与一般河流的淤泥不同,主要由经风分选过的细黄土组成"。不过,维里斯说道,假如认为黄河下游地区的黄土是风吹到这里(中国华北平原)的,那将是错误的——这是含淤泥河水的沉积物。但同时,风在这个地区也具有很大意义,因为这里有半年时间没有植被和雪盖。秋天和冬天,风把黄河在夏天沉积下来的沉积物吹走,其中一部分经搬运后成为黄土,一部分经分选后成为砂子。夏天,河流又重新沉积下这种沉积物。那些认为黄河下游平原的土壤属于冲积土壤类型的土壤学家,也坚持维里斯的观点(肖,1932,第38页)。[①]

维里斯在自己的描述中,把现代的若干现象同过去地质史上发生的过程混为一谈。这位作者在描述现代黄河的冲积物在平原上怎样被风搬运时,完全没有注意到早在三千多年前的历史时期,中国整个华北平原(也包括河漫滩在内)曾为森林所覆盖,风在那里实际上并不起什么作用。其次,我们感到怀疑的是,由于湿润气候变为干燥气候,在亚洲中部(更不要说亚洲东部)能够形成没有植被覆盖而任由风支配的深厚风化壳,因为地壳表面应该覆盖有植被和土壤,从而显然不会受到风的吹蚀。此外,中国华北平原上的粉尘,如下面所要详细叙述的,是人类活动的产物——砍伐森林

① 关于陕西省,也可以比较莫耶的著作,1932,p. 13。

和开垦这里的黄土性土壤的结果。

但是，在维里斯的概念中，我们感到下述论点是有价值的：1)中国华北平原的黄土是黄河的冲积物；2)它是在原地沉积的，而不是由风从亚洲中部带来的。安特生(1923，第126页)也持有这样的意见，认为中国的黄土部分具有地方性的成因：其组成中包括早上新世(而部分是更近期的)再沉积的红土(red clay)[①]。巴尔博(1927)也从风成说的观点来考察中国的黄土，他仍然和维里斯一样，认为中国的黄土大部分是“在原地形成和经过再分选或被风轻微搅动过的物质”；河流和风的作用是交替进行的(1930，第467页)。但是，巴尔博(1929，第73页)反对中国各类黄土是冲积成因的假说：山坡上的黄土(在张家口附近，黄土分布在1 500米左右的高度)，不可能是河流沉积的；维里斯(1907，I，第189、191—192页)对于山西省坡地的黄土也持有这样的看法。然而，所有对于黄土分布于坡地的看法都是关于坡积黄土的。遗憾的是，继李希霍芬之后在中国工作过的地质学家(维里斯、安特生、巴尔博等)，还没有听说过有坡积黄土。

坡面流水(坡积)学说

A. П. 巴甫洛夫(1888)把由雨水搬运的沉积于坡地和坡麓的基岩风化产物叫做坡积物(此词来自deluo——意为冲刷)。根据A. П. 巴甫洛夫的意见，东欧的黄土是坡积物。德国的地质学家把相应的形成物称为Gehängelöss(坡地黄土)。A. П. 巴甫洛夫

① 即“红(色)粘土”。——校者

把通过从山谷暂时流出的水流和在平原上漫流的水流带出的矿物质分布在平原上的方式，而堆积起来的沉积物称为洪积物[①]。他把土耳其斯坦的黄土看做洪积物。

必须指出，在1887年以前，A.П.巴甫洛夫对我们感兴趣的这种岩石的成因持有另一种观点。在1885年和1886年，A.П.巴甫洛夫（1887，第49—52页）研究了萨马拉河河曲和塞兹兰附近地方，考察了这里的黄土状亚粘土：1）沿坡地、河谷和坡地上的冲沟；2）在分水岭上——在这里不大的凹地中积满了这种亚粘土。在整个岩体中，特别是在下层，经常发现有含较多的砂，甚至含小砾石的夹层。A.П.巴甫洛夫把阶地的黄土状亚粘土看作河成粘土或河流冲积物的残积物：观察到由浅黄-棕色、无层理的亚粘土逐渐过渡为层状、浅绿-灰色、含砂砾夹层的河成粘土。A.П.巴甫洛夫的这些资料无疑是正确的，同时他对阶地黄土状亚粘土成因的看法也不会引起争论。巴甫洛夫也倾向于认为分水岭地区的壤土具有残积的成因。

土壤（残积）学说

根据1916年我提出的学说，黄土和黄土状岩石能够在干燥

① 在以某种形式赞同黄土成因坡积说的人中，可能包括：阿尔马舍夫斯基（1881，1883，1903）、兰帕兰（1883）、道库恰耶夫（1886，第53—54页；后来改变了自己的观点，参看上面第288页的叙述）、古罗夫（1888，第880—881页）、巴甫洛夫（1888，1898，1903，1910）、涅乌斯特鲁耶夫（1910，第23页；后来赞同我的观点）、季莫（1907，第29页；1910，第30、88页）、扎哈罗夫（1910）、伊林（1930，1935，1936）、贝斯特罗夫（1936，第76页，关于高加索北部和中亚）及其他等人。其他观点的拥护者通常也赋予坡积过程以或大或小的意义，如格拉西莫夫和马尔科夫（1939，第295—296页）。

气候条件下在原地由各种富含碳酸盐的细土质岩石经过风化作用和成土作用形成(也可参阅:贝尔格,1912、1914、1922、1926、1927、1928、1929、1932、1938)。我反对黄土风成("风积"成因)的看法。

赞成我的观点的有:K. Д. 格林卡(1922,第 577 页)①、C. 涅乌斯特鲁耶夫(1925,第 49 页,1926,第 150 页)、克拉索夫斯基〔1924,第 13—14 页;1927,波多利亚(Подолия)黄土〕、B. H. 苏卡乔夫(1937)И. П. 格拉西莫夫(1939)、И. П. 格拉西莫夫和 K. K. 马尔科夫(1939,第 238 页)②、H. H. 索科洛夫(1930,第 48 页;1932,第 30—40 页;1935,第 14 页)、Д. B. 索科洛夫(1929,1929a),Ф. И. 萨瓦连斯基(1932,第 176 页),C. C. 索博列夫(1937б,第 558 页),A. A. 罗杰(1942,第 23 页)和其他人;而在外国作者中则有奥地利地质学家克尔布尔(1931,第 119 页),他详细研究了多瑙河中游阶地(克雷姆斯附近)的典型黄土。

下面,将对我们的观点提出论证。

① "关于黄土的成因问题,我要强调指出,在我的观点与贝尔格的观点之间没有矛盾。我们两人都否定黄土是风成的,而主张黄土是水成(冰水成因)的。在贝尔格于第四次土壤学家代表大会上报告后,我认为他的下述意见是正确的:后来形成黄土的母岩的沉积物受到了成土过程的影响"(格林卡)。在其逝世后出版的《土壤学》(1931)中,编者删掉了这一段。

② 对于格拉西莫夫和马尔科夫的论述(1939,第 238 页;1939a,第 286 页),需要作一点修正:甘森(1922,第 44 页)是黄土风成说的拥护者,而不是土壤成因说的拥护者;关于存在这后一学说,他一无所知。同样,米尼希斯多费尔在其《黄土是土壤形成物》一文中(1926,第 323、328 页),也坚持黄土风成假说的观点。根据他的意见,风积物被成土作用改造成为黄土。我的学说通过以下几方面而为外国所了解:通过莫尔在《国际土壤学通报》上简介(Mohr, Intenr. Mitteil. f. Bodenkunde, X, 1920);其次是通过安格尔和维切尔(风成论者)1929 年在《彼得曼通报》上所作的详细叙述(Anger und Witschell, Peterman Mitteil, 1929, pp. 7—9);以及最后通过格兰德在 1932 年的《地球物理学》杂志(Geophysik)上发表我的文章。

黄土是风化作用和成土作用的产物

黄土和黄土的母岩

文献中经常遇到关于最后应当严格确定黄土概念的意见：一些人在该概念中放入成因的内容，另一些人放入岩石的内容，还有一些人放入地层的内容。有人说，要是商定什么是黄土，什么是黄土状岩石，就没有什么可争论的了（例如参阅：普拉沃斯拉夫列夫，1908，第428页；日尔蒙斯基，1925，第344页；奥布鲁切夫，1929，1932，第329页）。

我往往也听到这样的意见：黄土有很多种，因此用同一个理论来解释所有黄土的成因，无异于认为（例如）所有砂岩都具有同一种形成方式。一些黄土可能是残积成因的，另一些可能是坡积成因的，第三种可能是冲积成因的，第四种可能是土壤成因的，等等。例如，莱文森-莱辛（1923，第265页）写道："把所有的黄土地区（哪怕仅仅是俄国）都归纳入一个样板的企图，应当认为是错误的：黄土象砂和粘土一样，是属概念；黄土可能有各种各样成因；在每一个别情况下，问题是根据黄土的所有岩石特征和地质特征的总和来加以解决的：适合所有黄土通用的假说的时代，应当认为已经过去；最后，应该区分开真正的典型黄土和黄土状沉积物。"这些话是莱文森-莱辛于1916年写的。但是，我在同年发表的著作中提出土壤假说的论证，解决了这位已故的岩石学家所注意到的矛盾。

是什么促使我们谈论黄土状冰碛、黄土状砂和黄土状粘土呢？

这就是刚才列举的这些岩石的特殊的黄土状外貌。这种外貌又是什么呢？在岩石中，黄土性质的颗粒，即直径为0.05—0.01毫米的颗粒开始起明显作用，岩石具有多孔性，多少呈浅黄色，能够成垂直陡壁崩塌，富含碳酸盐。

我们由此可知，许多富含钙酸盐的岩石都可能具有黄土的外貌。所以，应该把岩石[①]（我们将把它称为黄土的母岩）的成因和它的黄土外貌的成因区分开（贝尔格，1916，第619页）。母岩的成因可能是极为多种多样的——冲积成因、冰水成因、冰川成因、坡积成因和海水成因，等等。而母岩的黄土外貌显然是通过某一种方式获得的。涅乌斯特鲁耶夫（1925a，第49页）说道："当把岩石的成因与……黄土化过程分开时，我们就可以假定各种成因的岩石可能具有黄土状性质。事实上，我们在草原河流（例如捷列克和额尔齐斯等河流）的中、高阶地上看到了砂质和亚粘土质冲积岩石（суглинистая аллювильная порода）的这种黄土化作用。"

黄土与母岩之间的区别，同岩石与土壤之间的区别一样：为了使岩石变成土壤，需要土壤形成过程；为了使岩石变成黄土，需要黄土形成过程 。这个过程，在细节方面可能有变化，但基本上是一个："黄土化"的作用基本上到处是一样的，而且从这个观点出

---

① 本书作者对"порода——岩石"一语的用法较为特殊。他把"黄土"和"黄土状岩石"叫做"岩石"，但同时把形成黄土的（原始）物质也叫做"岩石"（或者叫做"母岩"）。于是，便有"沉积下岩石"或"岩石的沉积"、"冲积岩石"、"残积岩石"、"冰川沉积岩石"等说法。这种用法与地质学中的一般看法是颇不相符的，因为实际上形成黄土的物质主要是各种成因的第四纪沉积物。在这种情况下，本来是可以将"порода"译为"母质"或直接译为"沉积物"的。但这样译，就反映不出作者对"порода"的特殊用法。因此，在本文中仍将其译为"岩石"。——校者

发,可以谈论黄土岩石的统一族系。促使我们把任何岩石都叫做黄土状岩石或直接叫做黄土的情况,乃是同一种原因造成的。除了原地的风化作用和成土作用外,任何其他的作用都不能使冰碛亚粘土或冰碛亚砂土这样的岩石具有黄土状外貌。几乎不能想象,怎么能够以另一种方式得到黄土状亚砂土。

许多人一直认为有可能通过风化作用和成土作用形成黄土状亚粘土,然而,要是黄土状亚粘土能通过这种方式形成,那么为什么典型黄土就不能通过同样的作用形成呢?下面我们可以举出足够多的例子来证明黄土状亚粘土在水平方向上是逐渐地转变为黄土的。

黄土与下伏岩石的关系

要形成比较典型的黄土,就需要有化学组成比较同类的母岩。一些冰川和冰水沉积物、冲积物、坡积物,便是这样的母岩。但是,在适当的气候条件和在足够的时间间隔内,也可由其它各种岩石形成黄土状岩石。

这里,我们可以举出由花岗岩风化产物形成黄土的例子。在顿涅茨盆地沃尔诺瓦哈站附近的小沃尔诺瓦哈河①谷坡上,在土壤下面露出典型黄土(比连科,1935,第54页)——亚粘土质,多孔隙,含碳酸盐;但是,在该黄土中发现有小的石英、长石和其它矿物碎屑,向下其直径达到5—10毫米;黄土厚(不包括土壤)1.1米。它向下呈舌状伸入下伏岩石——强烈风化的花岗岩和片麻岩。在

① 或称“湿沃尔诺瓦哈河”(Мокрая волноваха)。——校者

这种黄土中，没有任何坡积成因的特征；同样，它也不属于再沉积黄土类型。“我们看到的是在原地由于花岗岩和片麻岩风化而成的岩石”（比连科）。

这位作者还描述了（第54—55页）伊洛瓦伊斯克站附近的黄土状亚粘土，它厚105厘米，是由石炭纪片状海绿石碳质砂岩风化而成的。

拉夫连科（1930）在顿涅茨岭普罗瓦利草原（杰巴利采沃站和兹韦列沃站之间）发现了类似的现象。这里的薄层黑钙土发育在石炭纪页岩和石灰岩的风化产物上。这些草原风化物平均厚（包括土壤）60—80厘米（甚至达125厘米），具有黄土状外貌：亚粘土质的机械组成、栗色或浅黄色、多孔隙、柱状结构。

根据Д.索科洛夫（1929，第191页）的资料，在扎波罗热区可以观察到这样一些不同的形成物变成黄土和黄土状岩石的情况，如结晶岩破坏后的粘土-砾石产物、蓬蒂灰岩、红棕色粘土以及阶地河成砂。

车里雅宾斯克区的风化壳发育在斜长花岗岩上。从11—12米深度及更深的地方开始，岩石变成淡黄色的粘土状多孔隙物质。这种岩石容易被研成粉末，含有表面覆盖氧化铁的石英颗粒，以及呈钙质结核的碳酸盐聚集物（费多罗夫，1935，第62页），——一句话，由于次生风化作用以及现代成土作用的结果，开始具有黄土状外貌。

在南乌拉尔（戈贝尔利亚河流域和其他地区），玢岩（纳长斑岩）风化产物的上层为红色黄土状粘土（A.别洛乌索夫，1937）。

与此相似，主要形成于黄土上的黑钙土，也形成于漂砾亚粘土、砂土、侏罗纪泥灰质粘土、二叠纪泥灰岩、石灰石以及熔岩和花岗岩上。同样，灰钙土不仅起源于黄土，而且起源于“第三纪和白垩纪的砂岩和砾岩露头，以及最近生成的砾石的露头”（涅乌斯特鲁耶夫，1910，第198页），同时，还起源于花岗岩和白云岩（在莫戈尔山的山前地带；库德林和罗扎诺夫，1939）。

关于泽拉夫尚河流域的黄土，И. 普列奥布拉任斯基（1914）得出结论：它们是当地岩石风化的最终产物。

黄土与冰碛

对经过冲洗分选的波尔塔瓦漂砾亚粘土样品的显微分析表明，它们是由构成黄土的同一种微细物质构成：主要是石英颗粒，其次是长石、钾云母[①]、海绿石颗粒等；整个颗粒外面裹着一层含（有时不含）碳酸钙的棕色或红棕色粘土物质。此外，有时会遇到较大的石英颗粒、正长石和花岗岩碎屑（阿加福诺夫，1894，第152页；列尼卡什，1934，第135页；卡扎科夫，1935，第416页）。黄土的岩石性质及矿物成分，与漂砾粘土和淡水亚粘土的岩石性质和矿物成分相同（阿加福诺夫，1894，第194页）。

对尼古拉耶夫州北部（原亚历山大德里亚区）的冰碛和黄土层的化学分析表明，这些岩石彼此没有区别（克罗科斯，1927，第217页）。下面就是对取自该州两个地方的我们感兴趣的岩石所作的分析（克罗科斯，1926，第124—127页；1927，第218—219页）（见

① 即“白云母”。——校者

下面，伊万诺夫卡和科隆塔耶夫）。

对非腐殖质和非碳酸盐岩石的计算

SiO_2 二氧化硅	Al_2O_3 氧化铝	Fe_2O_3 三氧化二铁	Mn_2O_3 三氧化锰	CaO 氧化钙	MgO 氧化镁	K_2O 氧化钾	Na_2O 氧化钠	总计	腐殖质	CO_2 二氧化碳	$CaCO_3$ 三碳酸钙
伊万诺夫卡村，黄土第一层，采自土壤表面以下108—162厘米深度											
74.9	12.1	3.8	0.1	1.7	1.7	2.6	1.2	98.2	0.05	5.9	12.1
伊万诺夫卡村，漂砾亚粘土，采自土壤表面以下230—302厘米深度											
79.8	8.2	3.4	0.1	1.7	1.7	2.2	1.0	98.1	0.05	5.9	8.6
伊万诺夫卡村，含极少漂砾的亚粘土，采自土壤表面以下302—333厘米深度											
83.9	9.2	3.4	0.1	1.7	1.7	2.1	1.0	103.3	0.05	6.1	12.1
科隆塔耶夫，高原，黄土第二层，采自土壤表面以下550—576厘米深度											
78.3	8.0	3.5	0.1	1.0	3.1	2.3	1.3	97.6	0.05	4.7	10.7
科隆塔耶夫，高原，红棕色漂砾亚粘土，采自土壤表面以下576—741厘米深度											
83.4	6.6	3.6	0.1	0.7	1.2	2.8	0.9	99.3	0	3.4	7.8

研究这些资料是极为有益的，位于冰川作用南界附近的这些地方的漂砾亚粘土，在化学成分上与黄土异常相似，所不同的（不出所料）仅仅是含有大量二氧化硅。这种情况只有用下面一点才能解释，母岩是水搬运来的，而不是风带来的，因为风只能刮走轻的、“粉状的”颗粒，而这种颗粒不可能具有冰碛的基本物质所含有的同一种化学成分。关于黄土的各种机械粒级具有不同化学成分的情况，可根据下表来判断，在该表中列出了特鲁布切夫斯克黄土（它的机械成分在上面第271页已谈到过）各个粒级的化学成分（在非碳酸盐称样中所占的百分比）（莫罗佐夫，1932，第253页）。

特鲁布切夫斯克黄土的化学成分

粒　级	SiO_2 二氧化硅	$R_2C_3+P_2O_5$ 金属碳化物+五氧化二磷	Fe_2O_3 三氧化二铁	$Al_2O_3+P_2O_5$ 氧化铝+五氧化二磷	合计	吸湿水	干称样的百分比	
							CO_2 二氧化碳	$CaCO_3$ 碳酸钙
原始物质	85.1	9.8	2.3	7.4	94.8	1.1	5.0	11.4
0.05—0.01 毫米	88.3	6.8	2.3	4.4	95.0	0.2	3.5	7.9
1—0.54 微米	54.0	28.1	8.8	18.2	82.1	6.0	0.1	0.2
0.40—0.28 微米	48.5	28.5	10.0	18.5	77.0	6.1	3.4	7.7
小于 0.22 微米	43.6	28.5	10.0	18.5	72.1	5.2	10.7	24.3

这里我们看到，直径在 0.001 毫米和 0.001 毫米以下的最小颗粒比较大的颗粒含倍半氧化物多得多，而含氧化硅少得多。不同的粒级中碳酸盐的含量差别也很大①。显然，黄土怎么也不可能通过风分选冰碛形成，因为黄土和冰碛的化学成分几乎是一样的。

我们引用上述的资料，并不是想要说明波尔塔瓦黄土是由漂砾亚粘土形成的，或泽拉夫尚河流域的黄土是由花岗岩形成的。我们仅仅在于指出，从理论上讲，黄土可能由这些岩石形成。而在某些情况下，我们则举了一些例子来说明黄土的确是由于下伏岩石风化形成的。

乌克兰黄土在化学组成和矿物组成上与漂砾亚粘土极为相似，这种情况排除了 B. A. 奥布鲁切夫（1911，第 37 页；1932，第 324 页）推测的由风从“咸海-里海低地”带来的粉尘参加这些黄土

---

① 在普里卢基黄土中，小于 0.22 微米的粒级含有 40.8%的碳酸盐。但是，请比较上面第 272 页。

和南俄黄土形成的可能性。

草原成土作用

值得注意的是，甚至在中等湿润的土壤地带，即黑钙土地带，也观察到黑钙土下面的底土不管其岩石成分如何，都具有黄土状外貌，即多少比较清楚地表现出小的孔隙，富含碳酸盐，总是具有垂直节理（科索维奇，1911，第153页）。博戈斯洛夫斯基（1899，第250页）首先注意到这种情况。他指出，在黑钙土形成于黑钙土带北缘冰碛亚粘土上的地方，这种壤土的上层具有黄土状性质，成为多孔隙的，富含碳酸盐，略呈黄色；这种变化发生于从地表到2.5—3米深处。在伏尔加河流域中部，第三纪硅质粘土和砂岩的坡积物，在其构成黑钙土的心土的地方，具有完全黄土状的外貌（同上书，第253—254页）。总之，博戈斯洛夫斯基说道（第257页），成因极不相同的底土在草原风化作用影响下，经常（以化学组成为转移）具有黄土状的外貌。

普拉索洛夫和达岑科（1906，第62页）发表了同样的看法。他们指出伏尔加河流域中部的"阶地粘土"具有黄土状性质，这表现在碳酸盐含量和柱状结构上；他们说道，"……由于淤积过程的作用和植物根部的穿入，不管什么样的粘土都可能具有这样的性质：在草原上，除了坚硬的岩石外，任何底土都是黄土状粘土。"

C.涅乌斯特鲁耶夫（1925，第6—7页）对鄂木斯克附近额尔齐斯河超河漫滩阶地或中阶地结构的观察，是非常有趣的。这种高出河流6—10米的阶地由层状的冲击砂和部分含碳酸盐的砂组成。砂的上层呈黄土状：它们没有层理，有垂直节理，富含碳酸盐。

这种“黄土化”(按涅乌斯特鲁耶夫的说法)是比现代时期干燥的前一气候时期的产物:它属于史前草原时期。涅乌斯特鲁耶夫是根据下述情况作出这个结论的:阶地上层的“黄土化性质”可在土壤表面以下 1 米深处观察到;同黄土状岩层下部还有明显的层理,而上部有时则转变为退化黑钙土的棕红色坚实 B 层。“由此可以得出结论,退化作用是随黄土化和草原化之后发生的现象。”

可能,在上述各种情况下,底土不是在现代时期而是在以前更干燥的时期(干热期)具有黄土状外貌的。

A. H. 索科洛夫斯基(1943,第 4、7 页)了解我早在 1916 年发表的上述看法,因此似乎根据我的理论,认为黄土是由黑钙土形成的。这位作者说道:“没有理由对通常关于整个土壤和母岩(在这里是黄土)之间的关系的看法进行修正:早在开始在黄土上形成黑钙土之前,黄土即已具有它所特有的性质。”

无须赘言,这样来理解我的理论是完全错误的。众所周知,黑钙土比黄土年轻,因此黄土绝不可能由黑钙土形成。大家知道,黑钙土通常是由黄土形成的。

我想用本节所举的例子,即可证明在干旱气候(现代气候或干热期的气候)条件下底土可能获得黄土状外貌。对于上面所说的:我们可以引用 A. H. 索科洛夫斯基(1943,第 10 页)的下述观察,如果用石灰水处理红棕色漂砾粘土,那么粘土在颜色和结构(孔隙度)上便具有黄土状外貌。显然,在自然界中也能发生同样的情况:在从上面即从黑钙土下层渗入的碳酸盐的影响下,或者一般在富含碳酸盐的土壤水和潜水的作用下,冰碛,特别是如果它本身即含有碳酸盐,就可能在干燥的气候条件下获得黄土状外貌。这正是博戈斯洛夫斯基(1943,第 10 页)所描述的,同时也是我在切尔尼戈夫州多次观察到的。通过这样的方式,没有风力参与任何作用,也会发生岩石“黄土化”。因此,不需要采用风成说。

黄土的无层理性

在黄土的典型特征中,最引人瞩目的是其无层理性。这种性质似乎不允许把黄土的母岩归入水成沉积物。但是,有两种无层理的岩石:

1)在堆积的当时就没有层理,例如,火成岩(熔岩、火山灰);泥火山喷出的物质;冰川沉积物(漂砾亚粘土);坡积物;风化产物;有机沉积物(珊瑚灰岩、煤)便是如此。不过,在所有这些堆积体中也能观察到一定程度的层理。

2)最初即使有层理,但后来由于某种原因,如由于变质作用、风化作用、成土作用而变得没有层理。

这样,我们在风化作用和成土作用的过程中,便看到容易使层状岩石变成非层状岩石的因素[①]。

在黄土母岩从最初开始即有层理的情况下,母岩变成没有层理的情况显然与干燥气候条件下的独特风化作用有关:单个矿物颗粒被碳酸钙和碳酸镁胶结成更大的团聚体[②],致使母岩的原生层理遭到破坏。

---

① 我不想以此说明在成土过程中能够**再次**形成层理。例如,在灰化土、灰钙土、碱土和脱碱土的上层可以观察到某种层理。

② 俄文为“агрегат”(英文“aggregate”),也译为“聚集体”,地质学中多译为“集合体”。——校者

后来，根据克尔布尔(1931，第 113 页)的资料，如果把多瑙河中游的黄土制成薄片，在显微镜下进行观察，就可以证实，大量的小云母片不是杂乱无章地排列，而是成水平排列，从而证明黄土是由水沉积的(但是，由于碳酸盐的胶结作用，一些小云母片显然会不再成水平排列)。

其次，必须指出，典型黄土初看起来没有层理，但在仔细进行研究时，往往发现具有某种层理、板状构造，沿水平方向分裂为有平行面的小土块。我在切尔尼戈夫州曾经多次观察到这一情况，该地黄土的板状构造有时与明显水成的冲积物——第三纪后的淡水泥灰岩——的板状结构完全一样①。我这里说的是典型黄土，而不是一眼就能看出的有明显层理的黄土。同样，邦达尔丘克(1938，第 45 页)在论及乌克兰黄土的结构时说道：它“具有隐层理，层面不平坦，间层厚度为 1—1.5 厘米，通常更薄。”

另一方面，在切尔尼戈夫州，我曾见到第三纪后的淤水泥灰岩，其中没有任何层理。在说到这一点时，我们想起万沙费(1886，第 363 页)在马格德堡附近的易北河考察过该河的古冲积物，该冲积物厚 2—3 米，完全没有层理。

道库恰耶夫(1892a，1936，第 33—34 页)(中译本：1958，第 12 页——译者)在叙述自己对乌克兰黄土的冰水成因的看法时指出：“值得注意的是，在我们一些覆盖有草本植被的河漫滩上，有时沉积下完全没有层次的淤泥，或者沉积下的淤泥在后来完全失去自

① 莱茵黄土(沃尔维凯，1924，第 11 页)和多瑙河中游黄土(克尔布尔，1931，第 109 页)也具有这样的板状构造。

己的层状结构。在彼得堡大学的搜集品中有这样的样品，它们具有非常多的孔隙。”皮缅诺娃（1933）描述过索罗科片村附近厚达8米的无层理的湖泊沉积物。

根据巴图林（1941，第138页）的资料，在滨里海的伏尔加河河口前面，沉积着无层理的同类亚粘土质沉积物。

根据阿尔汉格尔斯基（1928，第127—128页）的资料，伏尔加河中游流域小河的阶地沉积物，主要由浅黄色和黄棕色的亚粘土组成。“亚粘土上层有时看起来完全没有层理，但同时常常显露出独特的解理，即岩石在水平方向上比在垂直方向上容易断裂得多，而且水平断面比其他方向的断面更平整。在许多情况下，乍看起来是无层理的亚粘土，经过更仔细的研究后发现结构十分复杂。一部分亚粘土地段实际上没有任何层理，而另一些地段则与此相反，呈薄层状，甚或显示出叶状构造。绝大部分亚粘土的典型特征是具有管状细孔，这种孔隙内壁常常附有钙质薄膜，而且这种管状细孔有时贯通整个岩体。几乎在所有情况下，亚粘土都是钙质”。按照阿尔汉格尔斯基（第128页）的意见，阶地亚粘土是在与现代非常相似的气候条件下沉积的冲积物。从这些描述中我们可以看到：1）阶地的明显冲积的沉积物可能完全没有层理，或者层理不明显——完全和典型黄土一样；2）碳酸盐冲积亚粘土在干燥气候条件下可能具有黄土状外貌。

但是，除上述情况外，通过对黄土层的详细研究，总会发现它们存在差异：乍看是统一的黄土层分成一系列轮廓分明的层次，其中每一层都是成土作用和风化作用的结果。波尔塔瓦附近高原上的黄土层厚19.6米，分为21层（连同3个土壤层一起计算）；单个层的最大厚度不超过3.3米；整个黄土层中夹有4层古土壤（克罗

科斯，1935，第 4—5 页）。奥斯科尔河附近分水高原上的黄土状岩层（或者扎莫里的术语，为黄土层）厚 16.8 米，包括两个土壤层在内，共计分为19层（扎莫里，1935，第51—52页），而绝对高度为 198 米的梅洛瓦特卡附近高原（在库皮扬斯克高原和斯塔罗别利斯克高原之间）的黄土厚 21 米，其中如将两个土壤层计算在内，可以区分出 18层（扎莫里，1935，第 47—48 页）。

根据托尔斯季欣（1929，第 258 页）的资料，塔什干区（奇尔奇克河流域）的黄土，在一些地方完全一样，但大部分显露出明显的或隐蔽的层理，而且"从薄层的类型向无层理的类型过渡而没有任何规律性"。黄土层中经常分布有含砾石透镜体和小卵石的层状粗砂夹层。

黄土中的风化作用和成土作用的特征

黄土的独特化学组成（主要具有直径为 0.01 到 0.05 毫米的颗粒）和结构（多孔隙性、没有层理、松散性以及能够成垂直陡壁崩塌），是在干燥气候条件占优势的独特风化作用和成土作用的结果。

究竟是怎样的物理-化学过程使黄土具有亚粘土性质呢？

根据格德罗伊茨（1912，第 336 页；1924，第 43；1925，第 5—7 页）的资料，土壤吸收性复合体①为钙所饱和，——而正是由于吸

① 吸收性复合体是格德罗伊茨为表示土壤的沸石部分和腐殖酸部分而采用的术语（1933，第 111 页）。格德罗伊茨（1923，第 125 页）把具有明显化学交换能力的土壤矿物部分叫做沸石部分。但是，现已得出结论，在土壤吸收性复合体中既没有沸石，也没有其类似物——人造沸石（permutite）。伦琴射线照相分析表明，土壤吸收性复合体基上是由一系列特征的铝硅酸盐矿物组成，如蒙脱土：$(Ca, Mg)O \cdot Al_2O_3 \cdot 4SiO_2 \cdot xH_2O$，贝得石：$Al_2O_3 \cdot 3SiO_2 \cdot xH_2O$ 等，或处于胶体状态的"成土矿物"。根据成分来看，土壤胶体矿物是有机的（腐殖质）、无机的和有机无机的（谢德列茨基，1939）。

收性钙的含量大，才区分出草原和荒漠的土壤——土壤和水形成粗分散体系：甚至这种土壤最粘质的变种也完全不含或很少含有胶体颗粒，即直径在 0.25 微米左右和 0.25 微米以下的小颗粒。如果“沸石”部分和腐殖酸部分中的全部钙（和镁）为三价阳离子（如铝或铁）所代换，便形成质地更粗的土壤。与此相反，要是“沸石”和腐殖酸盐中的钙为一价阳离子（钾或铵、钠、氢）所代换，机械成分就变得更细，淤泥粒级的团聚体便在水中分解、分散，形成胶体粒子。因此，格德罗伊茨说道（1924，第 44 页），在盐基即钙和镁饱和的土壤中，淤泥粒级的大小颗粒是更小颗粒的团聚体（次生颗粒），这种团聚体不能在水介质中分散。二价阳离子，尤其是三价阳离子比一价阳离子更能凝聚土壤胶体（相反地，氢氧离子则阻止凝聚）。

这样，在钙和镁饱和的土壤中，胶体都聚集为较大和较坚固的团聚体，后者既阻止土壤水的分解作用，又阻止其溶解作用。这种粒径的团聚体的颗粒具有较小的胶结能力。因此，土壤松散，容易透水（格德罗伊茨，1924；1926，第 122、126 页；1933，第 147 页）。

因此，我们现在开始阐述黄土的疏松性：这是由于黄土富含钙和镁的结果。

钙的含量大是由于气候干燥。

在所有典型黄土中都有碳酸钙结核，这证明黄土母岩在沉积后受到了成岩作用改造。克尔布尔（1931，第 110 页）指出，黄土中的成岩作用主要表现为在矿物颗粒周围形成碳酸盐壳，和由同样的碳酸钙将单个颗粒连接（胶结）成更大的团聚体。同时，克尔布尔同意我的意见，认为上述作用只有在干燥的气候下才能发生。

土壤学家甘森(1922)的著作对我们讨论的问题非常重要。这位作者查明,在"十燥"和"半干燥"气候条件下,即在温带的荒漠、半荒漠和干草原中,铝硅酸盐的风化作用形成亚粘土。然而,在温带地区的潮湿气候情况下则形成粘土(这从格德罗伊茨的上述资料中也可清楚地看到)。

在干燥气候(草原气候、荒漠气候)情况下,在铝硅酸盐风化时几乎不会发生盐分的淋失,而且成土作用是在碱性环境中,在碱和碱土金属溶液的作用下进行的,因此土壤变得疏松、易散,成亚粘土质。况且,碳酸钙对粘土颗粒的胶结,使颗粒的直径增大,从而促使粘土变成亚粘土。这就是草原土壤和荒漠土壤具有多孔隙性的原因。

在农业上,众所周知的通过对土壤施加石灰以提高其肥力的作法,就是以钙的上述特性为依据的:石灰能确保土壤的粒状结构、多孔性和透水性。

从格德罗伊茨和甘森的资料中可以看出,在干燥气候情况下会发生颗粒的加大。黄土也可以由比组成它的物质更细粒的物质形成。格德罗伊茨(1926,第126页)说道,胶粒不仅互相粘结,而且还能作为胶结物胶结更大粒级的颗粒。甘森(1922,第41页)做过下面一个值得注意的试验:让高岭土样品受到碱性硅酸盐溶液的作用,试验结果发现,不能为盐酸分解的高岭土,几乎有一半转化为可以为盐酸分解的"沸石"型[①]硅酸盐。这时,高岭土的机械组成有如下的独特变化:

① 即能够以自己的盐基代换其他盐基。

颗粒直径(毫米)	试验前(%)	试验后(%)
小于 0.01	93.5	45.3
由 0.01 至 0.05	3.3	43.2
大于 0.05	3.3	11.6

我们看到，在碱性硅酸盐的作用下，颗粒的直径加大，机械组成接近于黄土的组成。在黄土的母岩中，由于吸收性钙和镁以及碳酸钙和碳酸镁的作用，也应发生类似的过程。甘森说道，“黄土形成过程几乎就是富含二氧化硅的细粒硅酸盐的完全水合作用，和土壤颗粒被碳酸钙包裹的作用。在这样的作用下，小于 0.01 毫米直径的颗粒变成 0.01—0.05 毫米直径的颗粒”。与此相反，在潮湿气候条件下硅酸盐风化时，物理性粘粒的数量增大，即小于 0.01 毫米的颗粒数量增多。

格德罗伊茨(1933，第 150 页)做过这样的试验：对库班黑土(80—100 厘米的土层)，即在吸收复合体中几乎只含吸收性钙的土壤，用威廉斯方法进行机械分析。然后，使该土壤样品为钠完全饱和，继而除去氯化物，再进行机械分析。下面便是分析的结果。

	0.25—0.01 毫　米	0.01—0.005 毫　米	0.005—0.001 毫　米	<0.001 毫米
黑 钙 土	15.2	26.3	15.8	39.9%
钠饱和的黑钙土	13.0	19.2	5.6	59.8

我们看到，在钠饱和的土壤中大于 0.001 毫米的颗粒数减少，淤泥粒级(小于 0.001 毫米)的颗粒数明显增多。

格拉西莫夫和马尔科夫(1939，第 242、244 页)对黄土状亚粘土和黄土做了类似的试验。由于这些岩石的吸收性复合体为钠所饱和,0.05—0.01 毫米和 0.01—0.001 毫米直径的颗粒数量减少,然而小于 0.001 毫米直径的颗粒数量增多。主要是 0.01 毫米左右直径的颗粒减少了。

如果我们研究一下典型黄土各机械粒级中碳酸盐的含量,我们就能确信,碳酸盐的最大含量集中在 0.05—0.01 毫米和0.01—0.005 毫米的粒级中。下表就是按照格德罗伊茨方法从 100 克干燥的特鲁布切夫斯克黄土分出的各机械粒级中(第一行)碳酸盐的绝对含量(以克为单位)(第二行是根据格德罗伊茨的方法得到的机械组成,第三行是各机械粒级中碳酸盐的百分比含量;莫罗佐夫,1932,第 246 页):

	1—0.25 毫米	0.25—0.05 毫米	0.05—0.01 毫米	10—5 微米	5—1 微米	1—0.54 微米	0.54—0.40 微米	0.40—0.28 微米	0.28—0.22 微米	<0.22 微米
1	未测定	0.24	5.30	2.39	0.50	0.01	0.04	0.06	0.25	0.29 克
2	0.23	9.38	67.47	11.98	2.01	4.12	0.78	0.84	1.57	1.21%
3	未测定	2.51	7.86	19.96	25.00	0.23	5.00	7.68	16.00	24.27%

总的说来,0.05—0.01 毫米和 0.01—0.005 毫米直径粒级中的碳酸盐占特鲁布切夫斯克黄土所含碳酸盐总量的 84.7%(占姆斯季斯拉夫尔黄土碳酸盐总量的 87.6%,占普里卢基黄土碳酸盐总量的 70%)。同时,在奔萨的覆盖粘土中,碳酸盐的绝对最大含量出现在更小的粒级中:0.01—0.005 毫米和 0.005—0.001 毫米,即占母岩所含碳酸盐总量的 70.3%(莫罗佐夫,1932,第 247 页)。

为反驳上述看法人们常常提出[1]：黄土的主要组成部分是石英，即 SiO_2，它在黄土中没有团聚体的形态；同样，黄土物质的非石英部分（物理性粘粒）不能为任何物质所胶结。但是，说这种话的作者通常研究的是为进行机械分析而经过处理（即受到氯化钠的作用，加水长时间搅拌，用盐酸处理）的黄土物质。例如，据莫罗佐夫说（1932，第 247 页），“用显微镜研究包括 1 至 0.001 毫米直径的（黄土）各机械粒级，表明不存在由任何物质胶结这些颗粒的情况”。但是，如果我们看一看莫罗佐夫（1931，第 55 页）对其应用的方法的叙述，那么这里对同一种岩石是这样说的：“用显微镜研究按格德罗伊茨方法分出的 1 至 0.005 毫米的各个粒级（着重点是我们加的。——Л. 贝尔格），表明它们大部分是由单个、无色、未被胶结物包裹的石英颗粒所组成。”格德罗伊茨的方法是，把黄土样品装在有氯化钠溶液的大玻璃瓶中，经过一昼夜的振荡，再多次用氯化钠溶液冲洗，直到吸收性盐基被钠完全代换，接着在渗析器中放置两个月，然后在氨水中振荡，等等。这时，并未得到我们在显微镜下将能得到的标准黄土岩石颗粒。但是，当用比较简单的萨巴宁方法对图拉的黄土状亚粘土和奔萨的覆盖粘土进行处理时，在 1 至 0.01 毫米颗粒中便“已出现一定数量被染色的和为胶结物包裹的石英颗粒”（莫罗佐夫，1931，第 55 页）。

关于岩石的实际机械组成怎样随所采用的机械分析方法而变化，可根据 Ф. П. 萨瓦连斯基（1931，第 57—67 页）的下列试验来判断，采取 6 份穆甘草原的土壤样品，对每一份进行分析，并用鲁

① 例如可参看：杰尼索夫，1944，第 19 页。

宾逊方法从悬浮液中确定 0.05 毫米和更小的粒级。每份样品用三种方法进行研究：1）浸湿称样，用橡胶研棒将其研碎，放入大玻璃瓶中振动，然后进行分析。2）用水处理称样，直到完全除去氯盐。3）用盐酸（0.2N）处理称样除去碳酸盐，然后放入过滤器中，用氯化钠溶液或盐酸（0.05N）冲洗，除去硫酸盐；接着把样品放到盛有 50 立方厘米的 10%的 NH_4OH（氢氧化铵）的大玻璃瓶中，然后进行分析。这里，我们举出对一份样品（贾法尔汉，采自 160—180 厘米深度）分析所得的总的结果（见下表）。

毫　　米	第一种方式	第二种方式	第三种方式
0.25—0.05	14.9	10.3	0.0%
0.05—0.01	69.4	23.3	7.1
0.01—0.001	14.0	64.7	37.8
0.001—0.0002	0.0	0.2	35.7
处理时被冲洗的盐类	0.0	4.4	19.4
在悬浮液中的盐类	1.8	0.3	0.0

在碳酸钙（和碳酸镁）的作用下，黄土细土粒的合并加大是通过两种方式进行的：一是通过最小的矿物颗粒互相胶结；二是通过在矿物颗粒周围形成极薄的碳酸钙外壳或膜。

为了说明第一种方式，我们引证 Б. В. 戈尔布诺夫（1942，第 59—63 页）对撒马尔罕州扎阿明区黄土的微团聚成分进行的极有价值的观察。戈尔布诺夫研究了未开垦的淡灰钙土下面 100—110 厘米深处黄土的机械组成。他采用了两种方法：第一种是按鲁宾逊方法，对样品不作化学处理；第二种是按鲁宾逊方法不预先除去岩石中的碳酸盐，而用草酸钠处理样品。这时，便得到如下结果(第 61、23 页)：

各粒级(毫米)的重量百分比						
>0.25	0.25—0.1	0.1—0.05	0.05—0.01	0.01—0.005	0.005—0.001	<0.001 毫米
对样品不做化学处理的分析						
0.23	0.46	15.8	78.0	5.4	0.04	0.07
用草酸钠处理样品后的分析						
0.10	0.34	10.1	59.0	11.6	6.2	12.6

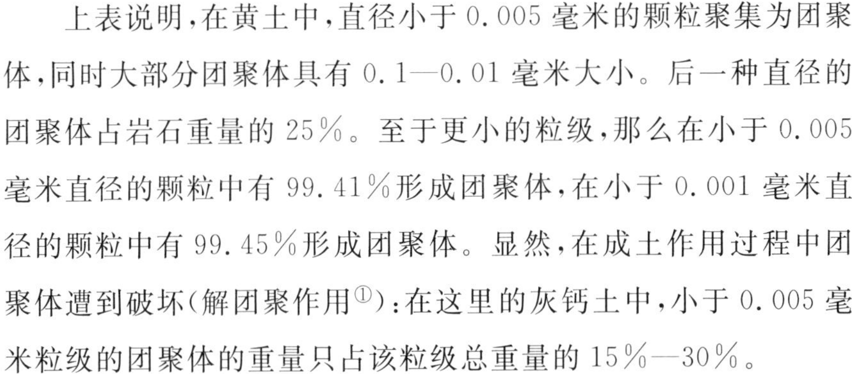

上表说明，在黄土中，直径小于 0.005 毫米的颗粒聚集为团聚体，同时大部分团聚体具有 0.1—0.01 毫米大小。后一种直径的团聚体占岩石重量的 25%。至于更小的粒级，那么在小于 0.005 毫米直径的颗粒中有 99.41%形成团聚体，在小于 0.001 毫米直径的颗粒中有 99.45%形成团聚体。显然，在成土作用过程中团聚体遭到破坏(解团聚作用[①])：在这里的灰钙土中，小于 0.005 毫米粒级的团聚体的重量只占该粒级总重量的 15%—30%。

Б. В. 戈尔布诺夫以及格德罗伊茨把黄土中团聚体的形成归因于吸收性二价阳离子——钙和镁。

因此，黄土的胶体部分在碳酸钙和碳酸镁的影响下加大。

① 俄文为“дезаггрегация”，通常称为“解集作用”。——校者

卡扎科夫(1935,第 414 页)在论述布良斯克和特鲁布切夫斯基黄土时,对 0.25—0.05 毫米和 0.05—0.01 毫米粒级作了如下的描述:大部分是透明、无色的石英,偶尔有氧化铁被膜;颗粒有棱角,偶尔微圆。波尔塔瓦附近的黄土上层的相同粒级也是这样:主要为透明、无色的石英,它们偶尔有氧化铁和碳酸钙被膜;颗粒有棱角,少量微圆(卡扎科夫,1935,第 416 页)。采自第聂伯罗彼得罗夫斯克以北 20 公里的黄土,其颗粒的性质和状态也是这样(第 417 页)。关于第聂伯罗彼得罗夫斯克附近的黄土,克罗科斯(1932,第 146 页)报道说,黄土中 0.015—0.03 毫米直径的石英颗粒常常包裹有碳酸钙外壳。莱茵黄土(沃尔维凯,1924,第 31 页)、萨克森黄土(沙伊迪希,1934,第 75 页;以及沃尔德斯泰德,1929,第 112 页)和克雷姆斯附近多瑙河阶地黄土(科尔布尔,1931,第 107 页)也有这种情况。在明斯克区和奥尔沙区黄土(卡扎科夫把它们叫做黄土状岩石)的 0.25—0.05 和 0.05—0.01 毫米粒级中,以有棱角和微圆的透明无色石英占大多数,其表面偶尔有氧化铁和碳酸钙薄膜(卡扎科夫,第 410 页)。在塔甘罗格以北的黄土状岩石的 0.25—0.05 和 0.05—0.01 毫米粒级中,经常发现颗粒上包裹有褐铁矿外壳(卡扎科夫,第 423 页)。在进行机械分析时,这些褐铁矿外壳很容易从颗粒上剥离下来。

至于小于 0.01 毫米的粒级,上面提到的作者中的任何一个都没有进行过比较精细的分析。但是,根据格拉西莫夫和马尔科夫(1939,第 241 页)的资料,在黄土中,这样的粒级可能是由团聚结构的颗粒组成的。

在饥饿草原(乌兹别克斯坦)黄土状岩石的小于 0.01 毫米的

粒级中，“原生方解石的含量极少，包裹有其他矿物颗粒的坚硬外壳的次生方解石则很多”。在大于 0.01 毫米的粒级中，次生的碳酸钙呈外壳状包裹于长石和其他矿物颗粒表面（罗扎诺夫和舒克维奇，1943，第 40 页）。

氧化硅是非常稳定的化合物（尽管不如通常设想的稳定性那样大）；所以一般认为，黄土中所含的氧化硅颗粒是遗留下来的，与产生黄土的某种其他的岩石无关。这并不完全正确。在岩石风化时，可由硅酸盐和铝硅酸盐重新形成一部分氧化硅（波雷诺夫，1934，第 86、91 页）。在土壤的硅酸盐受到破坏时，通常形成 $SiO_2 \cdot nH_2O$ 成分的胶体；这种凝胶结晶作用，经一定时间后变成石英（谢德列茨基，1938，第 829 页）。显然，这些过程也发生于黄土状岩石和黄土中。因此，与游离的二氧化硅（石英砂）不同，硅酸盐和铝硅酸盐中的二氧化硅最强烈地参与风化作用；它能改变自己的分散程度；它能在碳酸钙和碳酸镁的作用下发生凝结（凝聚）。在硅酸盐和铝硅酸盐风化过程中释放出来的二氧化硅颗粒，当存在碱土金属时合并加大，能逐渐增多 0.01—0.05 毫米的粒级。特别值得注意的是，钙硅酸盐主要存在于粗的粒级中。然而，铝硅酸盐则一方面集中于小于 0.05 毫米的粒级中，另一方面集中于大于 0.05 毫米的粒级中（格德罗伊茨，1933，第 118 页）。如果根据显微镜分析的资料来仔细研究切尔尼戈夫黄土的石英含量，我们就会看到石英的数量从 0.02—0.002 毫米粒级向 0.02—0.25 毫米粒级逐渐增大。根据波诺马廖夫和谢德列茨基的看法（1940，第 302 页），在这种现象中，胶态石英加大——石英从小的粒级逐渐变成大的粒级——起有一定的作用。

石英颗粒可以通过在其表面沉淀石英而增大体积，同时，不断增大的次生石英的光性方位，与形成核心的石英的光性方位相同，而且新的石英颗粒获得晶体形状(特文霍费尔，1936，第212页)。

但是，氧化硅常常呈非晶质体沉淀在石英颗粒上：在黄土和黄土状岩石中时常出现表面呈泉华形态的石英颗粒(卡扎科夫，1935，第399，415页)。

此外，土壤中还有氧化铝和氧化铁的胶体溶液。这些物质彼此相遇或与电解的风化产物相遇，便互相凝聚。此外，这些沉淀物从溶液中吸收电解质的阳离子，而且首先是吸收钙离子(格德罗伊茨，1924，第13页)。

格德罗伊茨(1926，第121页)注意到，大约从0.1微米大小(胶体粒级的上限)起，颗粒具有十分显著的分子引力，以致在彼此相遇时互相结合成更稳定的团聚体。胶体颗粒分散的程度越大，它们的胶结能力就越强。但是，为了使所获得的团聚体具有稳定性，必须使胶体部分为铁或铝、或钙、或镁的阳离子所饱和。黄土中正好含有大量钙，因此，胶体粒便聚集成更大更稳定的团聚体。

此外，应该注意：1)黄土中，0.05—0.01毫米粒级不仅由石英和碳酸盐构成，而且由硅酸盐和铝硅酸盐所构成；2)在某些典型黄土中，这种粒级只占岩石总量的一半，甚至不到一半；3)在0.001毫米及0.001毫米以下的粒级中，多半是硅酸盐和铝硅酸盐。因此，Н. Я. 杰尼索夫(1944，第19页)关于“0.25—0.05毫米的颗粒不是团聚体”的论断，需要作很大修正。

因此，在干燥气候的风化条件下，在碳酸盐细土质岩石中发生颗粒的加大，这使岩石富含0.01—0.05毫米的粒级。

根据 H. Я. 杰尼索夫的看法(1944,第 17 页),“格德罗伊茨的学说与其对于不能变成黄土的粘质底土的关系比较起来,对黄土没有多大关系。”我们不能同意杰尼索夫的这种论断。毫无疑问,如果粘土中有碳酸钙,那么在干燥气候地区(因而在那里碳酸盐不会被淋失)细粒土就会加大,粘土就可能变为黄土状。我们同意第 271—274 页所引用的关于黄土岩石机械组成的资料:存在含 80% 以上小于 0.01 毫米的颗粒的黄土。但是,正像我不得不多次指出的那样,能够变成典型黄土的,是相应机械组成的岩石,即亚粘土,而不是粘土和砂。由粘土和砂形成的是黄土状岩石。

其次,H. Я. 杰尼索夫与甘森、涅乌斯特鲁耶夫、我和其他人的看法相反,认为甘森的试验也与黄土形成过程没有关系。“用碱性硅酸盐溶液”处理高岭土,“是绝不能与有二价阳离子的水溶液的作用等量齐观的”(杰尼索夫,1944,第 16 页)。但是,在黄土中,既有碳酸钙和碳酸镁,又有碱性硅酸盐(例如,可参看:罗扎诺夫和舒克维奇,1943,第 39、40 页)。众所周知,云母容易以其部分钾代换其他阳离子。在非灌溉灰钙土下面的黄土中,氧化钾的总含量为 1.5%—2%(在非腐殖质和非碳酸盐物质中所占的百分比;戈尔布诺夫,1942,第 45 页)。还应该注意微生物可能起的作用,这将在下面加以叙述。因此,在黄土中完全可能存在高岭土(或蒙脱石或贝得石)同碱性硅酸盐的相互作用,即甘森反应。这种反应可导致颗粒的加大。

H. Я. 杰尼索夫指出许多亚粘土和粘土富含石膏和碳酸钙,但却没有变成黄土,从而反驳土壤学说说道(第 16 页):“单是风化作用和岩石为钙饱和,显然是不足以使岩石变成黄土的。”说得完全

对,单是碳酸盐岩石的风化作用是不够的:还必须:1)使风化作用在干燥气候条件下进行,和 2)发生成土作用,即有微生物参加。关于后一点,将在下面予以叙述。

微生物的作用

黄土中的成土作用,由于是在干燥甚至荒漠气候条件下进行的,不可能有很大的强度。众所周知,灰钙土是典型的荒漠土壤,在这种土壤中分层不明显,以致往往难于把土壤和底土区分开。在涅乌斯特鲁耶夫(1909)以前,土壤学家一般把土耳其斯坦的灰钙土简单地看做黄土——在这种土壤中成土作用的发育十分微弱。但是,灰钙土毕竟是真正的地带性土壤。

此外,我们的土壤学家们甚至把中亚细亚不毛的砂地看做土壤。关于中亚细亚的砂地,Л. И. 普拉索洛夫(1926,第 34 页)写道:"过去很少把各种砂地作为土壤来进行研究,尽管它们是成土作用发育和植物生活有意义的、特殊的介质。在这方面,甚至土耳其斯坦极端干燥的荒漠的不毛的飞砂,也不是完全没有生命的,而是可以看做土壤的,只不过这种土壤比较贫瘠,但其中可以看到大气和生物营力作用的痕迹。"A. 加耶利(1939,第 1107 页,及以下各页)对土库曼的卡拉库姆沙漠的沙地作了详细的土壤描述。他把流沙看做是初生态(in statu nascendi)土壤,而把被沙苔固定的丘状和垄岗状沙地上的沙描述成砂质灰钙土。

在流沙中发现有大量微生物(1 克沙中有 10 亿个以上),其中也包括固氧细菌(详见:贝尔格,1945,第 462 页)。

我在《土壤和水成沉积岩》一书(1945,第 458 页)中阐述了这样的观点：粘土和砂在风化的全部产物，由于微生物的参与，应被认为是原始土壤。

许多情况可以证明下一推测，土壤胶体部分所固有的次生矿物——蒙脱石、贝得石、高岭土、多水高岭土、水云母等等——是在微生物的参与下形成的（维尔纳茨基，1938）。我们与格德罗伊茨（1933，第 128 页）都认为，在微生物最积极的参与下产生岩石和土壤中的胶体部分（或吸收性复合体）。在吸收性复合体受到的相互交换作用中，“起明显作用的，应该是栖居于每克土壤中的几十亿微生物。”（格德罗伊茨，1933，第 167 页）

我们知道，交换性钙有利于需氧微生物的发育（格德罗伊茨，1935，第 49 页）。黄土中丰富的碳酸盐为各种微生物在黄土中繁殖创造了有利条件。在灰钙土中，我们也看到了类似的情况；例如，在塔什干和安集延的生荒地灰钙土中，每克土壤含有 12 亿个微生物（舒利金娜等人，1930，第 8 页）。当黄土经过形成阶段时（我们知道，黄土象红土一样是古土壤），黄土中应该有丰富的微生物动植物群，它们能促进风化作用和成土作用。

Д. Д. 索科洛夫（1930，1932）在第聂伯罗彼得罗夫斯克附近的黄土中，以及在马格尼托哥尔斯克的斑岩和闪长岩的风化产物中发现了细菌，因而推测在细菌的参与下，黄土中发生铝硅酸盐的分解过程。

A. A. 罗杰（1942，第 23 页）认为，岩石中碳酸钙的移动和相应的粘土颗粒团聚状态的增大，是岩石“黄土化”的必要条件。罗杰把这些过程归入风化作用。如果把微生物的活动与风化作用结合起来，我们便得到成土作用，这种作用在从前某个时候的干燥气候条件下形成，我们现在称为黄土和黄土状岩石的古土壤。

黄土的其他特性

我们已经阐述了黄土的两种基本特性——无层理性和独特的机械组成。

关于黄土以及荒漠和半荒漠型土壤上层多孔的原因，存在各种不同的看法：一部分人认为多孔的原因是草本植被根部的遗迹；另一部分人认为是土壤-生物作用时释放出的碳酸；第三部分人认为是大气降水渗入土壤时排挤出的土壤空气的作用。我们现在知道，黄土多孔的真正原因，在于黄土富含能增大土壤颗粒的碳酸钙和碳酸镁。

黄土能够成垂直陡壁崩塌是其机械组成均一和具有透水性的结果，它丝毫不能说明这种岩石是风成的。对此应该补充一点，根据波雷诺夫的看法（1939，第 204 页），沉淀在上升毛细管中的碳酸钙，把黄土胶结起来，从而使土块沿垂直断面比沿水平或倾斜断面易于劈开。

黄土形成的条件

下面将用许多例子来说明，在干燥的气候条件下冲积物是怎样获得黄土状外貌的。现在，我们已开始明白这一过程的机制。为使某种岩石，如冰川沉积物或冰水沉积物能在草原气候条件下变成黄土状岩石，必须具备下列条件：

1）母岩中应该含有大量铝硅酸盐；

2）母岩中应该含有碱土金属的碳酸盐；

3)母岩在一定程度上应该是细粒的和能透水的。

对此,甘森作了补充:为了保持岩石的松散性和多孔性,“水合作用(即风化作用)和沉积作用应该同时进行”,但这些条件似乎只能在黄土物质由风带来的情况下才能实现。所以,甘森是黄土风成说的拥护者。然而,第一,毋庸怀疑,黄土母岩的风化作用正是在该母岩沉积后以特殊的强度进行的。黄土层中碳酸盐的转移、改变和形态,可以证明这一点;第二,为了证明黄土的松散性和多孔性,根本不需要采用风成假说:下面将举许多例子来说明明显水成的岩石是怎样在干燥气候条件下获得黄土状外貌的。

另一方面,从上面引用的格德罗伊茨和甘森的资料无疑可以得出结论:黄土形成过程只能发生于陆地上,并且只能发生于干燥气候条件下,而绝不可能发生于水下。因此,像湖成黄土、河成黄土和海成黄土这样一些在文献中经常遇到的术语,包含有修饰语上的矛盾(Contradictio in adjecto)——这样的黄土是根本没有的,而且也不可能有的。

但是,当然完全可能有这样的情况,黄土状形成物经流水冲刷、搬运后,再沉积于别的地方。当这些异地堆积的岩石重新出现在陆地上时,它们显然会非常容易而迅速地重新获得黄土的外貌。

现代的黄土形成作用

根据我们的看法,即使在现代,在干燥的气候情况下,也应当由相应的物质形成黄土状岩石。实际上,不难举出足够多的例子来证明这一论点。

И. В. 穆什克托夫（1886，第 513－514 页）在费尔干纳里斯坦以南的平坦石漠表面观察到了如下的景象。水流从狭窄的峡谷中流到砾岩的平坦表面，分成许多细流；于是，流速减小，自水中沉积下细的颗粒；夏季，在小河处留下复杂的浅黄和浅灰色粘土条带网。穆什克托夫说道，“通过研究这种粘土，我确信，它与层状黄土几乎没有什么区别，粘土层的厚度在有的地方达到 5 厘米，但大部分不超过 1 厘米或 2 厘米。在这里亲眼看到形成层状黄土，它逐渐覆盖了砾岩，使石漠变成了可耕种的黄土地面。”

穆什克托夫的观察得到了涅乌斯特鲁耶夫这样权威的土壤学家的证实。涅乌斯特鲁耶夫报道说（1912，第 142 页）：在费尔干纳，“黄土状夹层在现代河流（卡拉达里亚河和纳伦河）冲积层中是极为常见的”。

关于阿雷西河流域（奇姆肯特州）的现代沉积物，涅乌斯特鲁耶夫（1910，第 18 页）写道：“当你更仔细地观察土耳其斯坦的冲积物时，在所有细粒的冲积物中都表现出有时是整个黄土，有时是它的某些别的组合的典型特征。冲积物获得了多孔性、淡的色调和一定的松散性，遇酸必定起泡。”“在奇姆肯特县，几乎所有的冲积物和坡积物在外貌上都与黄土有某种相似。它们全都含有大量碳酸钙，大部分是有多孔性和极小的细粒土组成。因此，各方面的研究者在黄土的名目下描述了相当多种多样的岩石。”（第 20 页）

在卡拉库姆东南部的泽拉夫尚河、穆尔加布河和阿富汗诸河陆上三角洲的沉积物，通常是含淡水动物群的亚砂质黄土状岩石（布拉戈维申斯基，1940，第 222 页）。

Б. А. 费奥多罗维奇和 А. С. 凯西（1934，第 76 页等）详细描述了莫夫[①]绿洲境内穆尔加布河一级超河漫滩阶地。这种阶地由厚达 3 米和有时达 4 米的黄土状亚砂土和黄土状亚粘土构成，这两位作者认为该阶地是穆尔加布河陆上三角洲中的一个。应该把它看做是现代形成物，因为早在中世纪以前，一级超河漫滩阶地曾经是河水泛滥、沼泽化和芦苇丛生的地区（第 80 页）。同样，穆尔加布河的二级超河漫滩阶地也是由冲积成因的黄土状岩石构成的。

穆甘草原（阿塞拜疆）的土壤由阿拉克斯河的冲积物形成，属冲积土类型（扎哈罗夫，1905，第 52 页，单行本）。它们往往是有黄土状外貌的多孔隙亚粘土。扎哈罗夫把这种亚粘土列入“平原河流冲积黄土”类型。因此，明显冲积的沉积物[②]在这里变得如此类似黄土，以致扎哈罗夫按科索维奇的分类法把由它们形成的土壤看做是向“风成黄土性”土壤过渡的土壤。

就机械组成来说，穆甘冲积土近似中亚的黄土（图拉伊戈夫，1906，第 96 页）。科索维奇（1911，第 107 页）这位风成说的拥护者根据这一点指出：“有可能通过冲积方式形成在机械组成上类似风成岩石”，即“黄土的岩石”。

但是，为什么穆甘冲积物仅仅是黄土状岩石，而不是类似于乌克兰或中亚黄土的真正黄土呢？对这个问题，可以作如下的回答。穆甘的土壤是年轻的形成物，仅在不久以前才开始由冲积物变成土壤：其实，在这里，甚至很难将土壤和底土区分开，而且经常发生这样的情况：刚刚形成的土壤层，再次被阿拉斯河泛滥的冲积物所

① 古地名，即“梅尔夫”，在今之苏联土库曼的马雷附近。——校者

② 也可参看：图拉伊戈夫，1906，第 42 页。

覆盖。

然而，现代黄土形成的最显著例子，大概是现在在北纬 62°雅库特中部的干燥气候情况下可以观察到的黄土形成现象。这里，在雅库茨克区勒拿河河谷中，一级超河漫滩阶地以及二级超河漫滩阶地表面均覆盖有薄薄的“黄土状碳酸盐冲积亚粘土”层(0.5—1 米)。黄土状亚粘土在与其上面的砂质冲积层交界处呈层状。因此，春汛期间在勒拿河河漫滩的浅水岸主要沉积细的砂质粉土部分，换句话说，即沉积下黄土状碳酸盐亚粘土(大部分是轻质的)；然而，比较粗的沙粒则沉积在深泓线上和河漫滩的比较低的岗垅上(奥格涅夫，1927，第 3—4 页)。甚至勒拿河一些支流的河漫滩阶地，也是由这样的亚粘土构成的。例如，这可见于缅达小河(雅库茨克以北)上，在该河河漫滩的黄土状亚粘土中发现有埋藏的落叶松树干(奥格涅夫，第 12 页)。缅达河的基岩河岸上覆盖着含石英砾石包裹体的黄土状粘土。一般说来，勒拿河与阿姆加河之间的整个分水岭均覆盖有黄土状亚粘土和黄土状粘土。

在现代时期形成黄土状亚粘土，而且这种现象向北方分布得如此之远(几乎在北纬 62°)，是非常令人惊奇的事实。产生这种现象的原因当然是勒拿河中游独特的气候特征：炎热的夏季和长期的干旱(降水量很小)。

既然在现代时期勒拿河中游温暖而比较干燥的夏季条件下这里形成黄土状岩石，也就没有必要认为存在特殊的“冷相黄土状沉积物”，这种沉积物是在“具有强烈大陆性气候和土壤冻结深度接近地表的寒冷地方”通过残积方式形成的(格拉西莫夫和马尔科夫，1939，第 248—253 页)。至于冰后期在雅库特中部曾经有过气候比现代干燥的时期，现在无论是植物学家还是动物学家都是承认的（见前面第四章；贝尔格，1938，第420页）。那时形成黄土状岩石的条件，无疑比现在更有利。至于说到永冻土，那么它只有在中雅库特型的干燥气候情况下才能促进黄土状亚粘土的形成。

在黄河流域鄂尔多斯南缘的荒漠气候条件下，也像在雅库特一样，可在河成阶地上观察到现代的黄土形成作用：河水含有特别多的悬浮物质，以致看来像稀泥浆，河流沉积下大量的泥沙，它们在这里变成黄土。关于这种黄土形成的时间，根据下一情况便容易加以判断：在3—4米厚的阶地黄土层底部发现有现代文化的遗物（德日进，1924，第86页）。

这样，细土质冲积岩石即使现在在干燥气候条件下也能转变为黄土状岩石，甚至转变为黄土。

下面将列举许多黄土状冲积物（不是现代的）例子。

黄土状岩石的多样性

我们已经指出，具有黄土外貌的岩石可能具有极为多种多样的机械组成，从漂砾亚粘土[①]这样的岩石直到粘土。

最为常见的是黄土状漂砾亚粘土。我在切尔尼戈夫州的许多地方，都发现了这种物质，例如，在流入原格卢霍夫县的沃尔戈尔村与扎泽尔卡村之间的沃尔戈尔河的冲沟中；其次在格卢霍夫以南霍洛普卡附近的马库希纳冲沟中，在这里还分布有黄土状、层理明显、棕黄色的冰水漂砾亚粘土，向上转变为黄土。在切尔尼戈夫

① 或称“冰碛土”。——校者

州的黄土状漂砾亚粘土中，漂砾不多，并且很小，岩石的颜色为棕色或浅黄色。因此，乍看起来，这些亚粘土非常像黄土，在沃尔戈尔村的类似亚粘土中，阿尔马舍夫斯基(1883，第121页)发现了虹蛹螺(Pupilla muscorum)、琥珀螺(Succinea oblonga)和椎实螺的外壳。克罗列韦茨(贝尔格，1914，第14页)附近以及谢伊姆河岸边巴图林附近的冰碛也具有黄土状特征。在波尔塔瓦州的霍罗尔区扎伊领佐夫村以北的土壤下面，发现有漂砾黄土或"黄土状漂砾粘土"[①]，它们呈棕黄色，厚4—5米；从结构上看，这种岩石是典型黄土，含小哺乳动物管状骨和陆生软体动物贝壳的碎片，但同时也具有大量结晶岩的漂砾(阿加福诺夫，1894，第116页)。在波尔塔瓦州的其他许多地方，也可见到这样的漂砾黄土(同上，第136—137页，第146—147页)。在基辅州可以看到各种漂砾亚粘土：如果不注意到漂砾，那么根据所有其他特征来看，这种漂砾亚粘土是"典型黄土"，例如，在斯梅拉附近的别列兹尼亚基村便是这样(费洛罗夫，1916，第10、22—23页)。

在更北的地方，如在奥卡河和苏拉河下游之间的地方，也发现有黄土状漂砾亚粘土(道库恰耶夫，1886，第20—21页)。道库恰耶夫(1892a)甚至倾向于沿黑钙土地区北缘分出特殊的黄土状漂砾亚粘土地带，这个地带从伏尔加河中游一直延伸到切尔尼戈夫州乃至更西，而向南则变为"典型、细粒、均质的冰川黄土"。

漂砾亚粘土转变为黄土状岩石的现象，除了根据黄土成因的

① 漂砾粘土的俄文为"Валунная глина"，等于英文"boulder clay"，通常称"(冰川)泥砾"或"冰粘土"。——校者

土壤学说予以说明外,用任何其他的观点都是无法解释的:——根据土壤学说,在干燥气候条件下经过风化作用,漂砾亚粘土母岩获得了黄土状外貌①。

有时也见到具有黄土形态的砂(黄土状砂)。我曾在苏拉日区的乌谢尔皮耶村观察到这类砂。许多作者都记述过黄土状砂:例如,在苏波伊河(第聂伯河支流)沿岸就有这种砂:它们呈层状分布(阿加福诺夫,1894,第 170 页)。从风成说的观点来看,层状黄土状砂的形成是完全不可理解的。从我们的观点来看,这是冲积砂,它沉积下来后在以前的干燥时期受到了成土作用。可是,格拉曼(1932,第 7 页)认为,德国的黄土状砂和亚砂土是“黄土粉尘与飞砂的混合物”。

在荒漠地带存在黄土状砂,我们认为是完全自然的现象。例如,在铁路线旁边的列普萨河(注入巴尔喀什湖的河流)附近(戈尔诺斯塔耶夫,1929,第 40 页)以及在卡拉塔尔河流域(同上,第 45 页),便分布有这样的砂。塔尔迪库尔干(加夫里洛夫卡)位于卡拉塔尔河的二级阶地上,该阶地“由砂质黄土或黄土状砂土”组成(第 46 页)。

在巴图林附近的谢伊姆河沿岸分布有黄土状亚粘土(贝尔格,1914,第 9 页);它也见于明斯克州(米苏纳,1915,第 177、237 页)、

① 但是,克罗科斯(1927,第 15 页)在更早的时候提出了解释:“在黄土中遇到漂砾的原因,是冰川沿黄土第二层下部移动,从而冰碛获得了黄土状性质。”可是,在这种情况下,应当发生的是黄土包含在冰碛内,而不是冰碛获得黄土的外貌。对于朱尔钦克(1928,第 139 页)的见解也可以这样看:这位作者认为,“作为冰碛基底的是黄土状冰水形成物,正是由于这种形成物,使冰碛富含了黄土物质。”

库尔斯克州(阿尔汉格尔斯基,1913,第 35、41—42 页)、莫斯科州。[①]

这样,我们便看到有黄土状亚砂土、黄土状砂(有时是层状的)、黄土状冰水沉积物、黄土状漂砾亚粘土以及“漂砾黄土”。黄土状岩石的这种多样性,只有用下一假设才能解释:在适当的气候条件下(即在干燥气候条件下)极为多种多样的地表岩石可以获得黄土状外貌。从风成说的观点来看,这是没有很大牵强附会就不可解释的现象,而存在黄土状漂砾亚粘土则是完全无法解释的。

黄土在水平方向上过渡为其他岩石

如果仔细研究一下黄土在任一地区的分布,往往可以看到黄土在水平方向上逐渐为黄土状岩石所代替,然后又为完全没有黄土状外貌的岩石所代替。各种类型的土壤在各自的分布范围内也同样是互相逐渐过渡的。从风成说的观点看,这样的现象是完全不可理解的:如果假定黄土是由风堆积的,那就应当预期黄土在其分布区的边缘厚度逐渐缩小,覆盖在下伏岩石之上并趋于消失;认为黄土在这种情况下会逐渐转变为邻近的岩石,是没有根据的。

这里可以举几个例子。在奥尔沙地区,无层理的黄土状亚粘土和亚砂土在水平方向上起初为细小的有层理的黄土状砂所代替,然后为均一的粘质砂所代替(米尔钦克,1928,第 125 页)。与此相反,在波尔塔瓦州以南,具有黄土状外貌的间冰期亚粘土则为

① Материалы по изучению почв Московский губ., вып. II, 1914, стр. 65—66 (Филатов), стр. 81 (Теплов).

典型黄土所代替(同上,1925,第 89 页)。黄土沿波尔塔瓦州的沃尔斯克拉河形成一条直到波尔塔瓦的连续地带。该地带以北,黄土失去其典型特征,变成没有黄土钙质结核的黄棕色砂粘土。沿普肖尔河整个水流的右岸伸展着一条多少较宽的黄土带;同时在博加奇卡和萨温齐之间的地区,黄土被黄棕色和红棕色的砂粘土所代替;而从萨温齐向北,再次出现黄土(古罗夫,1888,第 864 页,也可比较:阿尔马舍夫斯基,1903,第 224 页),在第聂伯河与南布格河之间,当自东向西行进时,可以追索到漂砾亚粘土起初转变为冰水亚粘土,而后转变为黄土(邦达尔丘克,1938,第 43 页)。戈罗克区的典型黄土朝斯摩棱斯克方向厚度减小,变为砂质成分较大的黄土,并转变为广泛分布于斯摩棱斯克州的黄土状亚粘土(阿法纳西耶夫 1924,第 141 页)。沿梅津以南的杰斯纳河,有的地方黄土状亚粘土在水平方向上代替了冰碛(米尔钦克,1923,第 32、33 页)。原新格鲁多克县的黄土厚达 6—8 米,在东北部转变为 0.5—1.5 米厚的黄土状砂(毋宁说是亚砂土)(米苏纳,1915,第 178 页)。在柳布林省原柳巴尔托夫县,把黄土分布地区与漂砾亚粘土和无漂砾砂土分开的地带,是由无层理的、强烈砂质的亚粘土构成,这种亚粘土,就一般外貌看,是典型黄土和漂砾砂土的一种中间产物(米哈利斯基,1892,第 197 页)。原弗拉基米尔省中部的黄土状亚粘土在原尤里耶夫县西部和佩列斯拉夫县毗邻地区消失,在水平方向上被与之近似的“过渡性粘土”所代替,后者没有石灰质结核,有时含有小漂砾(1902,第 212—213 页)。按谢格洛夫的看法,黄土状亚粘土在水平方向上向冰川沉积物的这种转变,是不容许把它们看成风成沉积物的。斯摩棱斯克的黄土状亚粘土是毫

无觉察地转变为奥尔洛夫黄土的(科斯秋克维奇,1915,第 87 页等)。沿鄂毕河支流恰雷什河,可以清楚地看到黄土状亚粘土呈砂相(佩茨,1904,第 214 页)。在鄂毕河支流别尔季河河谷的松林阶地上,观察到呈水平层状的砂既在水平方向也在垂直方向上逐渐过渡为黄土(索科洛夫,1935,第 14 页)。

乌克兰的地质学家最近把乌克兰的黄土分为 6 层——正确与否,我们现在不去追究。众所周知,沃罗涅日州没有黄土:在这里,黄土已被黄土状亚粘土和黄土状粘土所代替;而且,至少在沃罗涅日州,谁也不会认为这些岩石是风成的。[①] 克罗科斯(1937)曾经研究了顿河冰舌西南部地区(利斯基—卡利特瓦河)沃罗涅日州的第四纪岩石,将其称为碳酸盐亚粘土。同时,这些亚粘土被克罗科斯(1937)分为与第聂伯冰川作用地区黄土一样的层次。现在我们不禁要问:第聂伯冰川作用地区的黄土是风成的,而在地层上与其完全相似的顿河冰川作用地区的黄土状岩石却是由另一种方式,比如说由坡积方式形成或由水沉积而成,这可能吗?

这里,再补充一点:乌克兰东北部的黄土岩石当然也是逐渐过渡为沃罗涅日州毗邻地区的表层岩石的。扎莫里(1935)描述过艾达尔河流域(斯塔罗别利斯克区)高地上的黄土,其总厚度为 19

① 这种“亚粘土”的机械组成相当多种多样。下面是克罗科斯的资料(1937,第 20 页)(%):

	>0.1 毫米	0.05—0.01 毫米	<0.01 毫米
谢尔巴科瓦,“第聂伯”层	43.9	11.8	44.3%
利西昌卡,“乌代”层	5.0	9.7	85.3
普霍沃,“布格”层	7.8	22.7	69.5
奥利霍瓦特卡,“布格”层	7.6	4.9	87.5

米,分为5层,而稍向北,在沃罗涅日州境内,这种黄土已转变为亚粘土。

克罗科斯(1937,第23页)对乌克兰的冰外沉积和顿河冰舌沉积作了如下年代对比:[①]

	乌克兰	沃罗涅日州
1.	玉木冰期II 布格黄土层	碳酸盐亚粘土
	乌代—布格间冰期	(古土壤)
2.	玉木冰期I 乌代黄土层	碳酸盐亚粘土
	第聂伯—乌代间冰期	(古土壤)
3.	里斯冰期 第聂伯黄土层	⎫ 碳酸盐亚粘土
	奥列利(Орель)—第聂伯间冰期	
4.	里斯前冰期 奥列利黄土层	间冰期(古土壤)
	季利古尔(Тилигул)—奥列利间冰期(古土壤)	⎭
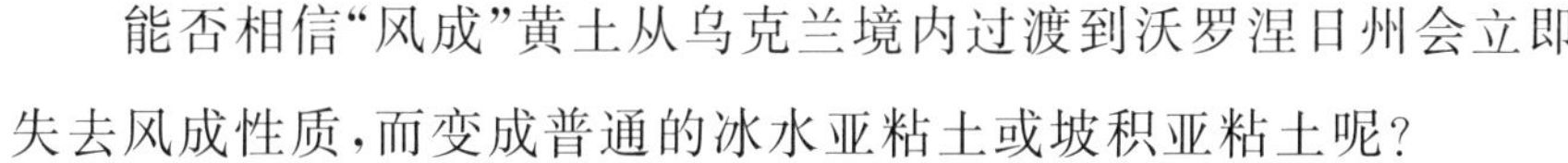 5.	民德冰期 季利古尔黄土层	碳酸盐亚粘土
	苏拉—季利古尔间冰期	(古土壤)
6.	群智冰期 苏拉黄土层	碳酸盐亚粘土

能否相信"风成"黄土从乌克兰境内过渡到沃罗涅日州会立即失去风成性质,而变成普通的冰水亚粘土或坡积亚粘土呢?

我们还要指出一点,根据矿物成分来看,顿河冰川作用地区的碳酸盐亚粘土与冰碛没有区别。同时,沃罗涅日的碳酸盐"亚粘土"的矿物组成与第聂伯黄土的矿物组成也几乎相同(克罗科斯,1937,第22页)。

① 我不打算批评这个表,但仍然应当指出,在俄罗斯平原现在确定的冰川作用只有三次(例如可参看:米尔钦克,1928;比连科,1937;格拉西莫夫与马尔科夫,1939a,第95—96页;德米特里耶夫,1939,第248页)。

在中亚，随着由高地向平原深处推进，黄土形成物在外貌、物理-化学特性和水理特性上逐渐接近于黄土，然后，则逐渐变成黄土(沃罗诺夫，1938，第 5 页)。

总之，典型黄土在水平方向上是逐渐地转变为岩石(具有黄土外貌，而有时不具有黄土外貌)，谁也不认为这种岩石是风成的。

南俄罗斯和乌克兰黄土形成的时间

关于黄土形成的方式和时间问题，应该分为两个方面：第一，后来形成黄土的母岩是什么时候和怎样沉积的？第二，这种沉积物是什么时候变成黄土或黄土状岩石的？

1）从上面的叙述中可以清楚地看到，根据我们的认识，沉积的岩石变成黄土发生在比现代气候干燥的干旱时期。[①] 众所周知，这样的时期是冰后期以及间冰期。那时发生了气候带向北移动的情况(第四、五章)，而且例如切尔尼戈夫州的气候曾经接近于现在苏联欧洲领域东南部的气候，而沃洛格达的气候则接近于现在乌克兰的气候。

总之，母岩变成黄土是发生在干燥的间冰期或冰后期。

2）特别难回答的问题是，形成黄土的岩石是什么时候沉积的。沉积下冰川泥物质的河流大泛滥，应该既发生在冰盖强烈融化的时候，也发生在冰川迅速前进的时候。

我们所提出的关于黄土岩石两个形成阶段的学说，即在一个

---

① 如上所述，在干燥地区形成黄土的情况，也可能发生于现代时期。而这里我们谈的是南俄和乌克兰的黄土。

阶段沉积下黄土的母岩，在另一个阶段中该母岩转变成黄土，使我们能够判断黄土的地质年代。关于这个问题的文献有各种极不相同看法。一些作者认为，黄土形成于冰期，即冰盖前进的时期（克里什塔福维奇，1902，第189、191、194、220等页；塞格尔，1919，第67、173页；克罗科斯，1922；1926a，第14—15页；[①]1927，第25页；以及其他一些乌克兰地质学家；米尔钦克，1928，第116、140页；沃尔德斯泰特，1933；奥布鲁切夫，1929；等等）。另一些作者则认为，黄土是间冰期的形成物，它是在冰盖后退时期沉积下来的（图特科夫斯基，1899，第284页；博戈柳博夫，1904；彭克，1909；纳博基赫，1915；克罗科斯，1915；拉斯卡列夫，1919；米尔钦克，1928；等等）。按照A.海姆（1917）的看法，黄土能够形成于冰期的各个阶段中：分布最广的是间冰期的黄土，但也有冰期和冰后期的黄土（《瑞士的地理》，第319页，引文根据塞格尔）。

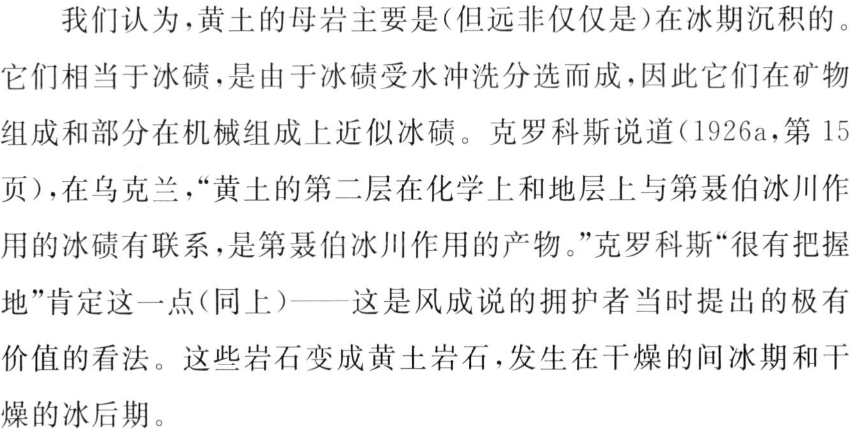

我们认为，黄土的母岩主要是（但远非仅仅是）在冰期沉积的。它们相当于冰碛，是由于冰碛受水冲洗分选而成，因此它们在矿物组成和部分在机械组成上近似冰碛。克罗科斯说道（1926a，第15页），在乌克兰，“黄土的第二层在化学上和地层上与第聂伯冰川作用的冰碛有联系，是第聂伯冰川作用的产物。”克罗科斯“很有把握地”肯定这一点（同上）——这是风成说的拥护者当时提出的极有价值的看法。这些岩石变成黄土岩石，发生在干燥的间冰期和干燥的冰后期。

① “乌克兰黄土的第二层形成于第聂伯冰川前进时期的后半期、停滞的时期和后退的初期”（克罗科斯，1926a）。

由冲积物形成的黄土

我们已经举过几个例子说明冲积物怎样在干燥气候条件下获得黄土状外貌。下面将比较详细地谈谈这个问题。

伏尔加河上游 根据伏尔加河上游原勒热夫县边界处河流两侧(按1926年的范围,即斯塔里察以下的伏尔加河沿岸)黄土状岩石的性质,可以很好地判断黄土与黄土状亚粘土之间的界限的假定程度。扎伊采夫(1927,第66页)对这里的黄土状亚粘土作了如下的描述:这是淡黄色、黄棕色的岩石,多孔隙,结构松散,极易研成粉末状物质;这种岩石的主要部分,即其50%—62%,由细粒砂质粉尘即直径为0.01—0.05毫米的颗粒组成;在这些亚粘土中,从未发现有漂砾;它们有时含碳酸钙,后者通常呈直径0.5到2—3厘米的黄土钙质结核。勒热夫黄土状亚粘土的厚度达到5—6米。

然而,为什么不把这种岩石称为黄土,而叫做黄土状亚粘土呢?何况在这种沉积物含碳酸盐的地方,它已完全有充分理由叫做黄土。原因在于勒热夫的亚粘土是明显水成的,因而不应该叫做黄土,只有相应的“风成”(风积)岩石才能给予这样的名称。下面就是证明勒热夫亚粘土为水成沉积的各个特征。它们具有明显的板状构造:岩石的板状上层厚度约为0.5厘米,而在1.5—2米深度为4—5厘米;板状上层表面覆盖有薄的细砂。在深层往往可以看到明显的层理,它表现为黄土状亚粘土与亚砂土互层。此外,在这种岩石中还发现有淡水软体动物的贝壳。扎伊采夫说(第66页),勒热夫黄土状亚粘土是“沉积在与冰盖边缘有一定距离的广阔湖状盆地中的；冰川融水流入这些盆地，带来呈悬浮状态的物质，正是由这种物质形成了黄土状亚粘土。”可以赞同这种解释，但应作一点修正：通过上述方式形成的不是黄土状亚粘土，而是它们的母岩。因为迄今任何人在任何时候都既未在现代沉积物中也未在其他第四纪沉积物中看到过由冰川沉积物形成黄土或一般的黄土状岩石：要获得黄土状性质，冰川泥必须受到干燥气候条件下的风化作用和成土作用。在伏尔加河上游地区（略高于北纬 56°的地方）的现代气候条件下，这是不可能的；“黄土化”是发生在以前比较干燥（干热）的时期内的（关于这一点，请参看前面第四章）。

关于勒热夫黄土状亚粘土的母岩是由水沉积而成，也可以根据地形来判断：黄土状亚粘土发育的地区是平原，而在该平原西北却是覆盖有漂砾沉积物的丘陵地区。亚粘土呈 30 公里以上的宽阔带状分布于伏尔加河两岸，从而证明它们与古伏尔加河的泛滥有关。

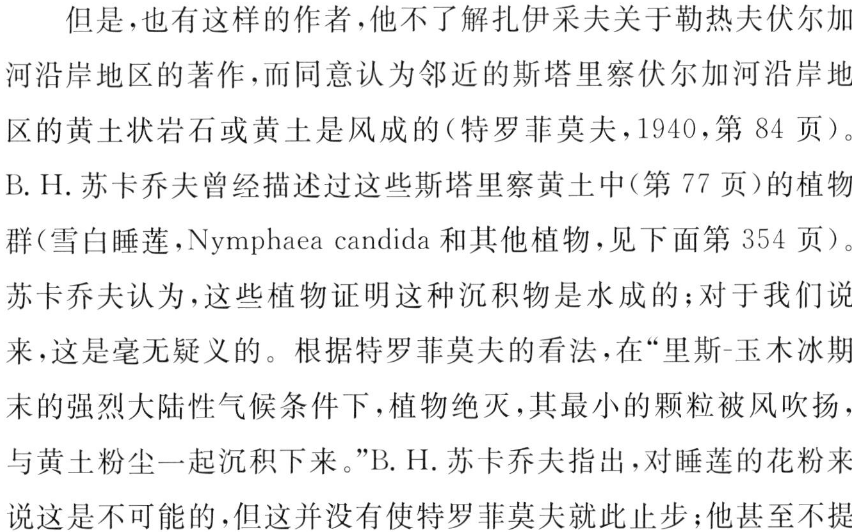

但是，也有这样的作者，他不了解扎伊采夫关于勒热夫伏尔加河沿岸地区的著作，而同意认为邻近的斯塔里察伏尔加河沿岸地区的黄土状岩石或黄土是风成的（特罗菲莫夫，1940，第 84 页）。B. H. 苏卡乔夫曾经描述过这些斯塔里察黄土中（第 77 页）的植物群（雪白睡莲，Nymphaea candida 和其他植物，见下面第 354 页）。苏卡乔夫认为，这些植物证明这种沉积物是水成的；对于我们说来，这是毫无疑义的。根据特罗菲莫夫的看法，在“里斯-玉木冰期末的强烈大陆性气候条件下，植物绝灭，其最小的颗粒被风吹扬，与黄土粉尘一起沉积下来。”B. H. 苏卡乔夫指出，对睡莲的花粉来说这是不可能的，但这并没有使特罗菲莫夫就此止步；他甚至不提

B. H. 苏卡乔夫的结论。因此，看来这里不值得详细评论特罗菲莫夫对土壤学说的异议，况且对于类似他所提出的见解，我在以前的著作中已作过多次批驳，同时在本书中也作了批驳。这里，我仅仅指出如下几点。特罗菲莫夫认为，与土壤-残积学说相矛盾的是：1)黄土分布在与之同年龄的、没有黄土状性质成分的终碛和底碛以南。但是，从我的观点来看，为什么冰碛非得是黄土状的？[①] 为什么黄土分布在冰碛以南就与我的理论相矛盾？说斯塔里察的玉木冰期冰碛和斯塔里察的“玉木冰期”黄土是同时产生的，这需要证明，而特罗菲莫夫的文章却没有提供证明。2)“黄土上的土壤和同一类型冰碛上的土壤同样是有差别的”。我不明白，为什么这一点能推翻黄土形成的土壤学说。十分自然，在灰化土地带，无论黄土上和冰碛上土壤都是灰化土类型的，这同在黑钙土地带内，黄土上和冰碛上的土壤都是黑钙土类型的一样。显然，特罗菲莫夫并不知道，根据我的观点，北方的黄土母岩在现代气候条件下不可能转变为黄土。黄土上和冰碛上的土壤是不久以前的形成物，而且一般来说与黄土母岩变成黄土没有关系。3)“黄土中甚至稳定性差的矿物也保存得极为完整而新鲜”，这也是反对我的学说的。但是，下述情况是与此相一致的。在斯塔里察黄土中，像石英这样稳定的矿物颗粒“也经常被包裹在薄的褐铁矿外壳内，有时含有高岭石”。

这位作者(特罗菲莫夫，1940，第 88 页)关于“冰川边缘以南广

---

① 但是，至于说到斯塔里察的冰碛，那么在它们中间是否存在黄土状变种，这应当由公正的研究者来加以检验。

大地区植物绝灭"的死板看法是根据不足的。这从下面的叙述中便可以清楚地看到。

奥卡河和乌拉尔河　我们的地质学家经常谈到黄土状冲积物。梁赞以南奥卡河沿岸阶地的这种冲积物，含有63%以上的0.05—0.01毫米直径的颗粒；在粗粒级中主要为磨圆的颗粒（卡扎科夫，1935，第419页）。这些阶地黄土状沉积物的母岩只能是冲积成因的，而不可能具有其他的成因。

常常有这样的情况，即由黄土状岩石构成的河流阶地在现代的洪水期间被淹没。例如，在乌拉尔河上游，二级河漫滩阶地高出河流水面15—18米，它们由黄棕色的黄土状亚粘土和粘质矿土构成，在一百年中有两三次被大洪水部分淹没〔《乌拉尔河地质图》（附文字说明）1939，第169页〕。显然，乌拉尔河冲积物的黄土化不是发生于现代气候时期的。

伏尔加河下游　现在，我们谈谈伏尔加河下游的情况。这里的气候条件即使在现代时期也容许形成黄土状岩石。

非常值得注意的是终止于萨尔帕河河口区伏尔加河右岸的黄土状岩石。它们呈浅棕黄色，有裂缝，富含碳酸盐，粘土质，包括土壤层在内，厚0.5—2米，间或含里海软体动物贝壳和印痕。它们下面为巧克力色、片状的晚里海期粘土，其中常有里海软体动物的贝壳。上覆岩石完全是逐渐地过渡为下伏的里海期粘土。季莫（1907，第11—13页）否定黄土状岩石是风成的："我们倾向于认为表层粘土是在成土过程中下伏的里海期片状粘土风化的产物，或者是残积的岩石，而不是风成堆积物。"

在这方面，我们有特别明显的例子，说明微咸水冲积物怎样在干燥气候条件下通过风化作用和成土作用变成黄土状岩石。

乌克兰 这里有明显冲积的和同时是黄土状的沉积物的例子。波尔塔瓦以东14公里沃尔斯克拉河的三级河漫滩阶地，通常探井表明，是由厚5.26米的黄土构成的；在最下部，黄土变为砂质的，接着在其下面为冲积物(克罗科斯，1935，第11页)：

5.26—5.59米	含小的淡水软体动物贝壳的黄土状泥灰质层状亚粘土。
5.59—5.80米	细砂。
5.80—7.40米	含小的淡水软体动物贝壳的层状亚粘土。
7.40—8.00米	细砂。

5.26—5.59米这一层显然是由于水位下降而获得了黄土状外貌。

在沃尔斯克拉河二级河漫滩阶地上，冲积亚粘土逐渐变成黄土(扎莫里，1935，第102页)。

根据莫斯克维京(1933)的资料，乌代河高河漫滩阶地的古("玉木冰期")冲积物是黄土状的(例如可参看：第37、79号露头；第47、122露头；第52、151号露头等)。特别令人感兴趣的是塔拉索夫卡农庄(普里卢基区，乌代河流域)附近的151号露头：这里"玉木冰期"的冲积物为石灰质浅灰-浅黄色黄土状亚粘土，其中发现有典型的黄土软体动物：Succinea oblonga(占多数)，Paraspira leucostoma(=Planorbis rotundatus，根据盖尔鉴定为"两栖软体动物"①)和Pupilla muscorum。"根据岩石的外貌和动物群的特性来判断，亚粘土(No. 151)是沉积在平坦的水淹地方的，而且大概是与分布于河谷附

① 这种扁卷螺，即水生软体动物，能够忍耐水域完全干涸的情况。

近的砂同时沉积的”(莫斯克维京,第 52 页)。但是,如果我们考察一下这种“黄土状亚粘土”的机械组成,我们就会看到这是真正的黄土。也就是说,根据莫斯克维京的资料(第 259 页,第 151 号露头),塔拉索霍夫卡的亚粘土含有 48.6%的0.05—0.01 毫米直径的颗粒和 49.6%小于 0.01 毫米直径的颗粒。但是,莫斯克维京在其著作第 250 页上却把机械组成完全相同的岩石列入典型黄土(例如,可以参看巴索夫农庄,那里相应的颗粒分别占 49%和 48.2%[①])。因此,毫无疑问,塔拉索夫卡的岩石是始石器时代的真正、典型的“风成”黄土:无论机械组成、岩石的全部特性及其特有的动物群都证明了这一点。只是有一点,莫斯克维京为什么不把它叫做黄土,这是因为它具有明显冲积的成因。

然而,更值得注意的是,莫斯克维京在第 59 页(180 号露头,第 259 页的机械分析)把与塔拉索夫卡完全一样的沃罗希纳农庄黄土状冲积亚粘土起初叫做黄土状冲积亚粘土,而在下一行又叫做“有鼠洞道的浅黄色多孔隙黄土”(其厚度为 2.6 米)。在第 257 和 259 页又把同一个 180 号样品引入古冲积物。

一句话,按照莫斯克维京的看法,同一种岩石,而且还是同一种样品,可以叫做黄土,也可以不叫做黄土:要是他认为样品是冲

① 这里,我们把莫斯克维京(1933)的资料全部列举如下:

>0.25	0.25—0.05	0.05—0.01	<0.01 毫米
巴索夫农庄,64 号露头,采自 2.5 深度,莫斯克维京的**黄土**,第 250 页。			
0.27	2.33	49.01	48.39%
塔拉索夫卡农庄,151 号露头,采自 2.5 米深度,莫斯克维京的**黄土状亚粘土**(古冲积物),第 259 页。			
0.27	1.48	48.60	49.65%

积成因的，就不仅不是黄土，而且连黄土可由水沉积的假设本身也"显然是荒谬的"（第245页）；要是过几秒钟后，莫斯克维京又对该样品的冲积成因感到怀疑，那么这种黄土就是典型的风成黄土了！不过，我们应该给莫斯克维京以公正的回报：正如我们所看到的，他在自己的书中不遗余力地提出了彻底反驳自己的观点所必需的一切资料。

莫斯克维京在描述乌代河流域中阶地的冲积亚粘土时写道：它们"通常完全是黄土状的"。"但是，不管这些沉积物具有何等程度的黄土状，这里要对它们进行划分，还得靠地貌学的帮助"（莫斯克维京，1933，第262页）。看来，这位作者想要说：这些黄土状岩石是阶地冲积物，所以它们不是黄土；哪里有真正的黄土，哪里就没有冲积物，而只有典型的风积物。当然，不抱成见的读者立即就会发现，莫斯克维京在这里采用的是典型的循环论法：把不是冲积成因的岩石叫做风成黄土，而用这是典型的风成黄土来证明沉积物不是冲积成因的。①

为了证明乌克兰黄土的母岩是水成的，我们引证苏卡乔夫和多尔加娅（1937）对乌克兰和西西伯利亚黄土和黄土状岩石中的植物化石的研究。根据这两位作者的意见（第187页），"睡莲花粉的存在，水生的、花粉不太多的以及不适应空气传送花粉的植物的存在，表明西西伯利亚（以及沿沃尔斯克拉河——Л. 贝尔格）的黄土

① 指出在正文中列举的莫斯克维京的逻辑错误，除了具有原则上的意义外，还具有另外的意义。这位狂热的风成论者在自己的著作中（以及在公开的发言中）敢于不用论据，而用粗暴的攻击来反对他不同意其科学理论的人（例如请参看：1933，第245页）。连莫斯克维京的"学生"也大致是这样来试行写作的。

状亚粘土是沉积在水域中的。”在乌克兰黄土状岩石中发现有针叶树和阔叶树的木质部碎块、完整的孢子囊和一部分有花粉的花药，也证明了这一点。

北高加索　在库班河流域，如在阿尔马维尔附近，发育有黄土状轻亚粘土，它们在所有特征上与黄土极为相似：它们没有层理，含碳酸盐，多孔隙，粉状，含43%的0.05—0.01毫米直径的颗粒。然而，C.雅科列夫（1914，第65页）在研究了这些岩石后，不是把它们叫做黄土，而是叫做黄土状亚粘土，因为在这种岩石中有时发现有河砾，有一次还发现有淡水软体动物扁卷螺和椎实螺，在质地较粗的这种岩石中观察到层理和另一种机械组成。雅科夫列夫说道，库班河沿岸的亚粘土“虽然在许多地方与风成黄土有外表上的相似，但实际上是水成的”。有些地方，黄土状亚粘土与砾石交互成层，它们一般位于砾石沉积物上，分布在现代河流的古阶地上。这些黄土状亚粘土厚8—12米至14米，同时朝分水岭方向厚度减小（第54页）。

上述库班黄土的流水成因是不容怀疑的。雅科夫列夫认为库班黄土是流水沉积的，即在高加索冰川分布最广后开始缩小的时期，流水从冰川下面带出大量泥质物质。甚至连拥护风成说的普拉沃斯拉夫列夫（1932，第6页）也承认在库班沿岸某些地方的黄土状亚粘土中和在个别夹层中，“可以辨识出坡积成因、洪积成因和部分残积成因的特征。”①

① 也请参看：赖因加特，1940，第428页：“从成因上看，亚粘土的上层主要属于坡积-洪积形成物，但样品分析表明，在有些地方具有典型风成黄土的性质。特别是前高加索西部有这样的情况。”

阿尔马维尔以西的黄土状岩石具有更大的粘性，含小于0.01毫米直径的颗粒达65%；这些黄土状粘土的厚度为2—5米以上。这种粘土的上面有一层红棕色粘土，后者也富含碳酸盐，并逐渐过渡为黄土状粘土。

伊姆舍涅茨基(1924，第25页)倾向于认为黄土状粘土具有坡积的成因。

莫兹多克以上的捷列克河阶地的黄土状岩石或黄土，无疑是冲积物(涅乌斯特鲁耶夫，1926；涅乌斯特鲁耶夫和伊凡诺娃，1927)。涅乌斯特鲁耶夫和伊凡诺娃认为冲积物获得黄土的外貌是由于成土作用和风成作用的结果：土壤溶液形成具有一定性质和状态的胶体和悬浮质部分的无层理碳酸盐岩石和含石膏岩石(1926，第150页)。沉积下高位阶地冲积物的水体，"具有宽阔、缓慢水流(冰水流)的性质，由这种水流沉积下比较细的泥。"(1927，第130页)[①]

外高加索 库拉河流域的黄土状形成物，按扎哈罗夫的意见(1910，第79页)，与费尔干纳和饥饿草原的黄土很相似，然而库拉的岩石显然是冲积成因的。卡拉亚兹草原境内的库拉河左岸的黄土有明显层理，其上部偶尔有卵石透镜体(扎哈罗夫，1910，第44页)。根据这位作者的观察(1910)，姆茨赫塔附近的黄土状岩层厚6米；从其下部3米深处起，有不明显的层理，含河沙夹层，因而不

---

① 茹科夫(1936，第42页)假定，分布于捷列克河与东马内恰河河谷之间的分水岭黄土状亚粘土是由来自斯塔夫罗波尔高地东坡和高加索山脉北坡的周期性流水洪积和坡积形成的。根据茹科夫的看法(1936，第28页)，这种亚粘土的年代大概属于阿捷利阶(ательский ярус)沉积期(位于哈扎尔阶与赫瓦伦阶之间)。

是别的，而正是库拉河的冲积层；该黄土状层上部看来是坡积成因的。但是，要具有黄土的外貌，这种坡积物在任何情况下都应受到成土作用的改造——其改造程度与下层一样。

中亚细亚　在土库曼，研究人员不止一次地指出冲积物转变为黄土状岩石的情况。根据B.亚历山德罗夫(1932，第5页)的观察，苏姆巴沙河流域(阿特列克河支流)的冲积-洪积物往往表现出明显的黄土状外貌：含碳酸盐，多孔隙，能够呈垂直陡壁崩塌。但同时，这些沉积物有层理，含卵石夹层或单个卵石和巨砾。亚历山德罗夫认为这些强烈盐渍的黄土状粘土和亚粘土是冲积-洪积成因的。①

在里海以东的卡拉库姆沙漠，可以看到黄土与明显冲积的沉积物交互成层。例如，在恰帕奇-阿吉(博萨加西南)，列夫琴科(1912，第58、114页)在人工钻井中观察到如下情况：

0—45厘米　细粒黄砂
45—60厘米　黄土状亚砂质岩石
60—100厘米　浅灰黄色、稍有孔隙、富含盐类的黄土
110—175厘米　层状亚砂质岩石
175—210厘米　坚实、淤泥质、明显层状的浅黄褐色粘土

列夫琴科(1912，第136页)认为，卡拉库姆沙漠的底土基本上是冲积成因的。现在，这个观点已为大家所采纳。

对饥饿草原(在治扎克和锡尔河之间)，记载有黄土与砾石和冲积砂互层的情况，这无疑表明这里的黄土是冲积成因的。例如，对切尔尼亚耶沃站与锡尔河之间的地方，季莫(1910，第6页)提出

① 关于这些沉积物，请参看：尼克希奇，1932，第5页。

了这样的剖面：

0—87 厘米　上层砾石，与粗砂和细粉粒相混合。

87—112 厘米　黄土，但在 105—112 厘米深处有 5 层淤泥夹层（2—5 毫米）。

112—145 厘米　灰色粗粒石灰质砂，酷似现在的锡尔河砂土。

145—176 厘米　黄色层状砂。

176—225 厘米　巨砾。

显然，87—112 厘米这一层，只有当它露出地表时才会具有黄土状外貌。

在土耳其斯坦山脉山麓地区扎阿明区洛马基诺站附近的山麓平原进行的钻探，发现了下页表中所列的沉积顺序（戈尔布诺夫，1942，第 27 页）。

毫无疑问，我们在这里涉及的是层状水成沉积物，其上层在干燥气候条件下具有了黄土外貌。

黄土状岩石不仅可以由河流冲积物形成，而且可以由湖泊冲积物形成。例如，伊塞克湖的古沉积物便是黄土状的（穆什克托夫，1912，第 453 页）。

	层底深度（米）	厚度（米）
浅黄色黄土状亚粘土	10	10
含方解石颗粒的暗灰色湿润重亚砂土	18	8
浅灰黄色黄土状轻亚粘土	22	4
黄色坚实重亚砂土	49	27
浅黄灰色轻亚粘土	51	2
浅黄灰色坚实轻亚砂土	57.5	6.5

续表

浅黄色轻亚粘土	60.7	3.2
浅黄灰色轻亚砂土	66	5.3
浅黄灰色坚实水饱和轻亚粘土	70.1	4.1

青海湖　青海湖面岸有高出湖面约 10 米、绝对高度约 3 285 米的阶地，它由砾石组成，在砾石上覆盖有 1—1.5 米厚的黄土层（奥布鲁切夫，1901，第 102 页）。在该阶地上面还有另一个阶地，它高出湖面达 50 米，上面也覆盖有 2—3 米厚的黄土层。一般说来，这些地方的黄土仅仅分布在湖河的沿岸地方。这里还应指出一点，青海湖沿岸最低阶地高出平均湖水面 4—5 米，由砂和砾石组成，这里没有黄土。因此很明显，在现代时期这些地方不会形成"风成"黄土。

米努辛斯克盆地　关于米努辛斯克的黄土岩石，埃德尔施泰因（1931，第 29—30 页）报道说："叶尼塞河以西，几乎只是在河谷中和谷坡上才有黄土和黄土状碳酸盐亚粘土，而且在这里处处都能确定它们与冲积物有密切的、局部的，同时看来又是成因上的联系。"在米努辛斯克盆地的叶尼塞河河谷"二级（超河漫滩）阶地的剖面上，常常发现层状河砂向上逐渐地和不明显地过渡为极细粒的非层状碳酸盐亚粘土或亚砂土，后者与其下面的物质有密切的成因联系是不言而喻的。这些覆盖在冲积物上并逐渐向其过渡的形成物，无论在颜色、密度和整个岩石成分上常常都具有典型黄土的形态。"（也可参看：埃德尔施泰因，1932，第 36 页，1936，第 79—80 页）

我想，关于河流冲积物，我们已经举了足够多的例子来说明它可以转变为黄土状岩石和黄土。这里，还要补充一点，风成说的拥护者钱伯林和索尔兹伯里（1909，III，第 409 页）认为密西西比河和密苏里河河流阶地的黄土状沉积物是冲积成因的。

下面一节将详细介绍具有黄土状外貌的湖泊冲积物的一个类型。

黄土状湖泊沉积物（淡水钙质亚粘土）

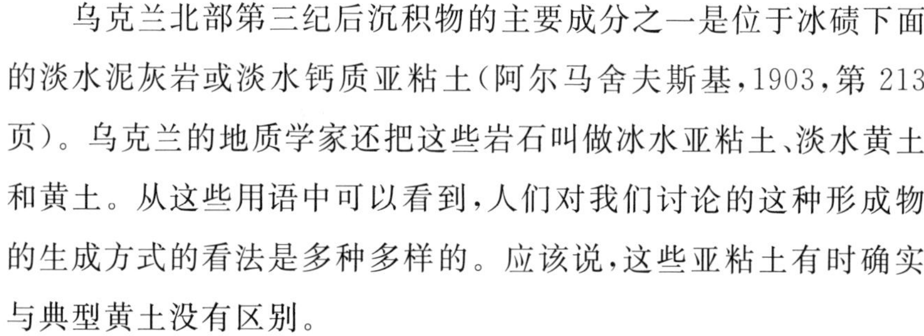

乌克兰北部第三纪后沉积物的主要成分之一是位于冰碛下面的淡水泥灰岩或淡水钙质亚粘土（阿尔马舍夫斯基，1903，第 213 页）。乌克兰的地质学家还把这些岩石叫做冰水亚粘土、淡水黄土和黄土。从这些用语中可以看到，人们对我们讨论的这种形成物的生成方式的看法是多种多样的。应该说，这些亚粘土有时确实与典型黄土没有区别。

根据米尔钦克的研究（1927，第 26、53 页；1925，第 73 页及以下各页），阿尔马舍夫斯基的冰碛下面的钙质亚粘土层应该分为两层：1）上层，含漂砾，而且在切尔尼戈夫州由无层理的黄土状亚粘土和往往还由砂组成——这是冰前和冰下水的沉积物；2）下层，由古土壤层与上层分开，其中没有漂砾；根据米尔钦克的看法，该层“类似黄土，是大陆的，主要为地表的形成物”。

然而，克罗科斯（1927，第 216 页）不同意米尔钦克的看法。他说道：“在了解米尔钦克的剖面图后，我确信钙质亚粘土的上层也应该属于黄土。”伦格尔斯豪津（1933）也持这样的看法。

淡水钙质亚粘土，既分布在高原上，也分布在河谷中，前者的厚度总计达 2—3 米，后者的厚度可达 25 米。它们有时有明显层理，有时呈板状，有时完全没有层理；遇盐酸有起泡反应，常常甚至含钙质结核；颜色多种多样：浅灰绿色，浅灰黄色，有时是杂色；象黄土一样，能够形成垂直的陡壁。根据阿加福诺夫的资料（1894，第 194 页），波尔塔瓦黄土与这里的淡水泥灰岩的岩石特性、矿物特性和古生物特性完全相同。亚粘土往往成为强烈砂质的，以致把它们标记为泥灰质亚砂土（苏拉河中游流域）；它们在水平方向上有时过渡为砂。向上，亚粘土在有的地方也过渡为砂，在有的地方过渡为漂砾亚粘土。在乌克兰北部，淡水亚粘土起初为黄土状亚粘土和亚砂土所代替（切尔尼戈夫州），而再往南，则为冰水成因的砂所代替（米尔钦克，1927，第 14 页）。

看来，上面列举的淡水亚粘土的一切特点，无疑说明我们所看到的是冰水形成物。为了说明这些亚粘土的成因，古罗夫（1888）假定：在冰盖前进时期，“现今的普肖尔河及其支流霍罗尔河和苏拉河及其支流乌代河都没有现在这样深的河谷和河床，而且是靠第聂伯河供给河水的，它们在平原和平坦地区的广阔地域泛滥，形成巨大的淡水湖，正是在这些湖泊中沉积下了经过强烈冲洗分选的泥灰质沉积物，它具有现在湖泊和河谷形成物所特有的薄层理。”

对于淡水泥灰岩上层，谁都不会怀疑它是在静水中沉积的淡水沉积物。在含片麻岩、花岗岩和石英岩小砾石的淡水泥灰岩中，经常发现淡水贝壳〔椎实螺、扁卷螺、豆螺（Bilhynia）、豆蚬（Pisidium）等〕证明了这一点。同时其中最脆弱的贝壳经常完整无损地与砾石并存，这证明这些沉积物属于静水的沉积。有时，在这些亚粘土中同时存在有水生和陆生软体动物的化石。

我们曾经提到，米尔钦克把具有层状黄土状亚粘土特性的钙质亚粘土的上层看做是冰前和冰下水流的沉积物。但是，这位作者(1925，第93页，波尔塔瓦州)又把位于这些亚粘土下面的完全相同，但没有漂砾的亚粘土看做是风成的："在其沉积中起主要作用的是风，它带来必要的粉尘状物质，将其沉积在分水岭上。同时，粉尘又从分水岭被冲刷到斜坡和河谷中，然后在那里以坡积和冲积方式再沉积下来。"如果注意到上覆的层状黄土状岩层的形成方式，是很难同意这样的解释的。

在乌克兰，就是在冰碛的上面也可以看到类似上述冰碛下的亚粘土。一些人(克罗科斯，1927)也把它们看做风成黄土，而另一些人则把它们看做冰水形成物。

总之，毋庸置疑，类似淡水钙质亚粘土的岩石，可在相应的条件下，即在干燥气候情况下经过成土作用和风化作用变成黄土。米尔钦克(1925，第89页)通过仔细研究上面所提到的波尔塔瓦州以南的黄土状亚粘土，发现了它们被典型黄土代替的现象。

我认为，我们已经举出了足够的论据来证明河流冲积物和湖泊冲积物都能变成黄土状岩石和黄土。

由微咸水沉积物形成的黄土状岩石

如果河流冲积物和湖泊沉积物能够形成黄土，那就产生一个问题：微咸水沉积物和海洋沉积物在相应条件下能否变成黄土状岩石？对这个问题的回答应该是肯定的。

许多作者描述过里海期黄土状沉积物。例如，И. 穆什克托夫(1895，第 116 页)在耶尔格尼高地麓部的低地草原中观察到具有黄土状性质的里海期沉积物(有的地方还有里海软体动物贝壳的碎片)。在距离乌拉尔斯克不远的恰甘镇附近的乌拉尔河沿岸，在含里海贝壳的粘质砂土和砂质粘土上有棕色的黄土状砂质亚粘土，向下有层理，厚达 2 米，含里海软体动物 Adacna Plicata 等的小贝壳(普拉沃斯拉夫列夫，1913，第 593 页，参阅第 607 页)。在阿赫图巴河沿岸(别兹罗德村附近)的里海(赫瓦伦)期砂质黄土状粘土中，向下有明显层理，可以看到里海软体动物的贝壳：Adacna Plicata，Didacna Protracta，Monodacna caspia，Dreissena rostriformis(饰贝属之一种)等(普拉沃斯拉夫列夫，1908，第 165 页)。总之，普拉沃斯拉夫列夫对阿斯特拉罕的伏尔加河左岸的覆盖物是这样描述的：这里含砂的浅棕色**黄土状粘土**，没有明显的层理，其中有时可以发现晚里海期软体动物的贝壳；“从类型上看，这多半是残积形成物，尤其是往往可以观察到它们向下直接变为有层理的里海期形成物。”①

S. 罗特(1888，第 434 页)在阿根廷的潘帕组中层和上层的黄土中发现了海洋生物贝壳和陆生哺乳动物残骸。②

① 在伏尔加河下游流域还有另一个黄土化时期，它属于更早的时期，即阿特利阶(Эгельский ярус)沉积期，该阶位于哈扎尔阶(Хазарский ярус)之上和赫瓦伦阶(Хвалынский ярус)之下。阿特利阶沉积往往是黄土状粘土和黄土状亚粘土，下层含淡水软体动物贝壳(阿尔汉格尔斯基，1928，第 129－130 页)。

② 顺便指出，根据这位作者的意见(pp. 428－429)，阿根廷的黄土是在原地通过植被改造岩石而成——这种观点与我们的观点相近似。

显然,微咸水的,甚至海洋的层状沉积物,经过风化作用和成土作用能够具有黄土状外貌。

黄土与河谷的关系

洪水泛滥时细粒沉积物的沉积

如果注意到黄土经常分布于河流沿岸(这既见于苏联欧洲部分南部,也属于西伯利亚、中亚细亚、西欧和美洲),那就不能不得出结论:这种联系不可能是偶然的。自然就产生一个想法,即大部分黄土的母岩具有湖泊-河流成因(贝尔格,1914,第4页)。在冰川时期,河谷中积满了冰水沉积物,谷底较高;另一方面,河流的水量比现在丰富得多。因此,洪水应该有比现在大得多的水量,并经常淹没分水岭地区。像现在春汛时我们河流的河漫滩被淹没一样,在冰川时期夏季洪水也常常淹没分水岭。松散物质的沉积是以苏联平原大河河漫滩的同一种沉积方式进行的,同时如果像某些作者认为的那样,假定这些洪水能够破坏以前时期的所有冰碛和冰水沉积物,那是绝对没有任何根据的。K.格林卡(1923,第126页)在详细研究了沃罗涅日州的土壤底土和地貌后,就我们所谈的问题写道:

"应当认为,在冰川后退不久,如果河谷是在冰期前时期形成的,它们就不可能特别深,因为河谷中覆盖着底碛和部分冰水沉积层。例如,沃罗涅日州境内几俄里长的顿河-沃罗涅日河分水岭,在整个宽度内(4—5俄里)是由巨厚的冰水沉积层(几十俄丈厚)构成的。显然,在这样的条件下,冰期前地区的浅河谷不可能容纳停滞的冰川溶化后形成的全部水量。特别是在夏季，这种水漫出河岸，淹没了大片分水岭地区；在那里，水流缓慢，沉积下细粒物质，填平起伏不平的分水岭，最后形成相当厚的细粒堆积物质。”

格沃兹杰茨基(1937，第82页)的看法也是这样。他认为，整个坦波夫-沃罗涅日(顿河-沃罗涅日河)低地是沃罗涅日河和部分顿河的古河谷。该低地的绝对高度为150—180米。

对苏联南方河流河谷的研究表明，在冰川前进时期，冰川边缘有很大的河水泛滥。第聂伯河的三级阶地[①]几乎宽达几百公里，而且在该河中游阶地上面覆盖着冰碛，就足以证明这一点。普里皮季亚河的波列西耶森林沼泽低地也证实了这一点，那里河水泛滥的所及地区更大(科奇科夫，1928，1928a)。

此外，由于冰体边缘形成堰塞坝，该地区的水文地理情况应当发生变化，结果形成广阔的湖泊。[②] 对此还应该补充一点，在黄土沉积地区可能存在造陆振荡运动。也就是说，有根据认为，冰期(第聂伯冰期，或者是里斯冰期)在第聂伯冰舌和顿河冰舌地区曾发生下沉，然后发生上升(索博列夫，1937)。关于这一点，我们还将作进一步叙述。

这样，在河流支流和湖泊状河湾中便沉积下淤泥——冰碛亚

---

① 德米特里耶夫(1937，第11页)根据利奇科夫(1928)的术语，把这种阶地叫做五级或四级超河漫滩阶地。

② 在苏联欧洲领域南部，河流流向与后退冰川移动的方向相反，因而形成冰川堰塞坝的条件一般不如北方好。尽管如此，仍可清楚地看到这样的条件毕竟还是不少，因为该地区远非到处都是一直向黑海和里海倾斜的。

粘土受到冲刷分选的结果(这便是黄土在矿物组成上所以近似漂砾亚粘土的原因)。当随冰盖消失而当地水文地理情况具有现代型式时,沉积于湖底和河漫滩上的富含碳酸盐的淤泥,在现在开始的干燥气候条件下,经过风化作用和成土作用,开始变成黄土状亚粘土和黄土。

应该注意,显然不是每年都有大的泛滥。沉积下来的淤泥留在干谷中,可能在许多年中一直受到风化作用,在它上面长满植物,栖居着陆生动物,而在几年或几十年以后,它们可能再次被新的泛滥的沉积物所覆盖。

对上述看法的反对意见

Н. И. 德米特里耶夫(1936,第 59—60 页)认为冰川河流的洪水淹没分水岭是不可思议的。但是,在其下一年发表的文章中(1937,第 226 页),他本人又承认,在最大的冰川作用时期,第聂伯河流域的冰川水由于河流被堰塞而广泛泛滥,部分地淹没了分水岭。这位作者在另一地方(1939,第 239—240 页)提出了如下假设:在第聂伯河中游流域,由于急滩地区河流被堰塞而形成湖泊,分水岭部分被水淹没。

克罗科斯认为(1935,第 15、22 页),在“里斯”冰川前进时期,沃尔斯克拉河谷(波尔塔瓦州)刚刚开始形成,冰川融水沿高原漫流,至少达到了 140 米的绝对高度;但是,根据克罗科斯的意见,冰融水没有达到波尔塔瓦,该地的高原位于 160 米的绝对高度。我们认为冰水淹没现今绝对高度为 160 米的地方也是可能的。扎莫里(第 109 页)研究了沃尔斯克拉河以东地区,持有与克罗科斯一样的看法："里斯"冰期的河谷相当浅，地形的切割也较弱；这时，冰川水不但淹没了沃尔斯克拉河和奥尔奇克河的古河谷，而且还淹没了绝对高度至少达135米的高原，冰水砂便分布到那里，而对于位置更高的高原上的黄土，扎莫里则倾向于认为是风成沉积物。

至此，我们叙述了第聂伯河谷地冰川分布最广的时期，即"里斯"冰期。

莫斯克维奇(1933，第256页)在描述普里卢基区河流的高位("玉木冰期")超河漫滩阶地的冲积物时写道："在黄土沉积时期，不仅小的槽沟和谷地，甚至第聂伯河的河床都积满了冲积物，它使第聂伯河河漫滩可与已经为黄土覆盖的高阶地相比拟。其结果是，当河水量增大时，第聂伯河的泛滥达到了普里卢基区西北部的平坦平原"，那里的绝对高度为120—130米。

阿尔汉格尔斯基(1913，第64、90页)认为，在谢伊姆河流域，"后退冰川的融化水长期滞留在极为平坦的粘土分水岭地带"。在黄土沉积时期，河谷不是现在的形态：在河谷地方为宽阔、平缓、积满冰水沉积物的浅洼地(阿尔汉格尔斯基)。

沿奥尔沙-沃罗日巴铁路线，在克列文河(谢伊姆河支流)和谢伊姆河之间的分水岭上，即在沃罗日巴以北绝对高度为170米左右的地方，"冰川形成物具有不明显的黄土状性质，略具层理，仅有时具有含砾石夹层的砂"(米尔钦克，1933，第121页)。"这些形成物的明显层理、黄土状性质和均匀性证明：它们不可能是冰川本身沉积的，而是由冰水流生成的，冰水流缓慢地和逐渐地对它们进行冲刷分选，把它们沉积下来"(同上，第164页)。我们注意到两种情况：1)在高的分水岭高原上广泛分布着冰水亚粘土；该地位于冰川的边缘，同时，谢伊姆河和克列文河河谷早已存在（同上，第165页）。2）这种亚粘土具有黄土状外貌。

然而，应该说，较高的分水岭一般没有黄土覆盖（我们现在谈的是南俄罗斯和乌克兰的黄土）（贝尔格，1916，第593页）。有时，分水岭上的确也有黄土覆盖层（这时，这种情况便作为坡积假说的反驳）。但是，最高的地方通常没有黄土。例如，切尔尼戈夫州原瓦罗列韦茨县（巴鲁皮诺夫斯基，1914，第89页）以及过去的诺夫戈罗德-谢韦尔斯基、新济布科夫和姆格林等县便是这样（阿法纳西耶夫，1914，第140页）。在沃伦的瓦尔科维奇高原（绝对高度为275—300米）、兹佩特宁高原（绝对高度为300—320米）和克列梅涅茨高原的桌状顶部都没有黄土，但这些高地周围的低地却有黄土（拉斯卡列夫，1914，第707页）——这是用风成说的观点无法解释的事实。

在西西伯利亚河间分水岭地区的中部，也没有黄土或黄土状岩石覆盖（戈尔舍宁，1927）。

在奥卡河和克利亚济马河流域，黄土状亚粘土分布在宽5—20公里的沿岸地带；而在主分水岭上，冰碛物则直接出露于地表（西比尔采夫，1896，第205页）。

邦达尔丘克（1938）曾经根据地形对乌克兰黄土覆盖层进行了详细制图；该图表明，这里的黄土厚度取决于现代的地形：在低的地方，黄土覆盖层达到最大厚度，在高的地方很薄，“而在主分水岭高原上则没有黄土覆盖层，或者黄土为黄土状坡积亚粘土所代替”（第45页）；如果黄土的母岩是冰水沉积物，那就应该有这样的结果。

当然，黄土的母岩并不是非湖-河成因或冰水成因不可的：我们已经说过，机械组成多少比较均匀的任何其他岩石，在合适的条件下都能形成黄土状岩石和黄土。但是，冰期的湖-河沉积物多半可能是黄土的本源。可资证明的是：1）黄土极经常地分布在河流沿岸（见第354页）；2）分水岭上经常没有黄土覆盖（见前文）；3）随着向河流靠近，黄土的砂质成分增大（见下文）；4）已经证明河、湖冲积物能够转变为黄土（第338页）；5）黄土有层理痕迹，而且经常有明显层理；6）黄土上面经常有砂，或逐渐过渡为下伏的砂层，或机械组成随深度而逐渐变粗，或黄土与砂或砾石互层（特别在山前地带）；7）腐殖质层的特性；8）黄土的动物群（参看下面）。

上述一切都是关于原生状态黄土的，即不是分布在斜坡上的黄土，因为斜坡上的黄土是坡积形成物。

黄土的机械组成和黄土与河谷的距离

在黄土的机械组成和黄土与大河河岸的距离之间存在特殊的关系。这种关系雄辩地证明：东欧黄土和特别是乌克兰的分水岭黄土的大部分母岩都不是风成沉积物，而是水成沉积物，并且是流水沉积物。也就是说，情况是这样，在直接邻近河谷的地方分布着砂或砂质黄土（黄土状砂），或在任何情况下都是质地较粗的岩石。而随着距离河流越远，上覆岩石就变得越来越细（贝尔格，1926，第12页；1929，第336页）。

这个特点有规律地重复出现在乌克兰、伏尔加河流域、西西伯利亚、中亚细亚和高加索的许多大河上。它只有用下述情况才能加以解释:形成黄土的物质是河流带来的,河流把较粗的砂质物质沉积在近处,而把细粒的粘土物质沉积在较远的地方。这里,我们举几个例子。

第聂伯河流域 在奥廖尔州,由杰斯纳河向东越远,粘土(物理性粘粒),即黄土中直径小于0.01毫米的颗粒的含量就越大(费赖贝尔格和鲁姆尼茨基,1910)。沿杰斯纳河和在诺夫戈罗德-谢韦尔斯基区也观察到这样的现象(阿法纳西耶夫,1914,第127、133页)。[①] 这种情况以及其它许多情况使阿法纳西耶夫(1914,第129页及以下)不得不提出诺夫戈罗德-谢韦尔斯基的黄土是冲积成因的假设。同样,在基辅州,随着第聂伯河(同时也是离第聂伯冰舌)向西越远,黄土变得更具有粘性(费洛罗夫,1916,第6—7页):

	物理性粘粒(%)	几种测定的平均数
在第聂伯河与佳斯明河之间	17	4
在佳斯明河与什波拉-科尔孙线之间	29.5	7
在什波拉-科尔孙线与格尼洛伊季基奇河之间	37	20
在格尼洛伊季基奇河与戈尔内季基奇河之间	38.5	21
在戈尔内季基奇河与克尼亚扎克里尼察-尤斯京戈罗德之间	39	68
在克尼亚扎克里尼察-尤斯京戈罗德线与利波韦茨城之间	40	37

上述各地点从东向西排列。

① 详细情况可参看纳博基赫(1944,第9页)在沃尔斯克拉河-沃尔斯克利察河与第聂伯河-顿河主分水岭之间的哈尔科夫州的观察。

第聂伯河下游右岸的情况，也完全是这样：随着向第聂伯河靠近，黄土含沙质成分更多。在第聂伯河流域，黄土上层（和下层）二氧化硅的平均含量，随着离开河岸而减少（克罗科斯，1924，第30页）：

赫尔松，距离第聂伯河1公里……………… 82%　SiO_2（二氧化硅）
别洛焦尔卡，距离第聂伯河6公里………… 79%　SiO_2
科隆塔耶夫卡，距离第聂伯河26公里………83%　SiO_2
伊万诺夫卡，距离第聂伯河30公里…………78%　SiO_2
阿贾姆卡，距离第聂伯河85公里……………72%　SiO_2

这样的规律性也可见于第聂伯斯特罗伊区的第聂伯河右岸；这里，越接近第聂伯河，黄土状岩石比其在分水岭上含砂质成分更多（萨瓦连斯基，1932，第177页）。克罗科斯曾经（1924）对这一现象作了如下的解释："在黄土粉尘从北方吹来时，其中掺进了由来自第聂伯河河谷的风"即东风"带来的物质"。这种解释显然是没有根据的，因为为了解释左岸黄土随着与河流距离增大而粘土质化，就不得不采用西风假说了。米尔钦克（1925，第148页）正是提出了这样的假设（西风假说）来解释我们感兴趣的杰斯纳河左岸现象的。

库班河和伏尔加河　上面已经提到的库班河流域的黄土状亚粘土，在河岸（库班河和拉巴河沿岸）附近形成砂质（轻质）变种，而在离河岸较远处则形成粘质（重质）变种。①

根据涅乌斯特鲁耶夫的观察，具有黄土状外貌的伏尔加河中

① 也可参看：拉林和季霍米罗娃，1927，第20—21页（乌拉尔斯克附近的德尔库尔河）。

游左岸的瑟尔特粘土，离伏尔加河越近，砂性越大（涅乌斯特鲁耶夫和别索诺夫，1909，第14、125—126页）。与伏尔加河有一定距离的瑟尔特（即河间的平缓长丘）已经是由无层理的棕色粘土形成，其绝对高度不超过170—180米。分布于伏尔加河左岸的瑟尔特砂，“大概是由古河流的流水沉积在现在伏尔加河所在地方的”（第126页）。

西伯利亚的河流 在西西伯利亚的黑钙土地带，到处都可看到上述现象。沿托博尔河和伊希姆河分布着亚粘土成分的上覆岩石，而在分水岭上则分布着粘土成分的上覆岩石（戈尔舍宁，1927，第36页）。在伊希姆河与额尔齐斯河之间的分水岭上，我们看到了这样的现象：河流一侧的岩石迅速粘土化，变成亚粘土和粘土。在离额尔齐斯河不到10—15公里的地方，岩石重新砂质化，变成额尔齐斯河沿岸轻亚粘土地带。下表列出了由鄂木斯克附近的额尔齐斯河起（鄂木斯克位于额尔齐斯河右岸）向东母岩的机械组成（根据戈尔舍宁，1927，第36页）：

	>1 毫米	1—0.25 毫米	0.25—0.05 毫米	0.05—0.01 毫米	<0.01 毫米
额尔齐斯河附近	4.4	27.3	31.2	17.8	19.3%
离额尔齐斯河1.5公里	1.2	4.5	25.3	31.6	37.2
离额尔齐斯河7.5公里	—	2.2	20.8	26.0	52
离额尔齐斯河19公里	—	0.5	8.7	30.2	60.4

从上表可以清楚地看到，随着离额尔齐斯河越远，上覆岩石中

粘土，即直径小于0.01毫米的颗粒的数量增大。再向东，发育粘土岩石。

在更早的时候，涅乌斯特鲁耶夫（1925，第8、11页）在鄂木斯克作了完全同样的观察。他认为额尔齐斯河两岸存在呈狭窄带状分布的轻亚粘土质和甚至是亚砂土质的土壤[①]，是由于冰期时在这里沉积下河流沉积物的结果，并且认为这些岩石是古高阶地（位于超河漫滩阶地以上的）的遗迹。同样，在托木斯克附近的托木河沿岸，邻接河流的高地的土壤也富含砂——与远离托木河的地方相比较（涅乌斯特鲁耶夫，1925，第15页）；就是在这里，涅乌斯特鲁耶夫也认为可能存在阶地。但是，无论在哪里，在地形上都没有表现出相应的阶地，而“高阶地”乃是河间高地表面本身。之所以可能，是因为这种高地在冰川时期多半被冰川-河流水所淹没。

西西伯利亚平原黑钙土地带的上覆岩石的机械组成，还显示出一种有趣的现象：无论在伊希姆河-额尔齐斯河分水岭上和在额尔齐斯河-鄂木斯克河分水岭上，观察到上覆岩石随着向南而砂质化；在原斯拉夫戈罗德县和原巴甫洛达尔县南部，可以看到最强烈的砂质化现象——这已不在黑钙土地带范围内。在原巴甫洛达尔县南部，母岩变为砾质的（戈尔舍宁，第40页）。其原因可以认为是额尔齐斯河流域的岩石是冰期时从阿尔泰山冰盖流下的水沉积的。涅乌斯特鲁耶夫同样提出一个问题：额尔齐斯河流域（西伯利

① 这里的“亚粘土质”和“亚砂土质”，在土壤学中多称为“壤质”和“砂壤质”。——校者

亚北部或阿尔泰)的黄土状粘土是什么冰川活动的产物(1925,第21页)?这位已故的土壤学家倾向于认为上述黄土状岩石起源于阿尔泰山,其根据是它们在南部邻接阿尔泰山山前地带;可是,在西西伯利亚的黄土状亚粘土以北则分布着冰水砂质无碳酸盐沉积物。根据其他人的看法,正是由于上述上覆岩石的砂质成分向南增大,我们才得出了这样的结论:额尔齐斯河流域的黄土状亚粘土的母岩来自阿尔泰山。

在克季河左岸,随着从河流到分水岭,岩石的机械组成变得更粘重:沿河分布的砂被亚砂土所代替,再较远处被亚粘土,即黄土状重亚粘土所代替(斯米尔诺夫,1928,第23页)。

勒拿河和阿姆加河之间的高原由重质的和轻质的黄土状亚粘土组成。随着向河流靠近,"亚粘土具有极轻质的细砂质岩石的性质,这种母岩转变成亚粘土,并且与勒拿河沿岸的砂质和亚砂质冲积物逐渐融合在一起"(克罗科斯,1927,第114页;参考第67页和20俄里地图)。在维柳伊河左岸支流琼格河流域,发育黄土状亚粘土;河流附近的亚粘土具有粗粒结构,离河远一些的亚粘土具有较大的粘性(布拉戈维多夫,1935)。

锡尔河和其他河流 在锡尔河流域,也可观察到黄土与河谷的关系。如果看一下季莫(1910)编制的饥饿草原邻接锡尔河部分的地图,就可确信,在离锡尔河河漫滩较近的地方分布着亚砂土和轻亚粘土,在远一些的地方为重粘质土壤。同样的景象也重复出现在锡尔河右岸,及该河流与塔什干之间的地方(托尔斯图欣,1929,第758页)。对中国华北平原的河流来说,情况也是这样(维里斯,1907,第204页)。

我们再补充一点：密西西比河和密苏里河沿岸悬崖顶部的黄土相当粗，但离河越远，黄土越具有粘性（钱伯林和索尔兹伯里，1909，III，第 409 页；格雷博，1913，第 567 页；170 赖特，1940）。

结论　在论及现在提出的某些事实时，我早在 1916 年（贝尔格，第 616 页）就写道："在有冰川的时期，河谷应该有比现在多得多的水量，洪水淹没了比现在广阔得多的地区，而且往往也淹没了分水岭。"[①]

总之，在分水岭（河间）高原上，随着向河流靠近，黄土和黄土状岩石含砂质成分增多。而阶地的黄土则比高原的黄土含更多的砂质成分。这在第聂伯河及其流域内表现得很清楚。

因此，只有根据所研究的黄土底土和黄土状底土的母岩为流水冲积成因的假设，才能弄清分水岭上靠近河谷和远离河谷的底土的机械组成的分布情况。而风成说是根本无法解释这些事实的。

的确，我们看到，风成说的拥护者们认为，砂是由河谷吹来的风带到高地上的。但是，必须说明，河谷中吹的是各种各样的风，因此它们应当把这些砂从一侧吹向另一侧，而绝不可能形成这样的现象：机械组成随着远离河流而在河流左、右两侧都有规

① 关于这一点，B. A. 奥布鲁切夫（1932，第 307 页）说道：洪水具有很大的流速，因而能搬运比较粗的物质；所以，被淹没的分水岭上的黄土应当比河流附近的黄土含有更多的砂质成分；河流附近的物质是流动较慢的水沉积下来的，因此其颗粒应当比较细。我们不能同意这种看法。不管流速如何，洪水都是在河流附近沉积下较粗的物质，而在离河流较远的地方沉积下较细的物质。大家知道，苏联河流的河漫滩分为沿河流流向延伸的三个带：1）沿岸（最靠近河床的）砂带，2）中部亚粘土带和 3）离河床最远或近陆（近阶地）的粘土带。关于这方面，请参看：贝尔格，1936，第 200、203 页。

律地变得越来越细。所以，B. A. 奥布鲁切夫（1932，第 308 页）的假定已失去意义。此外，如 C. 索博列大（1935，第 598 页）所指出，在黄土上层沉积的时期，第聂伯河一级超河漫滩（松林的）砂质阶地处在水下，所以砂无处可以吹来。下面就是一个例子。扎莫里（1935，第 90 页）倾向于认为沃尔斯克拉河（这里属于"晚玉木冰期"的一个黄土层）二级超河漫滩阶地的黄土之所以是砂质的，是由于黄土沉积时，一级超河漫滩阶地的砂被吹送到该阶地上。然而，根据扎莫里（第 111 页）的资料，在沃尔斯克拉河现在的二级超河漫滩阶地上的黄土形成时，还没有一级超河漫滩阶地。

黄土产状与地壳变动

地表的升降运动能够说明黄土的本质和地质分布。

——莱伊尔，1862

黄土和黄土状岩石的垂直分布的特点，如不考虑到地壳的造陆振荡运动——上升和下沉，是无法加以解释的。只要我们注意到这些现象，黄土区第四纪历史的许多模糊不清的方面立即就会变得清楚、明了起来。

顿涅茨岭的黄土　Н. И. 德米特里耶夫（1936，第 59 页）认为，根据我的理论，应该发生有黄土的顿涅茨岭高处被冰川水淹没的情况。顿涅茨岭的黄土问题是值得一谈的。根据马霍夫（1926，第 4 页）的描述，黄土连绵不断地覆盖着顿涅茨岭的高原状表面，从杰巴利采沃偏东一点开始，一直延伸到普罗瓦利耶站和更东的地方；因此，黄土占据了该山岭的高处（300—369 米）。奥利霍夫河-卢甘奇克河分水岭的黄土厚度，包括土壤在内，为 9.5 米[①]；这里的黄土分两层。根据风成说拥护者马霍夫的看法，黄土覆盖层的这种状况排除了水成的可能性："完全不可思议的是：水流能使这种岩石沉积在狭窄的山岭上——其顶部宽 1—3 公里，长约 120 公里，同时海拔高度在 350 米以上，高出与之毗邻的平原 200 米"（第 5 页）。[②] 同样，比连科（1935）也在其考察地区（顿涅茨岭西部）内查明了在尼基托夫卡-杰巴尔采沃地段和亚西诺瓦塔亚高地有黄土的情况。但是，邦达尔丘克（1938，第 42 页）在他的乌克兰第四纪沉积图上，把顿涅茨河流域的整个高地部分（西迄阿尔乔莫夫斯克，北达北顿涅茨河）表示为残积-坡积沉积区——对德涅斯特河流域的高地也是这样表示的。

不管怎样，早在 1927 年，我就引用 C. C. 涅乌斯特鲁耶夫的观点指出[③]，在最近时期，即已经是在黄土沉积后，顿涅茨岭受到了上升作用。这个推测在 C. 索博列夫的著作中（1937，第 328 页，及第 322 页地图；1937a，第 58 页，同上页地图；1937，第 550 页；1939，第 15 页及地图）得到了证实。索博列夫在研究现代河谷地貌的基础上得出了如下结论：在第四纪期间，顿涅茨岭上升了 170—180 米。德涅斯特河流域也上升了，那里最高的分水岭高原完

① 但是，C，索博列夫（1927，第 560 页；1939，第 24—25 页）提出顿涅茨岭黄土的厚度总计为 1.5—2 米。

② 马霍夫（同上述引文）说道，他在顿涅茨岭的任何地方都没有观察到当地岩石风化的疏松亚粘土产物获得黄土状性质。但是，我们在上面（第 301 页）引用的拉夫连科的资料说明了另一种情况。也请参看比连科的观察：1935，第 54 页。

③ 《Почвоведение》，1927，No 2，стр. 33。

全没有黄土。索博列夫(1937,第555页)根据河谷的深度估计德涅斯特河流域上升了200—220米。[①]

同样,在德国,黄土向上分布的高度总计也只是达到300—400米的绝对高度。例如,米特利格比尔格就根本没有黄土。从风成说的观点来看,这是不可思议的,因为,大家知道,粉尘可被气流带到很高的地方(例如,在天山)。

中国的黄土 维里斯(1907)说道,中国北方山地的黄土分布得十分奇特,以致在这里不仅冲积说而且风成说都感到束手无策。显然,在这种情况下,必须用地壳变动来进行解释。

在黄河和长江口外有水下谷地的情况(林德贝格,《地理协会学报》,1946,No.3)表明,过去这些河流的侵蚀基准面比现在低得多。也是在那时,华北黄土景观受到了强烈的侵蚀。[②] 在这以前,黄河和长江是在位置较高的地方流动,因而有可能把冲积物沉积在现在河水完全不可能达到的地方。

维理斯(1907)也用第四纪时期的强烈构造运动来说明华北的黄土问题;根据他的看法,华北平原是不久前的下沉形成的(山东的高地是地垒,1907,I,第82—83页)。

中国的权威地质学家李四光(1939,第206页;1953)说道,中国西部高原在不久前的地质时期比邻近低地有显著上升。这大概是无可怀疑的。

---

① 关于德涅斯特河流域上升的情况,也可参看:米尔钦克,第156页及第155页上地图。

② 巴尔博(1930,第466—467页)也认为中国河网有回春作用,但认为这种情况主要与气候条件变湿(这区分出现代时期)有关。

结论　总之，经常可以观察到如下的情况：一些黄土的母岩可以认为具有冲积（而不是坡积）的成因，但这些黄土却分布在它现代地形条件下不可能由水沉积的条件。在这种情况下，就应该经常想到不久前可能有过造陆上升运动。顿涅茨岭、德涅斯特河流域以及中国在这方面的例子，是极为有益的。这里，我们要提醒大家注意，对于苏联中亚细亚黄土地区不久前曾发生地壳运动，现在是没有任何人提出异议的（例如，请参看韦贝尔的资料——1934，第238－239页，关于费尔干纳南部边缘）。

上覆岩石的地带性

随着从北向南推移，在黑钙土北界地带，典型冰川洪积物（红棕色粗粘土等）就愈加经常地变成黄土状物质，漂砾的数量减少和体积变小，粘土变得疏松而多孔隙，碳酸盐和风化沸石部分的含量增多，红棕色减弱——因此，黄土状亚粘土当然会在某些地方逐渐转变为典型的、多孔的淡黄色黄土。

——道库恰耶夫：《俄国草原之今昔》，1958年4月，第8页

水平地带性

众所周知，东欧的土壤地带，以及与之相对应的地理（景观）地带是呈地带性分布的：当我们从南向北行进时，我们便从栗钙土过渡为黑钙土、退化黑钙土和灰化土。但值得注意的是，在上述地区的底土中也可看到某种地带性——诚然，是不同于表层岩石地带性的另一种类型（贝尔格，1928）。

首先，大体上说来，我们在南部看到黄土；在北部看到冰碛物。

如果更详细地研究乌克兰黄土的分布，可以看到如下的情况（马霍夫，1924）①：

1. 在最南部分布着粘黄土，它含有50%以上的物理性粘粒，即直径小于0.01毫米的颗粒；此外，含有65%的二氧化硅。

2. 向北，但还在冰川作用地区的范围以外，发现亚粘土质黄土，含35%—50%的物理性粘粒；二氧化硅含量达70%。

3. 最后，在冰川作用地区分布着亚砂质黄土或微含亚粘质黄土，它含有20%—25%的物理性粘粒；而在南部，则达到35%；二氧化硅含量达85%（北部的黄土连续分布区沿舍佩托夫卡-日托米尔-基辅-涅任-格卢霍夫一线延伸）。

米尔钦克（1928，第29页及地图）注意到如下情况：无论沿第聂伯河还是沿伏尔加河，随着从上游到下游，阶地的上覆岩石变得更粘重：沿第聂伯河向下，即在基辅以下，第聂伯河上游的砂被黄土状亚粘土和亚砂质黄土所代替。米尔钦克认为后两者是冲积成因的；同样，伏尔加河流域的砂在卡马河河口以下的伏尔加河左岸为粘性更大的岩石所代替，米尔钦克推测它们是伏尔加河的阶地形成物。

这里，我们引用弗洛罗夫（1916，第6页）的一份资料：在基辅州最南部的乌曼区，黄土平均含粘粒（即直径小于0.01毫米的颗粒）41%；然而，在较北的地方，黄土则变得比较粗。在C.索博列夫（1935）编的地图上可以清楚地看到乌克兰的底土自南向北逐渐

① 也可参阅：纳博基赫，1911，第238—239页；弗洛罗夫，1916；克拉修克，1922，第89—90页（波多尔黄土比沃伦黄土粘性更大；波多尔南部的黄土比北部的黄土粘性更大）；克罗科斯，1927，第221页及地图，米尔钦克1928a；莫罗佐夫，1932，第236页。

变粗的情况。

在黄土带以北是**覆盖粘土和黄土状亚粘土**的分布区；这些黄土状岩石在南部逐渐变成黄土；关于这些黄土，将在下面进行详细叙述。在覆盖粘土和黄土状亚粘土地区以北是**覆盖亚砂土**分布地区。正如克拉修克（1925，第 10—11 页）所指出，这些亚砂土大致从沃洛格达和维亚特卡河所在纬度起，向北分布很远，一直达到卡宁半岛冻土带。直接位于冰碛亚粘土上的覆盖亚砂土，平均厚 45—60 厘米；它们有时消失，露出冰碛亚粘土；有时厚达 1 米和 1 米以上，而且粘性更大。在覆盖亚砂土中，或者完全没有漂砾，或者漂砾很少。覆盖亚砂土与下伏的漂砾亚粘土有明显区别。高的冰碛丘陵表面没有这种亚砂土覆盖层。在河流附近，亚砂土转变成砂——与乌克兰的黄土一样，随着向第聂伯河靠近，颗粒更粗、砂质成分更多（同上，第 208—212 页）。

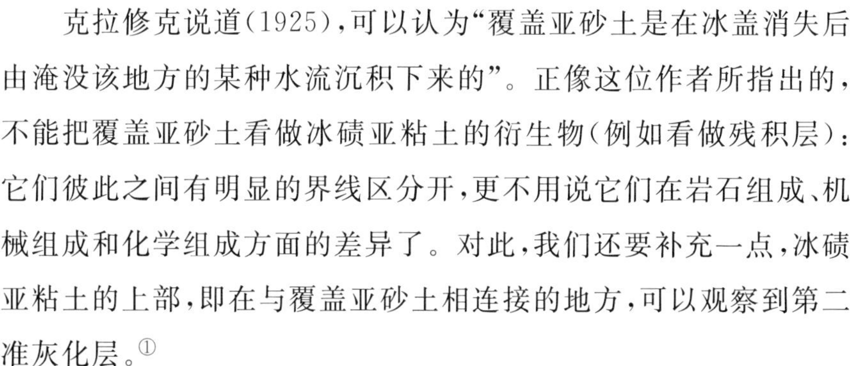

克拉修克说道（1925），可以认为“覆盖亚砂土是在冰盖消失后由淹没该地方的某种水流沉积下来的”。正像这位作者所指出的，不能把覆盖亚砂土看做冰碛亚粘土的衍生物（例如看做残积层）：它们彼此之间有明显的界线区分开，更不用说它们在岩石组成、机械组成和化学组成方面的差异了。对此，我们还要补充一点，冰碛亚粘土的上部，即在与覆盖亚砂土相连接的地方，可以观察到第二准灰化层。①

一句话，覆盖亚砂土类似于冰碛上的黄土状亚粘土或黄土。

希缅科夫（1934，第 147 页）在研讨第 43 号图幅区（莫查伊斯

① 克拉修克，1925，第 18 页，第一准灰化层乃是覆盖亚砂土。

克-杜霍夫希纳-加里宁-托罗佩茨)内的覆盖亚粘土和黄土状亚粘土的分布时,发现这些岩石往往与冰碛形成物有密切关系:许多终碛的外方为砂地带(“冰水平原”)所围绕,接着是分水岭覆盖亚粘土和黄土状岩石。同时,在砂与亚粘土之间的过渡带内,亚粘土的颗粒比边缘亚粘土的颗粒要粗得多。因此,在这里,“在各种地表冰川形成物的分布中,观察到一定的同心地带性。这无意中就得出一个结论:引起冰碛物大量堆积和终碛及冰碛景观形成的过程,既形成了冰水平原,也形成了与其邻接的、覆盖有分水岭亚粘土的地区(希缅科夫,同上)。根据希缅科夫的看法,最终形成覆盖亚粘土的基本物质是由冰水形成的。

如果应当把覆盖亚砂土或黄土状亚粘土的母岩看做冰川融水的沉积,那么黄土的母岩也应具有这样的成因。黄土的母岩乃是冰水沉积物中的一种,即沉积在最南部的最细土粒部分。冰水沉积物从北向南分布的顺序(即地带性)大致如下:

覆盖亚砂土

黄土状亚粘土和覆盖粘土

亚砂质黄土

亚粘质黄土

粘黄土

如果北部的覆盖亚砂土是冰川融水沉积下来的,那么正像克罗科斯(1933,1934)在我们之后所做的结论那样,就可以顺理成章地把乌克兰黄土的母岩也看做是这样的冰水沉积物。顺便指出,上面所说黄土的机械组成越向南粘性越大,也可以证明这一点。显然,黄土地区北部的冰川融水沉积下粗的物质,而向南则沉积下细的物质。

通常，黄土分布在黄土状亚粘土发育地区以南。由于空气逐渐趋向干燥和随着时间的推移，岩石具有越来越明显的黄土状外貌。

A.伊万诺夫（1925，第 35 页）在论及奥廖尔的黄土岩石时说道："冰碛地区的亚粘土和奥廖尔的黄土彼此就是在地质上也是类似的：即黄土是北方亚粘土的地方性变种，即是冰川融水的同一种亚粘土沉积。根据我的观察，例如卡希拉城周围的（黄土状。——贝尔格）亚粘土与波内利站的黄土没有区别。"

但是，我们在指出上覆岩石——黄土、黄土状亚粘土和覆盖亚砂土——的地带性时，并不想以此说明它们在地质年代上都属于同一个冰期，或者它们大体上是同一时期的沉积物。在这种情况下，我们感兴趣的是覆盖亚砂土、黄土状亚粘土和黄土的形成方式完全相同。至于这些沉积物的同时性问题，还有待作进一步的研究。如果说我们知道黄土和黄土状亚粘土在水平方向上存在人们觉察不到的互相转化，那么对于覆盖亚砂土与黄土状亚粘土的相互关系就现在说还知道得很少。克拉修克（1925，第 41 页）指出，覆盖亚粘土有时覆盖在黄土状岩石上。

不管怎样，覆盖亚砂土、黄土状亚粘土和黄土的母岩形成方式相似的情况，不能不引起人们的注意。因此，就不可能用风力分选来解释地带性：绝不能说乌克兰南部的黄土粘性较大，是由于风从吹蚀地区把细小颗粒向南吹得最远，因为究竟哪里是黄土状亚粘土和覆盖亚砂土的"吹蚀地区"呢？何况不可能认为这种覆盖亚砂土是风成的。

在德国，黄土状岩石的地带性不可能表现得很明显，因为这里的母岩沉积由于阿尔卑斯山冰川作用而既来自北方又来自南方。然而，在详细研究不大的地域时，可以发现某种地带性。在萨克森的黄土和黄土状岩石分布图上（格拉曼，1924，地图）可以看出，在北部即在莱比锡区分布着薄层的砂黄土（Sandlöss），向南为薄层的黄土状亚粘土，而更向南则为典型黄土（也可参阅：索尔，1889，第341页）。

黄土的垂直地带性

黄土不仅在水平分布上表现出地带性，而且在垂直分布上也表现出地带性。比如在地表有黄土覆盖层的安集延地区，自平原（绝对高度为450—500米）起至高达3 000米左右的地方止，据涅乌斯特鲁耶夫的资料（1912，第143页）可以区分出：1）平原黄土；2）低山前地带黄土，即峁黄土；3）高山前地带黄土（1 900—2 500米），在这里的碳酸盐黄土状岩石中可以见到粘性较大的变种（阿赖谷地中黄土状亚粘土出现于3 000米左右的高度；涅乌斯特鲁耶夫，1914，第278页）；4）粘土-碎石堆积物，它们在更高的地方代替了黄土，与现代及古代冰川的终碛极为相似。

应该注意的是，天山和帕米尔-阿赖山的山地黄土与平原黄土一样，不是现代时期形成的，而是在过去较干燥的时期形成的，那时高达3 000米的山地完全为草原所覆盖。例如，在塔尔德克河与古尔钦卡河之间的奥什区1 500—2 500米的高度上，典型黄土从表层起被淋溶，变成覆盖有草甸-草原植被的厚层暗色黑钙土状土壤（涅乌斯特鲁耶夫，1914，第272页）。

黄 土 相 似 物

能否将典型黄土与非典型黄土区别开？

我们已经说过，许多人认为，首先应该确定典型黄土的概念，然后黄土问题才容易解决。典型黄土若是风成的，非典型黄土便是由某种别的方式形成的。

然而，全部困难在于，要说清楚什么是典型黄土是不可能的。典型黄土是通过难以觉察的过渡与非典型黄土联系在一起的。无论根据发生方式、质地、机械组成、化学组成、岩石组成、厚度、产状、地理分布，都不可能在典型黄土与黄土状岩石之间划出一条界线。这方面的例子很多，下面仅举一个来谈谈。

莫吉廖夫州戈罗克区内的黄土，是厚约10米的重亚粘土层；这种黄土是典型的，其下部有明显层理，上面为埋藏沼泽土，偶尔为泥炭形成物。沿着去斯摩棱斯克的方向，黄土下部逐渐转变为砂质的，与砂互层，然后变成层状砂；而黄土上层厚度减小，砂质成分增多，因而逐渐转变为黄土状亚粘土，后者广泛分布于整个斯摩棱斯克州内（阿法纳西耶夫，1924，第141、152页）。

对于同一种沉积物，一些作者认为是黄土，而另一些作者却认为是黄土状岩石。例如，对于乌克兰东北部（哈尔科夫——斯塔罗别利斯克）以东的心土，许多乌克兰现代地质学家认为是黄土（扎莫里，1935；邦达尔丘克，1938，第42页），米尔钦克（1928a，地图）认为是覆盖粘土，而格拉西莫夫和马尔科夫（1939，第288页）却认为是黄土状岩石。

从下面的例子可以看出，不同的作者对同一种岩石的确定是多么不同。在苏拉河支流乌代河的超河漫滩阶地上，当时是风成说拥护者的克罗科斯(1927，第95页)曾记述过分布于土壤下面的亚砂质黄土；这种黄土(自然是“风”成的)在175厘米以下有砂丘砂夹层，在587厘米深处分布有含淡水贝壳碎屑的冲积砂。对这同一个剖面，拥护风成说的莫斯克维京(1933，第262页)有一种解释：克罗科斯称之为风成黄土的物质，实际上是乌代河的古冲积物，即“玉木冰期”冲积物；这不是黄土，而是砂质黄土状亚粘土，从115厘米起就已有砂夹层，并转变为下部较粗、同样有砂夹层的亚砂土。其次，再读一读风成说的热忱拥护者的下面一段话，是十分令人惊奇的：“克罗科斯把这些含有砂夹层并已明显地变成河砂的亚粘土和亚砂土叫做黄土，而且为了说明黄土是‘风’成的，他把黄土中的砂夹层称为‘砂丘砂夹层’。显然，这种描述的牵强和偏颇只不过是再次突出地说明了使用黄土这一术语的任意性罢了。”

不管怎样，听到这位风成论者说“冲积物可能是黄土状的”，也是颇有意思的(也请比较一下这位作者在第129页上所谈的意见，即乌代河河漫滩阶地的冲积物一般认为是黄土状岩石——亚粘土、亚砂土及砂)。

黄土状亚粘土

上面已经谈到，从我们提出的关于黄土成因的观点来看，应当预料我们在东欧典型黄土带以北将会遇到这样的黄土地带：其黄土因气候湿度和淋溶度大而含碳酸盐较少，由于细的颗粒已被冰川融水带向南部而颗粒较粗，以及由于本身较年轻而具有较清楚的层理。的确，在苏联欧洲领域的中部及部分北部地区是无漂砾或无乎无漂砾亚粘土地带，它向北延伸，直至奥涅加河、北德维纳河和伯朝拉河流域。

描述过这些亚粘土的作者，通常不认为它们是风成的。同时，这些岩石在地理上是通过完全不显著的过渡而与典型乌克兰黄土相连接。可以认为毋庸置疑的是，既然认为黄土是风成的，那么黄土状亚粘土也应该是风成的。反之，如果否认黄土状亚粘土是风成的，那就没有根据认为黄土是风成的。

在黄土状亚粘土地带南部，这些岩石较北部更近似于典型黄土。

例如，像斯摩棱斯克的黄土状亚粘土就是这样。这种亚粘土多空隙，成垂直陡壁崩塌，厚 0.2—0.3 到 3—4 米[①]，在大部分分布区内明显含碳酸盐，无层理[②]，同时含有小的漂砾(科斯秋克维奇，1915，第 84—85 页：奥布沙河和苗扎河流域；阿布季科夫，1921，第 50—51 页)；同时往下，在靠近基岩边缘处，漂砾及碎石数量增多。有些地方，如在斯摩棱斯克区，这种亚粘土中含有碳酸盐结核(阿布季科夫，1921，第 57—58 页)。就机械组成来说，斯摩棱

① 根据 A. M. 日尔蒙斯基(1925，第 340 页；1928，第 43、108 页)的资料，罗斯拉夫尔附近的黄土状亚粘土的厚度达到 15.2 米(钻孔)。

② 关于原斯摩棱斯克县和克拉斯宁县的黄土状亚粘土的层理，阿布季科夫(1921，第 58 页)报告说："在冲沟和河谷的露头中，亚粘土下层的层理有时表现得多少比较清楚，但在分水岭亚粘土的人工剖面中情况相反，不是完全看不到层理，就是层理极不明显，以致难于把它看做是层理。"显然，这是由于这两种亚粘土的年龄不同所致：分水岭亚粘土比较老，因而失去了层理。

斯克黄土状亚粘土近似典型黄土，只是含有稍多的粗粒混合物；这对维亚兹马区黄土状亚粘土的分析中可以清楚地看到(科洛科洛夫，1901，第 20 页)：

粒径(毫米)	3—2	2—1	1—0.5	0.5—0.25	0.25—0.05	0.05—0.01	<0.01
百分比	0.2	0.8	0.8	1.6	18.6	55.0	22.8

有些地方，如在第聂伯河-赫柳斯季河河间地，黄土状亚粘土在机械组成方面与黄土没有区别(格林卡和松达克，1912，第 26 页)：

粒径(毫米)	1—0.5	0.5—0.25	0.25—0.05	0.05—0.01	<0.01
百分比	0.2	0.9	25.2	52.6	20.7

在斯摩棱斯克区与克拉斯宁区，黄土状亚粘土所占面积很大；它们分布在 210—250 米高度，即高的地方，在这里它的厚度几乎经常都在 2 米以上；相反，在低的地段，其厚度为 20—30 厘米至 50—70 厘米(阿布季科夫，1921，第 59 页)。由于这里的黄土状亚粘土分布在较高的分水岭平原上，所以按照阿布季科夫的看法(1921，第 60 页)，这些亚粘土不可能是坡积成因的。

希缅科夫(1914，第 666—668 页)对斯摩棱斯克黄土状亚粘土的成因作了这样的解释："在冰川处于停滞状态的时期，沿冰川边缘流动的冰融水水量很大……。这些冰融水总是携带出大量的砂和淤泥物质，并随重量的差异把它们沉积在离冰缘远近不同的地方。在这些沉积物中也混杂有由小冰块带来的碎石物质。"当冰盖后退时，终碛地区附近出现砂层(冰水沉积平原)，远处出现亚粘土和粘土。在坡积作用、残积作用及风力作用的影响下，这些形成物发生变化，结果形成亚粘土覆盖层，有些地方出现无漂砾黄土状亚粘土覆盖层(第 668 页)。

不过,我们认为没有必要去考虑坡积营力(见前面阿布季科夫的看法)和风力的影响。湖河(冰水)沉积物是在干燥时期由成土作用在原地改造成为黄土状岩石的。还应注意的是,例如与乌克兰南部比较起来,斯摩棱斯克的现代气候更加湿润,因此大量碳酸盐被淋溶;由于同样的原因,部分细粒土可能被冲刷掉,从而使亚粘土的粗颗粒含量增大。

从斯摩棱斯克黄土状亚粘土分布的条件可以看出,沉积这些亚粘土的母岩的冰川融水,在冰碛平原上不是沿着已形成的河床流动,而是以漫流和泛滥的形式流动,因此尚未形成现代的河网(希门科夫,1934,第 148 页)。

越往南,斯摩棱斯克黄土状亚粘土的机械组成越细。同时,亚尔采沃区的地貌也变得更像黄土地貌:冲沟更深和分叉更多,沟坡更陡(格林卡和松达克,1912,第 3、14、17 页)。斯摩棱斯克以南(阿布季科夫,1913,第 24 页)罗斯拉夫尔区的黄土状岩石更加疏松,多孔隙,成垂直节理,下层有碳盐[①]聚积,呈浅黄色——一般与典型黄土相似,再往南,即逐渐变成典型黄土。

A. M. 日尔蒙斯基(1925,第 341 页)将斯摩棱斯克黄土状岩石(第 44 号图幅)的形成分为 4 个连续的阶段:1)冰川沉积物受到水的冲刷和分选过程,2)坡积过程,3)荒漠-草原时期的风化过程与成土过程,以及最后 4)半荒漠气候时期“覆盖亚粘土的风蚀过程”,其结果在第 44 号图幅区内形成典型黄土和黄土状岩石。我

① 即碳酸盐类。——校者

们不否定上述4个阶段的前3个阶段，但是必须指出，无论在斯摩棱斯克州，还是在邻近地区，都没有表现出覆盖亚粘土受到风蚀的任何痕迹。不尽覆盖亚粘土，而且亚砂质冰碛，也未表现出风的作用的任何痕迹（请比较伊林关于卡卢加州的资料：1927，第23页）。

根据西比尔采夫（1896，第209页）的研究，奥卡-克利亚济马河流域的无漂砾黄土状亚粘土（"山原黄土"）是携带大量淤泥和泥的高山冰川水的沉积物[①]。

根据1932年的第四纪沉积图，在伏尔加河右岸苏拉河与斯维亚加河河口之间的地方，分布有湖成黄土状岩石——И. В. 秋林曾对其作过详细描述（1935，第13－17页），这些浅黄色的黄土状粘土和黄土状重亚粘土在伏尔加河沿岸地带几乎分布于由二叠纪岩石构成的所有分水岭上（绝对高度170－180米）。上面所说的黄土状粘土和亚粘土是在"还没有现代河系的时候，由宽阔、缓慢的水流或湖盆沉积下的细粒悬浮物质"形成的。泥的来源是侏罗纪、下白垩纪及部分二叠纪的沉积物。后来，黄土状岩石受到冲刷，形成河流阶地——如齐维利河阶地（秋林，第14页）——的冲积黄土状亚粘土，这种冲积物显然是通过次生方式，即草原气候下的成土作用和风化作用而获得黄土状性质的。

喀山以北和西北的伏尔加河左岸也有上述的这种黄土状粘土。

在伊万诺夫州，黄土和黄土状岩石见于伏尔加河右岸尤里耶

① 弗拉基米尔的土壤学家们也赞同这样的解释（谢格洛夫1902，第214－215页；1903，尤雷耶夫斯基县，第158页，1903，梅列科夫斯基县，第58页；西比尔采夫和谢格洛夫，1902，维亚兹尼科夫斯基县，第42页）。

韦茨与普切日之间。根据克拉修克的记述(1927,第56—59页),这些岩石分布在绝对高度为95—100米的地方。它们在这里是"成因相同的岩石";然而,位于地表和作为底土的黄土状亚粘土则受到淋溶(失去碳酸盐)而呈淡红-棕黄色,比黄土的粘性大,不像黄土那样松散。而黄土则呈浅黄色,粉状,空隙度很大,富含碳酸盐,有起泡反应,成垂直陡壁崩塌,位于离地表2—2.5米的深处。从机械组成上看,尤里耶韦茨黄土与沃伦黄土近似,所不同的只是砂质成分稍多一些,"同时保留着典型黄土固有的全部典型特征"。这里,无论黄土状亚粘土,还是黄土,不仅不含漂砾,而且也不含粗砂。它们没有钙质结核。这些岩石的厚度不超过5米。它们为粗砂夹层所覆盖。在420厘米深处即开始有层理,并看到一种类似埋藏腐殖质层的层次;该层呈明显层状,浅褐色,厚约80厘米。再下面分布着漂砾亚砂土。"黄土呈明显板状,具有层理,含亚砂土和砂夹层——所有这一切确定无疑地表明这种岩石是水成的"(第58页)。黄土状岩石分布在朝向伏尔加河的坡地上的情况使克拉修克不得不承认,坡积作用对这些岩石的成因起有主要作用。他说道(第58页),"不过,未必可以否认,伏尔加河河床的缓慢流水中,即小河湾中的细粉状物质的分选作用也参与了黄土状岩石的形成"。

在尤里耶夫(弗拉基米尔西北)的黄土状亚粘土中可以看到几个变种,就其特性来说,它们有时近似于真黄土,有时近似于仅有很少漂砾的漂砾亚粘土。例如,在尤里耶夫附近,这种岩石就富含钙质结核,而且就机械组成来看,理应称为黄土(谢格沃夫,1903,第155页)。

与尤里耶夫黄土状岩石不同,沃洛格达的黄土状岩石不含碳酸盐,或含碳酸盐很少,这是其分布位置偏北的必然结果。在沃洛格达区,黄土状亚粘土的厚度为2—3米,偶尔达到5米;它们的碳酸盐含量很小,小于漂砾亚粘土。就机械组成来说,多半是0.05—0.01毫米直径的颗粒,没有漂砾。松达克(1907,第13页)认为,这种岩石是冰川水流的沉积。格里亚佐韦茨区的黄土状亚粘土(科洛科洛夫,1903,第5—7页;特鲁特涅夫,1936)大部分无层理,有时,特别是下层,有不明显的层理,通常无结核,遇酸无起泡反应(但有时在深1米处有起泡反应),有时与薄砂夹层交互成层,而且在这种情况下,亚粘土中也可能含有拳头大小的漂砾;但这通常是细粒的岩石,它含有39%—57%的0.05—0.01毫米直径的颗粒(见前面第271页的分析)厚度为0.75到2米,常常在1米左右;在丘陵顶部消失。按照科洛科洛夫的观点,这种岩石是沉积在"具有流向与冰川后退方向相反的微弱径流的水域中的泥质物质"。特鲁特涅夫的看法也是这样(1936,第568页)。

沃洛格达区和格里亚佐韦茨区的黄土状亚粘土为盐基所饱和(按卡彭-吉尔戈维茨方法测定为70%—80%),其饱和程度几乎与这里的碳酸盐漂砾亚粘土(90%—95%)一样,但比非碳酸盐漂砾粘土(33%—60%)要大得多①(特鲁特涅夫,1936,第571页)。

在北德维纳河流域,黄土状岩石向北分布至北纬61°(瑟索拉河以东及以西),甚至达到北纬62°(瑟克特夫卡尔西北20公里及其他地方)。

---

① 原文为"要小得多",显然有误,故订正。——校者

这是一种浅黄棕色、无层理、多孔隙、不含碳盐、无粗砾石和粗砂的粘土。这种粘土“应该认为是由后退冰川的融化水分选细淤泥颗粒后沉积的”（伊斯丘尔，1909，第22—23、25页；1910，第45—46页）。在更东边的邻近地区，也记载有这样的粘土；它们是“冰川后退时，由较平静的冰川融水沉积下经过分选的细淤泥”而成的（库尔巴托夫，1910，第20—22、24页）。

米尔钦克（1928，第135页）认为，科洛科洛夫、伊斯丘尔和库尔巴托夫所描述的岩石“可能是与冰水沉积平原有关的冰水形成物”。

黄土状亚粘土分布在北部的许多地方：科斯特罗马地域（克拉修克，1923，1924，1925）、乌斯丘日纳地域（马利亚列夫斯基，1926，第308页）、索利卡姆斯克地域（里茨戈洛任斯基，1909，第49页）、威切格达河与卡马河的分水岭（科博泽夫，1928，第34页）等。在奥涅加河流域的湖状低地和在奥涅加河高阶地上，黄土状亚粘土几乎分布到北纬63°；其厚度达到15米（托尔斯基欣，1923—1924，第290—291页）。

这里，不再叙述苏联欧洲领域的黄土状亚粘土，而要指出：差不多所有记述过黄土状亚粘土的作者都认为这些岩石是水成的。几乎谁也没有提出过关于这些黄土状亚粘土是风成的假设[①]。然而，北方的黄土状亚粘土是通过极不明显的过渡与南俄罗斯和乌

① 同时，米尔钦克（1925，第150页）认为，无论乌克兰黄土，还是乌克兰及乌克兰以北地方的黄土状亚粘土，主要是通过风积方式堆积而成的。但同时，根据这位作者的意见（第148页），坡积和冲积过程也对这里黄土的形成有作用。不过，在1928年的文章（米尔钦克，1928a）中才看到他更坚定地承认这些因素。

克兰的典型黄土相连接的。

雅库特地区 在雅库特地区中部，黄土状岩石占有很大面积。它们既分布于河谷中，也分布于河间分水高原上。勒拿河中游流域气候的特点是夏季干燥炎热。在黄土状岩石形成时期，这里的气候特征显然也是如此。

在雅库茨克附近勒拿河河谷的二级（或一级超河漫滩）阶地上，可以看到无漂砾的碳酸盐黄土状亚粘土，它们呈浅黄褐色，具有层状-鳞片状构造。这种亚粘土（包括其上面发育的土壤）的厚度不超过1米。它的一个样品的机械组成如下（克拉修克，1927，第21页）：

直径（毫米）	1—0.25	0.25—0.05	0.05—0.01	<0.01
百分比	2.1	9.3	35.3	53.2

从85厘米深度起为冻土。这种亚粘土位于层状的古冲积砂之下，而且从亚粘土过渡到砂是渐进的。克拉修克（1927，第22页）认为雅库特地区黄土状亚粘土是冲积成因的。在雅库茨克以东勒拿河与阿姆加河之间的分水岭高原上也分布有厚18—25米的浅黄褐色黄土状亚粘土以及发育在分水岭南部厚约1米的粘土（奥格涅夫，1927，第53页）。

黄土状亚粘土几乎遍布整个琼格河（维柳伊斯克以上的维柳伊河左岸支流）流域，往北至少伸展到北纬66°。这种亚粘土的厚度不超过4米；向下变为砂质的，并失去黄土外貌。这种亚粘土多孔隙，呈浅灰黄色或灰色，粉状，富含碳酸盐。它们既分布在分水岭区域，也分布在琼格河的高阶地上。布拉戈维多夫（1935，第33、44页）认为这种岩石是勒拿-维柳斯克平原上的冰川堰塞湖盆的沉积物。

北极地区　值得注意的是新西伯利亚群岛中大利亚霍夫岛(北纬73—74°)上的黄土状轻粘土。这种粘土有非常清楚的层理,常含淡水软体动物豌豆蚬(Pisidium)的贝壳、甲虫的鞘翅、小树枝、植物碎叶、双子叶植物的种子以及猛犸象、野牛和马的化石。其机械组成为:

直径(毫米)	0.5—0.25	0.25—0.05	0.05—0.01	<0.01
百分比	—	0.5	32.8	66.7

叶尔莫拉耶夫(1932,第172—174页)认为这些黄土状岩石是坡积成因的。其动物群有两个来源:淡水软体动物是属于母岩的,而大型哺乳动物则是在这种岩石正在变成或已经变成黄土状粘土时生活在这里的。黄土状粘土是难以觉察地转变为湖泊沉积物的,这种沉积物的上层由含豌豆蚬贝壳的浅黄色亚粘土组成。

在格丹半岛北部沿海地区(北纬71°)的土层中发育有黄土状亚粘土。在下通古斯卡河河口附近的土壤剖面中,可以观察到无层理的黄土状亚砂土,即下伏的层状亚砂土的风化产物(叶尔莫拉耶夫,1935,第22页)。

中国　在中国北方,黄土状亚粘土分布甚广。安特生(1923,第129页)和巴尔博(1927,第291页;1929,第69页)把这些岩石叫做“次生黄土”(redeposited loess)[①],即来源于原生或典型黄土的黄土。根据巴尔博的资料,次生黄土是与砂砾层交互成层的黄土;这种复合体或出露于冲沟中,或位于典型黄土的下面,它厚达

① 或称“再(沉)积黄土”。——校者

15 米，有层理，同时显示出成垂直陡壁崩塌的倾向。根据安特生和巴尔博的意见，次生黄土乃是水成沉积物，但黄土夹层可以在风的作用下形成。一般说来，次生黄土与其下面的“原生”黄土比较起来，是在较为湿润的气候条件下形成的。但实际上，从上述各地质学家的叙述中可以看出，“次生黄土”是其母岩为明显冲积成因的黄土，这是中国华北平原黄土的一般特征。

总之，从北极地区起到中国的黄土地区止，我们可以看到许多彼此逐渐转变的岩石，认为它们由风的作用生成是不可思议的。一般认为黄土状亚粘土的母岩是由水沉积的。不过，如果认为亚砂质黄土和黄土状亚粘土的母岩是水成沉积或冰水沉积，那就绝对没有根据认为亚粘土质黄土及粘土质黄土的母岩具有别的成因——它们在水平方向上毫无觉察地转变为黄土状亚粘土、亚砂质黄土和砂质黄土。

无漂砾覆盖亚粘土和粘土

在苏联欧洲领域的北部地区及部分中部地区，分布着明显冰川成因的无漂砾覆盖岩石；它们与黄土状岩石密切相关，在水平方向上难以觉察地转变为黄土状岩石。例如，在科斯特罗马州各区的加利奇群（Галичская группа）内，位于冰碛沉积物上的无漂砾棕黄色重亚粘土是灰化亚粘土的母岩。这种亚粘土的厚度在分水岭上为 2—4 米。在坡地上，这种亚粘土含淤泥颗粒很少，但富含粉尘颗粒，具有黄土状亚粘土的性质（克拉修克，1923，第 4 页）。

在莫斯科州，层状黄土状亚粘土和粘土分布很广。但除此以外，这里还可见到构造粘土和构造亚粘土。它们所以称为构造粘土和构造亚粘土，是因为它们可分为类似几厘米长的不规则棱柱体的独特节理①。覆盖粘土通常无层理，不含碳酸盐或含量极少。就机械组成来看，它们有时很像黄土。例如，克林区波波夫镇的覆盖亚粘土具有如下的机械组成（卡扎科夫，1935，第396页，按萨巴宁法分析）：

直径（毫米）	0.5—0.25	0.25—0.05	0.05—0.01	<0.01
百分比	0.8	44.9	45.7	54.3%

从矿物学的角度看，上覆岩石几乎与其下面的冰碛没有区别。大约岩石的80%—90%由石英粒组成，这种石英粒通常无色，但有时在直径小于0.25毫米的颗粒上有一层黄褐色蜡状褐铁矿外壳，有时石英粒表面有泉华状一类发亮的釉。有棱角的颗粒居多，但也有磨圆的颗粒（卡扎科夫，第399页）。

"它们（构造岩石——贝尔格）与漂砾粘土和漂砾亚粘土无疑存在成因上的联系，这可在许多地方追索到。同时，在大多数情况下，这种联系不但可以通过地层对比方法发现，而且可以借助机械分析资料发现"（菲拉托夫，1923，第9页）。菲拉托夫把上覆岩石看做冰碛残积物。

多布罗夫和康斯坦丁诺维奇（1936，第73—75页）在第44号图幅区（梅登-博尔霍夫-日兹德尔-莫萨利斯克）东半部，区分出两类覆盖亚粘土：1）残积亚粘土。这种重粘性岩石分布在分水岭上，像冰碛一样，呈红棕色，但不含漂砾，厚达4米，上面有冰碛。它们主要见于该区的北半部，是"通过冰碛层的分解和改

① 关于这种节理，请参阅：Материалы по изучению почв Московской губ., I, 1913; II, 1914; Филатов, 1923, стр. 9—10.

造”形成的。2）黄土状亚粘土。它们是轻质的，多孔隙，遇盐酸起泡，向下含钙质结核，容易产生冲沟。根据多布罗夫和康斯坦丁诺维奇的意见，红棕色无漂砾亚粘土比黄土状亚粘土沉积的时间早。

这两类覆盖亚粘土也分布于第45号图幅地域，即布良斯克-奥廖尔-库尔斯克-雷利斯克区内。按丹申（1936，第50页）的看法，一类（“覆盖亚粘土”）是残积-坡积形成物。这里的覆盖亚粘土厚0.5—5米，呈黄土状，多孔隙，下部有钙质结核，分布于分水岭地域。有些地方，如在雷利斯克以南和库尔斯克以北，这种覆盖亚粘土大概是冰水黄土状亚粘土的残积物，在高的分水岭上，它们被埋藏土与冰水黄土状亚粘土隔开（第51—52页）。另一个类型，即谢伊姆河和奥卡河流域的冰水黄土状亚粘土及冰水黄土状亚砂土，厚6至12米。这些岩石常常有明显层理，或与砂互层，沿谢伊姆河一带含有漂砾和冰碛石块。下部有时含淡水软体动物贝壳。在谢伊姆河河谷的一些地方向下转变为层状粘土。丹申认为这些岩石是在冰川时期沉积的。冰川曾向南推进到中俄高地边缘，象拦河坝一样挡住从奥卡河流域北去的径流，和从杰斯纳河及其支流流域西去的径流。冰川融水带来的泥质物质在离冰川边缘较近的回谷中沉积下来，而这样形成的洼地便遍布于分水岭上（第57页）。坡地上曾发生坡积过程。

阿尔汉格尔斯基描述的奔萨州的覆盖粘土（阿尔汉格尔斯基，1916，第184—192页；也可参阅：莫罗佐夫，1932），没有层理，含碳酸盐，比典型黄土含倍半氧化物多，含硅酸少，往往有小漂砾，分布在分水岭上，位于漂砾亚粘土之下。奔萨州以北，覆

盖粘土向第72号图幅地域延伸；西比尔采夫(1896)曾经指出，它们在该区域分布在平坦分水岭的冰碛之上。根据西比尔采夫的意见，覆盖粘土是由几乎无漂砾的漂砾粘土上层风化产生的。“如果漂砾粘土风化而不同时产生粘粒和使原生岩石富含砂，那么风化的结果便会形成各种黄土状漂砾粘土。有利于漂砾覆盖层表层得到良好日照和通气的一切条件，都会促进这一过程”(第198页)。阿尔汉格尔斯基提出了类似的观点：奔萨州的覆盖粘土是由冰碛的上层通过残积和坡积方式形成的(第190—191页)。在莫克沙河上游、因萨尔河及苏拉河上游流域，直接沿冰盖边界分布的覆盖粘土及亚粘土具有黄土状性质，并逐渐变成无漂砾覆盖粘土和亚粘土。

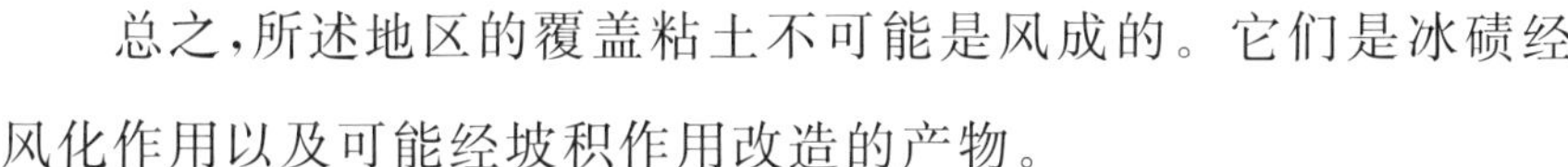

总之，所述地区的覆盖粘土不可能是风成的。它们是冰碛经风化作用以及可能经坡积作用改造的产物。

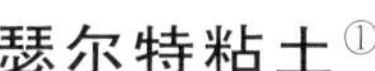

瑟尔特粘土①

在伏尔加河左岸地域大约从卡马河到乌津河上游，有黄土的相似形成物，即瑟尔特粘土，或称为棕色粘土或草原粘土。有关它们的成因问题，我国的土壤学家和地质学家曾进行了大量的研究。道库恰耶夫(1883，第244—245页)和拉斯卡列夫(1919，第43页)

① “瑟尔特”为“сырты(сырт)”的音译，一般有两种含义。一是指高的、大部分平坦的分水岭、河间地、高地、宽而平缓的垄岗。二是指天山的内陆剥蚀高原。这里是前一种含义，是指苏联欧洲部分东南部伏尔加河左岸地域，为不深的谷地切割的宽阔平坦分水岭。——校者

认为它们是黄土，而其他作者则把它们叫做黄土状粘土[1]。这种粘土与黄土一样，无层理，均质，往往形成垂直陡壁，通常多孔隙，一般含碳酸盐，经常有钙质结核，呈黄褐色。应该指出，这种粘土含有氯盐[2]和石膏。就机械组成而言，它们比乌克兰黄土粘性大，含直径小于0.01毫米的颗粒达57%（涅乌斯特罗耶夫和别索诺夫，诺沃乌晋斯克县，1909，第115—116页），不含小漂砾。瑟尔特粘土分布的绝对高度达170—180米，而在南界附近仅达60—75米。其厚度不超过50米。瑟尔特粘土层中有埋藏土。在乌津河流域，在厚30米的黄棕色瑟尔特粘土下面分布着上覆红棕色粘土（10—15米）的棕色和棕褐色粘土（20—25米）（萨瓦连斯基，1927）。萨瓦连斯基说道（第68页），如果仔细考察一下从伏尔加河左岸地域往西经萨拉托夫州、沃罗涅日州、哈尔科夫州和波尔塔瓦州一带的底土分布情况，那就可以确信瑟尔特粘土是逐渐为黄土状粘土和真黄土所代替的。格拉西莫夫（1935，第282页）也指出瑟尔特粘土与乌克兰黄土在产状方面相似：无论瑟尔特粘土还是乌克兰黄土，都是位于红棕色粘土之下的。第聂伯河下游流域的一些黄土状粘土在机械组成方面与瑟尔特粘土极为相似（格拉西莫夫和马尔科夫，1939，第280—281页）。

不同的作者对瑟尔特粘土年龄的确定各不相同，根据涅乌斯特鲁耶夫和别索诺夫（1909，第121—126页）的意见，这些粘土不是在里海高水位前（即赫瓦伦海侵前）沉积的，便是与该海侵同一

---

① 格拉西莫夫（1935，第283页）也指出了这类岩石的黄土状性质。

② 即氯化物盐类。——校者

时间沉积的。罗扎诺夫(1931,第82页)推定的年龄是“从民德冰期到里斯冰期初(甚至更晚些)”的时期。马扎罗维奇(1933,第82页)认为瑟尔特粘土形成的时间应是民德冰期末和民德-里斯间冰期初。

毫无疑义,瑟尔特粘土层是在相当长的一段时间内沉积的,其下层可能像茹科夫(1940,第59页)对大乌津河流域所推测的那样,相当于巴库阶或阿普歇伦阶。

至于说到瑟尔特粘土的成因,Л. И. 普拉索洛夫和 С. С. 涅乌斯特鲁耶夫(1904,第154页)以及涅乌斯特鲁耶夫和别索诺夫(1909,第171页)都主张这些岩石是陆上形成物或水陆形成物,他们完全否定这些岩石是风成的假设;在瑟尔特粘土沉积时期,“在现在的伏尔加河地方,宽阔河流的流水把砂质沉积物沉积在约40公里长的地带内;在该地带以东可能形成一种类似湖泊区的地方,在这里沉积下细的悬浮物质”(1909)。涅乌斯特鲁耶夫和普拉索洛夫在《萨马拉县》一书(1911,第118页)中,倾向于认为瑟尔特粘土是在里海最高水位时期沉积的冰水沉积物。阿尔汉格尔斯基(1912,第11页)和马扎罗维奇(1927,第1075页)也都赞同这一看法。罗扎诺夫(1931,第80—81页)不是把瑟尔特粘土看做冰水沉积物,而是看做“淡水的、有时还可能是咸水或微咸水的静水水域”的沉积物;在伏尔加河左岸偏北地区(萨马尔卡河南部支流流域),“流水的影响要明显得多”。主张风成说的马扎罗维奇(1933,第8页)写道:“没有任何迹象可以使我们认为瑟尔特粘土是风成物。”瑟尔特粘土是“水下的”沉积物。“下面的假设并不是没有可能的,冰川水把悬浮的泥沉积在宽阔、平坦的区域,形成粘土质沉积物,

然后这种粘土质沉积物受到成土作用，变得富含石灰和石膏。”[①]

И. П. 格拉西莫夫(1935，第 285 页)是这样来描述我们所讨论的这种岩石的形成的：在哈扎尔海侵时期，在萨马拉河湾区的伏尔加河上曾经有过使冰川融水不能自由流通的巨大障碍。在发生泛滥的地方，沉积下粘土质泥，它构成瑟尔特粘土的主要部分。

总之，瑟尔特粘土是黄土的东方相似物。对于瑟尔特粘土的看法是一致的：它们不是风积物[②]。

上述有关瑟尔特粘土的一切，使我们确信，这些粘土的母岩是

① 在该文中，A. H. 马扎罗维奇(1933，第 81 页)除了把图特科夫斯基及其他人外，把我也列为黄土和瑟尔特粘土的风成论者。我借此机会纠正一下 A. H. 马扎罗维奇文章中的一些不准确的地方。他在 1932 年的一篇文章中引用我 1926 年的一篇文章的附图宣称，在该图上“可以惊奇地看到原奔萨省有黄土分布”(第 235 页)。然而，很容易得到证实，在我的地图上在原奔萨省地方所标绘的根本不是黄土，而是覆盖粘土(关于这种粘土，我们在本书第 398－399 页中作了叙述)。A. H. 马扎罗维奇在其文章的 224－225 页中提到了同一地图，说该图上表示有“残积亚粘土”的分布；这位作者说，这种亚粘土仅仅发育于坡地上。在我的地图上没有表示任何的“残积亚粘土”，而是表示的覆盖粘土(和亚粘土)的分布；同时，大家知道，这种粘土不是分布在坡地上，而是分布在分水岭上(见上面第 396－397 页)。

② 不过可以指出，到处都发现“尘土化作用”(импульверизация)痕迹的 Г. H. 维索茨基，倾向于认为原萨拉托夫县南部的黄土状瑟尔特亚粘土“未必全是当地古代岩石破坏的产物；更可能的是，它部分是由风从东边和南边带来的细土质粉尘引起的粉尘化作用(запыление)(尘土化作用)形成的——随同这种粉尘也带来了碳酸钙和某些盐类……沉降下来的粉尘后来由于土中动物的活动而与当地的底土物质相混合。”(维索茨基，1908，第 186 页)

H. 尼古拉耶夫(1935，第 133 页)也认为可以“用风带来碎屑物质”解释瑟尔特粘土的形成，但是尽管经过长期的议论，这位作者仍未能提出一个论据来证明这一观点(米尔钦克，1935，第 27 页；米尔钦克对上述关于瑟尔特粘土风成的观点持怀疑的态度)。尼古拉耶夫在其文章的第 137 页上说道：“大部分黄棕色(瑟尔特——Л. 贝尔格)粘土是残积的、再次改造的产物”(改造什么?)。可是，在隔几行的前面却说道：作者认为，“在伏尔加河流域坡积物的堆积中，风力因素也起有作用。”

湖状水域的沉积物；后来，在以前的干燥时期，这种沉积物经风化作用改造为黄土状岩石——瑟尔特粘土。

克拉西克

在昆古尔岛状森林草原上广泛分布着棕色亚粘土或亚砂土，它们常常含有少量的小卵石。这种亚粘土，当地叫克拉西克(красик)，厚1.5—8米。克拉西克与瑟尔特粘土相似。看来，起初克拉西克曾富含碳酸盐，这不能不促进在其上面发育黑钙土类土壤。根据Л. И. 普拉索洛夫和A. A. 罗杰(1934，第8—9、56—57页)的看法，昆古尔[①]期沉积“是冰川流水或静水的沉积物”。

沃罗涅日的上覆岩石

瑟尔特粘土的另一种相似物是沃罗涅日州的地表岩石。K. 格林卡说道(1921，第44页)，这种岩石既不能叫做黄土，也不能叫做黄土状亚粘土，而更恰当的是将其归入黄土状粘土一类。有些地方，如整个顿河-沃罗涅日河及沃罗涅日河-乌斯曼河分水岭被上覆冰水沉积砂的棕色无漂砾粘土所覆盖。这种棕色无漂砾粘土“大概也是当时河流的河床容纳不下而在分水岭上大面积泛滥的冰川水流的沉积物。有些地方可以看到砂与其下伏的粘土之间极渐进的过渡情况”(格林卡，1921，第19页)。有时，无漂砾粘土与漂砾粘土非常紧密地结合在一起，以致无法确定它们之间的界线。

下面，在叙述黄土的动物群时我们将会看到，在典型黄土层

① 地质学中也译为“空谷”。——校者

中，特别是在其下层，可以见到含淡水动物群的透镜体。同样，就是在与漂砾粘土交界的沃罗涅日无漂砾粘土中，也可见到小的沼泽化碟地沉积物和有埋藏沼泽土、淡水软体动物贝壳以及古泥炭的透镜体沉积物（格林卡，1921，第20页）。

格沃兹杰茨基（1937，第86、92页）与格林卡一样认为，沃罗涅日-坦博夫低地（其绝对高度为150—180米，高出沃罗涅日河和顿河河面70—100米）冰碛上面的黄土状亚粘土是由冰川融水搬运来的粉状和淤泥物质经过冲刷分选和沉积而成的。他还认为，沃罗涅日-坦博夫洼地上覆岩石之所以具有粘土性质，是由于砂质物质在更北的地方沉积之故。

红棕色粘土

在乌克兰南部（草原）及部分森林草原地方、克里木半岛、库班草原、伏尔加河中下游左岸地区的有些地方（萨瓦连斯基，1927）以及在中国北方和阿根廷，在黄土和黄土状岩石下面分布着红棕色粘土，这种粘土在某些方面与黄土相似：无层理，含碳酸盐，有钙质结核和常常含有石膏[①]。

一些作者（鲍里夏克，1905，第231—235页）倾向于认为红棕

① 关于这一点，指出如下情况是不无兴趣的。在乌克兰的黄土中，特别是在其西南部的黄土中，在1.5—16米深处往往发现有石膏。克罗科斯当时（1927，第253页）认为这是黄土风成的新证据：“自冰川下降的反气旋风吹过俄罗斯东部含石膏地区，卷起大量的石膏粉尘，然后沿顺时针方向转向西南方，仅仅占据了乌克兰东部和南部，在那里同黄土粉尘一起沉降下石膏。”显然，按此类推，就应认为，在红棕色粘土沉积时期也存在上述反气旋风。应当有一种地质上恒定的气旋！在上述所有情况下，石膏与碳酸盐一样，是在原地由于风化、潜水毛细管上升和土壤形成等作用形成的。

色粘土与顿涅茨岭和其他丘陵的粉尘来源一样，是风成的。

无论米乌斯溺谷的红棕色粘土（H. A. 索科洛夫，1905），还是波尔塔瓦州（阿加福诺夫，1894，第 182 页；扎莫里伊，1935，第 87 页）和扎波罗热区（Д. B. 索科洛夫，1929，第 188 页）的红棕色粘土，都是毫无觉察地转变为黄土和黄土状亚粘土的。

关于乌克兰红棕色粘土的成因，H. A. 索科洛夫（1905，第 25 页；1896，第 39 页）的看法是：

“在岩石成分和年龄上极不相同的岩石，长期受大气作用，并在草原地区特有动植物的影响下，最终变成了类似红棕色粘土的岩石。”H. A. 索科洛夫认为，红棕色粘土可在萨尔玛特期和蓬蒂期泥灰岩和石灰岩以及花岗岩和片麻岩受到风化作用的情况下形成。有些地方，如在塔甘罗格附近（1905，第 27 页）的红棕色粘土下层，可以见到淡水软体动物的贝壳；索科洛夫说道，在这种情况下，我们看到的是在土壤残积作用影响下受到改造并具有地表沉积物的全部特点的淡水沉积物。

纳博基赫（1915）也认为敖德萨的红棕色粘土是蓬蒂灰岩风化的产物。克罗科斯（1927，第 283 页）也赞同这种意见：敖德萨、赫尔松、伊久姆、哈尔科夫及乌克兰其他的红棕色粘土（在高原上厚 4—11 米）是“早第三纪花岗岩及晚第三纪蓬蒂期和库亚利尼茨期沉积物风化的产物”。Ф. П. 萨瓦连斯基（1932，第 173 页）认为第聂伯罗斯特罗伊区的红棕色粘土也具有这样的成因，即是当地基岩（其中包括花岗岩和高岭土）风化的产物。

Д. B. 索科洛夫通过在扎波罗热区各分水岭上专门打的一系列钻孔发现：“黄土状岩石向红棕色粘土转变完全是渐进的，同时，尽管观察了实际的样品，也不能肯定地说出黄土状亚粘土至何处为止，红棕色粘土自何处开始——它们的界线是太难确定了。”这些粘土只有在分水岭地区才呈原生状态发育，而有时则处于次生状态（以坡积形式出现）。Н. И. 德米特里耶夫（1930，第 31 页）认为红棕色粘土是残积和坡积成因的。扎莫里伊（1935，第 88 页）对沃尔斯克拉河流域持有索科洛夫和克罗科斯的观点。

看来，红棕色粘土的风化作用是在比现在乌克兰的气候更温暖和更湿润的气候条件下发生的（这就是这种岩石呈红色的原因）；这不同于黄土，它是在较干燥的条件下形成的。根据克罗科斯的意见，红棕色粘土是“古钙红土”[①]（terra rossa）。

苏联欧洲领域南部的红棕色粘土的年代，现在一般倾向于认为是晚上新世。

安特生（1923，第 104—114 页）认为，广泛分布于中国北方和蒙古东南部的红土[②]属于早上新世（蓬蒂期）。的确，这些粘土中含有三趾马（Hipparion）、犀牛及长颈鹿等动物化石。不过，现已查明，部分中国红土的年代较晚，如张家口的红土属于晚上新世，甚或属于第四纪（巴尔博，1929，第 64 页；也可参阅：巴尔博，1930，第 471 页）。德日进（1930，第 609 页）把厚 150—200 米的中国红土上层划为“浅红色粘土”（terres rougeâtres）层，认为它们属于上新世或早第四纪时期。无论安特生还是巴尔博都把中国的红土看做残积物。

我们之所以花很多时间来谈红棕色粘土，是特意为了介绍黄

① 或译为“红色石灰土”、“石灰质红土”。——校者

② 即“红（色）粘土”。——校者

土风成说拥护者(H. A. 索科洛夫、纳博基赫、克罗科斯、德米特里耶夫)对红棕色粘土这种无层理岩石的成因的看法。我们已经看到,他们认为红棕色粘土是风化作用的产物,尽管这种粘土的厚度很大——达到 11.3 米(根据克罗科斯)甚至达到 16.9 米(根据扎莫里伊,1935,第 87 页:沃尔斯克拉河流域),而在第聂伯罗斯特罗伊区的有些地方则"达到 20 米和 20 米以上"(萨瓦连斯基,1932,第 172 页)。

黄土与黄土状岩石之间有无成因上的差别?

B. A. 奥布鲁切夫(1929,第 134 页;1932,第 291、329 页)承认黄土状岩石是通过成土作用形成的,但他不承认黄土也具有这样的生成方式。他用表格的形式来说明黄土与黄土状岩石或次生黄土之间的差异(见下面)。由于即使在技术文献中人们也认为这些差异具有意义(例如参阅:托卡里,1935,第 15 页),所以应当更详细地谈谈。本章的叙述表明,没有,也不可能有区别黄土与黄土状岩石的任何客观标准,黄土是毫无觉察地转变成黄土状岩石的。现将我们的看法与 B. A. 奥布鲁切夫的每一点看法一同列举如下:

物质　"黄土　风成的,主要是外来的,即从外边带来的。——黄土状岩石　坡积、冲积、洪积及冰川的,常常是本地的。"

整个本章都是为了证明:根本不存在风成的,即风积的、外来的黄土。黄土也好,黄土状岩石也好,都是在原地形成的[①]。

① 但是,如果一般在自然界存在风成黄土,那么我们就找不到理由可以说明为什么不可能也有风成的黄土状岩石。

结构 “黄土 原生的无层理和通常完全无层理。——黄土状岩石 次生的无层理和通常是不完全无层理。”

所有冰水沉积黄土和冲积黄土的母岩最初都有层理。这种层理有时不明显,但常常在典型黄土中得到了保存。另一方面我们看到,黄土状亚粘土常常在外表上没有层理。

颗粒大小 “黄土 随着离吹扬区而渐小。——黄土状岩石。决定于原始物质的粗细。”

黄土和黄土状岩石的母岩的机械组成都相同:离生成这种母质的地方(如冰川地区、河流、山地等)越远,其机械组成越细。

动物群 “黄土 陆栖动物,偶尔混杂有水生动物或水域附近的沿岸动物。——黄土状岩石。 陆栖动物、水生动物及沿岸动物,或混合动物群。”

在关于黄土动物群一节中将详细说明:黄土和黄土状岩石在动物群方面没有任何差别。

厚度 “黄土 厚度大,可达 400 米,但经常为 10－70 米。——黄土状岩石 厚度不大,除少数例外,一般为 2—3 米。”

下面将说明,没有 400 米厚的黄土。在中亚细亚和在西伯利亚的一些地方,黄土状亚粘土的一般厚度和中国的典型黄土完全相同。

一般性质 “黄土 不管地形如何,在大面积上是均一的。——黄土状岩石。 各不相同,随地形变化而剧变。”

这种差异事实上并不存在。

产状条件 “黄土 在分水岭上、坡地上、谷底和平原上。——黄土状岩石 仅仅在可能被淹没的副分水岭上才有。”

在冰川附近地区，无论黄土的母岩和黄土状亚粘土的母岩都分布到从前淹没地区曾经达到的高度。一般来说，黄土和黄土状岩石在产状条件方面没有任何区别。这从1932年的第四纪沉积图上不难看出。

区域分布　“黄土　在现代和从前的荒漠以外的干草原上。——黄土状岩石　在荒漠中的某些地方，如绿洲、河岸、泉水周围。”

实际上，在有相应机械组成的岩石的情况下，在气候干燥或以前气候曾经干燥的各个地方，都会发育黄土或黄土状岩石。

地带性分布　“黄土　就吹扬地区来说，成地带性和有规律，而且取决于盛行风和地形。——黄土状岩石　成地带性，但仅仅取决于气候和被改造成黄土状岩石的细粒土的存在与否。”

黄土与黄土状岩石一样，在产状上既与现代风没有任何关系，也与史前风没有任何关系。在冰川地区，黄土状岩石和黄土的分布具有地带性(见第379—380页)，但与风向毫无关系；地带性决定于距离冰盖边缘的远近，而且与一个地方脱离冰盖后所经历的时间是一致的。

总之，黄土与黄土状岩石的相互转变是完全觉察不到的，同时它们生成的方式应该是相同的。如果像B. A. 奥布鲁切夫(1929，第133页)也认为的那样，“成土作用形成由各种细粒土组成的厚度不大的黄土状岩石”，那么黄土的成因也是如此，因为黄土状亚粘土与黄土之间在厚度方面是没有差别的。

*　　　*　　　*

我们在本节研讨了一系列岩石——黄土状亚粘土、覆盖亚粘土、覆盖粘土、瑟尔特粘土、红棕色粘土等，它们都不可能被认为是风成的。但另一方面，所有这些岩石又通过逐渐转变而与典型黄土相联系。在典型黄土与黄土状亚粘土(包括与之近似的岩石)之间没有任何根本上的差别，因为这些岩石彼此的转变是不明显的，谁要是赞同在干旱气候下冲积物能够变成黄土状亚粘土，那么他就必须承认典型黄土的形成方式也是同样的。

苏联黄土和黄土状岩石分布图

经过上面的叙述，再来介绍一下苏联广大地域黄土与黄土状岩石的分布图，将是极为有趣的。

在我1926年的一篇文章①中附了一张东欧黄土岩石分布图，在图上表示出了黄土、黄土状亚粘土、覆盖粘土②和瑟尔特粘土的分布。

在米尔钦克(1928)的著作中附有苏联欧洲部分第四纪地表沉积图，它是根据原著和丰富的知识编成的。该图作者是主张风成说的。然而，在由基辅以南向东至乌代河的第聂伯河左岸和在第聂伯河右岸部分地方的超河漫滩高阶地上，他表示的是“亚砂质黄土——在其沉积时冲积过程无疑起过很大作用”(第27页)。可是，在许多乌克兰地质学家的地图上，这个区域被认为是覆盖的典型“风成”黄土(见前面第353页)。在河间地区内与末次(“玉木”

① 该文曾以缩写形式转载于1927年出版的著作中。

② 根据该图图例说明，应为“覆盖亚粘土”。——校者

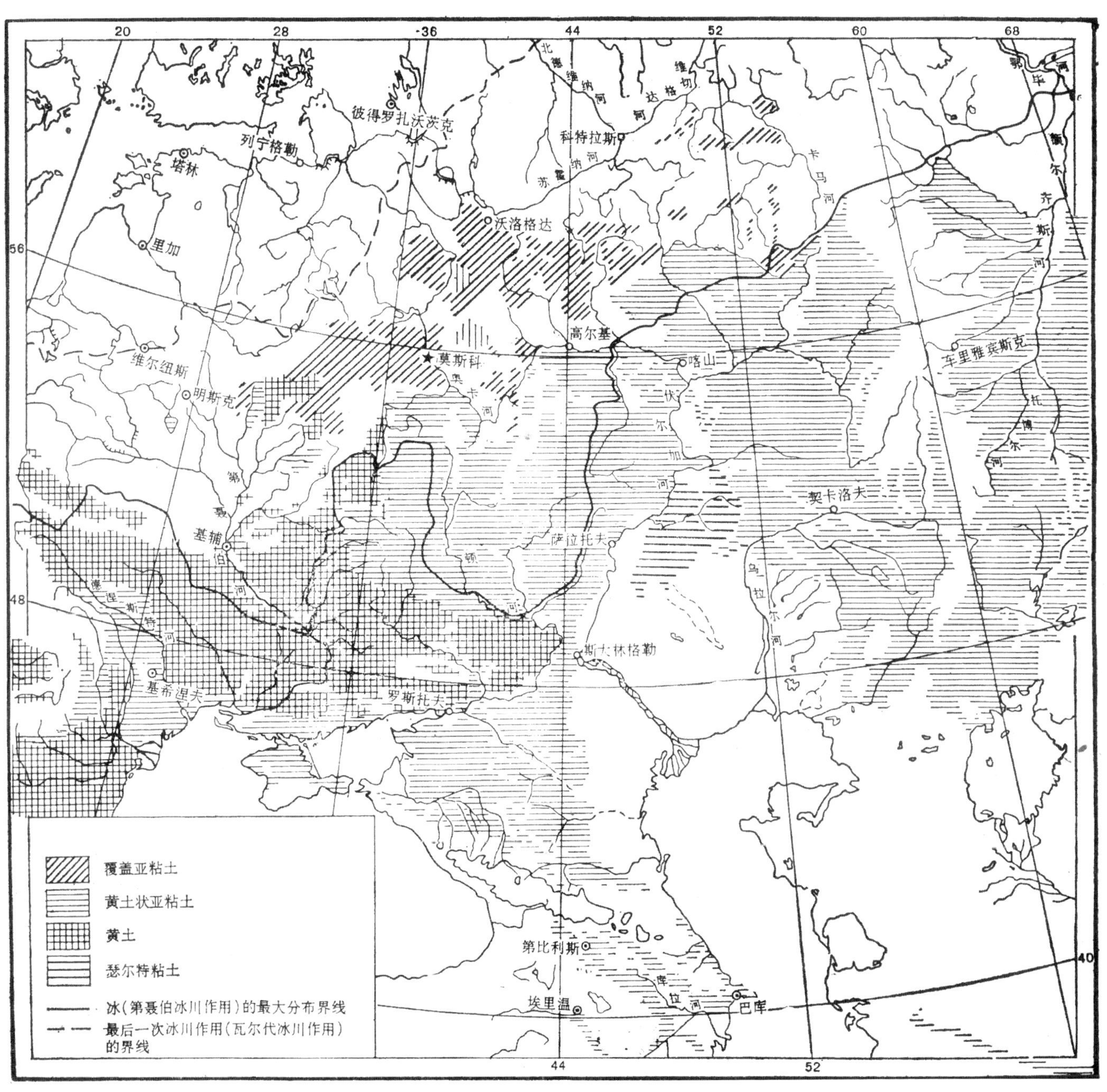

覆盖亚粘土
黄土状亚粘土
黄土
瑟尔特粘土
冰(第聂伯冰川作用)的最大分布界线
最后一次冰川作用(瓦尔代冰川作用)的界线
彼得罗扎沃茨克
列宁格勒
塔林
里加
维尔纽斯
明斯克
基辅
基希涅夫
罗斯托夫
莫斯科
沃洛格达
科特拉斯
高尔基
喀山
萨拉托夫
斯大林格勒
契卡洛夫
车里雅宾斯克
第比利斯
埃里温
巴库

或瓦尔代)冰川作用边缘直接毗连的地方,分布着黄土状亚粘土,它们"有时在机械组成上近似黄土"。米尔钦克认为这个薄的黄土状岩石覆盖层是冰水成因的(第 27 页)。在乌克兰东北部,以及在东至顿河和伏尔加河,而向北几乎到达奥卡河的地区,分布有各种各样的"覆盖粘土";根据米尔钦克的意见,这些"覆盖粘土"是通过坡积、残积和冰水沉积的方式形成的。关于梁赞与普龙斯克之间的奥卡河右岸地域和奥卡河与苏拉河河口之间的伏尔加河右岸地域的黄土状岩石的成因问题,现在还未得到解决。波多尔高地德涅斯特河流域的黄土状岩石被表示为残积-坡积形成物。

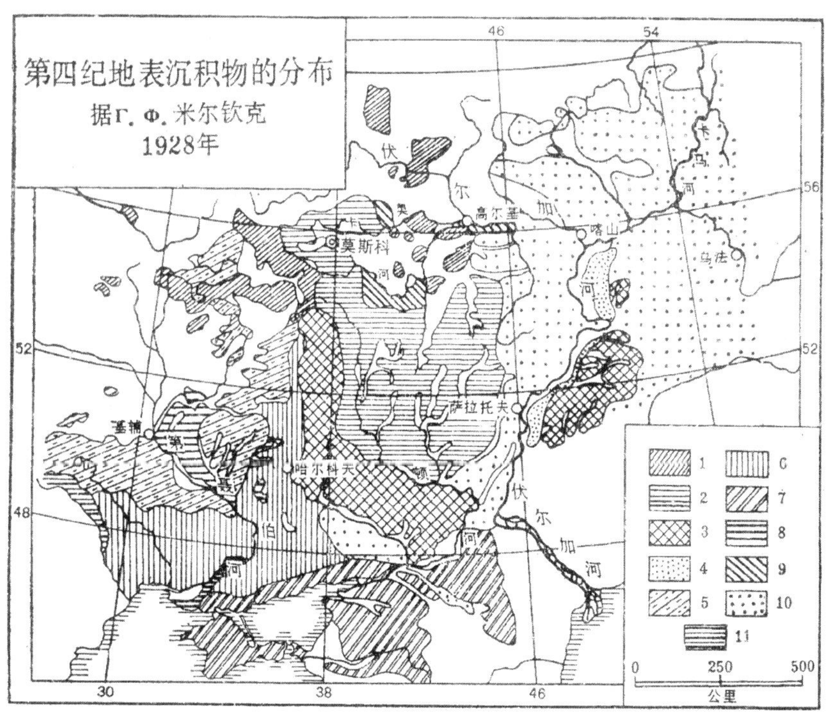

1. 冰碛上的覆盖黄土状亚粘土和格里亚佐韦茨区的黄土状亚粘土。

2. 冰碛上的覆盖粘土。

3. 基岩上的覆盖粘土及伏尔加河中下游左岸的瑟尔特粘土。

4. 瑟尔特轻粘土。

5. 亚粘质黄土和亚砂质黄土。

6. 粘黄土。

7. 黑海沿岸草原的黄土状粘土岩。

8. 滨河阶地的亚砂质黄土岩石和黄土状岩石。

9. 伏尔加河流域中部阶地状高原的黄土状岩石。

10. 基岩上的薄层坡积-残积亚粘土和粘土。

11. 波多尔高地的黄土状残积-坡积形成物。

由此可见,在该图上(图见第 411 页),只有乌克兰的部分地区、克里木草原及顿河-库班低地为典型即“风成”黄土所覆盖。但是,关于滨亚速海地域和库班河流域的粘黄土,米尔钦克则把“风力因素在那里究竟起了多大主导作用的问题留作悬案”。在库班河流域,很可能是坡积过程和洪积过程曾起了不小的作用,甚至还可能是很大的作用(第 28 页;也可参阅:米尔钦克,1928,第 136 页)。

这幅以渊博知识而又无偏见地编制的地图,对于传播关于黄土成因的正确观念起了很大作用,而且编这幅图的原则曾作为 1932 年出版的由 C. A. 雅科夫列夫主编的《第四纪岩石图》的基础。在 1932 年的地图上,典型黄土被列入未确定的形成物。它主要分布在乌克兰德涅斯特河与顿河之间的地域,其次分布在切尔尼科夫斯克州以及斯摩棱斯克、奥尔沙和姆斯季斯拉夫尔之间的地域。黄土状亚粘土被认为是冰水沉积、残积-坡积和冲积岩石。这幅图有力地促进了有关黄土成因观点的转变。

显然,既然没有根据认为黄土状亚粘土是风成的,那么正如我自 1916 年起就证明的那样,由黄土状亚粘土逐渐变成的黄土自然也不可能是风成沉积物。于是，自上述 1932 年的地图问世以来，在乌克兰地质学家中开始出现对从前牢固地支配人们思想的风成说的批判。

这幅图经 C. 雅科夫列夫(1938)作一定简化后，曾缩小复制。

在莫斯克维京根据文献资料论述西伯利亚黄土和黄土状沉积物的一篇文章(1940)中，附有一幅 1∶4 200 000 比例尺的地图。在该文第 3 页，我们读到：在西伯利亚的乌拉尔山附近地域，“大概在山前地带本身和在直到车里雅宾斯克城所在经线的涅乌斯特鲁耶夫磨蚀台地上，仅偶尔有黄土状岩石，它们是当地基岩受到破坏的残积-坡积产物”。莫斯克维京认为(1940，第 7 页)，维索茨基记述的西西伯利亚超河漫滩阶地的黄土状亚粘土，属冲积成因这一点是“十分显然的”。塔拉城的阶地黄土状亚粘土样品，“与超覆于乌克兰二级超河漫滩阶地上的黄土状冲积亚砂土”极为相似(第 11 页)。这位作者在结论中宣称(第 68 页)，西伯利亚黄土和黄土状岩石是风成的。

对土壤-残积说可能提出的反对意见

前面我们已经提到一些反对土壤-残积学说的意见。下面再列举一些看法。

黄土的厚度

认为黄土不可能由风化作用和成土作用形成的意见的又一借口是黄土层的厚度大。下面我们来分析一下这种意见究竟有多少根据。

中国 李希霍芬(1877,第59页)指出,中国黄土厚达450米,而塔费尔(1914)甚至认为有600米(科勒,1929,第22页)。B. A. 奥布鲁切夫(1895,第305页)说道:“在鄂尔多斯南面和东南面的高平塬梁上,黄土的最大厚度约为400—500米[①]。在该塬梁以南和以东,黄土厚度逐渐减小,而就山西、陕西、甘肃三省交界的其余地区来说,即使现在,黄土的厚度也未必会超过200—300米。”

南鄂尔多斯黄土厚度为400—500米这一数字无疑是过分夸大了。这一厚度不是根据直接观测得出,而是用间接的方法得出的。我们在B. A. 奥布鲁切夫(1900,第271页)的旅行报告中读到:“Чжан-ди-да[②]村位于1 240米绝对高度,即比山口(1 730米)几乎低500米,这向我们直接提供了该高原北部黄土层的厚度,因为在从山口到冲沟一小河底部的整个斜坡的所有露头上看到的只是黄土,而且仅在最下面的3—4米处才看到黄土层下面的基岩。”不过,毋庸置疑的是,这里我们谈的是坡地黄土,即坡积黄土。高度差500米不能证明黄土层也是这样厚。曾经到过陕西境内鄂尔多斯南缘的德日进和桑志华(1924,第74页)仅仅谈到黄土的厚度可能“超过100米”。德日进在后来的著作中(1930)注意到防止引起过分夸大黄土厚度的错误,指出山西和陕西的黄土厚度只有50—60米。同样,谢家荣(1933,第189页)在陕北也没有发现厚度超

① B. A. 奥布鲁切夫在1932年的文章中(第311页)也谈到同一地方黄土的这种厚度。这里的黄土分布在1 720—1 740米的绝对高度上,这是“均一的、典型的黄土”。

② 可大致音译为“张集察”。——校者

过 50 米的黄土层；谢家荣说道，如果说这里的黄土厚度很大，这或者是由于错误地把红色土（即浅红色粘土）也算在黄土层内，或者是由于因坡积作用（次生黄土）而难于确定黄土的真实厚度。

然而，即使 100 米厚的均一黄土层也是令人难于置信的，因为我们所知道的中国黄土的全部情况证明黄土层是非均一的（参阅：巴尔博，1930，第 460—463 页）。B. A. 奥布鲁切夫（1894，第 252 页）在描述甘肃东部和陕西北部的黄土时说道："黄土层无论在垂直方向上或在水平方向上都不是完全一样的。黄土下层往往呈浅灰-浅红色，比较致密，孔隙较少，含有大量泥灰质结核。在南部各高原上，红色黄土已占整个黄土层的 2/3—3/4，同时它在主要由黄棕色黄土，而不是由灰黄色黄土组成的上部的 1/3 或 1/4 层中形成单个夹层。"[1]因此，真正的黄土部分总共只有 70—100 米。后来的研究者提出的数字都介于 60—80 米之间。维里斯（1907，第 194、212 页）在其所经过的路线上（直隶、山西、陕西、华北平原）没有发现厚度超过 70 米的黄土[2]。

安特生（1923，第 123 页）证实，根据他的观测，山东、直隶、陕西及河南的典型黄土厚度均不超过 50—60 米。李希霍芬、奥布鲁切夫及维利斯把相当古老的沉积物，即埋藏有早上新世动物群（三趾马）等的红土[3]以及厚达 160—200 米的晚上新世或早更新世的"浅红色粘土"（德日进，1930，第 609）也包括在黄土系列中。

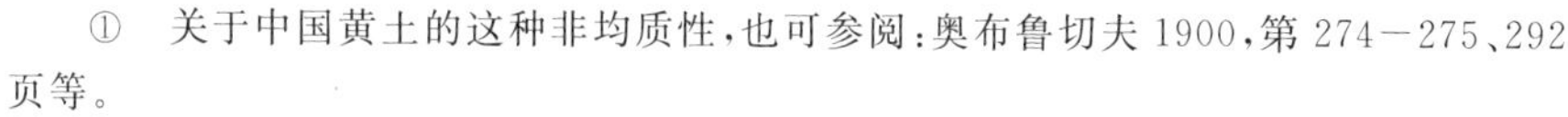

① 关于中国黄土的这种非均质性，也可参阅：奥布鲁切夫 1900，第 274—275、292 页等。

② 也可参阅：斯米特黑纳 1919，第 313 页。

③ 即"红（色）粘土"。——校者

现已完全查明，过去研究者记述的数百米厚的中国“黄土”地层，乃是年代不同的各个层的整个复合体。维里斯（1907，I，第183—196页）把这个岩系称为黄土或“黄土地”（根据黄土的中国名称）。根据巴尔博（1930）的看法，该地层至少由三层组成：

1）下层（“保德”层），厚约60米，为“红粘土”，早在下上新世时就开始沉积，其中含有三趾马动物化石。

2）中层（“三门”层）是含有大量珠蚌（Unionidae）贝壳的淡水沉积物（安特生，1923，第117页），即李希霍芬称为“湖成黄土”的物质；在上面，该层转变为厚度不大的多少比较典型的黄土；根据颜色，把这一层称为“红色土”（见上面），它们是在上新世与更新世交接时期沉积的。

最后，3）上层（“马兰”层），包括属于第四纪的典型黄土；厚度可达“200—300英尺”，但通常不超过30米（巴尔博，1935，第55页）；近海的黄土层变薄，并与砾石层互层，等等。

不过，对这种60—70米厚的上层，还没有人像研究乌克兰黄土那样详细研究过，而且毫无疑问，当进一步进行研究时，即使中国黄土的这一上层（“马兰”层）也会发现是由许多层组成的。可以指出，巴尔博（1935，第55页，图7）在山西省的黄土中观察到了达到10层的古土壤。现在一般认为三门层是淡水成因的（巴尔博，1930，第462、464页；德日进、杨钟健，1933，第231—232页）。我们相信，中国的地质学家经过详细研究后，一定会得出马兰层也是这样形成的结论。维里斯（1907，I，第185页）并非无根据地认为华北的黄土是黄河的冲积物。考察过陕北典型黄土的德日进和桑志华（1924，第75页）只是把典型黄土假定地看做风成沉积物。联系刚刚谈的问题，我们可以指出德日进和杨钟健后来的一篇著作。德日进和杨钟健（1933，第231—232页）发现，在整个上新世时期中，即从蓬蒂期[①]到三门期（包括三门期在内），在山西东南部沉积下属于洪流和湖泊建造（torrential and lacustrine formation）的沉积物。这两位作者把这些沉积物自下而上分为三个类型：1）蓬蒂期红土，2）三门期红色垆坶（浅红色亚粘土），3）周口店期红色垆坶（浅红色亚粘土）。上面一层为4）黄土。周口店期亚粘土的埋藏条件和性质与黄土的情况非常相似（第234—235页）。这两位作者认为，1）—3）类亚粘土是水成沉积相；关于第4）类亚粘土的成因，他们没有发表意见。我们相信，只要对中国黄土进行详细研究，定会使我们认为该黄土属于这样的相，即经风化过程和成土过程改变的水成沉积物。

中亚细亚　在谈到苏联中亚细亚的黄土时，应当指出，在巴达姆河、布达贾尔河、阿雷西河及博罗尔代河沿岸，分布有厚50米和50米以上的黄土层（涅乌斯特鲁耶夫，1910，第19页）。该层的不均一性就是在阿雷西河下游也可以观察到：黄土由肉眼也可看到的不同机械成分的各个层组成。

塔什干附近的博兹苏灌溉渠切入厚达33—34米的黄土或黄土状亚粘土中。该黄土层又清楚地分为彼此在结构、机械组成、紧实度、颜色、水文特征方面不同的两层。厚18—22米的上层，“初看起来好像是一样的，但在仔细研究时，发现是由相互交替的厚不到2—3毫米的薄层状亚砂土夹层与厚达几十厘米的多孔隙、摸起

① 当地也称为“蓬蒂纪”。——校者

来很粗的亚粘土夹层所组成”(瓦维洛瓦,1933—1935,第102页)。

在奇尔奇克河流域,黄土层往往“被层理清楚、含云母、有砾石和小卵石透镜体、有时为重粘土质的粗砂夹层”所隔开(托尔斯季欣,1929,第258页);在胡姆桑附近(在乌加姆河上),黄土状形成物的总厚度达到5.5米,但分为三层(托尔斯季欣,1936,第55页),在奇尔奇克斯特罗伊区的奇尔奇克河沿岸,覆盖在五级阶地(通常认为河漫滩阶地是一级阶地)砾岩上的黄土厚达45—50米,而在该河下游黄土的厚度则超过60米(沃罗诺夫和德米特里耶夫,1940,第12、14页)。不过,这些黄土层还未经过详细研究。凡经过研究的塔什干附近黄土都是非均质的。奇尔奇克河流域的黄土层几乎到处都含有砾石和碎石夹层及透镜体;这些夹层和透镜体含有从河谷斜坡上冲下来的碎屑物质。这种情况使瓦西里科夫斯基和托尔斯季欣(1937,第39页)不得不承认,这里的黄土是坡积-洪积形成物(奇尔奇克河河谷底部的黄土是该河的冲积物)。安德鲁欣(1937,第11页)认为,塔什干区(奇尔奇克河)的阶地黄土是冲积形成物;根据他的看法,洪积作用、风力作用和冲积作用参与了这里分水岭黄土的沉积。

总之,随着对塔什干黄土的更充分的研究,地质学家们确信这种沉积物不是风成的。对塔什干附近地区黄土作过详细研究的沃罗诺夫于1938年写道(第5页):中亚细亚的黄土和黄土状岩石“在绝大多数情况下是在沉积时和在后来受到成土作用的细粒土物质的地表(风积、洪积、坡积及部分冲积)覆盖层的复杂组合”。我们看到,在这里风力因素的作用仍居首位。然而,同一位作者(沃罗诺夫和德米特里耶夫,1940,第14—15页)已经是在1940年又对同样的塔什干附近地区黄土断言，“在本区大部分地段黄土层的堆积中，风的作用与流水的作用相比简直是微不足道的。本区黄土是细粒土物质地表（坡积、洪积、部分风积）沉积的复杂组合，这种沉积物在黄土层的整个堆积期中，受到荒漠-草原的风化作用和成土作用的影响，这些作用最终形成黄土的独特结构特征”。“我们认为，就中亚细亚绝大部分地区来说，其中包括就塔什干区来说，风的作用在黄土堆积中完全是微不足道的”（第47页）。我们看到，风的作用在这里被认为是无足轻重的。如果把上述引文中的“部分风积”换成“冲积”，这段引文就十分确切地反映出我们关于塔什干黄土形成过程的看法了。

按照沃罗诺夫和德米特里耶夫（1940，第15页）的看法，作为形成塔什干黄土的母质的细粒土的主要部分是洪积成因的；在山地附近，即在山坡上和山麓附近，坡积过程过去和现在都起着主要作用。至于说到风的作用，这个因素仅在“该（塔什干）区北部和西南部的某些不大的高地上”才起作用。无论如何，“风的现代地质作用在本区完全是微不足道的；它仅限于从山坡上和从峭壁表面吹走细粒物质，把它们堆积在邻近地方”（第22页）。

根据Б. В.戈尔布诺夫（1942，第27、81页）的观点，札阿明区的黄土是水成的冲积-洪积物。它们没有明显层理，厚度达到10—12米。

西西伯利亚　根据丘梅什河河口以下的鄂毕河河谷左岸峭壁的情况判断，库伦达草原的黄土在捷列乌特村附近厚达90米（坦菲里耶夫，1902，第151页）。但是，库伦达草原黄土的一般厚度为20—25米，在个别情况下为30—40米（普拉沃斯拉夫列夫，1933，第 23 页）。正如 И. П. 格拉西莫夫和 К. К. 马尔科夫（1939，第 263－264 页）所指出，该地黄土往往与粘土层、砂层互层，而在南部还与小卵石层互层。此外，在库伦达草原的黄土或黄土状亚粘土中还夹有一些古土壤层；例如，在捷列乌特村附近，普拉沃斯拉夫列夫（1933，第 48 页）曾经观察到 5－6 层这样的古土壤层。

这里黄土的母岩肯定是冲积成因的。正如坦菲里耶夫（1902，第 152 页）指出的那样，这可以从下述情况中得到证明：黄土与河谷有关，有些地方黄土的层理十分明显，下层有含贝壳的砂夹层和透镜体，黄土与小卵石互层，有些地方还存在由豆粒到半个拳头大小的卵石（第 110 页）。根据坦菲里耶夫的意见（第 168 页），库伦达草原的黄土和黄土状岩石大多是"来自冰碛的泥质冲积物"。格拉西莫夫和马尔科夫（1939，第 264 页）对这些地方黄土岩石的成因正是这样描述的："这些沉积物是这样的冲积物复合体的典型河漫滩相之一，这种冲积物复合体是由古鄂毕河和古额尔齐斯河从阿尔泰山搬运来的物质在鄂毕河流域堆积而成的"，——特别是在冰期和冰融期。对此，还应加上鄂毕河流域即阿尔泰山山前沉陷区的造陆下沉（同上）。

比耶河下游及丘梅什河沿岸的黄土状亚粘土厚 40—60 米（波列诺夫，1915，第 531 页）。对这些岩石没有作进一步的描述，但它们无疑是冲积成因的，因为按波列诺夫（1915）的话来说，"在河岸露头中，这些岩石往往覆盖在古冲积层上，其下层表现出层理。有砾石夹层，并在岩石性质上逐步接近于下伏的冲积层。"

在库兹涅茨克盆地中，黄土状亚粘土既分布于河成阶地上，也分布于河间地。作者们认为这些亚粘土厚达 40—50 米(亚沃尔斯基和布托夫,1927,第 91 页)。阶地的亚粘土含有几层埋藏土壤。

南俄罗斯及乌克兰黄土　上面已经提到,南俄罗斯和乌克兰黄土被古土壤夹层分隔为几层;原生状态的(即不是在坡地上)黄土的总厚度平均为 5—10 米(一般不到 10 米),偶尔可以达到 20 米(克罗科斯,1922,第 45、50、53 页)或 20 米稍多一点。在沃尔斯克拉河沿岸的高原上,黄土岩系厚 22.1 米。它含有 3 层土壤层(见扎莫里伊,1935,第 63—64 页,该文对探井有详细描述)。在第聂伯罗彼得罗夫斯克附近地方戈里亚伊诺沃铁路站附近,黄土岩系的总厚度为 27 米。但是,该黄土层被 3 层古土壤层分为 4 层(克罗科斯,1932)。克罗科斯(1927)提出了乌克兰高原黄土各层的平均厚度及最大厚度:

第一(上)层	2—5 米	平均 3 米(第 182 页)
第二层	3.5—13 米	平均 5—8 米(第 188 页)
第三层	2.1—14.5 米	平均〔后面的数字是关于第聂伯罗彼得罗夫斯克的(第 194 页)〕
第四层	1.6—12.3 米	平均(第 199 页)

这里,母岩向黄土的转化随母岩各层沉积终止而逐渐进行的。

西欧北美　在西欧,黄土的一般厚度不超过 1—5 米(在西里西亚只有 1—2 米)。但值得注意的是,在许多大河沿岸黄土厚度增至 10 米,有些地方甚至偶尔增大到 30 米(如莱茵河上游谷地中的黄土就有这样厚;格拉曼,第 8 页,图 II)。

在密西西比河流域,黄土厚度一般不超过 3 米,有时达到 6—12 米。在孟菲斯附近的密西西比河沿岸,黄土厚度为 8.5 米,但在地表以下 5—6 米的深处是古土壤层，因此黄土上层的厚度总共约为 5 米（费洛罗夫，1927，第 8 页）。

西欧黄土和黄土状岩石的分布

关于黄土厚度的结论　总之，黄土各层的真实厚度并不像前面这些研究者想象的那么大。

我觉得没有理由可以说明：为什么上面所说的风化作用（第 311 页及以下各页）不能使几十米厚，甚或更厚的相应细粒土物质变为黄土。B. A. 奥布鲁切夫（1932，第 304、310 页）认为，“成土作用”只能使 2—3 米厚的母岩变为黄土，并由此得出结论说，我的理论解释不了较厚黄土地层存在的原因。然而，我一直在说，“黄土或黄土状岩石可以在原地由极为多种多样的岩石，在气候干燥的条件下，经

过风化作用和成土作用形成”(1916,第637—638页)[①]。

黄土吸收性复合体的盐基饱和度

根据A. H.索科洛夫斯基(1921,1943)的资料,他研究的波尔塔瓦黄土和乌克兰(敖德萨、克里沃罗格)及费尔干纳(安集延)黄土状岩石的吸收性复合体是没有为钙所饱和的,而黄土上发育的土壤(如波尔塔瓦黑钙土)的吸收性复合体则几乎是为钙所饱和的。索科洛夫斯基由此得出结论,土壤学说不能解释黄土的成因,因为在富含钙的岩石(而黄土正是这样的岩石)中,每一种土壤形成过程都应使吸收性复合体为钙所饱和。所以,黄土不可能是由水沉积的:黄土状岩石形成的条件“排除了它们形成时岩石中碳酸钙与吸收性胶体部分之间进行充分相互作用的可能性,而这只有在黄土形成时极少水分参加的情况下才可能发生”。因此,索科洛夫斯基是黄土风成说的拥护者:冲积说和残积说被排除在外,因为“大量的水会溶解碳酸盐中的钙:它足以使吸收性复合体饱和。”[②]黄土是“非碳酸盐岩屑和碳酸盐岩的机械混合物”。在乌克兰黄土中,“其碳酸盐部分

① B. A.奥布鲁切夫认为(1932,第285、233页),我在1929年谈到导致黄土形成的风化作用时,不知为什么改变了自己的观点;从前我似乎仅仅提出了成土作用因素,而1929年却提出了“土壤假说的新观点”,该观点认为“起主要作用的是深层风化作用”。B. A.奥布鲁切夫自己在乌克兰文本第262页〔但不是德文本第294页,在该页只有“Bodenbildung”(“成土作用”),而“风化作用”一语被省掉了〕上正确地表达了我的观点。该文本叙述的内容表明,我一直是把黄土看做风化作用和成土作用的产物。

② 索科洛夫斯基(1921,第194页)认为,也有这样的可能性:假定黄土是作为大湖盆的沉积物形成的,并具有钙饱和的吸收性复合体,那么“随着湖盆的干涸,在这一可逆反应中可能出现代换钙的另一相反的方向”。但是,索科洛夫斯基否定这后一假设,“因为根据我的资料(引证我1916年的著作)似乎‘只有在河谷范围内才能谈论冲积黄土’”。

与非碳酸盐部分起先是彼此独立存在的，后来才通过同时与极少量水作用的某种营力混合在一起”；这样的营力可能是风（风成），也可能是泥流（洪积成因）（1921，第194、212页）。然而，索科洛夫斯基的结论是建立在他所运用的不正确的研究方法之上的。

黄土的胶体部分含有下列矿物：蒙脱石$(Mg,Ca)O \cdot Al_2O_3 \cdot 4SiO_2 \cdot nH_2O$，贝得石$(Mg,Ca)O \cdot Al_2O_3 \cdot 3SiO_2 \cdot 4H_2O$，以及高岭石[①]。大家知道，胶体由蒙脱石组成的粘土和土壤具有很大的吸收容量[②]（谢德列茨基，1940，第88页）。就蒙脱石而言，100克物质的吸收容量约为100毫克当量（就贝得石而言约为51毫克当量，即同样具有很大的吸收容量）。通常，粘土（当然还有黄土）中蒙脱石含量越高，吸收容量就越大。至于非胶体部分（>0.001毫米），它几乎没有交换能力，因此在我们研究的问题中不予考虑。当黄土中存在大量钙和pH=7－8反应时，黄土吸收性复合体不可能不是钙和其他盐基饱和的。

的确，现在我们已清楚知道，与索科洛夫斯基的看法相反，黄土吸收性复合体完全是盐基饱和的。黄土的盐基饱和度为100%。在扎阿明区（山麓平原及土耳其斯坦山脉的山前地带）的黄土中，吸收性复合体完全是盐基饱和的：“吸收性钙和镁的总量为交换量的92%－98%，其余的2%－8%是钾和钠。”同时值得注

---

① 尤苏波娃，1941。也可参阅谢德列茨基关于切尔尼戈夫州土壤的资料（1939，第261页）和波诺马廖夫及谢德列茨基关于切尔尼戈夫州土壤的资料（1940，第304页）。同样，瑟尔特粘土的胶体也是有蒙脱石成分（谢德列茨基，1939，第258页）。

② 所谓吸收容量，格德罗伊茨（1933，第70页）是指土壤中所含能够进行交换，即能够从土壤中被代换的全部阳离子的总量。格德罗伊茨曾利用氯化铵来进行代换。

意的是，吸收性镁的数量很大，占交换量的37%—67%，通常**超过吸收性钙的数量**（戈尔布诺夫，1942，第50—51页）。黄土样品是从地表以下1.0—1.7米处采取的。这里的土壤未经灌溉，部分尚未开垦。对于塔什干区黄土，也得到了这样的资料：其吸收性复合体的98%—100%为钙、镁饱和，100%为盐基饱和（别谢金和苏奇科夫，1939，第215—216页）。

下面是摘引自列梅佐夫和谢尔巴书中（1938，第130页）（也可参阅：列梅佐夫，1938，第641页）关于灰钙土心土（C层）中交换性阳离子的组成及含量的一些资料：

交换性盐基（毫克当量/100克）						水悬浮液的pH值
深度（厘米）	腐殖质	$CaCO_3$	Ca+Mg	Na	共计	
			萨瓦伊	费尔干纳		
40—50	0.29	17.6	13.2	1.7	14.9	8.5
			古扎尔			
60—70	—	16.7	21.2	3.3	24.5	8.1
		帕赫塔-	阿拉尔	哈萨克斯坦		
40—50	—	22.0	13.1	2.9	16.0	8.5

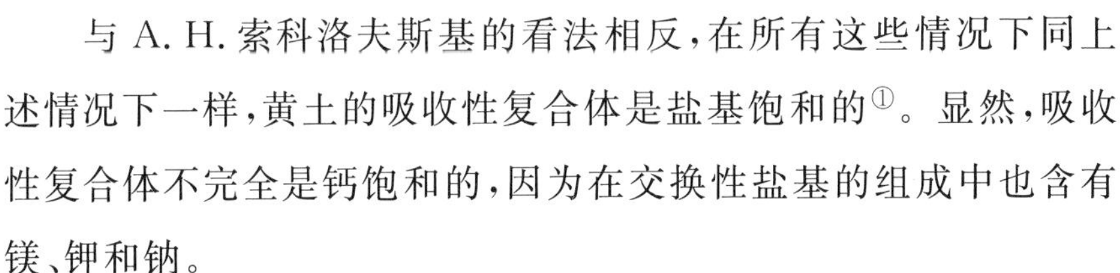

与A.H.索科洛夫斯基的看法相反，在所有这些情况下同上述情况下一样，黄土的吸收性复合体是盐基饱和的[①]。显然，吸收性复合体不完全是钙饱和的，因为在交换性盐基的组成中也含有镁、钾和钠。

H.П.列梅佐夫说道："由于碳酸钙含量高，在中性（pH=7）

① 也可参阅：沃洛诺夫，1938，第49页；沃罗诺夫和德米特里耶夫，1940，第59页。也请比较库德林和罗扎诺夫关于灰钙土的论述，1937，第748页。

反应和甚至弱碱性(pH=8)反应的情况下,盐基饱和度等于100%。”

下面是对 C. C. 涅乌斯特鲁耶夫采取的奇姆肯特黄土样品分析的结果。分析是 1941 年 1 月由 M. B. 库德利亚夫采娃在 Б. Б. 波雷诺夫教授的实验室中进行的(绝对干称样的%):

交换性盐基(毫克当量/100 克)

CO_2	$CaCO_3$	Ca	Mg	Na	共计
7.98	18.15	28.24	6.94	1.51	36.69
吸收容量的%				pH	
Ca	Mg	Na		盐的 pH	
76.97	18.91	4.12		7.2	

由此可见,这种黄土的吸收性复合体完全是盐基饱和的。

此外,必须指出已故 A. И. 拉比涅尔松(1941;安季波夫·卡拉塔耶夫,1941)使我注意到的下述情况。

根据 A. H. 索科洛夫斯基的意见,黄土吸收性复合体之所以似乎是盐基不饱和,是因为这种岩石不是由水中而是由空气中沉积下来的,也就是说,这种岩石最初是干的,而由于 corpora non agunt nisi soluta(如果不这样,本体就会分离),所以在干岩石中不可能发生交换反应。然而,著名胶体化学权威詹尼(1939)的最新研究表明,当微粒接触时,离子会从一微粒表面移到另一微粒表面,并在周围没有溶液的情况下直接参与交换反应。例如,曾经做过这样的实验:在铁饱和的膨润土①层上铺一层钠或钾或氢饱和的膨润土。一周后发现,铁离子普遍高出两个凝胶体界面约 5 毫

① 膨润土——基本上由蒙脱石和偶尔由贝得石组成的粘土;黄土中存在这两种矿物。膨润土在被水浸湿时可膨胀 10—15 倍,在继续加水时可形成稳定的胶体。

米。对照试验查明，在属于接触微粒的离子之间确实能够发生交换——在该过程中没有胶粒间的液体参加。现已证明，植物依靠自己的根能够不通过土壤溶液，直接从土壤固体相中以吸附方式吸收营养物质(这就是所谓的接触交换；拉特纳等，1946)。

总之，在黄土含大量碳酸盐的情况下，其吸收性复合体将是钙饱和的，即使像风成论假定的那样，黄土是粉尘在草原中堆积的产物，情况也是这样。

上面说的可以作为对 H. Я. 杰尼索夫(1944，第 16 页)认为似乎只有借助溶液钙才能对岩石起作用的看法的反驳。

我们的结论是：

1）黄土的吸收性复合体不可能不是盐基(主要是钙)饱和的。

2）黄土的吸收性复合体实际上是盐基饱和的。

3）不能由此情况而对黄土母岩形成方式作任何结论：在任何形成方式(水成方式或陆上生成方式)的情况下，标准(即非淋溶)黄土的吸收性复合体应该是盐基饱和的。

对风成说的反对意见

虽然黄土风成说在西方和美国还十分盛行，但我国的大部分研究人员并不遵循此说[①]。

下面我们将简要地叙述一下对风成说的反对意见。

---

① 因此，如果 Л. В. 普斯托瓦洛夫(1940，II，第 155 页)说“现在大多数研究者把黄土看做风成物”，那么这并不是指苏联的研究者。在苏联，从事第四纪沉积研究的大多数人，现在并未遵循风成说。不过，科学的问题不是由地质学家的多数来决定的。

黄土是否是现代形成物？

李希霍芬、维里斯(1907,第184—185、242页)及施米特黑纳1933)就中国黄土,索科洛夫(1896,第42页)就乌克兰黄土,图特科夫斯基(1899,第219、243页)就中亚细亚黄土,B. A. 奥布鲁切夫(1911;1932,第295、317页;1933,第133—134页;1940,第175页)就中国北方黄土、七河地[①]、准噶尔边缘地区、里海以东地区及外贝加尔的黄土,马哈切克(1912,第140页)就费尔干纳黄土,基伊兹(1932)就北美黄土——所有这些作者以及其他许多作者都认为,所有这些地方的黄土至今继续由粉尘形成。

中亚细亚 我们首先要指出,关于粉尘的巨大成土作用的见解是旅行家们通过考察中亚细亚(和中国)经过数千年农作的地方提出的。这里的土壤上层已耕得很疏松,以致微风都会使整个大气尘雾弥漫。众所周知,苏联中亚细亚黄土地区道路两旁该有多少粉尘堆啊！在费尔干纳,夏天很少能看到清澈的天空。

请看И. 穆什克托夫(1886,第531页)是怎样描述他行经贾姆附近沿途(从撒马尔罕到卡尔希的路途)的情况的。在这里的黄土地区,猛烈的东北风“令人实在无法忍受,因为它刮起满天的黄土尘云,使天空呈显出完全是黄土一样的灰黄色”。有时,旅行者还碰上黄土粉尘龙卷风。在贾姆,“黄土粉尘被迅速搬运和堆积在任何物体周围,其数量之大,可使有些地方在几小时内形成一个15

① 即杰特苏(Джетысу),苏联巴尔哈什湖、萨瑟科尔湖、阿拉湖、准噶尔阿拉套山、北部天山之间的地域,因该地域有伊犁河、卡拉塔尔河、阿克苏河等7条河流而得名。——校者

厘米高的土堆”(第 532 页)。称这种粉尘是黄土粉尘,并不是指它产生黄土,而是指它是由黄土形成的。

根据奥什附近特设的粉尘观测站观测,1913 年的整个夏季,只有一天没有粉尘(霾)。每天白天低谷的风把粉尘从西北方的绿洲搬运来;在太阳落山前霾达到最大浓度;而晚间它被从南边山地里吹来的风驱散。被风和对流气流带向空中的最细的粉尘至少可上升到 6 000 米的高空(涅乌斯特鲁耶娃,1914,第 171 页)。不过十分显然,这不是能够产生黄土的那种粉尘,因为它本身是因人类活动而由黄土产生的。涅乌斯特鲁耶娃的观测表明,在费尔干纳,我们遇到的是风从当地土壤上吹起的当地原有的粉尘:根据机械组成,这种粉尘的粘性往往比当地黄土大得多,其中直径小于0.01毫米的颗粒占 74%,但在当地黄土中这样的颗粒仅占 57%。

如果说费尔干纳黄土来源于粉尘,那么 1 米厚的黄土层就需要 100 万年才能形成(涅乌斯特鲁耶娃,第 173 页)[①]。就算在奥什观测站没有收集到全部粉尘和在自然界中粉尘堆积通常更快,并且假定堆积速度甚至要快 9 倍,即 10 万年堆积 1 米,那么我们仍然看到,形成厚 5—8 米的乌克兰黄土层需要 50—80 万年,这样长的时间间隔显然是说不通的。

涅乌斯特鲁耶夫(1910)曾经指出,在现代时期,在中亚西亚不

① 在匈牙利巴拉顿湖附近的粉尘观测站发现了数量大得多的粉尘。根据 1897—1898 两年的观测,这里一年下降 0.72 毫米厚的一层粉尘;同时,洛曲(1916)算出匈牙利 10 米厚的萨莫吉州黄土要 22 500 年的时间才能由粉尘形成。不过,这个数字完全是虚构的。匈牙利的粉尘同奥什粉尘观测站的情况一样,是人类活动的产物:周围地方已全被开垦。

再形成“风成”黄土。黄土上层变成了典型的正常的土壤——灰钙土，把灰钙土看作风成同把粟钙土带或黑钙土带的土壤看作风成一样是缺乏根据的。典型灰钙土在一系列其他的地带性土壤中占有完全确定的地理位置，它分布在碳酸盐灰棕色亚粘土或荒漠灰钙土亚地带以南。

乌克兰 在史前时期，当土耳其斯坦黄土地区尚未开垦时，这些地区覆盖有植被（固然是贫乏的），因此风大概不能从土壤上吹走多少细粒土。H. A. 索科洛夫斯基(1896)引用的贝奇欣(1892)关于土壤颗粒被吹走和带到亚速海沿海地区的极为有趣的研究，便是同受长期耕作影响的土壤有关的。毋庸赘言，在天然条件下，不可能发生任何这样的情况。贝奇欣（第378页）是这样说的：在机械组成方面近似于典型黄土的乌克兰土壤，在自然状态下具有粒状结构；由于耕作的影响，这种结构消失，土壤具有粉末状或尘状结构。“这种尘状结构的土壤最易受到吹蚀作用，同时由于土壤是在近二三十年间，因扩大种植谷类作物而具有这种结构的，所以最强烈的吹蚀无疑应当出现在这个时期。”①

有关黑海沿岸草原地区的“黑”风暴（即尘暴）的记述，说明了强风期间从耕地上吹走的粉尘量是多么大。1885—1986年冬，在亚速海沿岸地域爆发了最猛烈的黑风暴。“黑沉沉的尘土乌云布满了寒冷的天空，遮蔽了道路，使乡间交通阻塞，果园被掩埋（有些地方树木被掩埋3米高），乡间道路上土堤、土丘横亘，铁路沿线交

① 不过，应当指出，黑海沿岸草原的耕作业早在公元以前即很发达：大家知道，希罗多德就提到过西徐亚的农民。因此，乌克兰耕作土壤的吹蚀具有很长的历史。的确，南布格河河口奥利维亚的考古发掘资料表明，这里在1 200年的时间内，在废墟上形成了厚2.2—2.5米的风成堆积物(1913，第120页)。

通严重堵塞，有些地方甚至不得不使小火车站避开同雪混在一起的黑色粉尘堆。在别尔江斯克县，近1 600个农民宅院被土掩埋，而且有些乡村（如季阿诺夫卡）中的宅院主人，即使给他们帮助，他们也不愿去把宅院挖掘出来，而宁肯搬到新的地方去住。”（申贝格，1915，第103页；也可参阅：贝奇欣，1892）

李希霍芬下面这段话可能就是指这类风积物：“南俄罗斯黑钙土地区的土壤富含风积物，大概是毋庸置疑的。”

1892年4月和5月，尘暴在黑海沿岸草原造成了巨大的破坏。1891年秋、1892年冬、春，这里曾出现干旱，土壤上层变为粉尘，4月，当风暴袭来时，从田地上吹走大量细粒土。火车因粉尘掩埋铁路而停止运行。1.5米深的沟渠被填平。有些地方田野被吹刮得象打谷场一样平整，有些地方的黑钙土覆盖层厚达30厘米。吹蚀区四周形成宽广的尘雾带，这种尘雾一直伸展到丹麦和瑞典（申贝格，1915，第101—102页）。

1928年4月26—27日，在乌克兰草原上爆发了猛烈的黑风暴。某些地区土壤被吹失12厘米厚。自4月26日早晨起，细粉尘犹如浓雾滞留在尼古拉耶夫城上空；上午九时左右，天色变得如黄昏时刻一样昏暗，室内需要点灯。铁路的某些地段堆积起砂堆。在乌克兰、罗马尼亚和波兰境内，降落粉尘的总面积估计有60万平方公里，被搬运的沉积物为200万吨。喀尔巴阡山山外没有粉尘降落，然而因粉尘而空气混浊的现象一直波及波罗的海（斯托尔普[①]）及维尔纳[②]（沃兹涅先斯基，1930；斯坦兹，1931）。

---

① 波兰地名，即斯武普斯克（Sfupsk）。——校者

② 即维尔纽斯。——校者

巴什基里亚 在巴什基里亚的黑钙土区，土被的破坏在有些年份具有灾难性质(雅库博夫，1945，第 17 页)。例如，在 1940 年内这里就发生了 30 起尘暴，30 万公顷的庄稼遭到破坏，其中 6 万公顷被毁。有些地方土壤的整个耕作层被吹蚀，一些障碍物附近堆积起 2 米厚的风成粉尘。细的粉尘从吹蚀源地被刮出 120—150 公里远，有时成泥雨降落。一次风暴期间，风所吹走的细粒土平均每公顷达到 120—125 吨。如作者所指出，"过去长期不合理的土地利用"是土壤遭到破坏的原因。这里的尘暴主要由西南风引起，部分由西风和南风引起。这里的碳酸盐黑钙土一旦失去植被而裸露时，就极不稳定，极易被吹蚀。

美国 近年来尘暴成了民众的灾难。在干旱的 1935 年，尘暴特别严重。原因在于本世纪一十年代在大平原的砂质土壤上进行掠夺性的开垦和放牧。粉尘被从大盆地经落基山脉向东或从大平原向东搬运，有时达到大西洋。例如，1933 年 11 月 12—13 日，大片尘云随同气旋一起从太平洋扩展到费拉德尔菲亚和阿拉巴马。在 1934 年 5 月 9—11 日的尘暴期间，粉尘上升到波士顿上空的高度不低于 7 000 米。1935 年 2—5 月，再次爆发这种可怕的尘暴，当时白昼像黑夜一样昏暗，连正午时间都不得不使用人工照明；从亚利桑那州到新英格兰的整个地区粉尘弥漫(沃德和布鲁克斯，1936，第 129—130 页，其中还列有参考文献)。

上面引用的关于美国尘暴的资料是非常有益的。这些资料告诉我们：

a) 由于人类活动(滥垦)可能造成多么大量的粉尘；

b) 这种粉尘可上升至 7 000 米和更高的高空；

c）这种粉尘可到达大洋。

基伊兹(1932,第38页)的下述论断,只能说明他对土壤学的现状完全无知,似乎他在密苏里河沿岸观察到了“形成过程中”的黄土,从而“解决了黄土冰川成因说拥护者遇到的种种难题”:目前,粉尘被风从美国西南部的荒漠搬运至密苏里河流域,似乎在这里的草原区沉降下来,形成“所谓的平原石灰质亚粘土”。《大苏维埃世界地图集》(№40—42,1937)中的《土壤图》表明,美国西南部发育灰钙土和与之相似的土壤(部分为荒漠砂质土),而沿密苏里河则自东向西分布着黑钙土状土壤、黑钙土及粟钙土。认为密苏里河沿岸土壤与苏联的相应土壤一样是风成的看法,也是缺乏根据的①。

埃及的粉尘　根据1939—1940年间在埃及对尘暴所作的观测,可以判断荒漠中土壤上层疏松会产生什么样的影响。观测是在亚历山大城以西50公里的海岸附近进行的。通常这里一年有3—4次尘暴,但在1939—1940年(从10—11月)却发生了8次,1940—1941年40次,1941—1942年51次,1942—1943年20次,1943—1944年26次,1944—1945年4次。1940—1944年间尘暴次数骤增是由于战争所致:移居来的贝都因人把大片灌木林砍来

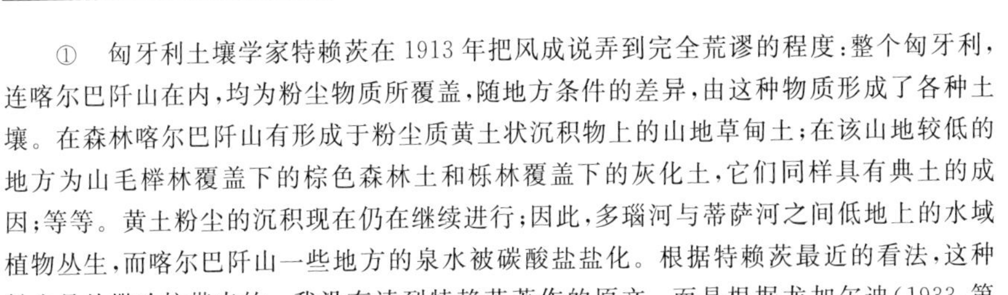

① 匈牙利土壤学家特赖茨在1913年把风成说弄到完全荒谬的程度:整个匈牙利,连喀尔巴阡山在内,均为粉尘物质所覆盖,随地方条件的差异,由这种物质形成了各种土壤。在森林喀尔巴阡山有形成于粉尘质黄土状沉积物上的山地草甸土;在该山地较低的地方为山毛榉林覆盖下的棕色森林土和栎林覆盖下的灰化土,它们同样具有典土的成因;等等。黄土粉尘的沉积现在仍在继续进行;因此,多瑙河与蒂萨河之间低地上的水域植物丛生,而喀尔巴阡山一些地方的泉水被碳酸盐盐化。根据特赖茨最近的看法,这种粉尘是从撒哈拉带来的。我没有读到特赖茨著作的原文,而是根据龙加尔迪(1933,第35—37页)的叙述来谈的;龙加尔迪本人虽然是竭诚的风成说拥护者,但仍然不得不承认特赖茨是“说得太过分了”。

作燃料，而战斗行动又促使土被进一步被粉碎(奥利弗，1945)。

中国的粉尘 根据 B. A. 奥布鲁切夫(1933，第 133－134 页——中译文，1958，第 96 页)[①]的意见，中国北方就是在现代也还在继续由亚洲中部的粉尘形成黄土，“在这种粉尘中还混和有由耕地、道路、冲沟及河谷悬崖上的黄土和河床中的冲积物风蚀而来的本地粉尘”；但这不仅仅是本地的粉尘，因为在中国北缘，“可以清楚地看到，粉尘是从亚洲中部的沙漠中带来的”。其次，B. A. 奥布鲁切夫指出，在陕西省西安府近郊典型黄土的数英尺深处，曾经发现了公元 781 年的景教石碑[②](也可参阅：1932，第 283、320 页)。

但是，大家知道，由于在适宜居住的地方，粉尘逐渐把以往的一切文化遗迹覆盖起来，考古学家们在各种气候条件下都必须在某一深处找寻他们的研究对象。例如，在罗马，我就亲眼看到，图拉真纪功柱[③]的基底比现在的广场表面低好几米。但不能由此得出结论说罗马现在还发生黄土沉积。

1927 年 3 月一个夜晚发生尘暴时，在北京降落的粉尘数量估计每平方公里有 43 吨多。从矿物组成和化学组成来看，这种粉尘与本地的典型黄土没有区别(巴尔博，1935，第 55、59 页)。可以肯定，这是从中国北方的田地上刮来的粉尘。[④]

风成说的拥护者施米特里纳(1933，第 211 页)注意到中国北

① 译文经过修订。——校者

② 即“大秦景教流行中国碑”。为唐代碑刻，德宗建中二年(公元 781 年)立。记唐太宗时景教(基督教聂斯脱利派)从大秦(即罗马帝国)传入中国，并在长安建寺和宣传教义的情况。于明天启五年(1625 年)出土。——校者

③ 图拉真(Marcus Ulpius Trajanus)为公元 98－117 年古罗马皇帝。——校者

④ 参阅：科勒，1929，第 30 页。

方未开垦的草地区域，冬天有大量粉尘，因而设想这是邻近低地上的田地受到吹蚀的产物。

中国北方的尘暴，多半发生在一年中的凉爽季节(11月至4月)，因为这时耕地已完全没有植被覆盖，天气干燥、凉爽，常刮北风和西北风。夏季，这里有季风雨，因此根本没有或很少有尘暴(参看科勒的尘暴月分布表：1929，第81页)。华南的天气条件不利于粉尘的大规模降落。

中国华北平原的森林在历史时期被砍伐殆尽(格雷纳特，1929，第84页；古尔维奇，1940)。无林化及对土壤上层的开垦在这里产生多大影响，可以邻近苏联的满洲[①]为例来加以判断。在吉林省的 Тунбинь 县[②](北纬 45°10′～45°50′)，那些建在森林已被砍伐和正在砍伐的坡地上的农户立即开始受到风的影响，特别是春风的影响，它刮走肥沃的黑钙土型土壤。"这些风仅仅给田地留下坚硬的沙粒，而把肥沃的土壤吹到斜坡下面。如果不采取措施，合理地保护土地，使之免受风的这种影响，那么农户们将不得不抛弃已耕种的土地而去新地方谋生"(巴甫洛夫，1928，第9页)。

这里我希望大家注意主管哈尔滨试验站的 А. Д. 沃耶伊科夫对满洲粉尘的有趣观测。这里的冬季十分寒冷，但天气晴朗，绝对湿度很低。耕地上"雪中的土块很快变干，并像粉尘一样被风沿着雪面四处吹散。冬季，从齐齐哈尔到奉天[③]可以看到许多完全被黑色粉尘带掩埋的雪堆。这些雪堆有时看起来似乎不是由雪堆

① 我国东北地区。——校者

② 根据读音可译为"东宾"县。——校者

③ 即今"沈阳"。——译者

成，而仅仅是由粉尘堆成的。继而，朝北京方向走，情况也是一样，但雪更少，同时粉尘不是黑的，而呈浅黄色”（沃耶伊科夫，1927）。众所周知，这里夏季有雨，空气非常湿润，因此耕地不可能受到吹蚀。从上述情况可以清楚地看到，满洲的粉尘不是由风对基岩和土壤的吹蚀产生的，而是人类活动的结果。

有趣的是，对中国黄土持风成观点的施米特黑纳（1933，第211页）认为，如果不耕作的话，那么风成黄土的堆积至今仍将继续进行。我认为耕作是“黄土粉沙”产生的根源，而按照施米特黑纳的看法反倒是耕作妨碍了风成黄土的堆积！

无论如何，那种认为中国北方黄土至今还能由风带来的粉尘形成的想法是不可能存在的。精通中国北部第四纪地质情况的专家德日进（1930，第612页）认为，中国北方黄土属于地质形成物，尽管是在比较不久以前才形成的。

结论 明显的粉尘沉积物和一般风成沉积物，在机械组成上通常与黄土迥然不同。这里，我们借用克尔布尔（1931，第88—89页）的一张表来说明这一点。

	<0.2	0.2—0.05	0.05—0.02	<0.02 毫米
克雷姆斯附近多瑙河阶地黄土	13	35	33	19%
同　上	7	30	31	32
布科维纳的尘暴沉降物	4	2	14	80
波兰的尘暴沉降物	1	3	44	52
撒哈拉的粉尘沉降物	19	78	1	2
匈牙利考洛乔的飞砂	32	56	3	9

这里，就机械组成来说，只有波兰的尘暴沉降物能与黄土相比拟。但是，在1928年4月26—27日尘暴期间，飘落在斯尼亚滕、科洛梅亚、米科拉尤夫及利沃夫的粉尘，大多是直径为0.003毫米的颗粒（沃兹涅先斯基，1930，第284页）。

因此，应当注意，在我们谈论"风成"土壤，以及完全或几乎完全由大气粉尘堆积的地质形成物时，我们往往是在假设中兜圈子，而不是经常去观测实际存在的现象。如果在苏联中亚细亚现在的自然条件下——在这里的低洼地区整个夏季滴雨不下，山麓附近又有风成说认为可使粉尘固定的草原；如果甚至在大气粉尘形成和聚积的一切条件看来都具备的地区，仍然不能形成"风成"黄土，那么就很难设想，究竟在什么条件下才能沉积这种黄土。

粉尘的归宿

人们常常问：荒漠中岩石风蚀的产物究竟被风搬运到哪里去了呢？难道这种物质不应该堆积在什么地方吗？

对此，我们的回答如下。

在干旱地区，粉尘被风沿土壤表面带走，直到降落入盐土、饱含水分的龟裂土、湖泊、小溪或河流之中，或最终降落入大海为止（如来自撒哈拉的粉尘大部分被刮入大西洋）。

这里，我们举两个例子来说明上面所谈的情况。下面就是目击者对3月底在伊朗的阿尔德斯坦（位于德黑兰东南南250公里的一个城市）看到的粉尘沉降过程和随后的搬运过程的描述：一个宁静晴朗的夜晚过后，"在每块小石头、每根麦秸和每棵小草的表面”，都发现沉积有“薄薄一层黄土粉尘；这种黄土粉尘完全像用手指研碎的黄土。太阳开始强烈照射，微风阵阵吹拂，于是沉降下来的粉尘复又升到空中”（马蒂森，1905，第 545 页）。卡利茨基（1914，第 15 页）对涅夫季山（在土库曼的巴拉-伊希姆站附近，该站位于砂质、碎石和盐土荒漠之中）附近的风暴作过如下描述：4 月 1(14)日清晨，风暴从东边袭来，风力大得难于顶风而行；所有的房屋都盖上了厚厚的一层沙。这场风暴过后，空中充满悬浮的粉尘，尽管第二、第三天风已停息，但整整两天既看不见大巴尔汉山脉，也看不到小巴尔汉山脉；但通常从涅夫季山看大巴尔汉山是非常清楚的。尽管粉尘如此之多，但大家知道，在大巴尔汉山和小巴尔汉山地区却没有黄土。

下面是风成说拥护者拉特延斯（1928，第 226 页）对的黎波里风的作用的描述：来自撒哈拉的炎热南风，即在埃及称为喀新风的风，带来大量粉尘和细砂；空气变得混浊不清，整个地方仿佛笼罩在烟雾之中。虽然这时粉尘和沙在这里沉降下来，但在紧接着的雨季它们被冲刷一尽，所以这里至今没有形成黄土①。

当然，我们并不想说粉尘对土壤形成没有起任何作用。毫无疑义，粉尘参加了从荒漠到冻原②的所有地带的土体的形成，只是它在一些地带所占的比例大些，在另一些地带所占的比例小些。

① 所谓的的黎波里黄土，乃是黄土状砂：它含有 90% 的直径在 0.1 毫米以上的颗粒。

② 西伯利亚没有植被的裸露冻原，有时在干旱情况下形成细而轻的粉尘。也可参阅弗里（1911，第 103 页）关于在北极地区的冰雪上发现矿物粉尘的论述。关于格陵兰现代冰水沉积物的吹蚀情况，可参看：霍布斯，1931，第 381－385 页；关于帕米尔（穆克苏河）现代冰水沉积物的吹蚀情况，可参看：波波夫 1936，第 41、42、45 页。

但是，通过这样的方式并未形成黄土。

一旦荒漠中罕见的雨水把粉尘带到地上，粉尘便作为土壤的组成部分参加土壤的组成，这种组成部分与土壤细粒土的“正常”成分没有区别，但与黄土没有任何共同之处[①]，这从下面的例子中便可清楚地看到。

在中撒哈拉南部（如阿哈加尔高原及更南边，北纬 21°—22°附近），以及在苏丹，许道（1909，第 137 页）曾观测过这里常见的伴随下降浅黄色细粉尘的霾现象（雾）。每当开始下雨时，这种粉尘看得尤其清楚：每个雨点在蒸发后都留下尘土斑点。苏丹的土著居民最了解这种干雾：他们说，粉尘大降，丰收在望。然而，不管是在苏丹，还是在撒哈拉南部，都没有黄土。

总之，事实说明，即使在那些粉尘明显地参与了土壤形成过程的地方，即便条件很有利，也仍然没有形成黄土。

一定部分的粉尘是从荒漠中吹来的，而且有时自然是沉降在半荒漠和草原上[②]，然而，正如我们在上面指出的那样，现在在任何地方也没有堆积风成黄土。

大部分粉尘被气团带到 7 000 米和更高的高层大气中（见前面第 421 页），作长距离飘移，最后掉入海洋。撒哈拉的粉尘可以达到斯堪的纳维亚半岛（参看：贝尔格 1938，第 244 页）。

总之，我们不认为存在全部或几乎全部由大气粉尘组成的土

① 涅乌斯特鲁耶夫也指出了这一点：第 22 页。

② 有时则沉降到非常遥远的地方。大家知道，非洲的粉尘在 1901 年 3 月 10—13 日沉降到欧洲的许多地方，向北达到了德国汉堡、丹麦和苏联彼尔姆省，而在 1903 年 2 月 19—23 日则达到了英国和斯堪的纳维亚半岛南部。

壤，可能只有由于人类活动造成的特殊情况，或在一些地方如在冰岛观察到的特殊条件除外——在冰岛，被风四处吹扬的极轻质的火山(橙玄玻璃质)凝灰岩，以及火山灰，常常形成特殊的“黄土状”岩石“莫赫拉土”[①](索罗森，1905，第29页)。

就上述方面提出下列资料也不无兴趣。在苏联欧洲部分南部，曾经几次发现第四纪沉积中有火山灰(扎莫里依，1937)。在第聂伯罗彼特罗夫斯克附近的黄土层中也发现有火山灰(同上，第37页；括号里的字母[②]是这位作者提出的年代对比)：

(W?)0.00—9.00米　下部转变为浅黄色中粘质黄土状亚粘土的土壤。

(R—W)9.00—9.22米　成层的板状火山灰，呈淡白-浅黄色，遇盐酸无起泡反应，但形态特征与黄土状亚粘土相似，与下伏岩石和上覆岩石界限分明。这个层(22厘米)的40%由多孔火山玻璃的碎屑(火山灰)组成，其余60%是黄土岩系的矿物：石英、辉石、长石、石膏、粘土矿物等等。

(R—W)9.22—9.72米　微黄-浅黄色中粘质板状黄土状亚粘土。

(R)9.72—9.74米　火山灰夹层。

(R)9.74—16(17)米　层次不明显的微黄-浅黄色中粘质黄

---

① 这种mohella土一般与黄土很少有相似之处。它往往呈层状，有泥炭、小卵石、冰川沉积物、熔岩、浮石交互成层，并含有碎石。在任何情况下，mohella土都具其在植被影响下所特有的外貌：据记述，它含有植物的细根。有根据认为，这种岩石形成于以前比较干燥的时期。这里要指出，就是冰岛的飞砂也几乎完全是由火山凝灰岩破坏的产物和火山灰组成(索罗森，第27页)。

② W——玉木冰期，R——里斯冰期，R－W——里斯－玉木间冰期。——校者

土状亚粘土。

根据扎莫里的解释，火山灰是与黄土状亚粘土同时沉积的——“通过风成方式”。不过，产生黄土状亚粘土的“风成粉尘”要像火山灰那样大量降落，显然是不可想象的。我认为，R-W 和 W 岩层的沉积过程是这样的：当 9.00—9.22 米这一层的火山灰降落到水中，与当地的冲积物混合以后，该地变干，并受到风化作用；整个 52 厘米厚的岩体，其中也包括火山灰夹层，都获得了黄土状外貌。后来，又再次出现淹没和干涸的情况，从而形成上部 9 米厚的黄土状岩层。

作为黄土粉尘假定来源的砂

有人（奥布鲁切夫，1929，第 126 页）认为，刮大风时流沙中有大量粉尘上升到空中，这种粉尘可能产生黄土。但我认为（1911；也可参看《气候与生命》，1922，第 162—165 页、174—176 页），中亚细亚的流沙在大多数情况下是人类活动的结果，即人类毁灭沙地上的天然植被的结果。大量历史证据表明，现在为流沙占据的许多沙地过去都是固定的。在土库曼，沙的主要堆积类型有：丘状沙地、垅岗沙地及沙质平原；所有这些类型在自然状态下都是固定的（参看贝尔格，1929，第 55—56 页）。流沙（新月形沙丘）通常位于耕作区附近，如阿姆河沿岸的道路两旁、水井附近和牧场上等。如杜比扬斯基（1929，第 167 页）1925 年在卡拉库姆沙漠克尔基区观测到的那样，只要停止放牧牲畜，不再砍伐灌木为薪，经过五六年的时间，沙就会不再受到风蚀，停止移动，并长上植被。在宽广的穆尔加布河陆上三角洲，即该河流的三级超河漫滩阶地上，沙“已为植被所固定，仅在绿洲的边缘”，由于植被被人类及其畜群所毁灭沙才不太固定，在个别地段转变成流动的新月形沙丘（费奥多罗维奇和凯西，1934，第71页）。只有在沙刚刚形成的地方，才会发生沙被风蚀及由沙中带走粉尘的情况。然而，在卡拉库姆沙漠中，只有在阿姆河谷地才在自然条件下形成新的沙地。总之，在现在的自然条件下，是不会发生荒漠沙地的风蚀（哪怕是规模稍大的风蚀）现象的。沙中的粉尘是人为的流散沙地风蚀的产物。这是人类活动的结果①。

在埃及的荒漠中，尘暴比沙暴少。在战争时期，这里的沙暴次数大大增加。例如在亚历山大城以西50公里处，1—5月，沙暴的平均次数为：1935—1939年5次，1940年8次，而1941年已达32次。这是由于军事行动使沙地表面的覆盖层遭到破坏，以及灌木被采伐之故（海伍德，1942）。

马克耶夫（1933，第128页）曾经注意到这样一种情况：在中亚细亚，分布有黄土沉积物——它们在开垦时产生大量粉尘——的地区空气强烈粉尘化。据马克耶夫观察，无论在里海以东的卡拉库姆沙漠，还是在克孜勒沙漠（显然是固定的沙漠），“空中几乎都看不到粉尘”。

认为黄土风成的戈尔诺斯塔耶夫终究还是断言，巴尔哈什湖沿岸地域东南部的沙漠是“死的”，因为那里草木植被繁茂（1929，第65页）；只是由于人类活动，它们才发生移动（第19页）。

如果说图兰黄土是由荒漠中的粉尘吹积而成的，那么其机械组

① 砍伐砂质土壤上的森林和在这种用地上放牧牲畜，甚至在北方也会使沙受到吹蚀和转变为流沙，例如在维亚特卡河流域内，将近北纬59°的别洛霍卢尼茨基工厂附近便有这样的情况。

成，应该是随着从荒漠向山地移近而变得越来越细。事实上，所看到的情况恰恰相反，粗粒土的数量自山地向荒漠减少，从而表明科佩特山脉和天山山脉附近的黄土是山脉的衍生物。例如，科佩特山脉的山麓地带，主要由洪积物，即暴雨沉积物（砾石、砂-粘土岩和粘土岩）构成，通常具有黄土状外貌。这些沉积物缓慢地向北倾斜，成不大于3°—4°的倾角，它们是由水从科佩特山上搬运来的，因而没有任何理由可以认为它们是风成的。所有这一切都是构成科佩特山脉的岩石破坏的产物。在山麓附近分布着砾石，其中杂有大的漂砾，在离山5—6公里处漂砾变小，在靠近铁路线的地方，砾石渐渐被浅灰色强烈石灰质黄土状粘土所代替，这种粘土往往完全不含砾石，有时（不是经常）含有不大的小砾石透镜体或砂夹层。在有些情况下很难确定，"砂-粘土沉积物至何处止，典型黄土状粘土自何处始"（尼克希奇，1924，第10页）。从阿什哈巴德到阿尔奇曼一带可以观察到这类洪积物连续分布的地带。A. П. 巴甫洛夫（1903）早已指出，沿科佩特山山坡向下物质逐渐变细的情况。在塔什干区也看到同样的现象；这里，当我们从山上下到低地时，黄土层的结构也逐渐发生变化：随着离开山地，碎石和砾石夹层及透镜体的数量和厚度减小；同样，碎屑的体积变小，黄土层渐渐变得越来越均一（沃罗诺夫和特米德里耶夫，1940，第14页；托尔斯季欣，1936，第65页）①。这些资料否定了奥布鲁切夫（1932，第322页）关于科佩特山和天山山麓地带的黄土是由北风、东北风及西北风从"咸海-里海盆地"和乌

① 托尔斯季欣认为（1936），塔什干黄土物质的主要部分是由冰雪大量融化（特别是在冰期）引起的每年夏季的洪水带来的。关于伏罗诺夫的观点，我们在前面已经谈过。

斯秋尔特高原带来的假设。

况且，我们说过，在现代时期，黄土表面为灰钙土型土壤所覆盖。因此，大规模的黄土形成过程在中亚细亚已经结束[①]。

B. A. 奥布鲁切夫（1933，第 130 页）（中译本，1958，第 90 页——译者）在反驳我关于中亚细亚沙漠天然固定的看法时写道："在冰川期，当黄土沉积时并没有人，或者只有旧石器时代以狩猎为生的人们，绝不能认为他们能毁灭砂上的植物。"可是，又从哪里知道冰川时期沙漠受到风蚀呢？这仅仅是为了证明黄土风成说之真实性而设想出来的。B. A. 奥布鲁切夫在另一篇文章（1932，第 296 页）中说道，中国、喀什噶里亚[②]、土耳其斯坦和欧洲黄土的最主要部分在尚无农业耕作及粉尘人为来源的时候就已形成了。当时"主要是远处的、外来的、由风从荒漠中搬运来的粉尘"。可是，我所否定的正是这一点。为解释黄土层而需要的这种粉尘物质，是从来也不存在的。下面（第 454 页）将引用充分的论据来证明沿大陆冰盖边缘伸展的不是荒漠，而是冻原及森林冻原。

作为黄土粉尘假定来源的冰碛

根据图特科夫斯基（1899，第 284 页）的描述，在冰川后退时期应当发生冰碛物的风蚀。纳博基赫（1912，引文根据克罗科斯，1927，第 33 页）也指出，乌克兰的冰水沉积物不含碳酸盐，而冰碛和黄土含碳酸盐，并得出结论认为黄土主要是由冰碛风蚀而成的。

---

① 彭克（1938）也谈到现在无论在西欧和东欧都不可能形成黄土。

② 俄语为"Кашгария"，指我国西部的一个自然地理区，包括塔里木盆地及其周围天山和昆仑山的斜坡部分。——校者

然而，如许多作者（巴甫洛夫：《土壤学》，№1－2，1911，第 271 页；阿尔汉格尔斯基，1912，第 21 页；1913，第 24 页）所指出的那样，漂砾粘土和亚粘土就其致密性而言是很难产生粉尘的。

作为黄土粉尘假定来源的河流和冰水沉积物

许多作者提出了这样的假设，形成黄土的粉尘不是来源于受到破坏的致密岩石，而是来源于受到吹蚀的松散河流沉积物和冰水沉积物。早在 1884 年，彭克就首次指出了这样的形成方式，他倾向于认为多瑙河和莱茵河中游的黄土（彭克和布鲁克纳，1909，第 1160 页）及整个欧洲黄土（彭克，1938，第 91 页）都是这样生成的。尼基丁（1886，第 177、181－182 页）也曾尝试用河流沉积物的吹扬来解释乌克兰（和德国南部）黄土的来源。同样，根据塞格尔（1919，第 24 页）的看法，“（德国）黄土的分布、产状和岩石组成表明，黄土是冰期融解水沉积物经吹蚀而成的”。钱伯林和索尔兹伯里（1909，第 411 页）则认为，密西西比河和密苏里河沿岸的黄土是由河流沉积物受到风蚀而成的。

彭克指出，黄土与荒漠的关系尚未得到证实，他（1909，第 553－554 页）认为，黄河沿岸的黄土是“靠风对被吹扬的河流粘土沉积物的再沉积而成”。然而，通过这种方式沉积黄土的过程，现在甚至在荒漠中，如尼罗河沿岸，也是看不到的。

克罗科斯（1924）也认为乌克兰黄土的黄土粉尘来源于冰水沉积物[①]。据米尔钦克（1925，第 151、152 页）的研究，切尔尼哥夫州

① 但是，他在 1927 年的一篇文章（克罗科斯，1927，第 25 页）中承认冰碛也受到吹扬。

的黄土粉尘，是由堆积在分水岭上的覆盖砂和亚砂土的吹扬，以及由冰水砂的吹扬形成的；再往北，黄土粉尘是由终碛的覆盖砂和冰水平原的砂形成的。根据日尔蒙斯基(1925，第 342—343 页)的意见，斯摩棱斯克州的粉尘来自覆盖亚粘土的吹扬。马扎罗维奇(1940，第 47 页)认为，粉尘来源于“冰川作用初期由强大的水流冲积成的沙地”。

我曾经指出(1926，第 15 页)，如果接受关于黄土来源于冰水沉积物中吹扬的粉尘的假说，那么必须同时假定巨厚的冰水砂、亚砂土和亚粘土层曾受到风的吹扬，而且部分转变成流沙，部分被带往南方堆积成为黄土，部分(粘土颗粒)降落入海洋。但是，这种假设显然是难于置信的。冰水亚砂土和亚粘土同其他沉积物一样，也应该为植被所覆盖。在干燥的冰后期，只有不固定的沙地才会被风吹蚀。然而，必须有多少沙才能由它们的吹扬形成占 50 多万平方公里面积的南俄和乌克兰黄土呢？必须有 9 倍于上述面积的沙才行。我们可以原戈列茨克县(白俄罗斯)沙的分析为例：这种沙含 0.05—0.01(“粉尘”)直径的颗粒不到 7%，可是切尔尼戈夫黄土中这种大小的颗粒却有 50%—80%。

C.C.索博列夫(1937，第 581 页)作过如下的统计。乌克兰、沃罗涅日和库尔斯克的黄土面积总计约 575 000 平方公里。假定这些黄土是由冰水亚砂土吹扬而成的，那么为堆积上述面积的黄土表层，就得有比现代黄土分布面积大 3 倍的亚砂土被吹扬。“然而，苏联整个欧洲部分也没有这么多的亚砂土。”

其次，应当注意下述见解。我们已经指出过，乌克兰黄土就其化学组成来说与冰碛极为相似。因此，乌克兰黄土的成因一定与冰碛有关。十分显然，由冰水沉积物的吹扬不可能形成类似黄土的岩石，而同时砂应该留在原地，只有在化学组成上不同于冰水沉积岩石的一般物质的细粒土才能被吹扬。

其实，在我们看来，整个过程是清楚的：冰水沉积物——冰碛的产物——在原地受到风化作用和成土作用而转变为黄土。

作为黄土粉尘假定来源的碱土和脱碱土

A. H. 索科洛夫斯基在其 1943 年发表的两篇文章中提出一种假设：黄土粉尘的来源可能是碱土和脱碱土。未必可以赞同这种假说。前面已经指出，要靠从砂中吹扬的粉尘形成南俄罗斯和乌克兰黄土，是没有足够数量的砂质物质的。就碱土和脱碱土来说，更是如此。中亚细亚及中国的黄土层由什么碱土吹扬而成？这种碱土又应该有多少？

根据 A. H. 索科洛夫斯基（第 17 页）的意见，黄土状亚粘土是由黄土形成的：“黄土被水再冲刷，产生大量黄土状沉积物，其体积和厚度超过典型黄土许多倍。”

我们在前面已经指出，东欧的黄土状亚粘土是黄土的地带性相似物。不过，我们可以假设这些黄土状亚粘土象索科洛夫所认为的那样是由黄土生成的。如果注意到黄土状亚粘土向北一直分布到奥涅加河、北德维纳河和伯朝拉河流域，那自然就会问：碱土粉尘产生黄土，黄土又生成黄土状亚粘土，那大面积的碱土究竟在哪里呢？此外，还得有通过吹扬形成乌克兰黄土的碱土。

认为碱土和脱碱土能产生粉尘，这简直是不可想象的。众所周知，碱土，尤其是脱碱土，是很少受到吹蚀的土壤。

A. H. 索科洛夫斯基的假说是根本不可能得到支持的。

可疑的焚风

据图特科夫斯基(1899,第 284 页)描述,当冰川后退时,在冰川的边缘“不仅可能,而且完全不可避免地会出现冰川焚风对冰碛物的强烈吹扬。”在这个“吹扬地带”形成了许多新月形沙丘。在冰川边缘以南伸展着具有大陆性气候的草原,这里发生冰川焚风对细粒冰碛粉尘的吹扬,结果形成黄土的堆积(“吹积地带”)。图特科夫斯基认为,这种焚风是从冰盖上吹下来的,在冰盖上空等压线主要呈反气旋分布。焚风应该是从东北方和东方吹来的。

但是,毋庸置疑,焚风不可能从冰盖南缘吹下来。焚风常出现于山地。那里,当有穿过低地的低气压存在时,风从很大的高度吹下来,因此下降时被压缩的空气发生动力增温(每下降 100 米温度升高约 1°),变得很干燥(详见:贝尔格,1938,第 314—328 页)。东欧南部大陆冰盖的南端是不存在这种条件的:较高的山地(达 2 000米)位于遥远的北部,而在南部冰川则分布在平原或丘陵地区,并逐渐消失。诚然,根据阿尔汉格尔斯基的资料(1912,第 6 页),冰碛没有分布到伏尔加高地内最靠近伏尔加河的部分;这里,分水岭的绝对高度达到 275 米和更高。因此,焚风无处可以吹下[①]。可能发生的只有所谓的“来自自由大气的焚风”,这种焚风目前还不大为我们所注意。其次,如沃耶伊科夫指出的那样,在格

① 阿努钦也有这样的看法:1911,第 269 页。

陵兰西部和东部海岸，只有当气旋在格陵兰以西或以东通过时才会有焚风。可见，焚风并非常定风。

此外，现在普遍认为，同格陵兰现代冰盖上空没有稳定高气压一样，冰川时期的大陆冰盖上空也没有稳定高气压（例如可参看：彭克，1938，第 90 页；以及参看：格拉西莫夫和马尔科夫，1939，第 48 页）。

现在，在图兰存在大致符合图特科夫斯基的前提的条件：亚洲中部上空冬季有一个高压区。当气旋经过图兰时（而这往往正值冬季），便为焚风——从山上吹来的干而暖的东风——创造了有利的条件。例如，从奇尔奇克谷地或从费尔干纳盆地刮出的风便具有这种性质。其实，这种类型的天气几乎笼罩着整个图兰。“焚风使积雪迅速融化，气温显著升高，以致冬季有时在室外也可穿夏装”（施雷德尔，1924，第 42 页）。在塔什干区，由于焚风频繁，果树往往有朝下风方向倾斜的树冠。土壤因焚风而变得很干，当地居民不得不重新翻耕土地，播种庄稼；有时由于天气暖和，1 月份小麦就抽芽了。焚风有时一刮好几天。“有时，在晚秋和冬季，粉尘与雨雪（泥雨、黄雪）一起降落，或者下降干粉尘”（第 45 页）。这种粉尘显然是由于翻耕干涸土壤而人为地造成的（贝尔格）。虽然如此，现在在图兰仍然没有形成风成黄土。

总之，应该摒弃关于焚风（干热风）引起冰碛物吹扬的理论。

根据图特科夫斯基的意见，焚风应该来自东北方和东方。而且，在波列西耶“新月形沙丘”形成时和在黄土形成时期，风向与现在大致相同。下面将要叙述的两种看法，可以说明这一点。

黄土岩石的地理分布

如果我们看一下黄土岩石图，我们就会发现，黄土向北分布所到达的纬度在西部比东部要低得多。在德国，黄土和黄土状岩石的分布没有到达柏林所在的纬度，即北纬 52°30′；在诺夫哥罗德附近，我们在北纬 58°30′便可看到这些岩石（索科洛夫的报告）①；它们在维切格达河流域几乎分布到北纬 62°（伊斯丘尔，1909，第 22—23、25 页；1910，第 45—46 页；库尔巴托夫，1910，第 20—22、24 页）；在乌拉尔山以东的叶尼塞河流域分布到北纬 70°（施密特）。我们现在在东欧自西向东观察到的土壤地带向北分布的情况与此完全相同；如黑钙土向北伸展的程度在东部比在西部要远得多。在西部，7 月 20°等温线沿北纬 50°（日托米尔）延伸，在彼尔姆以南的卡马却几乎高达北纬 56°，而在雅库特则超过了北纬 60°。

值得注意的是，从垂直方向上看，黄土在东部也比在西部分布的位置高得多。在德国，黄土分布到 300 米高度，最高（但很少有）达到 400 米，而在喀尔巴阡山则达到 1 200 米，在天山高 3 000 米的地方（安集延地区）我们还可看到黄土。同样，就是现在，天山的垂直气候带、垂直土壤带和垂直植物带分布的位置也比喀尔巴阡山和阿尔卑斯山的有关带高得多；天山生长森林，有的地方在与阿尔卑斯山同一高度上，可以进行耕作，但在阿尔卑斯山却终年积雪（详见我的《气候学原理》，第八章，1938）。

---

① 在 1932 年的第四纪沉积图上，它们在西北部仅大致到达勒热夫所在纬度，即北纬 55°稍北。

由此可见，在黄土形成的冰期后干旱期，每个地带的总的气候型没有发生重大变化，只不过气候带向北移动了。因而，风的方向也与现在大致相同。

古大陆沙丘

图特科夫斯基（1909，第 265 页）断言，波列西耶的砂质的、现在常常是森林密布的丘陵是“古新月形沙丘”，是东风形成的冰后期古荒漠残丘：“我们的（波列西耶的——贝尔格）新月形沙丘有力地证明了它是由常定的、同时来自东方的风形成的。”该作者认为，根据波列西耶“新月形沙丘”的两角总是朝西的情况可以判断这一点；可见，在这些沙丘形成时期，盛行风是东风，而现在这里的盛行风是西风。这一点他在 1922 年的著作第 58 页中重述过。

毫无疑义，波列西耶沙丘形成于干燥的冰后期。构成它们的物质当然是沙质的冰水沉积物和河流沉积物。但是，图特科夫斯基[①]断言波列西耶沙丘是由东风形成的新月形沙丘，这就错了。现在可以认为已被证实，波列西耶沙丘首先绝不是新月形沙丘，而是沙丘（伦塞威兹，1922，第 50 页）；其次不是由东风形成的，而是由西风形成的。

沙丘和新月形沙丘有着根本的区别：两翼顺着风向伸展的典型半月状的新月形沙丘是比较少见的现象：它们主要（但不仅仅）见于荒漠中，并形成于完全没有植被的流沙区。新月形沙丘是初

① 在他之后还有 Д. 索博列夫，1925，第 72 页。

生的和不大稳定的砂质堆积物。即使在荒漠中，例如在中亚细亚的荒漠中，也很少见到典型的新月形沙丘：当单个新月形沙丘彼此连接在一起或当新月形沙丘上生长植被时，它通常不具有迎风面突出，背风面凹进的典型半月形状；这种固定的新月形沙丘特别有着伸长的或浑圆的丘陵形状。

沙丘与新月形沙丘不同，它形成于沙上多少覆盖有植被或各初生沙堆连接成与风向垂直的长链的地方。在这种情况下，沙丘两角的方向与风向相反，即沙丘的凹面迎风，凸面背风。沙丘的两角不像新月形沙丘那样短，而是伸长的，沙丘本身往往具有弧形、U 字形（抛物线形）或 V 字形的形态（关于这一点，例如可参阅：索尔格，1910，第 103—104、106—107 页；霍格博姆，1923）。

波列西耶、韦特卢加河一侧的伏尔加河流域、列宁格勒州西北部、匈牙利、德国、瑞典、丹麦等地的内陆砂质丘陵就是这种沙丘。它们的两角（两翼）总是朝向西方，所以是西风而不是东风形成的。

霍格博姆在指出新月形沙丘剖面与沙丘剖面间的根本区别时补充说道（1923，第 132 页）：“奇怪的是，图特科夫斯基、索尔格等人怎么可以把典型新月形沙丘与弧形沙丘无条件地看成是同一形态呢？”同样，研究白俄罗斯西部沙丘的伦采维奇也肯定地说，图特科夫斯基把波列西耶沙丘描述成新月型沙丘是弄错了。

关于德国的内陆（即非滨海）沙丘，索尔格（1905，1910，第 168—169 页）提出了一个假设，认为它是从前某个时候由东风吹积，而后又经现代的西南风改造而成的新月形沙丘，因此它们的西（内）坡平缓，东（外）坡陡峭，而两角则朝向西方。图特科夫斯基

(1909,第 219、265 页;1922,第 58 页)也说道,波列西耶“新月形沙丘”的两角朝西,因此它们是东风形成的,然而现在波列西耶主要吹微弱的西风。图特科夫斯基认为,“波列西耶新月形沙丘异常固定的向西性(即两角向西)是对前面所述的情况的最好证明。仔细分析波列西耶地区(3 俄里缩为 1 英寸的)军事地形图的任何地方,都证明向西性规律在任何情况下都是始终有效的;在实地检验时发现表面上违背这一规律的现象(极少),原来是由于新月形沙丘被剥蚀、破坏所致,或者是由于地图上地貌描绘得不够清楚所致。”

同时,波列西耶“新月形沙丘”地貌的这种恒定性和“向西性”十分清楚地证明,我们涉及的是西风形成的沙丘(贝尔格,1926,第 10 页)。

在我国的作者中,曾经考察过楚德湖与芬兰湾之间的古沙丘的马尔科夫(1928 年)也持这种意见;这些沙丘是由西、西北风形成的。

为了证实德国北部和白俄罗斯的内陆沙丘是由西风形成的,这里可以提出如下情况:能够给沙丘提供沙子的地域位于沙丘地区以西,同时与此相反,沙丘东与漂砾亚粘土分布地区相毗连,不能从那里得到沙子(下列作者都指出了这一点:凯尔赫克,1917,第 15 页;伦采维奇,1922,第 52 页;霍格博姆,1923,第 190 页,图 26)。

总之,在波列西耶沙丘形成期间,主要吹西风和西南风。可见,在图特科夫斯基所说的“吹蚀带”中是不存在任何焚风的。在“吹积带”以南的地方,更不可能有焚风。因此,这位作者所创立的。整个黄土成因反气旋焚风说都不能成立[①]。

后退冰川前方地域景观
(后退冰川以南)

根据图特科夫斯基(1899,第283页)的描述,冰川退缩后出露的冰碛应该是“完全的荒漠”。在干而热的风即焚风的影响下,漂砾破裂,受到风化,产生疏松物质。这种疏松物质受到风的吹扬,堆积成为黄土。同样,列兹尼琴科(1926,第53页)对第聂伯河上卡涅夫附近“冰后期和间冰期荒漠”的情况也作过不合实际的描写。

现在完全可以肯定,刚才所描绘的冰后期荒漠是完全不符合实际情况的。

阿尔马舍夫斯基(1903,第235页)早已正确地指出,欧洲在大的冰川退缩后不可能有任何荒漠,因为“德国北部和俄罗斯中部是被巨厚的冰后期水成沉积物所覆盖的”。但是,除我们刚才谈到的所谓的“新月形沙丘”外,图特科夫斯基也不能提出冰后期荒漠的任何证据[②]。图特科夫期基(1910,第11页)关于波列西耶的漂砾和卵石上有“最典型的荒漠漆”的叙述,列兹尼琴科

① 图特科夫斯基的立场的一个极大特点是,尽管人们向他提出了种种反驳,但他直到最近仍继续重复其错误的和在文献中已被驳倒的观点,甚至不认为有必要谈及自己的反对者的见解。他对批评的全部回答就是一句话:“一切事实都从各个不同方面很好地证实了我的理论”(1922,第12页)。其他的论据,他显然是提不出来的。值得注意的是,图特科夫斯基就是在其编写的教科书《普通自然地理学》(基辅,1927,第159—160页)中也继续重复从前关于波列西耶“新月形沙丘”的错误。

② 也可参看:利奇科夫,1928。

(1926,第 37 页)关于他在第聂伯河上卡涅夫区发现古“荒漠漆”的报道,以及 B. A. 奥布鲁切夫(1932,第 315 页)关于在乌克兰的蓬蒂灰岩上可以看到“荒漠漆”(克罗科斯)的引文——所有这些资料都是基于错误的理解:现在大家都清楚知道,“岩漆”不能作为确定从前的荒漠的指导性因素,因为它存在于各个极不相同的地带,从北极地域一直到潮湿亚热带和热带(参看:皮亚斯科夫斯基,1931;金兹布克,1936;穆尔扎耶夫,1938)。在伯朝拉河上伊日马河河口与乌斯季齐利马之间的河段地区,A. П. 巴甫洛夫(1911,第 270 页)曾经看到许多被漆皮和岩漆覆盖的石头,但是他说,没有任何根据可以认为那里从前曾是荒漠。维尔纳茨基(1934,第 71 页)(中译本,1962,第 70 页——译者)说道:“也如在热带地区的潮湿地方一样,在美国、印度和澳大利亚的河床中,常常也有一层新鲜的、在其形成过程中跟溶解于流水里的锰有关的薄膜覆盖在岩石的面上。”在第聂伯河上原先的急滩区及急滩以下地方,锰铁结皮直接分布在第聂伯河泛滥区的花岗岩、花岗片麻岩、辉长岩及其他岩石上(皮亚科夫斯基,1931,第 101 页)。据卡辛(1928,第 34 页)说,他在每天有大气降水的高山上曾多次看到类似荒漠漆和岩漆的现象。

同样地,“三棱石”也并非只是荒漠才有,它们也可能由冰的作用形成(特文霍费尔,1936,第 89 页)。

现在我们清楚地知道,冰川离开后的地方绝不是荒漠:冰川退缩后,冰川前方地域在北部立即为冻原植被和沼泽植被所覆盖,而在南部则为森林植被所覆盖。这可以根据下述情况来加以判断:在分水岭黄土上层的下面,直接在冰碛上,或者在覆盖于冰碛上的层状冰水沉积物或冲积物上，埋藏着古土壤层，其中常常可以辨认出沼泽土、半沼泽土、灰化土、脱碱土，而在南部则可辨认出黑钙土。

在切尔尼戈夫州，我曾不止一次看到冰碛上有被黄土层覆盖的埋藏灰化土。阿法纳西耶夫对姆格林和基辅附近地区以及白俄罗斯戈列茨克区的研究，也证实了这一点。其他作者对南俄罗斯和北乌克兰黄土区也记述了同样的情况（例如请参看：克罗科斯，1927，第 233 页）。

从我们的观点看，这种情况容易说明：在冰碛和覆盖于它上面的岩石沉积以后，便开始了成土时期，形成了现在在黄土下面所看到的古土壤。其次，在北部，由于新的冰川作用，在分水岭上沉积下细粒的冲积物，它们在后来干旱的间冰期转变成为黄土。

显然，在古沼泽土、灰化土和黑钙土形成时，无论在这里还是在更北的地方，都不可能有荒漠。当时主张风成说的克罗科斯（1924，第 23、28 页；1924a，第 12 页）和主张冲积说的阿法纳西耶夫（1924，第 151 页），两人在谈到这些事实时也指出，“自冰川退缩时起，冰碛层没有受到风的任何吹蚀”，在该条件下没有“风蚀的丝毫迹象”。

在斯摩棱斯克州的不同地方，曾发现直接位于漂砾粘土上的古泥炭层。泥炭层中发现有鹅耳枥和已绝灭的莼菜属的 Brasenia purpurea（别利斯克区）。K. 格林卡在原格扎茨克县和多罗戈布日县也发现过这样的泥炭层。在泥炭上面是厚达 4 米的沉积层，其下部由细粒砂质堆积物组成，上部由无漂砾黄土状亚粘土组成。关于黄土性亚粘土的成因，格林卡（1923，第 50 页）提出了这样的看法:“我们觉得,斯摩棱斯克省的冰碛粘土[①]上的植被可能当冰川还在附近时就出现了,而且后来当冰川向普斯科夫省境内退缩时仍继续发育。然后,长期滞留的冰川开始排出融化水,由这种水通过洪积方式沉积下黄土状岩石,更准确地说,可能是通过缓慢流动的这种水淹没大片地域而沉积下黄土状岩石。这种淹没是完全可能的,因为当地水流的河床尚未充分发育,不能容纳滞留冰川排出的全部融化水。”

在卡卢加州,冰川退缩后,土壤立即按灰化土型发育起来(伊林,1927)。

通过泥炭中的花粉分析而对冰后期植被历史进行的研究表明,苏联欧洲部分的中心地带,在冰川退缩后很快就开始出现大量桦和柳,而后在所谓的亚北极期,以云杉及桦占优势;在下一个时期,即北方期,桦、松等开始占显著优势(见奈施塔特文章中的详细叙述及文献资料,1940;请特别注意第26和52页的附表)。哪里也没有发现荒漠的痕迹。无论在俄国,还是在瑞典、西欧,都没有发现在冰川退缩后有任何迹象可以使我们认为冰川消失地区变成了风力作用区,而没有为冻原植被或森林植被所覆盖。在退缩的冰川前方分布着生长多瓣木、极地柳和类似植物的冻原,继而(往南)是桦木林地带。对北部沼泽的研究也说明了同样的情况。普希金城附近的托尔博洛夫沼泽的基部是由埋藏在冰碛上的层状粘土构成的。在属于冰后期最初期的粘土中,含有下列北极植物化石:矮北极桦(Betula nana)、多瓣木(Dryas octopetala)、网脉柳

① 俄文为“моренная глина”,或译为“冰碛土”、“漂砾粘土”。——校者

(Salix reticulata)以及大量苔藓植物(阿努夫里耶夫,1925,第27页。)总之,当这个地区从冰盖下露出不久,那里很快为冻原植被和沼泽植被所覆盖(就是现在,在该沼泽中仍生长有矮北极桦)。根据芬兰研究者的资料,在冰期结束前,芬兰南部冰盖边缘曾分布有森林:它是紧接冰川退缩后生长的。仅在科拉半岛及邻近地区才存在冰缘冻原(戈罗德科夫,1939,第50页)。

B. H. 苏卡乔夫(1938,第218—225)所写的列宁格勒州和沃洛格达州晚冰期和冰后期植被概述,也说明退缩冰川前方地域覆盖有典型的冻原植被〔多瓣木、极地柳、矮柳(S. herbacea)、网脉柳、北极柳、高山唐松草(Thalictrum alpinum)、西伯利亚海石竹(Armeria sibirica)、北极熊果(Arctostaphylos alpina)、矮北极桦等;藓类中的大皱蒴藓(Aulacomnium turgidum)〕。除了代表冻原植物群的标本外,还发现了松、云杉和桤木的花粉,证明在涅瓦区也生长过森林。的确,K. K. 马尔科夫(1931,第123页)在科尔皮诺城附近发现的植物化石表明,此地有过云杉以及矮柳和矮北极桦——离冰川边缘不超过50—80公里和不晚于冰川融化后140年[①]。在托季马城附近的有关沉积物中发现有冻原植被的化石。总之,芬兰湾沿海地区也好,托季马城附近也好,是不可能有荒漠的。

极为有趣的是B. H. 苏卡乔夫和多尔加娅(1937)及苏卡乔夫(1938,第226页)提供的关于库尔斯克州、基辅、利赫温、托博尔斯克以及克里沃舍伊诺的黄土和黄土状亚粘土中植物化石的资料。

① 也可参看:格拉西莫夫和马尔科夫,1939,第159页。

在沃尔斯克拉河基岩河岸上的黄土状亚粘土中，发现有松、云杉、桦、桤木、椴及柳的花粉，针叶树的木质部；睡莲的花粉，石松和蕨类的孢子。在基辅的上层黄土中发现有松、榛和桦。在利赫温的黄土状亚粘土中发现有云杉、松、柳、榛和桦。B. H. 苏卡乔夫（1938，第228页）说道，“我们看到，植物化石的组成是完全出乎意料的，从黄土风成说的观点来看是难于解释的。即使假定所有的孢子和花粉（它们一般是以针叶树种为主的温带森林所具有的）是风从外面带来的，而且没有证明森林是生长在黄土形成地方的，那仍然会产生一个问题：花粉从何处带来？须知，要是风主要是从冰川那里吹来，并使寒冷的荒漠受到吹蚀，那么黄土层中经常出现上述孢子和花粉的情况是完全不可理解的”。苏卡乔夫倾向于认为，黄土和黄土状岩石形成于“水域中，在紧靠这些水域的地方曾经生长杂有椴、蕨类和石松的针叶林”。

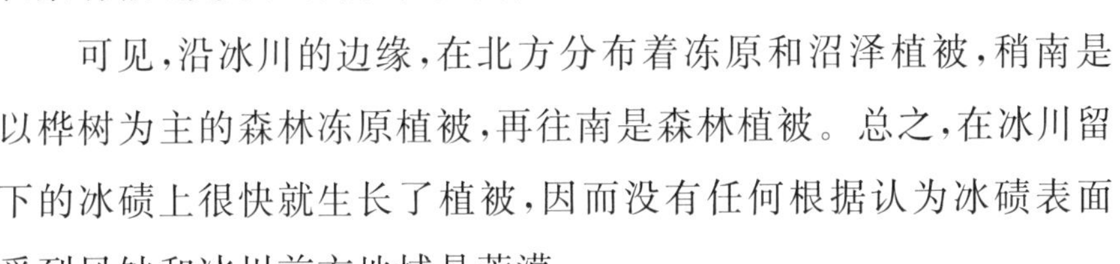

可见，沿冰川的边缘，在北方分布着冻原和沼泽植被，稍南是以桦树为主的森林冻原植被，再往南是森林植被。总之，在冰川留下的冰碛上很快就生长了植被，因而没有任何根据认为冰碛表面受到风蚀和冰川前方地域是荒漠。

前进冰川前方地域景观

上面讲的是冰川后退时的情况。那么冰盖向前推进时的情况又是怎样的呢？按图特科夫斯基（1899，第270、274页）的话说，当冰川推进和处于停滞状态时，由于“形成大量的冰川水域、冰川前方没有裸露的干的冰碛，以及在水域范围以外生长茂盛的植被”，风蚀的条件不良，从而也是风成粉尘堆积的条件不良。我们完全同意这种看法[①]。

B. A. 奥布鲁切夫(1929,1932)对冰川时期的情况作了另一番描述。按照他的观点,冰期的特点,不是像许多人所认为的那样气候湿润,而是气候干燥,至少冰期后半期是如此。风系是反气旋的。冰川越增长,气候就越干燥。从冰川南下的干而冷的风使当地变成荒漠。“广阔河间地区的干涸土壤,由于失去植被保护,受到风蚀,给尘暴提供了大量物质”(同前文,第 123 页)。风和尘暴从北方带来的这种粉尘沉积在风蚀区以南的草原中,并逐渐转变为黄土。同样,即使在冰川退缩的情况下,气候仍是长期干燥的,从冰川下露出的干的底碛也为风蚀提供了物质。只是在后来,当冰川大大向北退缩,气候变得比较湿润时,冰川前方的荒漠带才逐渐缩小,让位给冻原(奥布鲁切夫,1929)。

然而,对冰后期植被发育史的研究证明,在冰川时期,在冰川前方出现的不是荒漠,而是覆盖有植被的地域。

安特弗斯(1928;俄译本,1935,第 24—27 页)认为,冰川作用最盛时在欧洲中部形成了如下序列的地带:1)冰缘前方是长有多瓣木属、极地柳、矮北极桦等冻原植被的冻原带;这里没有乔木,或者乔木很少;2)往南是草原和森林草原地带;再往南为 3)森林地带。在冰川退缩后,紧接着发生上述地带的移动:冻原向冰川留下

① 因此,无论在冰川后退时期、前进时期和处于停滞状态的时期,都不可能发生冰碛的吹蚀。同时我们已经知道,焚风也绝不可能参加黄土的形成。因此,图特科夫斯基的理论完全不能成立:在黄土形成时,既没有焚风,也没有东风,同时也没有后退冰川留下的冰碛受到吹蚀的情况。这就是说,图特科夫斯基的整个焚风-风成假说都是完全站不住脚的。

的底碛推进，草原侵入冻原地带，而桦、山杨以及松又侵入草原地带。

根据Б. Н. 戈罗德科夫（1938，第306页）的意见，冰川作用最盛时期，冰川附近地区的景观可能与现代森林冻原相似：只有个别地方可能完全没有森林。"像现代冻原的南缘逐渐为森林地带所代替一样，在距离冰缘的一定地方，森林应当连成一片，形成森林地带"。戈罗德科夫对于近冰川地带内冻原与草原直接毗连这一点表示怀疑。沿冰盖的最边缘可能是狭长的冻原地带："在离冰川不远处发现有树木残体，证明冻原地带不宽，而且很快转变为森林冻原。"（戈罗德科夫，1939，第55页）

不管怎样，上述两位作者都同意前进冰川的南缘没有荒漠。

由此可见，无论是前进冰川的前方（前进冰川以南），还是后退冰川的前方（后退冰川以南）都没有，而且也不可能有荒漠。

В. А. 奥布鲁切夫（1929，1932）认为冰期寒冷而干燥，同时又认为间冰期温和而湿润。按照这种看法，乌克兰黄土的最上层是最后一次冰川作用时期堆积（风成）的，而黑钙土层则是在比较湿润的冰后期形成的。后来，"在乌克兰黄土上形成黑钙土的温暖湿润的冰后期，变成了现代较为干燥而又较为寒冷的时期"（1929，第124页，着重号是我加的——贝尔格）。后面这种看法不符合我们所知道的我国平原的冰后期气候史情况（见前面第二、四、五章；贝尔格，1938，第420—426页）。与先前时期相比，现代时期的特点是气候比以前较为干燥而温暖的气候时期（干热期、亚北方期）湿润而凉爽。在干热期，从梁赞到阿尔汉格尔斯克一带，泥炭沼泽干涸，生长大量桦和松，分布着栎林，湖泊水位降低，有些湖泊没有径流，变成了微咸湖[①]。而现代时期（亚大西洋期）则是比较湿润而又比较寒冷的时期：干涸的泥炭沼泽又蓄积起水，栎树被云杉排挤掉，欧菱（Trapa natans）绝灭，冻原向森林推进，森林向草原推进，湖泊水位升高，等等（也可参看：奈施塔特，1940）。B. A. 奥布鲁切夫（1932，第 316 页）援引了我所熟悉的加姆斯及诺德哈根的著作（1923），根据他们的看法，开始于中世纪的现代时期是比较干燥的。然而，加姆斯与诺德哈根的这种看法是错误的；它与全部有关文献的资料是矛盾的。我还要补充一点：皮多普利奇卡（1932，第 69 页）在研究哺乳类动物群的基础上得出结论认为，现代的乌克兰气候要比先前的时期湿润[②]。

黄土中缺乏腐殖质的现象

按照风成说的现代提法，黄土不是形成于风吹走黄土粉尘的荒漠中，而是形成于荒漠的边缘——草原，那里郁闭的草原植被有助于黄土粉尘的滞留[③]。因此，根据此种见解，整个黄土层都应经过黑钙土型，或至少是栗钙土型土壤阶段。可是，在这种情况下，黄土中应该存在有大量的腐殖质（贝尔格，1916，第 589 页；请比较韦尔费克，1924，第 17－18 页；萨维诺夫和弗兰采松，1930，第 56－

① 如乌拉尔的乌维利德湖；请参看：茹泽，1939，第 46、47 页。

② 至于说到 B. A. 奥布鲁切夫提出的亚洲中部变干的证据（1932，第 316 页），这个问题在前面第 101－123 页已作了详细的分析；在那些页中指出，根本谈不上中亚细亚和亚洲中部日益变干。

③ 图特科夫斯基，1899，第 288－289 页；万沙费，1909，第 237 页（在黄土沉积时期，草原上有由草原禾本科植物组成的茂盛植被）；奥布鲁切夫，1911，第 20 页（黄土沉积在荒漠、半荒漠和“荒漠－草原”范围之外）。

57 页,均有同样看法)。然而,标准黄土中腐殖质的含量通常以万分之几表示,很少以千分之几表示,而有时该含量则下降至零。

同时大家知道,在草原中,甚至在干草原中,进行着成土过程以及腐殖质的积累过程;粟钙土中含有 3%—5%的腐殖质,半荒漠土中甚至也含 1%—2%的腐殖质。例如,发育于黄土上的奇姆肯特灰钙土表层通常含腐殖质 1.5%—2%,有时甚至达到 3%和更多(涅乌斯特鲁耶夫,1910,第 203、205 页)。扎阿明区(乌兹别克斯坦[①])的灰钙土生草层的腐殖质含量是:位于绝对高度 330 米处的淡灰钙土为 2.3%,位于 700 米高度的典型灰钙土达 4%。分布得更高的暗灰钙土(1 250 米)和淋溶灰钙土(1 500—1 600 米)的腐殖质含量达到 5%—6%(戈尔布诺夫,1942,第 41 页)。

与 B. A. 奥布鲁切夫(1933,第 126 页;1932,第 301 页)的看法相反,土壤学不知道有这样的草原,那里发育有相当茂密的植被,但同时土壤中没有腐殖质。

涅乌斯特鲁耶夫(1925,第 55 页)说道,完全不可理解的是,“风成说者认为,对于固定降落到地表的粉尘,必须有相当茂密的植被,但为什么在具有这种植被的情况下不发生任何成土作用,尽管在这种条件下,在土壤-底土中必然会有植物所需要的大量水分。于是,不得不假定发生了粉尘的灾难性的快速堆积,使成土过程在植物的参加下也未曾改变粉尘沉降物的性质。”总之,我们不知道在温带气候下有这样的草原,那里能够沉积“黄土粉尘”,但同时却不发生成土作用和腐殖质的积累。单是这一点,就足以断定

① 即乌兹别克共和国。——校者

风成说的根据之不足了。

不错，图特科夫斯基（1899，第 246－247 页）曾经写道，“黄土中含有相当大量的有机质，它在有些地方使岩石下层甚至呈暗色”，同时腐殖质缺乏的“部分原因是由于受循环水（对它）的淋溶作用”[①]。黄土中确实有腐殖质层（埋藏土），但其范围极为有限，在这些腐殖质层以外，腐殖质含量是微不足道的。然而，埋藏腐殖质层的存在恰恰是对风成-草原假说的最好的反驳：既然黄土中的腐殖质层能够保存下来，而且有时腐殖质层还很厚，那么黄土中的腐殖质就没有“被循环水淋溶”（至少没有被全部淋溶[②]）；而哪里的黄土层中现在没有腐殖质，就表明那里过去未曾有过腐殖质。因而，就根本谈不上什么草原植被被粉尘掩埋等等。此外，有些地方〔如在蒂拉斯波尔区（参看：克罗科斯，1916）和其他许多地方（克罗科斯，1927，第 231－233 页）〕黄土腐殖质层具有明显的黑钙土性质；这里，过去在黄土上曾经生长过黑钙土植物群。可见，哪里的黄土上从前曾经是草原，那里甚至在最晚近的地表堆积物下面也会留下草原的痕迹。

最后，尽管现代的气候比黄土形成时期的气候湿润，但在黄土

① 根据 B. A. 奥布鲁切夫的意见（奥布鲁切夫，1932，第 269 页），在黄土中不可能积累腐殖质，因为风吹蚀植物的地上部分，从而植物不能形成腐殖质。很难认为在自然界可以观察到这样的情况。无论是在草原，还是在荒漠，都存在个别的、专门适应风的折断和滚动作用的植物，即所谓的锥花丝石竹（Gypsophila paniculata）（又称“满星”、“风卷球”、“风滚草”——校者）。但是整个植被都只是锥花丝石竹一种，那是任何地方也看不到的。

② 在黄土的埋藏腐殖质层中发生腐殖质的逐渐分解，这便是腐殖质层中腐殖质含量较少的原因（秋林和秋林娜，1940，第 20 页）。

最上部的腐殖质层，即现代腐殖质层中，腐殖质仍然得到聚积，而并未被淋溶（分解）。

由上述可见，风成黄土是不可能在草原中形成的。但是，风成说拥护者却认为无论在半荒漠中还是在荒漠中都不会有粉尘沉积，因为在他们看来，这里的粉尘正在被带走。在这种情况下，究竟在哪里能沉积风成黄土呢？

我们认为，刚才叙述的这些看法彻底驳倒了图特科夫斯基和B. A. 奥布鲁切夫（1911，1932，1933）所捍卫的那种提法的风成说。显然，如果黄土是通过粉尘堆积而成，那么这只能发生在荒漠中。因此，还可以用来试图捍卫风成说的唯一提法，就只有彭克所主张的提法，即黄土是靠河流沉积物或冰水沉积物的吹扬形成的了。同时，还应有一个条件：该过程是发生在比现在更干燥的时期的。对于风成说的这种提法的反驳，我们在前面第445页上已作了叙述[①]。

黄土中腐殖质层的特性

众所周知，黄土层中常常分布有一层或数层表现清楚的腐殖质层。不过，这些腐殖质层有时显露出流水作用的明显痕迹，证明在腐殖质层形成后陆地曾被洪水淹没过；这些洪水一部分沉积下冲积层中极为常见的腐殖质夹层，一部分使原先地面的土壤（腐殖质层）受到侵蚀。例如，根据阿法纳西耶夫（1914，第137页）的描

① 也请比较：图特科夫斯基，1899，第247—249页。在该文中，彭克的假说被认为是“完全不可思议的”、“由于风成说极为圆满而是多余的、不必要的”。但是，我们认为，彭克、尼基京（1886）和钱伯林的观点要比图特科夫斯基的观点有根据得多。

述，“切尔尼戈夫州黄土中的埋藏土壤的上界”总是模糊不清，呈毛边状，颜色强度明显重复；此外，常常在埋藏土壤的上面，经不大的间断后，观察到完全未分化为土壤发生层的巨厚腐殖质层；毫无疑问，这已不是土壤，而是冲积的腐殖质……。这种保持冲积物的性质，正是冲积（当然还有坡积）物所特有的”。舍佩托夫卡一卡缅涅茨一波多利斯基铁路沿线黄土腐殖质层的上界“非常破碎，有波状皱纹，呈舌状，被填满上覆黄土物质的漏斗状裂口和坑洼所隔断”（克拉修克，1922，第 68 页）。克罗科斯（1927，第 231 页）在描述乌克兰古土壤上层（第一层）时说道：“腐殖质舌深入上覆的黄土层中，并很快变细、消失”。萨维诺夫和弗兰采松（1930，第 57 页）证实，所有乌克兰黄土都具有这种现象。

格林卡（1923，第 330 页）在指出这类事实时说道：“不太清楚的是，如果把黄土看作风成的岩石（象弗洛罗夫认为的那样），怎么可能得出这种情况？”要是土壤层被粉尘盖住，那么它们与上覆黄土应该由极明显的线状界线分开。

Н. И. 德米特里耶夫（1936，第 60 页）认为，乌克兰黄土被古土壤层分为几个层的情况是与土壤学说相矛盾的。可是，我正是要用这一事实来证明我的学说：每一层母岩在该层沉积以后是独自转变成黄土的。没有任何根据可以像德米特里耶夫那样假定冰水冲刷先前沉积的黄土母岩层。冲刷可能发生在一个地方，在另一地方没有；这也就部分地说明，为什么乌克兰不同地方的黄土层数目不同，厚度各异。但是，要说整个黄土层在后来时期到处都受到侵蚀，则是完全不可思议的。同样，就是现代的洪水也绝不会把先前沉积的冲积层完全冲刷掉。

层状黄土

层状沉积物(此种沉积物在所有其他特征方面与典型黄土没有区别)的频繁发现,看来应该是反驳风成说的极有力的论据。

李希霍芬曾经对中国的这类层状湖成黄土作过描述。但在更早的时候,卡尔宾斯基(1873,第76、89页)就曾指出在卢次克附近地方发现了含淡水贝壳的淡水层状黄土[①]。克里什塔福维奇(1902,第176页)在柳布利诺附近地方除发现冲积-湖成黄土外,还发现了"沼泽陆上-冲积黄土"(第182页)。根据这位作者的看法,这种黄土是粉尘在沼泽中沉积而成的。

有时层状黄土状岩石在水平方向上逐渐变成非层状黄土状岩石。例如,米尔钦克(1933,第149页)在杰维察站附近(涅任-普里卢基铁路线上)发现了含巨漂砾的浅黄-黄色非层状黄土状亚砂土,它在水平方向上转变为黄土状的、但具层理的岩石,其中含有陆生(草甸)Succinea oblonga 和水生扁卷螺(Planorbis)的外壳。

其他许多研究者所描述的层状黄土(如穆什克托夫多次提到的土耳其斯坦费尔干纳的层状黄土;1886,第487—489页)[②]通常位于典型黄土——非层状黄土的基部,并逐渐转变为典型黄土——非层状黄土;"层状黄土往往只构成非层状黄土的下层,并与砾岩层互层"。

---

① 后来,这种黄土由图特科夫斯基作了更详细的描述:图特科夫斯基,1897和1912。

② 关于详细的文献资料,请参看克里什塔福维奇的著作(1902,第148—184页)。在更新的文献中,请参阅戈尔布诺夫(1942,第29页)关于扎阿明区黄土层理的论述。

风成说的拥护者们把上述层状沉积物看作黄土,并认为黄土沉积在上面填满黄土粉尘的水域中。例如,图特科夫斯基认为(1899,第243页),大气粉尘"可能降入湖中,形成较致密的、不透水的薄层湖成黄土,其中主要含淡水贝壳"。H.克里什塔福维奇在描述新亚历山德里亚附近地方时(1902,第165—175页)指出,在这里的一些地方发现有"平原(阶地)河流冲积黄土",它们分布在暗灰色河成粘土上,并与这种粘土有着不可分割的联系。就全部特征(如层理性质等)而言,这种黄土是冲积沉积物,"与其下面的暗灰色粘土的成因相似,但也有所不同,参加其沉积的不是普通的河泥及牛轭湖泥,而是特殊的、原生的泥,即黄土泥(лёссовая муть)"(第172—173页)。然而,这种阶地黄土只不过是普通的河流冲积物由于过去较干旱时期发生的成土作用而有了黄土的外貌。

在巴斯昆恰克湖沿岸,图特科夫斯基(1916,第48页)观察到厚1米多的成层黄土状亚粘土,它位于含大量里海生物贝壳的亚粘土的下面。这位作者认为,上部的黑土状亚粘土层是类似湖成黄土的海相沉积物:"它……无疑是由粉状黄土物质在海中形成的,这种粉状物质是里海海退(变干)时从里海周围的荒漠吹来的。"

我们知道,风成说拥护者们认为,如果粉尘降入湖泊或河湾或海洋中,就会在湖、河、海的底部形成特殊的层状沉积物,即湖成黄土或河成黄土或海成黄土。

然而,没有比这样的观点更错误的了:十分明显,降到水域底部的粉尘(就假定粉尘非常多,单是它就能在那里形成很厚的沉积物)将形成亚粘土或亚砂土,但无论如何也不会形成黄土。不仅普通粉尘不可能在河流或湖泊或海洋中产生黄土,而且很显然,即使黄土粉尘,即由黄土的吹扬形成的粉尘,在降入水中后,也应该失去黄土所固有的大部分特性,变成最普通的亚粘土或亚砂土,即砂和粘土的一般混合物——有时是含碳酸盐的混合物。之所以如此,根据下述情况便可得到最清楚的了解,黄土和黄土状岩石在湿润气候下受到风化作用:失去黄土所固有的特性,由松散、多孔隙的岩石变为普通的亚粘土或亚砂土。同样,在沼泽中或在水底从来不会形成黑钙土,因为沼泽土只有在它干涸并不再是沼泽时,才会具有黑钙土状性质。只要岩石位于水下,即使它的机械组成与黄土相同,并含有碳酸盐,这种沉积物也不可能具有黄土外貌,同时也不应叫作黄土——层状黄土、湖成黄土等,因为这种岩石与黄土没有任何关系。

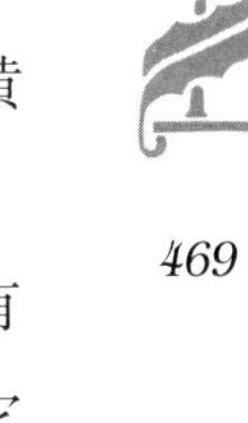

关于"湖成"黄土的思想,可能只是由于在陆地上观察到具有黄土状外貌的层状岩石才产生的。可是,这种岩石的外貌是在它们露出水面之后,已经在陆地上时获得的。研究者遇到的不是在湖底形成的湖成黄土,而是由湖成冲积物形成的黄土,这远不是一回事。

黄土中的砾石

从风成说的观点看,黄土层中有漂砾是完全不可理解的。例如,在波乔普附近(在杰斯纳河支流苏多斯季河上)厚达 5 米的典型黄土中,我在离地表 3 米深处发现了直径达 3—4 毫米的卵石。在切尔尼戈夫州普里卢基以东的斯列布诺耶村,在 6 米厚黄土的

3 米深处,发现了一些细晶岩和石灰岩的小砾石及一个相当大的花岗岩砾石(阿加福诺夫,1894,第 115 页)。在原赫尔松省结晶岩地带的所有黄土层中,发现有结晶基岩的碎屑(克罗科斯,1927,第 253 页)。在敖德萨附近高原黄土层的第二层中,克罗科斯(1927)发现了一块大 1.5×2 厘米的蓬蒂灰岩。在布格河右岸和部分左岸高原上的黄土中,发现有喀尔巴阡山卵石包裹体(邦达尔丘克,1939,第 45—46 页)。克罗科斯(1927,第 253 页)在马拉耶什塔村附近的德涅斯特河阶地黄土的上面两层中,也见到过这种喀尔巴阡山卵石。邦达尔丘克(1939,第 46 页)说道,在北克里木低地的黄土中,不但有克里木亚伊拉[①]的岩石碎屑,而且特别有趣的是,还有来自克里木半岛下第三系的异地埋藏的有孔虫贝壳。库班河流域的黄土岩石中有高加索山的岩石崩离体。我曾在诺盖斯克城附近里海阶地的黄土中发现了一块别尔江斯克地块(Бердянский массив)的花岗岩巨砾,其直径为 20 厘米左右,它被搬运了许多公里的距离。这样的事实还可以举出很多(例如可参看:纳博基赫,1914,第 12 页;弗洛罗夫,1916,第 10 页)。在北部,黄土状亚粘土代替了黄土,其中砾石尤为常见。关于这些外来体,我们在上面已不止一次地谈到过。

纳博基赫(1914)观测过哈尔科夫州黄土中的外来体,对这种现象提出了离奇的解释:“在黄土层形成时期,当地气候可能多旋风和龙卷风,它们使高原表面堆积从冲沟和坳沟中刮来的大量岩

---

① “яйла”之译音,系指克里木半岛山地主要山岭的顶部平坦、无林的台地。——校者

石碎片。”难道邦达尔丘克在诺盖斯克附近发现的直径 20 厘米的巨砾也是“风和龙卷风”带来的？克罗科斯(1927,第 253 页)进一步完善了纳博基赫的论点：坚硬基岩的碎屑是卡在植物根部同植物一起被旋风吹到高原上来的①。

我们认为，乌克兰黄土母岩中有冰川水从北部带来的小漂砾，是十分自然的现象。德涅斯特河流域和布格河流域黄土中的喀尔巴阡山卵石，证明这些黄土的母岩是为带来这种卵石的水流沉积的。

不管怎样，单是黄土中有砾石和卵石，就足以驳倒风成说了。

机 械 组 成

曾经多次指出的对风成论的另一个反对意见，可以归结如下。完全不可理解的是：为什么风应当搬运的颗粒的机械组成恰好与黄土的机械组成相同？由于风力大小不同，风可以搬运较大的颗粒，也可以搬运不大的颗粒，但为什么它应当搬运的总是直径为 0.01 至 0.05 毫米的颗粒？对此，还没有一位风成说者作过说明。由于无论欧洲、美洲或亚洲的典型黄土都是以上述大小的颗粒居多，那就不得不承认风到处具有固定的速度。此外，风还必须在几万年的时间内具有同一个方向和同样的速度，否则就不可能形成

① 说到这里，我想起了下面一件事。我在第四届土壤学家代表大会上的报告中曾顺便指出，从风成说的观点看，怎么也无法解释经常发现黄土状冰碛的情况。我所尊敬的已故 Г. Н. 维索茨基当时听了我的报告。大家知道，他是风成说的坚定的拥护者。当时在讨论的时候，他送给我一张至今仍保留着的便条，他在便条上写道，他认为小砾石可能是随鸟粪一起掉入这种岩石中的。

如此均一的沉积物。

图特科夫斯基(1912,第 212 页)在论及卢茨克附近的湖成黄土堆积时,曾根据其层数算出,这一厚 48 米的黄土层是在 30 000 年中或可能是在 15 000 年中形成的;“换言之,从黄土粉尘吹积过程开始时起,大约需要 30 000 年(或 15 000 年)的时间,卢茨克的冰后期湖泊才能被这种粉尘完全填满”。由于该地的非层状黄土有 25 米多厚,所以“黄土粉尘吹积的时间长度可以大致表示为 45 000年(或 22 500 年)”。我们现在可采取最低值,即 22 000—23 000 年左右。于是,如 Б. Б. 波雷诺夫正确指出的那样,就不得不认为在 22 000 年期间内,风成粉尘是由同一方向和固定速度的风吹积而成的。这样固定的风状况显然是难以置信的事,这是不需要再加以反驳的。

当然,也可以提出这样的假设(奥布鲁切夫,1929;米拉诺夫斯基,1935,第 211—212 页):风积物的机械组成由于干燥气候下的成土作用而发生改变,粘粒逐渐合并加大,结果风积物转变为具有黄土所特有的机械组成的亚粘土。然而,如果承认这种可能性,那末整个风成说也就不能成立了:难道只有风积物才会发生这种转化吗?

格拉曼(1932,第 12 页)曾经引证了克尔布尔(1931)关于细粒物质在空气和水中沉降速度的实验。这位作者发现,直径小于 0.05毫米的颗粒在空气中降落的速度实际上等于零。直径小于 0.02 毫米的颗粒在水中也继续保持悬浮状态。然而,这些实验室里的实验丝毫无助于黄土机械组成问题的解决,因为在自然界中沉降作用取决于风速和水流速度,以及它们的湍流运动的。

机械组成							
剖面编号	伏尔加河三角洲	取样深度（厘米）	＞1.0	1.0—0.1	0.1—0.05	0.05—0.01	＜0.01
1195	车臣湖以南1公里的卡拉拉特村地段	205—210	3.2	1.0	35.3	40.7	23.0
1062	沙罗诺夫站以北1.5公里尼科利斯科耶村地段	77—105	—	0.6	29.4	37.7	32.3
1064	尼科利斯科耶村以南3公里	131—157	—	0.3	15.6	42.4	41.7
1046	格拉切夫湖附近的马亚奇内村地段	131—153	—	0.3	27.7	38.6	33.4
1713	距伏尔加河1公里和赫梅列夫卡以南5公里的赫梅利夫卡村地段	0—4	—	0.6	24.0	44.4	31.0
1430	朱伊罗夫加以东0.5公里的朱伊罗夫加村地段	106—127	—	1.0	24.3	38.4	36.3
1435	久连杰耶夫加以东1公里的久连杰耶夫加村地段	37—66	—	0.9	13.0	48.6	37.5
1440	巴库舍夫村地段	0—5	—	1.3	14.2	44.2	40.3
1523	马尔菲诺村东南1公里的马尔菲诺村地段	28—39	—	0.3	21.6	42.5	35.5

但必须指出，有时水也会产生类似黄土中看到的那种颗粒分选情况。下面列举出伏尔加河三角洲的冲积亚粘质土壤的机械分析。这些分析资料采自土壤学家 E. 米哈伊洛夫的著作，是 M. B. 克列诺娃教授盛情地寄给我的。

我们看到，伏尔加河的这些沉积物，在机械组成上与黄土很相似。波恩附近的莱茵河、莱比锡附近的埃尔斯特河及托尔高附近的易北河的洪水留下的亚粘土，也是这种情况——在上述情况下，各处最大颗粒的直径是 0.01—0.05 毫米(格拉曼，1932，第 11 页，表格)。

对坡积说的反对意见

与风成说不同，坡积说是以在自然界中所观察到的事实为依据的。坡积说精辟地阐明了黄土分布在山坡上的原因：它完全适用于科佩特山脉、天山山脉(见：罗佐夫，1940，第 2 章)及中国北方山地的山坡上黄土分布的条件。现在，几乎所有中亚地质学家都认为塔什干区(奇尔奇克河、安格连河和克列斯河流域)的黄土是坡积-洪积(和部分是冲积)成因的(参看：瓦西里科夫斯基和托尔斯季欣，1937，第 39—40 页)。

但是，坡积说在对黄土分布在山坡上的原因作了极好说明的同时，却不能解释黄土分布在高原和分水岭上的原因，而正是在这些地方常常分布着典型黄土。有人假设，过去曾有过高地，黄土从这里被冲刷，而后来由于剥蚀作用，这些高地消失；这是经不起批判的。同时，必须指出下述情况：A. П. 巴甫洛夫在伏尔加河中游流域观测到的坡积过程，在很大程度上是人类活动的结果——开垦坡地和在坡地上放牧牲畜的结果，这使土壤上层受到破坏。在草原地带的自然条件下，坡积物是不大可能以较大规模形成的。

众所周知，在草原冲沟（其流域受到强烈开垦）的斜坡上沉积着极为大量的坡积物。因此，草原，尤其是森林地带的正常坡积物，应该是在另一个比较干燥（干热）的气候时期形成的[①]。在现代的半荒漠地带和荒漠地带，情况当然不同，这些地方现在还在形成坡积物和洪积物。

其次，应该注意，通过坡积形成的亚粘土与该地区机械组成多少比较固定的黄土比较起来，具有复杂得多的机械组成（例如可参看：米尔钦克，1915，第 129 页，论奔萨以下苏拉河流域的坡积物；马扎罗维奇，1927，第 1084 页，论伏尔加河中游流域的坡积物）。不过，必须指出一种极为常见的例外情况：当坡积物就是黄土本身的坡积物时，坡积物的机械组成自然就与黄土极为相似了。

坡积物的两个类型

其实，任何一种岩石的坡积物都可以通过草原型、半荒漠型及荒漠型成土作用，转变为黄土状亚粘土或典型黄土，但对此需要时间。因此，应当区分出两个类型的黄土或黄土状坡积物：

1. 现代坡积物，由黄土形成，是极常见的现象[②]；同时，我们说

---

① 也请参考阿尔汉格尔斯基（1916，第 205、208 页）关于奔萨州坡积物的看法和希缅科夫（1934，第 164 页）关于加里宁-莫扎伊斯克-杜霍夫希纳-托罗佩茨图幅范围内没有现代坡积物的看法。

② 阿法纳西耶夫（1914，第 126 页附图 17）对分布于诺夫哥罗德-谢韦尔斯克附近一个冲沟中的原生黄土上的这种坡积黄土作了极有意义的描述。

过，森林草原地带和草原地带的现代坡积物是人类活动的结果。

2. 古坡积物，来源于各种片蚀作用的产物，经成土作用改造而成（见上面）。

根据伊万诺夫和伊万诺娃（1936，第58页）的描述，这两类坡积物在图拉-利赫温-切尔尼-博戈罗季茨克图幅范围内发育良好。在这里，现代坡积物是厚仅1—2米的棕色粗亚粘土。这些地方的古坡积亚粘土往往厚达6—15米；它们像分水岭（非坡积）亚粘土一样，呈黄土状，但较分水岭亚粘土粗，基部常有当地岩石的卵石，砂质成分较多，有时层理不明显；它们填充于大的古浅洼地中。

在遥远的北部，如在北纬60°的维亚特卡河上游流域坡积物有时具有黄土状外貌（卡辛，1928，第167页）。毫无疑义，这不是现代坡积物，而是古坡积物，尤其是其中常常含有已经绝灭的大型哺乳动物的骨骼，如原始牛（Bos priscus、B. primigenius）、猛犸象、驯鹿等等（同上，第168页）。

古坡积物形成的时间

显然，伊万诺夫和伊万诺娃所描述的森林草原区的古坡积亚粘土及卡辛所描述的林区古坡积亚粘土，是在过去较干燥的时期，由表层的、大概也是黄土状的岩石形成的。

阿尔汉格尔斯基（1912，第15等页）认为，萨拉托夫黄土状坡积亚粘土是在相当于两次里海海侵之间时期的干旱间冰期形成的；马扎罗维奇（1927，第1085页）认为，这种亚粘土的沉积是“发生在干旱的半荒漠气候条件下的，这种气候在冰期末及里斯-玉木间冰期上半期即已在东南部形成。”[1]

坡积黄土

因此，坡积黄土无疑是存在的；这就是坡地的黄土[2]。然而，原生状态的黄土是不可能通过坡积生成的。

Б. 彼得罗夫(1937)以比斯克森林草原的黄土为例指出，这些黄土不可能由库兹涅茨克山的棕色覆盖粘土的坡积物构成，因为粘土是较比斯克黄土受到破坏和风化的程度大得多的物质；粘土含稳定矿物比黄土多，含不稳定(重)矿物比黄土少。假如这些黄土来自粘土，那末黄土中所含金属矿物、锆石、金红石、石英等的数量应该大大增加；可是，通常黄土中重矿物(即易被破坏的矿物)的含量，比粘土中的含量低，而不是高。

米拉诺夫斯基(1935，第 211－212 页)曾在伏尔加河流域(特别是在塞兹兰区)观察过这种现象。由厚的石英砂层构成的坡地被富含“粉尘颗粒和淤泥颗粒”(即直径在 0.05 毫米以下的颗粒)的砂质亚粘土所超覆。米拉诺夫斯基认为，这些黄土状亚粘土是坡积成因的，同时他还正确地指出，这些黄土状亚粘土不可能是靠来自石英砂层的水流冲刷而成的。为了说明这一点，这位作者提出一个假设：“坡积物中一定部分(有时大部分，有时小部分)的细粒土物质的生成，可能不是靠坡地和高原边缘基岩的风化，而是靠

① 马扎罗维奇(1932，第 288 页)把坡积亚粘土似乎是黄土相似物的看法说成是我的看法。我从来没有发表过这样的观点。但我可以肯定地说，坡积物在干旱气候下可以获得黄土状外貌。

② 还有万沙费(1886，第 360、366－367 页)就曾用这个名称(Gehängelösse)来表示坡积黄土；他指出，它们“在过去以及可能也在现在通过细粒物质的冲刷形成于坡地上”。

部分从本地，部分从远处搬运来的粉尘。”“这种降落在分水岭和坡地表面的风成物质，受到了伏尔加河流域干燥气候特别罕见的、但很大的雨和阵雨的猛烈冲刷，并与当地的风化产物混合起来。”然而，这种假设是不必要的，因为十分显然，上面所说的黄土状亚粘土根本不是坡积成因的。再者，如果一般说来有风成粉尘降落到塞兹兰河流域，那为什么它在这里从分水岭上被冲刷，而不在分水岭上形成风成论者认为在更西边(即乌克兰)由风成粉尘形成的那种黄土堆积呢？为什么这种粉尘仅仅集中在坡积物中？

近来，P. 伊利英在许多文章中(1927 年等)广泛运用坡积假说来解释一切分水岭黄土的成因，试图复活坡积假说。他说道：“在比任何分水岭高的剥蚀平原上，通常将存在另一个更高的，因而也是更古老的分水岭……；对于该古分水岭来说，我们的分水岭是它的斜坡，在该斜坡上覆盖有作为该古分水岭覆盖层而部分地保存下来的那种岩石的坡积衍生物。而这种古分水岭同时又可能是另一个更古老(更高)的分水岭的斜坡。这样沿着分水岭上升轴继续往上推，我们最终就会达到基岩露出地表的高地，这便是我们不仅在阿尔卑斯山、阿尔泰山、萨彦岭及其他曾经是准平原化的山地的顶部，甚至也在俄罗斯平原看到的情况。”(伊利英，1936，第 594 页)

不过，现在提供的这种情况还是太少，应该用更具体的例子来证明坡积物的确可以通过上述方式沉积(按通常的即巴甫洛夫的理解)，证明坡积物预先并未降落到任何的盆地、湖泊、河流中，不会从这些地方带入海洋，等等。如果伊利英描述的情况真实可靠，那就应当抛弃关于陆相沉积的整个学说，因为一切和到处都只是包罗万象的坡积物。

原来伊林是这样叙述坡面流水理论的(1935，第 83 页)：“高地被大气降水就地彻底冲蚀掉(?——贝尔格)[①],黄土物质到处和始终是原地的,具有本地的成因;而不是来自远处的,绝不是从任何邻近高地上移来的(着重号是我加的。——贝尔格);冲刷的产物大部分留在该地区的低地和河谷中……。假如冲刷作用使遭受破坏而降低的分水岭表面,与由阶地冲积物淤高的河谷面最后完全连结在一起,那么这个地区就将变为准平原。"显然,这位作者在这里描述的(但很独特)是导致准平原形成的一般陆地剥蚀的作用,而不是坡积过程的作用。因此,如果将这位作者的看法归纳为黄土是剥蚀的产物(从广义上说),那么无论是风成论者、冲积论者、坡积论者和土壤论者,就都不会反对这一论点了。

总之,坡积黄土肯定是存在的:这就是干燥地区的坡地黄土。但是,河间高地的黄土不可能是坡积成因的。

黄土的动物群

动物群成分[②]

上面,我们区分出了黄土母岩沉积方面和这种母岩转变为黄土的方面。根据这种观点,黄土动物群化石可能包括三种不同的成分(贝尔格,1916,第633页)。

1)黄土母岩沉积时期的动物群化石;

---

① 哪里有高地的完全剥蚀不是由全部剥蚀营力造成,而仅仅由大气降水造成的情况?

② 或译为"动物群分子"。——校者

2）在荒漠-草原地区中，母岩经风化作用和成土作用形成黄土的时期，栖息于这里的动物群的化石；

3）自己埋入或偶尔进入黄土中的现代动物群，例如，卡涅夫附近（在第聂伯河上）的黄土中就发现现在尚生存的鼢鼠在地面以下 5.5 米深处挖掘的鼢鼠通道。

可见，在黄土中可以见到的动物化石，既有水生动物群和陆生动物群的，也有草甸动物群、草原动物群及森林动物群的；既有现代动物群的，也有已绝灭的动物群的。因此，在根据动物群来判断一种黄土的形成方式时，要特别小心：每当遇到这种情况时，必须首先研究我们所涉及的是原生状态的黄土还是黄土坡积物；然后，必须把动物群分成刚才所说的三种成分。

黄土中的哺乳动物化石

根据风成说拥护者的看法，在黄土的任何层中都可能有猛犸、犀牛、马、牛和鹿（我们这里指的是不会自己埋入土中的哺乳动物）的化石，因为按照风成说的看法，每一层黄土当时都曾是土壤表层。而我们认为，原地埋藏的上述动物化石，通常或位于黄土下面，或位于黄土层中或黄土下面的古土壤层中；当然，如果我们所涉及的是坡积黄土，情况（极为常见的情况）则不是这样。在黄土层内部（除古土壤层外），猛犸、马、牛的化石通常只能是异地埋藏的①。根据文献资料可以认为，大型哺乳动物化石的埋藏情况与

① 我们说通常，是由于容易设想这样的情况，即猛犸或马可能死于不深的河流泛滥中，或它们的尸体可能在河流阶地上被洪水淹没。

我们的假说是吻合的(贝尔格,1916,第635—636页)。据皮多普利奇卡(1937,第55页)观察,第四纪哺乳动物(主要是猛犸、犀牛、野牛)的骨骼堆积几乎总是出现在黄土的底部。由此也可以清楚地看到,动物骨骼是埋藏在水成沉积物中的,尤其是根据这位作者的资料,骨骼上看不出陆地风化作用的痕迹。

在第聂伯河中游流域冰碛上面的黄土层中,鼠洞道,即黄鼠、跳鼠及旱獭①的通道,仅仅分布在现代土壤层中。这个情况是皮多普利奇卡指出的(1937,第52页),他正确地把这一情况与冰碛之上的整个黄土层的水成成因联系起来:"自冰碛上面的黄土层沉积开始至终了,存在妨碍草原土中动物在其中生活的条件。根据该层的一般特点来看,只有该地被淹没才可能有这样的条件。如果在干草原中,甚至在荒漠中(假如当时有荒漠的话)可能栖息过土中动物,它们无论如何也会留下活动的痕迹。"在基辅州哈列皮耶村发掘有特里波里文化遗迹的村落遗址表明,鼠洞道黄土层是在特里波里时期以后,即在最近4 000年间形成的。

据皮多普里奇卡的意见(1932,第70页),在乌克兰黄土上层中有下列哺乳动物的化石:普通鼢鼠(Spalax microphthalmus,S. polonicus)、黄鼠属的欧黄鼠(Citellus citellus)、斑黄鼠(S. suslicus)小黄鼠(S. pygmaeus)、旱獭的 Marmota bobak、普通田鼠的 Microtus arvalis、仓鼠亚科的普通仓鼠(Cricetus cricetus)、灰仓鼠(Cricetus migratorius)、林姬鼠的 Apodemus sylvaticus、草原鼠兔的 Ochotona pusilla,獾类的 Meles meles,鼬鼠类的 Vormela sar-

① 学名为"Marmota",又称"土拨鼠"。——校者

matica，鼬类的 Putorius eversmanni 等等。除了现已在乌克兰绝灭的草原鼠兔外，这些都是现代种，它们显然是在历史时期或历史时期前不久经鼠洞道进入黄土的，而与黄土母岩沉积时期毫无关系。可是，在 100—150 年前，草原鼠兔也曾在基辅州生活过(皮多普利奇卡，1934，第 79 页)。

至于说到乌克兰黄土，从上面算起的第二层(位于上部的古土壤层的下面)，皮多普利奇卡认为(1932，第 72 页)，对于在其中发现的啮齿类动物化石，同样不能肯定它们没有经鼠洞道进入黄土层。对于乌克兰黄土更下层的动物群，现在还研究得不够。

按照皮多普利奇卡(1938，第 55、74 页)的意见，在乌克兰未必经常都能看到原地埋藏的猛犸和披毛犀(Rhimocers antiquitatis)化石，更可能的是，这些化石是在冰后期初由冰川沉积物再沉积到黄土状亚粘土底部的。可惜，关于猛犸埋藏条件的确切资料很少。然而，文献中现有的资料证实了我关于黄土层中的猛犸化石不可能是原地埋藏(而风成说拥护者却正好认为是可能的)的看法是正确的。在苏拉河一条支流上的赫梅列弗岬角的“腐殖质黄土”，即古土壤层(也就是从上面算起的第一层)中，阿尔马舍夫斯基(1903，第 60、225 页)发现过猛犸门牙化石。在离法斯托夫(基辅州)不远的黄土表面以下 2 米深处，曾经发现猛犸的肢骨和椎骨。该地方曾由布尔恰克-阿布拉莫维奇(1935)进行过调查。这里土壤层的厚度只有 170 厘米(从 170—175 厘米起，遇盐酸有起泡反应)。管状骨呈水平分布，但很分散；显然，猛犸死后骨头未留在原地，而是受到搅动。在椎骨上可以看到磨圆的痕迹。因此，应该认为，猛犸不是死于原地的黄土沉积层中，而部分骨骸是由水(如载

在冰上)搬运到这里来的。象该作者在其文章(同前,第139页)的乌克兰文本中所说的那样,认为猛犸"死亡"时间在玉木=副冰期的下半期是极不可能的。但是,象在俄文本中所说的那样,"猛犸化石群沉积的时间"是在玉木=副冰期的下半期倒是可能的。

总之,哺乳动物在黄土层中埋藏的条件是与风成学说的前提不相符合,而与土壤学说颇为一致的。

黄土中的鸟蛋

鸵鸟　上世纪中叶,在乌克兰克里沃罗格西南25公里左右处的红棕色粘土中,曾经发现了一只完整的鸵鸟蛋。A.勃兰特(1872)认为这是Struthiolithus chersonensis蛋(现在该种叫Struthio chersonensis,请参看:兰布雷希特,1933,第104页)。此后,在中国北方、蒙古和外贝加尔,常常在黄土或下伏岩石(上新统上部)中发现完整的安氏鸵鸟(Struthio anderssoni)蛋(鲁维,1931),或者鸵鸟蛋壳的碎片。看来,这种鸵鸟早在历史时期就已生活在中国了(贝德福德,1937)。安特生(1923,第55页等)列举过直隶、山东及河南黄土中的许多鸵鸟蛋产地。在山西北部的黄土中也发现有鸵鸟蛋(杨钟健,1933)。安特生(1923,第71页)把鸵鸟蛋看成是中国黄土的标准化石。但是,不能认为这种看法是对的,因为安氏鸵鸟蛋在位于黄土下面的红棕色粘土(红色土)以及三门系①(上新统上部或更新统下部)中均有发现。安特生本人(第66页)在河南(渑池县)的黄土中曾看到过并排的两个鸵鸟蛋(即卵),而

① 现已废弃不用,而改称"三门组"。——校者

且得到了一个长达 18 厘米的完整的蛋(可见跟 S. chersonensis 蛋差不多长);在附近的黄土中有陆生软体动物的贝壳。就在该县,在含“Helicidae”(蜗牛类)化石的无明显层理的黄土中发现有鸵鸟蛋。本斯利(1921,第 4 页)曾经提到河南境内黄河沿岸陡壁的黄土中有鸵鸟蛋。

安特生(1923,第 71、127 页)推测,鸵鸟蛋和鸵鸟窝是过去发生尘暴时被黄土粉尘掩埋的;他认为,这可以说明鸵鸟蛋保存完好和常常成对地出现于黄土中的原因,而有一次在山东(第 55 页)还发现一起有四个蛋。

不过,鸵鸟蛋的这种埋藏方式是难以想象的。中国在史前时期未必常有尘暴。同时,粉尘要能掩埋很大的鸵鸟蛋需要数百年的时间,而在数百年时间内蛋是不可能完整地保存下来的。毫无疑问,蛋是产在河流阶地上,然后很快被河流冲积物带走的。通过这样的埋藏方式,显然能使蛋完整地保存下来。为证实埋藏鸵鸟蛋的岩石是冲积成因的,可举出如下两点:1)中国华北平原的所有黄土通常都是冲积成因的,2)存在层状黄土中埋藏蛋的情况(参看上面)。在内蒙 Ertemte(张家口北西北 160 公里左右)的上新世砂层中,发现了鸵鸟蛋壳的碎片以及淡水软体动物的贝壳和鱼的椎骨(安特生,1923,第 43 页;伯基和莫里斯,1927,第 382 页)。我们知道,鸵鸟蛋常见于淡水沉积物中。在外贝加尔(色楞格河流域及特罗伊茨科萨夫斯克以东)的沿岸沙地中,也曾找到过鸵鸟(Struthio sp.)蛋壳碎片(图加里诺夫,1930)。

总之,毫无疑问,在黄土中发现的鸵鸟蛋是埋藏在冲积物下面的。

雁—鸿雁　在河南的黄土中曾发现过一个长 74 毫米的完整的蛋，其大小和形状同中国雁或鸿雁（Cygnopsis cygnoides）的蛋没有区别（巴特，1931，第 44 页，图 5）。这种雁在中国很常见，通常繁殖、营巢于自阿尔泰山到堪察加、蒙古、黄河上游及南乌苏里边区一带。这种雁在水域沿岸营巢，有时也在干草原的草丛中营巢，而通常是在沼泽地、草丘地、沿岸柳林、蘼草、芨芨草丛和沼泽草甸中营巢（科兹洛娃，1930，第 70 页；舒什金，1938，第 134 页）。在这些地方，蛋当然容易被河流冲积物掩埋起来。

软 体 动 物

软体动物贝壳在黄土中保存的条件　我们说过，乌克兰黄土母岩多半是冰水沉积物。通过这种方式形成的黄土中将含有：

1）栖居于冰期水域中的水生动物群。不过，同时应当注意，在流速多少较快的河流的沉积物中没有软体动物贝壳。在湖泊中，甚至在现代湖泊中，仅沿岸沉积物中有软体动物残体，而湖泊中部是没有的。冰期的水域，水冷而浑浊，属于现代平原不常有的特殊类型。从动物群的性质来看，这些水域比软体动物十分贫乏的现代缺营养湖更贫乏（扎金，1933，第 27 页）。按动物群的性质，这些湖泊可以与瑙曼（1932）所说的“泥质营养”水域（аргиллотрофный водоём）相比。极为混浊的水体对双壳类软体动物尤为不利（同上，第 37 页）：美国研究者认为密苏里河之所以缺少双壳类软体动物，就是由于河水混浊度高和河床不固定。一般来说，悬移物质和沿底部推移的物质对水底动物群产生极为不良的影响，有时使这种动物群完全消失。交替进行的泥沙沉积和冲刷，对动物群尤为有害。可以说，在锡尔河和阿姆河下游的河床中（但不是在河漫滩湖泊中），我没有找到过任何软体动物，不管是腹足类，还是双壳类。众所周知，这些河流的水特别混浊（7 月份，阿姆河中游 1 立方米水中含 3 公斤以上的悬移质）；这些河流把大量泥沙沉积在河底，这些泥沙又很快被冲走，然后在别的地方沉积下来。

由此可见，在冰水沉积型黄土中，将不会有大量的软体动物。在常常很厚的典型黄土层中，完全没有软体动物化石。高原上的黄土最上（“玉木”冰期）层往往完全没有软体动物（梅利尼克，1932，第 208 页），或者含极少的陆生琥珀螺属（Succinea）和虹蛹螺属（Pupilla）的化石（如在第聂伯河左侧支流——奥列利河和萨马拉河流域；伦格尔斯高森，1933，第 139 页）。

2）冰期水域的泛滥，在不同年份向离岸远近不同的内地扩展。同样，就是在现代河漫滩中，每年被洪水淹没的也不是同样的地方。我们可以回忆一下，例如黄河在多次改道期间淹没过多么大的区域。冰期时，在周期性干涸的地方定居着陆生（草甸，甚或草原）动植物群，后来在大的洪水期间，生物被埋藏到洪水留下的沉积物下面。黄土的母岩沉积在“周期性湿润的地段”（邦达尔丘克，1939，第 47 页），那里便生活着陆生软体动物群。

同样，在第四纪河流阶地冲积物中，到处都可看到水生和陆生（草甸）软体动物贝壳相混杂的情况，作为例子，我们可以举出普肖尔河阶地的第四纪动物群，这里曾经发现了 58 种淡水软体动物和 13 种陆生软体动物（邦达尔丘克，1933，第 107－108 页）。达尼洛夫斯基（1932，第 5 页）在叶拉季马附近的奥卡河二级阶地冲积物中，即在阶地表面以下 1.2 米深处的砂质粘土中，发现了 13 种陆生软体动物(217 个)及 1 种(!)淡水软体动物〔豌豆蚬(Pisidum obtusale)的一个瓣〕。

3) 黄土动物群中另一重要成分是被动地(如泛滥时)进入水中的陆生动物化石。我们从前面(第 285 页)已经知道，根据莱伊尔(1834)的资料，在莱茵河现代洪水泛滥形成的冲积物中，以陆生软体动物的贝壳居多。洪水泛滥期间有多少贝壳进入水里，可根据下述例子看出：桑德伯格从 1876 年 2 月 19 日美因河泛滥形成的冲积物中，收集到 10 747 个(38 个种)陆生软体动物和 69 个(14 个种)水生软体动物，即总计占水生动物的 0.7%(引自：万沙费，1886，第 364 页)。德日进和桑志华(1924，第 75 页)报道说，在中国北方的河流中，可以看到这些地方的黄土所特有的陆生软体动物"Helix"("蜗牛")〔可能是华蜗牛(Cathaica)〕和"蛹螺"的几百个贝壳[①]。维斯洛乌赫(1915，第 77 页)在下格林德瓦尔德冰川(瑞士)的冰川泥中，发现有 Arianta arbustorum、Hygromia hispida、Pupilla muscorum 等软体动物的空贝壳——全都是黄土特有的陆生软体动物的贝壳。标本"干后具有典型黄土的全部特征"(不过，我们对此是有怀疑的)。

在莱茵省的一个大 20×10 厘米左右、厚 3 厘米的黄土土块中发现有大量的软体动物贝壳，它们在标本中呈分散状态，但都分布于一个薄层中。研究结果表明，其中含 2 254 个贝壳，即(布罗克

① 关于中国黄土中的软体动物，请参阅：希尔伯特，1882；斯图雷尼，1901；秉志：《中国北方之腹足类》，1931。

迈,1931,第590页):

陆生软体动物	Succinea oblonga	1 547个
	Pupilla muscorum	676个
	Columella edentula columella	5个
	Hygromia hispida	1个
水生软体动物	Gyraulus rossmässleri	22个
	Planorbis planorbis	2个
	Stagnicola palustris	1个

可见,在这里1平方厘米黄土中含10个以上贝壳。由于黄土中的Succinea oblonga有5—8毫米长,所以十分显然,在200平方厘米的面积上不可能有1 547个活的软体动物。可见,许多琥珀螺空壳体是由水带来这里的。

萨维诺夫和弗兰采松(1930,第55—56页)在整层(包括埋藏土在内)乌克兰黄土的各种样品中发现了许多陆生(及淡水?)软体动物贝壳碎屑,这些贝壳的直径很少超过1毫米,因此很难单用肉眼把它们与细小的碳酸盐斑点区分开。这些碎屑既见于高原黄土中,也见于坡地黄土中。这两位作者说得很对,这些碎屑不可能是风带来的。它们显然是在被水搬运时变碎的。

化石状态的证明 无论我国还是西方的许多作者都指出,黄土软体动物与现代西欧软体动物的区别是个体小(梅利尼克,1932,第233页;伦格尔斯高森,1933,第142页;邦达尔丘克,1933,第33—35页;1937,第128—129页)。显然,所有这些个体小的黄土软体动物都是化石;不应把它们看成是至今尚生存的、偶尔(如沿着裂缝)进入黄土层中的。

在乌克兰黄土中发现下列现已绝灭的北方软体动物也说明了

这一点：Vallonia tenuilabris，Columella edentula columella，Vertigo parcedentata 及 Gyraulus gredleri 等。所有这些都证明乌克兰黄土的母岩沉积时气候比较（比现在）寒冷。

黄土中的透镜体　黄土下层富含软体动物，而且以水生软体动物居多。

要是黄土中有软体动物，它们一般不是零散地分布于这种岩石的整层中，而是集中在不大的透镜体内[①]。"这些透镜体在各（黄土）层剖面中的位置是不规则的，在各种部位上都有，尽管以下部更为常见"（邦达尔丘克，1938，第 44 页）。如果贝壳是散布于岩石中的，它们主要属于较小淡水水域和潮湿地方的软体动物（邦达尔丘克，1939，第 46 页）。在切尔尼戈夫和切尔诺贝利（在普里皮亚季河畔）附近地方的黄土中，除软体动物贝壳外，还发现有松树的针叶（同上，第 46 页），它们显然是由流水带来的。关于乌克兰黄土上（"玉木冰期"）层的透镜体，邦达尔丘克（1937，第 121 页）报道说，它们是由无结构的致密黄土组成，厚 0.5—1.5 米，长 10—25 米。就机械组成及颜色而言，含软体动物群的透镜体与该层黄土的其他物质没有区别。这位作者倾向于把这些透镜体看作是埋藏的草原碟地。这是可能的，而且在这种情况下，透镜体将是黄土中的古沉陷现象的结果（关于这些现象请参看下面）。然而，我认为更可能的是，这些透镜体是水成沉积物的透镜状堆积的结果：因为在大河流的河漫滩中，洪水退后常可看到一些碟地，有的积满

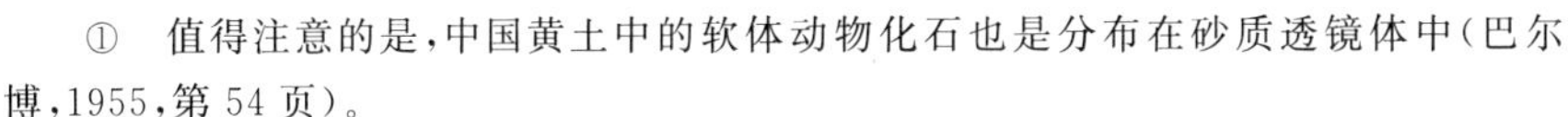

① 值得注意的是，中国黄土中的软体动物化石也是分布在砂质透镜体中（巴尔博，1955，第 54 页）。

水，有的覆盖有草甸植被。例如，在切尔尼戈夫附近的杰斯纳河上，我就看到过这种碟地（贝尔格，1914），它们也存在于第聂伯河及其他河流的河漫滩上。扎金（1940，第637－641页）曾描述过穆罗姆附近奥卡河河漫滩上的“春汛淹没水洼”和栖居在这里的动物。这些春汛时必定淹没的碟地是由于冲积物的不均匀堆积、旋涡以及可能由于沉陷造成的。此外，透镜体可能是由于河漫滩上极为常见的旧河床和河汊被淤填而成的[①]。在这种春汛淹没的碟地及旧河床中，常有水生软体动物群栖居；这里也沉积有洪水带来的软体动物的空贝壳（根据邦达尔丘克的研究，1932，第50页，透镜体中60％是淡水软体动物，40％是陆生软体动物）。由于上述原因，在形成黄土的岩石的其他层中也没有双壳类动物。同时，如前面已经提到的，它们不是完全不含生物（在软体动物方面），就是仅仅含有主要为陆生的软体动物的贝壳——往往是异地埋藏的。

值得注意的是，在伏尔加河下游及部分中游地区覆盖于第四纪沉积上的层理不清楚的巧克力色粘土中，软体动物的贝壳通常也集中在透镜体中。这些粘土属于晚里海赫瓦伦期沉积，是里海最后一次海侵时的沉积物，谁也不认为它们是风成的。例如，在红军城（靠近萨尔帕河流入伏尔加河的入口处）附近的河漫滩（草原）阶地上，在薄的砂质土层（10－20厘米）下面，一般是1米厚的巧克力色粘土。在草原地表以下1米深的粘土中，有长50厘米、高10厘米的黄棕色砂土透镜体，其中富含保存完整的有两个壳瓣的

① 在构成穆甘草原地表的冲积层中有这样的砂质透镜体（萨瓦连斯基，1931，第47－48页）。

里海软体动物贝壳：双刺蛤（Didacna）、单刺哈（Monodacna）、隐刺蛤（Adacna）、饰贝（Dreissena）；在砂透镜体上面的粘土中，发现有由同样的、但是破碎的贝壳组成的介壳灰岩夹层（茹可夫，1936，第246页）。

软体动物群的组成　可惜，至今还没有对黄土中的软体动物进行仔细的收集，而正是在这里，这一点是极为必要的。收集者一般没有指出软体动物在黄土中的确切位置：它们离土被和土层基底有多远，以及它们是位于透镜体中（关于透镜体，可参看前面）还是位于透镜体外。不排除这样的可能性，即在现代时期或在干热时期，小的软体动物或它们的贝壳，可能沿植物根部、鼠洞道、裂缝进入黄土层。黄土的母岩可能是在气候寒冷的情况下沉积下来，并含有相应的动物群。而后来在干热时期，在黄土上和黄土中可能发育喜温动物群。后来，所有这些动物的化石便混合在一起。但是，如果软体动物贝壳的埋藏与母岩的沉积是同时发生的，那么，“……古生态学家应力求在野外解决的主要问题是：所发现的化石群是原先的生物群落还是在生存时互不相关的动物的（次生的）类群”（黑克尔，1933，第16页）。我们知道，黄土中往往存在异地埋藏的大量软体动物贝壳堆积。然而，对黄土软体动物和至今尚生存于乌克兰的软体动物还未做过比较。

阿尔汉格尔斯基（1913，第23页）和德米特里耶夫（1936，第60页）在反驳土壤学说时指出，黄土中常有“未损坏的脆嫩软体动物贝壳”，它们在有的地方保存完好。不过，这种情况无论如何也不能证明是对我的学说的反驳。事实上，在淡水黄土状亚粘土中常常发现有很完整的脆嫩软体动物贝壳。一些人认为这些黄土状亚粘土是冰水成因的，而另一些人则认为是风成的。德米特里耶夫本人认为，这种黄土状亚粘土（他指出其中有软体动物的贝壳）的上层是冰水成因的，而不是风成的（1930，第40页；1937，第224—225页）。为什么典型黄土中存在脆嫩的贝壳就应说明这种岩石是风成堆积的呢？既然软体动物的贝壳能够在成土过程和风化过程中，在淡水黄土状亚粘土中保存下来，那为什么就不能在黄土中保存下来呢？另外，我们已经指出过（第476页），在乌克兰黄土中发现有许多贝壳碎屑，它们显然是在被水搬运的过程中弄碎的。

黄土和黄土状亚粘土的“土壤气候”，总的来说是有利于其中化石的保存的，因为这种岩石一般干燥、多孔，透风、透水性好，而且富含碳酸盐。所有这一切都有利于贝壳在这种岩石中保存。上面我们已经提到过在里海期黄土状岩石中存在里海软体动物的贝壳。

然而，当然不能否认，在风化过程和成土过程中，黄土中的一部分软体动物的贝壳会消失。在谈了这些看法后，我们再来叙述关于乌克兰黄土中软体动物群成分的资料。

阿加福诺夫（1894，《一览表》）曾提出一份波尔塔瓦黄土软体动物名录（标本是O.伯特格尔鉴定的，1889）。软体动物的名称是我根据盖尔（1927）和林德霍尔姆（1933）的资料定的；关于软体动物现代栖息地的资料采用自盖尔和扎金（1933，1940）（也请比较埃尔曼的著作：1933）；括号中的名称是阿加福诺夫的。

Valvata pulchella（V. macrostoma）：在水洼和沼泽中，河流冲积物中。

Bithynia leachi：在静止水域中。

Planorbis planorbis(Pl. umbilicatus):在静止水域及水流缓慢的水域中;典型的生活小区是水生植被或被淹没的草甸植被;能很好忍耐水域的暂时干涸。

Paraspira spirorbis(Planorbis spirorbis, Anisus spirorbis):在水洼及沼泽中,能很好忍耐水域的暂时(达 11 个月)干涸。

Gyraulus laevis(Planorbis glaber):在沼泽、泉水及河流的河漫滩中。

Stagnicola palustris〔沼泽椎实螺(Limnaea palustris)〕:在水洼、沼泽、湖泊及水流缓慢的水域中。

截口土蜗螺(Galba truncatula)(Limnaea truncatula):在浅湖、水流缓慢的水域、沼泽及矿泉中;可爬到潮湿的岸边。

滑槲果螺(Cochilicopa lubrica)(Cionella lubrica):在陆地上、草甸的潮湿处、林中叶簇下等地方。

Vallonia pulchella(Helix pulchella):在草甸上、草中和石头下。

肋瓦娄蜗牛(V. costata)(Helix costata):在草甸上、石头下、草中及干旱地方。

V. tenuilabris(Helix tenuilabris):陆生种类;这个种现在在乌克兰、白俄罗斯、列宁格勒州以及在德国已绝灭,然而却在北德维纳河和奥涅加河流域继续生存着(达尼洛夫斯基,1940,第 106 页)。

Pupilla muscorum(Pupa muscorum):黄土中最常见的类型,既生长在干旱地方,也生长在潮湿地方,如草中、石头下、草甸上及山中有苔藓的地方。

Jaminia(Chondrula)tridens(Buliminus tridens):在干的草坡上。

狭长琥珀螺(Succinea pfeifferi):在水生植物上,但有时也生长在河漫滩沼泽及春季水洼中。

S. oblonga:在潮湿的沿岸地方,但有时也生长在石块下面等地方,是黄土中最常见的类型。

Helicella striata(Helix striata):在干的草坡和干沙地上。

Cepaea vindobonensis(Helix vindobonensis):在干的坡地上。

道库恰耶夫考察队也在淡水泥灰岩中发现了除 Valvata pulchella、滑槲果螺、Galba truncatula 及 Helicella striata 以外的上述各类型。

这里我们看到,黄土软体动物群既有陆生软体动物,也有水生软体动物;大多数陆生软体动物属于喜湿类型。

后来对乌克兰黄土软体动物进行研究的作者,把乌克兰黄土分为仅仅含陆生软体动物的"典型"黄土和混入大量淡水软体动物的非典型黄土。例如梅利尼克(1932,第 222 页)曾列举过第聂伯河中游流域"玉木冰期典型"黄土中的 8 个软体动物类型——全部是陆生软体动物:

Vallonia pulchella	极少
V. tenuilabris	大量
Pupilla muscorum	大量
P. sterri(P. cupa)	在干燥地方
Jaminia tridens	极少
Succinea oblonga	大量
Helicella striata	大量
Monacha rubiginosa	大量,栖息于湿润处

我们说过，梅利尼克把含淡水软体动物的黄土称为非典型黄土。下表所列是黄土透镜体中的软体动物（梅利尼克，1932，第225页），该作者认为这种黄土是存在于典型黄土上层（“第一层”）的水域的沉积物：

		个数
水生软体动物	Radix ovata	9
	Stagnicola palustris	169
	Leptolimnaea glabra	3
	Galba truncatula	4
	Planorbis planorbis	15
	Paraspira spirorbis，P. leucostoma	47
	Gyraulus rossmaessleri	10
	Bathyomphalus contortus	4
	Pisidium casertanum，P. obtusale	18
	Aplexa hypnorum	8
陆生软体动物	Vallonia tenuilabris	2
	Pupilla muscorum	2
	Succinea pfeifferi（狭长琥珀螺），S. oblonga	13
	Monach rubiginosa	22

这里，我们看到，以淡水类型占优势（无论在种数上还是在个体数上），并混有少量陆生类型。

但是，对于冰碛下面的“典型”黄土，除陆生软体动物外，梅利尼克还举出了淡水软体动物（1932，第216、217、219、221、228—229页）。在某些露头中（№ 77，克拉皮诺夫村），冰碛下面的黄土只含有淡水软体动物（Stagnicola palustris、Paraspira leucostoma），或（№ 79，杰姆卡村）以淡水软体动物为主的陆生和淡水混合软体动物群。

克罗科斯(1933,第 59 页)在格列边基[①]-卢布内-米尔哥罗德一线的波尔塔瓦黄土各层中,主要发现了淡水软体动物类型,他分层提出了它们的名单。

皮多普利奇科(1937)曾在诺夫哥罗德-谢维尔斯基区杰斯纳河古阶地上的黄土上层中,发现了原地埋藏的河流软体动物 Theodoxus fluviatilis。

据邦达尔丘克(1938,第 45 页)研究,乌克兰黄土每层常见软体动物名单包括下列软体动物类型:

水生软体动物:Stagnicola palustris,Galba truncatula,扁卷螺(Planorbis planorbis),Paraspira spirorbis,P. leucostoma,白旋螺(Gyraulus albus),G. rossmaessleri,G. gredleri;最后一个类型在乌克兰和白俄罗斯已绝灭,在列宁格勒州也很少见,现生存于北部、西伯利亚、斯堪的纳维亚、德国(很少)及阿尔卑斯山。

陆生软体动物:Monacha rubiginosa,Euconulus trochiformis,Succinea oblonga,S. putris,S. pfeifferi,S. elegans,Vallonia tenuilabris(关于这个种可参看前面第 493 页),Pupilla muscorum var. edentula,P. musccorum var. unidentata,Vertigoparcedentata(在乌克兰及德国已绝灭,但可能尚生存于瑞士的阿尔卑斯山),Columella edentula columella(这个亚种在乌克兰和德国已绝灭,但尚生存于北部及山地中),滑槲果螺。

① 原文为“Гребеники”,经查地图,该处应为“Гребенки”——“格列边基”,可能是此地名之误。——校者

这里，根据邦达尔丘克（1933，第17—18页；1937，第121—122页）的资料，我们提出一份更为详细的乌克兰黄土第一（上）层中软体动物的名单，其中标有发现化石的部位，即化石是位于黄土层的透镜体外还是位于透镜体内；对于阿加福诺夫名单中未列入的那些软体动物（见上面第492页），也根据上面的资料，指出了它们的栖息条件。动物化石是从切尔尼戈夫、科泽列茨地区以及朴肖尔河和霍罗尔河流域采集的。

水生类型　Galba trucatula。透镜体内。

Planorbis planorbis。透镜体内和透镜体外。

Paraspira spirorbis。透镜体内。

P. leucostoma（Planorbis spirorbis var. leucostoma）。透镜体内外。在浅水洼及干涸水洼中、草甸沼泽中；能很好忍耐水域的暂时干涸；能冻在冰内并在冰融后复活。

白旋螺（Gyraulus albus）。透镜体内。水塘，湖泊，水流缓慢的河流沿岸。

G. rossmaessleri（Planorbis rossm.）。透镜体内。沼泽，水洼，小溪，池塘，湖泊，河流沿岸。

G. gredleri（Planorbis gredleri）。透镜体内。浅湖及小河的水生植物丛。

Bathyomphalus contortus（Planorbis contortus）。透镜体内。湖泊，水塘，水洼，沼泽。

无褶螺（Aplexa hypnorum）。透镜体内。沼泽，水洼，植物丛生的小溪。能忍耐沼泽的暂时干涸。

卵圆萝卜螺（Radix ovata）（Limnaea ovata）。透镜体内外。

牛轭湖，河漫滩水洼，大河和湖泊沿岸。

Stagnicola palustris。透镜体内外。

Leptolimnaea glabra(Limnaea glabra)。透镜体内。沼泽和水洼中。

陆生软体动物　滑槲果螺。透镜体内。

Vallonia tenuilabris。透镜体外(通常)及透镜体内。

V. pulchella。透镜体外。草甸上，石块下，草上。

V. costata。透镜体外。

Columella edentula(Sphyradium edentulum)及 subsp. columella。透镜体外(第一个类型；但在其他各层中两个类型都有)及透镜体内(两个类型)。潮湿地方，森林中，草上。

Pupilla muscorum var. edentula 及 unidentata。透镜体外(通常)及透镜体内。

P. sterri(P. cupa)。透镜体内外。干燥地方，禾本植物的根茎上。

狭长琥珀螺(Succinea pfeifferi)及 S. oblonga。透镜体内外。

Helicella striata。透镜体内外。

Monacha rubiginosa。透镜体内外。水域边缘，湿草甸上及一般潮湿地方。

从这个名单中可以看到，在黄土第一(上)层中有：1)淡水软体动物——根据我们的看法，多半是原地的淡水软体动物；2)陆生软体动物——在透镜体内呈异地埋藏，在透镜体外可能呈原地埋藏。

盖尔(1917，第 43、45 页)曾提出施瓦本(内卡河流域)黄土的典型软体动物名单(按发现它们的频率排列)如下：Succinea oblonga，Pupilla muscorum，Xerophila striata，Hygromia hispida，

Columella edentula columella，Clausilia parvula，肋瓦娄蜗牛(Vallonia costata)，Arianta arbustorun，Jamimia tridens。较少见到其他的陆生软体动物以及水生软体动物(椎实螺科和扁卷螺科的种属)；黄土中常见的水生软体动物是 Galba truncatula。

冲积层中的陆生软体动物贝壳 上层黄土中往往只有陆生软体动物，原因在于如我们所说的那样，寒冷混浊的冰川水域通常完全没有软体动物，而陆生软体动物的空贝壳则在洪水期间从干旱地方带进冰水沉积物里。此外，我们在前面也提到过，陆生软体动物栖息在干旱地区，但这些地区有时被泛滥的冰川水淹没。

这里，应当指出研究德国施瓦本第四纪软体动物的黄土软体动物专家盖尔的极重要的见解(1917，第 50 页)：所有"黄土"软体动物，其中也包括典型黄土软体动物(见前面盖尔的资料)，肯定也存在于冲积物中以及黄土上面的层状沉积物中。的确，阿尔马舍夫斯基(1903，第 225 页)在谢伊姆河及乌代河流域发现了陆生软体动物 Succinea oblonga、Pupilla muscorum、Vallonia tenuilabris 和水生软体动物 Palnorbis planorbis(Pl. magrinatus)。不过，他在古河流沉积物中也发现过上述这些种(第 248 页)。例如，在沃尔斯克利采河(沃尔斯克拉河右岸支流)沿岸桑科夫卡村的灰色混合层状砂中，发现了淡水软体动物 Paraspira spirorbis 和 Stagnicola palustris var. fusca，及陆生软体动物 Vallonia tenuilabris、Succinea oblonga、Pupilla muscorum 和 Columella edentula 的大量外壳(同上，第 130 页)[①]。在鄂毕河沿岸库伦达草原的高原黄

① 也可参看：H. A. 索科洛夫，1890，第 245—246 页；丹尼洛夫斯基，1940a。

土中有虹蛹螺(Pupilla)、琥珀螺、瓦娄蜗牛、带螺(Zonitoides)、扁卷螺的贝壳，而在这些黄土上面的层状河沙中，除淡水软体动物贝壳外，还发现有黄土中常见的陆生软体动物类型(普拉沃斯拉夫列夫，1933，第22—23页，由B. A. 林德霍尔姆鉴定；并比较巴尔瑙尔的著作第14—15页)。

这从梅利尼克引用的资料(1932，第224页)中便可清楚地看到。我们发现，位于黄土下面的黄土状亚粘土含有陆生软体动物的典型"黄土"动物群，而有时完全同样的亚粘土却只含水生软体动物群。例如，在杰连科韦茨村(第聂伯河中游流域)的两个相邻露头中，梅利尼克(1932，第208—209页)做了如下的记述：

1. 土壤 ………………………………………………………… 0.5米

2. 无动物群的典型黄土 ……………………………………… 2.0米

3. 层理不明显的黄土状亚粘土，可以看到呈单个透镜体的Pupilla muscorum var. edentula、Columella edentula Columella、Succinea oblonga及var. elongata、Vallonia tenuilabris等软体动物贝壳堆积。视厚度 ……………………………………………………………… 2.5米

在并排露头中：

1. 土壤 ………………………………………………………… 0.4米

2. 含Pupilla muscorum var. edentula、P. muscorum var. unidentata(两者都大量存在)、Succinea oblonga、Vallonia tenuilabris、Helicella striata、Monacha rubiginosa、Jaminia tridens的典型黄土 …………… 2.5米

3. 层理不明显的黄土状亚粘土，呈40米长的透镜体，含有大量Stagnicola palustris(大量)、Galba truncatula、Leptolimnaea glabra、卵圆萝卜螺(Radix ovata)、Paraspira spirorbis、Gyraulus laevis。视厚度 ……………………………………………………………… 1.6米

在姆列耶夫附近(梅利尼克，第208页)：

1. 土壤 ………………………………………………………… 0.35 米
2. 不含动物群的黄土状亚粘土 ……………………………… 0.60 米
3. Pupilla muscorum、Succinea oblonga、Vallonia tenuilabris、Cochlicopa lubrica 的层状中砂 ………………………………………… 2.15 米

我们知道，层状亚粘土、层状亚砂土和层状砂全都是明显水成的，它们仅仅含有有时位于它们之上的典型黄土所特有的陆生软体动物[①]。因此，在比较强烈的风化过程中失去层理的“典型”黄土层，同样可能只具有一个陆生软体动物群，这是不足为奇的。

明显水成的沉积物有时根本没有层理和没有动物群，或者含有与黄土中相同的动物群。例如，皮缅诺娃（1933，第53、56、58页）对斯洛韦奇洛-奥夫鲁奇岭南坡索罗科片村附近湖泊的沉积物作过描述。这些沉积物的基部有一层4.5—8米厚的青色亚粘土；它在有的地方覆盖在冰碛亚粘土上面，向上过渡为凝灰岩，再向上过渡为泥炭；这种亚粘土无层理，富含碳酸盐，在机械组成上近似黄土，下层完全没有生物化石，上层含植物化石及很少的陆生和水生软体动物贝壳：狭长琥珀螺（Succinea pfeifferi）（找到23个）、Stagnicola palustris var. 的碎片（19个）、Pupilla muscorum（16个）、Pisidium tenuilineatum（7个）、Vertigo parcedentata（6个）、Picidium casertanum（5个）、Vallonia tenuilabris（3个）、Vertigo angustior（1个）。根据皮缅诺娃的意见，青泥灰岩是在里斯-玉木间冰期初期由于“湖泊逐渐被黄土粉尘淤填”而形成。但是，根据上述原因，不能同意这样的解释。尽管如此，湖泊沉积中有水生和

① 也可比较梅利尼克文章（1932）第211页上的露头20和21，第214页上的露头38以及其他许多露头。

陆生类型混杂的动物群，这一点是值得注意的。

关于黄土软体动物群的结论 总括上面关于黄土软体动物化石的叙述，我们可以这样设想黄土的母岩沉积时期的景观：由冰川融水形成的宽阔而浅的洼地，积有混浊而寒冷的水，其中不可能有软体动物生存。但是，有大量陆生软体动物空贝壳从干谷进入这些洼地中。根据乌克兰黄土中存在北方的、现已绝灭的软体动物来判断，当时的气候是寒冷的。某些地方水退后形成了不大的水域，水生动物在这些水域以及牛轭湖中定居下来；于是空贝壳便进入这些水域。这些水域在下一次洪水时被沉积物填塞。同现在的河漫滩一样，有些地段不是定期被洪水淹没；于是，在这里便栖息着草甸和草原动物群，它们在最近的大洪水期间被埋藏于新的冲积层下面。

根 足 类

A. 布罗茨基和萨姆索诺娃曾对奇姆肯特黄土进行研究，得出了十分有趣的结果(1933)。在巴达姆河左岸的黄土中，从地表至 18 米深处发现有下列根足类动物的贝壳：

Arcella hemisphaerica。分布在最上层中。为常见的淡水类型；分布于全球各浅水域中。伊塞克湖中有这种动物。

Cochlipodium ambiguum。常见于 0—10 厘米层中。为淡水类型。

这两种分布于最表层的淡水动物类型，显然是属于现代的类型。在较深的黄土层中没有这两种淡水动物；对于这种情况，布罗茨基和萨姆索诺娃作了这样的解释：在较深层的黄土沉积时，气候比较干燥。

其他的根足类动物计有 10 种，均属于海栖类型。所有这些动物显然是从较老的沉积物进入黄土中的。由于贝壳保存完好，没有被磨光，也没有被沉积物填塞，所以布罗茨基和萨姆索诺娃推测(第 13 页)，奇姆肯特黄土可能是“在原地通过母岩的变质”形成的。我们的看法却不然。我们认为，海栖根足类动物贝壳进入黄土母岩(冲积物)中的方式，与欧洲黄土中的陆生软体动物贝壳是一样的，所不同的只是，有孔虫类是从比较老的沉积物中冲刷出来的。无论如何，不可能像上述两位作者认为是风把它们带来的。

植 物 群

在张家口(直隶省)东南部的黄土中发现有 Celtis barbouri Chaney 的种子(钱尼，1927；并见巴尔博，1927，第 68 页)。Celtis 属(朴树属)在直隶省至今还有。

我们已经提到过(第 448 页)苏加乔夫(1938)对黄土植物群的研究。他所得到的资料证明：所研究的黄土和黄土状亚粘土的母岩是水成的。对乌克兰黄土动物群的研究也得出了同样的结论。

结 论

由上可见，黄土和黄土状亚粘土在动植物群方面是没有区别的。

如果认为黄土的母岩(而对乌克兰黄土来说，其母岩多半是冰水沉积物)是在后来的干燥时期经风化过程和成土过程改造成为黄土的，那么黄土岩石中动植物群化石的组成问题就容易解释了。

黄 土 的 沉 陷

在干旱和干燥地区，当黄土底土被大量水分浸湿时，会发生沉陷。这种地貌学家感兴趣的情况具有很大的实际意义，特别是在干旱地区修筑灌溉渠道时更是如此。关于黄土沉陷，现在有丰富的俄文文献资料①。

现 象 记 述

在中亚细亚的塔什干区、饥饿草原、苏尔汉河区，瓦赫什河谷地灌溉渠（塔吉克斯坦）等地，以及在北高加索（卡巴尔达渠）和在外高加索地区，当在黄土底土中开凿新的水渠时，发现这样的情况：当水沿新渠流过后不久，渠底及邻近沿岸地段逐渐沉陷。同时，在沿水渠的黄土底土中出现一系列垂直裂隙，黄土接连不断地沿裂隙塌落到与水渠平行的阶地上，每一渠岸有 5—12 处。渠底沉陷达到 1.5—2 米和 2.5 米。在新准渠（塔什干区）两边，沉陷范围达 4—20 米和更大。随着离开水渠，沉陷范围缩小。水渠放水后的头二三个月，底土沉陷最厉害，然后逐渐停止。沉陷特别严重的是孔隙度很大（48%—50%以上）、大的空洞很多、富含盐类及地下水埋藏很深（20—25 米以上）的巨厚（20—25 米以上）黄土层。一般说来，沉陷性黄土（至少在塔什干附近地区）通常是孔隙度较大（45%—46%以

① 在沙伊迪希（1934）专门论述黄土地区建筑的书中，很少谈到沉陷。关于这个现象，可参看下列著作，其中援引有更多的文献：萨瓦连斯基，1937，第 79—99 页；沃罗诺夫，1938；沃罗诺夫和德米特里耶夫，1940；也可参看：阿别列夫，1935；贝斯特罗夫，1936；安德鲁欣，1937。——研究沉陷现象大大有助于认识黄土的性质。

上)的黄土(沃罗诺夫和德米特里耶夫,1940,第75页)。在大多数情况下,沉陷性黄土地区“在不久前还未被开垦,或仅仅用于旱作(非灌溉农作);近年来,由于水利建设的迅速发展以及土地灌溉面积的扩大,沉陷性黄土在很多地区已被用于灌溉农作,因而开始出现大量的底土变形,即沉陷的情况(沃罗诺夫,1938,第30页)。同样,在从前进行过人工灌溉,后来停止灌溉,而现在又重新进行灌溉的地区,也常出现沉陷现象。不过,那些早已广泛施行灌溉,因而孔隙较少(孔隙度为40%—50%)的地段,在开凿新渠时不会发生沉陷现象,因为在这里,灌溉系统与底土已经进入平衡状态”。高的地段沉陷最严重,低的地段最不容易沉陷。

另一方面,冲积阶地上的黄土,厚度小于5—6米薄层的和上覆砂或砾石的黄土,以及潜水位高的(不到6—8米)的黄土,不发生沉陷(沃罗诺夫,1938,第56、58页)。

在中亚细亚,沉陷“主要发生在由洪积或坡积-洪积成因的巨厚黄土层构成的微倾斜山前平原上”(沃罗诺夫,1938,第54、100页)。

从前面几章所谈的观点来看,所有这些现象都是完全可以理解的。我们已经说过,黄土具有多孔结构,而且孔隙的大小各不相同,从用显微镜方能看到的孔隙到单凭肉眼即可清楚看到的孔隙,更不用说大的孔洞了(如啮齿动物的通道即是);黄土富含碳酸盐,也含其他盐类(尤其是硫酸盐和氯盐),同时部分碳酸盐形成结核(钙质结核),部分碳酸盐分散于岩体中,粘结于其单个颗粒上(据克尔布尔的资料)[①]塔什干附近黄土的吸收性复合体中含有许多

① 这里我们要指出,据贝斯特罗夫观测(1936,No3,第71页),在沉陷性黄土岩石中,盐的晶体是散布于岩石颗粒之间的;有时,几个晶体被土粒连结在一起。在非沉陷的黄土中,常常在孔洞内部见到呈小晶体聚集物的石膏沉淀物。

粘土矿物——蒙脱石，这种矿物能强烈吸收水分和阳离子，因而这种黄土极易膨胀；这使黄土中的孔隙封闭起来，从而这样的黄土不发生沉陷。相反，塔什干区黄土的胶体部分中主要为不易膨胀的高岭石，同时这种黄土缺乏胶粒，因此容易沉陷（尤苏波娃，1941）。

在气候干燥的地方，如在中亚细亚，降水很少，使碳酸盐和其他盐类不能被淋溶，而且黄土多孔隙的和前面提到的“梁状”结构保持不变。在潮湿地区，以及在施行人工灌溉的干燥地区，情况迥然不同。众所周知，黄土是一种在干燥状态中粘聚力很大的岩石，孔隙度对粘聚力没有丝毫影响，因为这种粘聚力相当于哺乳动物管状骨骼中的梁系统，以及桥梁建筑物的梁系统。但当黄土湿度很大时，情况则全然不同。如果将一块黄土放入水中，那么，过几分钟，土块就会散开，变成松散的亚粘土质沉积物，这是由于上面所说的结构遭到破坏之故。

在湿润地区，过去已经发生过自然沉陷，底土也已进入了平衡状态。同时，草原地带的黄土底土上极为常见的碟地（或盘状坑——不大的圆形凹地）便是沉陷的遗迹[1]。一般说来，草原中碟地的形成过程已经结束[2]，但在荒漠中，这种现象就是现在也可在一定条件下观察到。沃罗诺夫（1938，第32页）曾经描述过塔什干附近地区人工灌溉田地上现代漏斗状陷穴的形成及其转变为碟地

---

① 请比较列舍特金的论述：扎马林和列舍特金，1932，第30页。

② 在草原地带和森林草原地带内，现在一般不形成碟地。这是古地貌形态。关于沃罗涅日森林草原，可参看：波波夫，1914，第31页。奥索金（1940，第28页）根据对沃罗涅日黄土状亚粘土的试验得出的结论，在现代时期，在这些岩石中沉陷现象极不显著，不能认为它们对碟地的成因有重大作用。

的情况。碟地对黄土景观来说是极为典型的。它们见于黄土形成时期以后气候相当湿润的一切地方。例如，对往北一直到伏尔加河上游的地方都记载有碟地。这里，以及在森林草原(见奥索金，1939)和草原中，碟地是古代的形成物：碟地是气候从干燥变为湿润的那个时期的见证；它们是在气候较以前时期湿润的现代气候时期初期形成的。

沃罗诺夫(1938，第100页)认为黄土沉陷的原因在于：“未开垦地方的黄土底土孔隙度大(达50%以上)，于是大量的水逐渐渗入其中，使之失去在空气干燥状态中所固有的很大的粘聚力。因此，它们的原始结构遭到破坏，在其本身重量和渗入其中的水的重量的作用下，变得更加紧实，也就是说，其孔隙度缩小(首先是由于非毛管孔隙缩小之故)。”①

黄土的沉陷性及其形成方式

有些作者(萨瓦连斯基，1937，第82页；安德鲁欣，1937，第12页及其他人，见下面)提出一种假设，认为风成黄土比“水下”黄土更容易沉陷或自重压密(самоуплотнение)②，因为“风成沉积物比沉积在水域底部的沉积物孔隙度更大”。关于风成黄土沉陷性大的看法是难于加以赞同的。首先，在沉陷分布地区(北高加索、塔什干附近地区，见前面第504页等)，我们没有见过这样的黄土。

① 也可参看：沃罗诺夫和德米特里耶夫，1940，第45—68页。

② 或称“自重压实”。——校者

其次，如萨瓦连斯基（同上，第 82 页）所指出，甚至水成的亚粘土“在长期存在于地面的情况下，也会改变自己的性质”。的确，如我们在前面所阐明的那样，决定沉陷性的黄土岩石性质，是由于岩石受到干燥气候条件下的风化作用和成土作用而获得的。不管黄土是由什么岩石形成的，它都一样多孔隙和富含碳酸盐。因此黄土母岩形成的条件对说明该类黄土沉陷与否是没有意义的。母岩是冲积、坡积-洪积等成因的黄土，既可能是沉陷的，也可能是不沉陷的。对塔什干附近黄土的沉陷性的野外观测（沃罗诺夫和德米特里耶夫，1940，第 71 页）完全证实了上述看法。单是这一点足以说明 H. Я. 杰尼索夫（1940）关于前高加索东部黄土状亚粘土的沉陷性，似乎证明黄土状亚粘土为风成的看法显然是根据不足的。

杰尼索夫断言，前高加索东部的黄土状岩石不是水成的。在这一点上他是对的，因为我们知道，黄土状岩石的外貌是通过地表的过程——风化作用和成土作用得到的。但是，这些亚粘土的母岩当然是由水沉积的。

杰尼索夫说道，“在干燥后的水成类型的沉积物中，分子的吸附作用必然引起膨胀，但这种情况在沉陷性黄土状亚粘土中是不会发生的”（1940，第 526 页）。大家知道（安德鲁欣，1937，第 85 页；也可比较：尤苏波娃，1941），黄土，特别是非沉陷黄土，易受膨胀，尽管膨胀性小。一般说来，在含有大量胶粒的岩石中才会出现膨胀，但这样的胶粒在黄土中是很少的：塔什干附近黄土中直径小于 0.001 毫米的胶粒总共只有 0.6％－11.9％，平均为 4.1％－7.6％（安德鲁欣，第 72－74 页）；而且黄土岩石的胶体部分是处于凝聚状态的。这就是黄土膨胀性小的原因。黄土膨胀性小或没有膨胀性，跟黄土母岩的成因无关。

杰尼索夫认为前高加索东部黄土的沉陷性与推测的黄土风成有关。关于这一点，我们可以引用贝斯特罗夫的见解（1936，№3，第57页）：“在我们曾经观察到沉陷性黄土的一切情况下（小卡巴尔达、莫兹多克草原、普里库姆斯克草原、切奇尼亚、阿尔汉丘尔斯克谷地、奇尔奇克河流域、安格连河流域及克列斯河流域），都可以肯定地说，这些黄土绝对不是风成物。在这些黄土中，我们通常可以看到砂夹层、小砾石，而在中亚细亚黄土中，甚至还可看到未磨圆的角砾夹层和大的砾石。”

据贝斯特罗夫观察（第57、61页），发现有正是为薄层粘土质冲积物覆盖的长期位于水下的黄土，例如在小卡巴尔达的库普拉河高阶地上，或在塔什干附近地区的克列斯河谷地，便有这样的黄土；同时，这种黄土仍然是强烈沉陷的。可见，与杰尼索夫（第527页）的意见相反，湿度大绝不会使沉陷现象永远消失[①]。岩石可能再次获得沉陷性，但这种性质与黄土风积的条件完全无关。

Н. Я. 杰尼索夫（1944，第17页）从其关于沉陷起源的理论出发，否定冲积物具有黄土状外貌的可能性。然而，由于冲积物的“黄土化作用”已是几十位研究者所查明的事实，是自然界极易观察到和本书作了极详尽叙述的现象，所以由此只能得出一个结论：Н. Я. 杰尼索夫原来对沉陷的假设显然是错误的。这种假设绝不

① 沃罗诺夫和德米特里耶夫（1940，第77页）的意见也是这样。他们说道，无论过去和现在都未曾受淹没的黄土，通常都是沉陷性的。但沉陷性黄土也出现在这样的地段，这些地段过去曾长期被水覆盖，但是处在另一种较高的侵蚀基面和潜水面位置上，“而且在此以后经过了在干燥草原气候条件下长期存在于地表的阶段”。

可能有助于加强风成说和驳倒我的观点。

此外，H. Я. 杰尼索夫的逻辑推理过程也是完全没有根据的。我们从格德罗伊茨的资料中知道，碳酸盐底土在干燥气候下风化时，发生细土粒加大的情况。由此便形成黄土岩石的孔隙性。我已经援引过 A. H. 索科洛夫斯基(1943，第 10 页)的一个实验。假如用石灰水对一块红棕色漂砾粘土进行处理，该粘土便会获得黄土状外貌：它不仅变成黄色，而且获得孔隙性。

H. Я. 杰尼索夫(1944，第 17 页)在引用我关于冲积物在碳酸盐影响下获得(在干燥气候下)黄土状外貌的见解时反驳道："通过这样的推论可以得出结论：同一种岩石在其沉积后受到同一种作用(受电解质溶液处理)，可能导致正相反的结果：起先，这样处理使岩石趋于沉陷，然后便引起沉陷。"

然而，这里说的根本不是"同一种作用"，而是两种完全不同的作用：岩石在湿度不断降低的情况下获得孔隙性，即具有沉陷的趋势，因为黄土化作用是在干燥气候条件下实现的。而沉陷现象是当干燥气候下的多孔隙岩石一次受到过多水的作用时出现的。显然，这是两种完全不同的"处理"。

根据杜尔杰涅夫斯卡娅(1940，第 28 页)的意见，"沉陷性黄土自其沉积的时间起，从未有过浸湿到所有孔隙都充满水的情况(如果出现这种情况，黄土就会下沉)。由此可见，黄土不可能是由水沉积的；于是只好承认它是由风沉积的"。杜尔杰涅夫斯卡娅显然还不知道，冲积物并非黄土。冲积物要能变成黄土，必须受到在干燥气候下的风化作用和成土作用。在这一转变中，黄土可以获得沉陷的性质。此外，如我们刚才所看到的，常常有这样的情况：黄土在受到水的充分作用而变成沉陷性黄土后，会进一步再次沉陷。C. B. 贝斯特罗夫告诉我，在瓦赫什河沿岸的黄土中，开凿的古老(有几百年的时间)灌溉渠中的沉积物重新获得了沉陷性质。所以，杜尔杰涅夫斯卡娅的论断，无论是原理还是结论，都是站不住脚的。

总之，黄土的沉陷性与该种黄土的母岩生成方式没有任何关系，也丝毫不能证明黄土是风成的。沉陷性乃是由黄土的多孔性、盐类“骨架”的特殊排列以及矿物成分造成的。黄土的这些特性是通过干燥气候下的风化作用和成土作用获得的，而与黄土的母岩如河沉积无关。

结　　论

黄土和黄土状岩石的成因是相同的：它们是由各种各样细土质，但必定富含碳酸盐的岩石，在干燥气候条件下经风化作用和成土作用在原地形成的。机械组成相同的某些岩石，如某些冲积物和冰水沉积物（以及坡积物）多半能形成黄土和黄土状岩石。这便弄清了黄土地区与冰川地区之间极常见的关系。

应该把黄土（及黄土状亚粘土）的母岩沉积的方式和时间与这种母岩转变为黄土（及黄土状亚粘土）的方式和时间区别开。欧洲黄土的母岩多半是在冰川时期沉积的，那时河流有大量浑浊的水，曾经淹没现代的分水岭地区（河间高地）。这些岩石是在干燥的间冰期和冰后期转变为黄土的。

现已证实，明显冲积成因的岩石具有黄土状外貌。

现已证实，富含碳酸盐的粘土岩在干燥气候条件下，受到风化作用时变成较粗粒的岩石，并获得近似黄土的机械组成。

具有黄土外貌的有机械组成和化学组成极为多种多样的岩石：砂、亚砂土、亚粘土、漂砾亚粘土，以及层状和非层状岩石。典型黄土可以完全转变为极为多种多样黄土状岩石。这些黄土状岩石通常不认为是风成的。因此,没有任何根据认为黄土是风成沉积物。

大多数研究者认为,苏联欧洲领域北部和中部地区,以及西伯利亚的黄土状亚粘土是水成的,它们是黄土的地带性相似物。无论是黄土或上面提到的黄土状亚粘土,都应具有相同的成因。

黄土中腐殖质含量极少,这反驳了认为草原中的黄土是通过粉尘掩埋浓密草原植被而形成的看法。

风成说不是以现代观察到的事实为根据的。通常描述的中亚细亚粉尘是人为的产物,即通常是黄土或散乱的沙地受到吹扬的结果。就现代时期来说,谁也没有证实黄土是由风形成的,就以前的时代来说,这也是不可思议的。

与砖红壤、高岭土、钙红土、地中海红土等风化作用的产物一样,黄土也主要是古土壤,即在不同于现代的另一种地理环境中形成的土壤。我们说“主要”,是因为在干旱地区,即使现在也可由适当的物质形成黄土状岩石;只不过在现代时期适当的物质不多。

参考文献

Абелев Ю. М., инж. Строительные свойства лессовидных грунтов. Труды Всесоюзн. научн.-исслед. инст. в производстве по оснораниям и фундаментам инженерных сооружений(ВИОС), сборник 5,Л.,1935,стр. 20—42.

Абутьков Л. В. Краткий предварительный отчет о почвенных

исследованиях Смоленского и Краснинского уездов. Прил. к докл. Смол. губ. зем. упр. XLVII губ. собр. Смоленск, 1911.

Абутьков Л. В. Предварительный отчет о почвенных исследованиях в Ельнинском и Рославльском уездах. Смоленск, 1913, 24 стр. Изд. Смол. губ. зем.

(Абутьков Л. В. и Костюкевич А. В.) Почвы Смоленского и Краснинского уездов Смоленской губернии. Смоленск, 1921. Нзд. Смол. губ. стат. бюро, 236 стр., с 6-верстн. почв. картой (о лессовид. суглинк. стр. 50—60).

Агафонов В. К. Ледниковые отложения Полтавской губ. Материалы к оценке земель Полтав. губ. под ред. В. В. Докучаева, вып. XVI, СПб., 1894, стр. 109—195.

Agafonoff V. et Malycheff V. Le loess et les autres limons du plateau de Villejuif. Bull. Soc. géol. de France, (4), XXIX, 1929, pp. 109—145, 4 pls.

Александров В. От Дойруна до долины Дивана. Труды Геолого-развед. объедин., вып. 170, 1932, 46 стр., карта.

Andersson J. G. Essays on the Cenozoic of Northern China. Geological Survey of China, Memoirs, series A, No. 3, Peking, 1923, 152 pp. (о лёссе: pp. 121—129; On the ocurrence of fossil remains of Struthionidae in China, pp. 53—77).

Андрухин Ф. Л. Свойства лёссовых грунтов приташкентского района и методы их изучения. Труды Среднеаз. геолог. треста, вып. 2, Ташкент, 1937, 132 стр.

Antevs E. The last glaciation. N. Y. 1928. Русс. перевод (плохой): Э. Антевс. Последнее оледенение. Баку, 1935, 144 стр., изд. Азерб. нефт. геолого-разведтреста.

Антипов-Каратаев И. Н. О новейших работах по исследованию почвенных коллоидов за границей. «Почвоведение», 1940, №7, стр. 83—94.

Антипов-Каратаев И. Н. Обменные катионы и минеральное питание растений (по современным данным). «Почвоведение», 1941, № 1, стр. 77—88.

Ануфриев Г. И. Очерк строения и истории развития Толполовского болота. Изв. Сапропел. ком., II., 1925.

Анучин Д. Н. Диспут Тутковского. «Землеведение», 1911, № 1—2.

Армашевский П. Я. Об орографическом строении Черниговской губернии в связи с распространением в ней лёсса. Зап. Киев. общ. естествоисп., VI(2), вып. 3, 1881, стр. 83—84 (протокол засе дания 16 мая 1881 года).

Армашевский П. Я. Геологический очерк Черниговской губ. Зап. Киев. общ. ест., VII, 1883, вып. 1, стр. 87—223.

Армашевский П. Я. Общая геологическая карта России. Лист 46-й. Полтава — Харьков — Обоянь. Труды Геолог. ком., XV, 1903, № 1 (о лёссе стр. 222—246).

Архангельский А. Д. К вопросу об истории послетретичного времени в низовом Поволжье. Труды Почвенного комитета,

Москва, I, вып. 1, 1912, стр. 3—22.

Архангельский А. Д. Заметка о послетретичных отложениях восточной части Черниговской и западной части Курской губерний. Труды Почвенного комитета, II, вып. 2, Москва, 1913, стр. 1—43.

Архангельский А. Д. Геологический очерк Пензенской губернии. М., 1916, 234 стр., изд. Пензенск. губ. земства.

Архангельский А. Д. Общая геологическая карта европейской части СССР. Лист. 94-й. Труды Геолог. ком., вып. 155, 1928, 140 стр., карта.

Архангельский А. Д. Геологическое строение СССР. Западная часть. Вып. 2, М., 1934, 427 стр.

Афанасьев Я. Н. Предв. краткий отчет о почвенных исследованиях в Новгород-Северском уезде летом 1913 года. Предв. отчет Черн. губ. 1913, М., 1914, стр. 121—144.

Афанасьев Я. Н. Этюды о покровных породах Белоруссии. Записки Горец. с.-х. инст., II, Горки, 1924, стр. 140—154.

Бараков П. Ф. Эоловые наносы и почвы на развалинах Ольвии. 《Почвоведение》, 1913, № 4, стр. 105—127.

Barbour G. B. The loess of China. Annual Rep. Smithson. Inst. for 1926, Washington, 1927, pp. 279—296.

Barbour G. B. The geology of the Kalgan area. Memoirs of the Geological survey of China, series A, № 6, Peking, 1929, pp. XI+148. (о лёссе: pp. 64—78, 148d—148f).

Barbour G. B. The loess problem of China. Geol. Magazine, LXVII,1930,pp. 458—475.

Barbour G. B. Recent observations on the loess of North China. Geogr. Journ.,vol. 86,1935,pp. 54—64.

Bate Dorothea. Remains of carinate birds from China and Mongolia. Palaeontologia sinica,series C,vol. VI,fasc. 4,Peiping, 1931,pp. 41—47.

Батурин В. П. О слоистости и законах седиментации кластических осадков. Докл. Академии наук СССР,XXXI,№ 8, 1941,стр. 137—140.

Белоусов А. К. Бокситы и диаспор-шамозитовые руды западного склона Южного Урала. Труды Всес. научно-исслед. инст. минер. сырья,вып. 112,1937,стр. 70—104.

Bensley B. A. Anegg of Struthiolithus chersonensis. Univ. of Toronto Studies,biol. series,№ 19,1921,7 pp.

Берг Л. С. Об изменении климата в историческую эпоху. 《Землеведение》,1911,№ 3,стр. 23—120.

Берг Л. С. Краткий предварительный отчет о физико-географических наблюдениях в Суражском, Мглинском, Стародубском и Глуховском уездах Черниговской губ. в 1912 году. Предв. отчет Черн. губ. 1912,М.,1913,стр. 13—25.

Берг Л. С. То же в Новозыбковском, Новгород-Северском, Кролевецком и Конотопском уездах Черниговской губ. в 1913 году. Предв. отчет Черн. губ. 1913,М.,1914,стр. 1—9.

Берг Л. С. К вопросу о смещениях климатических зон в послеледниковое время.《Почвоведение》, 1913, № 4(вышло в свет в 1914),стр. 1—26.

Берг Л. С. Дополнения к:И. В. Мушкетов. Туркестан,1915, I,2-е изд.,стр. 321—325.

Берг Л. С. О происхождении лёсса. Изв. Русс. Геогр. общ.,т. 52,1916,стр. 579—646(то же в книге:Климат и жизнь. М., 1922,стр. 69—110).

Берг Л. С. Климат и жизнь,М.,1922,196 стр.

Берг Л. С. О почвенной теории образования лёсса. Изв. Геогр. инст.,VI,1926,стр. 1—20.

Берг Л. С. Проблема лёсса. I.《Природа》,1927,стр. 445—464. II.《Природа》,1929,стр. 317—346.

Берг Л. С. Происхождение атмосферной пыли в Средней Азии.《Природа》,1929,№ 1,стр. 75.

Berg L. S. The origin of loess. Gerlands Beiträge z. Geophysik, vol. 35,1932,p. 130—150.

Берг Л. С. Лёсс как продукт выветривания и почвообразования. Труды II Международ. конфер. Ассоц. по изуч. четверт. периода Европы,I,1932, стр. 68—73.

Берг Л. С. Физико-географические (ландшафтные) зоны СССР. Ч. 1,изд. 2-е,Л.,1936,427стр. (о лёссе стр. 318—329).

Берг Л. С. Основы климатологии. 1-е изд. Л.,1927,2-е изд. Л.,1938,455 стр.

Берг Л. С. Почвы и водные осадочные породы (классификация осадочных пород).《Почвоведение》,1945,№ 9, стр. 457—479.

Berkey Ch. P. and Morris F. K. Geology of Mongolia. A reconnaissance report based on the investigations of the years 1922—1923.《Natural History of Central Asia》, vol. II, New York, 1927, XXXI+475 pp.

Беседин П. Н. и Сучков С. П. Почвенный покров Аккавакской центральной агротехнической станции СоюзНИХИ. Сборник научных статей комсомольцев Всесоюзного научно-исследовательского хлопкового инст. Ташкент, 1939, С.-х. изд., стр. 199—227.

Біленко Д. К. Четвертинні поклади західної частини Донецької області. Четвертинний період, вып. 8, Киев, 1935, стр. 29—59.

Биленко Д. К. К вопросу об отношении морены Днепровского ледникового языка к моренам Верхнего Днепра. Четвертинний період, вып. 12, Киев, 1937, стр. 49—71.

Благовещенский Э. Н. Петрографические и геоморфологические районы восточных Каракумов. Изв. Геогр. общ., 1940, № 2, стр. 211—224.

Благовидов Н. Л. Четвертичные отложения, климат и почвы бассейна реки Тюнг. Труды Сов. по изуч. природн. ресурс., сер. якут., вып. 18, изд. Академии наук, 1935, 128 стр.

Богданович К. И. Геологические исследования в Восточном Туркестане. Труды Тибетской экспедиции 1889 — 1890 гг. под начальством М. В. Певцова. Часть II,СПб.,1892,VIII+168 стр., Изд. Геогр. общ.

Богданович К. И. Геологические исследования вдоль Сибирской железной дороги в 1893 году. Средне-сибирская горная партия. Горн. журн., 1894, т. III, стр. 337 — 382 (о лессовидных суглинках стр. 338—348).

Богданович К. И. К вопросу о лёссе. По поводу статьи Л. С. Берга《О происхождении лёсса》. Изв. Геогр. общ., LIII, 1917, стр. 202—213.

Боголюбов Н. Н. Материалы по геологии Калужской губернии. Калуга,1904,354+XII стр. Изд. Калужск. губ. зем.

Богословский Н. А. О некоторых явлениях выветривания в области русской равнины. Изв. геолог. ком.,XVIII,1899,стр. 235—268.

Бондарчук В. Г. До характеристики копальних м'якунів з четвертинних покладів України. Четвертинний період, вып. 5, Киев,1933,стр. 15 — 47(то же в сокращенном виде по-немецки: Die Fauna der quartären Ablagerungen der Ukr. S. S. R.; в том же издании:Die Quartärperiode,вып. 4,Киев,1932,pp. 49—59).

Бондарчук В. Г. Четвертинна фауна з терас пониззя р. Псла. Четвертинний період,вып. 6,Киев,1933а,стр. 99—111.

Бондарчук В. Г. Четвертинні поклади північної частини

УССР. Четвертинний період, вып. 9, Киев, 1935, стр. 3—35.

Бондарчук В. Г. Об ископаемых моллюсках из четвертичных отложений УССР. Труды Сов. секции междунар. ассоц. по изуч. четвертичного периода(INQUA), I, Л., 1937, стр. 120—139.

Бондарчук В. Г. О стратификации и стратиграфии лёссового покрова УССР. Проблемы сов. геологии, VIII, № 1, 1938, стр. 41—48.

Бондарчук В. Г. О лёссе южной части Русской равнины. 《Сов. геология》, 1939, № 8, стр. 43—52.

Борисяк А. А. Геологический очерк Изюмского уезда. Труды Геолог. ком., вып. 3, 1905, VII+344 стр.

Brandt A. Ueber ein grosses fossiles Vogelei aus der Umgegend von Cherson. Mélanges biol. (Bull. Acad. sci. Pétersbourg), VIII, 1872, pp. 730—735.

Браунер А. О млекопитающих, найденных в лёссах Южной России. Материалы по исследованию почв и грунтов Херсонской губ. Вып. 6, Одесса, 1915, стр. 41—48. Изд. Херсон. губ. зем.

Бродский А. Л. и Самсонова М. Ф. К вопросу о генезисе лёсса в Чимкентском уезде (применение микробиологического и микропалеонтологического анализа при изучении лёсса). Труды Среднеаз. гос. унив., серия XIIa, география, вып. 14, Ташкент, 1933, 15 стр.

Brockmeier H. Lössbildung und Lössschnecken. Zeitschr. deutsch. geol. Gesell., vol. 83, 1931, pp. 584—594.

Бурчак-Абрамович М. До знахождения мамута(Elephas primigenius Blum.) вс. Тищчинцях (Фастівського району) на Київщині. Четвертинний період, вып. 8, Киев, 1935, стр. 133—139.

Быстров С. В. Явления просадок при увлажнении лёссовых пород, распространение просадочных грунтов и свойства их. 《Ирригация и гидротехника》, Ташкент, 1936, № 3, стр. 55—76; № 4, стр. 75—99.

Бычихин А. О влиянии ветров на почву. Труды Вольно-эконом. общ., 1892, II, стр. 312—390.

Вавилова З. К. Гидрогеологические наблюдения в районе Бозсуйской гидростанции Ташкента. Материалы по гидрогеологии Узбекистана, вып. 15, Ташкент, 1933—1935, стр. 101—106.

Wahnschaffe F. Die lössartigen Bildungen am Rande des norddeutschen Flachlandes. Zeitschr. deutsch. geol. Gesell., XXXVIII, 1886, pp. 353—369.

Wahnschaffe F. Die Oberflächengestaltung des norddeutschen Flachlandes. Stuttgart, 1909(о лёссе pp. 233—238).

Walther J. Das Gesetz der Wüstenbildung in Gegenwart und Vorzeit. Berlin. 1900; 2-е изд. 1912.

Васильковский Н. П. и Толстихин Н. И. Четвертичные отложения. В: Гидрогеологический очерк Чирчик-Ангрен-Келесского бассейна. Труды Среднеаз. геолог. треста, вып. 4,

Ташкент,1937,стр. 24—45.

Вебер В. Н. Геологическая карта Средней Азии. Лист VII—6 Исфара, северная половина. Труды Всесоюзн. геолого-развед. объедин.,вып. 194,1934,249 стр.

Werveke L. Ueber die Entstehung der lothringischen Lehme und des mittelrheinischen Lösses. Sitzungsber. Heidelberger Akad. Wiss.,math.-nat. Kl.,Abt. A,№ 5,1924,p. 46.

Вернадский В. И. Очерки геохимии. 2-е изд.,Л.,1934,382 стр.

Вернадский В. И. Биогеохимическая роль алюминия и кремния в почвах. Доклады Академии наук СССР, XXI, № 3, 1938,стр. 127—134.

Вильямс В. Р. Каракумские почвы. 《Экспедиция в Каракумскую степь》,М.,1910,изд. Моск. бирж. ком.,стр. 203—210.

Willis, Bailey. Research in China. Carnegie Institution of Washington Public. No. 54,1907,4°(о лёссе:pp. 183—196,242—256).

Вислоух И. К. Лёсс. Его значение и происхождение. Изв. Русс. Геогр. общ.,1915,стр. 49—77.

Воейков А. Д. Климатические условия садоводства в Маньчжурии. Вестник Маньчжурии,Харбин,1927,№ 2.

Вознесенский А. В. По поводу пыльной бури 26—27 апреля 1928 года. Труды по сел.-хоз. метеор.,XXI,1930,стр. 281—291.

Woldstedt P. Das Eiszeitalter. Stuttgart, 1929, pp. XV+406. (о лёссе: p. 111—124).

Woldstedt P. Einige Probleme des osteuropäischen Quartärs. Jahrb. d. preuss. geol. Landesanst., vol. 54, 1933, pp. 371—387 (цит. по реферату в Трудах Сов. секц. межд. ассоц. по изуч. петверт. пер., I, 1937, стр. 347—351).

Воллосович К. А. в: Павлова М. В. Описание коллекции ископаемых млекопитающих, собранных Русской полярной экспедицией в 1900—1903 годах. Зап. Академии наук по физ.-мат. отд. (8), XXI, № 1, 1906, стр. 36—37.

Воробьев С. О. Черные бури на Украине. Труды по сел.-хоз. метеор., XXI, 1930, стр. 268—277.

Воронов Ф. И. Просадки в лёссах Средней Азии. Ташкент, 1938 104 стр., изд. Ком. наук Узбекск. ССР (много данных о приташкентских лёссах).

Воронов Ф. И. и Дмитриев В. Л. Просадочные явления в лёссах приташкенского района (по правобережью Чирчика). Ташкент, 1940, 89 стр., изд. Узбекист. фил. Академии наук.

Высоцкий Г. Н. О лесокультурных условиях района Самарского удельного округа. СПб., 1908, 462 стр.

Высоцкий Н. Очерк третичных и послетретичных отложений Западной Сибири. Геолог. исслед. по линии Сибирск. ж. д., V, 1896.

Гаель А. О роли растений в почвообразовании в пустыне Кара

кум, о песчаных почвах и их плодородии. Изв. Геогр. общ., 1939 вып. 8, стр. 1105—1128.

Ganssen (Gans) R. Die klimatischen Bodenbildungen der Tonerdesilikatgesteine. Mitteil. aus den Laboratorien der preuss. Geol. Landesanstalt, Heft 4, Berlin, 1922, p. 3—34.

Ganssen (Gans) R. Die Entstehung und Herkunft des Lösses. Ibitem, pp. 37—46.

Гвоздецький В. М. До питания про вік і розвиток грунтів Доно-Воронезької низини в зв'язку з її геоморфогенезою. Четвертинний період, вып. 12, 1937, стр. 77—93.

Högbom Ivar. Ancient inland dunes of northern and middle Europe. Geogr. Annaler, V, 1923, pp. 113—243.

Гедройц К. К. Коллоидальная химия в вопросах почвоведения. Журн. опытн. агрон., XIII, 1912, 363 стр.

Гедройц К. К. Химический анализ почв. П., 1923, 258 стр.

Гедройц К. К. Почвы, не насыщенные основаниями. Журн. опытн. агрон., XXII, (1921—1923), 1924, стр. 3—27.

Гедройц К. К. Ультрамеханический состав почвы. Там же, 1924, стр. 29—54.

Гедройц К. К. Почвенный поглощающий комплекс. Носовская сел.-хоз. опытная станция, № 38, Л., 1925.

Гедройц К. К. Квопросу о почвенной структуре. Изв. Гос. инст. опытн. агрон., IV, 1926, стр. 117—127.

Гедройц К. К. Учение о поглотительной способности почв.

Изд 4-е, М., 1933, 207 стр.

Гедройц К. К. Почвенный поглощающий комплекс, растение и удобрение. М., 1935, 343 стр. Сельскохоз. изд-во.

Heywood H. Frequency of dust storms in the Egyptian desert. Nature, September 5, 1942, vol. 150, p. 293.

Geyer D. Unsere Land-und Süsswasser-Mollusken. Stuttgart, 1927, pp. XI+224, XXXIII tab.

Geyer D. Die Mollusken des schwäbischen Lösses in Vergangenheit und Gegenwart. Jahreshefte Ver. f. vaterl. Naturkunde in Württemberg, vol. 73, 1917, pp. 23—92. (То же в сокращенном виде: Ueber die Lössmollusken Schwabens. Nachrichtsblatt d. deutsch. malakozool. Gesell., vol. 50, 1918, pp. 49—60).

Геккер Р. Ф. Положения и инструкция для исследований по палеоэкологии. Л., 1933, 40 стр., изд. Сев.-зап. геолого-развед. треста.

Геммерлинг В. В (Погребенные почвы Глуховского уезда). Журн. засед. Почвен. комит. Моск. общ. с. х., II (1912), 1913, стр. 46—47.

Герасимов И. П. О генезисе и возрасте сыртовых отложений Н. Заволжья. Труды Ком. по изуч. четверт. пер., IV, вып. 2, М., 1935, стр. 273—285.

Герасимов И. П. Проблема генезиса и возраста лёссовых отложений в палеогеографическом освещении. Изв. Геогр. общ., т. 71, вып. 4, 1939, стр. 497—502.

Герасимов И. П. К вопросу о генезисе лёссов и лессовидных отложений. Изв. Академии наук, сер. геогр. и геофиз., 1939, № 1, стр. 97—106.

Герасимов И. П. и Марков К. К. Ледниковый период на территории СССР. Труды Инст. геогр., XXXIII, 1939, 442 стр. (стр. 234—307:《лёссы и лессовидные отложения СССР》, И. П. Герасимова).

Герасимов И. П. и Марков К. К. Четвертичная геология. М. 1939a, 363 стр.

Герасимов И. П. и Марков К. К. Развитие ландшафтов СССР в ледниковый период.《Материалы по истории флоры и растительности СССР》, I, Л., 1941, стр. 7—27, изд. Академии наук СССР.

Герасимов И. П. и Шукевич М. М. Петрографический состав некоторых типов почвообразующих наносов СССР.《Проблемы советского почвоведения》, сборн. 8, 1938, Почв. инст. им. Докучаева, стр. 107—126.

Hilber V. Recente und im Lösse gefundene Landschnecken aus China. Sitzber. Akad. Wiss. Wien, math.-naturw. Cl., LXXXVI, I Abth., 1882, p. 313—352; там же, LXXXVIII, p. 1349—1392 (То же в Wiss. Ergebn. der Reise B. Széchenyi in Ostasien 1877—80, vol. II, Wien, 1898. pp. 583—626, 4 pls.).

Гинзбург И. И. Образование марганцовых песчаников в северных широтах СССР.《Академику Вернадскому》. М., 1936, изд. Академии наук СССР, стр. 251—266.

Глинка К. Д. Послетретичные образования и почвы Псковской, Новгородской и Смоленской губ. Ежегод. геолог. и мин. Росс., V, 1901, стр. 65—79.

Глинка К. Д. Сычевский уезд. Материалы для оценки земель Смоленск. губ. Том II, вып, 1, Смоленск, 1904, изд. Смолен. губ. зем.

Глинка К. Д. Почвоведение, 2-е изд., 1915; 3-е изд., 1927; 4-е изд. 1931.

Глинка К. Д. Геология и почвы Боронежской губернии. Материалы по ест.-ист. исслед. Ворон. губ. Воронеж. 1921, изд. Упр. по опыт. делу, 60 стр.

Глинка К. Д. Почвы России и прилегающих стран. 1923, Пгр., 1923, Гос. изд., 348 стр.

Глинка К. Д. и Сондаг А. А. Духовщинский уезд. Материалы для оценки земель Смоленской губ. Том V, вып. 1, Смоленск, 1912, с картой, изд. Смол. губ. зем.

Hobbs W. H. Loess, pebble bands, and boulders from glacial outwash of the Greenland continental glacier. Journ. Geology, XXXIX, No. 4, 1931, pp. 381—385, 3 figs.

Горбунов Б. В. Главнейшие химические и физические свойства сероземов богарной зоны Узбекистана. Труды Узбекск. фил. Академии наук СССР, почвоведение, вып. 5, Ташкент, 1942, 88 стр.

Гордягин А. Материалы для познания почв и растительности Западной Сибири. Труды Қазан. общ. ест., XXXIV, 1900.

Горностаев Н. Н. Четвертичные отложения у северных подножий Джунгарского Алатау. Изв. Зап.-сиб. отделения Геолог. ком., IX, вып. 1, Томск, 1929, стр. 1—83, карта.

Городков Б. Н. Растительность Арктики и горных тундр СССР. 《Растительность СССР》. Т. I, 1938, стр. 297—354.

Городков Б. Н. Есть ли родство между растительностью степей и тундр? 《Советская ботаника》, 1939, № 6—7, стр. 41—65.

Горшенин К. П. Почвы черноземной полосы Западной Сибири. Зап. сиб. отд. Геогр. общ., XXXIX, 1927.

Grabau A. W. Principles of stratigraphy. New York, Seiler, 1913, pp. XXXII+1185.

Граман Р. О происхождении и образовании лёсса в средней Европе. Бюлл. Информ. бюро ассоц. для изуч. четверт. отложений Европы, № 3—4, Л., 1932, стр. 5—22.

Grahmann R. Der Löss in Europa. Mitteil. Gesell. f. Erdkunde Leipzig(1930—1931), vol. 51, 1932a, pp. 5—24.

Granet M. La civilisation chinoise. Paris, 1929, pp. XXI+523 (серия: L'évolution de l'humanité).

Hsieh C. Y. Note on the geomorphology of the North Shensi basin. Bull. Geol. Soc. China, XII, No. 2, Peiping, 1933, pp. 181—197.

Гурвич И. Я. Лесная проблема Китая. Изв. Геогр. общ., 1940, № 1, стр. 15—25.

Гуров А. В. Геологическое описание Полтавской губ. Харьков, 1888, VII+1010 стр., с картой(о лёссе: стр. 841—882).

Даниловский И. В. Материалы к изучению фауны четвертичных моллюсков из II террассы р. Оки. Труды Всесоюзн. геолого-развед. объедин., вып. 225, 1932, стр. 4—19.

Даниловский И. В. Руководящие четвертичные моллюски западной полосы европейской части СССР. Советская геология, 1940, № 5—6, стр. 103—111.

Даниловский И. В. Материалы к изучению ископаемых наземных и пресноводных моллюсков Западной Сибири. Изв. Геогр. общ., 1940 а, № 6, стр. 751—763.

Даньшин Б. М. Общая геологическая карта европейской части СССР. Лист 45. Восточная половина. Брянск-Орел-Курск—Рыльск. Труды Моск. геол. треста, вып. 12, 1936, 178 стр.

De Ward R. and Brooks Ch. The climates of North America. I. Handb. d. Klimat., II, Teil I, Berlin, 1936, p. 327.

Денисов Н. Я. О генезисе просадочных лессовидных суглинков. Доклады Академии наук, XXVIII, № 6, 1940, стр. 526—527.

Денисов Н. Я. О некоторых теоретических положениях и экспериментальных доказательствах почвенной гипотезы лессообразования. Изд. Академии наук СССР, сер. геолог., 1944,

№ 2, стр. 15—21.

Димо Н. А. В области полупустыни. Саратов, 1907. Изд. Сарат. губ. зем.

Димо Н. А. Отчет по почвенным исследованиям в Голодной степи Самаркандск. обл. СПб., 1910, изд. Отд. земельн. улучш.

Димо Н. А. Из бассейна Аму-дарьи. 《Русский почвовед》, Москва, 1915, стр. 264—270.

Димо Н. А. (Реферат). Там же, стр. 284.

Дмитрiев М. (Дмитриев Н. И.). Скiльки було зледенiнь на Українi. Зап. Україн. iнст. геогр. та картогр., II, вып. 2, Харьков, 1930, стр. 5—56.

Дмiтрiев М. I. (Дмитриев Н. И.). Рельеф УРСР (геоморфологiчний нарис). Харьков, 1936, 168 стр.

Дмитриев Н. И. О стратиграфии лёсса среднего Приднепровья. Учен. зап. Харк. унiв., 1937, № 8—9, стр. 221—234.

Дмитриев Н. И. О количестве и возрасте террас среднего Днепра. 《Землеведение》, XXXIX, вып. 1, 1937а, стр. 1—24.

Дмiтрiев М. I. (Дмитриев Н. И.) Четвертиннi вiдклади днiпровської западини в межах УРСР. Науковi записки Харкiв. педаг. iнституту, № 1, 1939, стр. 229—265.

Добров С. А. и Константинович А. Э. Общая геологическая карта европ. части СССР. Лист 44. Восточная половина. Труды Моск. геолог. треста, вып. 20, Л., 1936, 107 стр.

Докучаев В. В. Русский чернозем. СПб., 1883, 310 стр.

Докучаев В. В. Дилювиальные образования Нижегородской губернии. Материалы к оценке земель Нижегородской губ. Ест.-ист. часть. Вып. XIII, СПб., 1886, изд. Нижег. губ. зем., 65 стр.

Докучаев В. В. К вопросу о происхождении русского лёсса. Вестн. естествозн., 1892, стр. 112—117; то же в Трудах СПб. общ. ест., XXII, вып. 2, 1893, стр. II—VI.

Докучаев В. В. Наши степи прежде и теперь, СПб., 1892а; 2-е изд. М., 1936, стр. 20—117.

Домбровский В. В. Геологическое строение, литологический состав и полезные ископаемые окрестностей Иркутска. Труды Вост.-сиб. геолого-гидро-геодез. треста, вып. 8, Новосибирск, 1934, стр. 5—35, карта.

Драницын Дм. Заметка о северо-африканском лёссе. 《Землеведение》, 1914, № 3, стр. 127—135.

Дубянский В. А. Песчаная пустыня юго-восточные Каракумы. Труды по прикл. ботан. и сел., XIX, вып. 4, 1929.

Дурденевская М. В. Просадки в лёссовых грунтах и теория эолового происхождения лёсса. Доклады Академии наук, XXVII, № 1, 1940, стр. 27—29.

Du Toit A. The geology of South Africa. 2-d edition. Edinburgh, 1939, pp. XII+539.

Емельянов Н. Д. Иргизский район. Предв. отчет по исследов. почв Азиатск. России в 1914 г. Пгр., 1916, стр. 255—

299.

Ehrmann P. Mollusken (Weichtiere).《Die Tierwelt Mitteleuropas》,II,Lief. 1,Leipzig,1933,p. 264.,13 pls.

Ермилов И. Я. Геологические исследования на Гыданском полуострове в 1927 году. Труды Полярной комиссии Академии наук СССР,вып. 20,1935,стр. 11—25.

Ермолаев М. М. Геологический и геоморфологический очерк строва Большого Ляховского. Труды Совета по изуч. производ. сил,серия якутская,вып. 7,изд. Академии наук,1932,стр. 147—223.

Жадин В. И. Пресноводные моллюски СССР. Л.,1933,232 стр.

Жадин В. И. Фауна рек и водохранилищ. Труды Зоол. инст. Академии наук,V,1940,стр. 519—992.

Жирмунский А. М. Послетретичные образования южной части Смоленской губ. Изв. Р. Академии наук,1925,стр. 323—350.

Жирмунский А. М. Общая геологическая карта европейской части СССР. Лист 44. Северо-западная четверть листа. Смоленск-Дорогобуж-Ельня-Рославль. Труды Геолог. ком.,вып. 166,1928,122 стр.,карта.

Жузе А. П. Палеогеография водоемов на основе диатомового анализа. Л.,1939,изд. Геогр.-экон. инст.,86 стр.

Жуков М. М. Четвертичные отложения низового

Поволжья. Труды Моск. геолог. -развед. инст., I, 1936, стр. 3—29.

Жуков М. М. Геоморфология района проектирования Терскоманычского канала. Труды Моск. геолого-развед. инст., I, 1936, стр. 30—57.

Жуков М. М. Бакинские слои северного Прикаспия. Бюлл. Моск. общ. исп. прир., отд. геол., XVIII, № 1, 1940, стр. 54—65.

Зайцев Н. М. Обследование почв Ржевского уезда Тверской губернии. Труды Гос. почв. инст., I, М., 1927, стр. 65—85.

Замарин Е. А. и Решеткин М. М. Просадка и водопроницаемость лёсса. Труды Ср.-аз. научн.-исслед. инст. ирригации, вып. 5. Ташкент, 1932, 40 стр.

Заморій П. К. Геоморфологія і четвертинні поклади межиріччя Ворскла — Орчик — Берестова в їх середній течії. Четвертинний період, вып. 8, Киев, 1935, стр. 61—112.

Заморій П. К. Четвертинні поклади північносхідної частини УРСР. Четвертинний період, вып. 9, Киев, 1935, стр. 37—87.

Заморий П. К. О нахождении вулканического пепла в четвертичных отложениях Крыма, Украины и Воронежской обл. Четвертинний період, вып. 12, Киев, 1937, стр. 33—45.

Захаров С. А. Почвы северной части Муганской степи и их осолонение. Журн. опытн. агрон., 1905, № 2.

Захаров С. А. О лессовидных отложениях Закавказья. 《Почвоведение》, 1910, № 1, стр. 37—80.

Захаров С. А. Почвы Мильской степи и содержание в них легкорастворимых солей. СПб.,1912,стр. IV—76,с картой. Изд. Отд. земельн. улучш.

Жолцинский И. Краткий предвар. отчет о почвенных исследованиях в Конотопском у. летом 1913г. Предв. отч. Черн. губ. в 1913 г. М.,1914,стр. 59—81.

Иванов А. П. Геологическое строение и ископаемые. 《Природа Орловского края》,Орел,1925,стр. 1—38.

Иванов А. П. и Иванова Е. А. Общая геологическая карта европейской части СССР. Лист 58. Юго-западная четверть. Тула—Лихвин—Чернь. Труды Моск. геолог. треста,вып. 9,1936,80 стр.

Ильин Р. С. К вопросу о генезисе гумусовых горизонтов южнорусского лёсса. 《Русский почвовед》,1916,стр. 135—141.

Ильин Р. С. К вопросу о границах подзолистой и лесостепной зоны. 《Почвоведение》,1927,№ 3.

Ильин Р. С. О генезисе и возрасте подпочв и почв Калужской губернии. Труды Почв. инст.,М.,I,1927,стр. 25—64.

Ильин Р. О генезисе лёссов и других покровных пород скульп-турных равнин. 《Почвоведение》,1930,№ 1—2,стр. 159—163.

Ильин Р. С. Происхождение лёссов в свете учения о зонах природы, смещающихся в пространстве и во времени.

《Почвоведение》, 1935, № 1, стр. 80 — 100. (Какое отношение имеет учение о зонах природы к вопросу о происхождении лёсса, я из этой статьи уяснить себе был не в состоянии. —Л. Б.)

Ильин Р. С. Основная закономерность расположения поверхностных пород и почв по рельефу (возрасту) в скульптурных равнинах.《Почвоведение》,1936,№ 4,стр. 588—599.

Ильин Р. С. О деградированных и вторичноподзолистых почвах Сибири.《Почвоведение》,1937,№ 4,стр. 591—600.

Имшенецкий И. З. Кубанские степи. Исследование почв и грунтов вдоль. Черном.-Кубан. ж. д. Р.-на-Д. 1924 (= Изв. по опытн. делу Дона и Сев. Кавказа),64 стр.

Искюль В. Геология и почвы. Труды Экспед. по исследованию земель Печорского края Вологодской губ. Под ред. П. И. Соколова. Том I. Устьсысольский уезд. Район Сысольского и южной части Устьсысольского лесничеств. СПб.,1909,глава II, стр. 1—119,с 10-верстн. почв. картой.

Искюль В. Почвенно-геологический очерк Устьсысольского и юго-западной части Вычегодского казенных лесничеств Вологодской губ. Там же. Том II. Устьсысольский уезд. Район Устьсысольского и части Вычегодского лесничеств. СПб., 1910, отд. II,стр. 1—142,с 10-верстн. почв. картой.

Казаков М. П. К характеристике главнейших типов четвертичных отложений Европейской части СССР. Бюлл. Моск. общ. исп. прир.,отд. геол.,XIII,№ 3,1935,стр. 394—427.

Калицкий К. Нефтяная гора. Труды Геолог. ком., н. с., вып. 95, 1914.

Каминский А. О некоторых особенностях климата южного берега Крыма. Труды съезда по бальнеологии, климатологии и гидрологии, СПб., 1905.

Каминский А. Главнейшие особенности климата Гагр. СПб., 1906.

Карк И. Заметки о долине Мургаба. Изв. Русск. Геогр. общ., XLVI, 1910, стр. 261—321.

Карпинский А. Геологические исследования в Волынской губернии. Научно-исторический сборник, изданный Горным институтом ко дню столетнего юбилея. СПб., 1873, отд. 2, стр. 45—96.

Карта отложений четвертичной системы европейской части СССР и сопредельных с нею территорий в масштабе 1 : 2 500 000. Л., 1932, изд. Геол.-развед. объед., под ред. С. А. Яковлева. Пояснительная записка, 10 стр.

Кассин Н. Г. Общая геологическая карта европейской части СССР. Лист 107. Вятка — Слободской — Омутнинск — Кай. Вып. 1. Труды Геолог. ком., вып. 158, Л., 1928, VII+256 стр.

Keilhack K. Die grossen Dünengebiete Norddeutschlands. Zeitschr. deutsch. geol. Gesell., LXIX, 1917.

Keilhack K. Die Nordgrenze des Löss in ihren Beziehungen zum nordischen Diluvium. Zeitschr. deutsch. geol. Gesell. Monatsber.,vol. 70,1918,pp. 77—79,карта 1∶3 700 000.

Keilhack K. Das Rätsel der Lössbildung. Zeitschr. deutsch. geol. Gesell., Monatsber., vol. 72, 1920, pp. 146 — 161 и обсуждение pp. 161—167.

Kölbl L. Studien über den Löss. Ueber den Löss des Donautales und der Umgebung von Krems. Mitteil. geol. Gesell. Wien,XXIII(1930),1931,pp. 85—121.

Köhler G. Der Hwang-ho, eine Physiogeographie. Ergänzungsheft No. 203 zu Peterm. Mitteil.,1929,p. 104.

Köppen Wladimir und Wegener Alfred. Die Klimate der geologischen Vergangenheit. Berlin,1924,pp. IV+256.

Кийз Ч. Проблема лёсса и ее связь с валунными глинами. Бюлл. Информ. бюро ассоц. по изуч. четверт. отложений Европы, № 3—4,Л.,1932,стр. 23—35.

Кобозев Н. Сборник Геогр.-эконом. исследов. инст. за 1927 год. Л., 1928, стр. 34 (лессовидные суглинки на водоразделе Вычегды и Камы).

Козлова Е. В. Птицы юго-западного Забайкалья, сев. Монголии и центр. Гоби. Материалы Монгол. ком. Академии наук,вып. 12,Л.,1930.

Колоколов М. Ф. Вяземский уезд. Материалы для оценки земель Смоленской губ. Ест.-ист. часть. I,Смоленск,1901.

Колоколов М. Ф. Грязовецкий уезд. Материалы для оценки земель Вологодской губ.,I,вып. II,Москва,1903.

Костюкевич А. В. Предв. отчет о почвенных исследованиях в Бельском уезде Смоленской губ. Смоленск, 1915, 97 стр., изд. Смоленск. губ. зем. упр.

Коссович П. Основы учения о почве. Ч. II, вып. 1, СПб., 1911.

Коссович П. и Красюк А. Исследование почв земельных угодий Вологодского Молочнохозяйственного института. Из Бюро по земпед. и почвов. с.-х. ком., сообщ. XIV, СПб., 1914, II +90 стр., с картой.

Cotton C. A. Geomorphology of New Zealand. Part I. Wellington, N. Z., 1926, pp. X+462.

Краснопольский А. Геологические исследования и поиски каменного угля в Мариинском и Томском округах. Геологич. исслед. по линии Сибирск. ж. д., XIV, 1898.

Краснопольский А. Геологические исследования по линии Сибирской ж. д. Там же, XVII, 1899.

Краснопольский А. Геологические исследования в бассейне реки Тобола. Там же, XX, 1899.

Красівський Л. (Красовский А. В.). Уваги що до новійших грунтоутворючих відкладів Поділля. Зап. Кам.-Под. с.-х. инст., I, Каменец-Подольск, 1924, стр. 1—15.

Красовский А. В. Несколько слов о послетретичных отложениях на Украине. Зап. Кам.-Под. с.-х. инст., 1927, 11 стр.

Красюк А. А. О погребенном гумусовом горизонте Европейской России вообще и Волыно-Подолии в частности. 《Русский почвовед》,1916,стр. 121—135.

Красюк А. Почвы и грунты по линии Подольской ж. д. Сообщ. Отдела почвоведения сел.-хоз. учен. ком., No 26, Пгр., 1922,224. стр.

Красюк А. Почвенные районы Иваново-Вознесенской, Костромской и Владимирской губерний. Труды Костромск. научн. общ.,XXXI,1923,29 стр. (отт.),с картой в масштабе 25 в. в дюйме.

Красюк А. Краткий очерк почв Костромской губ. Труды Костромск. научн. общ.,XXXIII,1924.

Красюк А. Почвы северо-восточной области и их изучение 1921 — 1924 гг. Архангельск, 1925, 63 стр., изд. Арх. общ. краевед.

Красюк А. А. Естественно-историческое описание Иваново-Вознесенской губ. Сообщ. Отд. почвовед.,I,1927,стр. 39—113.

Красюк А. А. Почвы ленско-амгинского водораздела. Материалы Якут. ком.,вып. 6,1927а,176 стр.

Криштафович Н. И. Гидро-геологическое описание территории города Люблина и его окрестностей. Варшава,1902,II +293 стр.,с геолог. и гипсом. картой. О лёссе стр. 108—220(Зап. Ново-Александр. инст. сел. хоз. и лесов.,XV,вып. 3).

Крокос В. И. Изменился ли климат Тираспольского уезда

Херсонской губ. со времени межледниковой эпохи? Материалы по исслед. почв и грунтов Херсонск. губ. Одесса,1915,изд. Херс. губ. зем.,стр. 7—16.

Крокос В. И. Некоторые данные по геологии Тираспольского уезда Херсонской губ. Геолог. вест.,II,1916,стр. 57—64.

Крокос В. И. Материалы для характеристики почвогрунтов Одесской и Николаевской губерний. Изв. Областного управления по опытному делу Одесск. и Николаевск. губ. I, Одесса, 1922, стр. 43—79.

Крокос В. І. Лес і фосильні грунти південно-західної Украіни. Вістн. сільско-господар. науки, III, вып. 3—4, Харьков, 1924,стр. 22—26 (то же по-французски,стр. 27—31).

Крокос В. И. Материалы для характеристики почвогрунтов Одесской и западной части Екатеринославской губерний. Журн. научно-исследов. кафедр в Одессе, I, 1924, № 10—11, стр. 1—16.

Крокос В. И. Химической состав лёссовых ярусов и морены Одещины и западной части Екатеринославщины (бывшей Херсонской губ.). Журн. Науководослідчих катедр м. Одеси, II, 1926, № 4,стр. 100—137.

Крокос В. И. Время происхождения украинского лёсса. 《Почвоведение》,1926а, № 1,стр. 5—17.

Крокос В. И. Материалы для характеристики четвертичных отложений восточной и южной Украины. Матеріяли дослідження грунтів України,вып. 5,Харьков,1927,V—XI+303 стр.

Крокос В. И. Четвертичная серия Днепропетровского района. Путевод. экскурсий 2-й четвертично-геологической конференции, 1932, стр. 144—161.

Крокос В. І. Четвертинна серія по лінії Гребінка—Лубні—Миргород. Труди (Праці) Українського науково-дослідчого геологічного інституту, V, вып. 1, Киев, 1933, стр. 51—60.

Крокос В. І. Четвертинна серія Чернігівского району. Четверт. період, вып. 7, Киев, 1934, стр. 14—27.

Крокос В. І. Четвертинна серія Полтавського району. Четвертинний період, вып. 8, Киев, 1935, стр. 3—24.

Крокос В. И. Четвертичная серия юго-западной части Донского ледникового языка в пределах Воронежской области. Четвертинний період, вып. 12, Киев, 1937, стр. 17—24.

Кропоткин П. Исследования о ледниковом периоде. Зап. Русск. Геогр. общ. по общ. геогр., VII, 1876, XXXIX + 717 + 70 стр. (о лёссе в прибавлении, стр. 20—22).

Кудрин С. А. и Розанов А. Н. Основные итоги почвенных, почвенномелиоративных и агрохимических исследований в Средней Азии. «Почвоведение», 1937, № 7, стр. 733—758.

Кудрин С. А. и Розанов А. Н. Влияние некоторых коренных пород на процессы выветривания и почвообразования в Средней Азии. Проблемы сов. почвоведения, изд. Почв. инст. Академии наук, вып. 7, 1939, стр. 125—148.

Кудрин С. А. Химизм сероземов. «Почвоведение», 1940, №

6, стр. 24—42.

Кудрявцев Н. Геологический очерк Орловской и Курской губерний. Материалы для геологии России, XV, 1892 (о лёссе: стр. 779—797).

Курбатов С. М. Почвенно-геологический очерк средней части Вычегодского казенного лесничества Вологодской губ. Труды Эксп., по исслед. земель Печорского края Вологодск. губ., т. II, Устьсысольский уезд. Район Устьсыс. и части Вычегодск. лесничеств., СПб., 1910, отд. III, стр. 1—106.

Лавренко Е. Некоторые наблюдения над корой выветривания в Провальской степи, в Донецком кряже. Труді Науководослідноі катедры грунтознавства, I, Харьков, 1930, стр. 87—97.

Lambrecht K. Handbuch der Palaeornithologie. Berlin, 1933.

Lapparent A. Traité de géologie. 4-e éd., III, Paris, 1900, pp. 1607—1614.

Ларин И. В. и Тихомирова Т. Ф. Почвы, растительность и их хозяйственное значение участка Уральской с.-х. опытной станции. Кзыл-орда, 1927, изд. Общ. изуч. Казахстана, стр. 159, с картой.

Ласкарев В. Д. Общая геологическая карта России. Лист 17, Труды Геолог. ком., н. с., вып. 77, 1914 (о лёссе: стр. 694—708 и др.).

Ласкарев В. Д. Обзор четвертичных отложений Новороссии. Зап. Общ. сел. хоз. южн. России, т. 88—89, кн. 1, Одесса, 1918, 47

стр.

Левинсон-Лессинг Ф. Ю. Успехи петрографии в России. Пгр.,1923,изд. Геолог. ком.,408 стр.

Левченко Ф. И. Почвы, грунты и грунтовые воды Каракумской пустыни в связи с вопросом орошения ее, Киев, 1912,146+IV+31 стр..

Lee J. S. The geology of China. London, Murby, 1939, pp. XV+528.

Lencewicz S. Les dunes continentales de la Pologne. Trav. Inst. géogr. Univ. de Varsovie,1922.

Лепикаш И. А. К минералогии лёссовых образований Украины. Труды Ком. по изуч. четверт. пер. Академии наук,IV, 1934,стр. 131—142.

Lowe P. R. Struthous remains from Northern China and Mongolia. Palaeontologia sinica,series C,vol. VI,fasc. 4,Peiping, 1931,40 pp.,4 pls.

Линдгольм В. А. Состояние изученности пресноводных и наземных ископаемых моллюсков, найденных в четвертичных отложениях СССР. Труды II Междунар. конфер. ассоциации по изуч. четвертичн. периода Европы,III,Л.,1933,стр. 148—154.

Лисицын К. И. О гумусовых лёссах в окр. гг. Ростова и Новочеркасска, о прослоях песков в лессовидном суглинке, о красной глине и об условиях их залегания. Материалы по ест.-ист. обследованию района Доно-кубано-терск. общ. сел. хоз., I,

Ростов-на-Д.,1914,стр. 19—46,с 4 табл.

Личков Б. Л. К вопросу о геологической природе Польсья. Изв. Академии наук,1928,стр. 173—194,карты.

Личков Б. Л. О террасах Днепра и Припяти. Матер. по общ. и приклад. геол. Изв. Геолог. ком.,вып. 95,1928а,51 стр.,карта.

Личков Б. Л. К вопросу о существовании пустынь в четвертичное время в Европе. Зап. Киевск. общ. ест., XXXVII, вып. 3,1928б,стр. 30—41.

Loczy L. Die geologischen Formationen der Balatongegend und ihre regionale Tektonik. Resultate der wiss. Erforschung der Balatonseeexpedition, I, 1 Sekt., Wien, 1916(известно мне лишь по реферату в Zeitschr. Gesell. Erdk. Berlin).

Lyell Ch. Principles of geology. vol. III, London, 1833, pp. XXXII+398+109. То же, 10-е изд., vol. I, London, 1867, pp. XVI+671.

Lyell Ch. Observations on the loamy deposit called《loess》 of the basin of the Rhine. Edinburgh New Phil. Journ., XVII, 1834,pp. 110—122.

Лунгерсгаузен Л. Несколько замечаний об общем характер е четвертичных отложений у ю.-з. границы днепровского языка. Труды Ком. четв. пер.,III,1933,стр. 125—158.

Любченко А. Е. Каракумская степь. Почвенные и гидрологические исследования. 《Экспедиция в Каракумскую степь》,М.,1910,изд. Моск. бирж. ком.,стр. 1—201.

Мазарович А. Н. Опыт схематического сопоставления неогеновых и послетретичных отложений Поволжья. Изв. Академии наук, 1927.

Мазарович А. Н. Про характер та вік найголовніших типів потретинних покладів сходу Російської рівнини. Збірник пам'яті Тутковського, I, Киев, 1932, стр. 215—252.

Мазарович А. Н. Континентальные процессы формирования рельефа в среднем Заволжьи. Труды II Междунар. конференции ассоц. по изуч. четвертич. периода, III, 1933, стр. 71—87.

Мазарович А. Н. К вопросу о четвертичном покрове Русской равнины. Бюлл. Моск. общ. исп. прир., отд. геол., XVIII, No 1, 1940, стр. 38—52.

Макеев П. С. Очерк рельефа Кызыл-кумов. Труды Сов. по изуч. производ. сил, сер. каракалп., вып. 1, 1933, стр. 41—162.

Макеров Я. А. Перемежающееся залегание ила и песка в Голодной степи. Труды СПб. общ. ест., XVI, вып. 2, 1885, стр. 55—56.

Маляревский К. Почвенный очерк Устюженского уезда. Труды Гос. почвен. инст., I, М., 1926.

Марков К. К. Древние материковые дюны северо-западной части Ленинградской губернии. Докл. Академии наук, 1928, стр. 327—332.

Марков К. К. Развитие рельефа северо-западной части Ленинградской области. I. Труды Гл. геолого-развед. управл.,

вып. 117,1931,253 стр.

Марков К. К. Геоморфологический очерк северного Памира и Вахии по наблюдениям 1932—1933 гг. Труды ледник. экспед. I, Л.,1936,изд. Тадж.-памир. экспед.,стр. 267—480.

Материалы по изучению почв Московской губ. Вып. 1. Предв. отчет о почвенных и геологических исследованиях Моск. губ. в 1912 г. М.,1913,93 стр. —Вып. II. То же в 1913 г. М., 1914,128 стр.,изд. Моск. губ. зем.

Матисен А. А. Путешествие в Персию в 1904г. Изв. Русск. Географ. общ.,XLI,1905,стр. 523—555.

Machatschek Fr. Der westlichste Tien-schan. Ergänzungsheft No. 176 zu Peterm. Mitteil.,1912,p. 141.

Махов Г. Г. Питания генези та еволюції грунтів України. Вістник сільскогосподарьської науки, Харьков-Киев, III, вып. 3—4. 1924,стр. 14—22,с картой.

Махов Г. Г. Почвы Донецкого кряжа. 《Почвоведение》, 1926,№ 3—4,стр. 1—24.

Мельник М. О. До вивчення фавни м'якунів українських лесів. Збірник пам'яти Тутковського, II, Киев, 1932, стр. 207—233,6 табл. рис.

Мельник М. Е. Фауна моллюсков лёссов УССР. Труды II Междунар. конферен. ассоц. по изуч. четвертичного периода, III, Л.,1933,стр. 155—160.

Merzbacher G. Vorläufiger Bericht über eine in den Jahren

1902 und 1903 ausgeführte Forschungsreise in den zentralen Tien-Schan. Peterm. Mitt., Ergänzungsheft No. 149, 1904, с картой.

Миддендорф А. Очерки Ферганской долины. СПб., 1882, изд. Академии наук.

Милановский Е. В. Плиоценовые и четвертичные отложения Сызранского района. Труды Ком. по изуч. четверт. периода, IV, вып. 2, М., 1935, стр. 175—179.

Мирчинк Г. Ф. Краткий предв. отчет о геологических исследованиях в Новгород-Северском и Кролевецком уездах. Предв. отчет Черн. губ. 1913 г., М., 1914, стр. 10—22.

Мирчинк Г. Ф. Городищенский уезд. Труды экспедиции для исслед. ест.-ист. условий Пензенск. губ. Серия 1. Геология, вып. VII, М., 1915, изд. Пенз. губ. зем.

Мирчинк Г. Ф. Послетретичные отложения Черниговской губ. и их отношение к аналогичным отложениям Европ. России. Вестн. Моск. горн. акад., II, прилож. № 1, 1923, стр. 1—67. Продолжение в: Мемуары Геол. отд. Общ. люб. ест., антр. и этн., вып. 4, М., 1925, стр. 1—187.

мирчинк Г. Ф. Из четвертичной истории равнины Европейской части СССР. Геологич. вестн., V, № 4—5, 1927, стр. 12—18.

Мирчинк Г. Ф. О физико-географических условиях эпохи отложения верхнего горизонта лёсса. Изв. Академии наук, отд.

физ. -мат., 1928, стр. 113—142.

Мирчинк Г. Ф. Состояние изучения покровных четвертичных образований в европейской части СССР, иллюстрированное картой. 《Почвоведение》, 1928а, № 1—2, стр. 24—31, с картой.

Мирчинк Г. Ф. О количестве оледенений Русской равнины. 《Природа》, 1928б, № 7—8, стр. 683—692.

Мирчинк Г. Ф. Эпейрогенетические колебания европейской части СССР в течение четвертичного периода. Труды II Междунар. конфер. ассоц. по изуч. четверт. периода Европы, II, 1933, стр. 153—165.

Мирчинк Г. Ф. Геологическое строение местности по линиям Орша — Ворожба, Новобелица — Прилуки и Локоть — Шостка. Труды Моск. геолог. -развед. объед., вып. 309, М., 1933а, 188 стр.

Миссуна А. Б. Краткий очерк геологического строения Новогрудского уезда Минской губернии. Зап. Минер. общ., L, 1915, стр 163—240, с картой.

Михальский А. Предвар. отчет о геологических исследованиях 1891 г. Изв. Геол. ком., XI, 1891, стр. 189—197 (Люблинск. и Седлецк. губ.).

Moyer R. T. Introduction to a study of soils of Shansi province, China. Contributions to the knowledge of the soils of Asia, II, Л., 1932, изд. Докуч. Почв. инст., pp. 9—15.

Морозов С. С. Сравнительные данные механического анализа некоторых карбонатных пород по способам Гедройца, Сабанина и Робинзон-Земятчинского.《Почвоведение》, 1931, № 5—6, стр. 48—59.

Морозов С. С. Механический и химический состав некоторых лёссов европейской части СССР и генетически им близких пород.《Почвоведение》, 1932, № 2, стр. 232—257.

Москвитин А. И. Геология Прилукского округа Украины. Труды Всесоюзн. геолого-развед. объедин., вып. 310, Л., 1933, 296 стр.

Москвитин А. И. Лёсс и лессовидные отложения Сибири. Труды Инст. геолог. наук, вып. 14, геол. серия № 4, 1940, изд. Академии наук, 83 стр., с картой.

Мурзаев Э. М. Об условиях образования пустынного загара. Пробл. физ. геогр., V, М., 1938, стр. 231—235.

Мушкетов Д. Из Пржевальска в Фергану. Изв. Геол. ком., XXXI, 1912, стр. 441—468.

Мушкетов И. В. Краткий отчет о геологическом путешествии по Туркестану в 1875 году. СПб., 1876 (то же в Зап. Минер. общ., XII, 1877, стр. 117—236, и в Зап. Геогр. общ. по общ. геогр., XXXIX, вып. 1, 1910, стр. 111—230, о лёссе: стр. 163—165).

Мушкетов И. В. Туркестан, I, СПб., 1886, XXVI + 743 стр.

Мушкетов И. В. Геологические исследования в Калмыцкой степи в 1884—1885 гг. Труды Геолог. ком., XIV, № 1, 1895.

Мушкетов И. В. Физическая геология, II, вып. 1, 1903, о лёссе:стр. 133—146;3-е изд., II, 1926, стр. 95—107.

Münichsdorfer F. Der Löss als Bodenbildung Geol. Rundschau. XVII, 1926, pp. 321—332.

Набоких А. И. Состав и происхождение различных горизонтов некоторых южнорусских почв и грунтов. Сельское хоз. и лесоводство, 1911, февр., стр. 227—243.

Набоких А. И. Ход и результат работы по исследованию почв и грунтов Харьковской губ. Материалы по исслед. почв и грунтов Харьк. губ. Вып. I, изд. Харьк. губ. зем. упр., Харьков, 1914, 27 стр.

Набоких А. И. Факты и предположения относительно состава и происхождения послетретичных отложений черноземной полосы России. Материалы по исслед. почв и грунтов Херсонск. губ. Вып. 6, изд. Херсон. губ. зем., Одесса, 1915, стр. 17—27, с табл.

Нейштадт М. И. Роль торфяных отложений в восстановлении истории ландшафтов СССР. Пробл. физ. геогр., VIII(1939), 1940, стр. 3—52.

Nehring A. Ueber Tundren und Steppen der Jetzt-und Vorzeit, mit besonderer Berücksichtigung ihrer Fauna. Berlin, 1890, p. 257.

Неуструев С. С. Почвенно-географический очерк Чимкентского уезда Сыр-дарьинской области. СПб., 1910, изд.

Пересел. упр.

Неуструев С. С. О геологических и почвенных процессах на равнинах низовьев Сыр-дарьи.《Почвоведение》,1911,№ 2,стр. 15—66,с картой.

Неуструев С. С. Почвенный очерк Андижанского уезда. Предв. отчет по исслед. почв Азиат. России в 1911 году. СПб., 1912,стр. 135—172.

Неуструев С. С. Ошский уезд Ферганской области. Предв. отчет по исслед. почв Азиатск. России в 1913 году. СПб.,1914, стр. 261—284.

Неуструев С. С. К вопросу об исследовании Туркестанского лёсса. Геолог. вестн.,I,1915,стр. 140—147.

Неуструев С. С. К вопросу об изучении послетретичных отложений Сибири.《Почвоведение》,1925,№ 3,стр. 5—27.

Неуструев С. С. Почвенная гипотеза лессообразования.《Природа》,1925а,№ 1—3,стр. 47—56.

Неуструев С. С. в: Крашенинников И. и Неуструев С. Геоморфологический очерк Малой Кабарды и Моздокской степи. Зап. Русск. минер. общ.,LV,вып. 1,1926,стр. 129—165.

Неуструев С. и Безсонов А. Новоузенский уезд. Почвенный и геологический очерк. Материалы для оценки земель Самарск. губ. Ест.-ист. часть. Т. III,Самара,1909,511 стр.

Неуструев С. и Прасолов Л. Самарский уезд. Почвенно-географический очерк. Материалы для оценки земель Самарск.

губ. Ест.-ист. часть. Т. V, Самара, 1911.

Неуструев С. С. и Иванова Е. Н. Почвы Мало-Кабардинского округа Балкар-Кабардинской авт. области. Сообщ. Отд. почвоведения Гос. инст. опытн. агрон., вып. 1, 1927, стр. 114—186.

Неуструева М. В. Результаты работ станции по наблюдению над атмосферно-пылевыми явлениями близ г. Ош Ферганской области. Известия Докучаевск. почвенн. ком., II, 1914, стр. 147—181.

Никитин С. Н. Послетретичные отложения Германии в их отношении к современным образованиям России. Изв. Геолог. ком., V, 1886, стр. 133—184.

Никитин С. Н. Бассейн Оки. Исследования гидрогеологического отдела 1894 года. Труды экспед. для исслед. источников рек Евр. России, СПб., 1895 (о лёссе стр. 49—55).

Николаев Н. И. Плиоценовые и четвертичные отложения сыртовой части Заволжья. Труды Ком. по изуч. четверт. периода, IV, вып. 2, М., 1935, стр. 119—165.

Никшич И. И. Копет-Даг. Геологические и. гидрогеологические исследования в Полторацком уезде Туркменской области в 1923 г. Ташкент, 1924, VI+100 стр.

Никшич И. И. Бассейн рек Сумбара и Чандыра. Труды геол.-развед. объед., № 174, 1932, 129 стр., карта.

Обручев В. А. О процессах выветривания и раздувания в

Центральной Азии. Зап. Минер. общ., XXXIII, 1895, стр. 229—272.

Обручев В. А. Орографический и геологический очерк Центральной Монголии, Ордоса, восточной Гань-су и северной Шеньси. Изв. Русск. Геогр. общ., XXX, 1894, стр. 231—253.

Обручев В. А. Орография Центральной Азии и ее юго-восточной окраины. Там же, XXXI, 1895, стр. 253—344.

Обручев В. А. Центральная Азия, северный Китай и Нань-шань. Отчет о путешествии в 1892—94 гг., т. I, СПб., 1900 XXXVIII + 631 стр.; т. II, СПб., 1901, XXVI + 687 стр., 4° (много наблюдений над лёссом).

Обручев В. А. К вопросу о происхождении лёсса (в защиту эоловой гипотезы). Изв. Томск. технол. инст., XXIII, 1911, № 3, 38 стр.

Обручев В. А. Пограничная Джунгария, т. I, вып. 1. Томск, 1912.

Обручев В. А. Орографический и геологический очерк юго-западного Забайкалья (Селенгинской Даурии). Ч. I, Геолог. исслед. по линии Сибирск. ж. д., вып. XXII, ч. I, СПб., 1914.

Обручев В. А. Проблема лёсса. «Природа», 1929, No 2, стр. 107—136. То же в Сборнике научных трудов Московской горной академии, М., 1930, стр. 3—21.

Обручев В. А. Письмо в редакцию. «Природа», 1930, № 4, стр. 453 (по поводу статьи Л. С. Берга «Проблема лёсса»,

《Природа》,1929,№ 2).

Обручев В. А. Лес як еоловий грунт. Збірник пам'яті Тутковського. I, Киев, 1932, стр. 261—293. То же по-немецки: Löss als äoischer Boden. Там же, стр. 293—331.

Обручев В. А. Проблема лесса. Труды II Междунар. конфер. ассоц. по изучению четверт. периода, II, 1933, стр. 115—137.

Обручев В. А. Пограничная Джунгария, III, вып. 2. Геологический очерк, М., 1940, 292 стр., карта.

Haug E. Traité de géologie, vol. II, fasc. 3, Paris 1911.

Огнев Г. Н. Геологические наблюдения на ленско-амгинском водоразделе. Материалы Якутск. ком., вып. 22, 1927, стр. 71.

Oliver F. W. Dust-storms in Egypt and their relation to the war period as noted in Maryut, 1939—45. Geogr. Journ., vol. CVI, № 1—2, July-August 1945, pp. 26—49.

Оловянишников Г. И. Распределение $CaCO_3$, и $MgCO_3$, кремнекислоты и полуторных окислов в механических фракциях сероземов Средней Азии и некоторые особенности почвенных карбонатов. 《Почвоведение》, 1937, № 7, стр. 710—719 (лёссы Голодной степи и Уч-кургана).

Осокин Л. С. О влиянии просадок лессовидных суглинков на образование западин. Изв. Воронежск. гос. педаг. инст., VI, вып. 2, 1940, стр. 23—28.

Павлов А. П. Самарская лука и Жегули. Труды Геолог. ком., II, 1887, № 5, 60 стр., 4°, геол. карта.

Павлов А. П. Генетические типы материковых образований ледниковой и послеледниковой эпохи. Изв. Геол. ком., 1888, стр. 243—263.

Павлов А. П. О рельефе равнин и его изменениях под влиянием работы подземных и поверхностных вод. 《Землеведение》, 1898, кн. 3—4, стр. 91—147(о делювии: стр. 108—121).

Павлов А. П. О туркеста нском и европейском лёссе. Bull. Soc. Nat-Moscou, 1903, прилож. к, прот. № 4, стр. 23—30.

Павлов А. П. О древнейших на земле пустынях. Днев. XII съезда рус. ест. и вр. Москва, 1910, отд. 2-й, стр. 302—319.

Павлов А. П. в: 《Диспуг П. А. Тутковского》, 《Землеведение》, 1911, № 1—2, стр. 270—272.

Павлов И. Хозяйственные возможности и хлебная торговля в Тунбиньском уезде. Вестник Маньчжурии, Харбин, 1928, № 9.

Passarge S. Verwitterung und Abtragung in den Steppen und Wüsen Algeriens. Geogr. Zeitschr., 1909, pp. 493—510.

Penck A. Morphologie der Wüsten. Geogr. Zeitschr., 1909, pp. 545—558.

Penck A. Das Klima der Eiszeit. Verhandl. der III internat. Quarär-Konferenz Wien, September 1936, Wien, 1938, pp. 83—96.

Penck A. und Brückner Ed. Die Alpen im Eiszeitalter. Leipzig, 1909.

Петров Б. Ф. О происхождении лёссов бийской лесостепи.

《Почвоведение》,1937,№ 4,стр. 584—591.

Петц Г. Г. фон. Геологическое описание 13 листа X ряда 10-верстн. карты Томской губ. (Листы:Змеиногорск—Белоглазово—Локоть— Кабанья). Труды Геол. части Каб. е. в., VI, вып. 1, 1904,стр. 1—272.

Pidoplishka I. G. Die Fauna der quartären Säugetiere der Ukraine. Die Quartärperiode (Четверт. період), вып. 4, Киев, 1932,стр. 69—77.

Пидопличка И. Г. Время вымирания малой пищухи на юге СССР.《Природа》,1934,№ 12,стр. 78—80.

Пидопличка И. Г. Итоги изучения фауны Мезинской палеолитической стоянки.《Природа》,1935,№ 3,стр. 79—81.

Пидопличка И. Г. Происхождение лёсса юга СССР в палеонтологическом освещении.《Природа》,1937,№ 3,стр. 48—60.

Підоплічка І. Г. Материали до вивчення минулих фаун УРСР. Вып. 1. Новгородсіверська верхньочетвертинна фауна. Академия наук УРСР,Інст. зоол. та біол.,Киев,1938,78 стр.

Піменова Н. В. Солодководяні поклади с. Сорокопень Словечаньского р. Четвертинний період, вып. 6, Киев, 1933, стр. 41—9.

Ping C. Tertiary and Quaternary non-marine Gastropods of North China. Palaeont. sinica, series B, vol. VI, No. 6, Peiping, 1931, p. 39. из лёсса: 1. Hygromia (Metodontia) houaiensis

(Crosse). Шень-си. Ныне живущая. 2. Eulota (Cathaica) pyrrhozona(Philippi). Шень-си, Хэ-нань. Ныне живущая.

Поленов Б. К. Геологическое описание западной половины 15-го листа IX ряда 10-верстной карты Томской губ. (листы Ажинка и Томский завод). Труды Геолог. части Каб. е. в., VIII, вып. 2, 1915, стр. 235—596.

Полынов Б. Б. Кора выветривания, I, Л., 1934, 242 стр., изд. Академии наук СССР.

Пономарев Г. М. и Седлецкий И. Д. О генезисе почв черноземного и солонцового рядов в черниговской лесостепи. Труды Почв. инст. Академии наук, XXIV, 1940, стр. 243 — 307 (химический, механический, минералогический и рентгенографический анализ здешнего лёсса).

Попов В. И. Метеорологические работы Памирской экспедиции II МПГ. Труды ледник. экспед., I,. Л., 1936, изд. Тадж.-памирск. экспед., стр. 17—107.

Попов Т. И. Происхождение и развитие осиновых кустов в пределах Воронежской губернии. Труды Докучаевск. почв. ком., II, 1914, 172 стр.

Порубиновский А. М. Краткий предв. отчет о почвенных исследованиях в Глуховском у. летом 1912 г. Предв. отчет Черн. губ. 1912 г., М., 1913, стр. 73—83.

Порубиновский А. М. То же в Кролевецком уезде летом 1913 года. Предв. отчет Черн. губ. 1913 года, М., 1914, стр. 82—

98.

Православлев П. Материалы к познанию нижневолжских каспийских отложений. I. Астраханское Заволжье. Варшава, 1908,464 стр.

Православлев П. А. К гидрогеологии прикубанской степной равнины. Труды Всесоюзного геолого-развед. объедин., вып. 188, Л.,1932,70 стр.,карта.

Православлев П. А. Приобье Кулундинской степи. Материалы по геол. Зап.-сибирского края,вып. 6,Томск,1933,56 стр.

Прасолов Л. И. Юго-западная часть Забайкальской области. Предв. отчет по исследованию почв Азиатск. России в 1912 г. СПб.,1913,стр. 194—210.

Прасолов Л. И. Почвы Туркестана. Л.,1926,изд. Академии наук,96 стр.

Прасолов Л. И. и Даценко П. Ставропольский уезд. Материалы для оценки земель Самарск. губ. Ест.-ист. часть, т. II,Самара,1908.

Прасолов Л. и Неуструев С. Николаевский уезд. Материалы для оценки земель Самарск. губ. Ест.-ист. часть, т. I, Самара, 1904.

Прасолов Л. и Роде А. О почвах среднеуральской лесостепи. Труды Почв. инст.,X,вып. 7,1934.

Преображенский И. А. К вопросу о происхождении

туркестанского лёсса.《Почвоведение》, 1914, № 1—2, стр. 77—120.

Пустовалов Л. В. Петрография осадочных пород. II, Л., 1940, 420 стр. (о лёссе: стр. 153—156).

Пясковский Б. В. К вопросу о пустынных загарах (черные и бурые корки в зоне разливов Днепра).《Почвоведение》, 1931, № 1, стр. 96—105.

Рабинерсон А. И. Перемещение ионов по поверхности и обмен при соприкосновении частиц.《Природа》, 1914, № 5, стр. 66.

Rathjens C. Löss in Tripolitanien. Zeitschr. Gesell. Erdkunde, Berlin, 1928.

Ратнер Е. И., Акимочкина Т. А. и Марголина К. П. О механизме поглощения растениями адсорбционно-связанных веществ (роль контактного обмена). Доклады Академии наук СССР, LII, № 5, 1946, стр. 449—452.

Рейнгард А. Л. Несколько слов о покровных суглинках Предкавказья. Зап. Минер. общ., LXIX, 1940, № 2—3, стр. 428—432.

Reifenberg A. The loess soils of the Beersheba region of Palestine. Empire Journ. exp. Agriculture, VII, 1939, pp. 305—310.

Ремезов Н. П. Емкость поглощения и состав обменных катионов в главнейших типах почв.《Почвоведение》, 1928, № 5, стр. 639—688.

Ремезов Н., П. и Щерба С. В. Теория и практика известкования почв. М.,1938,347 стр.

Різниченко В. В. (Резниченко). Документи пустелі в районі Канівських дислокацій. Вісник украïн. відділу геолог. ком., вып. 9, Киев, 1926, стр. 33—76.

Ризположенский Р. Описание Пермской губ. в почвенном отношении. Казань, 1909, стр. 284, с 20-верстн. почвенн. картой. Отчет Перм. губ. земству.

Richthofen F. China. Bd. I, Berlin, 1877 (о лёссе: pp. 56—189).

Richthofen F. Führer für Forschungsreisende. Berlin, 1886, pp. XII+745.

Роде А. А. Дисперсность твердой массы почвы, химический и минералогический состав ее и отдельных ее компонентов. «Почвоведение», 1938, № 2, стр. 181—229.

Роде А. А. Несколько слов о лессообразовании. «Почвоведение», 1942, № 9—10, стр. 16—24.

Розанов А. Н. Основные черты геологического строения Саратовского Заволжья. Бюлл. Моск. общ. исп. прир., отд. геол., IX, № 1—2, 1931, стр. 63—142.

Розанов А. Н. и Шукевич М. М. Минералогический состав лессовидных пород Средней Азии. «Почвоведение», 1943, № 9—10, стр 37—43.

Розов Л. П. Мелиоративное почвоведение. М., 1936,

Сельхозгиз VIII＋494 стр.

Roth Santiago. Beobachtungen über Entstehung und Alter der Pampasformation in Argentinien. Zeitschr. d. deutsch. geol. Gesellsch., XL, 1888, pp. 375—464.

Rungaldier R. Bemerkungen zur Lössfrage, besonders in Ungarn. Zeitschr. f. Geomorphologie, VIII, 1933, pp. 1—40.

Саваренский Ф. П. Почвы. 《Природа Орловского края》, Орел, 1925, стр. 223—260.

Саваренский Ф. П. 《Сыртовые》 глины Заволжья в бассейне рек Б. и М. Узеней. Бюлл. Моск. общ. исп. прир., отд. геол., V, вып. 1, 1927, стр. 67—78.

Саваренский Ф. П. Гидрогеологический очерк Муганской степи Тифлис, 1931, 150 стр., карты, изд. Закавк. опыт.-исслед. инст. водн. хоз.

Саваренский Ф. П. Четвертичные отложения в районе Днепростроя. Путеводитель экскурсий второй четвертично-геолог. конферен, ции, Л., 1932, стр. 162—184.

Саваренский Ф. П. Инженерная геология. М.—Л., 1937, 422 стр.

Савинов Н. И. и Францессон В. А. Материалы к познанию почв и лёссовой толщи степи государственного заповедника 《Чапли》 (б. Аскания-Нова). Труди науково-дослід. катедри грунтознавства, I, Харьков, 1930, стр. 29—114.

Sauer A. Ueber die aeolische Entstehung des Löss am Rande

der norddeutschen Tiefebene. Zeitschr. f. Naturwiss., LXII, Halle,1889,pp. 326—351.

Седлецкий И. Д. Образование вторичного коллоидного кварца.《Почвоведение》,1938,№ 6,стр. 829—834.

Седлецкий И. Д. Почвенный поглощающий комплекс — парагенетическая система (коллоидных) минералов. Докл. Академии наук,XXIII,№ 3,1939,стр. 257—261.

Седлецкий И. Д. Минералогический состав глин и их генезис. Проблемы сов. геологии,№ 8,1940,стр. 82—90.

Седлецкий И. Д. Коллоидно-дисперсная минералогия. Л., 1945,114 стр. Академия наук СССР.

Soergel W. Lösse, Eiszeiten und paläolithische Kulturen. Eine Gliederung und Altersbestimmung der Lösse. Jena,G. Fischer,1919,pp. IX+177.

Сибирцев Е. М. и Щеглов И. Вязниковский уезд. Материалы для оценки земель Владимирской губ.,IV,вып. 1,ч. 1,Влад.-на-Кл.,1902. Изд. Влад. губ. зем.

Сибирцев Н. Общая геологическая карта,России. Лист 72. Владимир — Нижний-Новгород — Муром. Геологические исследования в окско-клязьминском бассейне. Труды Геолог. ком.,XV,№ 2,1896,IV+222 стр.

Сибирцев Н. М. Почвоведение. 3 вып.,СПб.,1900—1901. 2-е изд. 1909.

Скворцов Ю. А. Проблема туркестанского лёсса. Труды

Всеоюзн. геол. -развед. объед., вып. 225, 1932, стр. 52—69.

Смирнов И. И. Материалы по изучению почв побережий рек Кети и Тыма. Работы научно-пром. экспед. по изучению р. Оби, I, вып. 2, Красноярск, 1928.

Соболев Д. Польско-Украинская перигляциальная эоловая формация. Вісник Украïн. відділу Геолог. ком., вып. 6, Киев, 1925, стр. 51—78.

Соболев С. С. Почвообразующие породы Украинской ССР. 《Почвоведение》, 1935, № 4, стр. 593—601.

Соболев С. С. Эрозия на территории Украинской ССР. 《Почвоведение》, 1937, № 3, стр. 321—342.

Соболев С. С. Новые данные по истории развития рельефа и генезису лёссов юга европейской части Союза ССР. 《Почвоведение》, 1937а, № 4, стр. 580—583.

Соболев С. С. К вопросу о значении эпейрогенических движений в формировании современного рельефа Украинской ССР. Изв. Академии наук, серия геогр. и геофиз., 1937б, № 4, стр. 549—563.

Соболев С. С. Почвы Украины и степного Крыма. Почвы СССР, изд. Академии наук, III, М., 1939, стр. 7—84.

Соколов Д. В. Геологические исследования в Минусинском уезде в 1913 году. Изв. Геолог. ком., XXXIII, 1914.

Соколов Д. В. Геологическое строение верхней части района Днепровского затопления. Материалы к проекту Днепростроя,

VI,1929,стр. 141—166(о лессовидн. породах:стр. 156—160).

Соколов Д. В. Артезианские воды бывш. Александровского уезда Екатеринославской губ. в связи с его геологическим строением. Там же, VI, 1929а, стр. 169 — 210 (о лессовидных породах:стр. 188—193).

Соколов Д. В. О микроорганизмах в подпочвенных слоях и о биохимических факторах выветривания. Изв. Академии наук, 1932,№ 5,стр. 693—712.

Соколов Д. В., Виноградова О. С. и Элькинд Г. А. О некоторых новых факторах выветривания горных пород. Труды Инст. строит. матер.,вып. 34,М.,1930,стр. 3—30.

Соколов Н. А. Заметка о послетретичных пресноводных отложениях южной России. Изв. Геол. ком.,IX,1890,стр. 245—251.

Соколов Н. А. Гидрогеологические исследования в Херсонской губ. Труды Геолог. ком.,XIV,№ 2,1896.

Соколов Н. А. К истории причерноморских степей с конца третичного периода. СПб., 1905, 39 стр. (оттиск из 《Почвоведения》,1904).

Соколов Н. Н. Геоморфологический очерк Черкесского округа. Труды Сев.-Кавказск. ассоциации научно-иссл. инст., № 65,Ростов-на-Д.,1930,63 стр.

Соколов Н. Н. О возрасте и эволюции почв в связи с возрастом материнских пород и рельефа. Труды Почв. инст.

Академии наук,VI,1932,стр. 1—53.

Соколов Н. Н. О рельефе Кузнецкого бассейна, Салаира и правобережья Оби в районе рек Чумыш и Берди. Труды Инст. геогр. Академии наук,XV,1935,стр. 5—58.

Соколовский А. Н. Из области явлений, связанных с коллоидальной частью почвы. Изв. Петровской сельскохоз. акад., 1919,М.,1921,стр. 85—225.

Соколовский А. Н. Новые наблюдения над химизмом лессовидных образований в связи с вопросом об их генезисе. Бюлл. III Все росс. съезда почвоведов в Москве, 1921а, № 3—4, стр. 9.

Sokolovsky A. N. Properties of the absorbing(colloidal)complex of Ukrainian loess,as a proof of its origin. Матер. дослідж. грунтів України, вып. 6,стр. 15—23.

Соколовский А. Н. Роль почвенных процессов в генезисе лёсса. Изв. Академии наук СССР,сер. геолог.,1943,№ 6,стр. 125—142. тоже в: Лёсс как продукт почвообразования. 《Почвоведение》,1943 № 9—10,стр. 3—22(обе вышли в свет в марте 1944 г.).

Solger F. Geologie von Dünen, в:《Dünenbuch》, Stuttgart, 1910.

Сондаг А. Вологодский уезд. Материалы для оценки земель Вологодской губ.,т. II,вып. II,1907.

Сукачев В. Н. Бассейн р. Верхней Ангары. Предв. отчет по

исслед. почв Азиатск. Росс. в 1912 году, СПб., 1913, стр. 145—179.

Сукачев В. Н. История растительности СССР во время плейстоцена. 《Растительность СССР》, изд. Академии наук, I, 1938, стр. 183—234.

Сукачев В. Н. и Долгая З. К. Об ископаемых растительных остатках в лёссовых породах в связи с их происхождением. Доклады Академии наук, XV, 1937, № 4, стр. 183—188.

Сушкин П. П. Птицы Советского Алтая и прилежащих частей северозападной Монголии, I, 1938, 317 стр., изд. Академии наук.

Танфильев Г. И. Бараба и Кулундинская степь в пределах Алтайского округа. Труды Геолог. части Каб. е. в., V, 1902, стр. 59—309, карта.

Танфильев Г. И. Имеются ли доказательства в пользу колебаний климата в послеледниковую эпоху на юге России? 《Почвоведение》, 1912, № 2, стр. 31—47.

Танфильев Г. И. География России, Украины. II, вып. 1, Одесса, 1922(о лёссе в гл. III, стр. 94—119, 333—337).

Танфильев Г. И. К происхождению степей. 《Почвоведение》, 1928, № 1—2, стр. 18—23.

Твенхофел. Учение об образовании осадков. Перев. с англ. под ред. И. А. Преображенского. Л., 1936, 916 стр.

Teilhard de Chardin et Licent E. Observations géologiques

sur la bordure occidentale et méridionale de l'Ordos. Bull Soc. géol. de France, (4), XXIV, 1924, pp. 49—91.

Teilhard de Chardin P. Quelques observations sur les terres jaunes loess de Chine et de Mongolie. Centenaire de la Soc. géol. de France, Livre jubilaire 1830—1930, II, Paris, 1930, pp. 605—612.

Teilhard de Chardin P. and Young C. C. The late Cenozoic formations of S. E. Shansi. Bull. Geol. Soc. China, XII, № 2, Peiping, 1933, pp. 207—241.

Токарь Р. А., инж. Что называется лессовидным грунтом. Труды Всесоюзн. науч.-исслед. инст. в производстве по основаниям и фундам. инж. сооружений (ВИОС), сборник 5, Л., 1935, стр. 10—19.

Толстихин Н. К геологии Архангельской и Вологодской губерний. Бюлл. Моск. общ. испыт. прир., отд. геол., II, 1923—1924, стр. 279—294.

Толстихин Н. И. К вопросу о минералогическом составе Ташкентского лёсса. Труды Сред.-азиатск. унив., серия VII а (геология), вып. 7, 1928, 5 стр.

Толстихин Н. И. К вопросу о террасах бассейна реки Чирчика. Бюлл. Моск. общ. испыт. прир., отд. геолог., VII, № 3, 1929, стр. 248—265.

Толстихин Н. И. Послетретичные отложения Приташкентского района. Материалы по геологии Средней Азии, вып. 8, Ташкент, 1936, горн. фак. Ср. -аз. индустр. инст., стр. 53—72.

Thoroddsen Th. Island. Grundriss der Geographie und Geologie. I. Ergänzungsheft No 152 zu Peterm. Mitt., 1905, p. 161., с картой.

Трофимов И. И. Геоморфологические ландшафты и четвертичные отложения Старицкого Поволжья. Изв. Моск. геолог. управл., VI, 1940, стр. 57—90.

Трутнев А. Г. К природе лессовидных суглинков Северного края. Изв. Геогр. общ., 1936, № 4, стр. 560—577.

Tugarinov A. Ein fossiler Strauss in Transbaikalien. Докл. Академии наук, 1930, стр. 611—614.

Тулайков Н. М. Тверской уезд. Почвы. Материалы для оценки недвижимых имуществ Тверской губ., вып. 1, Тверь, 1903.

Тулайков Н. М. Почвы Муганской степи и их засоление при орошении. Изв. Московск. сельскохоз. инст., XII, кн. 2, 1906, стр. 27—255.

Тумин Г. Дорогобужский уезд. Материалы для оценки земель Смоленской губ., т. IV, вып. 1, Смоленск, 1909. Изд. Смол. губ. зем., с картой.

Тутковский П. Об озерном и субаэральном лёссе юго-западной части Луцкого уезда. Ежегод. геолог. и минер. России, II, 1897, стр. 51—63.

Тутковский П. К. вопросу о способе образования лёсса. 《Землеведение》, 1899, № 1—2, стр. 213—311.

Тутковский П. А. Ископаемые пустыни северного полушария, М., 1910, VIII+373 стр. (прилож. к《Землеведению》за 1909 год).

Тутковский П. Послетретичные озера в севернойполосе Волынской губ. Труды Общ. исследователей Волыни, X, Житомир, 1912, стр. 3—282.

Тутковский П. А. Географическая экскурсия на озера Баскунчак и Элтон. 《Землеведение》, 1916, кн. 3—4, стр. 42—75.

Тутковський П. Природня районизація України. Матер. до райониз. України, I, Киев, 1922, изд. Сіл. -госп. наук. ком. Укр., стр. 1—79.

Тюрин И. В. Условия почвообразования и краткое описание почв Чувашской республики. Л., 1935, изд. Почв. инст. Академии наук, 75 стр., с почвенной картой и картой материнских пород.

Тюрин И. В. и др. Почвы Чувашской республики. Л., 1935а, 327 стр., изд. Академии наук.

Тюрин И. В. и Тюрина Е. И. О составе гумуса в ископаемых почвах. 《Почвоведение》, 1940, № 2, стр. 10—21.

Федоров Б. М. О мезозойских бокситах восточного склона Среднего Урала. Бюлл. Моск. общ. испыт. прир., отд. геол., XIII, № 1, 1935, стр. 42—69.

Федорович Б. А. и Кесь А. С. Субаэральная дельта Мургаба.

Труды Геоморф. инст. Академии наук СССР, вып. 12, 1934, стр. 21—113(литература, стр. 115—130).

Филатов М. М. Журн. засед. Почвен. ком. Моск. общ. с. х., II(1912), 1913, стр. 50.

Филатов М. М. Очерк почв Московской губернии. М., 1923, изд. Всеросс. сел-. хоз. выставки, 40 стр., 10-верстн. карта.

Флоров Н. П. Материалы для характеристики лёсса и почвенного покрова Киевской лесостепи. Материалы по исслед. почв и грунтов Киевск. губ., вып. 1, Одесса, 1916, 202 стр., изд. Киев. губ. зем. упр.

Florov N. Die Untersuchung der fossilen Böden als Methode zur Erforschung der klimatischen Phasen der Eiszeit. 《Eiszeit》, Leipzig, IV, 1927, pp. 1—10, 4°.

Фрейберг И. К. и Румницкий М. Г. Почвы водосбора верхнего течения р. Десны в пределах Орловской губ (уезды Брянский, Трубчевский, Севский). Тула, 1910. Изд. Орловск. губ. земства(о лёссе стр. 62—72).

Free E. E. The movement of soil material by the wind. With a bibliography of eolian geolog by S. Stuntz and E. Free. Washington, 1911, p. 272. Dept. of Agriculture (о лессе: pp. 124—141).

Хаинский А. Западная часть Алтайского округа. Предв. отчет по исследованию почв Азиатск. России в 1913 году, СПб., 1914, изд. Пересcл. упр.

Хименков В. Г. Краткий очерк геологического строения Бельского уезда Смоленской губернии. Изв. Геол. ком., XXXIII, 1914, стр. 629—677(о《покровных суглинках》стр. 652—668).

Хименков В. Г. Общая геологическая карта Европейской части СССР, лист 43. Калинин — Можайск — Духовщина — Торопец. Труды Моск. геолого-гидрогеодез. треста, вып. 7, 1934, 219 стр.

Chamberlin Th. and Salisbury R. Geology, III, London, 1909 (о лёссе: р. 405—412).

Chaney R. W. Hackberry seeds from the Pleistocene loess of northern China. American Mus. Novitates, No. 283, 1927, p. 2. (Celtis barbouri n. sp.).

Чеботарев И. И. О механическом составе лёссовых пород. 《Сов. геология》, 1939, № 8, стр. 35—42.

Черный А. П. Переславский уезд. Материалы для оценки земель Владимирск. губ., т. XI, вып. 1, ч. 1, Влад.-на-Клязьме, 1907, изд. Влад. губ. земства.

Черский И. Д. Геологическое исследование Сибирского почтового тракта от озера Байкала до восточного склона хр. Уральского, Зап. Академии наук, LIX, прил. № 2, 1888.

Черский И. Д. Описание коллекции послетретичных млекопитающих животных, собранных Новосибирскою экспедициею 1885—1886 гг. Записки Академии наук, LXV, прил. № 1, 1891.

Shaw Ch. F. A preliminary field study of the soils of China. Contributions to the knowledge of the soils of Asia, II, Л., 1932, изд. Докуч. Почв. инст., pp. 17—48.

Швецов М. С. Петрография осадочных пород. М., 1934, 374 стр., 34 табл.

Scheidig A. Der Löss und seine geotechnischen Eigenschaften. Dresden und Leipzig, 1934, Steinkopff, pp. XII+233.

Шенберг Г. Г. Сухие туманы и помоха как один из видов их. Труды по сельскохоз. метеор., XV, 1915, 162 стр.

Sherzer W. Criteria for the recognition of the various types of sand grains. Bull. Geol. Soc. America, XXI, 1910, pp. 625—662.

Schmidt Fr. Wissenschaftliche Resultate der zur Aufsuchung eines angekündigten M mmuthcadavers an den unteren Jenissei ausgesandten Expedition. Mém. Acad. Sc. Fétersbourg, XVIII, No. 1, 1872.

Schmitthenner H. Die chinesische Lösslandschaft. Geogr. Zeitschr. 1919, p. 313.

Schmitthenner H. Probleme aus der Lössmorphologie in Deutschland und in China Geol. Rundschau, Bd. XXIIIa, 1933, pp. 205—217.

Шредер Р. Р. Климат хлопковых районов Средней Азии. 《Хлопковое дело》, М., 1924, №, 11—12.

Шульгина Л., Берсенева В. и Норкина С. Материалы к микробиологической характеристике почв Туркестана. Труды

Инст. сел. хоз. микробиологии, IV, вып. 2, Л., 1930, стр. 3—51.

Stenz E. Ueber den grossen Staubfall 26—30. April 1928 in Südosteuropa. Gerlands Beitr. z. Geophysik, XXVIII, 1931, pp. 313—337.

Sturany R. W. A. Obrutschew's Mollusken-Ausbeute aus Hochasien. Denkschr. Akad. Wiss. Wien, math.-naturw. Cl., LXX, 1901, pp. 17—48, pls. I—IV.

Chudeau R. Sahara Soudanais. Paris, 1909, A. Colin, pp. IV+326 (=Missions au Sahara par E.-F. Gautier et R. Chudeau, vol. II).

Щеглов И. Л. Ледниковые отложения Владимирской губернии.《Почвоведение》, 1902, стр. 205—215, с картой.

Щеглов И. Л. Юрьевский уезд. Материалы для оценки земель Владимирск. губ., IX, вып. 1, ч. 1, Владимир-на-Клязьме, 1903, изд. Влад. губ. земства.

Щеглов И. Л. Меленковский уезд. Там же, III, вып. 1, ч. 1, Владимирна-Клязьме, 1903.

Эдельштейн Я. С. Гидрогеологический очерк Минусинского края. Труды геолого-разведочного объединения, вып. 145, 1931, 51 стр.

Эдельштейн Я. С. Геологический очерк Минусинской котловины.《Очерки по геологии Сибири》, 1932, изд. Академии наук, 59 стр.

Эдельштейн Я. С. Геоморфологический очерк Минусинского края. Труды Инст. физ. геогр., вып. 22, 1936, 84 стр.

Юсупова С. М. Рентгено-минералогические исследования лёссов приташкентского района. Докл. Академии наук СССР, XXXII, № 8, 1941, стр. 575—577.

Яворовский П. К. О геологических исследованиях, произведенных в 1893 году в северо-восточной части Минусинского округа и в Ирбинской горнозаводской даче. Горный журн., 1894, т. IV, стр. 238—279(о лёссе: стр. 253—255; то же и Изв. Геолог. ком., XIV, 1895, стр. 209—211).

Яворский В. И. и Бутов П. И. Кузнецкий угленосный бассейн. Труды Геолог. ком., вып. 177, 1927, 222 стр., карта.

Яковлев С. А. Почвы и грунты по линии Армавир-Туапсинской ж. д. СПб., 1914, изд. Деп. землед. (о лессовидных суглинках стр. 54—68).

Яковлев С. А. Геоморфология и четвертичные отложения европейской части СССР и ее окраин. 《Растительность СССР》, изд. Академии наук, I, 1938, стр. 67—96, с картой.

Якубов Т. Ф. Ветровая эрозия почв в Башкирии и меры борьбы с нею. 《Почвоведение》, 1945, № 1, стр. 17—28.

Young C. C. On the new finds of fossil eggs of Struthio anderssoni Lome in North China. Bull. Geol. Soc. China. XII, № 2, Peiping, 1933, pp. 145—151.

上述参考文献中已译成中文或为中文文献的

安特生:《中国北部之新生界》,袁复礼译,《地质专报》甲种第 3 号,北平,

1923(民国 12 年 3 月)。

巴尔博:《张家口地区之地质》,《地质专报》甲种第 6 号,北平,1929(民国 18 年)。

巴尔博:《华北黄土层之最近观察》,《地质评论》,第 1 卷第 2 期,1936(民国 25 年)。

Л. С. 贝尔格:《黄土的起源》,刘东生译,载于《砂与黄土问题》,科学出版社,1958。

В. И. 维尔纳茨基:《地球化学概论》,杨辛译,科学出版社,1962。

谢家荣:《陕西盆地地文》,《中国地质学会志》,第 12 卷,1933(民国 22 年)。

В. В. 道库恰耶夫:《俄国草原之今昔》,张绅等译,科学出版社,1958。

李四光:《中国地质学》,张文佑编译,正风出版社,1953。

鲁维:《中国鸵鸟化石》,《中国古生物志》丙种第 6 号,第 4 期,北平,1931(民国 20 年 10 月)。

С. 莱伊尔:《地质学原理》,徐韦曼译,科学出版社,第 1 册,1959;第 2 册,1960。

В. А. 奥布鲁切夫:《中亚细亚的风化和吹扬作用》,乐铸译,载于《砂与黄土问题》,科学出版社,1958。

В. А. 奥布鲁切夫:《黄土的成因问题》,李毅译,载于《砂与黄土问题》,科学出版社,1958;或:徐兼涛译,载于《论黄土》,地质出版社,1958。

В. А. 奥布鲁切夫:《黄土问题》,周延坤译,载于《砂与黄土问题》,科学出版社,1958;或:沈树荣译,载于《论黄土》,地质出版社,1958。

А. П. 巴甫洛夫:《关于土尔克斯坦和欧洲的黄土》,《地质专辑》,第 2 辑,地质出版社,1956。

秉志:《中国北方之腹足类》,《中国古生物志》乙种第 6 号,第 6 册,北平,1931(民国 20 年 1 月)。

德日进、杨钟健:《山西东南部之新生代后期地层》,《中国地质学会志》,第 12 卷,北平,1933(民国 22 年)。

杨钟健:《中国鸵鸟卵化石之新增发现》,《中国地质学会志》,第 12 卷,北平,1933(民国 22 年)。(校者)

第十章 地质时代的气候

地球的地质史是从最古老的沉积岩形成的时间开始的。这些早太古代沉积岩的年龄,现在确定为20亿到30—40亿年①。

还在不久前,人们通常认为太阳辐射的强度在太阳存在的整个期间会越来越弱②。但是,现在天文学家认为,在太阳系的整个历史时间,太阳应当处于大致相同的物理状态,从而向地球输送大致相同的热量③。

因此,在沉积岩存在的整个20—40亿年时间内,地球气候不可能发生特别的、剧烈的变化,这也可以根据生命与沉积岩的存在紧密相关这一点来加以判断。地球气候发生的最大灾变性变化,乃是冰川时期的来临。冰川作用乃是我们这个行星历史上最明显的灾变之一。

---

① A. Holmes, The age of the Earth. London, 1937, p. 213, 241.——Э. К. Герлинг, К вопросу о возрасте Земли по радиоктивным данным. Доклады Академии наук СССР, XXXIV, № 9, 1942, стр. 281—284.

② 例如可参看:F. Nölke, Das Kiima der geologischen Vorzeit. Peterm. Miteil., 1928, pp. 193—196.

③ H. Jeffreys, The origin of the solar syslem, Internal constitution of the Earth: Physics of the Earth. VII, New York and London, 1939, p. 21.(在100亿年时间内,太阳由于辐射仅能损失其质量的二千分之一)——В. Г. Фесенков, Космогония солнечной системы, М., 1944, стр. 63, изд. Академии наук СССР. —Ср. также выше, стр. 22.

现在有一种非常流行的意见，认为在太古代地球本身的热能对地表温度以及对气温的影响应当比现在大得多。但是，这种意见是不正确的。

现在，由于地球本身热量的作用，陆地表面年平均温度仅可提高0.1°①。可见，地球内热的影响在现代是微不足道的。这一点对于太古代来说也是正确的。地壳只要有几十米厚，就可以不受地球内热的影响。可以假定过去某个时候在地表以下不远的地方，曾经是熔融的岩浆。这种假定是有很大争论的；而且，某些地球物理学家认为，地球始终是冷的，岩浆仅仅集中在个别的岩浆源中；但是，我们不可能在这里详细叙述这一点。不管怎样，地球表面要能从内部得到它现在从太阳得到的同一热量，从构成地壳的岩石来看，熔融的岩浆应该位于离地表10—30米的深处。然而，单是太古代的沉积岩在地球的某些地方就已厚达几千米。② 这就是说，就在当时地球的气候便已主要取决于太阳辐射了。

同样，由地球内部放射性物质的分裂，释放到地球表面的热量也是微不足道的：根据杰弗里斯的意见③，该热量只相当于地球得自太阳的热量的几万分之一。

在关于地质气候的问题上，某些作者认为地极有颇大移动的假定

① Hann-Süring, Lehrbuch der Meteorologie, 5-е изд., вып. I, Лейпциг 1937, p. 8.

② 太古代岩石（主要是沉积岩）的最大厚度在加拿大的苏必利尔湖地区，达到2 700—9 000米。在该地区，单是太古代砾石的最大厚度就在2 600米以上。

③ H. Jeffreys, The Earth, its origin, history and physical constitution. 2-d ed. Cambridge, 1929, p. 144.

具有很大意义。[1] 我们并不认为在地球的整个地质历史期间，地极能有很大的移动。众所周知，对于固体地球的情况（按现代观点来看，地球的平均硬度比钢的硬度大1倍），达尔文（1877）已证实，在地球的整个地质历史中，地极的移动最多不超过1°—3°。[2]

顺便指出，过去时代生物的地理分布有助于说明这个问题。例如，现在南半球的针叶植物区系与北半球的针叶植物区系有明显区别。然而，对于过去的地质时代来说，情况大致是相同的[3]；从二叠纪开始，特别是从侏罗纪开始，两半球的针叶植物区系就有显著的差异，而且北半球针叶植物区系的种属，比南半球针叶植物区系的种属要多得多（和现在时期一样）[4]。

按照我们的看法，如果地极发生移动，就不可能有上述情况：在地极发生移动的情况下，南北半球的陆生植物区系就会发生混合。针叶树主要是温带地方的乔木；在热带它们主要分布在山地。所有这一切说明，至少从古生代末期起，气候地带就大致按现在顺序排列了。

---

① W. Köppen und A. Wegener, Die Klimate der geologsichen Vorzeit. Berlin, 1924, pp. IV＋256.

② W. D. Lambert, F. Schlesinger and E. W. Brown, The variation of latitude.《The figure of the Earth》. Bult. Nat. Research Council, No 78, Washington, Nat. Acad. Sci., 1931, pp. 266－267.

③ 作为例外，可以举出南美杉属（Araucaria 属），它的化石（从侏罗纪起）见于两个半球，但从第三纪中期起，其分布则仅限于南半球。现在，南半球的某些针叶植物（如罗汉松属）向北分布到日本南部、古巴和阿比西尼亚。但是，这并未改变针叶植物分布的一般性质。

④ R. Florin, The Tertiary fossil conifers of South Chile and their phytogeographical significance. K. Svenska Vet. -Akad. Handl., (3), XIX, No 2. 1940, p. 69, 91.

需要简略谈谈的另一个问题，是 F. 泰勒（1910）和 A. 魏格纳（1911，1917）提出的大陆漂移学说。这个学说得到许多人的拥护，但缺乏物理学的根据。关于这一点，著名的地球物理学家杰弗里斯（1929，1935）提出了如下看法：他认为没有任何物理学证据能够证实魏格纳关于大陆发生水平移动的观点。地球物理学不知道有这样的力，它们能使陆地地块发生这种水平移动。已知的沿水平方向作用的最大的一种力，可能使大陆向赤道移动，即会引起大陆块体在赤道附近呈带状堆积。所有这一切都是与魏格纳的学说相矛盾的。此外，该学说要求魏格纳认为的大陆在其中漂浮的物质具有很小的粘性，使地球应该像液体一样在引潮力方面起作用。不应当存在海洋潮汐，而应当存在岩浆潮汐，可是我们知道，这样的潮汐是不存在的。杰弗里斯[①]说道："认为大陆能沿岩石圈移动是毫无根据的"。潮汐摩擦要是能使美洲与旧大陆（欧亚非三大洲）分离，那得要 10^{17} 年——整个银河系也没有这么长的时间。[②]地壳不可能作为一个整体围绕地球内部移动，而且这种移动在整个地球历史上不会超过纬度 5°。[③]

这里只有一点乍看起来可以证明魏格纳的学说，这就是南美东岸的轮廓与非洲西岸的轮廓完全相似，但是，杰弗里斯指出，[④]南美洲的突出部分圣罗克角地区与非洲的几内亚湾之间终究还有 15°的闭合差。顺便指出，R. W. 冯贝姆梅伦认为大西洋东西岸轮

① Jeffreys，前引书 1939，第 304 页。

② 同前注，第 322 页。

③ 同前注，第 305 页。

④ 同前注，第 322 页。

廓相似的原因，是由于发生了平行于大西洋水下山脉走向的沉陷的结果。①

如果注意到：1）科迪勒拉山脉、2）美洲东岸、3）大西洋水底山脉、4）非洲西岸的轮廓普遍相似，那么按照我们的看法，应该认为这种相似的原因，在于地壳内部产生的某种应力，而根本不是大陆的分离。

但是，在大西洋的水底地形中，还有一些目前尚不了解的其他现象，它们绝不能用大陆分离的理论来解释。我们说的是施蒂勒注意到的大西洋北部与南部的水底地形非常相似②。

大陆漂移说对生物地理学者来说是最有吸引力的，如果这个理论正确，他们就可以解释（至少是这样考虑）南美洲和非洲的动植物区系的若干相似特征。但是，魏格纳最初在 1920 年认为，南美洲与非洲相毗连的情况在始新世就存在了。可是，他在其 1922 和 1929 年出版的著作中，又把这个时间改到白垩纪。因此，按照魏格纳的新看法，两大陆在整个第三纪时就已被分开：在白垩纪中期以前不久发生漂移。这里，我们要补充一点，根据地质资料，早在下白垩纪时就已存在大西洋了。③

---

① R. W. van Bemmelen. Das Permanenzproblem nach der Undationstheorie. Geol. Rundschau，XXX，No 1—2，1939，p. 19. —Он же. Die Undationstheorie und ihre Anwendung auf die mittelatlantische Schwelle. Zeitschr. deutsch. Geolog. Gesell.，vol. 85，No. 10，1935，p. 776.

② H. Stille. Kordillerisch-atlantische Wechselbeziehungen. Geol. Rundschau，XXX，No 3—4，1939，pp. 317—325.

③ E. Hennig，Geol. Rundschau，XXX，No 1—2，1939，p. 82. 也可比较：H. Stille. 1. c.，1939，p. 337，338。在早第三纪，大西洋在整个时期内都明显存在，并具有与现在大致相同的面积（施蒂勒，第 336 页）。

大陆在侏罗纪连接，没有对说明现代动植物分布提供任何东西。①

现在，我们来简要地谈谈地质时代的气候。但是，我们预先指出，像现在通用的划分那样，我们把前寒武纪分为两个代：较早的——太古代（或始生代）和较晚的——元古代。

太古代　非常值得注意的是，早在早太古代时期，地球的某些地区就受到了冰川作用。这样的情况存在于地球的两半球上——西南非洲和北美洲大湖地区。

在西南非洲，整个太古界由两个部分——上部和下部——组成，较年轻的部分（达马尔系）主要由沉积的，但受到轻微变质的岩石组成。达马尔系的厚度很大。胡奥斯（Chuos）岩系比较靠近达马尔系的下部，而不是它的上部；该岩系是厚度很大——达500米的底碛（冰碛岩），以及受到变质作用的冰水沉积——同时也是纹泥。② 这后一种岩石很像芬兰太古代的这类层状形成物，具有很大厚度，某些研究者认为它们类似第四纪的纹泥。西南非洲的太古代冰碛岩是沉积在太古代大陆准平原化表面的广泛大陆冰川作用的底碛。没有理由可以认为该冰川作用是山地型的。

在加拿大东部（安大略省）的晚太古代沉积中，也发育有十分明显的层状岩石，其外貌很像第四纪的纹泥。③

① 关于魏格纳的学说，也请参看：Л. С. Берг. Изв. Геогр. общ.，1947，№ 1，и Вестник Ленингр. унив.，1946，№ 4—5.

② Т. В. Геверси В. Беэтс. Додвайкские ледниковые периоды в южной Африке. Труды XVII，Международного геологического конгресса（1937），VI，1940，стр. 78.

③ 参看：A. P. Coleman，Ice ages recent and ancient. New York，1926，p. 235 ——某些作者（埃斯科拉，1932）对这些太古代层状形成物的冰川成因表示怀疑。然而，就是埃斯科拉也不得不承认，"这些太古代沉积物是如此近似于相应的更新世沉积物，以致应当认为它们具有相似的成因，即温和或寒冷气候下的风化作用和沉淀作用。"

元古代 元古代分为两个时期：早元古代或休伦世和晚元古代或基威诺世(Keweenawan)。

在加拿大大湖地区的休伦世中期的沉积层中，冰碛岩占很大面积——东西达 1 500 公里以上，南北达 1 200 公里以上。这次冰川作用分布在没有高地的近凹地方。[①]

晚元古代的冰川作用更为强烈，它发生在元古代与寒武纪早期之间的过渡时期；这个时期的地层有各种极不相同的名称：利帕系(Липалийская система)，伊尼系(инийская система)，极北组(гиперборейская формация)，始寒武系。该冰川作用的痕迹在整个地球——北半球和南半球——都有发现。它分布于格陵兰、斯匹茨卑尔根群岛、北欧、南乌拉尔山西坡[②]，南到北纬 26°的中国[③]、整个澳大利亚、非洲(从热带到最南部)，以及大概还存在于北美的西部。

这样普遍的分布——从现在的极地到热带——说明，绝不能认为该冰川作用是由地极的移动或大陆的漂移引起的。必须承认包括直到热带的整个地球的气候发生了变化。不过热带的晚元古代冰川作用大概在很大程度上是属于山地型的。

在苏联，这次冰川作用在穆尔曼，即雷巴奇半岛有广泛的发育。它也分布于挪威境内(瓦朗尼尔)。在这些地方，冰川沉积(冰

① Coleman，前引书 p. 224.

② Л. Лунгерсгаузен. О некоторых особенностях древних свит западного склона южного Урала. Доклады Академии наук СССР，LII. № 2，1946，стр. 160.

③ Дж. С. Ли и И. И. Ли. Синийское оледенение Китая. Труды XVII Международ. геолог. конгресса，VI，М.，1940，стр. 37.

碛岩)属于元古界最上部(蓬蒂阶)和寒武系最下部之间的岩系[①]。

有根据认为,至少在澳大利亚,晚元古代的冰川作用是多次的:在那里的一些地方可以观察到二层甚至三层的漂砾沉积。例如,在维多利亚州彼得伯勒东北的格伦杰尔山,便发现有两层冰碛岩层,它们之间隔有巨厚的沉积岩层,其厚在 2 300 米以上;上面的冰碛岩厚 230 米。[②] 在其他地方——阿德莱德以北与以南,也可看到二层甚至三层的漂砾沉积。

澳大利亚的晚元古代冰盖占有几百万平方公里的面积。冰盖移动方向大致由南向北。在北方,冰碛岩直接位于太古界基底上。在南方(例如,阿德莱德区),冰碛岩与结晶岩基底间隔有晚元古代的巨厚沉积岩层,即所谓下阿德莱德岩系,在该岩系内发现有原始节肢动物的化石。

在南方,在沃萨奇山地,晚元古代的冰碛岩属于安肯帕格里(Uncompahgre)岩系,厚度达 120 米以上 ,含有直径 1—1.5 米的漂砾,有时是直径达 3—6 米和更大的漂砾。[③] 冰碛岩与薄层的带状片岩结合在一起,这种片岩的层理类似于现在的纹泥。这样的形成物(冰碛岩与页岩)在别的地方也有记述,如在美国大盐湖沿岸和湖中的岛上。

---

① А. А. Полканов. Гиперборейская формация полуострова Рыбачий и острова Кильдин (Кольский полуостров). 《Проблемы сов. геологии》, 1934, № 6, стр. 201 — 220. — Геологический очерк Кольского полуострова, Труды Аркт. инст., том 53, 1936, стр. 76.

② В. Р. Броун. Позднепротерозойское(?) оледенение в Австралии. Труды XVII Международ. геолог. конгресса(1937), VI, М., 1940, стр. 68.

③ Н. Хиндс. Позднедокембрийские отложения Северной Америки. Труды XVII Международ. геолог. конгресса(1937), VI, М., 1940, стр. 49.

前寒武纪存在冰川作用的情况，证明当时地球的气候和第四纪时期的气候属于同一类型。此外，当时存在与现在的气候周期性大致相同的短气候周期：具有明显季节层理的卡塔夫（Катав）带状泥灰岩，属于南乌拉尔山西坡的晚元古界；根据这种泥灰岩就能确定30—35年（以及5—6年）气候周期的存在。[①]

寒武纪　如果按海洋动物群的化石来判断，寒武纪的气候好像到处都是大致相同的。不过某些人认为极点发生移动，因而认为在一定程度上分化出了地带。[②] 其根据是古杯动物的广泛分布，它们是特殊的、通常造礁的生物，其中一部分属于海绵动物（泰勒、沃洛格金），另一部分属于珊瑚。古杯动物广泛分布于从北纬70°到南极地区的广大地域内。[③] 根据堆积巨厚的钙质沉积物来判断，早寒武纪的西伯利亚海是暖海。中寒武纪上半期，在现在的中西伯利亚台原地区沉积了巨厚的石膏层、硬石膏层以及钠、钙、镁、钾层。显然，这时气候是炎热而干燥的。[④] 根据 А. Г. 沃洛格金的看法，寒武纪时，沿东北东方向从费尔干纳和阿尔泰山延伸至楚科奇半岛的地带是地球上的热带。[⑤] 然而，在地球上的其他地区，气候是不热的。因此，寒武纪时气候地带大概已初步形成。

志留纪　按一般的看法，志留纪期间，整个地球的气候看来是

---

① 伦格尔斯豪津，1946，第1集第160页。

② E. Dacqué. Grundlagen und Methoden der Paläogeographie. Jena，1915，p. 400.

③ А. Г. Вологдин. Археоциаты Сибири. I，1931，стр. 101，изд. Глав. геолого-развед. управл.

④ А. Г. Вологдин. О климате северной Азии в кембрийский период. Труды XVII сессии Международ. геолог. конгресса（1937），VI，М.，1940，стр. 145.

⑤ 同上注，第146页。

相似的。这里,可以举出绿钙藻类(环管藻属,Cyclocrinus)作为例子。它们从早志留纪(奥陶纪)起就已存在:一方面存在于北纬80°的格陵兰地区。另一方面存在于北纬32°以南的喜马拉雅山脉地区。[①] 但是,我们知道,就是现代的许多海洋植物也具有极广泛的分布。例如,两极同原的"海草"、有花的大叶藻(Zostera)即属于这类植物。海洋绿藻类石莼属(Ulva)和浒苔属(Enteromorpha)具有最广泛的分布。

但是,我们可以假定志留纪时在北纬80°和32°之间没有很大的气候差异。

于是,就产生一个问题:可能由什么引起从热带到最高纬度的相似气候?要知道,在太阳辐射的任何强度下和地轴的任何倾斜情况下,赤道和两极得到的热量都应该是不同的,因而应该形成不同的气候带。首先,必须指出,我们只应当说是相对的相似性。例如,格林内尔地的志留纪珊瑚长得很短小[②],从而证明气候条件对它们的发育并不特别有利。气候相似程度的大小,可能决定于大陆和海洋、大陆高度和海洋深度的不同分布,因而也决定于高低气压、风、洋流等等的不同分布,尤其对于海洋动物群来说更是如此。我们可以设想,格陵兰和欧洲之间有一条连续的地峡;这时,墨西哥湾流就不能进入巴伦支河,于是穆尔曼的气候就会寒冷得多;此外,这一点屏障将使极地的冷水不能达到南方,从而温带和热带地

① Ю. Пиа. Древнепалеозойские известковые водоросли как показатели климата. Там же, 1940, стр. 168.

② J. W. Gregory. Climatie variations, their extent and causes. Congrès géolog. intern., X-me session, Mexico (1906), fasc. 1, 1907, p. 412.

区的温度将更高;因此,在这些条件下,地带之间的差异将是很大的。反之,去掉这个地峡,就能缩小赤道与极地之间的差异;如果温度提高到能使格陵兰的冰盖融化,差异还会缩小。一句话,一系列有利条件的配合,能够形成在某种程度上相似的气候。

还可举一个例子。现在,北半球有近日点冬季,南半球有远日点冬季。因此,应当可以预料,北半球的冬季和夏季的差别将略小一些,结果气候也更温和。反之,在南半球,这个差别将扩大,将加深冬季和夏季的差异。然而,实际上,我们看到的是相反的情况。根据哈恩的计算,两半球 1 月和 7 月的平均温度是:

	1 月	7 月
北半球	8.0°	22.5°
南半球	17.3°	10.3°

北半球温度的年较差为 14.5°,而南半球温度的年较差仅为 7°,也就是说,南半球的气候比北半球的气候温和得多:北半球有寒冷的冬季和炎热的夏季,南半球有温和的冬季和凉爽的夏季。其原因在于:北半球陆地较多和水面较少;而南半球则以水面占显著优势。

但是,志留纪期间,存在明显的干燥地区,可以证明当时存在气候地带。例如,在晚志留世(或哥特兰纪)末期,在北美洲从密歇根州到宾夕法尼亚州主要为荒漠气候,而且在这里的内海,这时沉积了巨厚的盐层和石膏层,形成了萨利纳(Salina)群。在西南部,该群为地表堆积物——红粘土所代替。①

---

① 有根据认为,早在晚元古代就已存在干燥地带了(参看:Л. С. Берг. Дочетвертичные лёссы.《Землеведение》,1947)。

泥盆纪　关于泥盆纪的气候，目前知道得很少。人们注意到属于早、中、晚泥盆世的老红砂岩的形成条件。一部分人把这些砂岩看作荒漠沉积，另一部分人把它们看作潟湖沉积，而第三部分人则认为它们是三角洲沉积。弗莱特在论及苏格兰老红砂岩时得出了如下结论[①]：这些岩石的性质使我们能够推测当时的气候，在该气候情况下降水丰沛，同时也存在干旱；后者可能持续几个星期，甚至几个月。当时不存在冰川作用或长期严寒的标志。总之，气候温暖，但不炎热。在苏格兰，当时的平均温度绝不会低于现在。遗憾的是，按休尔德的意见，老红砂岩的植物群没有提供能说明当时气候情况的任何可靠的标志。另一方面，当时应该存在温度带——休尔德就是这样看的。

科恩[②]在图林根的晚泥盆世的层状沉积中，除了季节性层理外，还发现了相应于太阳黑子11年周期的互层现象。因此，那时的太阳状况与现在是一样的。

石炭纪　顾名思义，石炭纪的特点是有巨厚的煤聚积。众所周知，煤分为两大类：由低等的、通常是水生的植物参加形成的腐泥煤和来源于高等的、同时是陆生的植物的腐殖煤。腐殖煤从地球地质史一开始就有沉积，腐殖煤从晚志留世起开始形成。[③] 但

---

① Дж. Флетт. Труды XVII Междунар. геолог. конгр. (1937), VI, M., 1940, стр. 183.

② H. Korn. Schichtung und absolute Zeit. Neues Jahrbuch Geol., Mineral, Paläont., Beil. -Bd., Abt. A. 2d. 74, Heft 1, 1938, p. 114.

③ В. А. Захаревич. Палеозойские угли северных склонов Алайского и Туркестанского хребтов. Труды Убзекистанского филиала Академии наук СССР, геология, вып. 2, 1941. 这些煤的年代不比卢德洛期晚，也可能早于温洛克期。

是，腐殖煤大量聚积见于石炭系的最下部，即杜内阶。苏联木哥贾雷的别尔乔古尔矿产地即属于这个地质时代。中、晚石炭世，成煤作用达到相当大的规模，世界上煤储量的 23.7%属于整个石炭纪，而其中的 22.2%又属于中、晚石炭世，同时单是中石炭纪的莫斯科期或维斯特法期就提供了最大量的煤（美国和西欧——向东直到顿涅茨煤田）。[1]

某些人（戈坦）认为只有在潮湿而温和的气候条件下才能形成煤；其根据是，即使在现在，泥炭也是形成于温带，而不是形成于热带。但是，我们现在知道，就是在热带非洲和苏门答腊等地也有大面积的沼泽。[2] 此外，石炭纪树木的木质部没有年轮，这证明它们是在没有冷季和旱季的整年时间内生长的；此外，还有石炭纪植物的形态特征，也说明当时这些植物是在温暖气候下生长的。现在，大多数专家都得出了这个结论。[3]

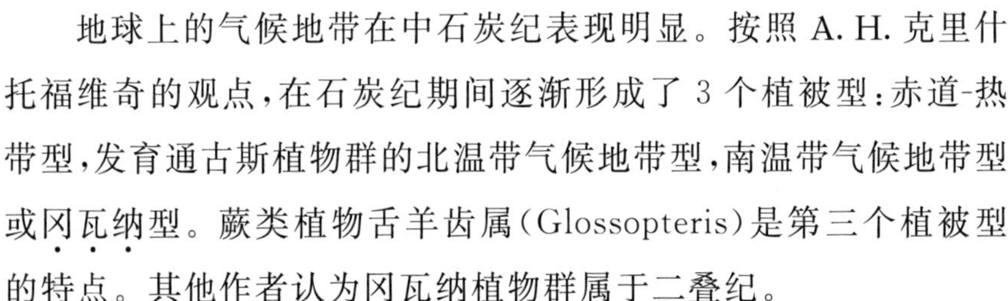

地球上的气候地带在中石炭纪表现明显。按照 A. H. 克里什托福维奇的观点，在石炭纪期间逐渐形成了 3 个植被型：赤道-热带型，发育通古斯植物群的北温带气候地带型，南温带气候地带型或冈瓦纳型。蕨类植物舌羊齿属（Glossopteris）是第三个植被型的特点。其他作者认为冈瓦纳植物群属于二叠纪。

值得注意的是，晚石炭世（其他人认为是二叠纪）的特点是发

① П. И. Степанов. Геология месторождений ископаемых углей и горючих сланцев，Л.，1937.

② 例如，可参阅 З. Ю. 绍卡利斯基所编的非洲土壤图（《土壤学》，1944 No. 9）。

③ М. Залесский. Очерк по вопросу образования угля. Петроград，1914，стр. 71. — Ю. А. Жемчужников. Общая геология каустобиолитов，Л.，1935，стр. 65. — А. Н. Криштофович. Палеоботаника. 3-е изд.，Л.，1941，стр. 353.

育强大的冰川作用,这特别明显地表现在南半球。这种冰川作用的大量明显痕迹存在于非洲南部(从开普移民区往北直到赤道)、澳大利亚南部、阿根廷和巴西。印度的冰川沉积得到了很好的描述,它们属于石炭系乌拉尔阶的下部。

在北半球,晚古生代冰川作用看来比南半球弱得多。除了印度,在北美——美国的大西洋沿岸(特别是波士顿)和阿拉斯加,也发现有晚古生代冰川作用的痕迹①。科尔曼②倾向于把当时北半球具有较大的海洋性质和存在向北移动的暖流,看作北半球冰川作用较弱的原因。不管怎样,在石炭纪末,就是北半球气候也显著变冷。例如,在顿涅茨煤田煤系最上部的科达纲植物(裸子植物)Dadoxylon amadokense 的木质部中经常发现年轮,这证明存在寒冷季节。可是,戈坦在斯匹茨卑尔根群岛描述的早石炭世台木属(Dadoxylon)一个种的木质部,却没有清楚的年轮。按照 M. Д. 扎列斯基的看法,北半球变冷发生在石炭纪最末期。③ 科肯④认为,印度阿拉瓦利岭(在那里发现了强大的晚古生代冰川作用的痕迹)那时的高度不是现在的 500 米,而是超过 4 000 米。但是,这个推测未必符合实际。至少,大家都知道,相同年代的南非冰川作用是

① 科尔曼,1926,第 176—181 页。

② 同上注,第 183 页。

③ M. Д. Залесский. О климатических поясах земного шара в карбоне и перми. Тр. XVII Междун. геолог. контр. (1937), VI, M., 1940, стр. 206.

④ E. Koken. Indisches Perm und die permische. Eiszeit. Neues Jahrbuch f. Mineral., Festband, 1907, p. 543. 现代印度地质学家把印度古生代冰川作用归入晚石炭世,即塔尔奇尔组下部(乌拉尔阶或斯蒂芬阶)。参见:Фокс (C. S. Fox), Климаты гондванского материка в течение гондванской эры в индийской области. Труды XVII Междунар. геолог. конгр. (1937), VI, M., 1940, стр. 213. —Б. Сахни, там же, стр. 284.

分布在低的地方的。

关于南非冰川作用，著名地理学家戴维斯[①]曾经指出，它产生的原因既不是陆地上升，也不是海陆分布的变化，更不是洋流方向的改变。戴维斯倾向于从地球空气温度普遍下降中寻找冰川作用的原因，因为不这样考虑，就很难想象位于纬度25°的低地会积雪。同时，在非洲南部，当时的夏天应该下雪，而不是像现在这样下雨，而冬天的特点应是严寒和大旱。

在位于南纬1°的刚果盆地，曾经观察到两层晚石炭世漂砾沉积，而且这些冰川作用产物的下部又表现为两个相。[②]

二叠纪 在二叠纪显示出地球上存在干燥地带的明显迹象。在欧洲，在石炭纪占优势的由石松类和蕨类组成的潮湿森林，在早二叠世为由喜旱针叶乔木羽杉属(Walchia)组成的森林所代替，这种植物属于接近松科的南洋杉科(有些人把南洋杉科看作松亚科)。羽杉也分布在北美的下二叠统(埃米特页岩)，以及高加索、乌拉尔山附近地域和恰特卡尔山。A. H. 克里什托福维奇把羽杉称作"古生代的桧(Juniperus)"。[③] 与此相反，在中国，干旱的气候在晚二叠纪就已来临。

---

① W. M. Davis. Observations in South Africa. Bull. Geol. Soc. America, XVII, 1906, pp. 413—420.

② Н. Бутаков. Двайкское оледенение и эпигляциальные отложения экка в бассейне Конго. Труды XVII Междун. геолог. конгр., VI, М., 1940, стр. 265. ——根据布塔科夫的意见(第270页)，德维卡期(Dwyka)的刚果冰川作用与同一时期的非洲南部大陆冰川作用不同，属于另一个类型——高山冰川型：刚果的冰川更像阿拉斯加的冰川。这便说明为什么罗得西亚和非洲东南部没有相应的晚古生代冰川作用的痕迹。

③ А. Н. Криштофович. Происхождение и развитие мезозойской фпоры. Труды юбипейной сессии Ленингр. унив., секция геолого-почвен. Л., 1946, стр. 101.

在二叠纪，地球上荒漠的分布并不比现在少。从早、晚二叠世开始，无论在欧洲和北美都存在巨厚的岩盐、石膏和硬石膏沉积，有些地方还有巨厚的氯化钾（钾石盐）沉积。著名的索利卡姆斯克的盐产地属于下二叠统的昆古尔阶；施塔斯富特的盐类沉积属于镁灰岩统[①]（上二叠统）。

含有较多氯化钾的索利卡姆斯克钾石盐岩和光卤石是由卤水浓缩而成的。П.奇尔温斯基[②]计算出该卤水的平均温度为17°—18°到20°。同时，氯化钠的浓缩发生于一年中的炎热季节，而氯化钾的浓缩则发生于一年中的寒冷季节。对于德国镁灰岩统钾盐的沉积来说，一般认为浓缩温度为25°。一旦冬季的温度经常升高17°—18°，甚至到20°—25°，那时的气候就变得炎热而干燥。

乌拉尔的昆古尔植物群、欧洲的镁灰岩统植物群和科罗拉多峡谷地区的下二叠统红色粘土页岩 Hermit shales（下二叠统上部），都带有明显的干旱迹象。

然而，亚洲相当大地域的气候仍然是潮湿的，而且羽杉属地带在早二叠世时没有扩展到当时亚洲的东部边缘。在二叠纪末三叠纪初，干旱气候也扩展到亚洲的某些地区。[③]

在二叠纪时，气候带表现得很明显。那时，一些地区主要为荒漠气候，另一些地区为湿润气候，聚积了巨厚的煤层。我们记得，

---

① 原文为"цехштейн（Zechstein）"，或译为"蔡希施坦统"或"镁灰群"。——校者

② П. Н. Чирвинский. Физико-химический подход к характеристике палеоклиматов.《Природа》，1943，№1，стр. 60—62.

③ А. Н. Криштофович. Ботанико-географическая зональность и этапы развития флоры верхнего налеозоя. Известия Академии наук СССР. серия геологич.，1937，№ 3，стр. 400.

二叠纪形成的煤占世界煤储量的17%。在苏联，主要为二叠纪的煤，占全国煤储量的57%(库兹涅茨煤田，通古斯煤区)。

在动物地理方面，可以区分出北部的北方地区和位于特提斯海[①]的赤道地区。

三叠纪 在早、中三叠世时，欧洲和北美洲继续存在干旱的气候条件。德国杂色砂岩阶(下三叠统)的植物带有明显的荒漠气候的痕迹。这里生长石松类的肋木(Pleuromeia)，它们是典型的砂地旱生植物，高约1米，带刺，有些像封印木。这种植物在一般外貌上类似仙人掌。顺便说一下，这种植物也见于符拉迪沃斯托克附近俄罗斯岛的下三叠统中。其次，应当提到针叶植物伏脂杉(Voltzia)，它也是干旱气候的标志。

上三叠统最上部(端替阶)的植被在欧洲带有潮湿的，大概也是温暖的气候的痕迹。

侏罗纪 侏罗纪植物群一般具有单一的性质。但是，A. H. 克里什托福维奇[②]说道："西伯利亚中部和北部生长较温和气候成分的植被，它们中间没有或只有少量的苏铁类植被，但以银杏类植物占优势；可是欧洲，特别是其西部却为更喜温的植物提供了生长地，那里银杏类植物的数量很少。"

新西伯利亚群岛和法兰士约瑟夫地群岛的侏罗纪植被，"表明当时气候温和或凉爽"，树木有明显的年轮[③]。

在南极地区，在南纬63°15′的格雷厄姆地，发现有中侏罗世的

---

① 即"古地中海"。——译者

② 《古植物学》，1941，第389页。

③ 同上注，1941，第396页。

植物群。它使人们可以判断当时南极大陆占优势的植物群。这里有大量的蕨类、苏铁类、本内苏铁类和针叶类植物南洋杉科、罗汉松科。[①] 所有这一切都证明当时南极地区气候温暖。总之，在南极地区，在第四纪前时期没有显示出大陆型的大规模冰川作用的痕迹。[②]

现在要根据海生动物群来确定侏罗纪的气候地带是很困难的。

白垩纪　在早白垩世，我们发现多少比较明显的气候地带性，而且已清楚形成南半球的温带。地质学家认为：从早白垩世起，荒漠就已开始占据亚洲中部（诺林，1941）。就是在晚白垩世，气候带也表现得很清楚；值得提出的是地中海-赤道地带，这里分布着造礁的厚壳蛤、珊瑚、海娥螺（Nerina）、某些典型的菊石类及其他动物。这种划分是气候的，而不是相的，这可以从下一情况中看到，在北部（德国、英国南部、瑞典南部），偶尔发现有厚壳蛤，但个体小；这证明当时气候条件不良。[③]

在森诺期，由于在温带纬度地方分布着热带所没有的拟箭石属（Belemnitella）和星桩箭石属（Actinocamax）的箭石，气候地带表现得十分清楚。在晚白垩世，前一个属的代表生长于欧洲、西亚某些地方和北美洲（直到北部的阿拉斯加）；在热带没有，然后再次出现于南半球的昆士兰，其形态接近于 Belemnitella mucronata。

① R. Florin. The Tertiary fossil conifers of South Chile and their phytogeographical significance. K. Svenska Vet. -Akad. Handl.,(3),XIX,No 2,1940,pp. 29—32.

② 同上注，第 86 页。

③ Dacqué，前引书 p. 424。

同样，就是北极地区的晚白垩世植物群也带有温和气候的痕迹（克里什托福维奇）。

现在尚未发现白垩纪冰川现象的痕迹。

第三纪　第三纪与白垩纪一样，显现出清晰的气候带。值得注意的是，在古新世（狭义的始新世以前的时期），在覆盖法国和英国部分地方的海中生活着北方诸海所特有的软体动物〔爱神蛤（Astarte），美人蛤（Axinus，Cyprina）等〕。同时，伏尔加河中游流域的古新世海要温暖得多，而在伏尔加河流域“大圆面包”（下萨拉托夫阶）中遇到的动物群甚至带有热带的特征。伏尔加河流域的古新世植物群属于亚热带；该植物群生长地方的气候是同样温暖而潮湿的，与现在日本南部、中国东南部和爪哇高约 2 000 米的山地的气候大致相同。这里生长棕榈、蕨类、Scitamineae[①]、常绿的栎、樟科乔木、冬青。这是茂密的长绿林，但是像如今在中国或日本一样，其中还可遇到落叶的、较多属于温带气候类型的植物，如山毛榉、桦、栎、杨、楞[②]。

始新世时，欧洲以热带植被型占优势。但是，关于当时气候带表现的情况，可根据下一事实来判断：当时在地中海-热带地带货币虫和珊瑚礁有很大发展，而北纬地方却没有货币虫和珊瑚礁（英国、格陵兰、新西兰存在货币虫是由于暖流的关系）。但是，始新世的气候带没有晚白垩世气候带表现得那样明显；欧洲当时的气候比现在要暖得多。

---

① 在这个目中包括芭蕉属（Musa）、姜属。

② А. Краснов. Начатки третичной флоры юга России. Труды Харьковск. общ. ест., XLIV，1911，стр. 209—212.

在乌克兰沃兹涅先斯克，晚始新世时生长棕榈科的尼巴棕榈（Nipa），现在这种植物分布于印度支那半岛、菲律宾群岛、印度-马来群岛。南极地区（南纬 64°16′的塞穆拉岛，南纬 48°30′—50°的凯尔盖群岛）在始新世期间覆盖着由南洋杉和罗汉松组成的针叶林，这证明当时的气候温和。[①] 在沃伦的上始新统中曾经发现了大量棕榈植物 Sabal ucrainica、红杉、樟，以及落叶的乔木；年平均温度为 16—17°。

值得注意的是，土耳其斯坦在晚始新世就已存在干燥的气候条件。在土库曼的捷詹河和穆尔加布河之间靠近叶尔-奥伊兰-杜兹湖的地方，发现有晚始新世年代[②]的窄叶和小叶植物化石；这是干燥地区所特有的乔木和灌木。这里曾经发现了 Dryandra schranki，它是现代的 Dryandra 属的化石代表；现代的 Dryandra 属于山龙眼科（Proteaceae）的双子叶植物，现在分布于澳大利亚、南非开普地和东南亚。可能，当时在中亚细亚已经出现荒漠或萨王纳。[③] 一般认为，通过土耳其斯坦现代植物区系中的下列种可以对该时期进行回顾：1）在楚河-伊犁河河间山地记述的 Niedzwedskia semiretschenskia，它是属于 Pedaliaceae 的植物，近似某些南非的种。2）生长在卡拉库姆沙漠和克孜勒库姆沙漠的土耳其斯坦天门冬（Asparagus turkestanicus），这种天门冬与南非开普地区天门冬属的一些种相似。3）白花

① Florin，L. c.，p. 32.

② 从前认为该沉积物属于早渐新世。参看：О. С. Вялов. О палеогене Бадхыза（Туркмения）. Докл. Акад. Наук СССР，LII，№ 7，1946，стр. 614.

③ 比较：П. Н. Овчинников. К историии растительности юга Средней Азии.《Сов. ботаника》，1940，№ 3，стр. 43.

菜科(Capparidaceae)的Cleome Gordjagini——是与澳大利亚的白菜花科一个属有亲缘关系的种。[①]

渐新世时,欧洲重新变冷,但在具有温带气候植物种类,如柳、杨、桦、桤、榛、鹅耳枥、山毛榉、栗、葡萄等的同时,仍然可以见到热带的棕榈、樟属、菠萝蜜、乔木状百合科植物龙血树(Dracaena dracc)等。

中欧渐新世树木的年轮,同现代树木的年轮一样清晰。

在从斯捷尔利塔马克直接向东直到萨哈林岛和阿拉斯加的亚洲北部的上渐新统或下中新统(阿奎坦阶)中,有温带气候的图尔盖植物群。这里,除杨、桤、山毛榉、栎和榛以外,还生长着Sequoia Langsdorffi、落羽松、Liquidambar europaeum、柿,这些植物近似于生长在较南纬度地方的现代美洲种和亚洲种。

在格陵兰的新第三纪(或新第三纪晚期)沉积中,曾经发现了银杏、红杉、鹅掌楸、枫香等属的代表,其次还有杨、柳、桤、榛、山毛榉、栎、檫木(Sassafras)、木兰及其他植物。在北纬82°的格林内尔地也发现了同样的植物群。但是,不能认为,这种植被能够证明吉尔当时所认为的亚热带气候。这种植被能够生长在潮湿温带气候下,但这种气候甚至还会有严寒。在智利南部和麦哲伦海峡沿岸,现在占优势的乔木是常绿的山毛榉(南方假山毛榉和N. betuloides)、木兰、柏,以及常绿的灌木。[②] 同时,这里的气候温和,降

① М. Г. Попов. Основные черты развития флоры Средней Азии. Бюлл. Среднеазиат. унив., № 15, 1927, стр. 273 и сл.

② F. W. Neger. Biologie der Pflanzen auf experimenteller Grundlage. Stuttgart, 1913, p. 206.

水丰富，而且在一年中分配均匀，天空经常有云，四季都下雪，但在冬季即使积雪时间也不长。全年任何时候都可能发生严寒，但时间很短。

中新世时，欧洲中部气候温暖（但冬季仍有严寒）；往北，气候变得更为温和。按一般特征，西欧的中新世植物群类似于美国大西洋各洲、中国南部和外高加索的现代植物群。在法国生长各种樟（如 Cinnamomum，樟树）、香桃木（Myrtus）、红杉、落羽杉、竹、龙血树、棕榈、Osmundaceae（薇科）的树蕨类等。

南乌克兰的萨尔马特植物群具有中国温带地方现代植被的明显特征。这主要是落叶的乔木。这里生长栗、鹅耳枥、槭、榛、山毛榉、栎等，以及 Zelkova Ungeri、天患子（Sapindus）、落羽松、Liriodendron Procaccinii、Ailanthus Confucii、Sterculia tridens、杜仲（Eucommia ulmoides）。后 4 个类型的发现，使它们的顿河植物群近似于东亚植物群：杜仲现在生长在中国湖北省和四川省；Ailanthus Confucii 更接近于生长在中国，但能很好适应欧洲气候的臭椿（A. glandulosa）；Sterculia 分布在中国和日本；Liriodendron 分布在中国和北美。还有几种攀缘植物：栎叶漆树（Rhus quercifolia）、大叶菝葜（Similax grandifolia）、Vitis praevinifera（葡萄属之一种）。此外，值得注意的是发现了笃斯越橘（Vaccinium uliginosum）（克里什托福维奇）。塔干罗格区的萨尔马特植物群比外高加索西部的现代植物区系更丰富。①

① А. Н. Криштофович. Некоторые представители китайской флоры в сарматских отложениях на р. Крынке（область Войска Донского）. Изв. Академии наук，1916，стр. 1285—1294.

在塞瓦斯托波尔曾经发现了丰富的萨尔马特陆生哺乳物群。这里找到了长颈鹿科的代表 Achtiaria expectans、羊角羚牛(Tragoceras)、食肉动物古鬣狗(Ictitherium)、无角犀(Aceratherium),以及三趾马(Hipparion)[①]——全都是比现代气候更温暖的气候的动物群。

在中新世最末期,即在梅奥特期,根据在比萨拉比亚南部发现的植物化石来判断,南俄罗斯的气候重新变冷。根据不多的资料推测,植物群具有温带气候的痕迹[②]。

但是,我们从乌克兰知道梅奥特期陆生哺乳动物群是比现在更温暖的气候所特有的。例如,在乌克兰西南部的梅奥特期沉积层中发现了犀类(独角犀、无角犀)、羊角羚牛、长颈鹿的化石,以及希腊颈鹿(Helladotherium,属长颈鹿科)、鸵鸟等等的化石[③]。从距离比萨拉比亚的宾杰雷不远的塔拉克利亚村,记述了同一性质、但种类丰富得多的动物群[④];值得注意的是,在这里的犀、长颈鹿、羊角羚牛、猿猴〔Mesopithecus(巾猿)〕等动物的化石中,还发现了温带森林的动物海狸(Castor fiber)的化石。

上新世时气候变冷更为加剧,而且在该世末期,大概在极地形

---

① А. А. Борисяк, Севастопольская фауна млекопитающих. Труды Геолог. ком., № 87, 1914; № 137, 1915. 现在把这个动物群归入萨尔马特阶上部(В. П. Колесников, Стратиграфия СССР, XII, Неоген, 1940, стр. 251, 253)。三趾马是上新世所特有的。

② А. Н. Криштофович. Последние находки остатков сарматской и меотической флоры на юге России. Изв. Академии наук, 1914, стр. 599.

③ А. Алексеев. Фауна позвоночных д. Ново-Елизаветовки. Одесса, 1916, стр. 410.

④ И. Хоменко. Ежегод. геол. и минер., XV, 1913. Тр. Бессарабск. общ. ест., V, 1914.

成了冰堆积体。欧俄地区的气候变得如此温和[①]，以致河流在冬天开始结冰。在布格河口湾沿岸以及在敖德萨附近的蓬蒂灰岩中，发现了花岗岩和正长岩巨砾，此外，在敖德萨附近（罗尔巴赫移民区），在远离原克里沃罗格铁质石英岩石砾的原产地西南 180—230 公里的地方，还发现了这种巨砾。[②] 巨砾很多，其直径达半米。据 H. A. 索科洛夫的推测，这些巨砾是由冰块沿本都海[③]带到各地的，本都海的波浪冲洗着克里沃罗格区的石英岩陡崖。在顿河上的下库尔莫亚尔站附近及其他地方的晚上新世陆相沉积中，发现了含石炭纪和白垩纪化石的石灰岩块及其他岩块，这些岩块是由河冰从顿河沿岸远在下库尔莫亚尔站以上的地方带来的。[④]

但与此同时，在欧洲西部晚上新世沉积中也发现河马化石，表明气候仍然比现在温暖得多。在比萨拉比亚的中上新统（库亚利尼克层）中，除乳齿象（Mastodon）、犀牛、骆驼、羚羊、三趾马和其他动物化石外，同时发现了河马的化石。[⑤]

至于北极纬度地方，用 A. H. 克里什托福维奇的话来说："北极第三纪植物群的特点是以温带气候的植物占优势，而 G. 耶尔把许多化石定名为亚热带植物属榕属（Ficus）、月桂属（Laurus）、Benzoin，显然是有问题的。"在格陵兰的第三纪沉积中，存在杨、柳、榛、桤、山毛榉、栎、悬铃木、槭、樗、红杉、银杏、香蕨木（Comp-

① 原文如此。从接着的一句来看，应为"如此寒冷"。——校者

② Н. А. Соколов. Изв. Геолог. ком., VIII, 1889, стр. 159—160; Труды Геолог. ком., XIV, № 2, 1896, стр. 30—31;《Почвоведение》, 1904, стр. 107—108.

③ 俄文为"Понтическое море"，也可以译为"蓬蒂海"，即"黑海"。——校者

④ В. Богачев. Изв. Геолог. ком., XXVII, 1908, стр. 277.

⑤ А. Г. Эберзин. Стратиграфия СССР. Неоген, 1940, стр. 532.

tonia)、枫香、鹅掌楸、木兰、檫树等的印痕,是确凿无疑的。但关于存在棕榈植物的看法是错误的。[①]

在鄂毕河口,在上新世与第四纪相交的时期,发现有灰胡桃(Juglans cinerea)。这种胡桃现在生长在北美,曾经在阿尔丹的冰期前沉积中、在日本的第四纪沉积或上新统上部、在法国罗纳河谷地上新统中部,发现过它们的化石。这种胡桃的分布证明晚上新世气候温和。

这种情况——第三纪北极地区气候温和——使我们不得不认为当时地极位于它现在所在的同一地方。[②] 由于这个原因,以及其他的理由,我不赞成魏格纳的大陆漂移说[③],因而也不能认为该因素影响气候的变化。

第四纪 这个时期的特点是存在异常广泛的冰川作用,它在

① А. Н. Криштофович. Палеоботаника. 3-е изд., М., 1941, стр. 433.

② 关于对地极移动论的辩护,请参看:В. А. Ярмоленко, Палеогеографические условия третичного и четвертичного периодов в свете гипотезы о неремещении полюсов. 《Материалы по истории флоры и растительности СССР》I, М., 1941, Академия наук СССР, стр. 375—398.

关于反对地极移动论的意见,请参看:А. И. Толмачев, Об условиях существования третичных флор Арктики. Ботанический журнал СССР, 1944, № 1, стр. 3—17。这位作者认为,北极地区第三纪植物群生长在高纬度地方。"决定高纬度丰富的乔木植被茂盛发育的基本因素,应该是太阳辐射的普遍增强,换言之,即第三纪时到达地表的太阳热比现代多。"(стр. 14)

③ Л. С. Берг. Теория расползания материков. Геогр. вестник, I, вып. 2—3, 1922, стр. 12—16. 也可参阅:H. Jeffreys, The Earth. Cambridge, 1929, p. 303, 321, 330, 以及《地质学展望》上的一系列文章:Geologische Rundschau, XXX, 1939, № 1—2 и 3—4。Л. С. Берг. Некоторые соображения о теории передвижения материков. Изв. Геогр. общ., 1947, № 1, и его же. Историческая география растений. Вестн. Ленингр. унив., 1946, № 4—5(вышло в 1947 г.).

面积上甚至超过了晚古生代。① 在欧洲(也就是在欧洲东部)冰盖沿第聂伯河南下到北纬 48°45′,在美洲沿密西西比河谷地南下到北纬 37°以南。在南半球,这次冰川作用的遗迹存在于从赤道起的整个安第斯山脉范围内,以及非洲南部和热带部分、南澳大利亚、塔斯马尼亚、新西兰南岛、新几内亚。在阿尔卑斯山脉、喀尔巴阡山脉、欧洲南部各半岛的山地、阿特拉斯山脉、小亚细亚、高加索山脉、天山山脉、阿尔泰山脉、喜马拉雅山脉、昆仑山脉、夏威夷群岛②都有冰期的明显痕迹:在现在有冰川的地方,过去冰川所在的高度更低;在现在没有冰川的地方,在冰川时期有冰川。除了上面列举的冰川地区外,有根据推测东亚的许多地方也有过冰川分布。

至于引起冰川作用的原因,那么对这个问题有很多假说,它们涉及对天文、大气、地貌等因素的研究。这里,我们不可能对所有这些假说进行评论。但是,在评价它们时,首先应该注意的是,第四纪冰川作用与晚古生代(以及更早的时期)一样是多次发生的。

引起许多争论的一个问题是,北半球和南半球的冰川作用是同时发生,或者像克罗尔推测的那样是交替发生于两半球?通过德·耶尔③及其学生对纹泥进行的地质年代学研究,查明了瑞典、阿尔卑斯山、北美、南美、新西兰、非洲热带地区、喜马拉雅山的冰川作用是同时发生的。同样,两半球的间冰期也是发生在同一时期。此外,

① 请参看:E. Antevs, Maps of the Pleistocene glaciations. Bull. geol. soc. America, vol. 40, 1929, pp. 631—720.

② 在夏威夷群岛的最高点冒纳凯亚山(4 214 米),冰川曾经下降到 3 500 米的高度(H. 格雷戈里,1925)。

③ G. De Geer. Geochronologia suecica. Principles. K. Svenska Akad. Handlingar(3), XVIII, No. 6, Stockholm, 1940(367 стр., 90 табл.), pp. 220—227.

两半球冰川作用同时发生的情况，也为克卢特(1928)对科迪勒拉山系雪线——现代的雪线和最后一次冰川作用时期的雪线——位置的研究所证实：在整条山系内，从落基山起到智利南部止，这两条雪线的走向是平行的。我们在第五章谈到的干燥地带和潮湿地带扩大的情况，也证明了两半球的气候变动是同时发生的。

在第八章论述两极同原性时，曾经谈到冰期时热带也发生气候变冷。这一情况，以及我们所阐明的两半球同时发生冰川作用的现象，使我们不能不得出结论：两半球空气温度和海洋表面温度下降是同时发生的。[①] 这就表明冰期发生的原因是宇宙性质的因素。[②]

根据关于两极同原海生生物分布的资料，我们认为(见本书第269—270页)：冰期时，水和空气的温度在热带至少降低了4°—5°。彭克估计，西欧冰期时的温度下降不小于8°。[③]

大陆冰盖形成的始因是空气温度下降，而完全不像某些人推测的那样是地球表面某些地段的上升。[④]

关于与第四纪气候变动有关的问题，本书前几章已作了详细叙述。

---

① Л. С. Брег. Основы климатологии. 2-е изд., Л., 1938, стр. 420.

② 同上注，第413—414页。

③ A. Penck. Das Klima der Eiszeit. Verhandlungen der III Internationalen Quartär-Konferenz Wien, September 1936. Wien, 1938, Geolog. Landesanstalt, p. 87. 这个结论是根据比较现代温度与冰期雪线附近温度得出的(例如，在亚得里亚海东北岸山地，冰期雪线的高度为1 300—1 500米。根据彭克的资料，这里当时的年平均气温略低于0°，而现在该高度的年平均气温为8°到9°)。彭克也认为，冰期时温度是在整个地球范围内同时下降的，因而只有宇宙理论才能说明冰期产生的原因。

④ Л. С. Берг. О предполагаемой связи между великими оледенениями и горообразованием.《Вопросы географии》, № 1, 1946, стр. 23—32.

第十一章　前寒武纪大陆上的生命和土壤形成①

现在，无论在科学著作还是在普及读物中，都广泛流行这样一种观点：在前寒武纪，甚至在早古生代，陆地表面是整片无生命的荒漠——这种状况可以称为泛荒漠（панаремия）（此词来自希腊字ραη——整个，普遍——和 eremia——荒漠）。现在，我们作一些说明。

豪厄尔（1940）在莫斯科召开的最近一次国际地质代表大会上所作的报告证实，在晚元古代，甚至在早寒武纪，陆地上根本没有植物，因而也没有动物生命。舒切特和邓巴（1941）在他们自己的、但写得极好的地质学教科书中，对寒武纪初期也持有同样的看法。根据 B. A. 奥布鲁切夫（1935，1942）的意见，前寒武纪时“陆地上没有生物……；陆地完全是荒漠，该荒漠表面受到强烈的机械风化和化学风化作用”。斯特拉霍夫（1938）在其历史地质学教程中也说道：在寒武纪的大陆上是整片的荒漠——如我们所说的泛荒漠。我们在科罗温（1941）最新的地质历史学教科书中也读到：在寒武纪和志留纪时期，大陆是没有生命的石质砂质荒漠，而在泥盆纪时期，陆地最多不过在某些地方覆盖有稀疏的和生长不好的植丛。

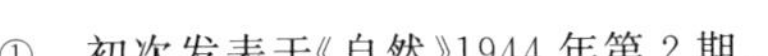

① 初次发表于《自然》1944 年第 2 期。

根据著名古植物学家 A. H. 克里什托福维奇(1937)的看法,在泥盆纪以前,“根本不存在陆生植物,或者它无足轻重。”

但是,根据最近的研究,这种看法是不正确的。任何时候——无论在太古代、元古代、寒武纪和寒武纪以后的时期,大陆都不是整片的荒漠。

从自然地理学观点看泛荒漠的不可能性

现在我们知道,在元古代的海洋中就生活着放射虫类、海绵动物、软体动物、节肢动物,更不用说还有植物界的代表——大量的钙藻类。既然在大洋中有如此高度发育的生命存在,地球就应当有由氧、氮和二氧化碳组成的大气。如果存在大气,就应承认存在大气环流,因而也存在水分的输送。因此,无论在寒武纪还是在元古代,大陆上都不可能是整片的荒漠,就像现在陆地上不是整片的荒漠一样。对此还应补充一点,元古代的构造运动特别强烈,其结果应当形成巨大的山地隆起。而大家知道,山是水分的冷凝器。

月球是作为整片的和绝对的荒漠(理想的泛荒漠)的行星的例子,那里既没有水,也没有空气,因而也不可能有生命。但是在地球上,无论在元古代,还是在后来的任何时期,都是不可能想象有那样的景象。荒漠的分布像现在一样,始终是有限的。

从生物学观点看泛荒漠的不可能性

大家公认,在元古代的大洋中,像我们说过的那样,生活着大量的动植物。如果在寒武纪开始前，陆地上还没有生物定居，那倒是令人奇怪的。对于生物的出现来说，时间已经足够了。舒切特和邓巴(1941)说道，在元古代结束前，地球上的生命大概已存在了近10亿年。但实际上，还要长得多。

在地球上，从地质历史的最初开始，即自太古代早期起，即存在生命的最古老的痕迹。在乌克兰前寒武纪基底上，埋藏着受到变质的沉积岩——粘土和泥灰岩，有的地方有石灰岩夹层。属于这个岩系的有石墨片岩，现在人们认为它们是有机成因的(杜贝纳，1939)。这种片岩沉积于太古代最初期，含有15%－20%的碳。这种碳来自太古代的有机体(我们记得，也有无机成因的石墨)。可见，在地球历史的初期，在乌克兰是有丰富生物的。不过，北美洲的情况也是如此。在美国纽约州太古代岩石的基底上，埋藏着含1—5米厚石墨片岩层的格林维尔群沉积岩层。著名的地质学家道森说道，分布在格林维尔群沉积岩中的碳比分布在整个石岩系中的碳要多。因此，在太古代最初期，即大约在20亿年以前，地球上已经生命麇集。但是，形成这些含碳沉积物的生物，生活在什么环境中——在海洋中，在淡水中，或者在陆地上，现在还无法说明。如果是在海洋中，而且像许多人认为的那样，认为生命发生于海洋中，那么在元古代开始前就已有足够长的时间(不是1亿年)使大陆能够为生物所定居。但是，不能排除上述含碳沉积物在陆地上沉积的可能性：它们可能是陆生低等植物，如蓝藻[1]的遗体。在碱土和淡栗钙土的表面，有时候生长大量蓝藻类的 Nostoc

① 学名为“Cyanophyceae”，旧称“蓝绿藻”。——校者

(念珠藻属)。据 A. A. 叶连金(1936,第 340—341 页)说,Г. Н. 波塔宁从蒙古和鄂尔多斯带回了长宽达半米的巨大念珠藻丛。在太古代这种陆生藻类的聚积,可以产生构成石墨片岩的含碳物质。

这样,就不应怀疑,在太古代和元古代,以及在早古生代期间(寒武纪、志留纪)的大陆上,无论是陆地上还是淡水中都存在丰富的生物。只不过这种生物是不同于现在的另一种生物而已。在土壤表面虽然没有高等的动植物类型,但在土壤表面和土壤中,显然存在数量上不少于现在的微生物。那时像现在一样,陆地上应该生存着绿藻、蓝藻、细菌和低等真菌。应该认为,还有原生动物:根足类、鞭毛虫类、纤毛虫(这里我们有意不谈有较高级的有组织的陆生动物,如软体动物或节肢动物),由于没有高等植物与它们竞争,绿藻和蓝藻能在土壤表面得到繁盛的发育。

生命的先驱

联系上面谈的会产生一个问题,现在的什么生物是原始基质上的先驱。

在似乎没有生命的法国孚日的花岗岩、瑞士圣哥达的片麻岩和瑞士福尔山峰顶的石灰岩上,以及在岩石的最小裂缝中,法国的微生物学家敏茨发现了硝化细菌。这种细菌产生硝酸,促使岩石风化和土壤的形成。在法兰士约瑟夫地群岛和北地群岛的岩崖上,以及在冰川冰下面,也发现有这种细菌。因此,有根据认为,在前寒武纪就已存在细菌。关于这一点,特在下面叙述。

在帕米尔的花岗岩陡崖的壁龛中,从表面到一定深度,奥金佐娃(1941)发现了蓝藻类的小粘球藻(Gloeocapsa minor)。通常认为,蓝藻只有与细菌——固氮细菌共生,才具有吸收大气中氮的能力。在帕米尔经过研究的岩石中,没有发现固氮细菌。然而,奥金佐娃断言,她查明了帕米尔的小粘球藻具有吸收空气中氮的能力。不管怎样,小粘球藻显然能促进帕米尔的花岗岩的风化。

1883 年印尼喀拉喀托岛火山爆发后,火山灰上的生命先驱是蓝藻类的鞘丝藻属(Lyongbya)。

蓝藻类早自元古代起就已存在。完全可以肯定,前寒武纪的花岗岩是在我们所熟知的小粘球藻或类似它的蓝藻的作用下发生风化的。至少,像 M. Д. 扎列斯基指出的那样,近似小粘球藻的藻类本身形成了芬兰湾南岸的早志留世库克油页岩。在火星上大概有低等植物,因为在火星的大气中应该有氧,尽管数量不多(季霍夫,1945)。从火星表面岩石的红色来判断,过去氧气要多些。根据天文学家琼斯(1940)的意见,现在火星上已不再有生命。

现代土壤中的微生物

为了说明上节所谈的问题,这里我们谈谈栖属于现代土壤中的低等生物界。微生物学家说道,每一公顷耕作层土壤中含有几吨微生物:藻类、细菌、真菌、原生动物;这里,我们暂且不谈较高等的生物。

藻类　土壤中,常见的藻类有绿藻、硅藻、蓝藻。

蓝藻一般很能适应温度的变化。一些种在生长时能经受冻结;另一些种能在温泉中生存,同在通常温度的水中一样。此外,土壤中的蓝藻能经受严重的干旱。著名的英国土壤藻类研究者布里斯托尔-罗奇(1927)曾在35°C的干燥流动空气中烘干土壤标本。这时,蓝藻几乎完全保持了自己的生命力。绿藻有不同程度的忍耐力,而硅藻则完全死亡。这些观察向我们说明了蓝藻的地理分布情况。在苏联东南部的碱土和半荒漠中繁殖着蓝藻,而且有些地方数量很多,其中特别引人瞩目的是厚达3—4厘米的巨大念珠藻群。另一方面,在新地岛的沼泽化土壤中也常见到蓝藻。

除了蓝藻,在潮湿的土地上常常生长硅藻;而在绿藻中则有气球藻(Botrydium),其地上部分有直径1毫米的绿色泡突;其次,还有无隔藻(Vaucheria)、衣藻(Chlamydomonas)、肋球藻(Pleurococcus)等。

但是,藻类不仅在土壤表面极为常见,而且也普遍存在于土壤上部各层中,根据戈列尔巴赫(1936)的研究,在苏联的砂质土壤中,藻类可分布到深达15厘米的地方,但在德国以及非洲,在深达50厘米的地方还发现有蓝藻。在列宁格勒、卢加和季赫温附近的土壤中,戈列尔巴赫在1—2厘米的深度发现了108种藻类,其中50种是蓝藻,2种是鞭毛藻,56种是绿藻。硅藻没有统计在内,但它们在土壤中也不少;在英国,土壤硅藻的种同绿藻的种一样多。列宁格勒地区土壤藻类的数目,包括硅藻在内,达到180—200个种(同时,生长在土壤表面的藻类没有计算在内)。据上述研究者说,在正常的土壤中总是有藻类;在英国,每克土壤中有藻类达到10万个,而且数量最大的是绿藻。

我们知道,土壤藻类也存在于光线透射不到的一定深处。这是因为绿藻以及蓝藻和硅藻在没有光的情况下,具有以异养方式即依靠有机物质生存的能力。同时，有些藻类〔如 Chlorella（小球藻属），Pleurococcus（肋球藻属）〕在黑暗中放置两年后仍能保持叶绿素。

细菌　关于细菌在分类系统中的位置，现在还没有完全弄清楚。但可以认为，这些生物早自太古代起就已存在。维尔纳茨基（1926）说道："太古代岩层内矿物的性质，特别是矿物共生组合的性质，证明在整个太古代——即在我们这个行星最古老的、可以进行地质研究的地层中都存在细菌。"根据著名古生物学家沃尔科特（1916）的资料，在美国前寒武纪的石灰石中存在细菌。

我们知道，在现代土壤的上层，每克土壤中细菌的数量计有几亿个，甚至几十亿个。如果假定每克黑钙土中含有 30—40 亿个活细菌，而每十亿个活细菌的重量为 0.2 毫克，那么在厚达 25 厘米的黑钙土层中，每公顷活细菌的重量则为 1.8—2.4 吨；如折算成干物质，则重量为 0.36—0.48 吨。在含细菌较少的灰化土中（每克土壤含 13—20 亿个细菌），每公顷活细菌的相应重量为 0.74—1.40 吨（秋林，1946，стр，22）。

因此，别尔特洛说土壤是某种活的东西（quelque chose de vivant），并不是没有根据的。土壤中包含的大量活质的生命活动的结果是巨大的。土壤细菌有各种类型：一类靠蛋白质生存；另一类分解纤维素；第三类（如固氮细菌）吸取大气中的氮；第四类把铵盐氧化成亚硝酸盐，继而氧化成硝酸盐，即参加硝化过程；第五类聚积氢氧化铁，等等。

现在，有一些关于土壤细菌数量的资料。在伏尔加河流域的森林草原土壤中，发现每克土壤有细菌达 2 750 亿个；在卡马河流域的灰化土中，每克土壤有30亿个细菌；在塔什干附近的灰钙土中，每克土壤有16亿个微生物。

真菌 在土壤的真菌中有大量的霉菌、酵母菌和放线菌或放射状真菌。放线菌的数量，每克土壤可达100多万个和更多（瓦克斯曼，1931）。一些放射状真菌能破坏纤维素；许多放射状真菌能将蛋白质分解为氨基酸和氨。

前寒武纪的真菌（现在尚未发现其化石）能成为土壤藻类的寄生物或腐生物，或者能与这些藻类处于独特的共生状态，就像在现代地衣中观察到的共生情况一样。

原生动物 在土壤的原生动物中，有根足类、鞭毛虫类、纤毛虫类。这些土壤生物靠细菌、真菌以及分解的有机物质生存。在英国的土壤中曾经发现了250种原生动物，其中只有不多的几个种是专门生活在土壤中的。在罗塔姆斯捷德站（英国）未施过肥的土壤中，夏天发现每克土壤有15 000个鞭毛虫和2 000个变形虫（瓦克斯曼，1931）。在沃罗涅日州的黑钙土中（在熟荒地上），发现有大量原生动物的孢囊（拉姆梅尔梅伊耶尔，1929）。关于中亚土壤中的原生动物，将在下面加以叙述。

毫无疑问，就是在前寒武纪和早元古代大陆的陆地表面，也生活着类似的微生物（藻类、细菌、真菌、原生动物）。[①] 然而，除了微生物，在现代土壤中还有大量低等动物，如，涡虫类（Turbellaria）、线虫类、寡毛类、轮虫类、多足类及其他等。但是，我们没有提到它们，以免我们的叙述过于庞杂。不管怎样，在前寒武纪的土壤中，

① 可能那时没有硅藻，它们自早侏罗世起才出现。

可能存在与它们相似的低等动物类型。

前寒武纪荒漠中的生命

上面，我们已经指出，在前寒武纪和寒武纪，陆地不可能是整片的荒漠——泛荒漠。但这并不是说，那时像现在一样，地球上根本没有荒漠。[①②] 那么，这些前寒武纪和早元古代荒漠究竟是什么呢？它们是否完全没有生命？

如果注意一下现代的荒漠，我们就知道不能那么说。

如果像前面一样，我们仅限于考察微生物，我们可以指出，中亚荒漠的土壤是含有大量这种生物的。例如，在塔什干区和安集延区未耕作过的灰钙土中，每克土壤含有 10—12 亿个微生物，其中包括大量的固氮细菌（舒利金娜等人，1930），撒哈拉沙漠的土壤尽管非常干燥和温度很高，但仍有大量定居者——微生物存在（基利安与费尔，1939）。甚至在布哈拉州流沙地的新月形沙丘顶部，也发现每克沙含有 12 亿个微生物（舒利金娜等人，1930）。根据 A. 布罗茨基（1935）的观察，在中亚细亚未耕作的黄土性土壤中，每克土壤共计有 10—30 万个原生动物。数量最多的是鞭毛虫类，其次是变形虫，最少的是纤毛虫类。这些生物分布在荒漠的黄土中，深可达 3—5 米，但其数量随深度增加而迅速减少；在生荒地土壤中，原生动物的最大数量见于 5—20 厘米的深度。

① 参看本章第一、二节。也可参看：贝尔格，1947（《前第四纪黄土》）。

② 此句似有问题，原文如此。——校者

值得注意的是扎苏欣(1930)在伏尔加河和乌拉尔河下游地域之间的沙地上进行的下述观察。在新月形沙丘之间的洼地内薄的无色沙层下面,即表面以下仅 0.5 毫米深处,发现了主要由蓝藻,但也由原生动物组成的厚达 1 毫米的绿色层。蓝藻类颤藻(Oscillatoria)的许多丝状体把单个砂粒集结在一起,形成了如同 1 毫米厚的毡子,它在整个夏天都存在,并使砂不致被吹蚀。类似的绿色层也存在于蒙古的沙地上,以及奥卡河沿岸的沙地上。

最后,更令人惊奇的是博雷舍夫和叶夫多基莫娃(1944)对土库曼卡拉库姆沙漠的龟裂土所作的如下观测。在龟裂土表面有一层厚 2—8 毫米的干结皮。这种结皮在潮湿时强烈膨胀,其中可以观察到大量的蓝藻类席藻层(Phormidium)和 Lynglia。可见,这些藻类能够忍耐这里荒漠的高温——这里土壤表面的温度为 70°和 70°以上。蓝藻是这些地区的成土因素。

根据与现代荒漠相似的情况,有足够的理由认为:在太古代、元古代和早古生代的荒漠中同样有生命。这些荒漠不是无生命的无生代荒漠。

前寒武纪大陆上的土壤形成

现在产生一个问题:前寒武纪大陆上有没有土壤?既然那时没有高等植物,能不能发生成土作用和进行腐殖质的积累?

我们认为,在前寒武纪大陆上应该存在有土壤。

下面,为了简单起见,我们假定,前寒武纪陆地上层的有机界仅仅是微生物一类。

现代土壤中的腐殖质由以下几种物质组成(秋林,1937):1)腐殖质,其中包括能溶于碱的腐殖酸〔按什穆克的看法,腐殖酸的简单分子式为$(CsH_4O_2)n$〕、能溶于水的富里酸(人们用这个名字总的表示克连酸和阿波克连酸)和其他酸,以及"胡敏酸"——近似腐殖酸的物质;2)木质素、纤维素、半纤维素、糖、蛋白质;3)脂肪、蜡、树脂以及通常不及腐殖质总量达5%的其它物质。

根据著名微生物学家和土壤学家瓦克斯曼(1937)的观点,土壤中的腐殖质只有在土壤微生物的生命活动过程中,通过分解动植物残体而形成。在提到这一现代观点时,自然会想起 П. 科斯特切夫(1890)的话:"腐殖质不是死的物质,而是在每一点上都通过各种各样表现的生命在呼吸着。"

在前寒武纪陆地上,其表层不可能没有微生物,但是没有高等植物的残体。那么,该陆地在腐殖质方面的情况怎样呢?我们认为,在这种条件下,应当聚积腐殖质。

至于蛋白质,根据得到其他研究者证实的特鲁索夫的资料来看,植物蛋白在微生物作用下发生分解,形成腐殖物质——胡敏酸和部分胡敏素。自然,土壤微生物的蛋白质也是腐殖质的来源。土壤有机物专家 A. A. 什穆克教授(1930)说道:"无论何种有机残体进入土壤,无论微生物过程向什么方向发展,也无论由于这些过程的结果形成了何种形形色色的有机产物,在任何情况下我们总是看到必定形成微生物的原生质,即形成蛋白质。""因此,应当认为,土壤的蛋白质,或者换言之,即栖居于土壤中并决定微生物转化作用整个进程的微生物的原生质的蛋白质,是各种各样土壤产物中土壤的最初的恒定有机产物。"正好是低等植物,即藻类、细菌、真菌类特别富含蛋白质。所有这些生物都应生存于元古代。

既然前寒武纪的土壤中有藻类,就不可能缺少纤维素。作者们对于纤维素在腐殖质形成过程中所起作用的看法是互相矛盾的。瓦克斯曼(1937)认为,它的作用有限:在细菌(需氧细菌和厌氧细菌)以及真菌、放线菌和(可能还有)原生动物的作用下,纤维素很快被分解,没有形成深色的物质。相反,研究过细菌 Cytophaga(噬纤维细菌属)的纤维素的分解情况的哈钦森和克莱顿(1919),以及维诺格拉茨基(1929)认为,纤维素被细菌分解后的产物,可能成为腐殖质的基础(秋林,1937);科诺诺娃,1947,№ 6,7)。无论如何,纤维素可以通过微生物蛋白质的积累而成为腐殖质的间接来源(特鲁索夫,1937),和可以在纤维素被细菌和其他微生物分解时,成为半纤维素的间接来源。

近期的研究发现,在土壤中广泛存在由需氧细菌分解纤维素的过程。粘球菌(Myxobacteria)也参加了这个过程,它是特殊类别的需氧细菌,在某些方面接近于粘菌(Myxobacteria)。上面提到的 Cytophaga 就属于粘球菌类。科诺诺娃(1943)对微生物分解苜蓿纤维素进行的观察表明,在这种情况下就会形成褐色的腐殖物质,就像依靠纤维素大量发育的粘球菌的蛋白质分解的结果一样。

总之,不能否认,元古代藻类的纤维素可以成为土壤中腐殖质的部分来源。

在现代土壤中,木质素的储存(根据某些作者的意见:这些物质的实验式是 $C_{10}H_{10}O_3$)主要依靠高等植物(从苔藓到被子植物)的残体来补充。自然,在前寒武纪的土壤中不可能有这种来源的木质素。但是，有意见认为（瓦克斯曼和科登，1938），在纤维素分解过程中，微生物可合成一定数量的类木质素物质。土壤中的几种固氮细菌含有约 30％的这种物质。

因此，不能否认，在元古代的土壤中也可能存在木质素。

可见，在元古代的风化壳中存在形成腐殖质的最主要的物质：一方面是蛋白质、纤维素、半纤维素，可能还有木质素；另一方面是微生物。因此，这时能够形成腐殖质。也就是说，这时存在土壤。而土壤本身又维持着植物群和动物群的生存。

关于大陆上最古老生命的古生物学资料

舒切特和邓巴（1930）在考察寒武纪的有机界时写道："在寒武纪初期，陆地具有荒漠的外貌，因为在寒武纪岩石中没有发现任何陆生生命的痕迹。原始的非木质化的植物，如地衣，大概只能覆盖在潮湿的地方，而不能在干旱的地区生存。[①] 那时的动物还没有呼吸空气的能力；几乎经过了 3 个地质时代——寒武纪、早志留世（奥陶纪）、晚志留世，它们才出现在陆地上。"他接着又说道，最初的陆生动物群化石见于早泥盆世，即距今约 3 亿年。它们是蜘蛛、蜱螨（Acarina）、接近于 Collembola（弹尾目）的原始动物、无翅昆虫。所有这些动物都生活在原始的裸蕨类植物群中。

但是，这样晚才出现陆生动物群的看法是错误的。1927 年，著名的地质学家和古生物学家庞佩基曾记述过北欧前寒武纪石英

① 情况不完全是这样，因为我们知道在半荒漠土壤表面生长有地衣。

砂岩中保存完好的节肢动物异栉蚕(Xenusion),它长 85 毫米,很像现代的原气管类动物栉蚕(Peripatus)。现今生存的原气管类动物是热带雨林的动物。可以认为,异栉蚕也是陆栖动物。[①]

关于太古代、元古代和寒武纪大陆没有生命的看法,来源于陈旧的假定:仿佛地球上的生命一定要产生于海洋,从那里逐渐扩展到淡水中,然后再扩展到陆地上。我们过去已经谈过(贝尔格,1938),鱼形动物和鱼类仅仅自中泥盆纪起才出现于海中,而以前这些脊椎动物通常是分布在淡水中和部分分布在微咸水中的。

总之,我们认为,生命起源于大陆的假定没有任何难以置信的——至于是起源于陆地或是起源于大陆水域,这很难说(贝尔格,1947)。

根据上面谈的情况,我认为,从北美海相中寒武纪描述的原气管类动物 Aysheaia,起源于类似前寒武纪异栉蚕的陆生类型。

同样,在海相沉积中与大量海洋动物群(海百合、腕足动物、三叶虫,鲎)一起发现的晚志留世的蝎(Scorpionida),可能和现代的蝎——陆栖动物一样,起源于更早的陆栖的蝎。

结　　论

1. 没有任何理由可以假定,从地质史初期开始(也就是从太古代开始)陆地表面曾经是整片的沙漠,无论在太古代、元古代和

① 在 K. 齐特利的俄文版《古生物学原理》(Циттель, ч I, 1934, стр. 983)中,对这一独特的动物作了描述。

早古生代，陆地上都不存在泛荒漠。

2. 我们假定地球上的生命像许多人（但不包括本书作者）认为的那样，起源于海洋，再从那里扩展到陆地。按照现代的观点来看，太古代和元古代至少包括了 15 亿年的时间，即相当于从寒武纪到现在这段时间的 3 倍。

上面已经说明，在太古代初期地球上就已存在大量生命。因此，曾经有足够的时间使陆地能在寒武纪开始前至少为最低等植物和单细胞动物所定居。我相信，不仅在早元古代，而且在更早的时期，陆地上就已存在这类有机体了。

参考文献

Берг Л. С. Древнейшие пресноводные рыбы.《Природа》, 1938,№ 7—8.

Берг Л. С. Климаты в древнейшие геологические времена.《Землеведение》,1947.

Берг Л. С. Дочетвертичные лёссы. Там же.

Берг Л. С. О происхождении железных руд типа криворожских.《Вопросы географии》,вып. 3,М.,1947.

Берг Л. С. Соображения о происхождении наземной, пресноводной и морской флоры и фауны. Бюлл. Моск. общ. исп. прир. отд. биол.,1947, № 5.

Больппев Н. Н. и Евдокимова Т. И. О природе корочек такыров.《Почвоведение》,1944,№ 7—8,стр. 345—352.

Бродский А. Л. Современное состояние вопроса о роли простейших в почве,《Природа》,1935, № 1.

Waksman S. A. (Ваксман). Principles of soil microbiology. 2ed., London,1931.

Ваксман С. А. Гумус. Пер. с англ.,М.,1937.

Вернадский В. И. Биосфера,Л.,1926.

Голлербах М. М. К вопросу о составе и распространении водорослей в почвах. Труды Ботан. инст. Академии наук,серия II,споровые,вып. 3,Л.,1936.

Jones H. S. (Джонс). Life on other worlds. New York, 1940.

Дубына И. В. Графитовые месторождения украинского докембрия, их строение и генезис. Труды XVII сессии Междунар. геол. конгр. (1937),II,М.,1939.

Засухин Д. О микроорганизмах, обитающих в сыпучих песках Киргизских степей. Гидробиол. журн. СССР,IX,1930.

Еленкин А. А. Синезеленые водоросли СССР. Общая часть. Л.,1936,III+682 стр.,Академия наук СССР.

Кононова М. М. Применение микроскопического метода при изучении вопроса о происхождении гумусовых веществ. 《Почвоведение》,1943,№ 6.

Кононова М. М. Природа и свойства бурых гумусовых веществ,образующихся при гумификации растительных остатков (корней люцерны).《Почвоведение》,1943,№ 7.

Коровин М. К. Историческая геология. М.,1941.

Криштофович А. Ботанико-географическая зональность и этапы развития флоры верхнего палеозоя. Изв. Академии наук, серия геолог.,1937,№ 3.

Обручев В. А. Рудные месторождения. 2-е изд.,Л.,1935.

Обручев В. А. Образование гор и рудных месторождений. Свердловск,1942.

Одинцова С. В. Образование селитры в пустыне. Докл. Академии наук,XXXII,1941,№ 8.

Одинцова С. В. Нитратные солончаки. Труды Биогеохим. лабор. Академии наук СССР,V,1941,стр. 205—223.

Омелянский В. Л. Основы микробиологии. 9-е изд., М., 1941.

Страхов Н. М. Историческая геология. М.,1938.

Тихов Г. А. Новое о Марсе. Доклады Академии Наук СССР,том 49,№ 2,1945.

Тихов Г. А. Спектральная отражательная способность зелени в связи с вопросом о растительности на Марсе. Вестн. Казах. филиала Академии Наук СССР,1946,№ 4(13).

Тюрин И. В. Органическое вещество почв. Л.,1937.

Тюрин И. В. О количественном участии живого вещества в составе органической части почв.《Почвоведение》,1946,№ 1,стр. 11—29.

Хоуэлл Б. Ф. (Howell). Климаты позднего протерозоя и

раннего кембрия. Труды XVII Международ. геолог. конгресса (1937), VI, М., 1940.

Шульгина О. и др. Материалы к микробиологической характеристике почв Туркестана. Труды Инст. с.-х. микробиологии, IV, вып. 2, Л., 1930.

Schuchert Ch. and Dunbar C. A textbook of geology. II. Historical geology. 4 ed. New York, 1941.

对第308—348页的补充

在本书已经拼版时，我收到了Б. В. 皮亚斯科夫斯基的有趣的文章《黄土是深层土壤形成物》(1946，№ 11，第686—696页)。这位作者得出结论，"黄土是形成于干草原和半干草原土壤本身下面的形成物，或者换句话说，是广义土壤的一定深层，我们将其称L层"(第688页)。

对于这一观点，我不可能有任何反对意见。这里，请读者比较前面第307，313—318等页。

但是，应当指出，分布在现今温带气候地区的黄土，通常为残遗形成物——比现在干燥的气候条件下的风化作用和成土作用的结果。

人名译名对照表

Абелев, Ю. М.　阿别列夫
Аболин, Р. И.　阿博林
Абутьков, Л. В.　阿布季科夫
Агафонов, В. К.　阿加福诺夫
Александров, В.　亚历山德罗夫
Алексеев, М. П.　阿列克谢耶夫
Альбов, Н.　阿尔博夫
Альперович, М. Л.　阿尔佩罗维奇
Андрияшев, А. П.　安德里亚舍夫
Андрухин, Ф. Л.　安德鲁欣
Антипов-каратаев, И. Н.　安季波夫-卡拉塔耶夫
Ануфриев, Г. И.　阿努夫里耶夫
Анучин, Д. Н.　阿努钦
Арат　阿拉特
Аристотель　阿里斯托捷尔
Армашевский, П. Я.　阿尔马舍夫斯基
Арнольд, Д.　阿诺尔德
Арнольд, Р.　阿诺尔德
Арриан　阿里安
Архангельский, А. Д.　阿尔汉格尔斯基
Афанасьев, Я. Н.　阿法纳西耶夫
Бараков, П. Ф.　巴拉科夫
Барро, С.　巴罗
Барро, Х.　巴罗
Барсов, Н. П.　巴尔索夫
Бартольд, В. В.　巴尔托德
Батурин, В. П.　巴图林
Бекингэм　贝金格
Белоусов, А. К.　别洛乌索夫
Берг, Л. С.　贝尔格
Берггауз　贝高斯
Бергстен　贝格斯滕
Бертло　别尔特洛
Беседин, П. Н.　别谢金
Бессонов　别索诺夫
Бете　贝特
Бечихин　贝奇欣
Беэтс, В.　贝爱特斯
Бианки, В. Л.　比安基
Биленко, Д. К.　比连科
Бирштейн, Я. Л.　比尔施泰因
Благовещенский, Н. В.　布拉戈维申斯基
Благовещенский, Э. Н.　布拉戈维申

斯基
Благовидов　布拉戈维多夫
Богачев, В. В.　波格奇耶夫
Богданов, М. Н.　波格丹诺夫
Богданович, К. И.　波格丹诺维奇
Боголепов, М.　博戈列波夫
Боголюбов, Н. Н.　博戈柳博夫
Богословский, Н. А.　博戈斯洛夫斯基
Бодэ　博德
Большев, Н. Н.　博雷舍夫
Бондарчук, В. Г.　邦达尔丘克
Борисяк, А. А.　鲍里夏克
Борщов, И. Г.　博尔晓夫
Браунер, А. А.　布劳纳
Брикнер, Э.　布里克纳
Бродский, А. Л.　布罗茨基
Броун, В. Р.　布朗
Бурчак-Абрамович, М.　布尔恰克-阿布拉莫维奇
Бутаков, Н.　布塔科夫
Бутов, П. И.　布托夫
Буш, Н.　布什
Быстров, С. В.　贝斯特罗夫
Бычихин, А.　贝奇欣
Бялыницкий-Бируля, А. А.　比亚雷尼茨基-皮鲁利亚

Вагнер, А.　瓦格纳
Вавилова, Э. К.　瓦维洛瓦
Ваксман, С. А.　瓦克斯曼
Валиханов, Ч.　瓦利哈诺夫
Вальтер, И.　瓦尔特
Васили　瓦西利
Васильковский Н. П.　瓦西里科夫斯基
Васильевич, Иван　瓦西里耶维奇，伊凡
Васильский　瓦西里斯基
Вебер, В. Н.　韦贝尔
Вейнберг, Я.　魏因贝格
Векс　韦克斯
Венюков, М. И.　韦纽科夫
Вернадский, В. И.　维尔纳茨基
Веселовский, К. С.　韦谢洛夫斯基
Визе, В. Ю.　维泽
Вильд, Г. И.　维尔德
Виленский, Д. Г.　维连斯基
Виноградов, Л. Г.　维诺格拉多夫
Виноградов-Никитин, П. З.　维诺格拉多夫-尼基京
Виноградский　维诺格拉德斯基
Вислоух, И. К.　维斯洛乌赫
Воейков, А. И.　沃耶伊科夫
Вознесенский, А. В.　沃兹涅先斯基
Вологдин, А. Г.　沃罗格金
Воллосович, К. А.　沃洛索维奇
Воробьев, С. О.　沃罗比耶夫
Воронов, А. Г.　沃罗诺夫
Воронов, Ф. И.　沃罗诺夫
Вудруф　武德鲁夫
Высоцкий, Г. Н.　维索茨基

Гаель, А.　加耶利

Гвоздецкий, В. М.　格沃兹杰茨基
Гедройц, К. К.　格德罗伊茨
Геккер, Р. Ф.　黑克尔
Герасимов, И. П.　格拉西莫夫
Гердер, Ф.　格尔德尔
Гинзбург, И. И.　金兹布克
Глинка, К. Д.　格林卡
Голенгин, М. И.　戈连金
Голенищев, В.　戈列尼谢夫
Голлербах, М. М.　戈列尔巴赫
Гомозовая, Н. А.　戈莫佐瓦娅
Горбунов, Б. В.　戈尔布诺夫
Гордягин, А.　戈尔佳金
Горностаев, Н. Н.　戈尔诺斯塔耶夫
Городков, Б. Н.　戈罗德科夫
Готан　戈坦
Горшенин, К. П.　戈尔舍宁
Гризебах, А.　格里泽巴赫
Грумм-Гржимайло, Г. Е.　格鲁姆-格日迈洛
Гурвич, И. Я.　古尔维奇
Гуров, А. В.　古罗夫

Давыдов, В. К.　达维多夫
Даниловский, И. В.　达尼洛夫斯基
Даньшин, Б. В.　丹申
Дарвин, Ч.　达尔文
Датский, Н.　达特斯基
Даценко, П.　达岑科
Деминский, И.　杰明斯基
Ден, В. Э.　杰恩
Денисов, Н. Я.　杰尼索夫
Дерюгин, К. М.　杰留金
Джафархан　贾法尔汉
Димо, Н. А.　季莫
Дингельштедт, Н.　丁格尔施泰特
Дмитриев, Н. И.　德米特里耶夫
Добров, С. А.　多布罗夫
Доктуровский, В. С.　多克图罗夫斯基
Докучаев, В. В.　道库恰耶夫
Долгая　多尔加娅
Доленко, Г. И.　多连科
Домбровский, В. В.　多姆布罗夫斯基
Домрачев, П.　多姆拉切夫
Драницын, Д. А.　德拉尼岑
Дубына, И. В.　杜贝纳
Дубянский А. А.　杜比扬斯基
Дубянский, В. А.　杜比扬斯基
Дурденевская, М. В.　杜尔杰涅夫斯卡娅
Дьяконов, А. М.　季亚科诺夫

Евдокимова　叶夫多基莫娃
Еленкин, А. А.　叶连金
Емельянов, Н. Д.　叶梅利亚诺夫
Ермилов, И. Я.　叶尔米洛夫
Ермолаев, М. М.　叶尔莫拉耶夫

Жадин, В. И.　扎金
Жемчужников, Ю. А.　热姆丘日尼科夫
Жирмунский, А. М.　日尔蒙斯基

Жолцинский, И.　若尔钦斯基
Жузе, А. П.　茹泽
Жуков, М. М.　茹科夫
Жуковский, В. А.　茹科夫斯基

Заиков, Б. Д.　扎伊科夫
Зайцев, А. М.　扎伊采夫
Залеский, М. Д.　扎列斯基
Замарин, Б. А.　扎马林
Заморий, П. К.　扎莫里
Засухин, Д.　扎苏欣
Захаревич, В. А.　扎哈列维奇
Захаров, Л. З.　扎哈罗夫
Захаров, С. А.　扎哈罗夫
Земятченский, П.　泽米亚琴斯基
Зубов, Н. Н.　祖博夫

Игнотов, П. Р.　伊格诺托夫
Иванов, А. П.　伊凡诺夫
Иванова, Е. Н.　伊凡诺娃
Ивановка　伊凡诺夫卡
Игнатов, П. Г.　伊格纳托夫
Измаильский, А.　伊斯梅尔斯基
Ильин, М. М.　伊林
Ильин, Р. С.　伊林
Имшенецкий, И. З.　伊姆舍涅茨基
Иосиф, ф.　约瑟夫
Исаия　伊赛亚
Искюль, В.　伊斯丘尔

Казаков, М. П.　卡扎科夫
Кайгородов, Д. Н.　凯戈罗多夫
Калитин, Н. Н.　卡利京
Калицкий, К.　卡利茨基
Каминский, А.　卡明斯基
Карамзин, А.　卡拉姆津
Карк, И.　卡尔克
Карпинский, А.　卡尔宾斯基
Карта　卡尔塔
Кассин, Н. Г.　卡辛
Кассиодор　卡西奥多尔
Кауфман, А. А.　考夫曼
Кац, Н.　卡茨
Качурин, С. П.　卡丘林
Кеппен, Ф. П.　克片
Кесслер, К. Ф.　凯斯勒
Кесь, А. С.　凯西
Кийз, Ч.　基伊兹
Киллинг　基林克
Киснер　基斯纳
Клавихо　克拉维约
Кленова, М. В.　克列诺娃
Клеопов, Ю. Д.　克列奥波夫
Клинге, И.　克林格
Клуте　克卢特
Книпович, Н. М.　克尼波维奇
Кобозов, Н.　科博泽夫
Ковальский, М. А.　科瓦利斯基
Козлова, Е. В.　科兹洛娃
Козырев, А. А.　科济列夫
Колесников, В. П.　科列斯尼科夫
Колоколов, М. Ф.　科洛科洛夫
Колумелла　科卢梅拉
Комаров, В. Л.　科马罗夫

Кононова, М. М.　科诺诺娃
Константинович　康斯坦丁诺维奇
Коншин, А. М.　孔申
Коржинский, С. И.　科尔任斯基
Коровин, М. К.　科罗温
Короткий, М. Ф.　科罗特基
Корчагин, П.　科尔恰金
Коссович, П. С.　科索维奇
Костюкевич, А. В.　科斯狄克维奇
Костычев, П.　科斯特切夫
Краснов, А. Н.　克拉斯诺夫
Краснопольский, А.　克拉斯诺波利斯基
Красовский, А. В.　克拉索夫斯基
Красюк, А. А.　克拉修克
Крашенинников, И. М.　克拉舍宁尼科夫
Криштафович, Н. И.　克里什塔福维奇
Криштофович, А. Н.　克里什托福维奇
Крокос, В. И.　克罗科斯
Кропоткин, П. А.　克鲁泡特金
Крылов, П. Н.　克雷洛夫
Кудама　库达马
Кудрин, С. А.　库德林
Кудриявцев, Н.　库德里亚夫采夫
Кузнецов, Н. И.　库兹涅佐夫
Курбатов, С. М.　库尔巴托夫
Куропаткин, А. Н.　库罗帕特金
Курций, К.　库尔齐
Лавренко, Е. М.　拉夫连科
Лаврова, М. А.　拉夫罗娃
Лалаянц, Е.　拉拉扬茨
Ланпаран　兰帕兰
Ларин, И. В.　拉林
Ласкарев, В. Д.　拉斯卡列夫
Леваковский, И.　列瓦科夫斯基
Левинсон-Лессинг, Ф. Ю.　莱维松-莱辛
Левицкий, А. П.　莱维茨基
Левченко, Ф. И.　列夫琴科
Ледебур, К. Ф.　列杰布
Лейтер, Г.　莱特
Леникаш, И. А.　列尼卡什
Ленцевич　伦采维奇
Линдберг, Г. У.　林德贝格
Линдголым, В. А.　林德霍尔姆
Линч, Г.　林奇
Липинский　利平斯基
Лисицын, К. И.　利西岑
Личков, Б. Л.　利奇科夫
Локоть, Т.　洛科季
Ломоносов, М. В.　罗蒙诺索夫
Лошак　洛沙克
Лунгерсгаузен, Л.　伦格尔斯豪津
Любченко, А. Е.　柳布琴科
Ляйель, Ч.　利艾耶利

Мазарович, А. Н.　马扎罗维奇
Майков, Л. Н.　马伊科夫
Макдиси　马克迪西
Макеев, П. С.　马克耶夫

Макеров, Я. А.　马克罗夫
Максимович, Н.　马克西莫维奇
Маляревский, К.　马利亚列夫斯基
Марков, Е. С.　马尔科夫
Марков, К. К.　马尔科夫
Мартыненко, М. А.　马丁年科
Масальский, В. И.　马萨利斯基
Матисен, А. А.　马蒂森
Махов, Г. Г.　马霍夫
Мельник, М. А.　梅利尼克
Миддендорф, А.　米登多夫
Милановский, Е. В.　米拉诺夫斯基
Минаев, И. П.　米纳耶夫
Мирчинк, Г. Ф.　米尔钦克
Миссуна, А.　米苏纳
Митте　米特
Михайлов, Е.　米哈伊洛夫
Михальский, А.　米哈利斯基
Молчанов, П. А.　莫尔恰诺夫
Мордвилко, А. К.　莫尔德维尔科
Морозов, Г. Ф.　莫洛佐夫
Морозов, С. С.　莫洛佐夫
Москвитин, А. И.　莫斯克维京
Мургочи, Г.　莫尔哥奇
Мурзаев, Э. М.　穆尔扎耶夫
Мушкетов, И. В.　穆什克托夫
Мюлен, М.　米伦
Мюнц　敏茨

Набоких, А. И.　纳博基赫
Нансен, Ф.　南森
Нейштадт, М. И.　奈施塔特
Неуструев, С. С.　涅乌斯特鲁耶夫
Неуструева, М. В.　涅乌斯特鲁耶娃
Никитин, С. Н.　尼基京
Николаев, Н. И.　尼古拉耶夫
Никшич, И. И.　尼克希奇
Новопокровский, И.　诺沃波克罗夫斯基

Обручев, В. А.　奥布鲁切夫
Обручев, С. В.　奥布鲁切夫
Овчинников, П. Н.　奥夫奇尼科夫
Огнев, Г. Н.　奥格涅夫
Огнев, С. И.　奥格涅夫
Одинцова, С. В.　奥金佐娃
Окиншевич, Н.　奥金舍维奇
Окснер, М. Н.　奥克斯纳
Оловянишников, Г.　奥洛文尼施尼科夫
Омелянский, В. Л.　奥梅良斯基
Оппоков, Е. В.　奥波科夫
Осокин, Л. С.　奥索金

Павлов, А. П.　巴甫洛夫
Палецкий, В.　帕列茨基
Паллас, П. С.　帕拉斯
Партч, И.　帕尔奇
Пассрге, С.　帕萨格
Пачоский, И. К.　帕乔斯基
Певцов, М. В.　彼夫佐夫
Пенк, А.　彭克
Перчас, М. В.　佩尔恰斯
Петц, Г. Г.　佩茨

Пидопличка, И. Г.　皮多普利奇卡
Пименова, Н. В.　皮缅诺娃
Пиотровский, В. Ф.　皮奥特罗夫斯基
Пичман, Р.　皮奇曼
Плиний　普林尼
Погребов, Н. Ф.　波格列博夫
Полевой　波列伏依
Поленов, Б. К.　波列诺夫
Поливий　波里维
Полынов, Б. Б.　波雷诺夫
Полканов, А. А.　波尔卡诺夫
Поляков, И. С.　波利亚科夫
Помпецкий　庞佩茨基
Пономарев, Г. М.　波诺马廖夫
Попов, В. И.　波波夫
Попов, М. Г.　波波夫
Попов, Т. И.　波波夫
Порубиновский, А. М.　波鲁皮诺夫斯基
Посохов, Е. В.　波索霍夫
Потанин, Г. Н.　波塔宁
Православлев, П. А.　普拉沃斯拉夫列夫
Прасолов, Л. И.　普拉索洛夫
Преображенский, И. А.　普列奥布拉任斯基
Птоломей　普托洛梅
Пустовалов, Л. В.　普斯托瓦洛夫
Пэнков, А. М.　潘科夫
Пясковский, Б. В.　皮亚斯科夫斯基

Рабинерсон, А. И.　拉比涅尔松
Радлов, В. В.　拉德洛夫
Раммельмейер, Е.　拉姆梅尔梅伊耶尔
Ратнер, Е. М.　拉特纳
Резниченко, В. В.　列兹尼琴科
Рейнгард, А. Л.　赖因加特
Ремезов, Н. П.　列梅佐夫
Решеткин, М. И.　列舍特金
Ризположенский, Р.　里兹波洛任斯基
Роде, А. А.　罗杰
Розанов, А. И.　罗扎诺夫
Розен, М. Ф.　罗森
Розов, Л. П.　罗佐夫
Рольфс　罗尔夫斯
Рубашев, Б. М.　鲁巴舍夫
Румницкий　鲁姆尼茨基
Румянцев, А. И.　鲁缅采夫
Румяцев, П.　鲁缅采夫
Рязанцева, З. А.　梁赞采娃

Саваренский, Ф. П.　萨瓦连斯基
Савинов, И. И.　萨维诺夫
Савич, В. М.　萨维奇
Сакс, В. Н.　萨克斯
Самсонова, М. Ф.　萨姆索诺娃
Санджар　桑贾尔(苏丹王)
Свердруп, Г.　斯韦尔德鲁普
Световидов, А. Н.　斯韦托维多夫
Святскин, Д. О.　斯维亚茨基
Седергельм　谢德赫姆

Седлецкий, И. Д.　谢德列茨基
Сибирцев, Н. М.　西比尔采夫
Скворцов, Ю. А.　斯克沃尔佐夫
Скориков, А. С.　斯科里科夫
Смирнов, В. П.　斯米尔诺夫
Смирнов, И. И.　斯米尔诺夫
Соболев, Д. Н.　索博列夫
Соболев, С. С.　索博列夫
Соболева. А.　索博列娃
Соколов, Д. В.　索科洛夫
Соколовский, А. Н.　索科洛夫斯基
Сондаг, А.　松达克
Спиридонов　斯皮里多诺夫
Степанов, И. И.　斯捷帕诺夫
Страбон　斯特拉波
Страхов, С. М.　斯特拉霍夫
Сукачев, В. Н.　苏卡乔夫
Сумгин, М. И.　苏姆金
Сучков, С. П.　苏奇科夫
Сушкин, П. П.　苏什金
Сьюрд　休尔德

Талиев, В. И.　塔利耶夫
Танфильев, Г. И.　坦菲利耶夫
Татищев　塔季谢夫
Тафель　塔费尔
Твенхофел, У.　特文霍费尔
Теофраст　提奥弗拉斯特
Теплов　捷普洛夫
Тилло, А. А.　蒂洛
Тихов　季霍夫
Тихомирова, Т. Ф.　季霍米罗娃

Токарь, Р. А.　托卡里
Толмачёв, А. И.　托尔马乔夫
Толстихин, Н. И.　托尔斯季欣
Тольский, А.　托尔斯基
Трейтц, П.　特赖茨
Трофимов, И. И.　特罗菲莫夫
Трусов　特鲁索夫
Трутнев, А. Г.　特鲁特涅夫
Тугаринов, А. Я.　图加里诺夫
Тулайков, Н. М.　图拉伊科夫
Туман, Г.　图曼
Тутковский, П. А.　图特科夫斯基
Тхоржевский, А. И.　特霍热夫斯基
Тюрин, И. В.　秋林

Уваров, Б. П.　乌瓦洛夫
Уиллис, Б.　维里斯

Федоров, Б. М.　费多罗夫
Федорович, Б. А.　费多罗维奇
Федюнин, А. В.　费久宁
Фесенков, В. Г.　费森科夫
Филатов, М. М.　菲拉托夫
Филиппсон, А.　菲利普松
Фишер, Т.　费舍尔
Флеров, А. В.　费廖洛夫
Флетт, Д. Ж.　弗莱特
Флоров, Н. П.　费洛罗夫
Фолконер　福科内尔
Форель, Ф. А.　福雷尔
Формозов, А. Н.　福尔莫佐夫
Францессон　弗兰采松

Фрейберг, И. К. 费赖贝尔格
Фролов, А. М. 弗罗洛夫

Хафизи-Абру 哈菲济-阿布鲁
Хименков, В. Г. 希门科夫
Хитрово, А. А. 希特罗夫
Хоменко, И. П. 霍缅科
Хоуэлл, Б. Ф. 豪厄尔

Цебриков 采布里科夫
Цинзерлинг, Ю. Д. 钦泽尔林
Циттель, К. 齐特利

Чеботарёв, И. И. 切博塔廖夫
Черный, А. П. 乔尔内
Черский, И. Д. 切尔斯基
Чирвинский, Н. П. 奇尔温斯基
Чичагов, Р. Я. 奇恰戈夫

Шатский, Н. С. 沙茨基
Швецов, М. С. 什韦佐夫
Шенберг, Г. Г. 申贝格
Шешукова, В. С. 舍舒科娃
Шкапский, О. А. 施卡普斯基
Шмидт, П. Ю. 施密特
Шмук, А. А. 什穆克
Шокальская, З. Ю. 绍卡利斯卡娅
Шредер, Р. Р. 施雷德尔
Шренк, А. 施伦克
Шукевич, М. М. 舒克维奇
Шульгина, Л. 舒利金娜
Шульц, Г. 舒尔茨

Шушкин 舒什金

Щеглов, И. Л. 谢格洛夫
Щерба 谢尔巴

Эберзин, А. Г. 埃别尔津
Эгинитис, Д. 埃吉尼蒂斯
Эйгенсон, М. С. 艾根松
Экгольм, Н. 艾克霍尔姆

Юрьев, М. М. 尤里耶夫
Юсупова, С. М. 尤苏波娃

Яворовский, П. К. 亚沃罗夫斯基
Яворский, В. И. 亚沃尔斯基
Ядринцев, Н. М. 亚德林采夫
Якобсон, Г. Г 雅各布松
Яковлев, С. А. 雅科夫列夫
Якуби 雅库比
Якубов, Т. Ф. 雅库博夫
Ярмоленков, В. А. 亚尔莫连科夫

Aangström, A. 奥格斯特廖姆
Alden, W. C. 奥尔登
Alluaud, Ch. 阿卢乌德
Andersson, G. 安特生
Antevs, E. 安特弗斯
Arambourg, G. 阿朗布尔
Arrhenius, Sv. 阿伦尼乌斯

Baer, K. 贝尔

Barbour, G. W.　巴尔博
Barton, E.　巴顿
Bate, D.　巴特
Bedford　贝德福德
Bensley, B. A.　本斯利
Berkey, Ch.　伯基
Birkeland, B.　伯克兰
Blanckenhorn, M.　布兰肯霍恩
Blanford, W.　布兰福德
Borchardt, L.　博尔夏特
Bradley, W. H.　布雷德利
Brandt, A.　勃兰特
Breu, G.　布鲁
Broch, Hj.　布罗赫
Brockmeier, H.　布罗克迈
Brückner, Ed.　布吕克纳
Brunt, D.　布伦特
Burnes, Alex.　伯恩斯

Chamberlin, Th.　钱伯林
Chaney, R. H.　钱尼
Chappuis, P. A.　查普伊斯
Cholnoky, J.　乔尔诺基
Chudeau, R.　许道
Clarke, F. W.　克拉克
Coleman, A. P.　科尔曼
Correns, G. W.　科雷斯
Cotton, C.　科顿
Cushman, J. A.　库什曼

Dall, W. H.　道尔
Daly, R. A.　戴利
Dana, D.　达纳
Davis, W. M.　戴维斯
Dawson, W.　道森
Decandolle, A.　德康多尔
De Geer, G.　德·耶尔
De Ward, R.　德·沃德
Dollfus, C. F.　多尔菲
Dollo, L.　多洛
Du Rietz, E.　杜赖茨
Du Toit, A.　杜托伊特

Eckardt, W. R.　埃卡特
Eginitis, D.　埃吉尼蒂斯
Ehrmann, A.　埃尔曼
Ekholm, N.　艾克霍尔姆
Engelhardt, R.　恩格尔哈特
Engler, A.　恩格勒
Ettingshausen, G.　埃廷格省森

Falconer, D.　福尔克纳
Fischer, Th.　费舍尔
Florin, R.　弗洛林
Frass, G.　弗拉斯
Franz, V.　弗朗兹
Free, E.　弗里

Gadow, H.　加多
Gams, H.　加姆斯
Garnett, A.　加尼特
Gautier, E. F.　戈蒂埃
Geyer, D.　盖尔
Gignoux, M.　吉纽

Gilbert,G.　吉尔伯特
Gilchrist　吉尔克里斯特
Götz,W.　格茨
Grabaŭ,A. W.　格雷博
Gradmann,R.　格拉德曼
Gradhmann,R.　格拉曼
Granot,M.　格雷纳特
Gregory,J.　格雷戈里
Gsell. St.　格塞尔
Günther,R.　金特

Hackel,E.　哈克尔
Hakluyt,R.　哈克卢特
Handlirsch,A.　汉德利尔奇
Hann,J.　汉恩
Harder,P.　哈德
Hanway　汉韦
Harmer　哈默
Harshberger,J.　哈什贝格
Haug　奥格
Hedin,Sven　赫定,斯文
Heim,A.　海姆
Hellman　黑尔曼
Hennig,E.　亨宁
Herbette,E.　赫伯特
Hesiodos　赫西俄德
Hesse,R.　黑塞
Heywood　海伍德
Hilbert,V.　希尔伯特
Hildebrandsson,H.　希尔德布兰德森
Hilderscheid,H.　希尔德沙伊德
Hise,Van　范海斯
Hobbs,W. H.　霍布斯
Hofsten,M.　霍夫斯坦
Högbom,I.　霍梅博姆
Hooker,J.　胡克
Hubbs,C. L.　哈布斯
Howell　豪厄尔
Humboldt,A.　洪堡
Hume,W. F.　休姆
Huntington,R.　亨丁顿
Hutchinson,G. E.　哈钦森

Ibn-haukal　伊本-豪卡勒
Ibn-khudâdhbih　伊本-库达特拔
Irmscher,E.　伊姆舍尔
Istachri　伊斯塔什里

Jansen,Ad.　詹森
Jeffreys,H.　杰弗里斯
Jenny　詹尼
Jones　琼斯
Jordan　乔丹

Kassner,G.　卡斯纳
Keeling　肯林
Keilhack,K.　凯尔赫克
Killian　基利安
Kincer,J. B.　金赛尔
Klinge,J.　克林格
Klute　克卢特
Kobelt. W.　科贝尔特
Köhler,G.　科勒

Koken, E. 科肯
Kolbe, H. J. 科尔比
Koppen, W. 柯本
Korn, H. 科恩
Krümmel, O. 克吕梅尔

Lambert, W. D. 兰伯特
Lambrecht, K. 兰布雷希特
Lapparent, A. 拉帕伦特
Lauscher, F. 劳舍尔
Leather, J. W. 莱瑟
Leiter, H. 莱特
Lee, J. 李
Lencewicz, S. 伦塞威兹
Levinson-Lessing 莱文森-莱辛
Licent 桑志华
Loczy 洛曲
Lohman, K. E. 洛曼
Loewe, F. 洛伊
Lowe, P. R. 鲁维
Lütken, Ad. 琉坎
Lyell, Ch. 莱尔

Machatschek, Fr. 马哈切克
Mac Culloch, A. A. 马克卡洛克
Malaise, R. 马莱斯
Marloth, R. 马洛特
Marshall, P. 马歇尔
Messerschmidt, D. 梅塞史密德
Mittle, S. 米特尔
Moffit 莫菲特
Mohr 莫尔
Moore, W. 莫尔
Mordvilko, A. K. 莫尔德维尔科
Morris 莫里斯
Mōsheh 摩西
Moyer 莫耶
Münichsdorfer 米尼希斯多费尔
Murgoci 穆尔哥奇
Murphy, R. C. 墨菲
Murray, G. 默里
Müller, S. 米勒

Nansen, F. 南森
Neger, F. 尼格尔
Naumann, G. 瑙曼
Nilsson, E. 尼尔森
Nordhagen 诺德哈根
Norin 诺林
Norman, J. R. 诺曼

Odhner 奥迪纳
Ogilby 奥格尔比
Olck, N. 奥尔克
Oiiver, W. 奥利弗
Ortmann, A. E. 奥尔特曼

Pallas 帕拉斯
Partsch, J. 帕尔奇
Passarge 帕萨格
Paulsen, E. M. 保尔森
Pausanias 波桑尼阿斯
Pellegrin, J. 佩雷格林
Penck, A. 彭克

Petrie, Flinders 皮特里，弗林德斯
Petterson 彼得森
Pfeffer G. 普菲费尔
Philippson 菲利普森
Pietschmann, R. 皮奇曼
Ping, F. 平
Plinius 普林尼
Pohle, R. 波利
Pompecky 庞佩基
Posidonius 波西多尼
Pumpelley 庞培利

Rathjens, G. 拉特延斯
Regan, C. T. 里根
Reifenberg, A. 赖芬贝格
Reindl, J. 赖因德尔
Richardson 理查孙
Richthofen 李希霍芬
Rickmers 里克默斯
Rogers, A. W. 罗杰斯
Ross, J. 罗斯
Roth, S. 罗特
Rungaldier 龙加尔迪
Russell, G. N. 拉塞尔
Russell, I. C. 拉塞尔
Ruprecht, F. 鲁普雷希特

Salisbury 索尔兹伯里
Sandberger 桑德伯格
Sauer 索尔
Scheidig 沙伊迪希
Schenck, H. 申克
Schimper, A. 欣普
Schmithenner 施米特黑纳
Schomberg, R. C. F. 斯科姆伯格
Schott, W. 肖特
Schröter, C. 施勒特尔
Schuchert, Ch. 舒切特
Schweinfurth 施魏因富特
Shaw, Ch. 肖
Sherzer 谢尔齐尔
Sieger 西格尔
Simpson, G. G. 辛普森
Smith, J. P. 史密斯
Soergel 塞格尔
Solger 索尔格
Soot-Ryen 苏特-赖恩
Stein, M. A. 斯坦因
Steinig 施泰尼希
Steller, G. W. 施特勒
Stenz 斯坦兹
Stenzel, A. 斯坦泽尔
Stiasny, G. 斯蒂亚斯尼
Stille, H. 施蒂勒
Strabo 斯特拉波
Sturany, B. 斯图雷尼
Suess 休斯
Sykes, P. M. 赛克斯

Taylor, F. 泰勒
Théel 特尔
Théophraste 提奥弗拉斯特
Thoroddsen 索罗森
Tietze, E. 蒂策

Tomaschek, W.　托马舍克
Trask, P. D.　特拉斯克
Treitz　特赖茨
Trouessart　特鲁萨尔特
Troughton, E.　特劳顿

Varro　瓦罗

Wagner, A.　瓦格纳
Wahnschaffe, F.　万沙费
Waksman　瓦克斯曼
Walcott　沃尔科特
Wallace, A. R.　华莱士
Walny　沃尔尼
Walt, A.　瓦特
Walther, J.　瓦尔特
Walteher, N.　瓦尔特
Ward　沃德
Watt, A.　瓦特
Wegener, A.　魏格纳
Wepfer, E.　韦普费尔
Whitney　惠特尼
Wiedermann, A.　威特曼
Willis　维里斯
Winogradsky　维诺格拉茨基
Wilson　威尔逊
Witschell　维切尔
Woldstedt　沃尔德斯泰特
Worveke　沃尔维凯
Wood, R.　伍德
Wollny　沃尼

图书在版编目(CIP)数据

气候与生命/(苏)贝尔格著;王勋,吕军,王湧泉译.—北京:商务印书馆,2017
(汉译世界学术名著丛书:120 年纪念版:珍藏本)
ISBN 978-7-100-14356-1

Ⅰ.①气… Ⅱ.①贝… ②王… ③吕… ④王… Ⅲ.①气候变化—气候影响—自然界 Ⅳ.①P467

中国版本图书馆 CIP 数据核字(2017)第 153806 号

汉译世界学术名著丛书
(120 年纪念版·珍藏本)
气候与生命
〔苏联〕Л.С.贝尔格 著
王 勋 吕 军 王湧泉 译
李世玢 校

商务印书馆出版
(北京王府井大街 36 号 邮政编码 100710)
商务印书馆发行
北京中科印刷有限公司印刷
ISBN 978-7-100-14356-1

2017 年 12 月第 1 版　　开本 710×1000 1/16
2017 年 12 月北京第 1 次印刷　　印张 40¼ 插页 1
定价:200.00 元